Ellen W. Miller

Creating Couture Embellishment

图书在版编目（CIP）数据

高级服装装饰工艺解密 /（英）艾伦 · W · 米勒著；李健，余佳佳译 . —上海：东华大学出版社，2022.1

ISBN 978-7-5669-2003-4

Ⅰ . ①高… Ⅱ . ①艾… ②李… ③余… Ⅲ . ①服装工艺 Ⅳ . ① TS941.6

中国版本图书馆 CIP 数据核字 (2021) 第 228895 号

Text © 2017 Ellen W. Miller
Ellen W. Miller has asserted her right under the Copyright, Designs and Patents Act 1988 to be identified as the author of this work.
This book was produced by Laurence King Publishing Ltd, London
All rights reserved. No part of this publication may be reproduced or transmitted in any form or by any means, electronic or mechanical, including photocopying, recording or any information storage or retrieval system, without permission from the publisher.

责任编辑 谢 未
装帧设计 赵 燕

高级服装装饰工艺解密

【英】艾伦 · W · 米勒 著
李健 余佳佳 译

出 版：东华大学出版社
（上海市延安西路 1882 号 邮政编码：200051）
出版社网址：dhupress.dhu.edu.cn
天猫旗舰店：http://dhdx.tmall.com
营 销 中 心：021-62193056 62373056 62379558
印 刷：当纳利（上海）信息技术有限公司
开 本：889mm × 1194mm 1/16
印 张：24.75
字 数：867 千字
版 次：2022 年 1 月第 1 版
印 次：2022 年 1 月第 1 次印刷
书 号：ISBN 978-7-5669-2003-4
定 价：198.00 元

高级服装装饰工艺解密

（美）艾伦·W·米勒（Ellen W. Miller）著

李健　余佳佳 译

東華大學出版社·上海

目录

序

欢迎来到高级服装装饰工艺解密的世界！

各式各样的服装工艺手法在时尚的浪潮中来来去去。如此多的工艺技法，无论是当下流行的还是今后可能出现的，亦或是传统的技法都将在本书中呈现。或许你独具特色的工艺技法会引发下一个时尚潮流。如果本书中的某些技法给了你设计灵感，你可以通过本书后面列出的参考书目寻找更多有关该技法的资料。

本书中，在每一章的开始都会通过一件穿在女士人模上的成品上衣来展示本章要介绍的某一技法。每章中所介绍的其他技法则都在袖子上完成，且每个步骤都会配有详细的完成样品图。所有的成品图都呈现在本书开篇的图片索引中，给你提供灵感或帮助你思考自己的设计：你是否想要通过褶边或褶裥的设计为服装增添一些丰满度？你是否想要通过斜裁或嵌花为设计增加一些平面装饰？你是否想要通过金银线镶边或装饰性缎带为设计增加一些立体装饰？你是否想要通过在服装上装饰些水晶、铆钉或珠子和亮片来使服装更闪耀？

当你决定研修精通某项技法时，可以翻阅每章关于实现该工艺时可能会用到的各类面料、纱线或其他工具的介绍来获取你想要的基本信息。许多工艺手法可以通过多种手段来实现：例如水晶可以通过爪镶、胶粘或烫钻等工艺应用到服装上。所有的制作方法都有详细的介绍，可根据个人的喜好进行选择。

在尝试将这些工艺技法融入到实际的服装设计上之前，你需要对这些技法进行反复的练习。高级服装的工艺所体现出的精湛技法都源于制作者的练习。需要反复实验来了解哪些面料和缎带适用于哪些特殊技法的练习。举个例子，制作花型装饰时如何把握面料的松紧关系是由你所选择的面料及花型决定的；而使用珠子还是纽扣作为“花芯”则是个人的选择。本书提供了一些关于面料和缎带选择，以何种松紧度来组合面料或不同“花芯”设计的建议，但在你成为一个高级时装工艺师之前，需要自己探索所有的可能性。

在编写《高级服装装饰工艺解密》时，我假设读者已经具备了缝纫基础。如果你是新手，可以从缝纫工艺入门和书籍入手，但其他关于基础手缝或机缝技法的指导书也都可以用来参考学习。

《高级服装装饰工艺解密》中所介绍的大多技法都涉及手缝，一些需要机器缝制的工艺仅对机缝有简单要求。在我的工艺室中，有一台平缝机，一台锯齿形锁边机和一台包缝机——没有过多花哨的设备，因为我更注重掌握技术本身而非摆弄缝纫机上令人眼花缭乱的设置。

这不是一本介绍如何进行工艺设计的书，而是介绍如何实现精美工艺的书。你所想的典雅服装能否变为实物完全取决于自己。本书会教你如何制作那些能使你的服装从普通到奢华的一些工艺。虽然书中大多数的图片展现了自制装饰制作指导过程，但要铭记于心的是：这个世界充满了迷人的色彩、纹理和图案，等着你用具有梦幻色彩的工艺创作展现出来。

图片索引

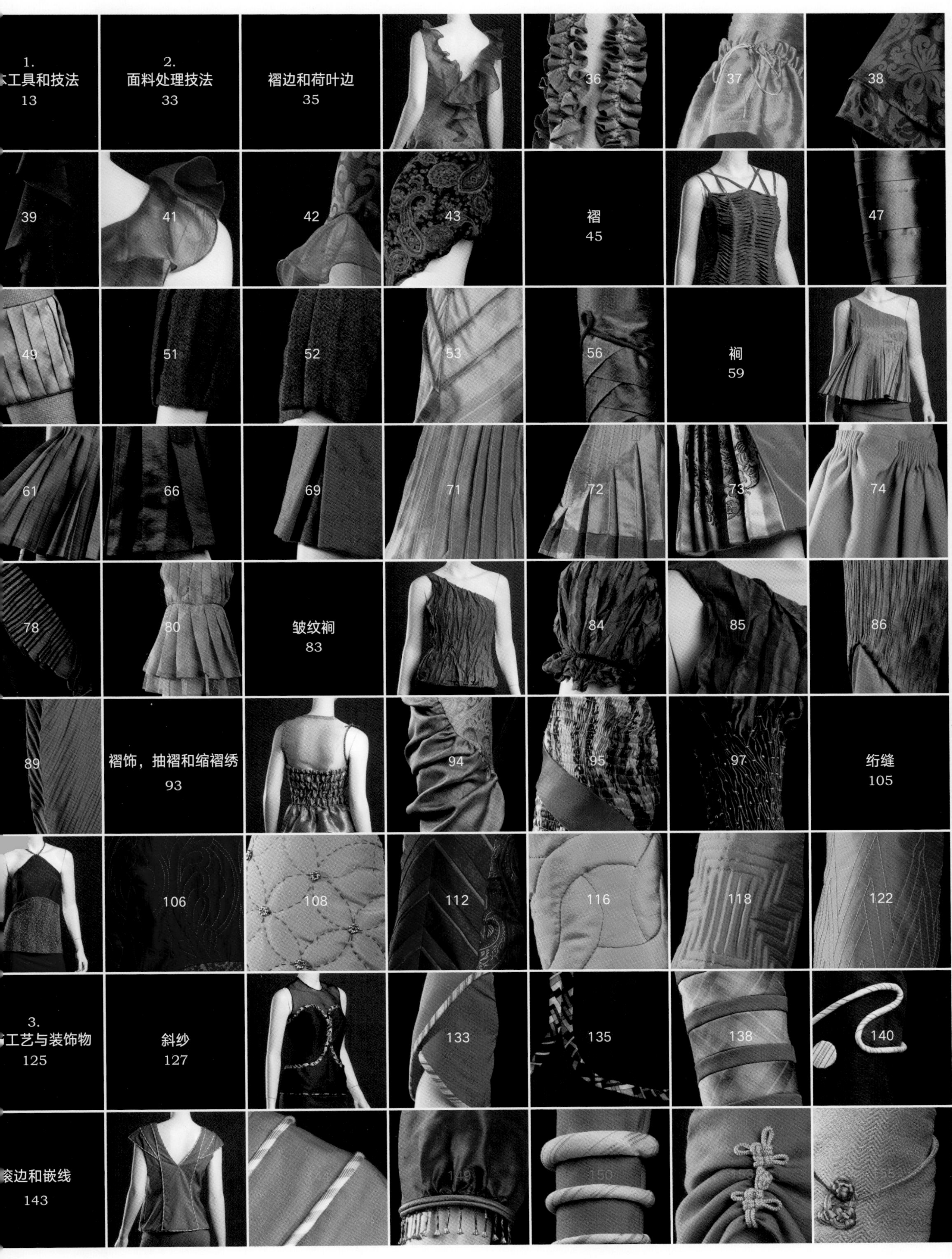

1.
工具和技法
13
2.
面料处理技法
33
褶边和荷叶边
35
36
37
38
39
41
42
43
褶
45
47
49
51
52
53
56
裥
59
61
66
69
71
72
73
74
78
80
皱纹裥
83
84
85
86
89
褶饰，抽褶和缩褶绣
93
94
95
97
绗缝
105
106
108
112
116
118
122
3.
工艺与装饰物
125
斜纱
127
133
135
138
140
滚边和嵌线
143
149
150

157
边饰
161
169
170
173
174
175
贴花
177
181
182
188
编辫
191
193
194
195
196
197
198
199
流苏，绒球和穗
201
202
203
206
207
208
210
羽毛
213
218
220
222
223
224
225
226
227
珠子和珠片
229
236
237
238
239
242
243
246
247
水钻和铆钉
249
250
256
蕾丝
259
266
267
271
蕾丝边
273
275
276

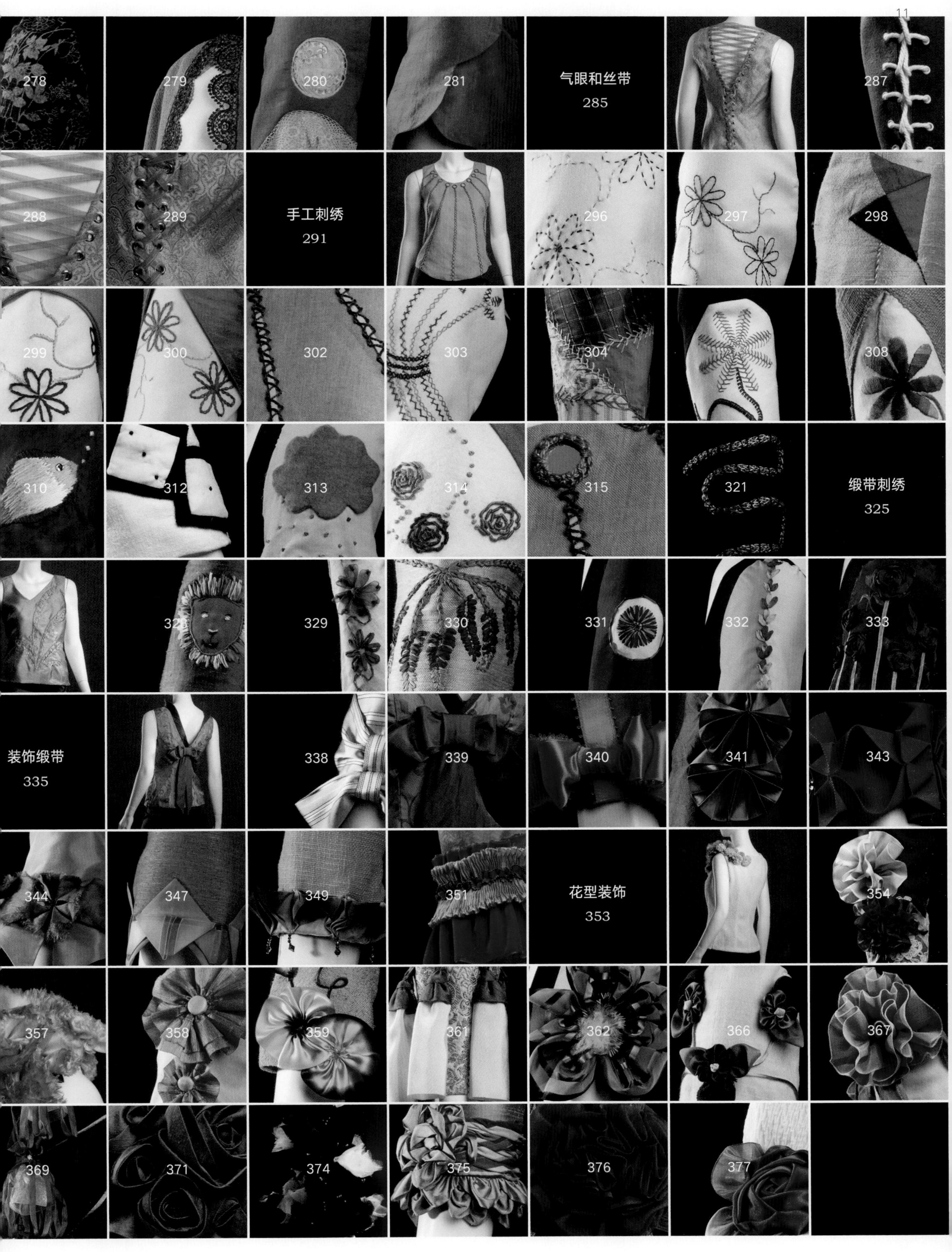
278
279
280
281
气眼和丝带
285
287
288
289
手工刺绣
291
296
297
298
299
300
302
303
304
308
310
312
313
314
315
321
缎带刺绣
325
329
330
331
332
333
装饰缎带
335
338
339
340
341
343
344
347
349
351
花型装饰
353
354
357
358
359
361
362
366
367
369
371
374
375
376
377

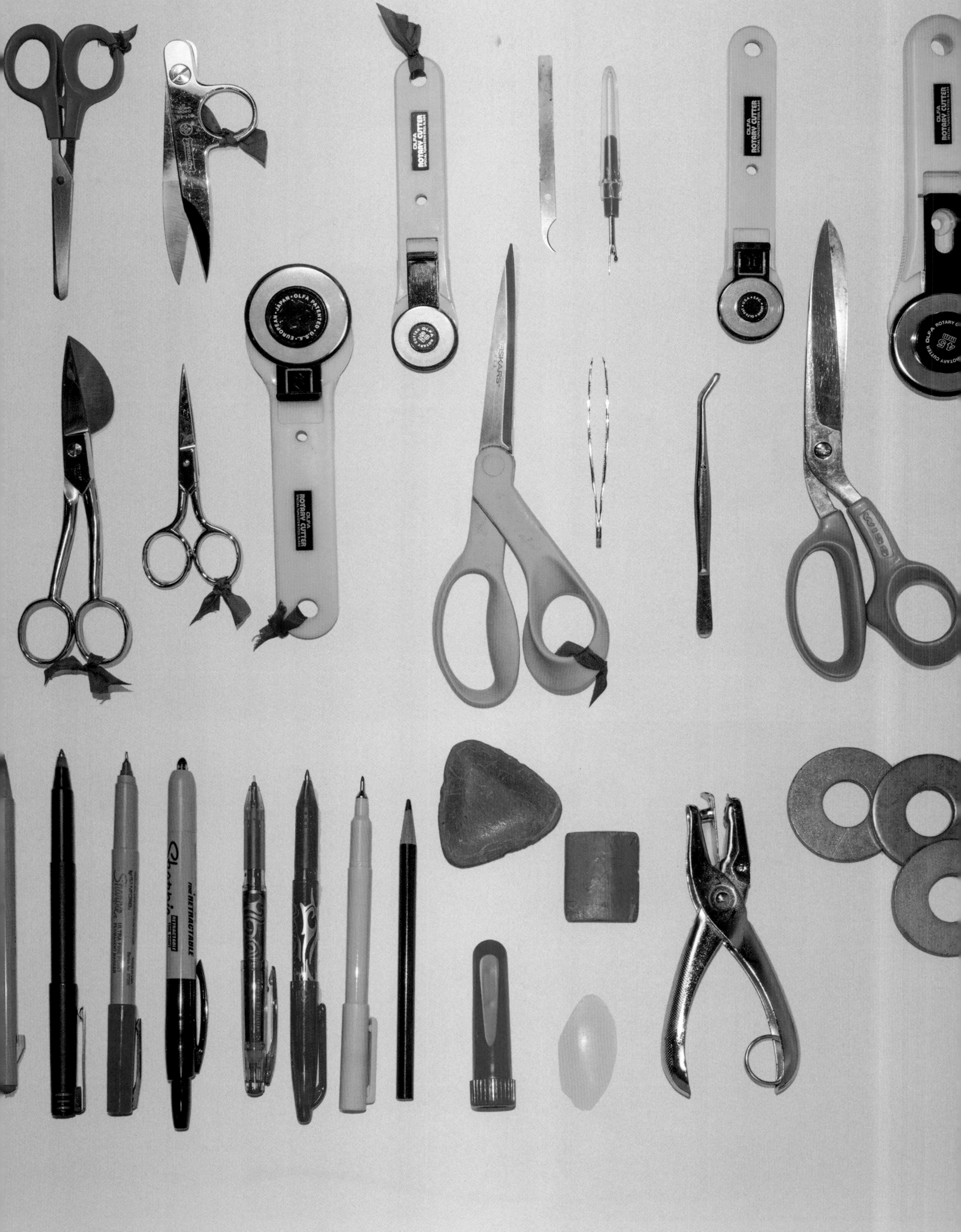
OLFA
ROTARY CUTTER
WISS
Sharpie
RETRACTABLE

1

基本工具和技法

工具

剪刀

作为设计师，最好准备一把裁布剪、一把滚式裁刀和一把剪纸用剪刀。如果用裁布剪去剪纸，剪刀容易变钝不好用。为了区别两种剪刀，可以在裁布剪刀上缠上布条以示区分。

1. **贴花剪刀**有一个鸭嘴形的刀片，裁剪时可在面料和缝线间滑动。弯曲的握柄设计有助于防止裁剪时面料的移动。
2. **钝头剪刀**的主要特点是可以避免不小心剪断缝线。但它们的锋利度仍然能够满足剪断纱线或裁剪面料的要求。
3. **刺绣剪刀**是一种小而锋利的剪刀，常用作雕绣和抽丝。
4. **平头剪刀**常用于剪线头。
5. **45mm和18mm滚式裁刀**可用于裁剪面料。如同披萨刀，将面料铺在切割垫板上，通过滚动裁刀对面料进行裁剪。小号的滚式裁刀用在像袖窿或领口等小曲线服装版片的裁剪。
6. **20cm裁缝剪**也常用于裁剪面料。裁刀和剪刀的区别在于剪刀的刀刃通常为5～15cm，有两个等大的圆形指圈；而裁刀则有更长的刀刃，有一个较小的拇指指圈和一个较大的多指指圈。
7. **包缝拆线器**形状像小手术刀，非常锋利，能很好地拆除包缝的复杂缝线。
8. **拆线器**主要用作拆除缝线。
9. **镊子（直头或弯头）**，可用于包缝机穿线、拣拾小珠子或其他小物件、拉出线头等。

标记工具

下面介绍一些可用于面料标记的专业工具和常用文具。

1. **拼布描图粉扑，**用于将模板上的镂空图案转印到面料上。
2. **自动铅笔，**常用工具，因为笔头能始终保持尖锐。
3. **中性笔，**可用于多层面料的标记。
4. **细头/粗头标记笔，**可用于多层面料的标记，但无法水洗去除。
5. **小号/中号热消笔，**通常热消笔的墨水标记在蒸汽作用下可消失，但也有一些热消笔的标记在蒸汽处理后仍然存在，因此使用前最好先在废布上进行试验。
6. **气消笔，**这类笔的墨水标记通常暴露在空气中12小时左右便可消失，但也有可能因某些原因无法消退，因此在使用前最好先在废布上进行试验。
7. **划粉笔**有多种颜色可供选择：例如，可以选用白色笔在深色面料上做标记，选用蓝色笔在浅色面料上做标记等。
8. **摆份定规**是一种边缘带内凹三角形的小尺子，在制作重复性标记时可用于定位。
9. **翻角器**可以放置在服装折角处尖点，将面料正面翻出且不戳破面料。
10. **划粉**是由细碎的粉末制成，可用在划粉轮、拼布描图粉扑或是压缩在三角划粉盒或划粉笔中，划粉轮留下的标记容易消失，而其他形式做的标记比较持久。
11. **扁平肥皂划粉**做的标记可在潮湿条件下褪去，带有脂成分的肥皂会在面料上留下油性印记。
12. **蜡质划粉**是带颜色的蜡制品，会在面料上留下永久印记。
13. **打孔器和安全别针**主要是为了方便将吊牌固定到样品上：例如对预缩处理、线长细节等进行说明。
14. **锥子和滚轮，**可分别用于制作单一的标记孔洞或连续的线型标记孔洞。锥子也可用于协助移动压脚下的配件。
15. **压铁**可以用来固定任何东西，如纸样或薄纱。像这些从五金店买来的金属物件表面通常会覆有油膜，因此在使用前需要进行清洗。

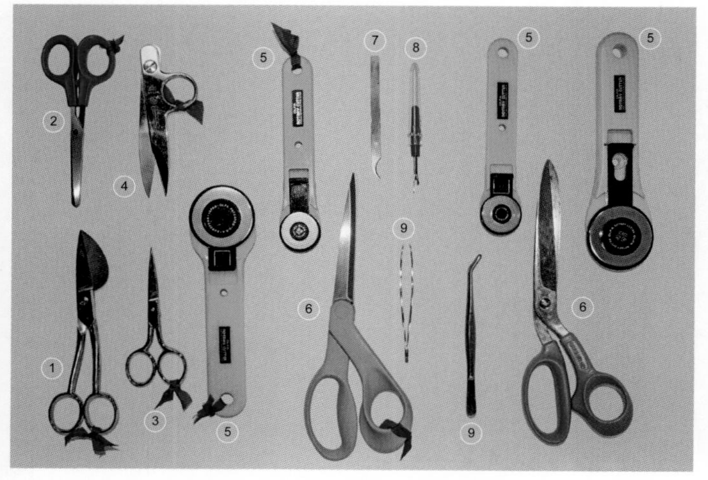

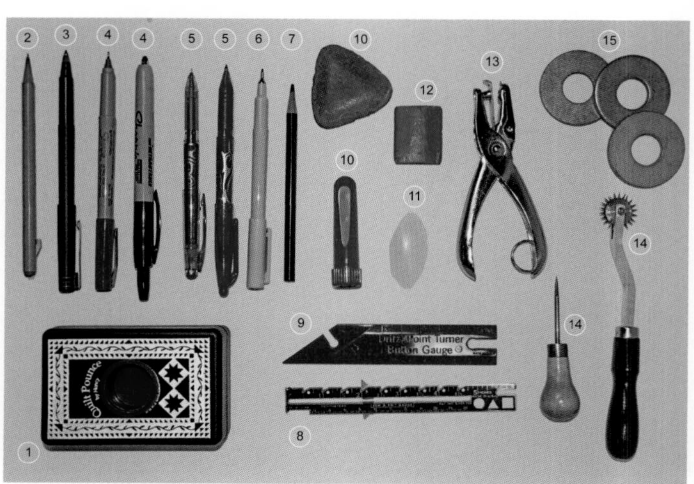

尺子

拥有一套尺子对于应对不同制作流程中的各种情况是必不可少的。

1. **曲线打版尺**每个边的曲率不同，可用于绘制袖窿和领口弧线，使所画曲线更圆顺。
2. **小打版尺**方便快速测量。
3. **大打版尺**在中线处有一排孔洞，方便绘制大圆（详见40页步骤1、2）。
4. **卷尺**用于测量人体尺寸和其他三维项目。
5. **金属边打版尺**可用于一般物件测量或配合滚刀进行小物件切割，其中金属边可保护尺子避免被划坏。
6. **“L”形直角尺** 可保证两条直线互相垂直。
7. **大钢尺**宽5cm，长122cm，可用于较大尺寸的测量，或者配合滚刀使用。

珠针和各类缝纫针

有锋利针尖的珠针和缝纫针是处理细薄面料时必备的，针尖弯曲或变钝就需更换。缝针的规格由金属丝材的直径决定；金属丝材越细，则缝纫针的规格越大。可以理解为：如果一根金属丝材仅能制作一根缝纫针，那么这根针是一号缝纫针；如果同一根金属丝材，将它拉长变细后可以剪出三根缝纫针，那么这三根针都是三号缝纫针。

1. **扁头花形珠针**有一个较大的珠针头，以防止珠针穿过类似网眼布、蕾丝或其他组织松散的梭织物。
2. **4.5cm的珠针**具有非常锋利的针头，有较大的珠针头，易拿取。
3. **3.8cm玻璃头珠针**比较短，便于操作。
4. **3cm裁缝针**非常细且有锋利的针头，可以轻松穿过各类面料。
5. **牙签**有方正的主体，制作纽扣柄时用于立在纽扣之上。
6. **密缝针或绗缝针，**尺寸分为10号、7号和5号，针短且有小孔眼。
7. **手缝针，**尺寸分为12号、10号、7号、2号。
8. **易穿针或自穿针**缝线可从上往下穿过针眼进行穿线，可以把线迹藏在面料之间。
9. **圆头针**用于缝合针织面料。不用像常规缝纫针那样刺穿面料来缝合，圆头针是通过在织物孔洞中滑动来缝合。在操作时如果不慎刺穿针织面料的纤维，可能会造成纤维外露。
10. **刺绣针（或绣花针），**尺寸分为10号、7号、5号和3号。针眼长，适合多种刺绣线，方便穿线，也可用于快速的手缝工作。
11. **大眼针**针眼很长，是丝带刺绣的最佳选择。丝带在针眼中可以保持平整，减少丝带应力。
12. **织补针**有圆形针眼和较长的针柄，适用于大件假缝。
13. **织锦针**有比较钝的尖和大针眼，适合多种标准缝线。
14. **双孔针**可用于将包缝线头从接缝末端穿回到线迹中，可以保护缝线免受磨损，防止包缝线迹散线。
15. **顶针**是为了保护食指和中指而设计的，有多种材料、形状、规格。皮质顶针从小到大有各种规格，金属钉针有6～15号的规格，有封口式、开口式和套于指甲以下的指环式。
16. **穿线器**可辅助如绗缝针一类的小针孔针穿线，或用于辅助易分叉的缝线穿针，如含金属丝的缝线等。
17. 直径为3.5cm的**圆形拔针器** 可用于拔出多层面料间的针或缝线。
18. **蜂蜡**可以用来润滑手缝线以防止打结；将缝线在蜂蜡中来回划两次，然后将其夹在白坯布里熨烫，使蜡融化到缝线中，并根据需要去除多余的蜡。

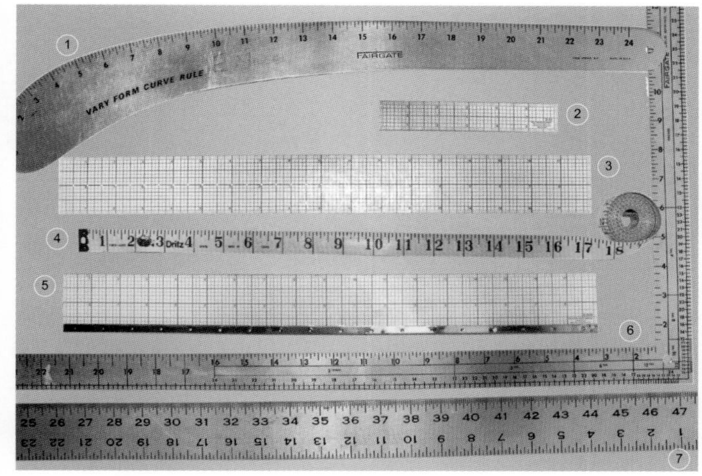

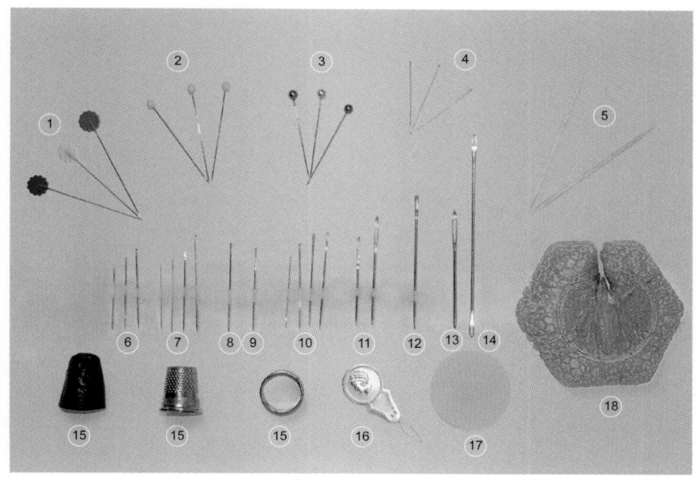

缝纫机压脚

选择合适的缝纫机压脚可以有效地提高工作效率。在这里，有数以百计的压脚可供选择，但在选择压脚前，首先确认压脚是短柄压脚、长柄压脚还是斜柄压脚。下面是一些长柄压脚的介绍。

1. **带护指圈的常规平缝压脚，**每个压脚头宽6mm。
2. **单边压脚，**常用于安装拉链。
3. **小压脚，**压脚头宽为3mm。
4. **3mm缝边压脚，**把布边对准压脚的偏置金属引导器缝纫，得到的缝线距离布边3mm。
5. **滚轮压脚**用于缝纫如天鹅绒、皮革、聚乙烯基织物和塑胶布，滚轮可以减少面料和缝针间的摩擦。
6. **隐形拉链压脚**在压脚的底部有两个导向槽，在其间有一个小洞可供缝线活动。将隐形拉链的一边放置于导向槽中，缝纫机就会对拉链进行精准缝纫。重复上述操作，缝制拉链另一边。
7. **滚边压脚**与隐形拉链压脚相似，其底部也有一个槽，槽间有一个供缝线针活动的小孔。当使用芯绳宽度合适，滚边压脚可以均匀地缝制滚边。但这种压脚只能选择与导向槽匹配的特定粗细芯绳。针对不同滚边尺寸选择不同的压脚。
8. **缎面压脚**在针孔下方有个扁平槽以便绸缎面上的粗缝线能够从压脚下通过。

熨烫工具

合适的熨烫工艺可以使服装成品具有高级时装感的后整理效果。

1. **木质熨烫板**可以用来处理服装特殊的结构部位。其顶部表面比较窄长，在进行缝份劈烫时，可确保面料正面没有压痕。包覆棉质表面（图未显示）的设计提升了熨烫板的使用性能。
2. **针毯烫垫**可有效防止天鹅绒或灯芯绒等面料的绒毛熨烫时被压平。
3. **熨烫馒头**用于弧形缝份的熨烫。
4. **工业用熨斗**使用比较普遍，水壶可以随时蓄水。熨斗水平或垂直放置时均可产生蒸汽。
5. **小型桌面熨台**可以放置在工作台上，对大块面料进行熨烫或预缩处理时也可将较大的熨烫垫放置上面。
6. **工作台**宽112cm，长168cm，高为97cm，熨烫时无需过度弯腰。
7. **特氟龙垫**（图中未显示）主要用于熨烫粘合衬，确保熨斗底面平整。

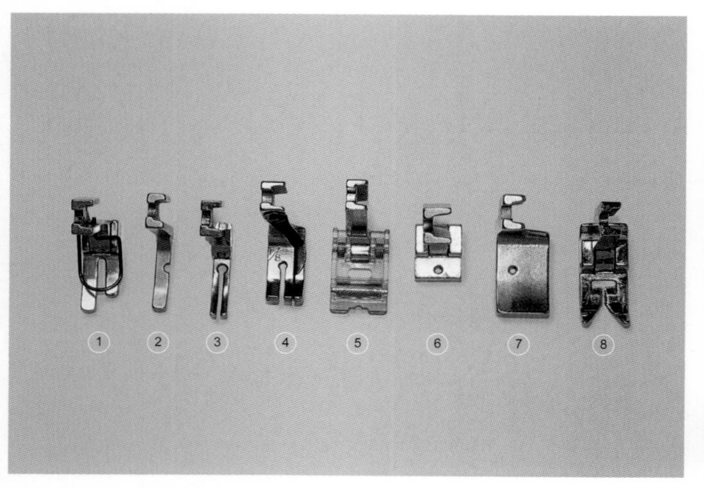

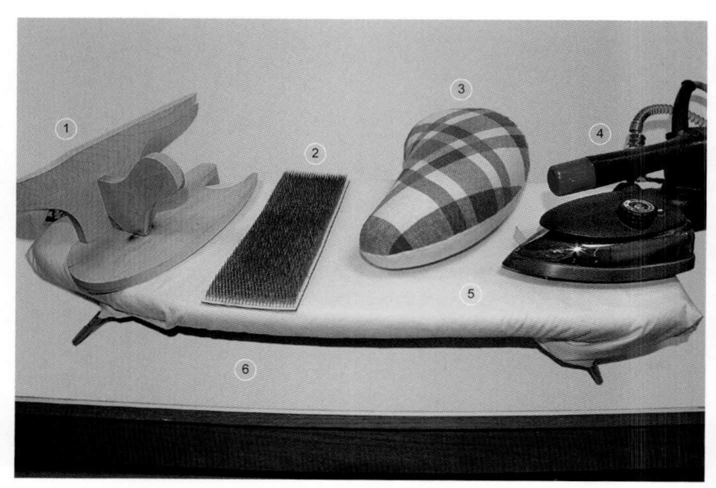

内衬和衬纸

术语“内衬”和“衬纸”通常可以互换使用。虽然所用材料可能随着时代发展而不断更新，但仍有一些使用准则可以帮助理解这些工具。

最初，内衬是为了给服装塑形或提供支撑而产生的，比如放到领子的翻领部分或紧身胸衣中，起到硬挺作用。起初，内衬多为梭织物——轻薄的欧根纱或是厚重的马尾衬。现在也常见针织或网眼内衬，其中有一些不仅仅限定在弹性织物中使用。有些内衬是与服装永久结合的，一般有两种：缝合型和黏合型。缝合型内衬是通过缝线使其与面料缝合在一起。黏合型内衬在反面有一层树脂或黏性胶，通过熨斗高温熨烫融化，与面料粘合。使用黏合型内衬时，通常在黏合衬和熨斗间垫一层垫布，避免树脂或粘胶渗渗透织物粘在熨斗底板。有些内衬在使用前需要预缩；有些内衬干烫会获得较好的黏合效果；有些内衬需使用湿熨垫布或蒸汽来粘合。使用前阅读内衬的具体使用说明。

衬纸能使面料在缝纫机缝制时保持稳定，特别是在使用绣花机和自由绗缝时。衬纸不是有纺织物，而是无纺纤维，可能会看到经向和纬向结构或网眼结构，也有一些衬纸是纸制品。通常，许多衬纸在缝纫后可撕掉。临时型衬纸有特定的去除方法：撕除，清洗去除或者熨烫去除。可融型衬纸可根据产品的不同要求与面料的一面或者两面融合。再次强调，使用前阅读衬纸的使用说明。

内衬

梭织缝合型：这种传统型的内衬材料覆盖面比较广，从丝质欧根纱到毛衬都有。它们需要缝合在服装上。

梭织黏合型：是比较新型的内衬，其背面有树脂和黏胶，熨烫时会融化，使内衬与服装粘合。

针织型：与梭织黏合型相似，但通常手感更柔软。许多针织内衬与面料融合后能够随着面料一同拉伸。针织内衬也能够很好地应用在梭织面料上，并且因其足够轻薄，可用于多层结构中以提供合适的支撑。

纸粘合型：一般不推荐在服装中使用；在洗涤过程中容易脱落，脱落物也会因此堵塞洗衣机。

黏合型内衬中的熨烫折皱

如果黏合型内衬出现了折皱，可在内衬下方放置一张厨房用羊皮纸或是特氟龙熨烫垫纸与黏胶紧贴，并用凉熨斗缓慢地抚平折皱。

第一排：梭织-马尾衬，轻质内衬，丝质欧根纱。

第二排：针织-针织内衬，纬纱嵌入式内衬及热熔线。

第三排：合成纤维-热熔网眼纸质衬里，水溶内衬，热熔内衬，可撕内衬。

衬纸

非热熔型纸质衬，可撕型和可剪型：这类衬纸适用于拓图和用作临时衬纸。可撕型衬纸有多种不同克重或强度，用以匹配不同克重的面料。许多商店仅提供一种克重的衬纸；在网上可以找到不同克重的衬纸。用作拓图时，用台式打印机直接将图案打印在衬纸上，然后将打印的图案固定在面料上，在上面进行缝纫装饰，随后将衬纸撕掉，只留下面料上的装饰线。可剪型衬纸是“永久型”的：多余的衬纸剪除，留下装饰下面的衬纸。

合成纤维网眼非热熔型：水溶衬纸和热熔衬纸比较适用于易损型面料；它们在缝纫过程给面料提供支撑，随后通过水洗或热蒸气处理将衬纸去除。水溶衬纸可用于辅助临摹纸样，目前的技术还没达到通过打印机直接打印。这类衬纸有多种不同克重，用以匹配具有不同装饰和不同克重的面料。面料和装饰都需要在这些衬纸的消除过程中能够经得起水洗或熨斗的长久蒸汽处理。请依照制造商使用说明书来进行衬纸的去除。

合成纤维热熔型：这类衬纸通常为片状网眼结构，通过熨烫将两块面料融合在一起。比如，在底布上贴花时，可采用此方法。Wonder-Under®有纸衬，可以融合到贴画上，再剥去衬，让贴花融合到底布上。Stitch-Witchery®没有纸衬，所以必须在进行融合前确定好贴花的位置。

可熔线也是同样的原理，缝纫时将它用在缝针或梭子中形成一条细细的树脂或黏胶“缝线”。完成缝合后，将布片熨到到底布上，使其沿着缝线与底布粘合。

转印图案

热消笔和气消笔

热消笔的墨水标记在蒸汽作用下可消失。气消笔的墨水标记在空气中几个小时或两天后会自动消失。这两种笔都有可能在面料上残留微弱的痕迹，因此使用前需要在废布上进行试用。这里用热消笔在面料上画一个十字线迹图案作为标记参考线。

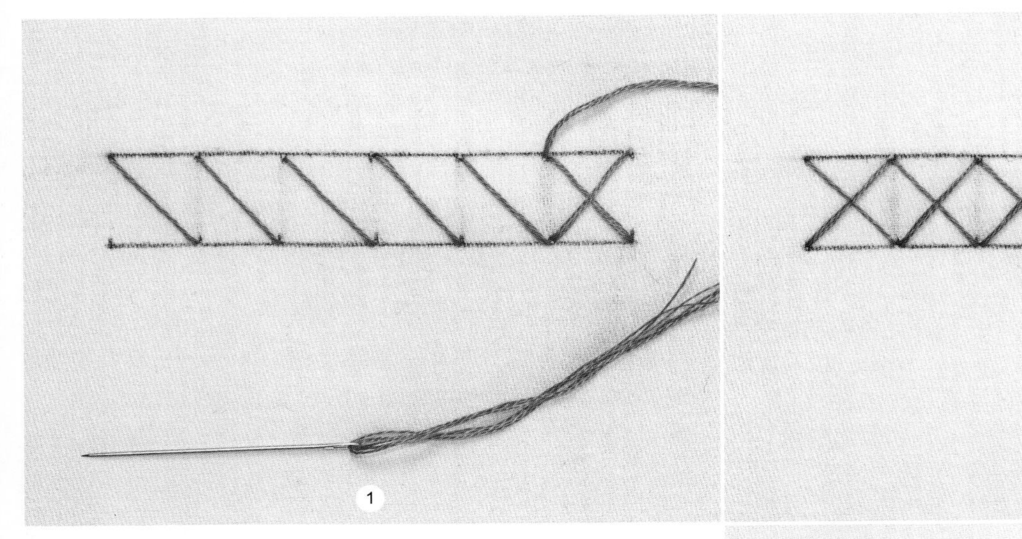

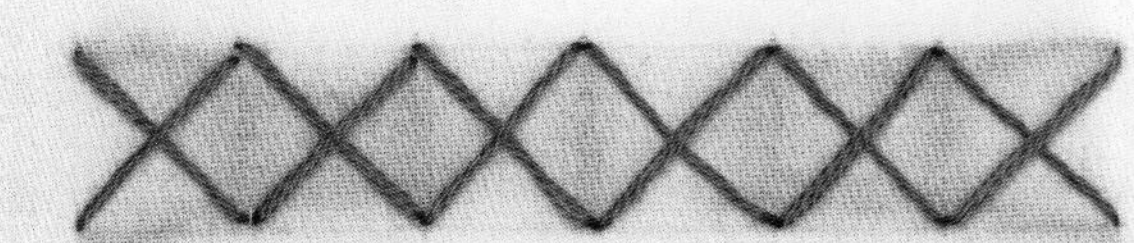

1 用热消笔或气消笔标记出缝线的位置。

2 完成缝纫。

3 用蒸汽熨烫面料缝线部分；请按照制造商说明书进行操作。热消笔标记将会消失。

可撕内衬或薄纸

可撕内衬有多种不同克重规格；本书中出现的大部分工艺使用的是轻薄的。可以在可撕内衬上直接绘图，也可以结合家用打印机使用：在电脑上调整好与服装匹配的设计图案，通过打印机打印出来，也可以使用薄纸，但它不能较好的与打印机结合使用。在这里，利用可撕内衬将电脑设计的滚条图案转印到面料上。

在可撕内衬上打印

利用台式打印机在可撕内衬上打印设计图案。

1. 将可撕内衬裁成适合放置在打印机纸张上的尺寸。

2. 在打印纸上粘一些双面胶，将内衬粘在打印纸上。

3. 将粘好内衬的空白打印纸送入打印机，然后打印出设计图案。

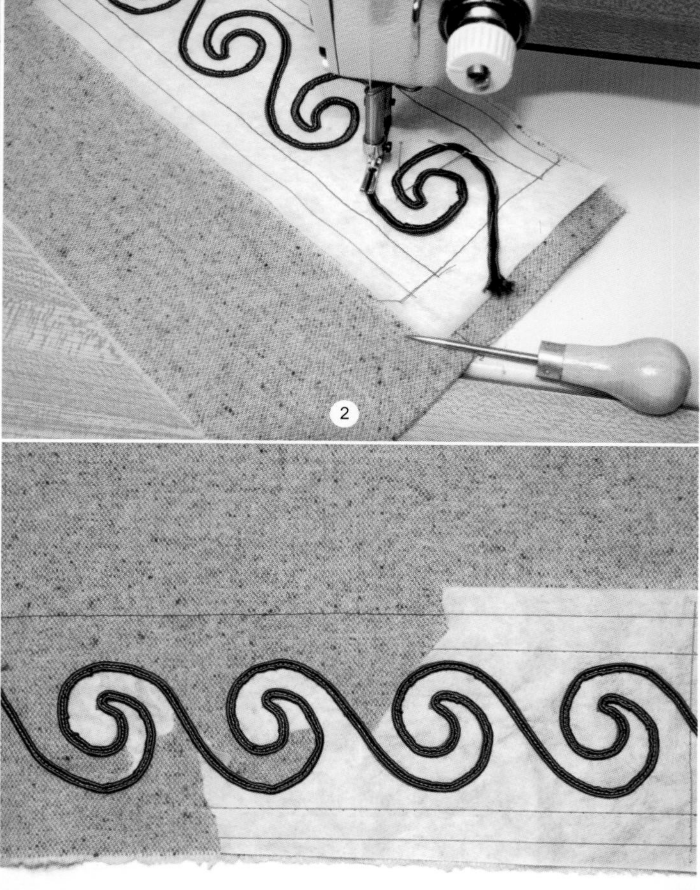

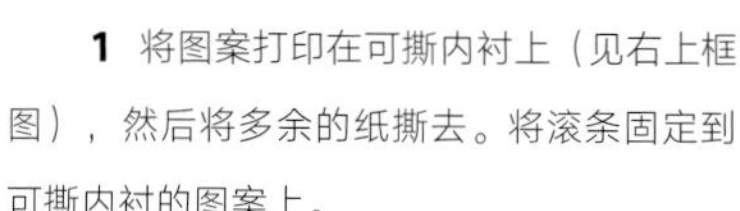

1 将图案打印在可撕内衬上（见右上框图），然后将多余的纸撕去。将滚条固定到可撕内衬的图案上。

2 将内衬假缝在面料上（这里用红线进行假缝）。将滚条通过内衬缝合在面料上。

3 完成图案制作时，将可撕内衬从面料上撕除。

划粉和卡纸

划粉或热消笔可用来在卡纸上画图案。剪出图案后，需要考虑是使用图案边框内还是图案边框外的部分。在这里，利用划粉和卡纸将贴花片图案转印到面料上。

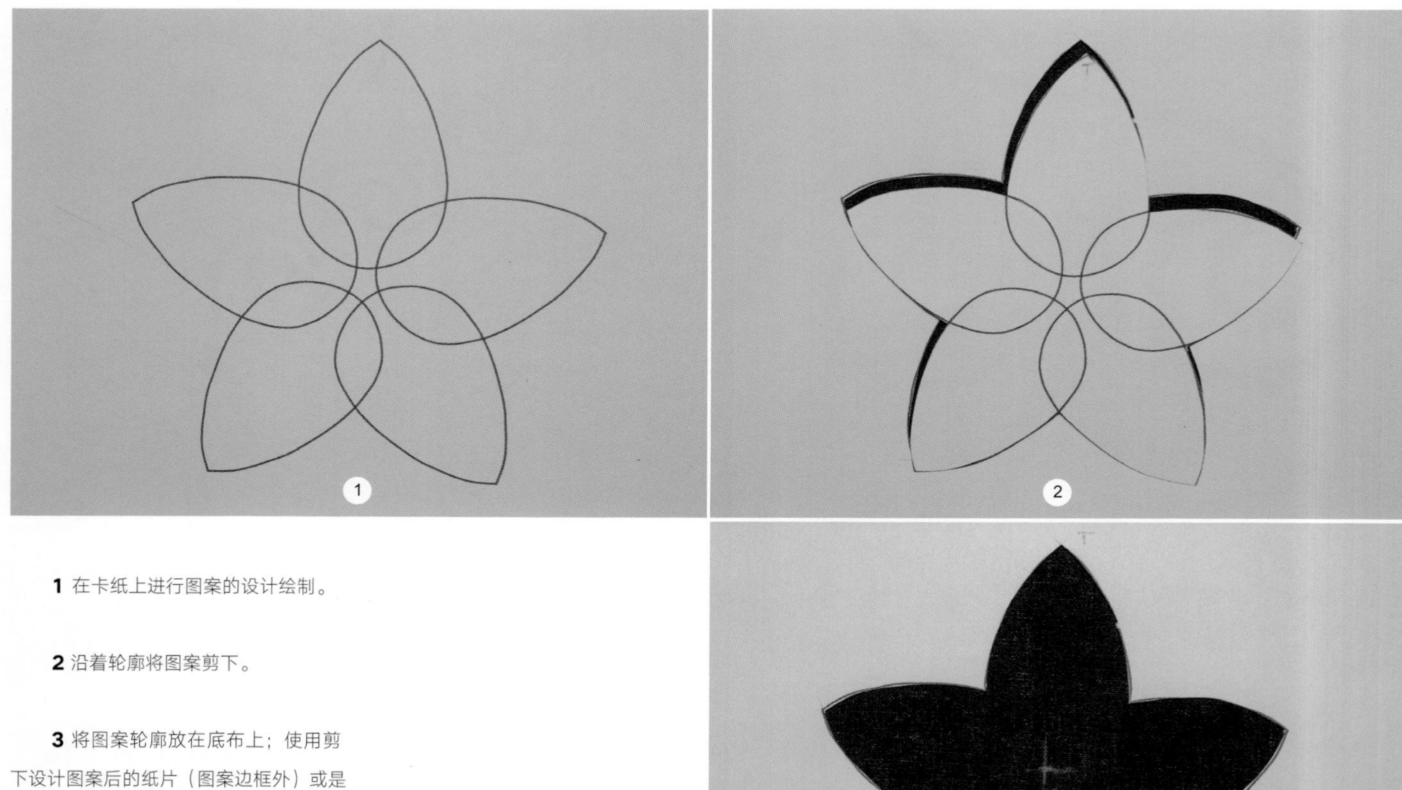

1 在卡纸上进行图案的设计绘制。

2 沿着轮廓将图案剪下。

3 将图案轮廓放在底布上；使用剪下设计图案后的纸片（图案边框外）或是剪下的图案纸片（图案边框内）均可。这里，使用图案边框外部分，在底布上沿着轮廓线画出图案。

机器假缝

机器假缝可以用来给翻折或熨烫部位作出准确地缝线标记，作为翻折轻质面料缝份的辅助手段，也可用于准确地标记底摆线。开始前，首先确认机器假缝不会在面料上留下永久的针孔。在这里，用机器假缝对贴花反面的缝份进行标记。

1 机缝缝线。这里，图案利用划粉将图案卡纸轮廓描绘转移到面料上；然后对图案用机器假缝，因为划粉线迹消失得过快。

2 将缝份的反面翻过去，并固定在确定的位置，缝合。

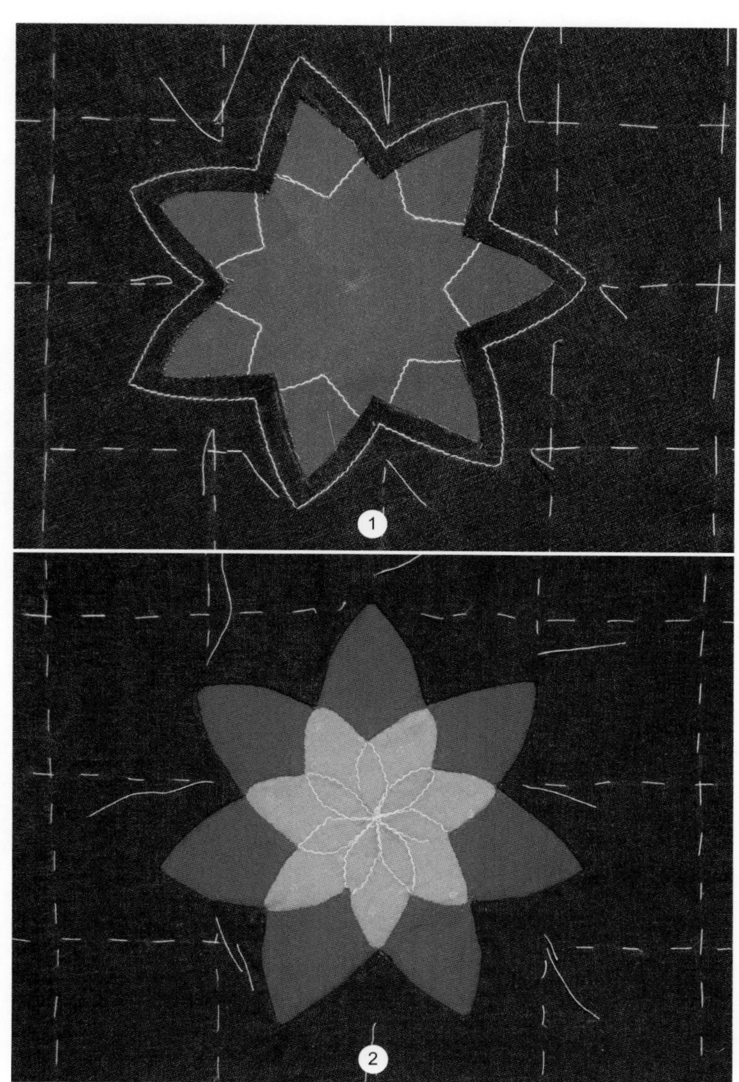

印花

印花过程是将细划粉挤压到图案上的镂空设计线处，从而将图案转印到面料上。这种方法可以直接将图案缝在面料上而非衬布上。

记号粉

在这个步骤，需要一些记号粉。服装用记号粉是画线工具，可以通过在小盒子里碾碎粉笔或裁缝划粉自制细粉末。

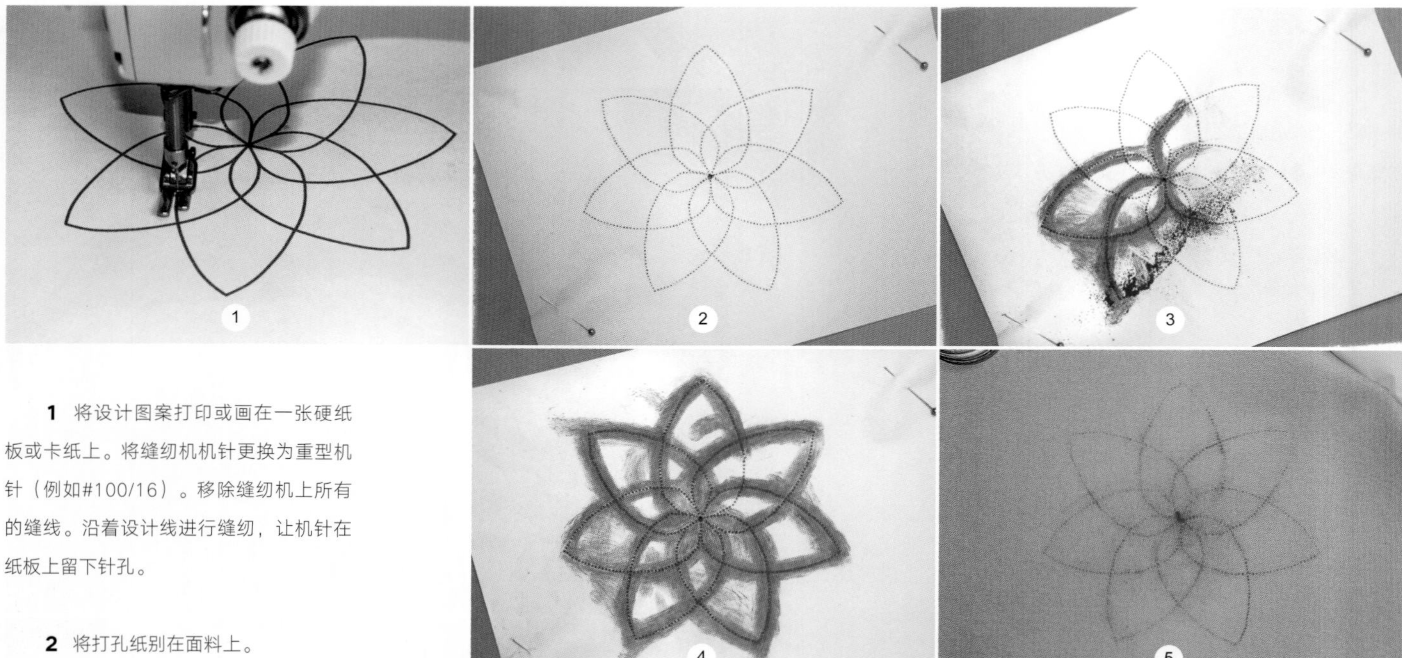

1 将设计图案打印或画在一张硬纸板或卡纸上。将缝纫机机针更换为重型机针（例如#100/16）。移除缝纫机上所有的缝线。沿着设计线进行缝纫，让机针在纸板上留下针孔。

2 将打孔纸别在面料上。

3 撒一些记号粉到纸上，用手指将粉末沿着针孔线涂抹开。

4 继续涂抹粉末直至所有的针孔线被粉末覆盖。拿起纸片，将多余粉末抖到一张折叠的纸片上并放回到粉末容器中。不要将粉末抖落到面料上，防止划粉设计记号错位。

5 完成划粉图案设计。

在纸张上进行机缝

完成了在纸张上的缝纫后，将机针放到一旁并贴上“纸张缝纫针”标签。一旦机针用于纸张缝纫，它将不能再用于面料缝纫。

使用印花粉扑

印花粉扑将划粉粉末保存在盒子里。使用印花粉扑将划粉拍打覆盖到针孔设计线上，这样比使用指头涂抹划粉更整洁，但两种方法可以得到相同的设计效果。

准备用于拍打针孔设计图的印花粉扑

完成转印的设计图和印花粉扑的反面

打版纸

设计图样可以画在打版纸并别在面料上，然后沿纸边缘裁剪面料，或者用划粉或铅笔将缝线和缝份标记出来。在这里，将贴花纸样转印到面料上。

1 将设计图样转移到打版纸上（这里使用非热熔型纸网）。将纸样别到面料上，沿纸边缘裁剪面料。

2 运用划粉或铅笔标记缝线。可以从打版纸上剪去缝份，用纸样做引导（如图所示）；也可以将纸样移开并通过从布边向里量取一定数值来标记缝线。

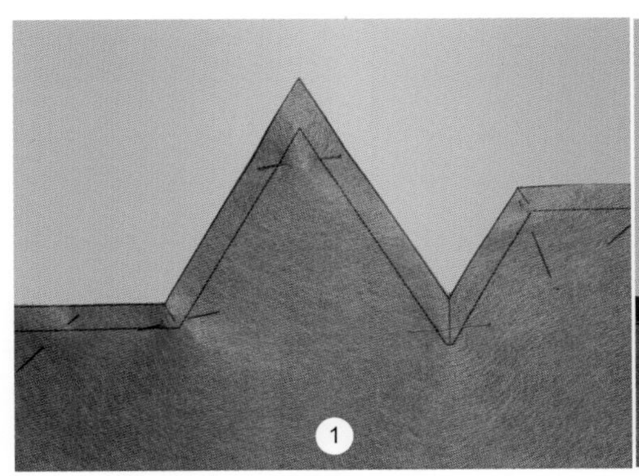
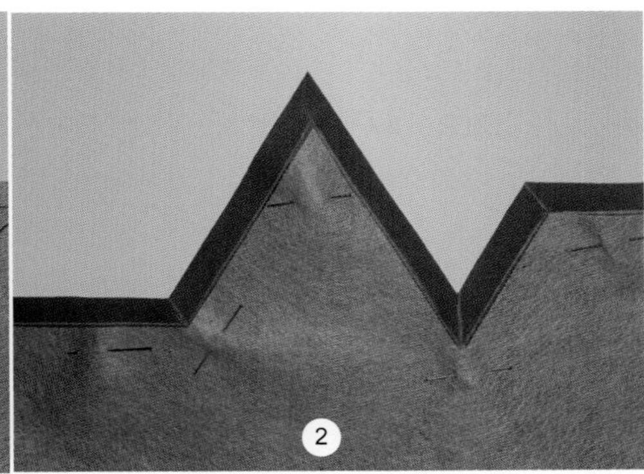

冷冻纸

冷冻纸的一面涂有塑胶，熨烫时会略微融化。它粘贴在面料上，随后冷冻纸可被剥离并重复利用。冷冻纸在面料标记设计图样过程中非常实用。在这里，用冷冻纸将一个贴花图案转印到面料上。

1 将设计元素打印或绘制在一张冷冻纸的哑光面上。将冷冻纸光滑面对着面料的背面，并轻轻地熨烫使冷冻纸粘附到面料上。

2 剪出图案形状（图中最后一行形状还需要进一步修剪）。将冷冻纸从面料上剥离。

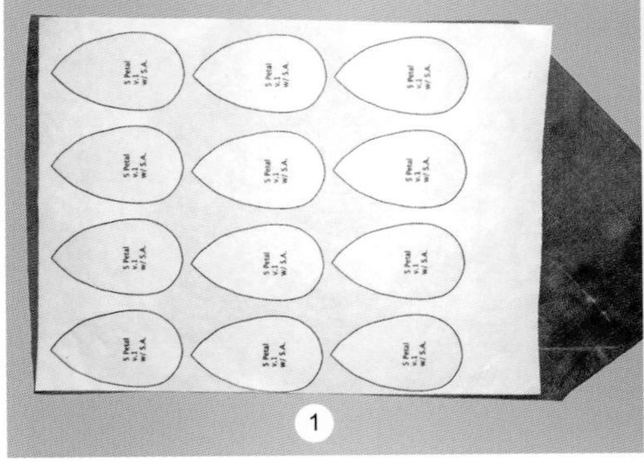
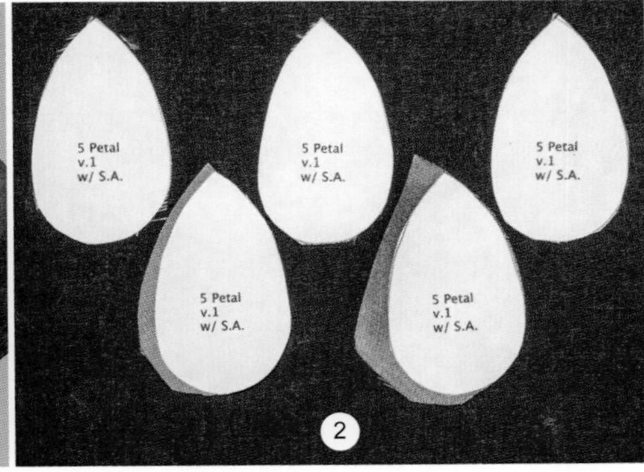

在冷冻纸上打印

用打印机将设计图案打印在冷冻纸上：

1. 把冷冻纸裁剪成适合放在打印机上的尺寸。

2. 将冷冻纸用双面胶粘贴在白纸上，冷冻纸的光滑面对着白纸，哑光面朝着外面。这可以避免冷冻纸上的塑胶轻微融化而在通过打印机时粘在打印机上。

3. 将粘有冷冻纸的白纸放入打印机并打印出设计。

基础线迹

平衡缝纫机线迹

平衡缝纫机线迹是指面线和底线都有适当的张力。对于所有缝纫机，机针和机线都应该能穿透两层面料。

为了得到平整的线迹，大多数的缝纫机到达工厂时都需要根据缝线进行调整：涤纶线，或棉包芯涤纶线。不管用较细的缝线（如单丝线）还是较粗的缝线（如钉扣缝线）去缝纫，都需要调整张力设置。缝线越细，夹线盘必须拧得更紧，以控制合适的缝线张力；越粗的缝线则需要越小的张力。

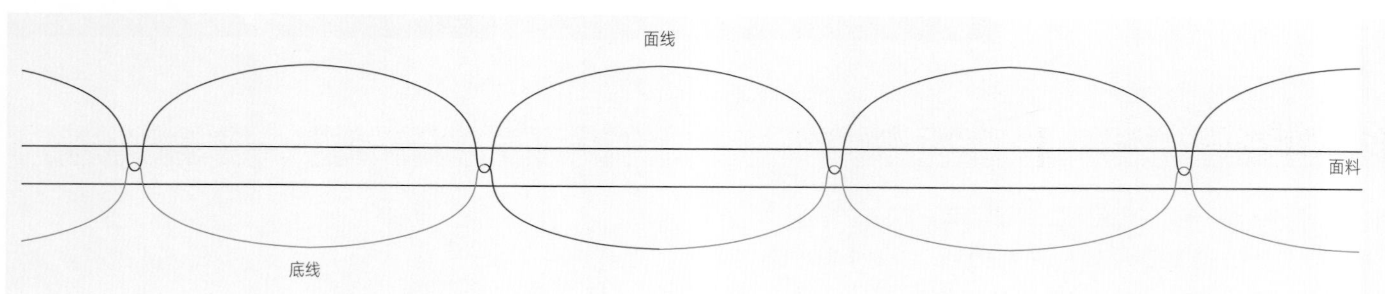

调整面线张力

如果张力调节圆盘上没有数字刻度，可以在上面画一个；将缝线想象成时钟的指针并标上“时间”。始终将张力调整设置为四分之一圈/次。顺时针转动张力调节圆盘以加大张力，逆时针转动以减小张力。在平衡张力时使用不同颜色的面线和底线，有助于看到所调整的线是哪一条；使用与最终服装相同品牌和样式的缝线和面料作为张力调整样本。

调整底线张力

检测梭芯梭套上的张力设置是否正确，将缝线从梭套的夹线盘正常穿过。将缝线拉出15～30cm；缝线应当可以轻松地从夹线盘滑出。现在将梭芯梭套悬在空中；静止时，梭芯不应与梭套分离。如果抖动缝线，梭芯梭套就好像是一个溜溜球，缝线应该能够活动几厘米。

如果张力太大，拧松梭芯梭套上的张力螺丝——两个中较大的那个螺丝控制着夹线盘。可以购买额外的梭芯梭套，调整其张力并保存以用于更细或更粗的缝线。

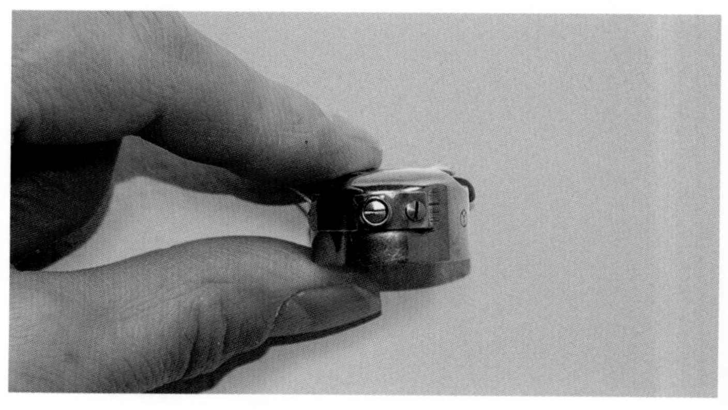

机器抽褶线迹

对单层面料进行抽褶时，将针距设置为5mm（5spi），面线会在面料的反面形成线圈，如下图所示。底线未被拉起形成紧密的线迹，仅仅是由面线在反面形成线圈。缝制两行打褶线迹后，慢慢地拉紧底线，面料就会形成抽褶。如果不小心误抽紧了面线，那么就得把每一个线圈都抽紧才能形成抽褶；在抽褶过程，面线容易卡住。通常用白线作底线，这样无论何时缝制抽褶线迹，都容易辨别底线。

针距	
毫米（mm）	**每英寸针数（spi）**
0.5	50
1	25
1.3	20
1.5	15
2	12
2.5	10
3	8
4	6
5	5

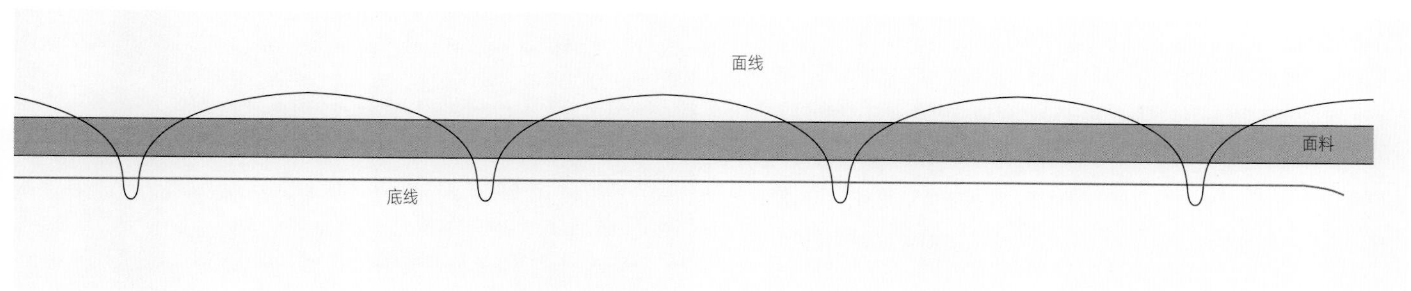

双面Z形线迹

进行Z形线迹缝制时，查看面料正面和反面的线迹样子，以确保面线和底线的张力合适。

1 太紧：面线的张力太大；底线会被拉到面料的正面。

2 太松：在面料的正面，Z形线迹可以形成整洁的三角且底线没有外露；但在面料的反面，可以看见面线在三角尖角处漏出的线迹。

3 合适：在面料的正面，Z形线迹形成整洁的三角且底线刚好在三角尖角处形成尖点；在面料的背面，面线刚好在尖角处形成尖点。

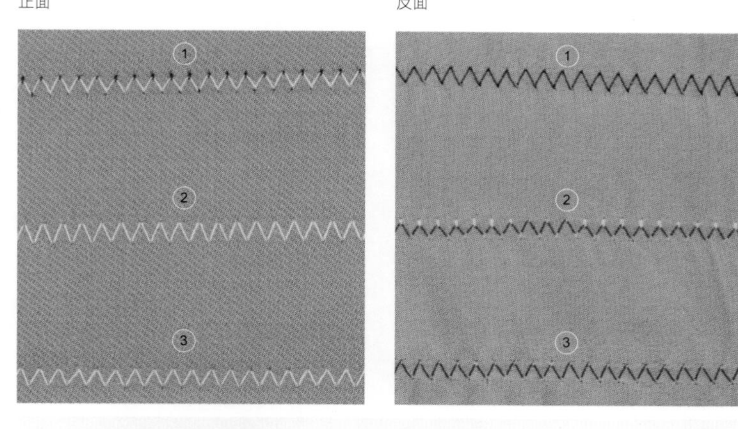

使用棉纸来防止形成缕

有时Z形线迹会使面料轻微浮起，形成“缕”。在面料下放置一张棉纸，以抵抗送布牙，可以防止形成“缕”。

不使用棉纸，会在面料上形成细小的缕。

使用棉纸，线迹和面料间起皱很少。

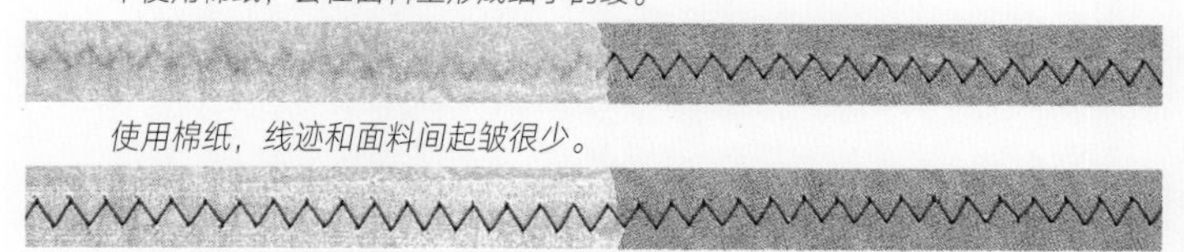

使用单丝线缝纫

单丝线，也称为隐形线，常用于多色装饰物缝纫，因为若用某种颜色缝线进行缝纫会过于明显，甚至可能会影响整体设计。

单丝线的材料为涤纶和锦纶。涤纶线熔点高，且不会随着时间变色；锦纶线在熨斗熨烫下可能会熔化。透明色的涤纶线和锦纶线可用于浅色面料，烟色的涤纶线和锦纶线可用于深色面料。

进行单丝线缝纫时，需要用样布测试面线和底线的张力，以保证缝线可以正确缝纫。通常，缝线缠绕在线团上容易绕着线团打转，导致缝线成圈或打结，线迹会卡住。可以尝试使用网格线网或旧尼龙袜套在线团上，缝线穿过顶端，然后正常穿过机器。同样的，线架顶端粘一小片胶带也可以防止缝线从线团上散落而脱离线团引导器。

单丝线可用于面线或底线。缝线很细，可以使用非常细的针，如特小号；也可以使用常规缝纫机针。由于缝线很细，需要调紧夹线盘（见24页）。如果用单丝线作底线，慢慢地转动它，梭芯的底线不要缠得太多。最好准备另一个锁芯梭套专门用于单丝线，因为更换缝线时，很难准确地对锁芯梭套的张力进行调整。记录下线迹样品完美时夹线盘的设置位置，可以为下次使用单丝线节省不少时间。

透明色和烟色的涤纶单丝线网格线网有助于单丝线准确地缠绕，防止缠扭曲和打结。

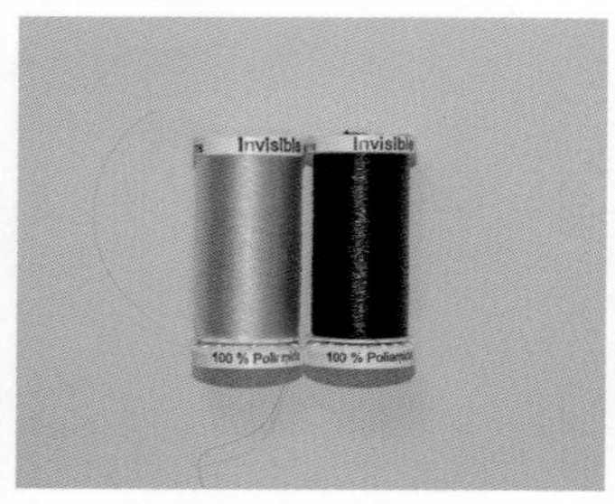

透明色和烟色的涤纶单丝线

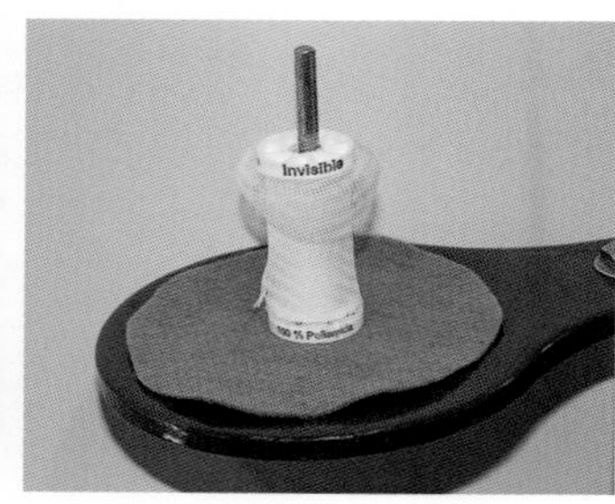

网格线网有助于单丝线准确地缠绕，防止缠扭曲和打结

测试单丝线面线和底线张力

使用单丝线缝纫前，要对面线和底线的张力进行测试，以确保设置合适。

下面的例子是使用单丝线作面线（第1、2、3行为烟色线；第4行为透明线），使用正常缝线作底线进行缝纫。图片显示了面料正面和反面的线迹。

正面

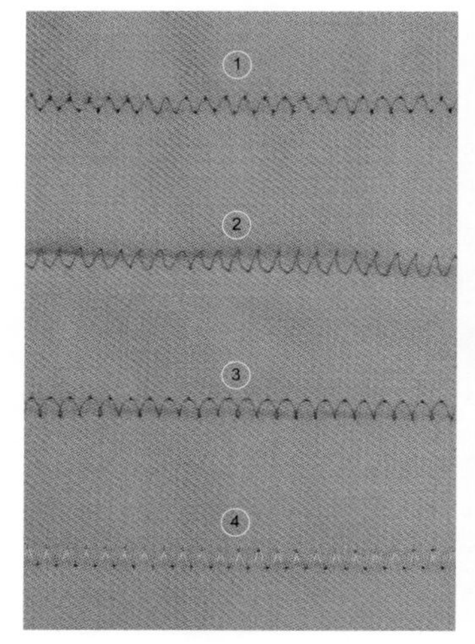

反面

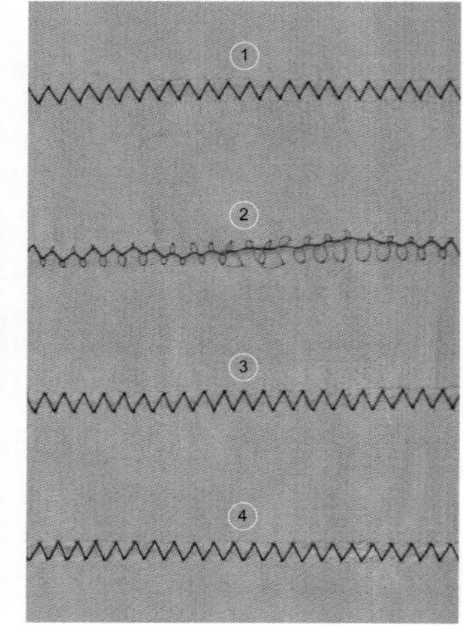

1 太紧：面线太紧；底线被从面料反面拉到了正面。

2 太松：Z形线迹有整洁的三角且在面料正面的三角尖点看不到底线；但是在面料反面能看到单丝线。

3 合适：Z形线迹有整洁的三角且在面料正面的三角尖点看不到底线。

4 合适：当用透明单丝线进行缝纫时，正面看不见缝线。在面料的反面，面线和底线张力平衡，底线线迹平整。

假缝

网格假缝

网格假缝可以将两种面料合在一起作为同一种面料来使用。这里的例子是一块带有黑色短绒的粉色网格反面与一块深粉色衬里粘合。网格假缝可以用在长面料或是用在被剪下来的单个图案片上。

缝纫方向

所有假缝要在同一方向缝纫。如果缝纫线是先向上穿过面料再向下穿过面料，那么进行每行假缝时可以机械地将面料上推或下推，以形成人字形图案。

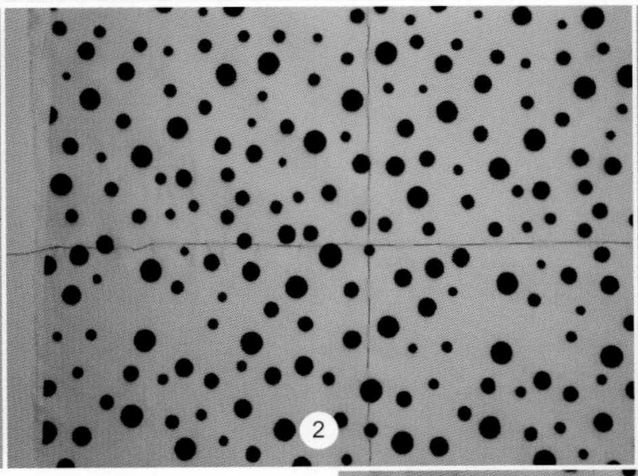

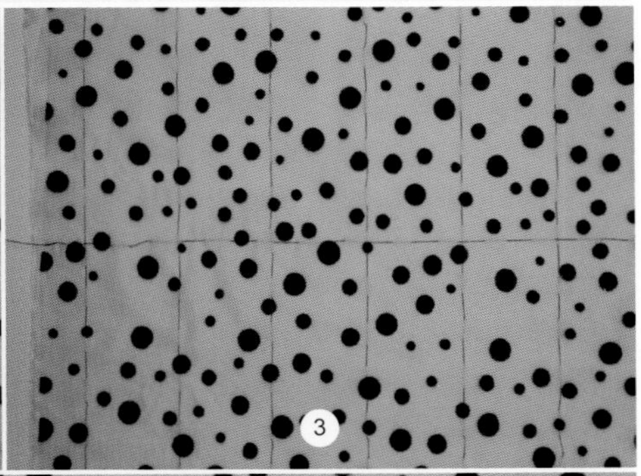

1
2

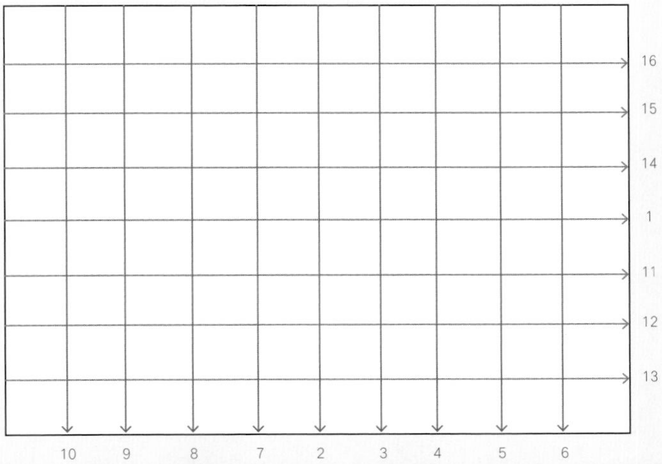

16
15
14
1
11
12
13
10 9 8 7 2 3 4 5 6

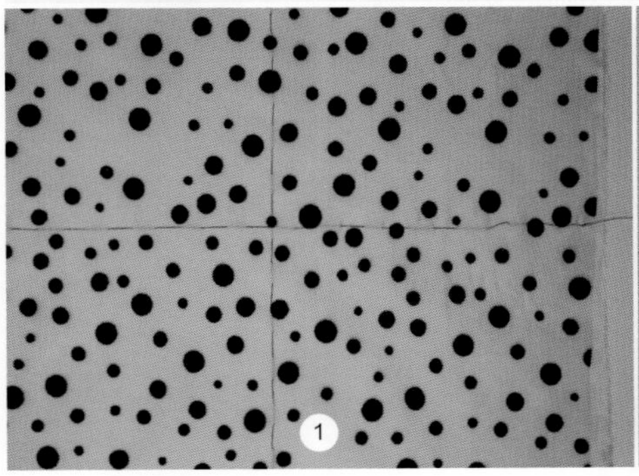

1 对齐面料和衬里，对好毛边、剪口和纱向标识。从面料或图案的中间开始，在面料的边缘倒针缝，确保线迹完成后没有线结（线结会使缝份处凹凸不平，如果使用倒针缝可以让面料更平整）。

2 穿过面料或图案，先从中间横向假缝，使用均匀的假缝线迹，长2.5cm。随后，从中间纵向假缝。网格假缝通常使用白色缝线进行缝纫，但这里为了更加清楚地展示效果，使用了黑色的缝线进行网格假缝。

3 缝纫垂直的假缝线迹，从面料中间开始向一端进行缝纫。随后再从中间向另一端进行缝纫。

4 缝纫水平的假缝线迹，从面料的中间开始向上端或者下端进行缝纫。随后再从中间向另一端进行缝纫。

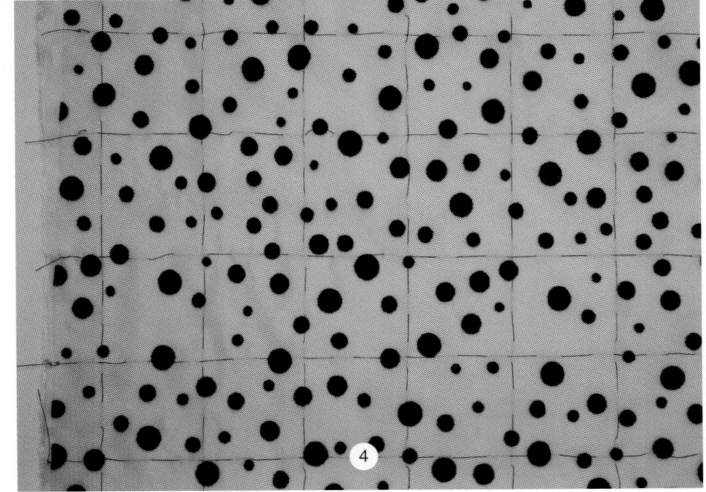

斜线假缝

对角线假缝线迹可以用于假缝大块装饰物和配件，如拉链定位。完整的线迹看起来像Z字形，在面料的一面呈现出斜向线迹，另一面呈现出一组平行线迹。

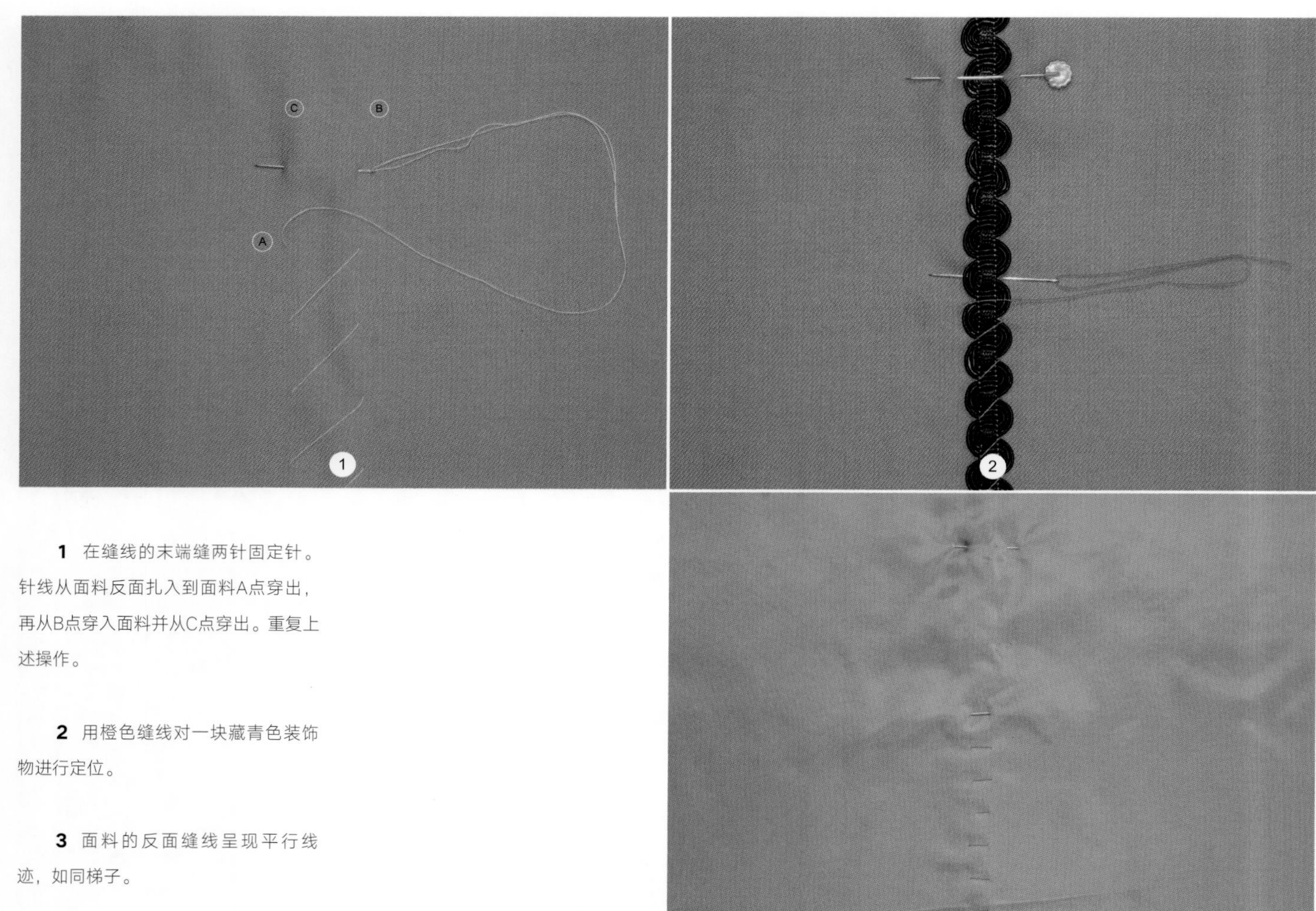

1 在缝线的末端缝两针固定针。针线从面料反面扎入到面料A点穿出，再从B点穿入面料并从C点穿出。重复上述操作。

2 用橙色缝线对一块藏青色装饰物进行定位。

3 面料的反面缝线呈现平行线迹，如同梯子。

线头打结

手缝打结

将缝线在手指上绕一个圈，再将缝线顺着手指下捻直至脱离手指，这样就形成一个凸起线结，常用这种方式来进行缝线打结。在有些情况下，需要打一个较小的结，如下图所示。

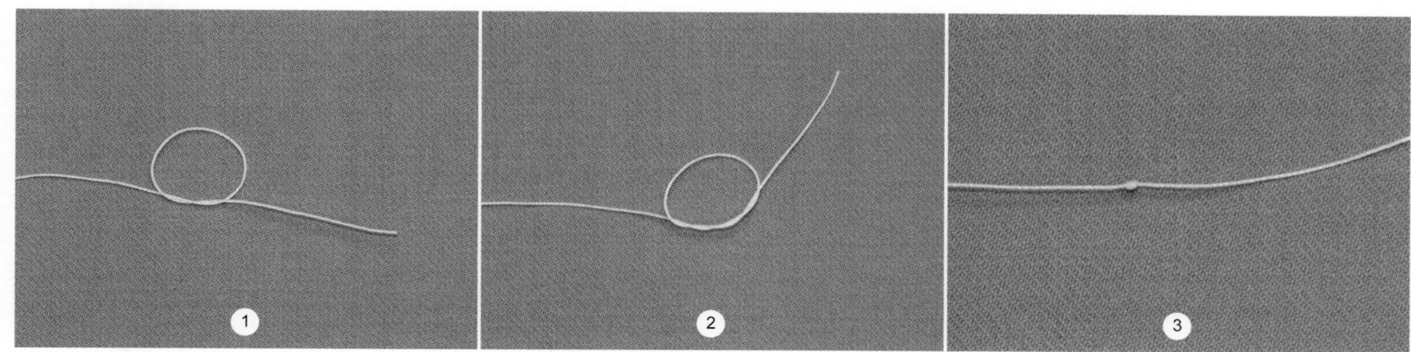

1 在线头绕一个圈，将线头穿过线圈。

2 再次将线头穿过线圈。如果需要一个更大的结，可以将线头再一次穿过线圈。

3 拉紧线圈完成打结。

缝纫起始处隐藏线结

当进行两层或多层面料的缝合时，在缝纫开始和结束时需对线头进行隐藏处理，使线头在面料的正面和反面都不会看到。

剪线头

线头打结后，不要将线结外的缝线完全剪掉，否则线头会散开，所打的结会散掉。通常在线头1.3cm处进行修剪。将线结隐藏在面料层间，线头也能隐藏。

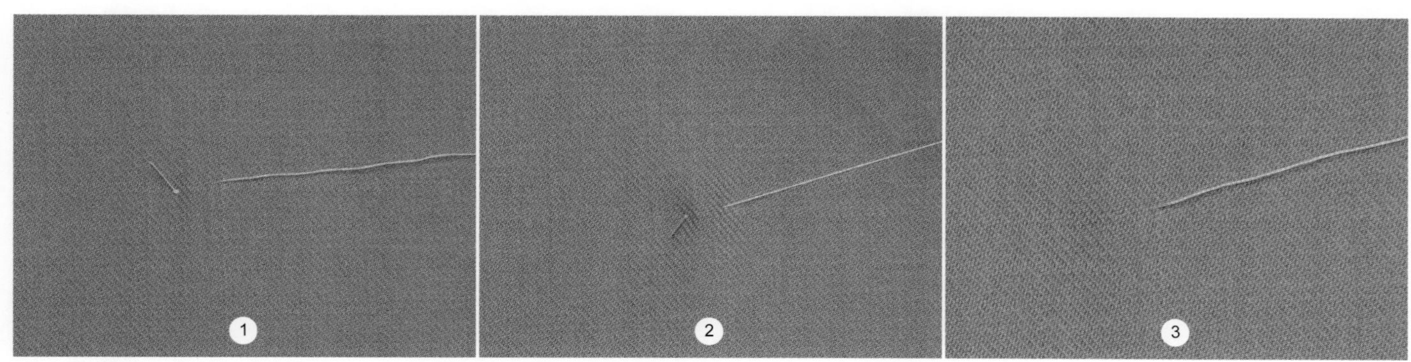

1 在线头打一个小结。将缝针在距离起针处1.3 ~ 2.5cm的位置穿进上层面料。将针和线从面料间穿过并从起针的地方穿出。

2 将缝线绕在手指上并轻轻地拉动，直到听到结从上层面料穿出所发出的类似“啪”的一声。线结在面料间线会打结，并且线头需要隐藏。

3 线结被藏在面料间。

缝纫结束处隐藏线结

完成缝纫时，可以在面料间隐藏线结，如同缝纫起始处的线结。

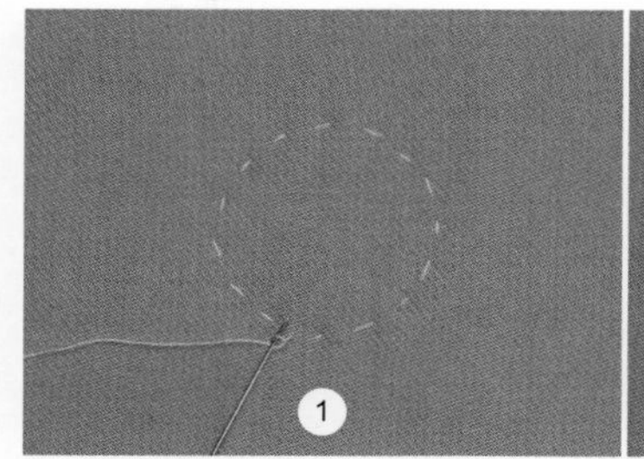

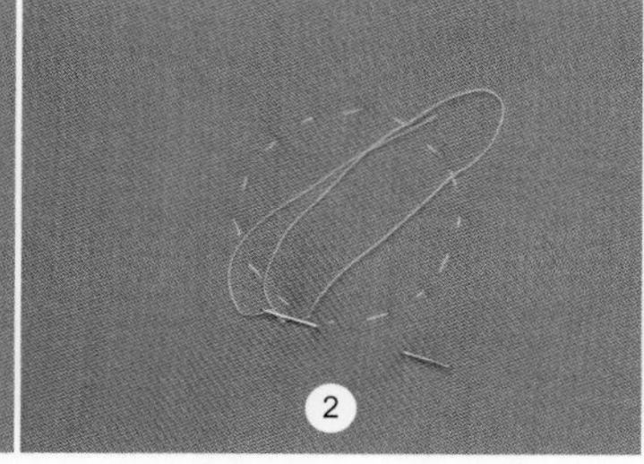

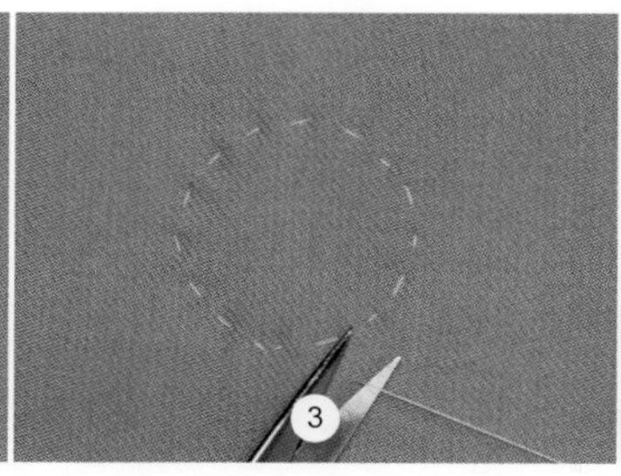

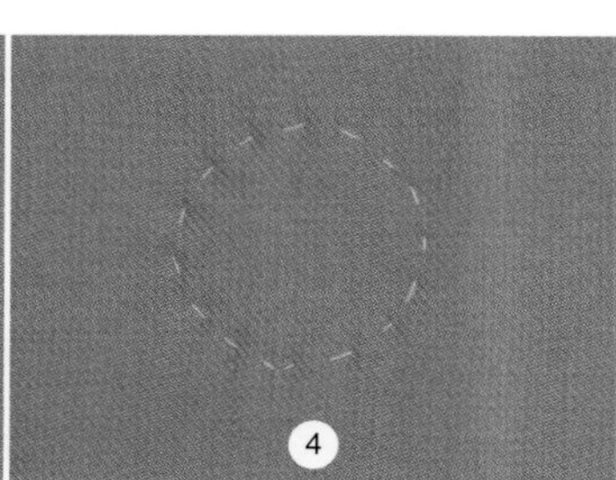

1 在收尾针前进行缝线打结。

2 完成缝纫。将针和线穿进单层面料再从距离收尾针1.3 ~ 2.5cm的地方穿出，慢慢抽紧缝线直到线结“噢、啪”的穿过面料。

3 稍稍拉紧针和线，并贴紧面料表面剪去缝线。当缝线剪断后，新的线头应该会藏回面料之间。

4 线结和线头被藏在面料之间。

机缝打结

如果不想在机缝时进行倒针，也可以用手工打结来替代。

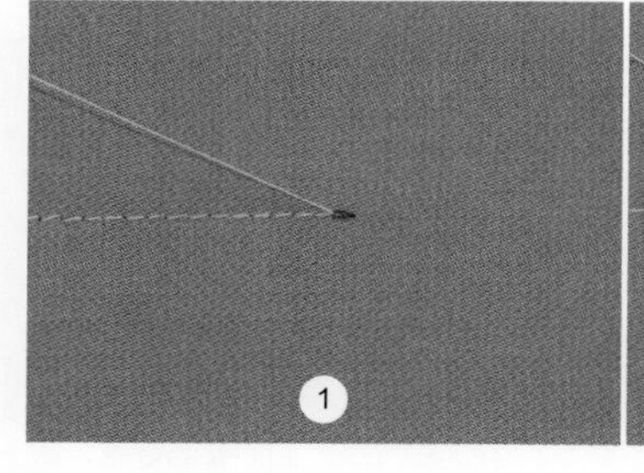

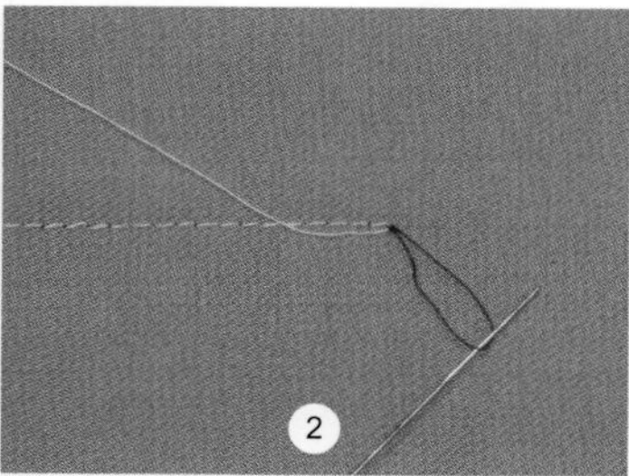

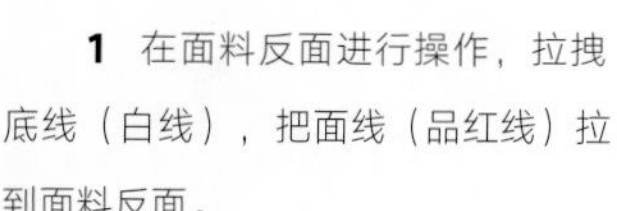

1 在面料反面进行操作，拉拽底线（白线），把面线（品红线）拉到面料反面。

2 一旦可以抓住面线，将珠针穿过线圈辅助面线穿过。

3 用反手结将面线和对应的底线打结。在线圈中插入一个珠针来引导线结在缝线上的位置。

4 将线结放在面料表面的位置。

5 在面料反面完成打结。

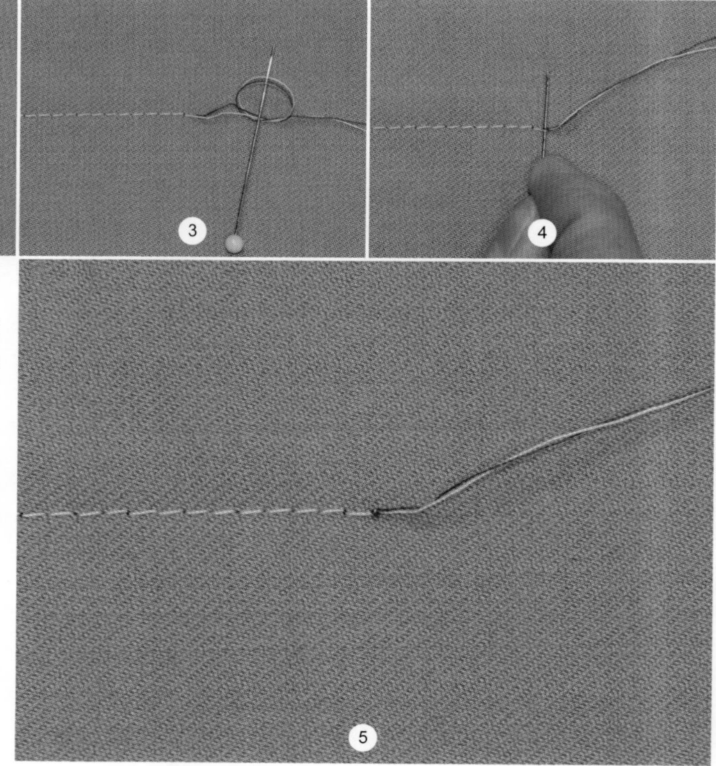

熨烫接缝

缝纫后将接缝直接熨平，有时也称为“夹层接缝”。在缝纫后，接缝的线迹位于面料表面，形成一个小小的缝线“脊梁”。直接熨烫接缝有助于将缝线嵌入到面料的纱线中。

新缝好的接缝熨烫后，在需要时还可以对它进一步的熨烫，将缝份劈开或倒向一边。

熨烫垫布

一块无折边的轻薄自然色或白色丝质透明硬纱是理想的熨烫垫布。透明硬纱要足够轻薄，能看到下层；同时也要足够密实，防止熨烫时面料产生极光。

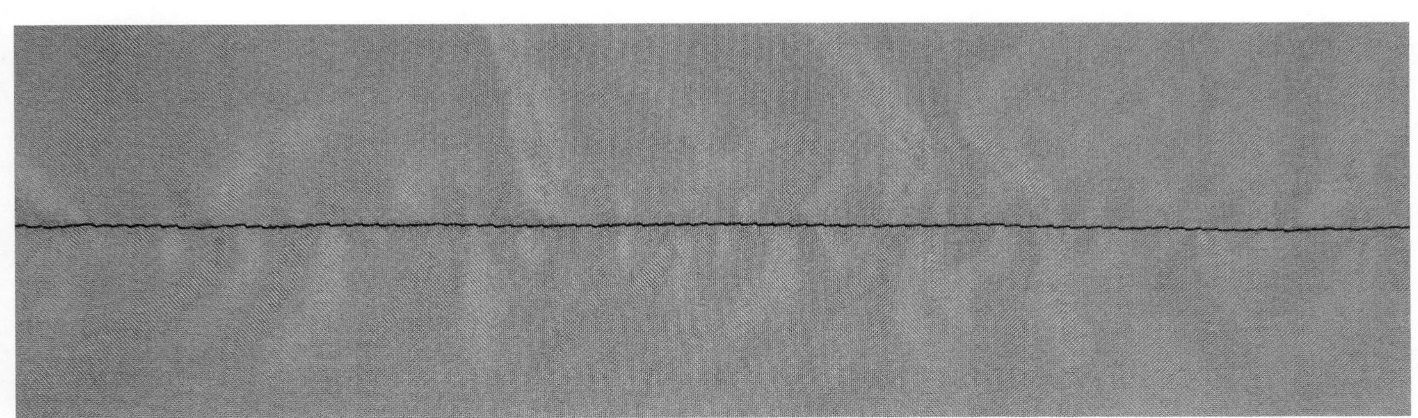

新缝好的接缝

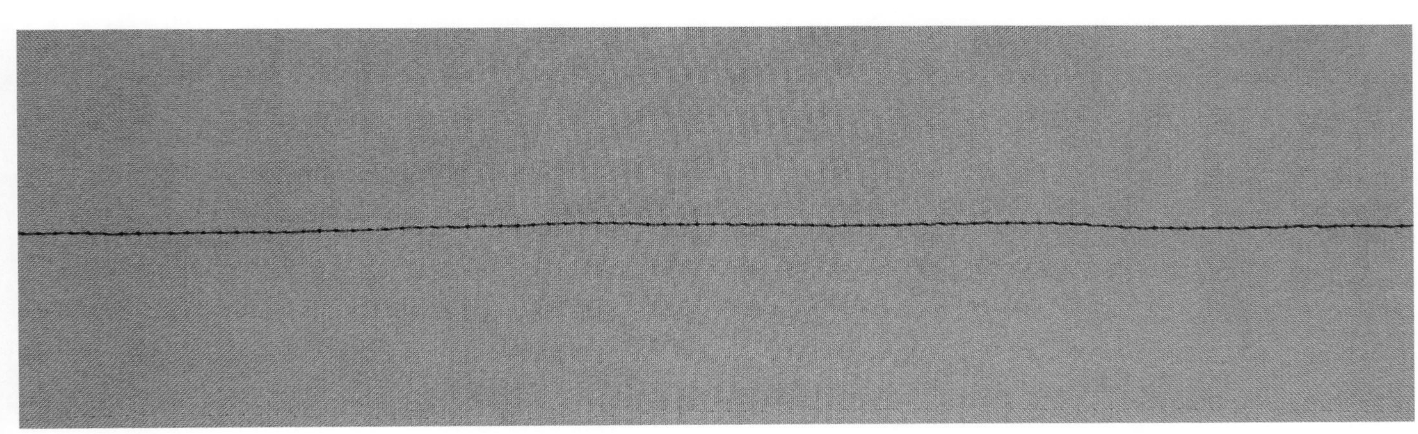

熨烫后的接缝

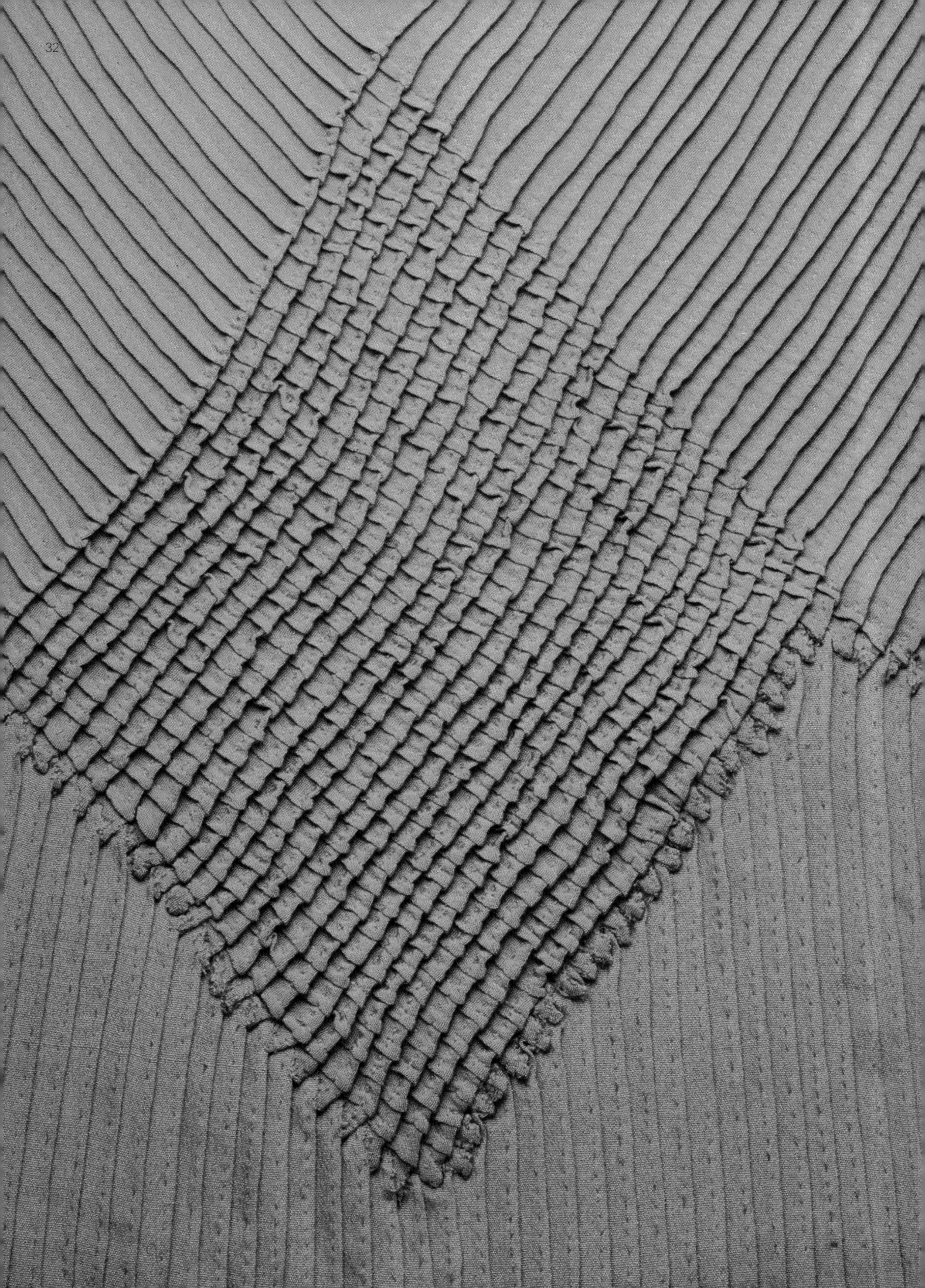

2
面料处理技法

一提到褶边和荷叶边可能会让人们想起围裙和蛋糕裙，但它们可以为服装增添优雅和华丽的格调。这两个术语容易混淆：褶边是沿着一个布边打褶，然后再与底布缝合；而荷叶边是平整的缝到底布上的。荷叶边的造型是通过裁剪面料而形成的。

褶边和荷叶边基本上都可以应用在所有类型的服装中。它们可以用来装饰底摆、领口或者袖口。而服装的某些部位，如腰褶，本身就是荷叶边的一种形式。褶边和荷叶边都可以设计成装饰物，给面料增添纹理效果。在制作褶边和荷叶边时需要确定多个规格，最基本的是确定它们的宽度、长度以及褶皱的密度。

2.1 褶边和荷叶边

较窄的褶边和荷叶边会立在底布周围，而比较深而大的褶则会靠近身体悬垂。密集的褶容易在底布周围立着，而松散的褶的形状可能不太明显。

荷叶边可以是具有规则宽度的环形，或是从头到尾具有宽度变化的螺旋形。除了装饰效果，不同的宽度可以避免某些部位的褶皱堆积。比如，袖窿上的荷叶边设计，较窄的部分可以放在腋下。同样的，荷叶边的宽度以及剪成的圆弧的大小会影响最终的外观效果。

最后，底摆可以通过使用鱼线或者在面料拉伸状态下锁边来塑造出波浪效果。

基础褶边

对中等厚度的面料打褶时，一般选用2：1的打褶率（打褶面料的长度是底布长度的2倍）。这里，一块长50cm的轻丝质面料被打褶后缝到了一块长20cm的底布上。

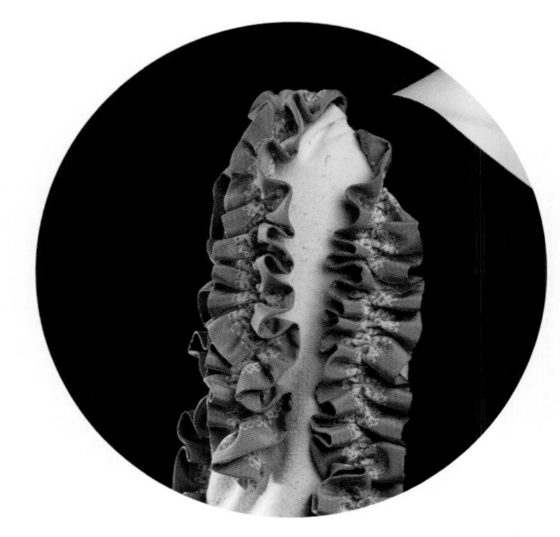

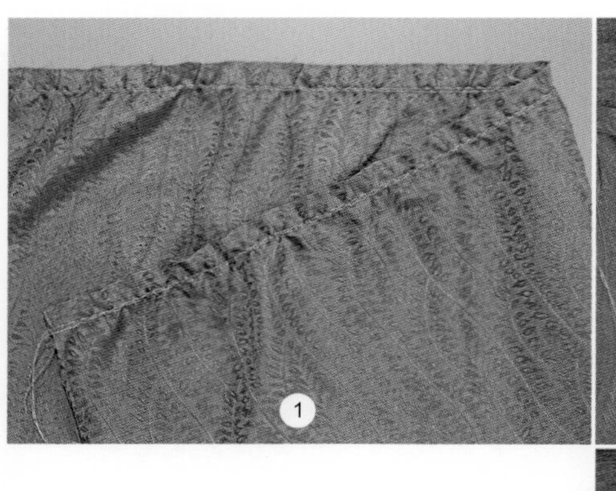

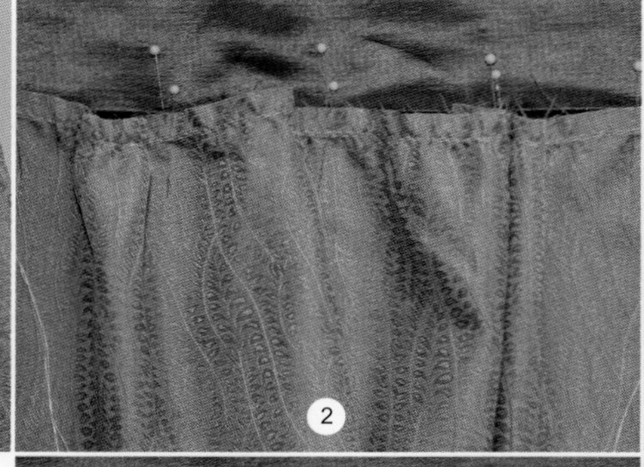

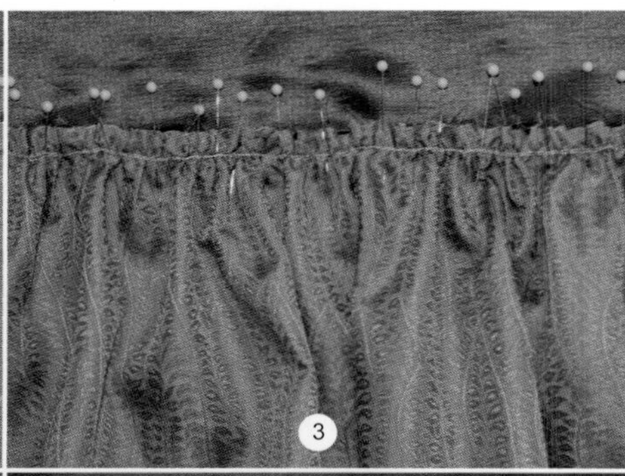

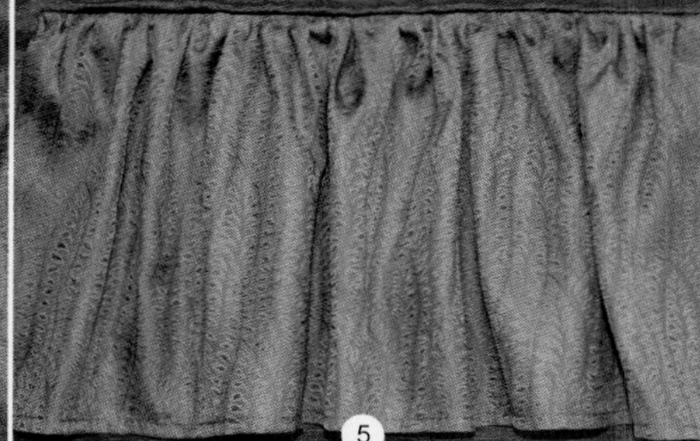

1 用合适的工艺对褶边进行处理。将装有白色缝线的锁芯装到缝纫机上，将针距调整为非常大。假设在1.3cm的缝份上，缝纫两条打褶线迹：第一条线在1cm处，第二条线距离第一条缝线1mm处（见25页机器打褶线迹）。

2 将打褶的边分为4个或多个均等的部分，并在每一部分的起始位置固定一个大头针。将打褶面料每一部分对齐底布，用针固定。

3 慢慢抽紧底线；打褶面料的每一部分都与底布对齐后，将白色底线和面线以“8”字形缠绕在珠针的末端上，以确保合适的打褶长度。在每一部分将褶裥均匀地分散开，如果褶裥太密集或太松散，松开珠针上的缝线进行调整。

4 将打褶面料手工粗缝在底布上，从右端开始检查褶边，以确保在机器缝制时褶皱均匀分布。图中白线为粗缝线，橘线为机缝线。熨烫缝份。

5 完成的褶边效果。

变化形式

尝试更紧密的褶边。图示为一块长100cm的轻薄丝质面料，打褶后缩减到25cm——打褶比为4：1。

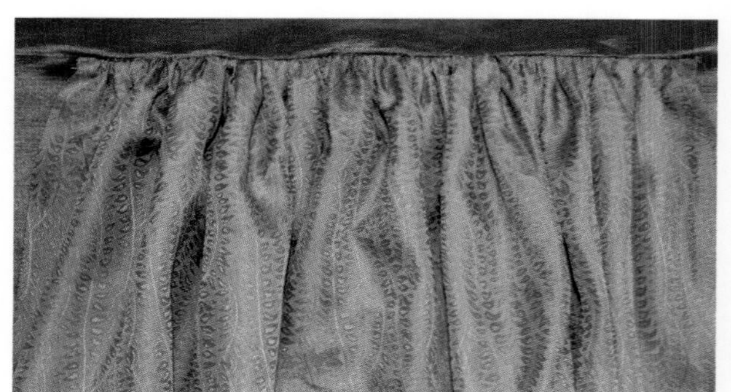

线绳褶边

厚面料打褶：用机器在线绳上“之”字缝，然后沿着线绳进行面料打褶。

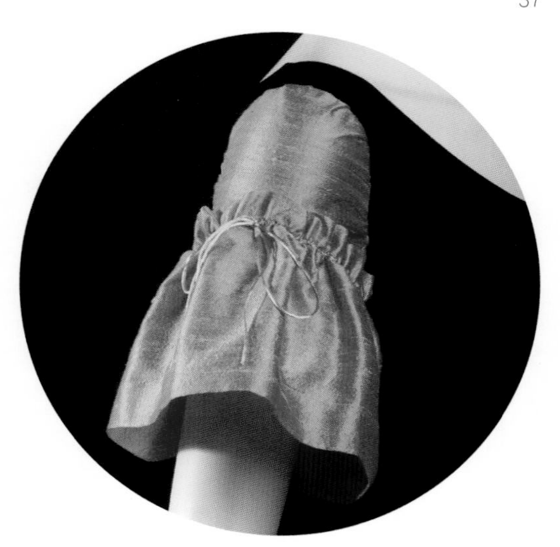

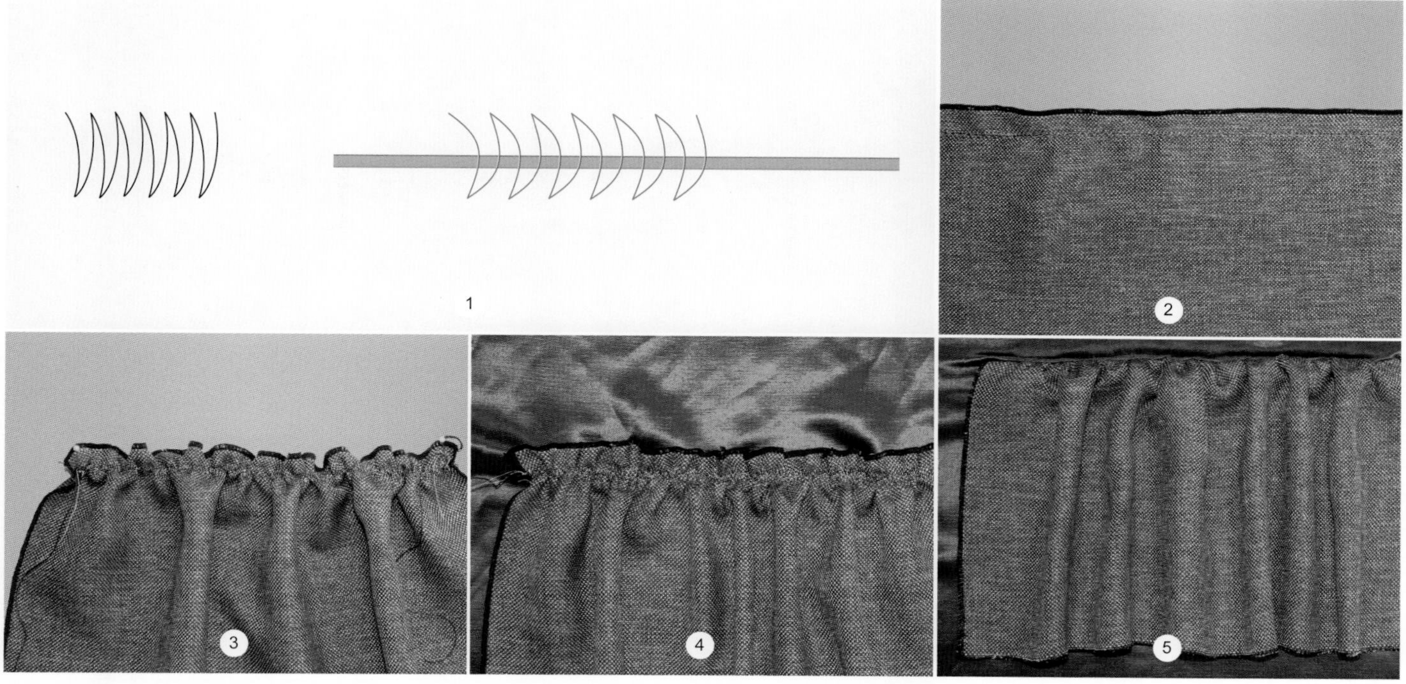

1 调整缝纫机“之”字形线迹的宽度，使其恰好能覆盖但又不能缝住线绳的边缘。“线绳”可以使用各类纤维：1mm至1.5cm的人造绳或缝线；珠串编织线，如c形编织线或s形编织线，或珠光线。这里使用的是人造珠光绳。

2 将线绳放在面料的打褶线上，用珠针固定。用“之”字缝将线绳缝上。

3 抽紧线绳将面料打褶。在褶结束处放置珠针，并将线绳绕珠针“8”字形缠绕，确保合适的打褶长度。

4 固定褶皱，再通过粗缝、机缝等方式将褶边像上一节（基础打褶）中所述方法缝在底布上。

5 完成线绳打褶。

打褶前的毛边处理

如果所使用的面料布边非常容易磨损，在打褶前要对每一边都进行整理（例如，锁边）。

双褶边

双褶边是指在面料中心打褶形成两条褶边，两边各一条。面料的宽度会影响到成品的外观：较窄的面料打褶会形成挺立在服装上的“V”形，就像礼服衬衫上的褶边；较宽的面料打褶会形成两条褶，从打褶线处往下垂落。宽的褶边容易在面料的正面和反面露出线迹，所以要谨慎选择和使用。

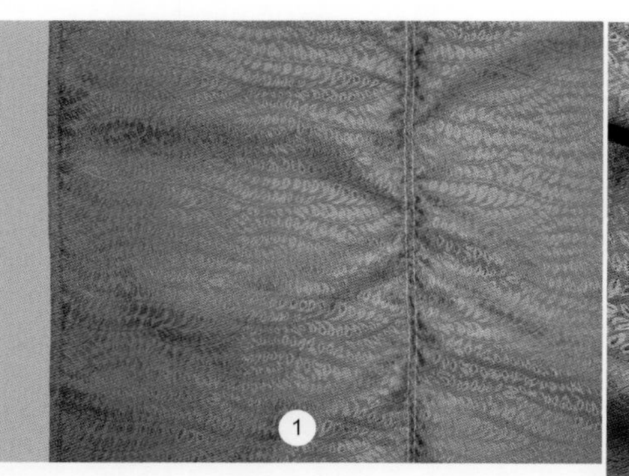

1 首先，对两个布边进行折边：一边向面料正面折边，另一边向面料反面折边。沿着面料中间缝两道打褶线迹，两线间隔3mm；打褶线迹与中线间隔相同，且两边褶宽相同。

2 将面料打褶到合适的长度，用针别到底布的合适位置。将褶边粗缝到底布上，移除珠针。

3 将褶边缝到底底布上，从两条打褶缝线中间开始缝。

4 完成双褶边。

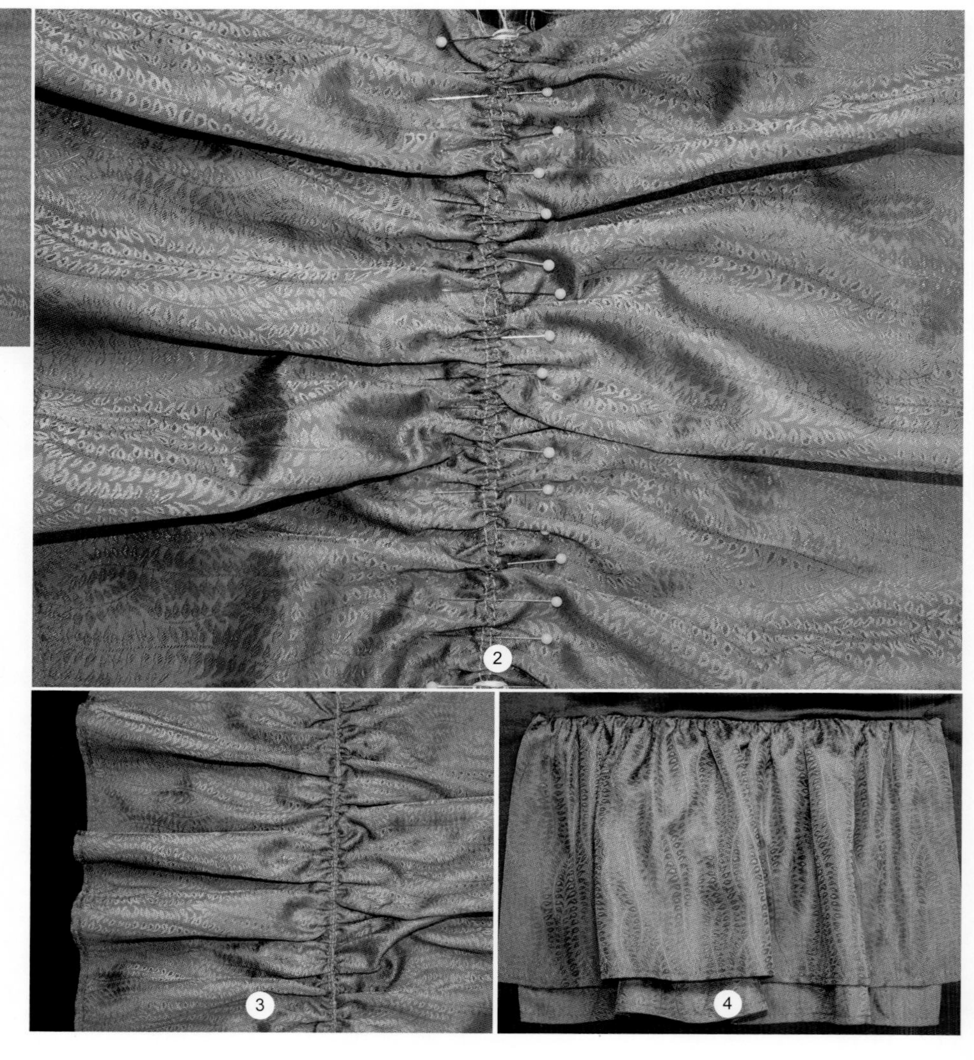

环形荷叶边

环形荷叶边由环状面料制作而成。它们的制作稍微有点复杂，因为面料尺寸的一点小变化以及内圆到外沿（布边）的剪口位置都会对造型产生很大影响。改变剪口的位置会影响到荷叶边的经向。无论改变内圆或是外圆的尺寸，都会影响到荷叶边的大小、深度以及缝线的长度。

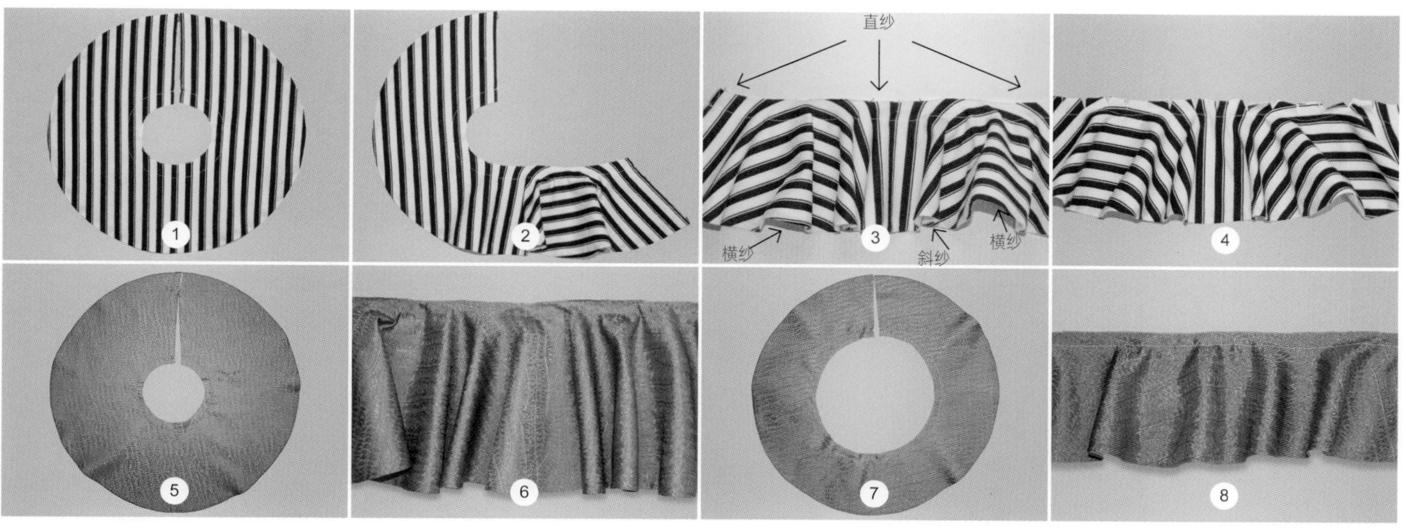

1 将布环从条纹面料剪下，条纹与直纱方向一致。从圆环的上端沿着直纱剪开半径线。

2 将内圆弧逐渐拉直，荷叶边开始形成。

3 当内圆弧被拉直后，两端和中心荷叶边的一部分圆弧对应的面料是直纱，所以可以平铺在桌面上，穿着时会平伏在身体上。荷叶边的纬纱部分会远离桌面形成喇叭，这些部分的条纹图案几乎是水平的，穿着时也会远离身体形成喇叭形。

4 如果沿着缝线在内圆缝份处剪几个接近折边固定线迹的剪口，折边固定线迹就会平整地铺在桌面上。纬纱部分的喇叭也会略微变小，斜纱部位形成的波纹也是可以接受的。

5 改变圆环的大小会影响荷叶边褶皱的数量。这里显示的是一个外圆半径为46cm，内圆半径为11.5cm的圆环。

6 内圆弧顺着缝线拉直后，要留意褶皱的丰满度以及缝线的长度，在这里缝线长度是40.5cm。

7 这个圆环外圆直径为46cm，内圆直径为20cm。

8 内边圆弧顺着缝线拉直后，需要注意：随着荷叶边喇叭数量的减少，缝线的长度会变长。在这里缝线长度是73.5cm。

荷叶边烫衬

如果对环形面料进行烫衬，裁减时衬的纱向要与服装面料的纱向相同。如果衬的纱向与服装面料纱向不同，内衬和面料会相互影响产生皱褶。先将面料和内衬沿着环形外边缘缝合在一起，然后将面料的正面翻出来，之后沿着内边缝线将两层折边固定缝合在一起。

环形荷叶边的缝制

环形荷叶边可以水平或垂直地缝到服装上，但效果完全不同。

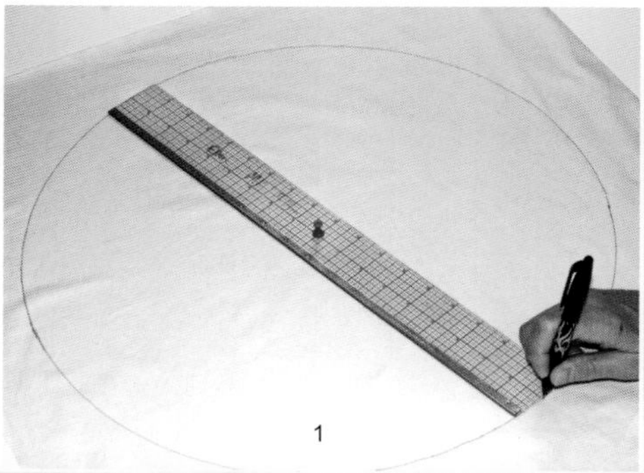

1 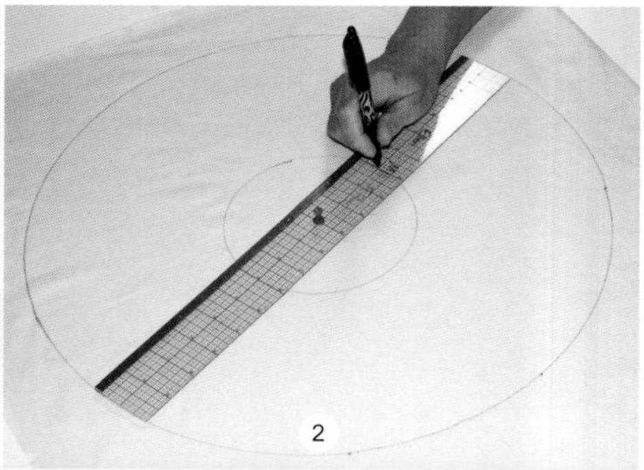 2 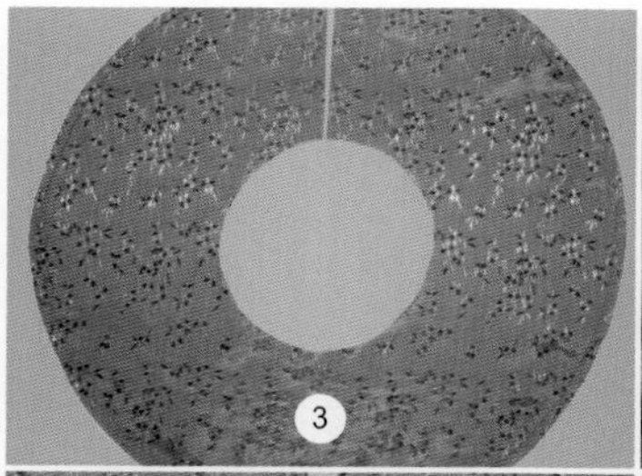 3 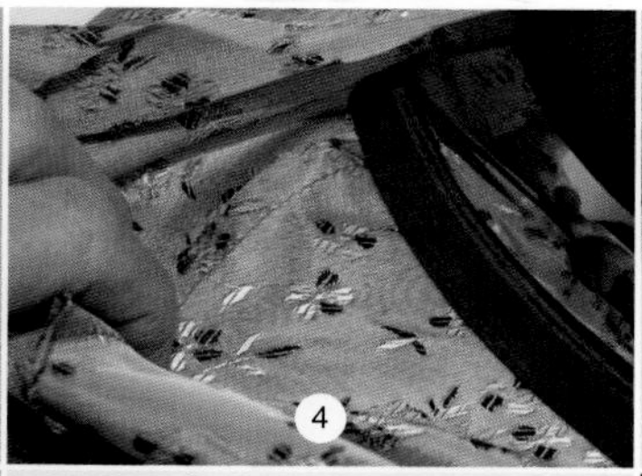 4  5 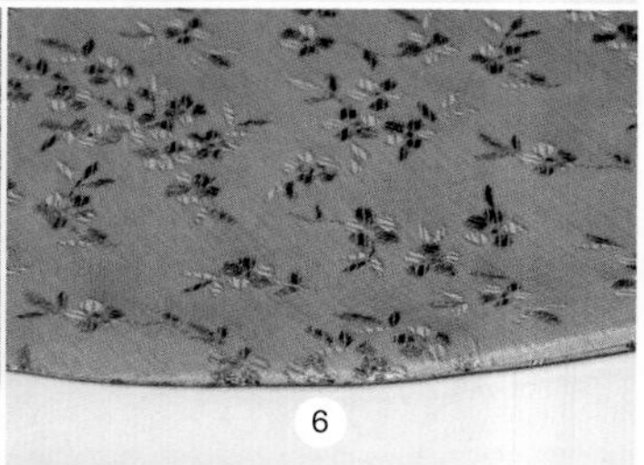 6 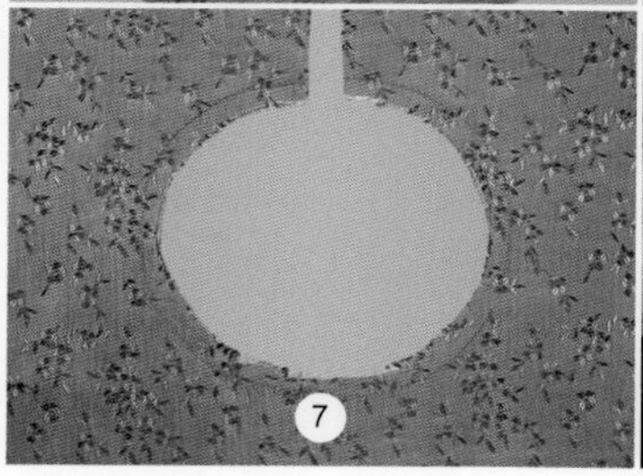 7 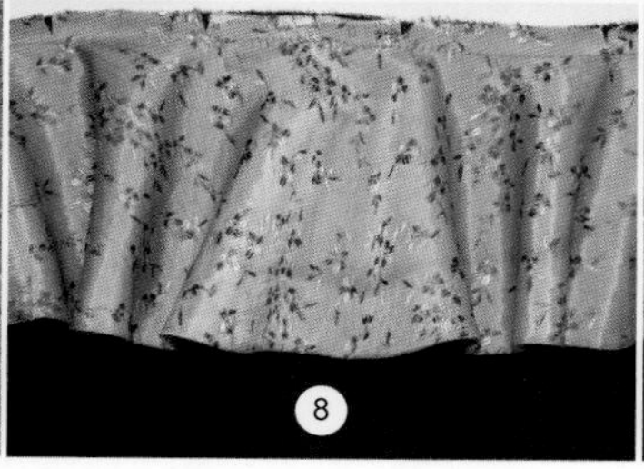 8 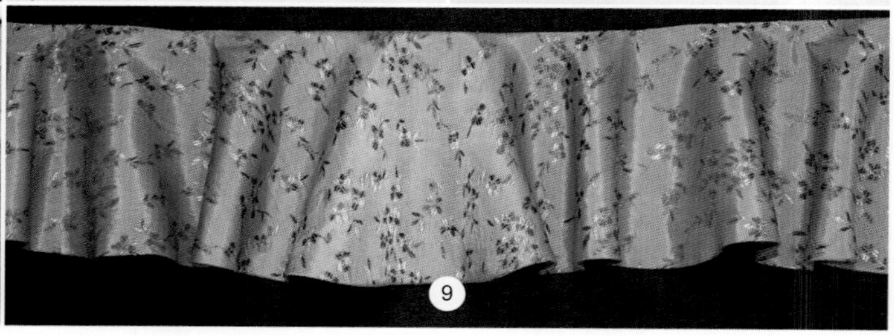 9

1 在纸或坯布上画环形样版。利用细绳或尺子都可以画一个大圆。用细绳拴一支铅笔，绳的一端固定在圆心，绳另一端的铅笔通过旋转即可。如果用尺子，尺子沿中心线有一排孔，选择中心的孔用针固定作为圆心，铅笔在尺子一端，当尺子绕圆心旋转时，铅笔就可以画出一个圆。这里外圆的半径是22.5cm。

2 做小内圆，将铅笔头插到尺子中心线的孔里，这里铅笔插在距离圆心7.5cm处的孔里，按做外圆的步骤作出内圆。

3 从面料上剪下两个圆片，并沿直纱剪开半径，先缝合好外圆弧边缘，熨烫。

4 打开圆环，露出接缝的一小部分。在面料的反面，垂直缝合线方向熨烫，将熨斗的前端推到缝份外。小心地绕着圆内侧熨烫缝合线，不要出现任何不必要的折痕。

5 完成圆环里边的熨烫。

6 熨平缝线处的面料边缘或是微微卷向反面的边缘。

7 从面料反面将内圆的边缘缝合。

8 拉开内圆，将其缝到底布上，必要时在缝份处打剪口，使其平整。如果荷叶边是用夹层缝的方式缝在两层面料之间，那么先将荷叶边缝到下面一层面料上，这样可以边观察荷叶边形态边进行缝制。

9 环形荷叶边缝进接缝中。

形态变化

旋转底布，使荷叶边垂直悬挂，以塑造不同的形态。

螺旋荷叶边

螺旋荷叶边是使用环状面料来塑造的另一种荷叶边造型。

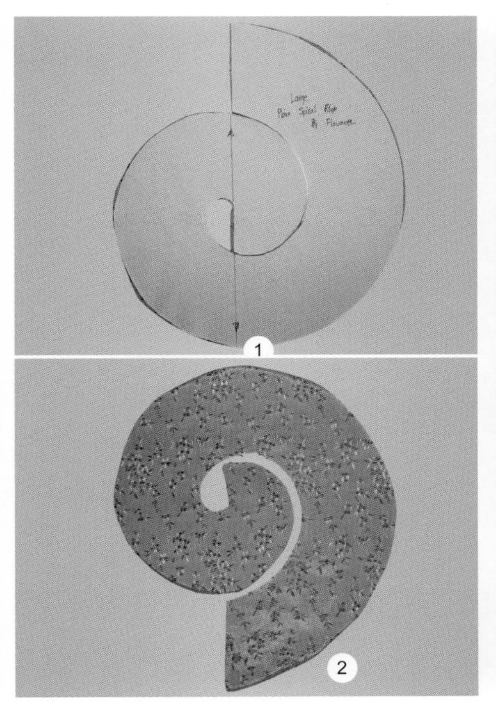

从左到右：环形荷叶边，螺旋荷叶边，渐变螺旋荷叶边

1 在纸上或坯布上画出样版。从大圆的中心开始向外缘画螺旋；在这里，螺旋的起始和结束位置都是直纱，纱向可以根据造型进行选择。

2 沿着螺旋线边缘剪出螺旋荷叶边，缝合边缘折边，让宽边末端敞开。正面朝外，再把末端折边缝合。螺旋的中间和末端可以不与服装缝合在一起，以塑造钟形效果。完成的荷叶边缝线长为46cm。

形态变化

裁剪一个螺旋宽度由外到内逐渐减小的纸样，制作渐变螺旋荷叶边。完成的渐变螺旋荷叶边的缝线长为68.5cm。

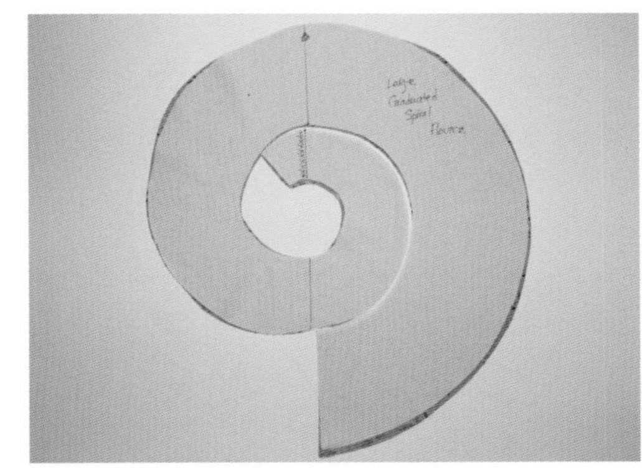

鱼线折边

鱼线是一种可以缝进折边塑造出褶边效果的单丝线。根据鱼线的强度来分类：20lb（9kg）的线是比较轻比较细的，而80lb（36.3kg）的线是比较粗重的。鱼线通常缠绕在线轴上存储，因此有卷曲的趋势，可以用来塑造褶边。此外，鱼线的卷曲度可以通过熨烫改变。欧根纱、巴里纱、雪纺和乔其纱等面料比较适合用这种折边工艺。强韧的鱼线可以将一块轻质棉布塑造成特别的罐状褶边。为塑造褶边效果，底边一般用斜纱。

为使鱼线更加卷曲，将其缠绕在木棍上（如右图）。对已有的卷曲要小心缠绕，末端用胶带粘住。将缠好的木棍放进开水里煮3分钟。将鱼线取出并充分冷却，然后从木棍上松开。

对于松散的卷曲，用熨斗蒸汽对鱼线进行处理。把鱼线缠绕在木棍上，用熨斗蒸烫1分钟，使其在木棍上充分冷却。

将鱼线缠绕在木棍上，以备煮沸使其卷曲。也可以缠绕在大木钉、衣柜横杆，或者是旧线轴上

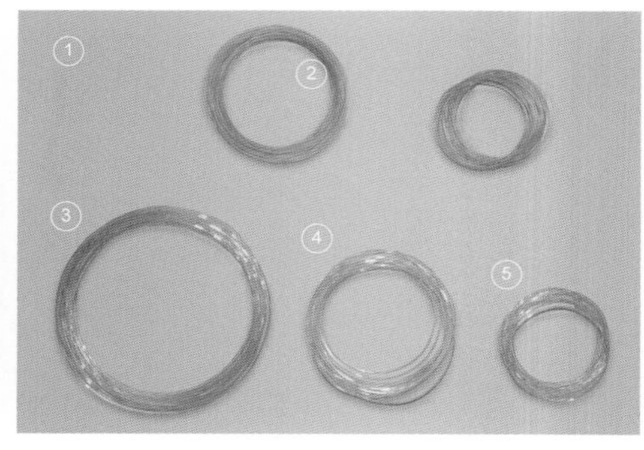

1. 从线轴取下的20lb鱼线
2. 通过煮沸处理卷曲变小的20lb鱼线
3. 从线轴取下80lb鱼线
4. 蒸汽处理后的80lb鱼线
5. 煮沸处理后的80lb鱼线

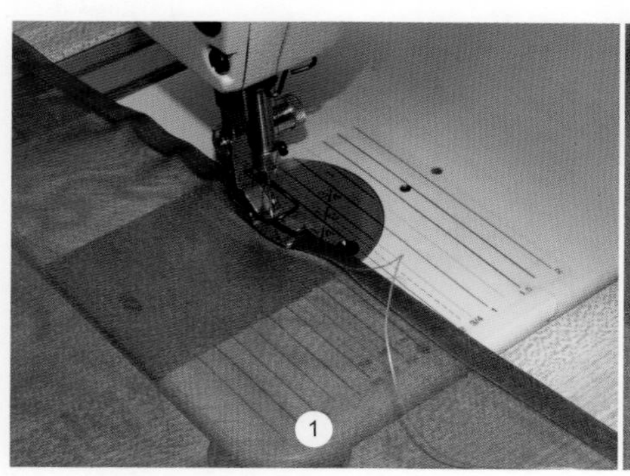

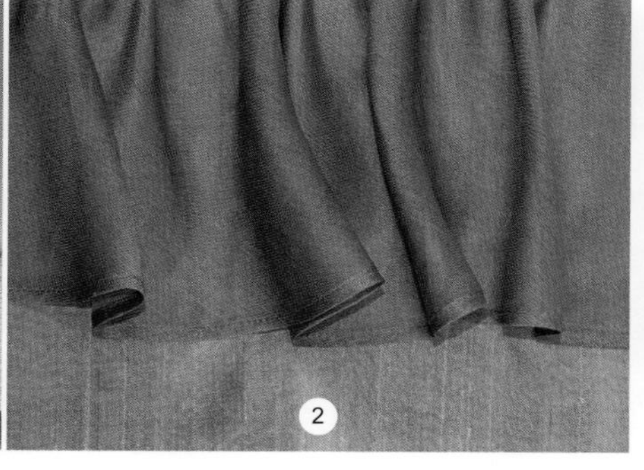

1 在一块轻质面料上（这里使用的是涤纶乔其纱）缝制出一个窄的翻折边，留出2.5cm缝份，在距离毛边2cm处用普通针距缝纫一条缝线。沿着线迹将折边折叠到面料反面并熨烫。将折边缝份修剪到6mm。缝线处在折边缝份靠近中心位置之前。再一次折叠面料，卷起毛边，这样缝线会朝上并远离布边，熨烫。

将鱼线穿进折边，紧贴边缘，这样就不会被缝住。把折边缝在折叠织物的中间，保证鱼线在折边中。

2 完成折边。

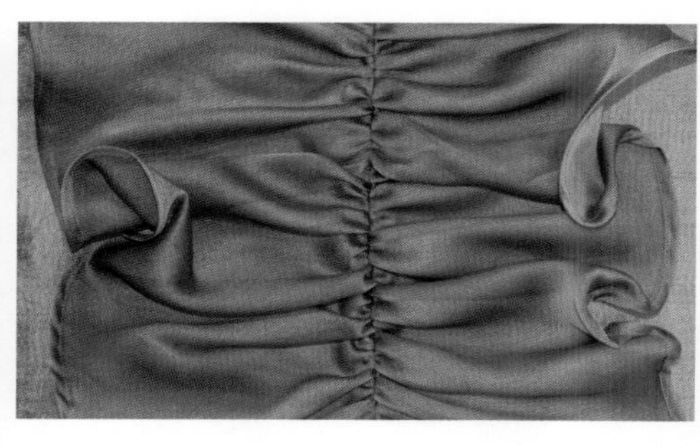

涤纶乔其纱中的双向褶边，左边用20lb鱼线进行缝纫，右边用经过沸煮处理的20lb鱼线

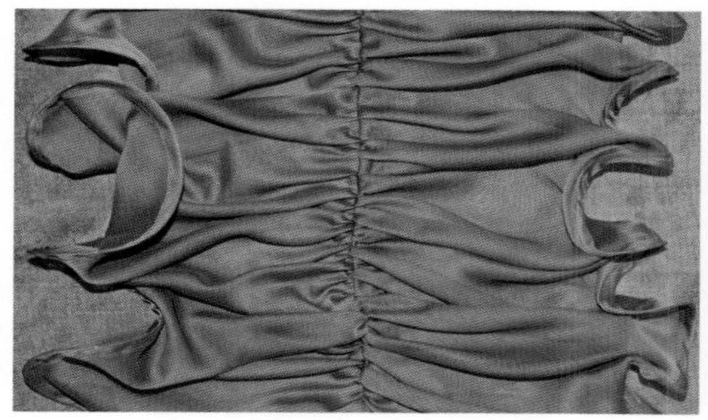

左侧：80lb鱼线；右侧：煮沸处理的80lb鱼线

锁边波浪折边

上弯针使用羊毛尼龙线缝纫窄折边时可以形成卷边效果。把面料拉过送布牙时，折边会变成“波浪边”。通常来说，这种工艺常用于针织面料，但通过斜裁和打褶处理的轻质梭织面料，也可以塑造出波浪折边。

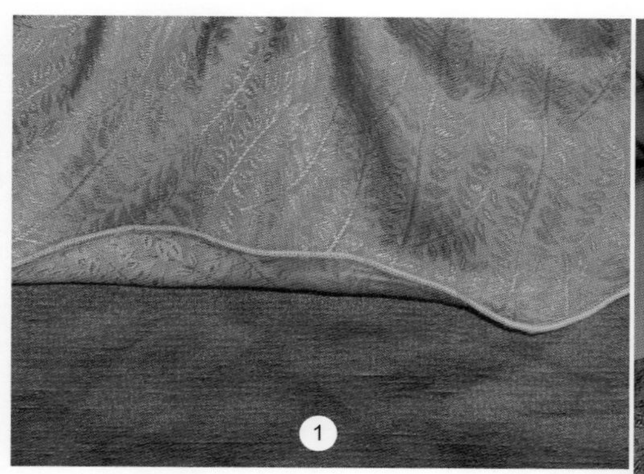

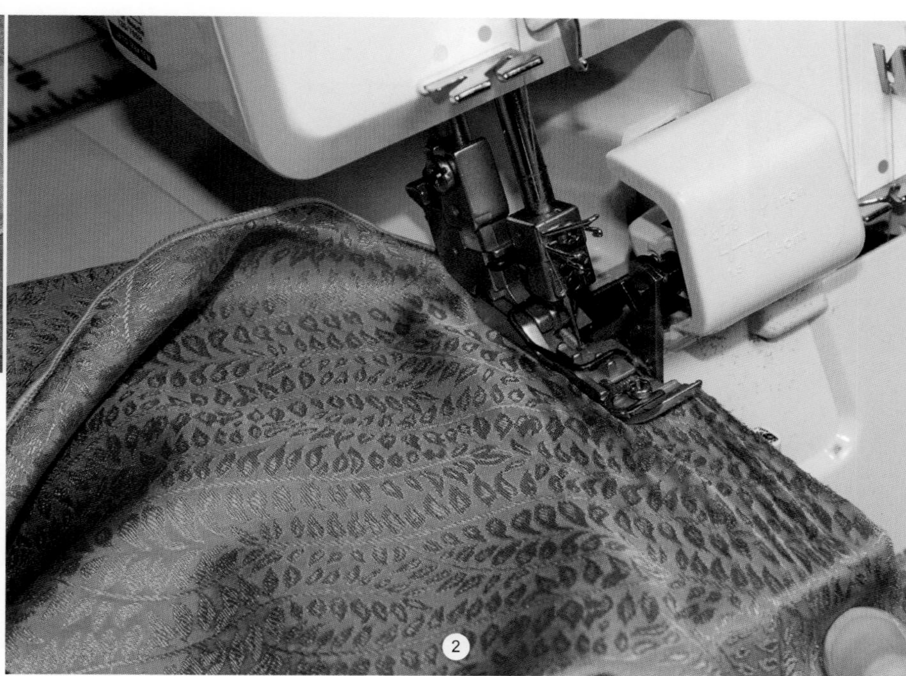

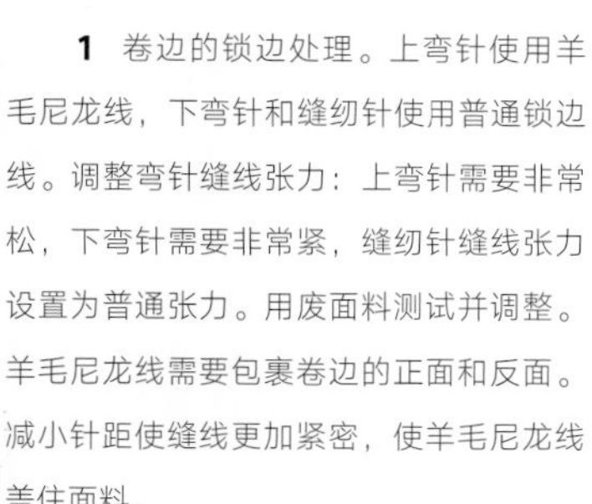

1 卷边的锁边处理。上弯针使用羊毛尼龙线，下弯针和缝纫针使用普通锁边线。调整弯针缝线张力：上弯针需要非常松，下弯针需要非常紧，缝纫针缝线张力设置为普通张力。用废面料测试并调整。羊毛尼龙线需要包裹卷边的正面和反面。减小针距使缝线更加紧密，使羊毛尼龙线盖住面料。

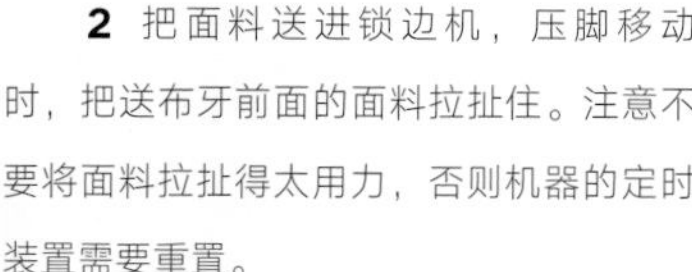

2 把面料送进锁边机，压脚移动时，把送布牙前面的面料拉扯住。注意不要将面料拉扯得太用力，否则机器的定时装置需要重置。

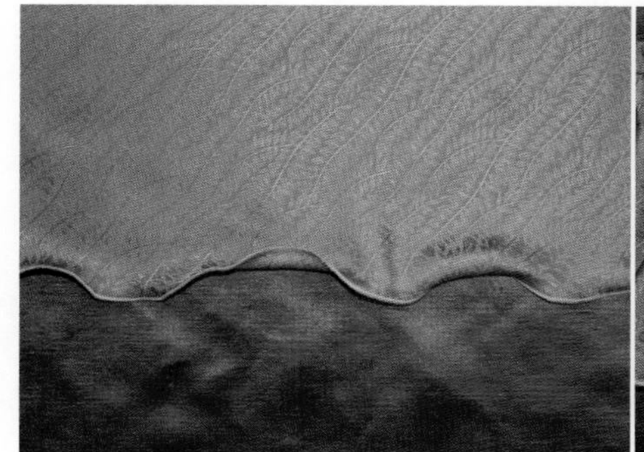

波浪折边，面料平贴底布的状态

样布打褶并缝在底布上

褶是面料的一小部分，是通过将面料折叠并沿着它们的长边缝合而形成的。褶能塑造一种立体协调的装饰效果。褶的末端可以放开以增加服装的松量，也可以两端都收紧缝入服装。

通常，褶是均匀地分布在某一区域内，但通过改变褶间隔可以塑造出不同的效果。暗缝褶间没有间隔，会使面料的某一区域更加密集；中心褶和中心双褶塑造出圆柱形外观；而十字缝褶会呈现出绗缝外观；细褶形成精致的效果。利用缝线来调整它们的方向，以塑造波纹图案，使得这些褶更具装饰性。

褶

错视褶严格来说并不是褶，而是将一块斜纹面料缝合在底布上形成类似于褶的形状。斜纹布条的灵活性使其塑造出更夸张的效果。

轻质及中等厚度的面料可塑造出理想效果的褶，尤其是能给服装增添精细细节。厚重面料也可以巧妙地运用褶来塑造出不同的造型。

褶的结构

褶由面料折叠而成，随后沿着褶痕进行缝纫。褶裥有多种折叠方式，但它们的基本结构是相同的。

1 褶的两边宽度相同（A和B）。

2 褶从面料上掐出来。

3 将两条褶边对齐并沿着褶痕缝在一起。

4 最后，褶倒向一边。

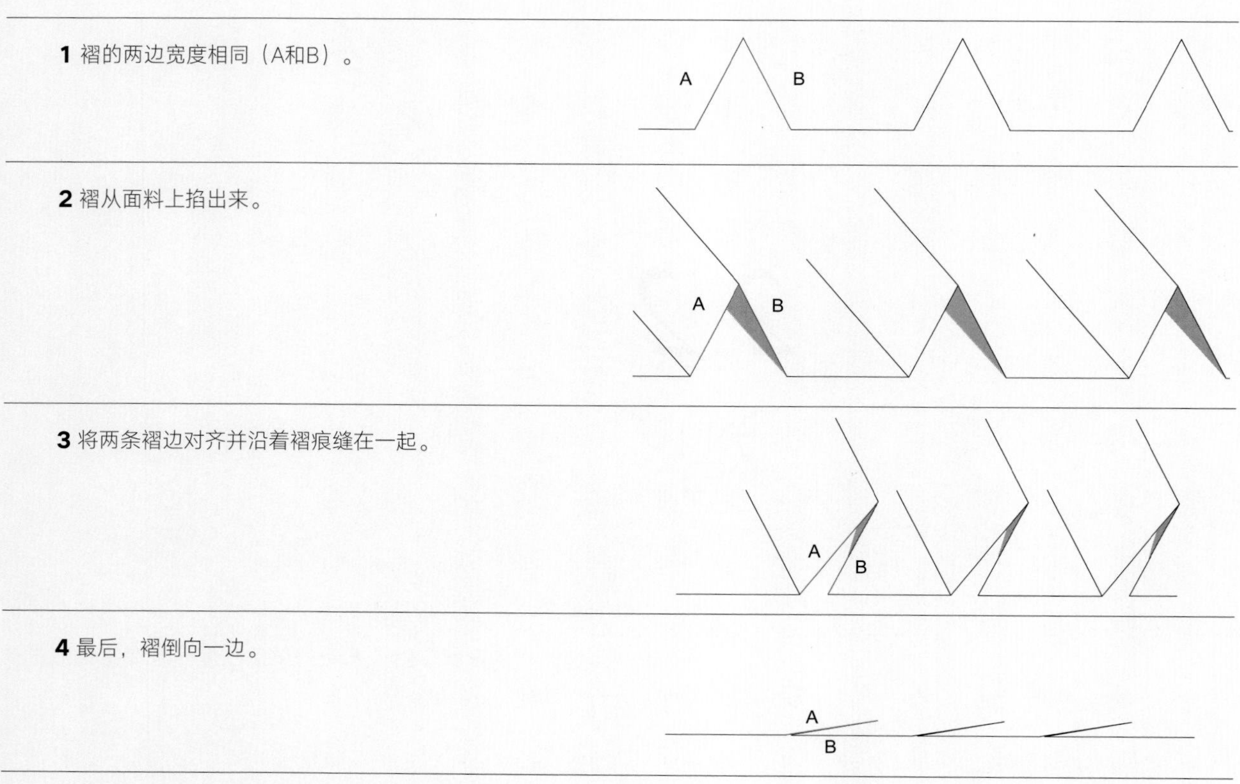

间条褶

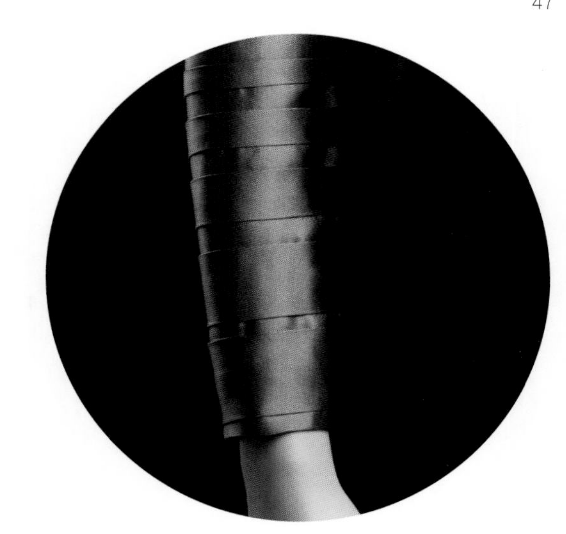

间条褶的褶与褶之间是平整的面料。首先确定褶的位置，然后确定褶的宽度和分布频率。通常，最简单的实验方法就是折纸，这样不会浪费面料。褶的宽度、褶的分布频率以及褶的间条都会影响面料的用量。

间条褶的面料计算

对于间条褶，褶面（A）与其下方的褶面（B、C）具有相同的宽度，每个褶之间均增加间条（D）。一个间条褶=A+B+C+D。

在这个纸样中,A+B+C+D=2.5+2.5+2.5+2.5=10cm。因此每一个间条褶需要10cm的面料，但是只能看到2.5cm的褶面（A）和2.5cm的褶面（D），可见褶宽为A+D=5cm。

将每个褶所需的面料与所需的褶的数量相乘，纸样中有10个褶，那么所需面料为1010cm=100cm。将褶的数量与每个褶所需的可见褶宽（A+D）相乘得到总褶宽。纸样中，100cm的面料可以形成50cm的间条褶。另外需要额外的2.5cm来塑造第一个褶前的间条。

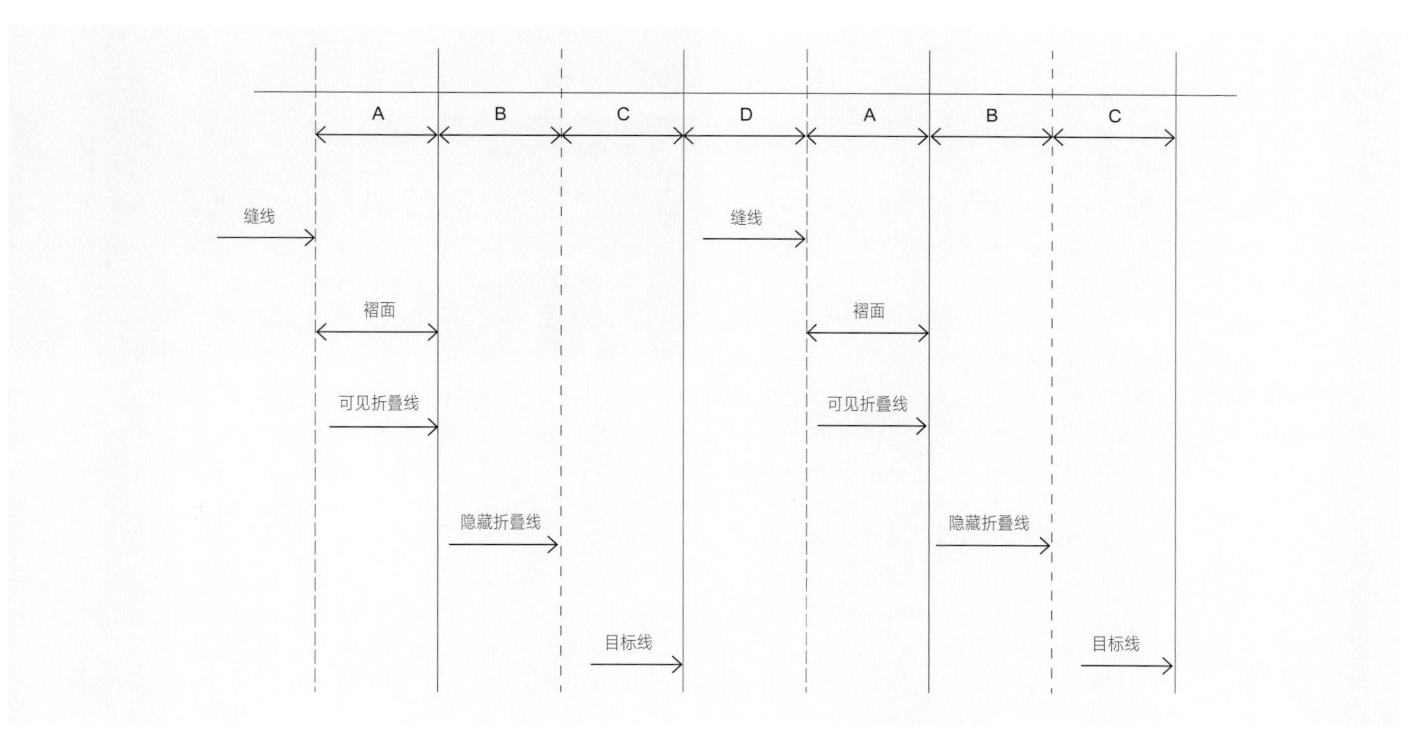

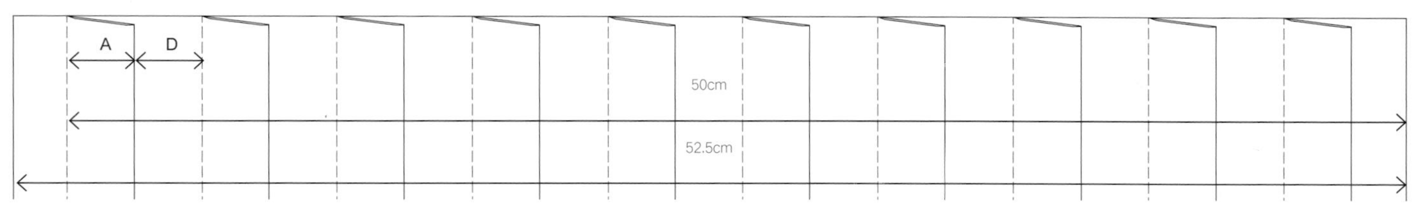

间条褶的标记与折叠

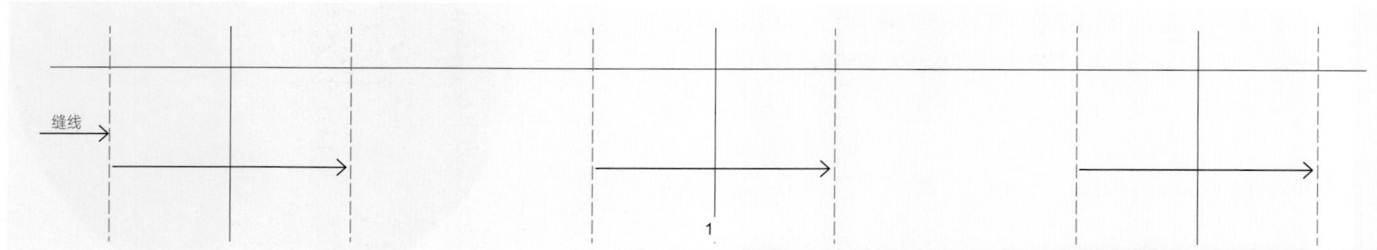

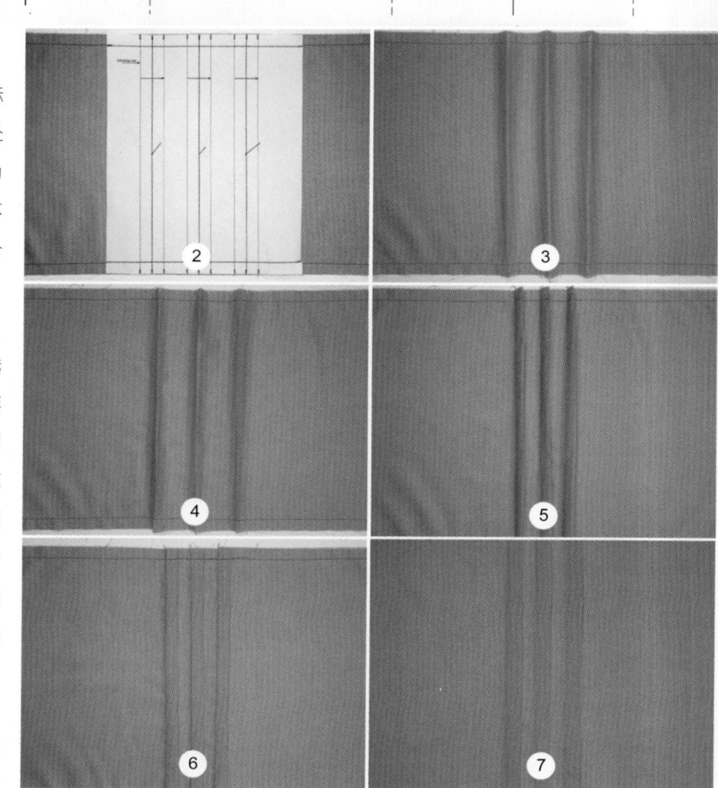

1 做间条褶的纸样。在纸的顶端和底端画出水平折边固定线，用黑色画出可见折叠线，剪头所指方向是缝合后褶折叠的方向。纸样给出了三个褶，每2.5cm宽缝合，每个褶需要7.5cm。在这里，每个褶间有2.5cm的间条。在缝线以及可见折叠线和隐藏褶边的两端打剪口。

2 面料和纸样的正面朝上，用划粉或裁缝笔在面料上标记出褶的末端。如果对于任何一条线需要沿着长度方向引导，那么用锥子在纸样上线的中间扎个洞。将纸样放置在面料上，用珠针戳个洞，移开纸样，将珠针留在面料上。用裁缝钉或可消划粉标记出珠针的位置。

3 在两条可见折叠线之间将面料折叠，一次折叠一个。用熨斗轻轻熨烫褶，轻微汽蒸面料。

轻轻熨烫褶，轻轻熨烫的目的是避免形成永久折痕，如果有任何一个褶出现纱向歪斜或是位置错误的问题，都可以进行修正。在褶轻熨前，要检查褶是否竖直或相互平行。

4 按压熨烫褶。

5 缝合褶。用缝纫机针板上的标记作为引导，在每个褶的开头和结尾处将针距设为1.5mm，中间部分设置为2.5mm；这可以避免褶的缝线线尾在不打结的情况下散开。继续对褶进行缝合直至完成。缝合时对褶进行熨烫。

6 将褶压平。把褶用折边固定线迹收到缝份内。用熨斗多次按压并汽蒸使褶定型。把一块潮湿的垫布覆在褶上，再将热熨斗（温度在面料可承受范围内）放置在上面。静置熨斗直到下面的垫布被烘干。拿起熨斗并移动到另一块潮湿垫布上。不要左右移动熨斗，否则可能会弄乱下面的褶。把褶放在熨台上，直到面料完全冷却。

在面料层间放置一个纸板或牛皮纸可以防止折叠边的形状印在其他面料层上。

7 用合适的缝线缝合间条褶。

用纸板标记褶

褶也可以使用纸板和熨斗（详见刀裥的标记与折叠-纸板法，第64、65页）来进行标记。

顺着纱向叠褶

一定要注意顺着纱向来叠褶或裥；任何稍微偏离纱向的折叠线都会看起来不均匀。一旦折叠线熨烫完成，想要进行调整就非常困难，如果不能调整就需要移除。

固定褶

熨烫前，用10：1的水和5%的蒸馏白醋浸湿垫布，然后将垫布覆盖在褶上，利于褶的固定。

暗缝褶

暗缝褶位置是固定的，所以在褶之间没有间条；每一个褶的可见褶边都覆盖着下一个褶的缝线。这种褶不需要目标缝线，但是在纸样中为了更加清晰地呈现，可以将目标缝线画出。与间条褶一样，制作时正面朝上。

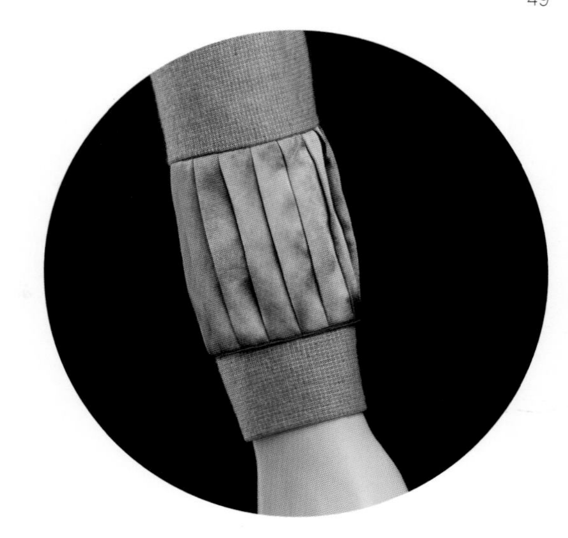

暗缝褶的面料计算

制作暗缝褶时，需要对面料的损失作出计算，因为下一个褶从距离上一个褶的3mm处开始。如果需要呈现出2.5cm的褶面，那么起始褶（A1和B1）的宽为2.5cm，目标线与第二个褶的缝线（C1）间的距离则拉开到2.3cm。然而，在随后所有的褶中，A和B都是2.8cm，C都是2.5cm。多出的3mm藏在之前的褶中。

纸样显示的10个褶面均有2.5cm的暗缝褶，每个褶与下一个褶有3mm的重叠。10个暗缝褶需要86.3cm的面料来完成26cm的褶，另有需要额外的5cm来完成第一个褶之前和最后一个褶之后的部分。

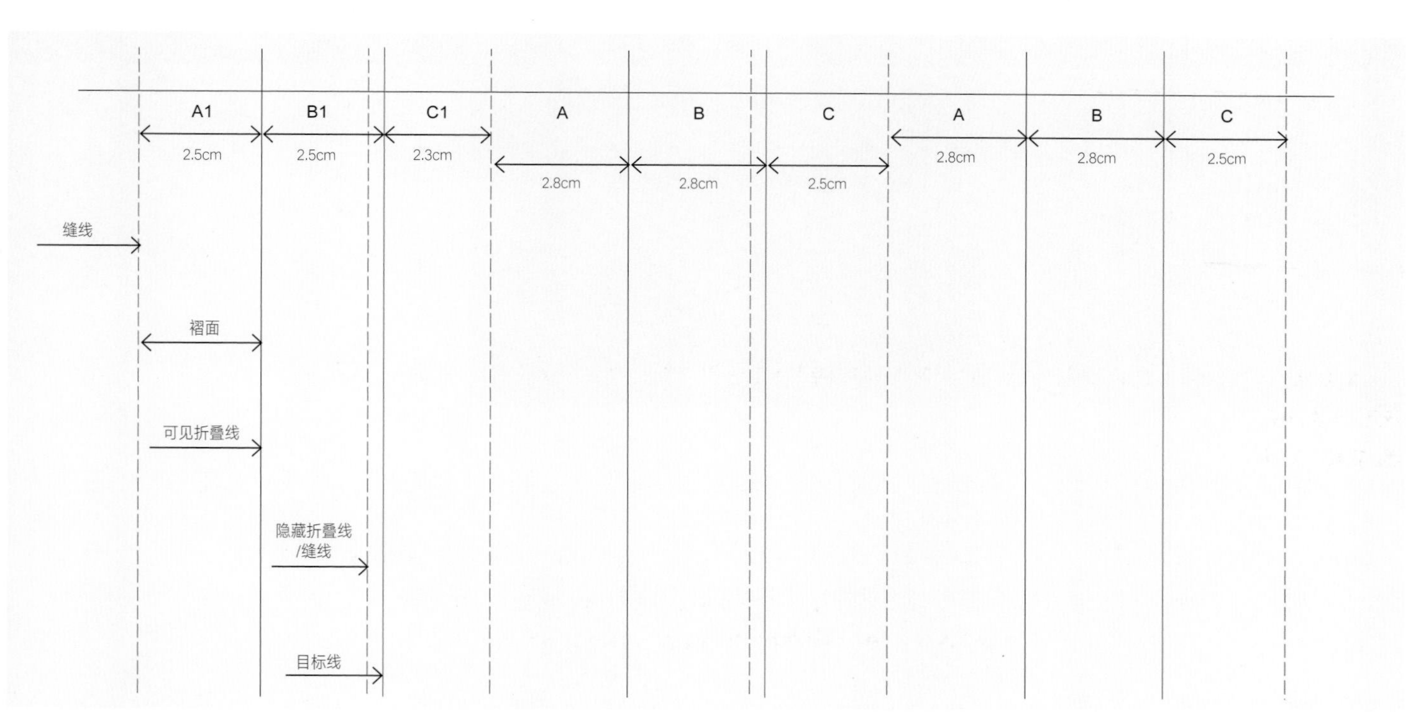

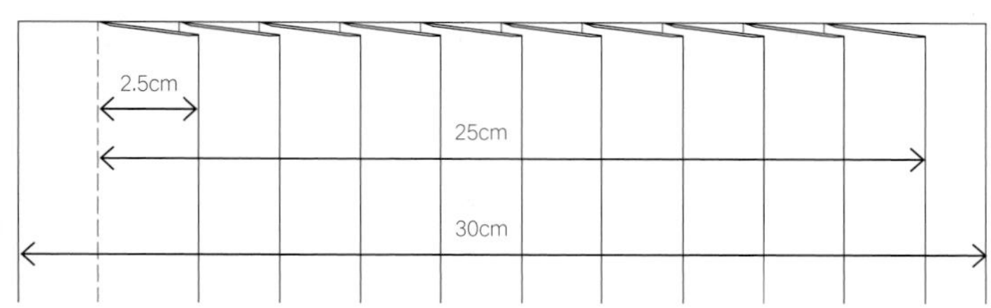

暗缝褶的标记与折叠

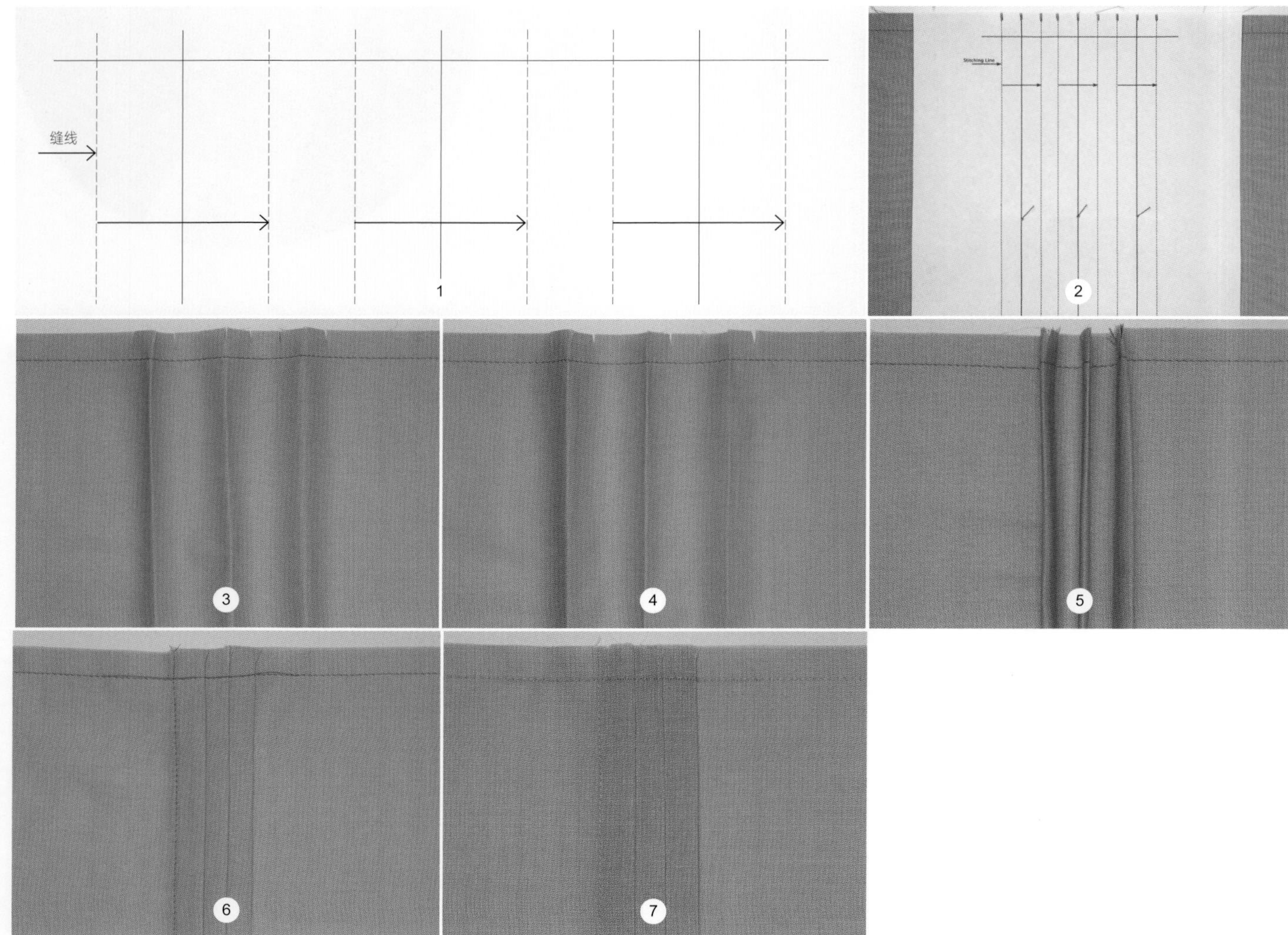

1 画出纸样。暗缝褶的纸样通常不需要画目标缝线。在缝线、可见折叠线和隐藏折叠线的两端打剪口。

2 面料和纸样的正面朝上，用划粉或裁缝笔在面料上标记出褶的末端。如果对于任何一条线需要沿着长度方向延伸，那么用锥子在纸样上线的中间扎个洞。将纸样放置在面料上。用珠针戳穿洞，移开纸样，将珠针留在面料上。用裁缝钉或可消划粉标记出珠针的位置。

3 在两条可见折叠线之间折叠面料，每次折叠一个。轻轻熨烫褶（详见间条褶的标记与折叠，第三步，第48页）。在褶轻熨前，要检查褶是否竖直或相互平行。

4 按压熨烫褶边。缝合褶，使用缝纫机针板上的标记作为引导。

5 缝合时对褶进行熨烫。

6 将褶压平。把褶用折边固定线迹收到缝份内。

7 用合适的缝线缝合暗缝褶。

用纸板标记褶

褶也可以使用纸板和熨斗（详见刀裥的标记与折叠-纸板法，64、65页）来进行标记。

中心褶

中心褶是将褶的中心线和褶的缝线对齐后熨烫得到，褶是向中心倒，而不是倒向一侧。与其他褶一样，制作时面料正面朝上。

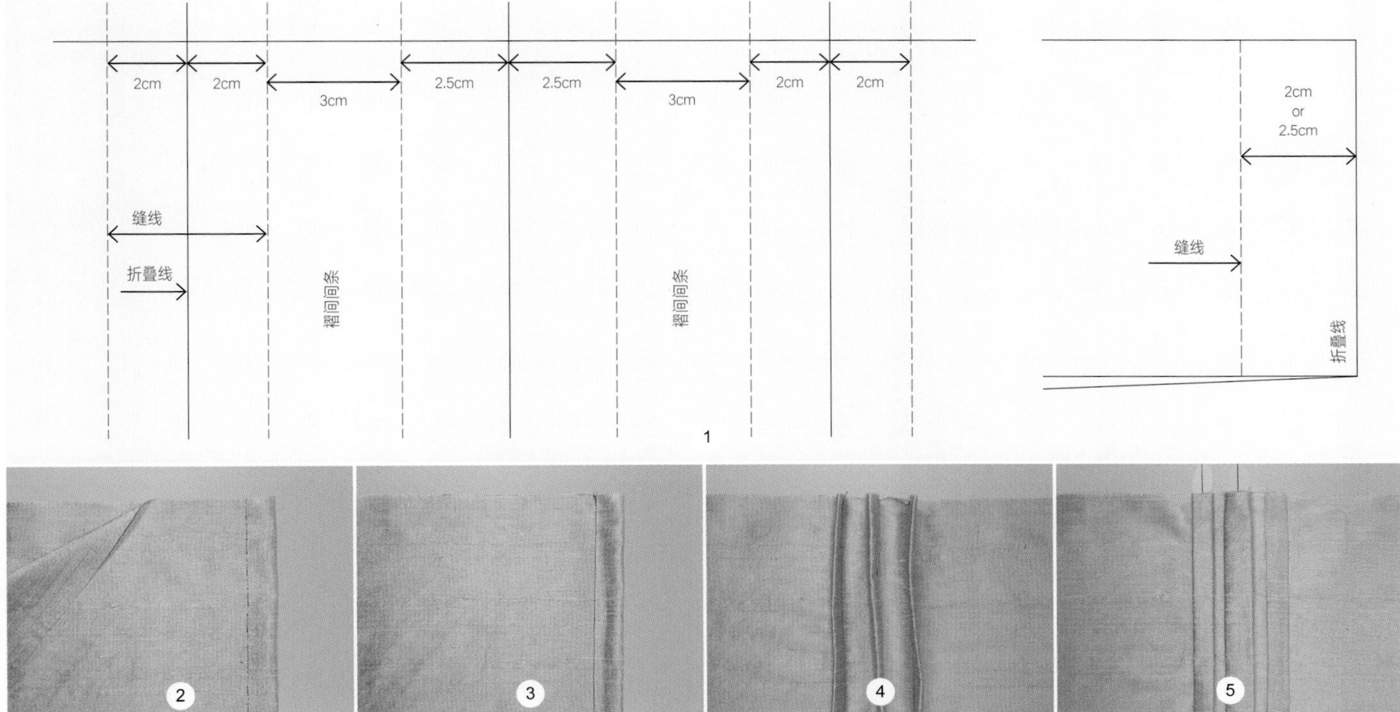

1 画出纸样，并将标记转印到面料上，正面朝上。这里制作了一系列三褶：第一个褶宽2cm，然后留出3cm的间条；中间的褶宽2.5cm，然后留出3cm的间条；最后一个褶宽为2cm。

2 沿着折叠线折叠褶。

3 用合适的缝合线缝合褶。

4 熨烫缝线；注意不要将多余量烫进褶。

5 剪一个与褶宽等宽的条形纸片。把条形纸片的顶端剪成圆弧形穿进褶，小心的将面料折叠线排在褶的缝线两侧；画出条形纸片的中心线可以帮助排列。条形纸片插在褶内进行熨烫。抽出条形纸片后再次熨烫，褶的状态见图。

6 成品中心褶。

中心双褶

中心双褶包含两个中心褶，一个褶在另一个褶的上面，且上面的褶比下面的褶略窄。

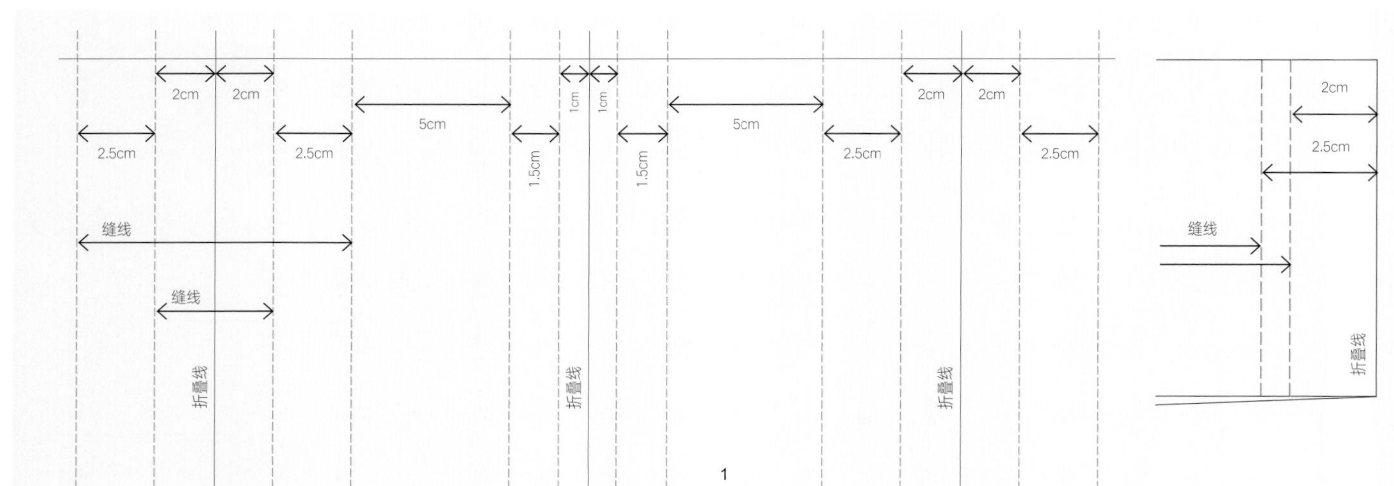

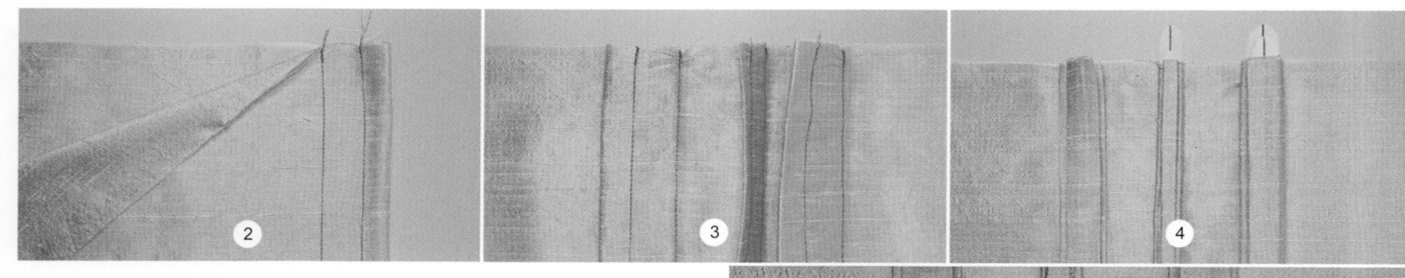

1 画出纸样，并转印到面料上，面料正面朝上。这里，第一个褶宽为2cm，以2.5cm的褶为中心，然后留出5cm的间条；第二个褶褶宽为1cm，以1.5cm的褶为中心，然后留出5cm的间条；第三个褶宽为2cm，以2.5cm的褶为中心。

2 正面朝上，对齐两褶的接缝和缝线。

3 熨烫缝线，注意不要将多余量烫进褶。

4 剪一个与褶宽等宽的条形纸片。把条形纸片的顶端剪成圆弧形并穿进褶，小心地将面料折叠线排在褶的缝线两侧；画出条形纸片的中心线可以帮助排列。

条形纸片插在褶内进行熨烫。抽出条形纸片后再次熨烫，褶的状态见图。

5 成品中心双褶。

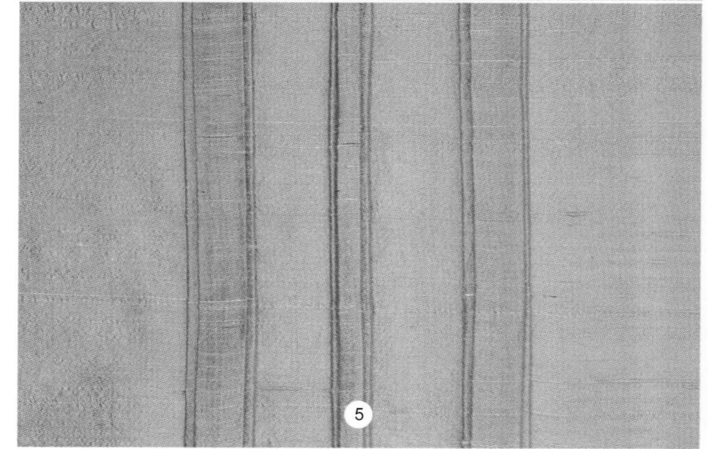

细褶

细褶是一种非常窄的褶。可以应用于任何类型的服装中，但通常用在礼服衬衫的前面和女士内衣中。与其他褶一样，制作时面料正面朝上。

细褶的面料计算

对于细褶来说，褶面（A）的宽度与其下所有折叠面料的宽度相同（B、C），在每个褶间增加间条（D）。一个细褶=A+B+C+D。

在纸样中，A+B+C+D=0.6+0.6+0.6+2.5=4.3cm。每一个褶需要4.3cm，但是仅呈现出0.6cm的褶面加上2.5cm的间条，可见褶总宽度为A+D=3.1cm。

纸样所示有10个间条的细褶，每一个都需要4.3cm的面料，因此制作一个31cm的成品细褶需要的面料为43cm，再加上额外的2.5cm来制作头褶之前和尾褶之后的间条。

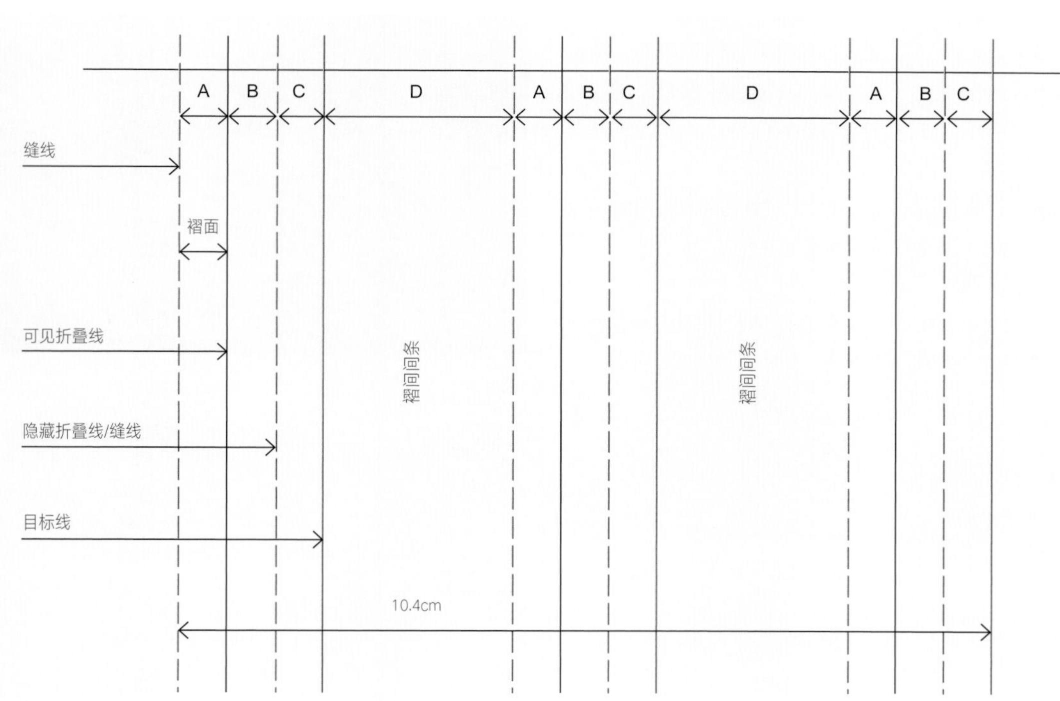

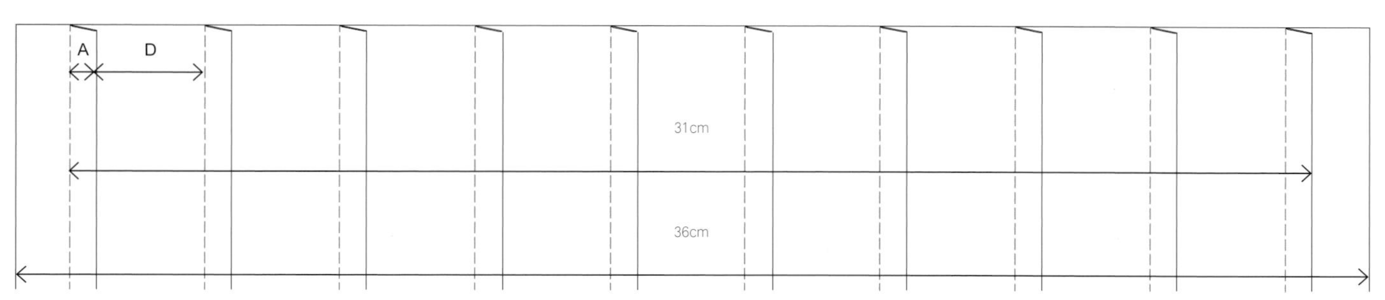

细褶的标记与折叠

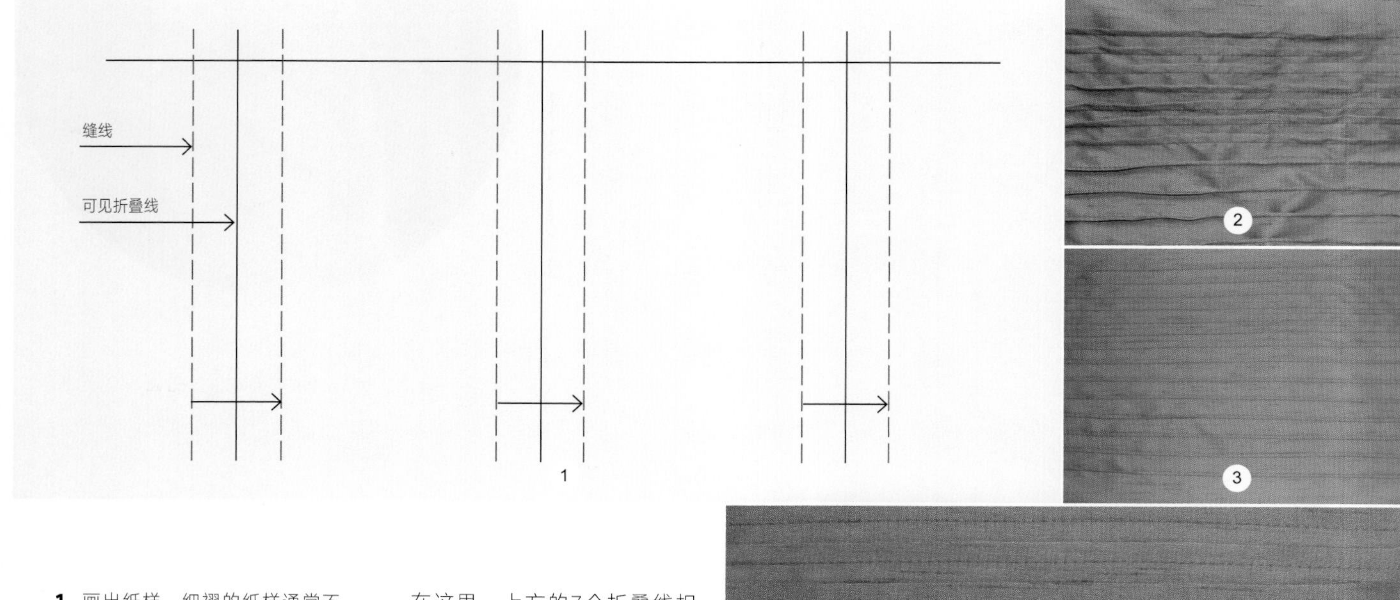

1 画出纸样。细褶的纸样通常不需要画出目标线。仅在可见折叠线的端点打剪口，因为缝线间距离太近，增加剪口会使毛边散开。

沿着可见折叠线进行面料折叠，每次折叠一个。轻轻熨烫褶（详见间条褶的标记与折叠，步骤3，第48页）。对褶进行轻熨前检查褶竖直且平行，然后对褶进行压烫。

2 缝合褶，使用缝纫机针板上的标记作为引导。从熨烫后的折叠线开始测量。

在这里，上方的7个折叠线相隔2.5cm，缝线距离折叠线6mm。下方的7个折叠线间隔2.5cm，缝线距离折叠线3mm。

3 缝合时熨烫细褶，然后将所有的褶熨烫平整。

4 在距离折叠线6mm和3mm的位置，用合适的缝线缝合细褶。

运用细褶进行面料收缩

细褶可以用来替代省道。举个例子，在腰部位置做细褶，而在胸部和臀部散开面料。在这里，用33cm的面料做细褶，成品缩成17.3cm。

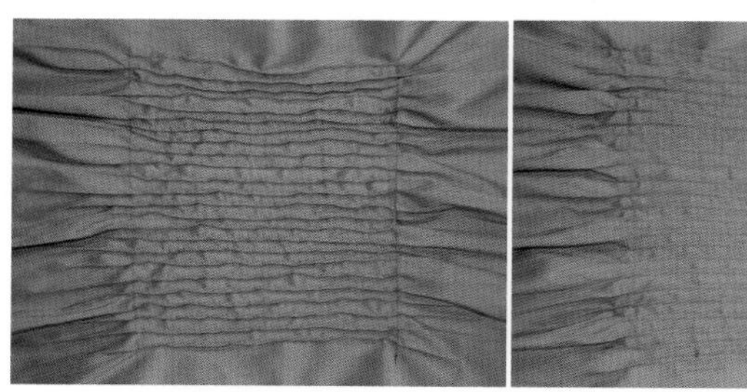

缝合后的细褶

熨烫后的细褶

十字细褶

细褶也可以缝合出多种装饰图案。在这里，褶先水平缝合，然后再进行垂直缝合，在面料表面形成方形图案。

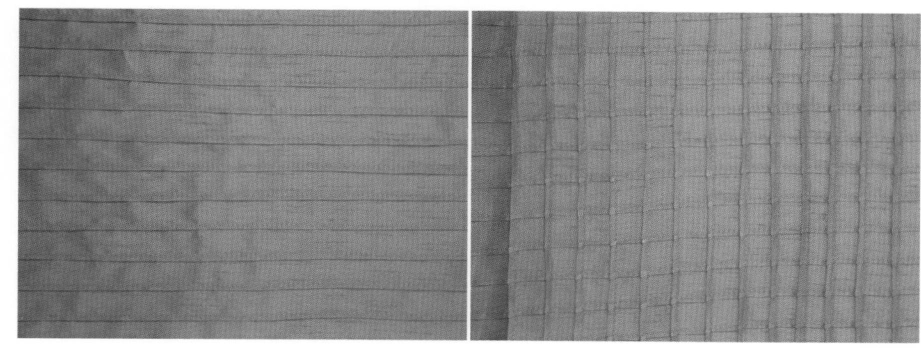

缝制宽为3mm的细褶，并熨烫平整

缝制宽为3mm的水平细褶，并熨烫平整。在垂直于第一组细褶基础上

波浪褶

细褶也可以沿着长度方向交替缝合，以产生波浪效果。

1 缝合一系列的细褶。细褶宽为6mm，褶间间隔为2cm。轻轻熨烫褶使缝线嵌入面料，且褶几乎与面料平齐，在间条间没有褶皱。

2 用手将细褶向上或向下按压以寻找最理想的波浪形状。在波浪中心处用热消笔或划粉画出缝合参考线。

3 熨烫细褶并将其沿着参考线缝到底布上。不要打回针；把线头拉到面料反面打结。

4 成品波浪褶。

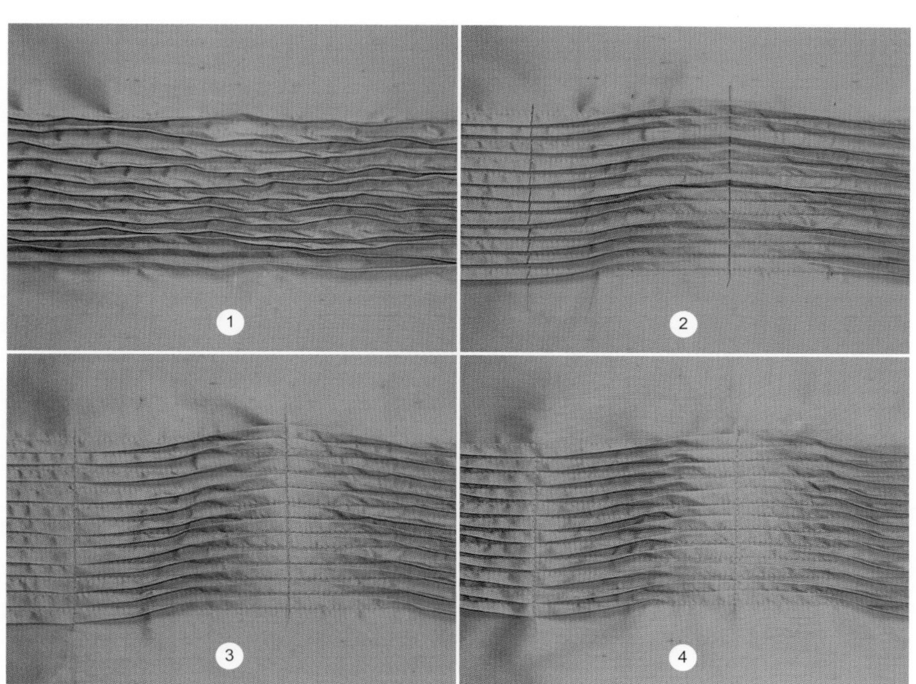

形态变化

可以改变褶的宽度以塑造截然不同的效果。

这里，褶宽为2.5cm，褶间间隔为2.5cm，并用4条缝线和底布缝合。

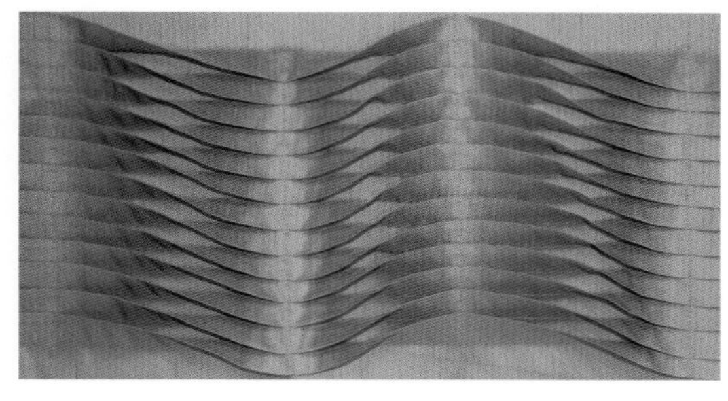

错视褶

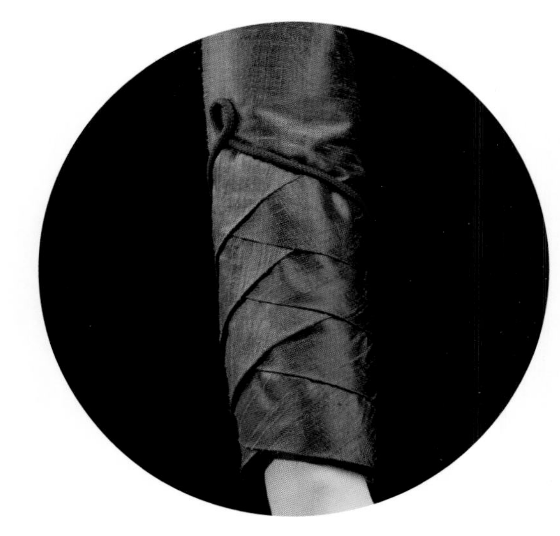

错视褶是将斜纱布条用贴花手法缝制到匹配的斜纱面料上制作而成，从而制造出一种底布上被打褶的错觉（详见第128～132，如何制作并给斜纱布条塑形）。将斜纱布条与底布正面缝合在一起，并朝着服装的底摆方向熨烫，以形成褶。褶互相交叉，一组缝在另一组的末端，其缝合顺序为：先将下层的褶缝合到底布上。

1 在可撕衬上画出纸样，并将其用机器假缝到底布上。在这里，斜纱布条的放置位置被涂成棕色，在布条内侧标记6mm的缝份（详见图案转印，第18～23页）。

2 裁剪斜纱布条。布条的宽度应为可见褶宽与缝份之和的两倍。在这里，完成后的布条宽度为1.3cm和2.5cm，缝份为6mm，所以布条的裁剪宽度应为3.8cm和6.2cm。将布条反面相对对折，熨烫。

3 将折叠后的斜纱布条的毛边对着缝份参考线放置。在纸样上把要在上面缝合的布条重叠1cm。

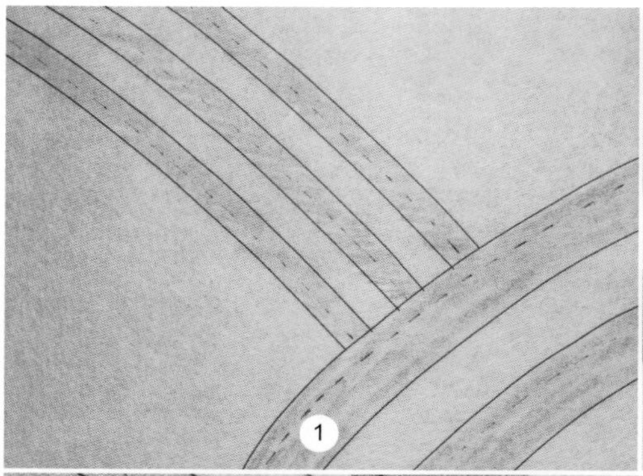

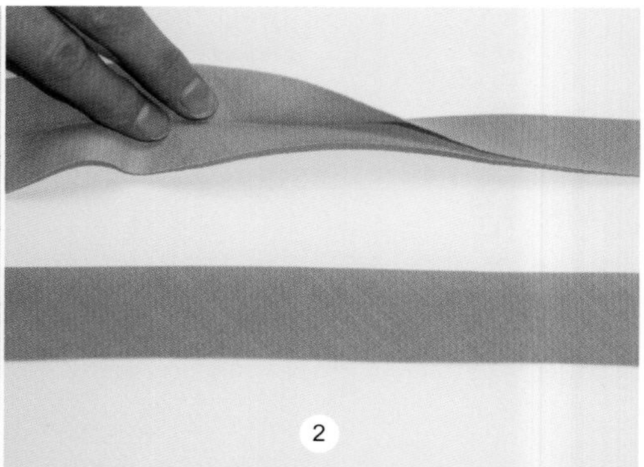

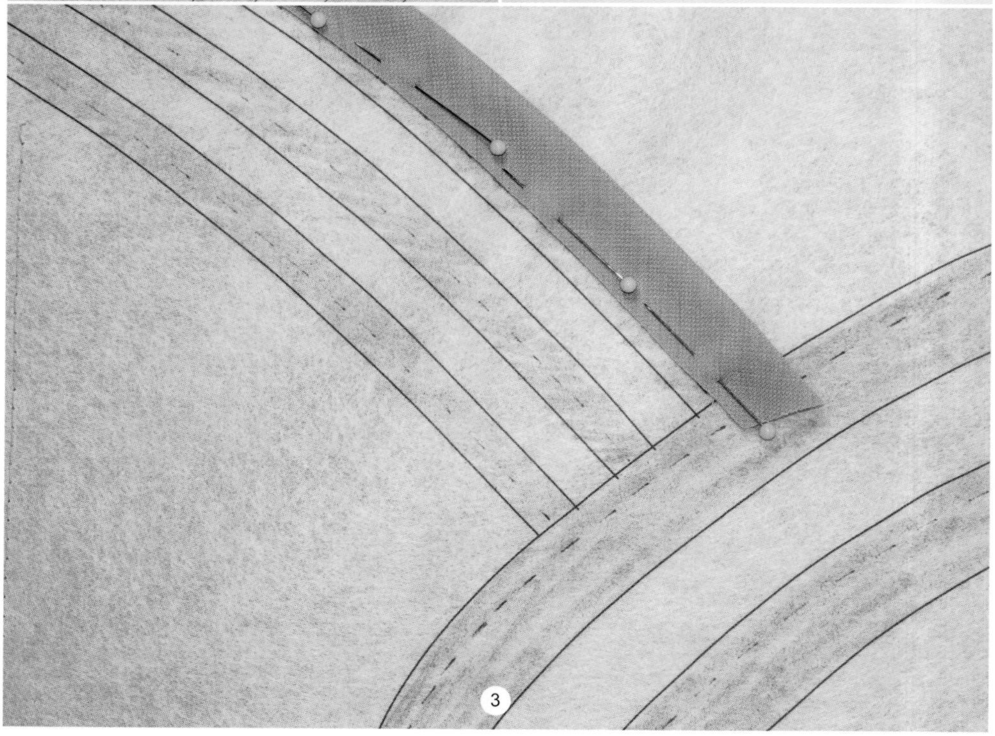

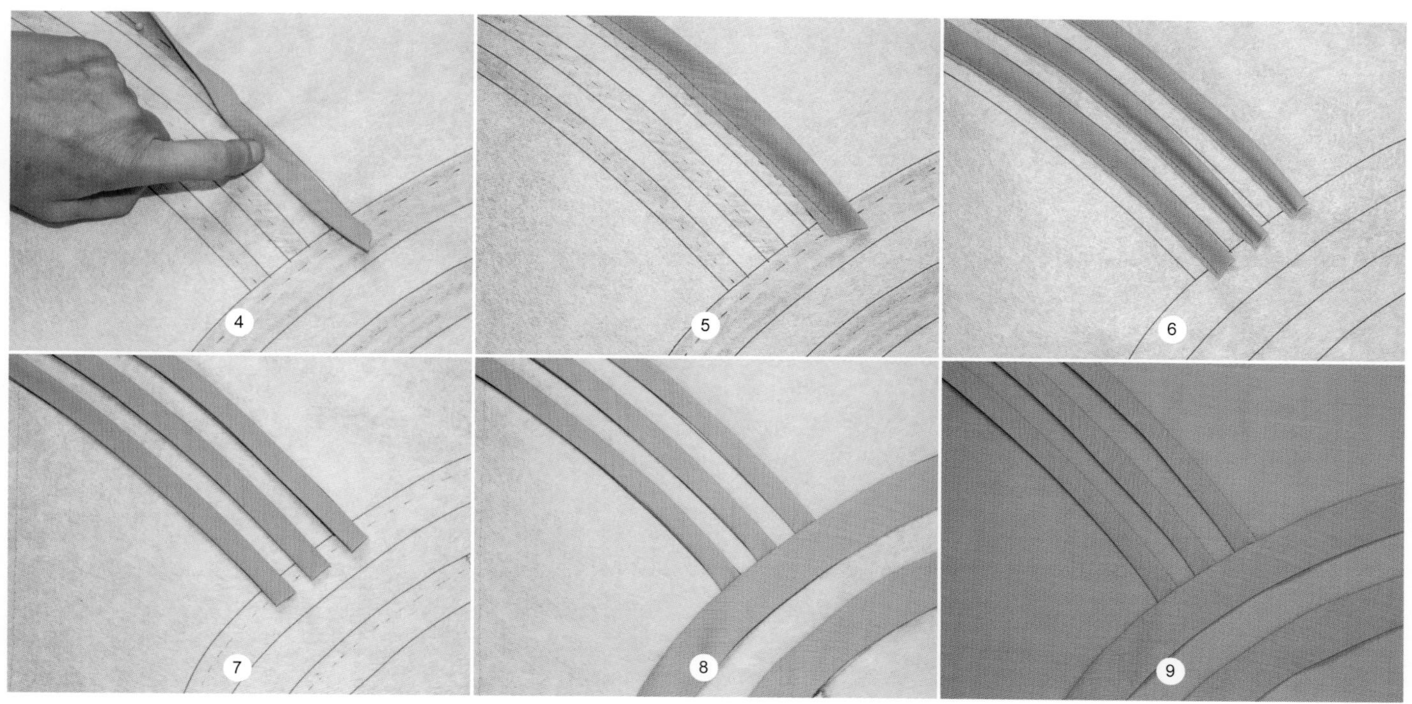

4 缝纫前检查斜纱折叠布条是否以正确的方向固定在服装上。布条应当平铺在大身上，如同天鹅绒服装上的绒毛。

5 在纸样上端，将斜纱布条缝合到底布，将线头拉到面料反面打结。

6 将另一组斜纱布条缝到底布上，缝份修剪到尽可能靠近底布，以减少褶下面的面料。

7 将布条翻折盖住缝线并熨烫定型。如果有必要可以在蒸汽烫时使用湿垫布。

8 其余的褶的制作过程重复步骤3～7。去掉可撕衬，并小心熨烫布条。

9 成品错视褶。

弧形斜纱布条的蒸汽烫定型

如果是弧形褶，在缝合前使用熨斗蒸汽对斜纱布条进行塑形。将布条折叠并沿着参考线将布条用珠针别好。

把布条翻折盖过固定针。将整个布条按照缝纫的形状熨烫好。布条冷却干燥，然后移除珠针并进行缝纫。

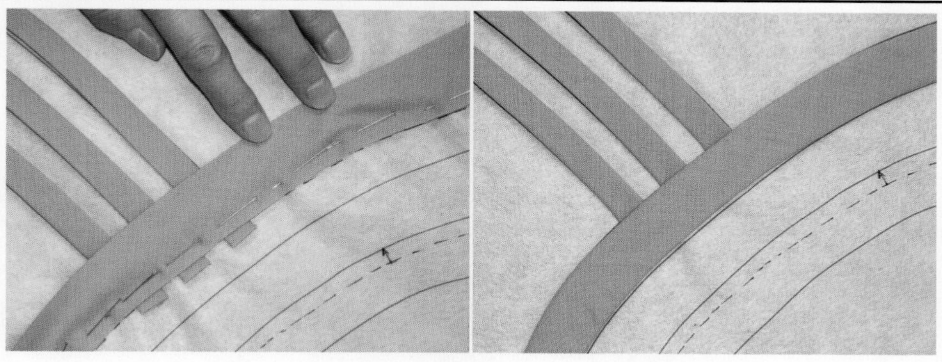

褶是一种面料折叠艺术，它可以减少面料表面的可见性，使整个面料能延伸到服装的任意部位应用。裥的形式可以在许多场景中见到，从建筑设计到产品设计，从蘑菇底部或是扇形贝壳汲取灵感。在服装领域，裥通常是不可或缺的一部分——从苏格兰褶裥短裙，到马里亚诺•福图尼（Mariano Fortuny）和格雷夫人的合体直筒裙。

裥既有装饰性又有功能性。腰部合体，臀部紧贴，腿部呈喇叭形的打裥裙可以使穿着者正常活动，同时折叠的褶裥又能藏住色彩鲜艳的内层面料，人活动时，每迈开一步都呈现不同的颜色。

2.3 裥

裥有两类：平裥和立裥。平裥是平贴身体的，而立裥能立起来。刀裥、倒裥、箱形裥、暗裥，中央裥和混合裥属于平裥。圆裥、风琴裥、细裥和放射裥属于立裥。服装洗涤后，平裥可以通过整理恢复平整，而立裥很难恢复造型。用熨斗或商用平铺熨烫机可以将平裥熨烫平整，但立裥通常需要配合纸板或金属模具等定制工具来熨烫，一般干洗店都无法处理。

服装设计师马里亚诺•福图尼（Mariano Fortuny）发明了一种用在丝绸面料上的手工打裥工艺，但这种工艺随着他的离世而消失。在福图尼的一生中，他的服装会根据需要被送回工作室进行清理或重新打裥。现代专业打裥公司可以提供打裥服务。褶裥在制作时大多选择涤纶材料，涤纶相比于丝绸能够更长久地保持褶裥的形态。

裥的结构

裥的形式有很多种，但它们都来源于三种基本风格的一种或多种：风琴裥、刀裥和箱形裥。风琴裥是一种立裥，能立于工作台。风琴裥形式也多种多样，包括圆裥、细裥和放射裥。剑形裥是单侧裥，它和箱形裥都是平裥。

面料均匀的折叠，每个折叠都有一个向上的面(A)和向下的面(B)，形成了一个风琴裥。

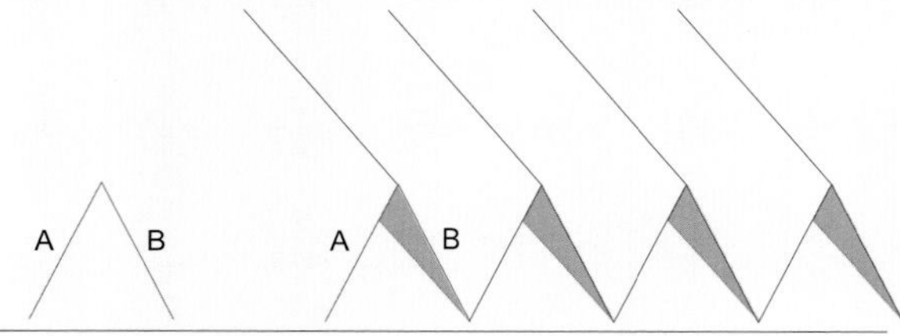

将风琴裥平整的压向一边就变成了刀裥或是单侧裥。图中裥的两边长度相等。如果A面和B面都是2.5cm，那么三个裥共需要15cm面料；裥直接压在另一个裥上叠在一起。

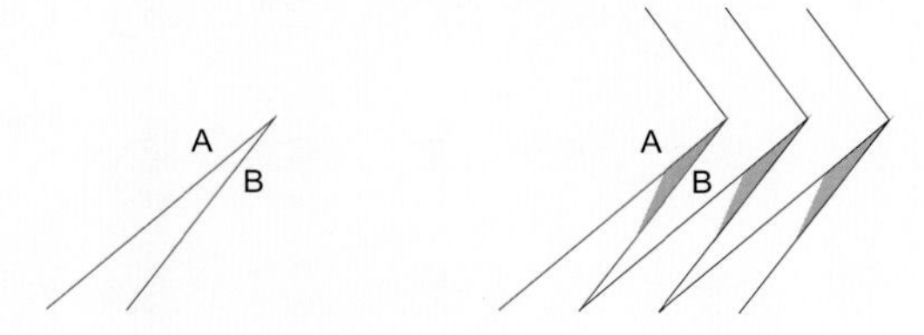

裥面宽度不一定相等；B面可以比A面短，如图所示，B面的长度是A面长度的一半。如果A面是2.5cm，B面是1.3cm，那么三个裥一共需要11.4cm，裥互相重叠。

A
B
A
B

箱形裥是两个刀裥相对叠起来，在箱形面底部对接。示意图左上角展示的是刀裥，左下角展示的是两个刀裥相对折叠形成箱形裥，如右侧图所示。

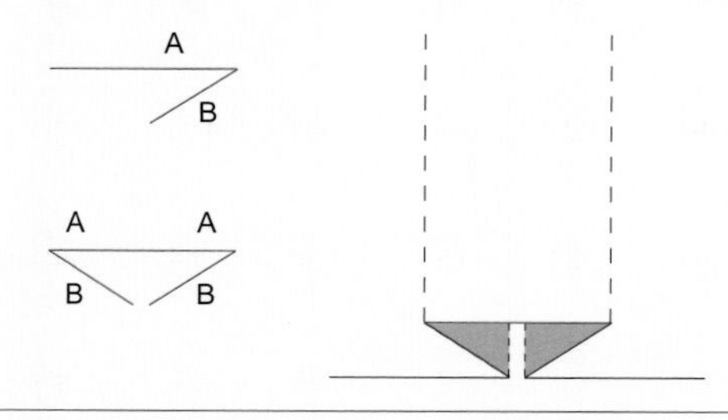

暗裥和箱形裥造型类似，但暗裥的箱形结构是折叠在面料反面，所以它类似于一个在面料反面的箱形裥——因此称为暗裥。

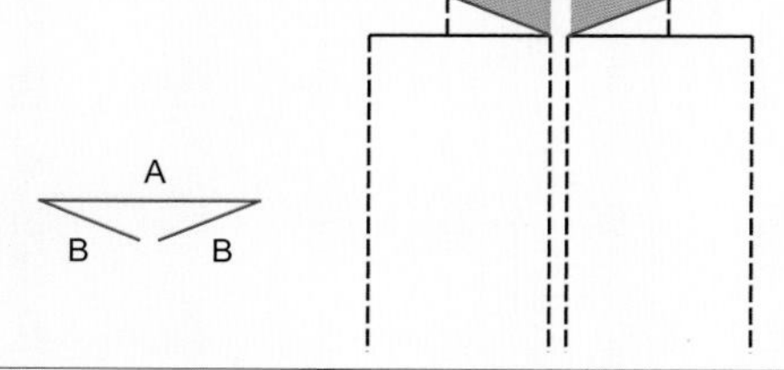

刀裥

刀裥是平裥，倒向一边，通常所有的裥都倒向同一个方向。

刀裥的面料计算

对于裥间没有间隔的刀裥来说，裥A面的宽度和下方折叠面的宽度相同（B面和C面）。一个刀裥=A+B+C。

下列纸样中，A+B+C=2.5+2.5+2.5=7.5cm。每一个裥需要7.5cm的面料，但在裥面只显示2.5cm。实际使用的面料与裥面面料比为3：1，也就是3m的平面织物只能做出1m的打裥面料。

纸样中有10个裥，每一个裥需要7.5cm的面料，一共需要75cm的面料。打裥后，这块面料变成25cm。

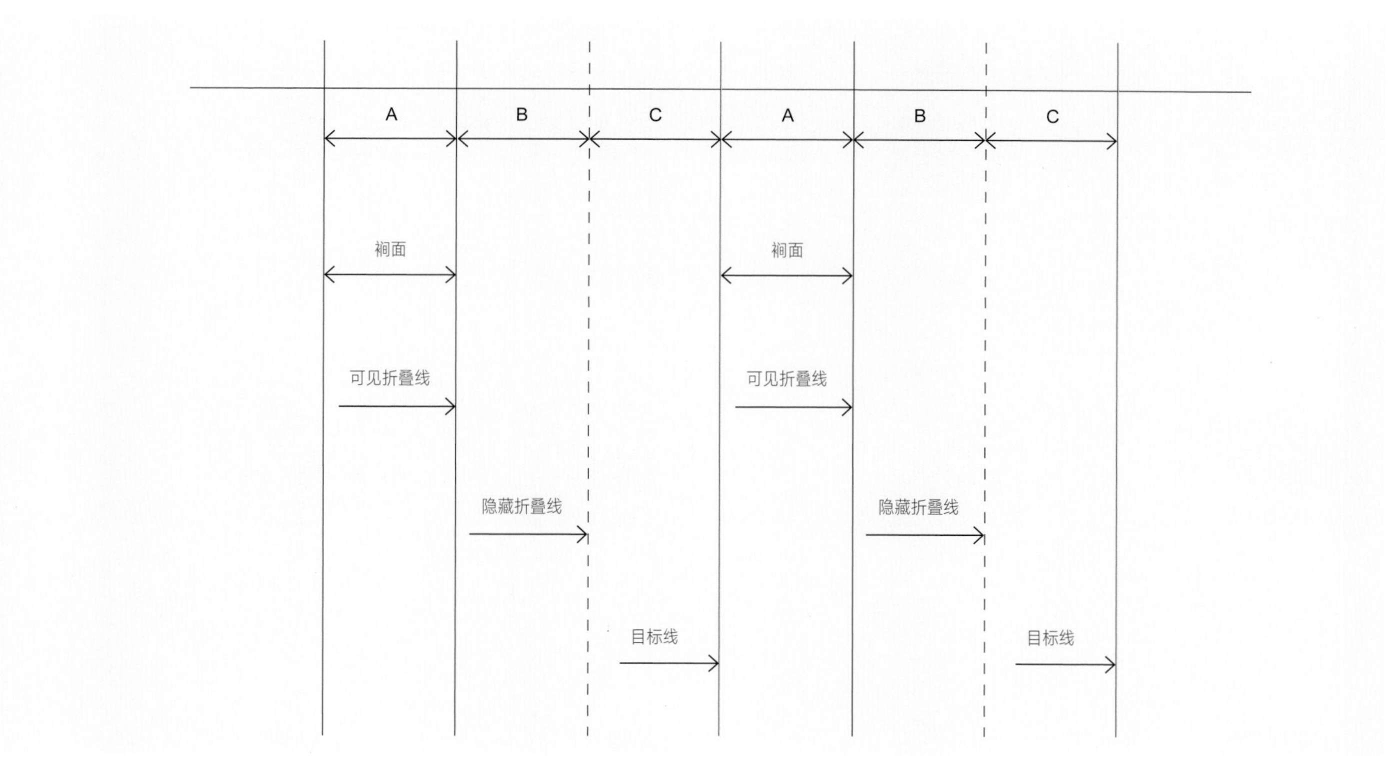

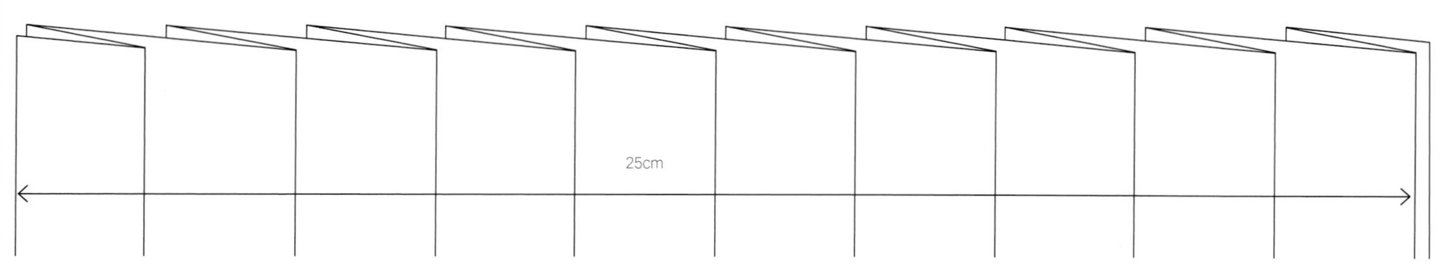

对于裥间有平整可见裥面的刀裥来说，其测量方法与连续刀裥的测量方法相同，只是在裥之间加量。一个间条刀裥=A+B+C+D。

在纸样中，A+B+C+D=2.5+2.5+2.5+2.5=10cm。每一个间条裥需要的面料为10cm，但是显示出来的部分为一个2.5cm的裥面（A）加上一个2.5cm的间条（D），总宽为A+D=5cm。实际使用的面料与裥面面料比为4：2或2：1，即4m的平面织物可以制作出2m的打裥面料。

纸样有10个间条裥，每个裥需要10cm的面料，因此一共需要100cm的面料。打裥后，这块面料变成25cm。

短裙的裥数计算

短裙的裥数等于臀围尺寸除以一整个裥的宽度。

如果一个裥的宽（A）为2.5cm，间条宽（D）为2.5cm，整个裥的宽度为A+D=5cm。

如果臀围尺寸为90cm，那么裥的数量为905=18个。

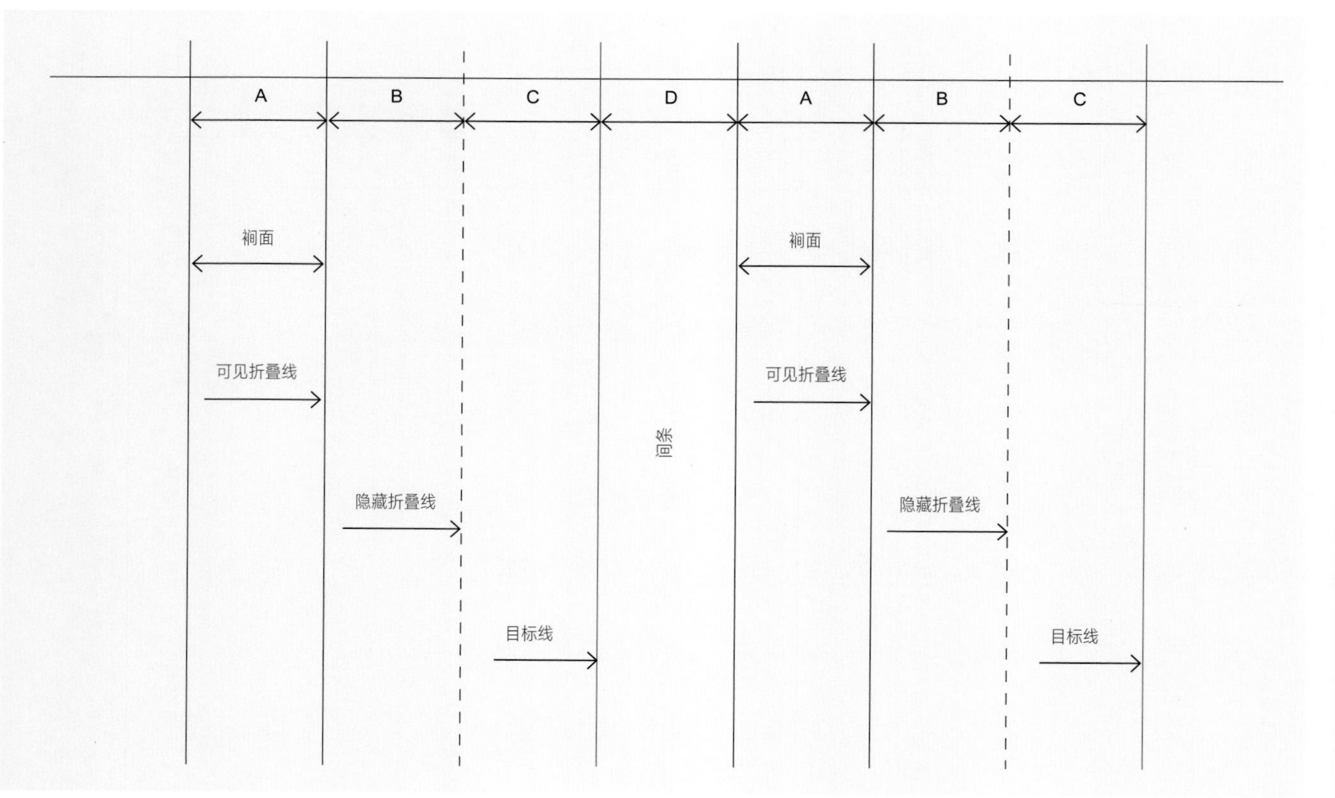

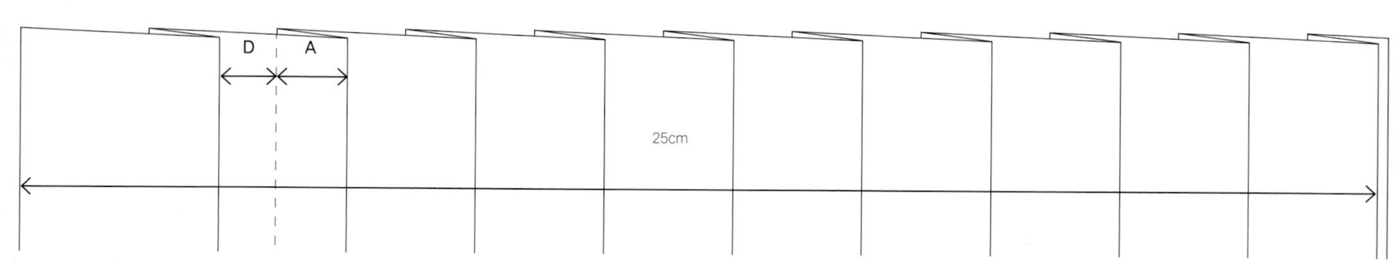

刀裥的标记和折叠——珠针法

针列记号是裥的标记和折叠中最常用的方法，这里用一个简单的刀裥进行演示说明。

将裥的折叠线转到面料

为了清楚，面料正面朝上。通常，裥的折叠线转到面料的反面，依次进行裥的折叠。

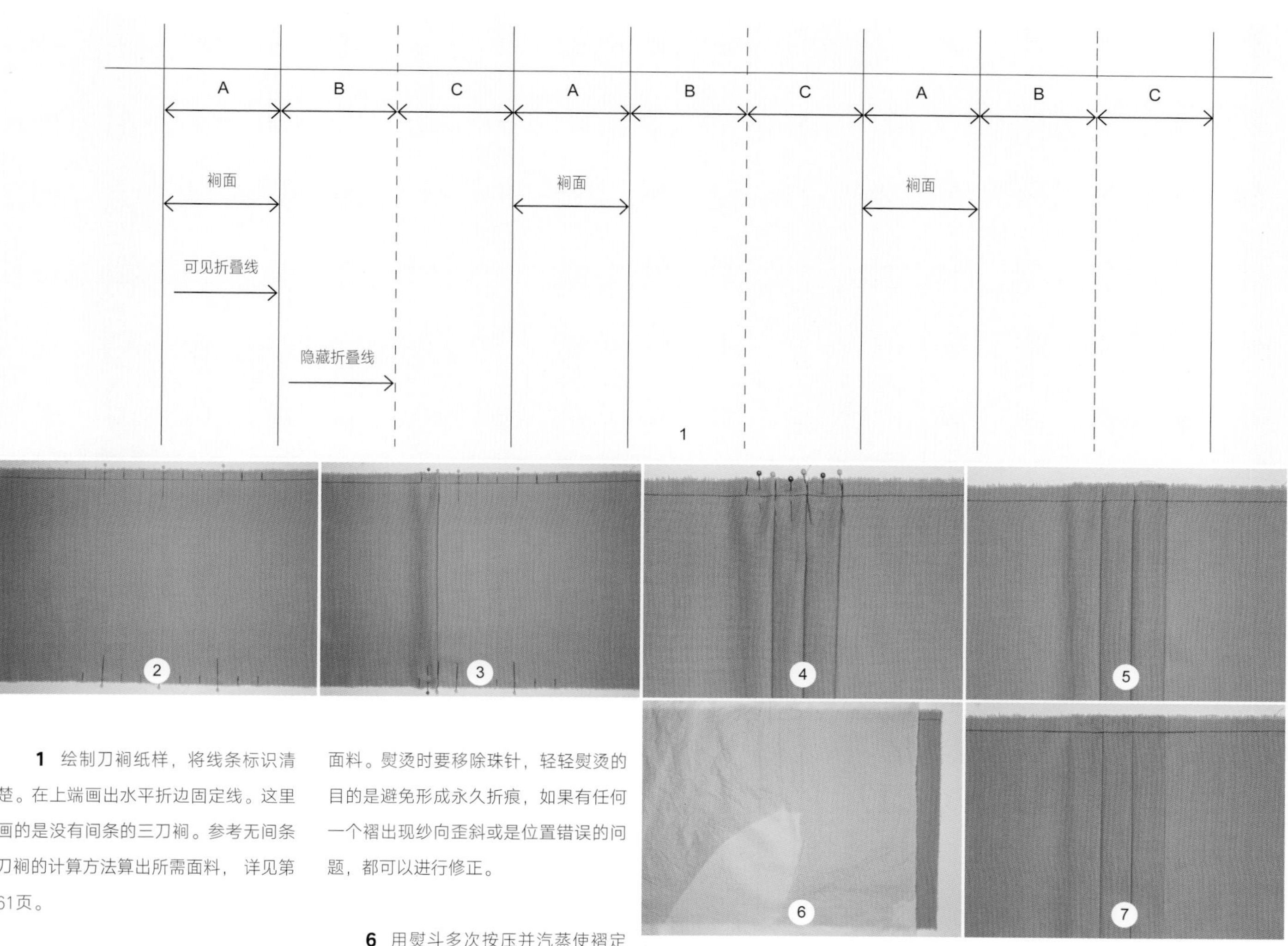

1 绘制刀裥纸样，将线条标识清楚。在上端画出水平折边固定线。这里画的是没有间条的三刀裥。参考无间条刀裥的计算方法算出所需面料，详见第61页。

2 将裥的标识转到面料上。用珠针固定可见折叠线的上端和下端。

3 用珠针固定目标线。在可见折叠线上下端别针的位置将面料折叠，对准到目标线的珠针位置，将裥别好。

4 将珠针别在下一条目标线上，并把下一个裥折叠过来与其对上。其他裥的折叠重复步骤3～4。

5 用熨斗轻轻熨烫褶，轻微汽蒸面料。熨烫时要移除珠针，轻轻熨烫的目的是避免形成永久折痕，如果有任何一个褶出现纱向歪斜或是位置错误的问题，都可以进行修正。

6 用熨斗多次按压并汽蒸使褶定型。把一块潮湿的垫布覆在褶上，再将热熨斗（温度在面料可承受范围内）放置在上面。静置熨斗直到下面的垫布被烘干。拿起熨斗并移动到另一块潮湿垫布上。不要左右移动熨斗，否则可能会弄乱下面的褶。把打褶面料放在熨台上，直到面料完全冷却。

在面料层间放置一个纸板或是牛皮纸可以防止折叠线的形状印在其他面料层上。

7 在裥上端折边固定线处留出缝份，用针固定。如果需要，裥的底端可以用假缝固定。

裥的定型

熨烫前，用10 : 1的水和5%蒸馏白醋浸湿垫布，然后将垫布覆盖在褶上，利于褶的固定。

刀裥的标记与折叠——纸板法

对整块面料打裥时，标记和折叠的方法非常有用。这里演示的是有间条的刀裥，但这种方法同样适用于制作箱形裥、暗裥和混合裥。

纸样中，每一个刀裥的可见部分是2.5cm的裥面加一个2.5cm的间条，可见总宽为5cm。4个刀裥，共需要40cm的面料，其中裥有20cm，还有额外的2.5cm是裥后间条。

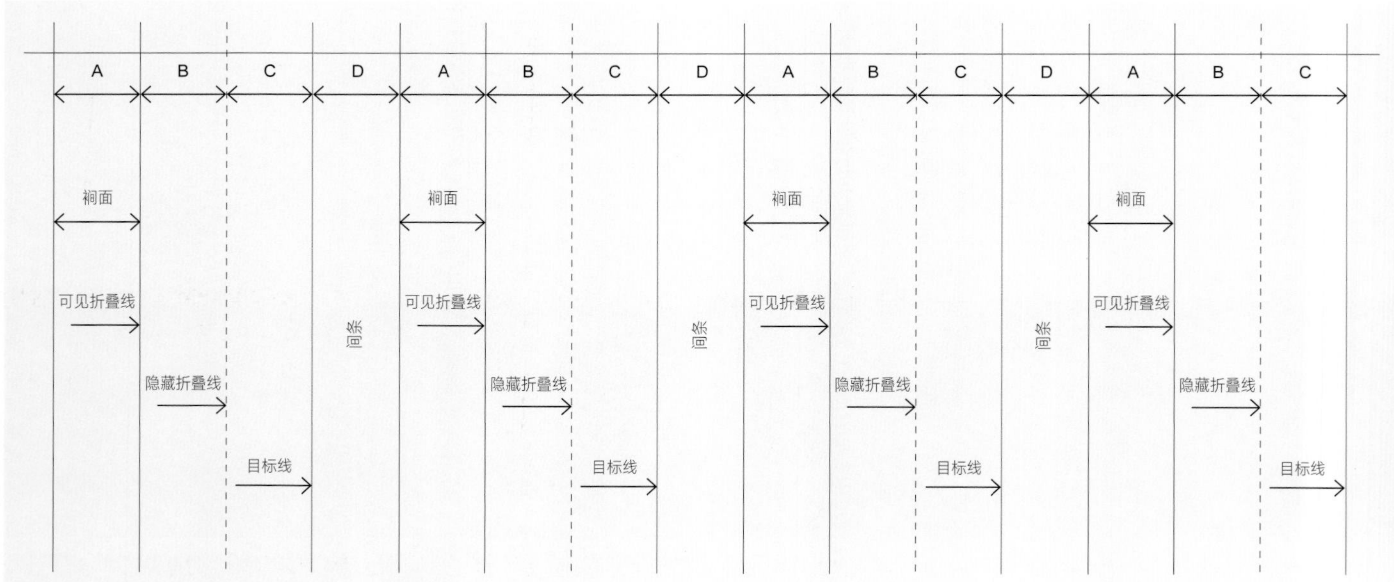

1 剪两条条形纸片，宽度为面料宽加5cm，其中面料宽为单裥宽度的两倍。这里，条形纸片长为46cm，宽为2.5cm。在一条纸片中间画线标记裥的宽度，将其别在靠近熨台边缘的位置；把另一条纸片别在它下面，注意在纸片间留出与裥间间条等宽的间距，这里是2.5cm。

2 面料反面朝上放到纸片下面。右侧的折边固定线表示的是要缝进服装里的面料边缘布。

3 将面料向下翻折盖住条形纸片。沿着纸片上边缘熨烫形成一条可见折叠线。根据需要，可以使用欧根纱垫布。

4 将面料翻过来露出纸片，沿着画线再一次折叠，在不影响步骤3所做折痕的情况下轻轻熨烫出一条隐形折叠线。在这种方法中，只熨烫可见折叠线和隐藏折叠线，而不标记目标线。

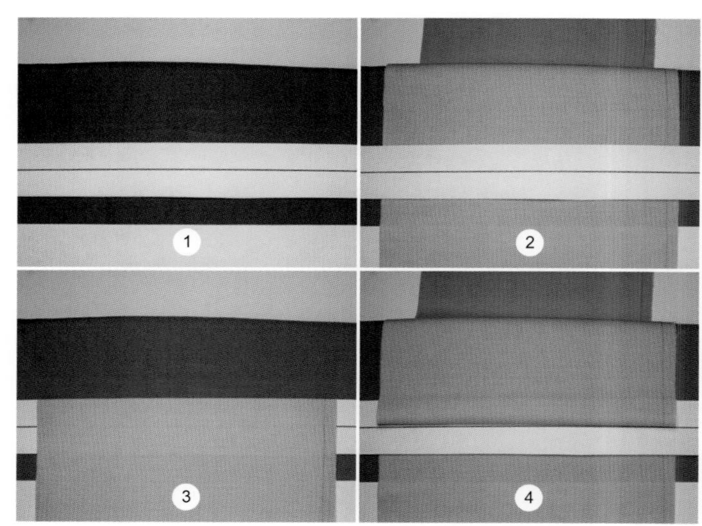

5 打开面料并朝自己方向拉开，直到产生第二个折痕，将隐藏折叠线折痕直接压在下面纸片的上边缘。隐藏折叠线折痕是山顶折痕，而可见折叠线折痕是山谷折痕（详见山顶和山谷箱形折叠，第79页）。

6 将面料翻折盖住上面的纸片，并重复步骤3～5，将面料的裥熨烫平整。

7 所有的裥都折好，将面料从纸片上移开，检查裥是否竖直且均匀分布。

8 将裥倒向一侧并轻轻熨烫（详见间条褶的标记与折叠，步骤3，第48页）。上端固定。

9 根据需要对裥进行按压。缝好裥上端。如果需要，裥的底端可以用假缝固定。

形态变化

纸样上有10个裥，每个裥有2.5cm的裥面，中间没有间条。用与间条刀裥相同的方式制作（详见上面），不同的是，在第一步将第二个条形纸片紧挨着第一个条形纸片放置，中间不留空隙。

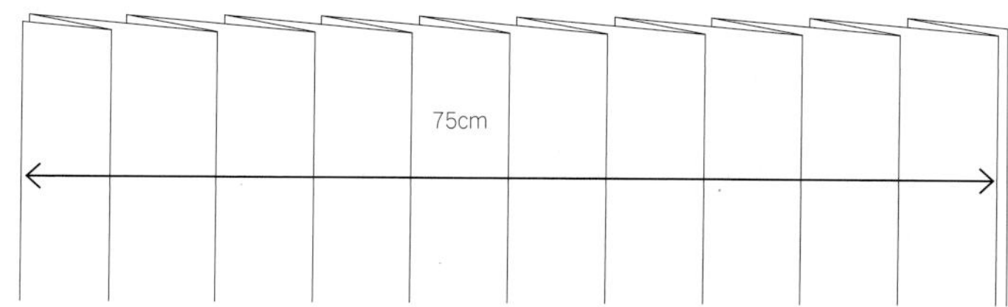

带条形纸片熨烫

折叠平整，按压熨烫并进行折边固定缝纫

展开以显示裥

箱形裥

箱形裥由两个刀裥构成，一个向左折叠，一个向右折叠，两边的隐藏折叠线在裥面中心线下方重合。

箱形裥的面料计算

连续的箱形裥相互之间首尾相连，中间没有间条，面料宽度的计算方法与刀裥相同。裥面（C）的宽度是每个折叠面的两倍（A、B）。一个箱形裥=A+B+C+B+A。

在纸样中，A+B+C+B+A=2.5+2.5+5+2.5+2.5=15cm。每一个箱形裥需要15cm的面料，但只能看到5cm的裥面。实际使用的面料与裥面面料的比率为6：2或3：1，即3m的平面织物可以制作出1m的打裥面料。

本纸样中有5个箱形裥（没有间条，示意图中为了清楚表示，画了间条），每一个裥需要15cm的面料，所以一共需要75cm面料。打裥后，面料变为25cm。

有间条的箱形裥的面料测量方法与连续箱形裥的测量方法相同，要算上增加的间条（D）量。一个间条箱形裥=A+B+C+B+A+D。

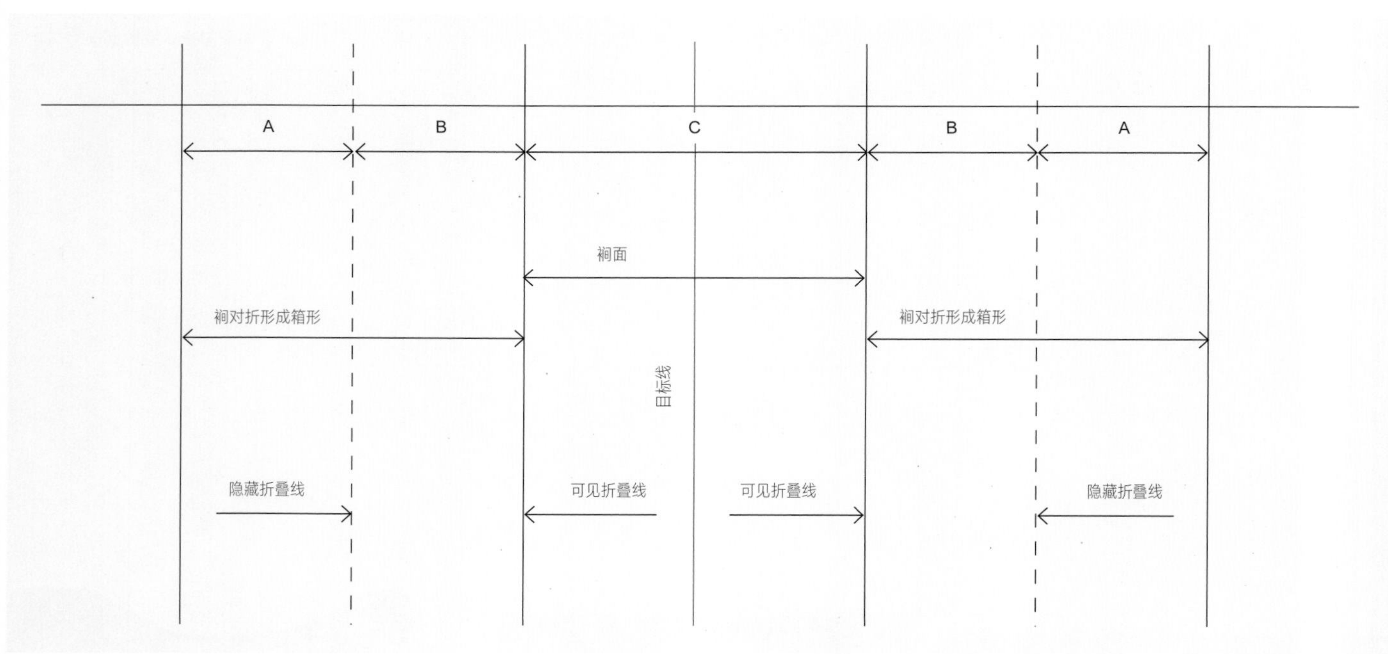

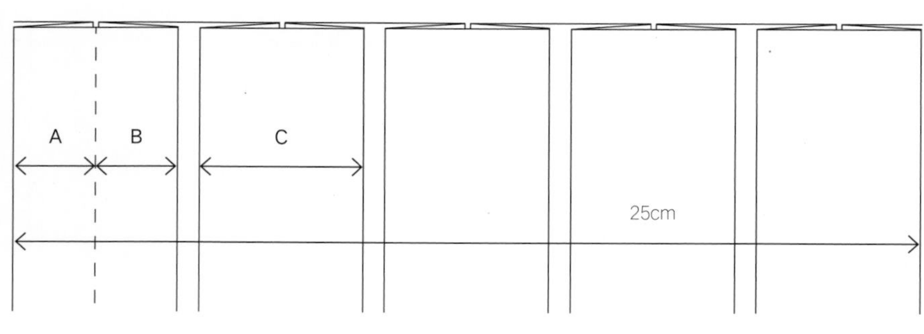

在本纸样中，A+B+C+B+A+D=2.5+2.5+5+2.5+2.5+5=20cm。每一个间条箱形裥需要20cm面料，但只能看到5cm的裥面（C）和5cm的间条，总宽为C+D=10cm。实际使用的面料与裥面面料的比率为8：4或2：1，即2m的平面织物可以制作出1m的打裥面料。

在本纸样中，5个裥各需要20cm的面料，因此一共需要100cm的面料。打裥后，面料变为50cm。

短裙的裥数计算

短裙的裥数等于臀围测尺寸除以一整个裥的宽度。

如果一个裥的宽（A）为2.5cm，间条宽（D）为2.5cm，整个裥的宽度为A+D=5cm。

如果臀围尺寸为90cm，那么裥的数量为905cm=18个。

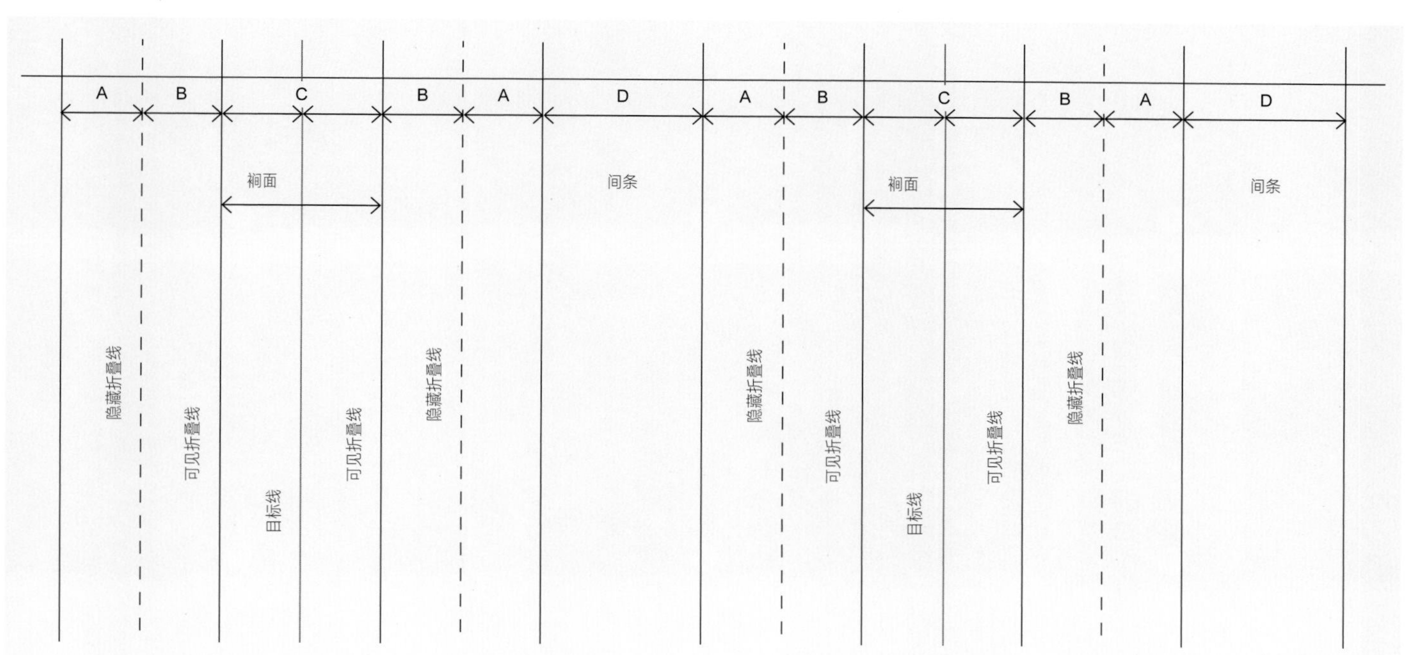

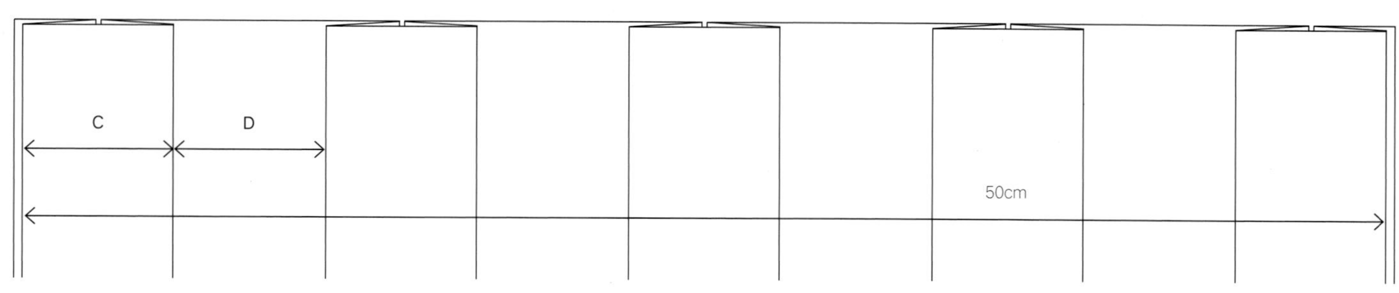

箱形裥的标记与折叠——珠针法

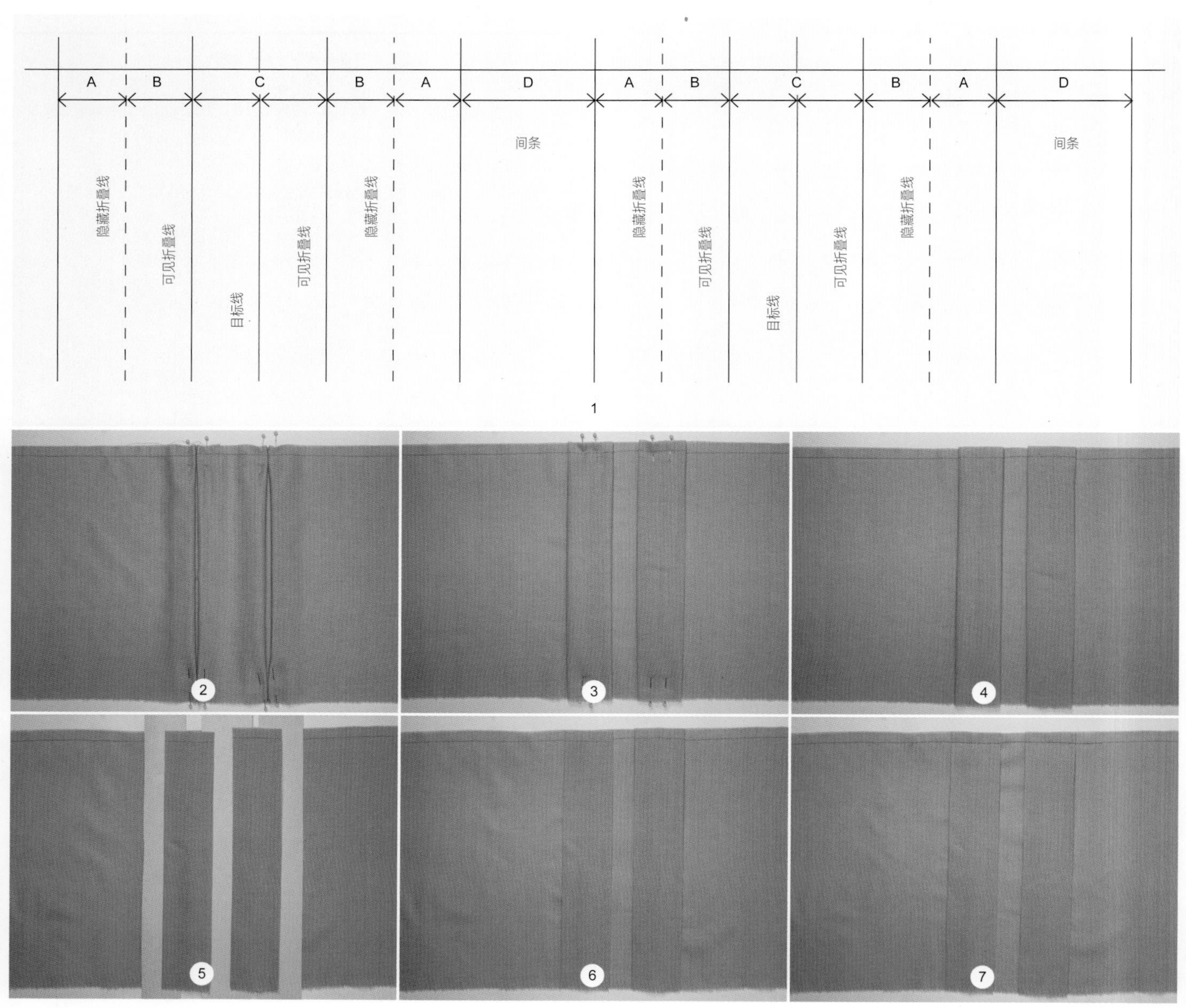

1 画出箱形裥的纸样，清楚标识标记线。在纸样的顶端画出水平折边固定线。这个纸样是有间条的两个箱形裥。所需面料的计算方法见第66页。

2 将折叠线从纸样转到面料上。用珠针在可见折叠线的上端和下端固定。面料反面朝上，将隐藏折叠线折向中心目标线。根据需要在折叠线的上端和下端固定珠针。

3 翻转面料使正面朝上。

4 用熨斗轻轻熨烫裥，轻微汽蒸面料。熨烫前移除所有珠针。

5 熨烫前将条形纸片或牛皮纸放在折叠面下，避免下方裥的折痕或叠影在熨烫时印到面料正面。在裥上放潮湿的垫布进行按压熨烫（详见刀裥的标记和折叠，步骤6，第63页）。

6 按压熨烫后的两个箱形裥。

7 裥的上端用折边固定线进行缝纫定位。如果需要，裥的底端可以用假缝固定。

暗裥

暗裥由一系列双刀裥组合形成，制作方法与箱形裥相似，但暗裥是两个刀裥向外相互对合，而箱形裥是两个刀裥面向下（内）对合。换句话说，暗裥的背面和箱形裥看起来完全一样。

暗裥的面料计算

暗裥之间首尾相连，中间没有间条，所需面料的测量方法和箱形裥相同（详见箱形裥的面料测量，第66页）。

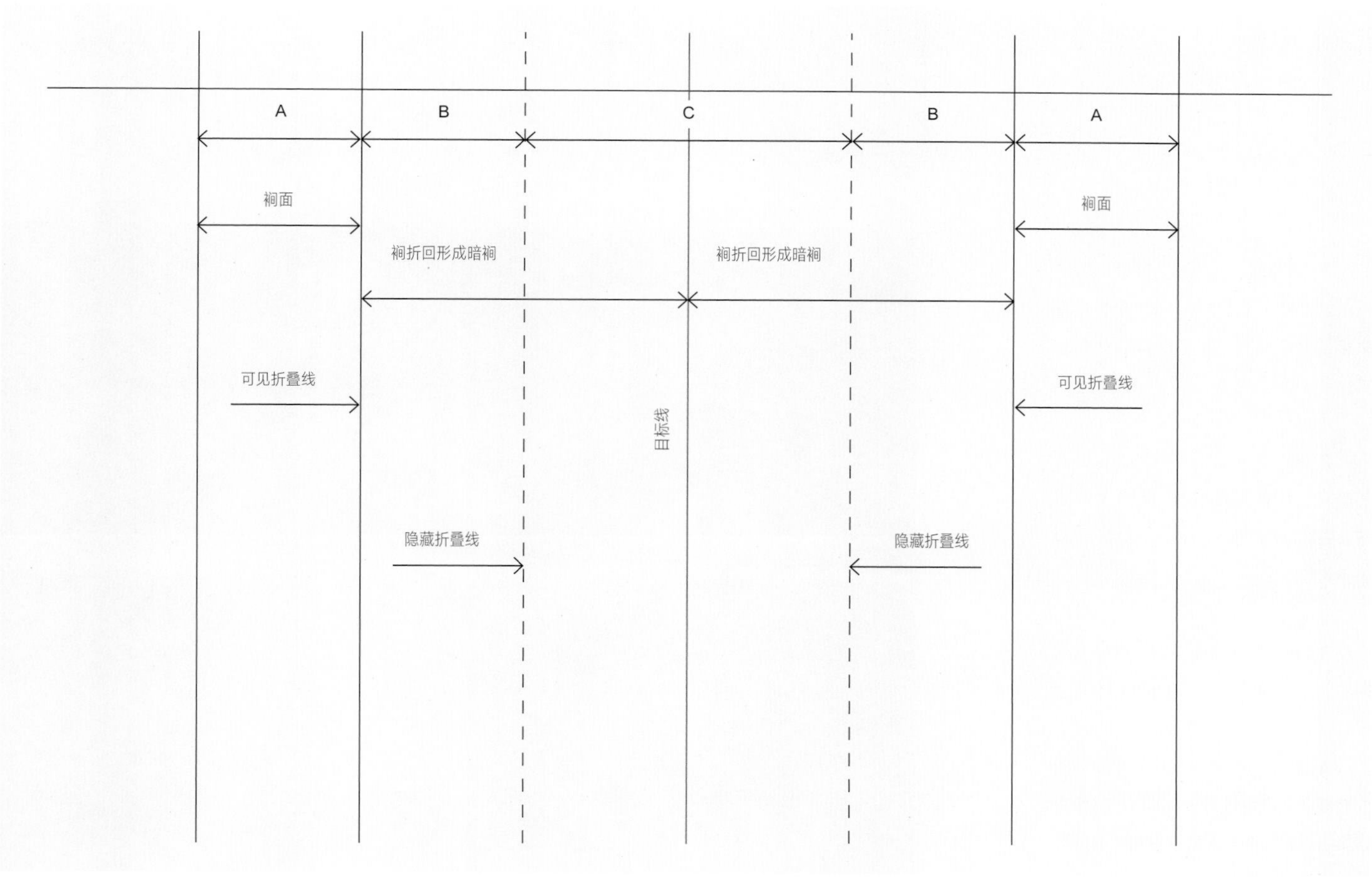

A B C B A

裥面 裥面

裥折回形成暗裥 裥折回形成暗裥

可见折叠线 可见折叠线

目标线

隐藏折叠线 隐藏折叠线

暗裥的标记与折叠

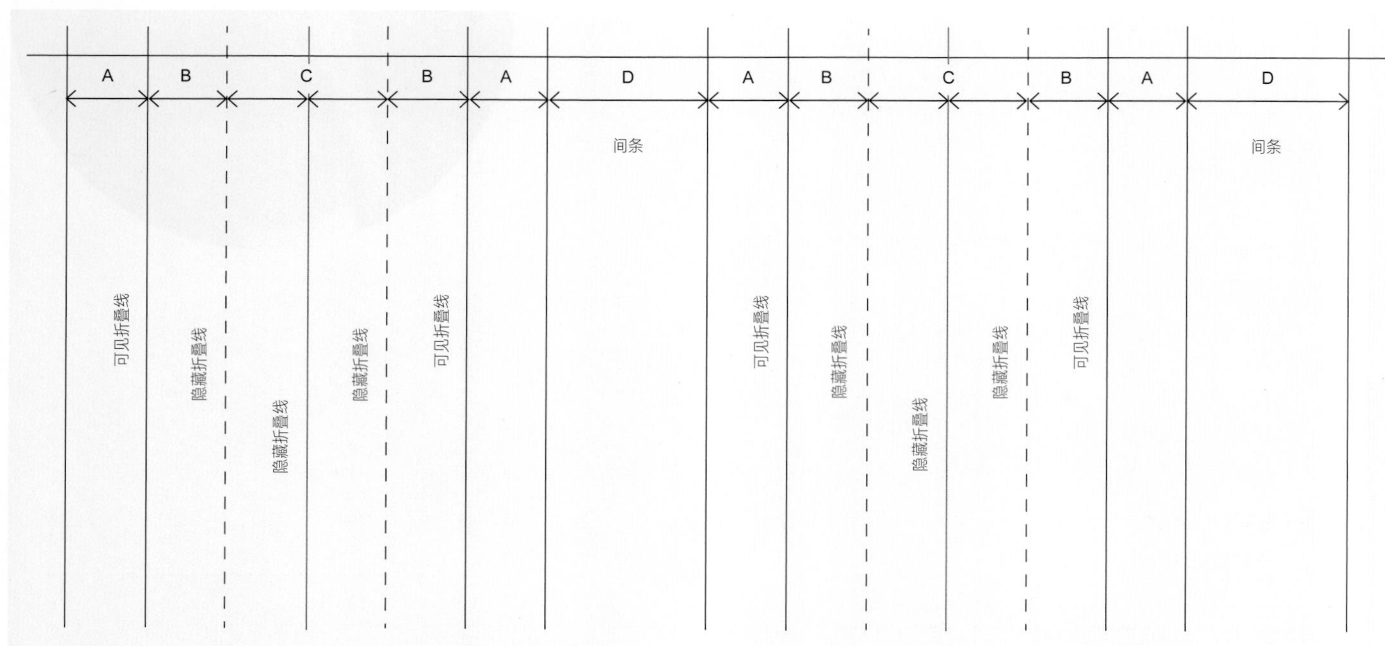

1 清楚标识标记线。在纸样的顶端画出水平折边固定线。这个纸样是有间条的两个暗裥。所需面料的计算方式，见第69页。

2 将折叠线从纸样转到面料上。用珠针在可见折叠线的上端和下端固定。将珠针处的面料捏紧，珠针在目标/中心线处相接。

3 用熨斗轻轻熨烫裥，轻微汽蒸面料。

4 熨烫前将条形纸片或牛皮纸放在折叠面下，避免下方裥的折痕或叠影在熨烫时印到面料正面。在裥上放潮湿的垫布进行按压熨烫（详见刀裥的标记和折叠，步骤6，第63页）。

5 裥的上端用折边固定线进行缝纫定位。如果需要，裥的底端可以用假缝固定。

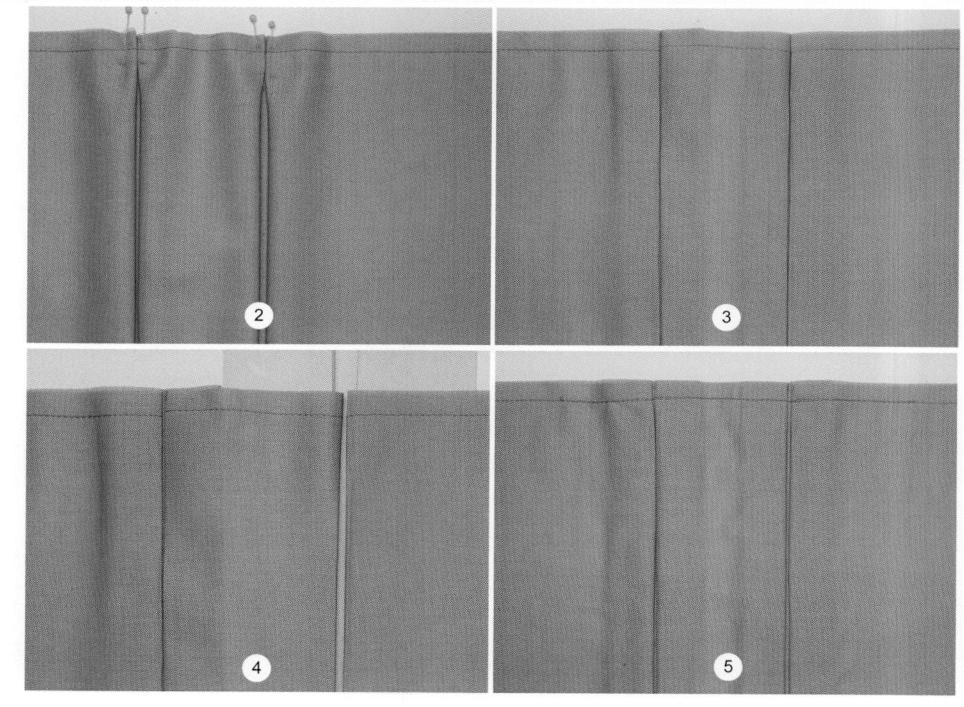

有边缝线的裥

裥上有边缝线可以塑造一种挺括的造型。边缝线可以缝在整条裥上，也可仅仅缝裥的一部分，开口处不缝。

1 边缝之前要对裥进行折边处理。边缝线是从裥的上端包含缝份的位置开始，所以要将所有上端裥定位的折边固定线移除。

2 使用小压脚（左）或是3mm的边缝压脚（右）对裥边进行缝纫。

3 打开折边处理过的裥，并将可见折边线对准缝纫机针板上的3mm标记。穿过折边部分，沿着折叠的裥边进行缝纫。不要打回针；末端留长线头，线头打结并拉到折叠的折边里（详见线头打结，第29、30页）。对所有的裥重复上述操作。

4 熨烫边缝线，使其嵌入面料。在上端折边固定缝纫来使裥定位。

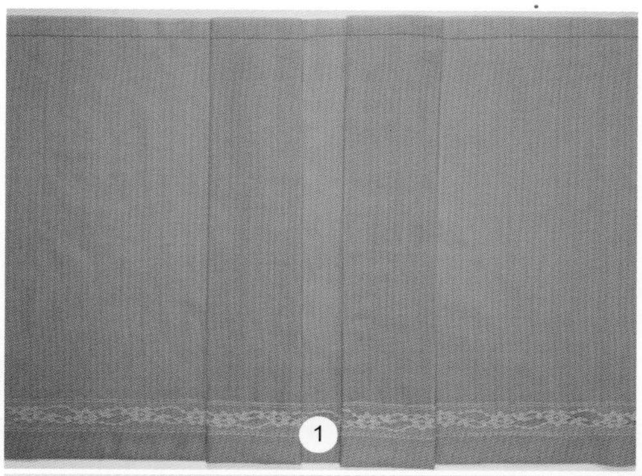

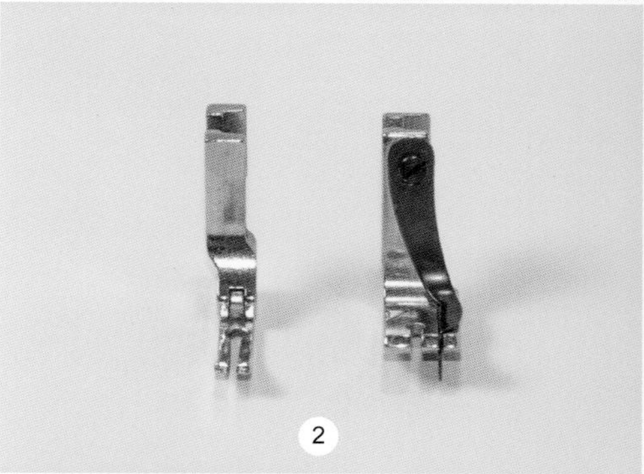

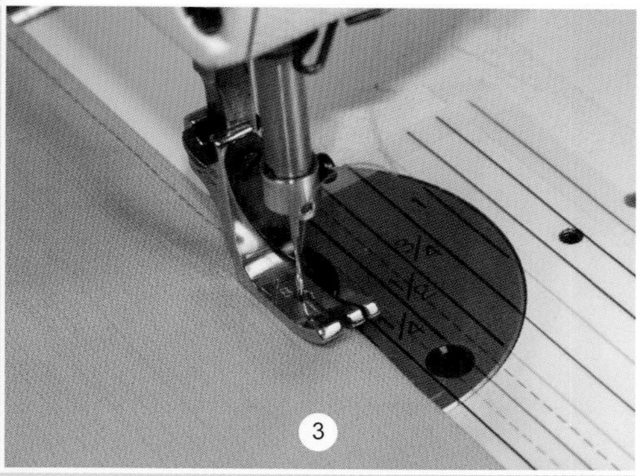

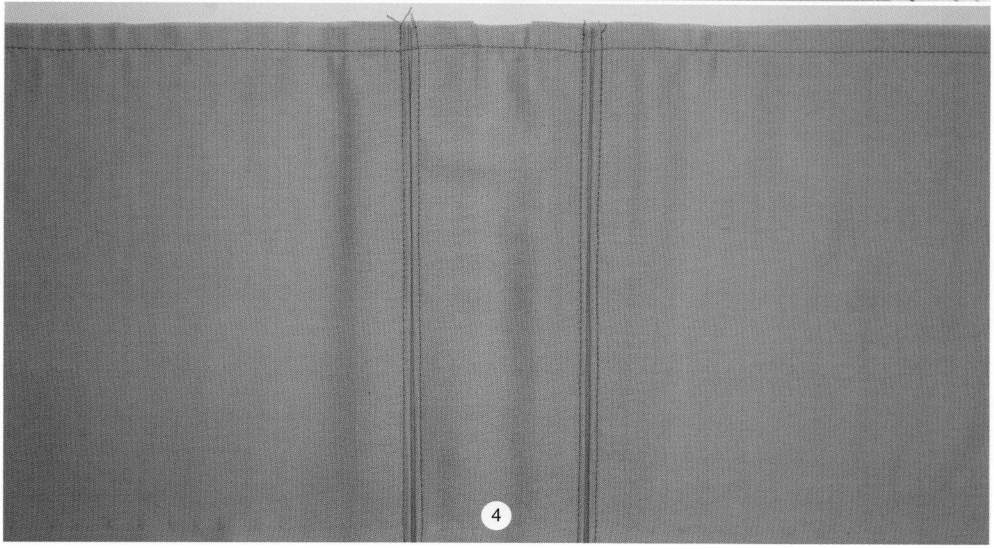

有开口的裥

有时，设计需要服装上的一部分裥平贴于身体，另一部分裥在缝合到开口点的位置停止，自如展开。这种裥通常需要非常紧密缝合，然后对裥进行边缝处理，使它与开口处之间的部分保持平整。

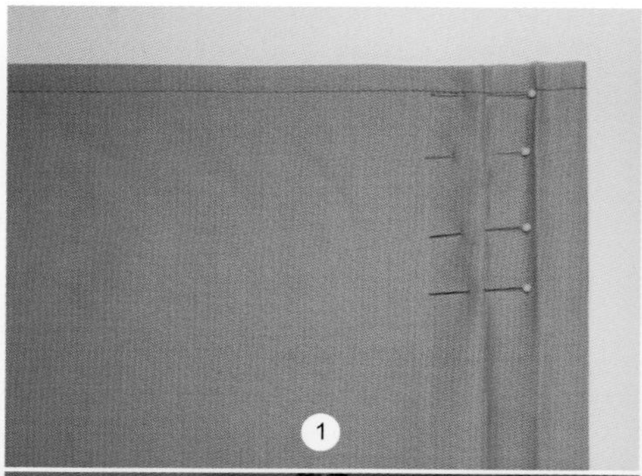

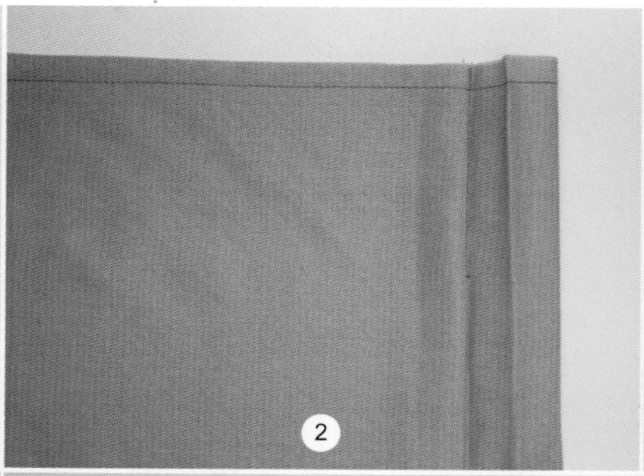

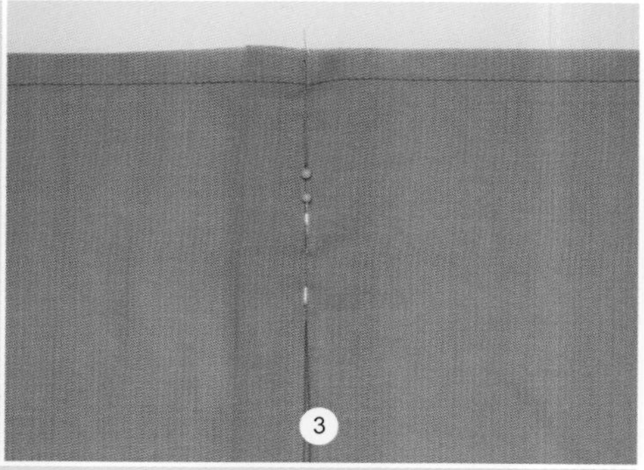

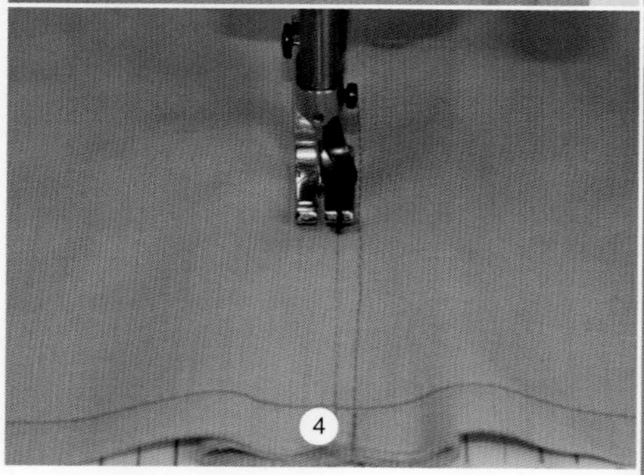

1 拆下裥的折边固定线，正面相对折叠裥，使两条隐藏折叠线在背面山谷处重合；小心的固定。

2 将隐藏折叠线缝合，到裥的开口处停止。熨烫缝线，然后将裥翻回正面。

3 在面料正面固定可见折叠缝纫线，使其与隐藏目标线对齐。再次用折边固定缝将裥的上端固定。

4 沿着可见折叠线的一边进行边缝，缝合所有的裥层，直到开口止点处。如果缝合的是暗裥，缝针不要抬起，旋转面料，缝三针左右，再旋转面料，缝纫可见折叠线的另一侧。熨烫缝线使其嵌入面料。

5 完成的边缝到开口处的暗裥。

有底层的局部裥

底摆处的局部裥，结构与有不同面料的下层倒裥相似，人体活动时，服装呈现出不同颜色的变化。

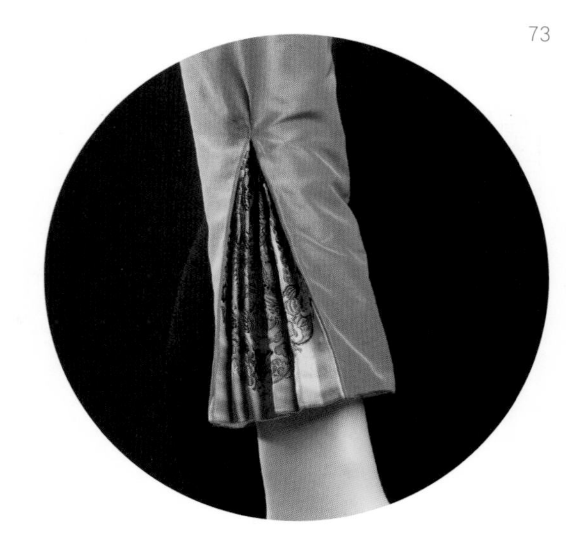

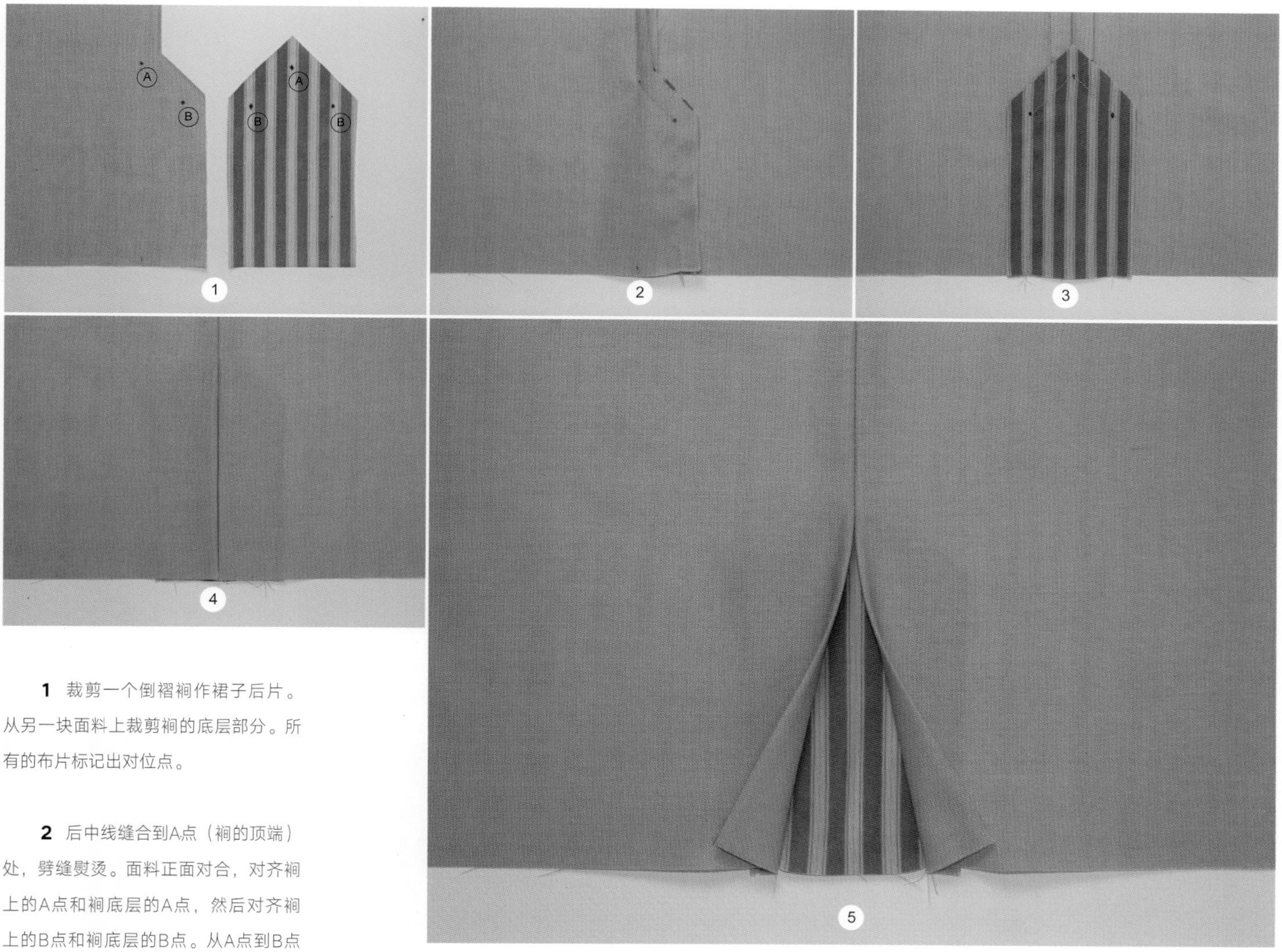

1 裁剪一个倒褶裥作裙子后片。从另一块面料上裁剪裥的底层部分。所有的布片标记出对位点。

2 后中线缝合到A点（裥的顶端）处，劈缝熨烫。面料正面对合，对齐裥上的A点和裥底层的A点，然后对齐裥上的B点和裥底层的B点。从A点到B点缝合，缝针不抬起旋转面料缝合裥的底部，对齐缝份。沿着裥和裥底层的另一边重复上述操作。熨烫接缝和缝线。

3 裙子的后中缝份劈缝熨烫。

4 从正面看，倒裥是闭合的。

5 裥的底层从刀裥中露出。

圆裥

圆裥是通过折叠面料形成的紧密褶。它们可以是平裥，也可以是立裥：圆裥只在面料的上端打裥，而风琴裥是在整块面料上打裥。在过去，圆裥常用在教主穿的长袍上，柔软的面料做成的圆裥垂到底摆。伊丽莎白领常用大圆裥，其特点是：上浆的亚麻圆裥从基布上凸显出来。

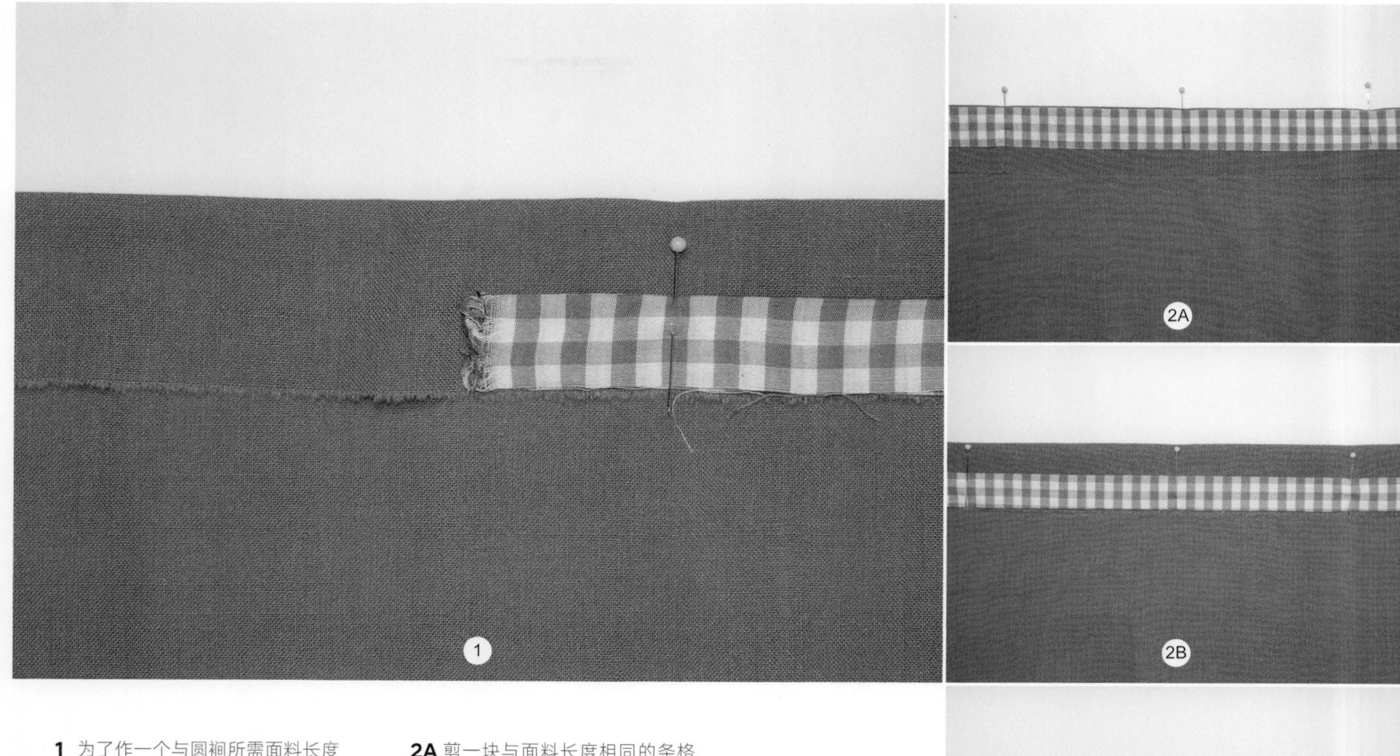

1 为了作一个与圆裥所需面料长度相同的打裥带，首先在面料上端熨烫出折边量。褶裥带可以使面料上端的布边更整洁，同时可以增加裥的体积，从而使裥更硬挺。在这里，褶裥带长5cm。撕掉面料毛边，注意不是剪掉，这样可以使面料从两层到一层的过渡更柔和自然。

2A 剪一块与面料长度相同的条格平布，将其固定在打裥带的上边缘。

2B 也可以把条格平布固定在打褶带的下边缘，或是制作一个与打褶带等宽的条格平布，这取决于想要的效果。

3 如果没有条格平布，打裥带上每一个裥的位置可以在面料上用网格线进行标记。

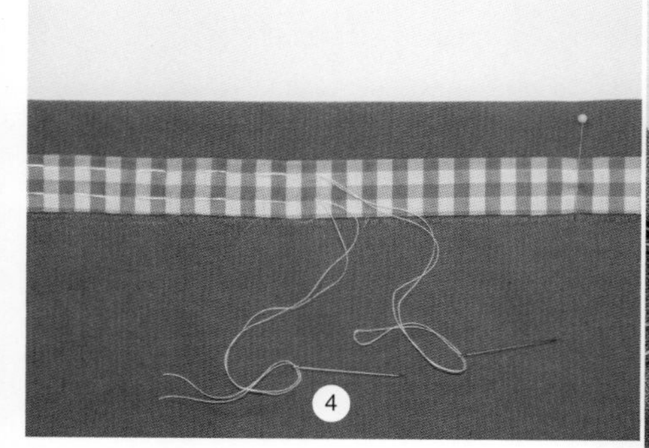

4 用双股粗线穿好两根针。缝两行平行的打褶线迹，要准确地缝在条格布正方形格子的顶角上，以确保每一针的针脚长度相等；两行缝线的针脚上下对齐。同时缝纫两行打褶线迹。

5 缝线逐渐变短，将两行缝线抽紧，继续手缝，直到面料完全打褶。

6 根据需要调整打裥面料的宽度。缝线末端打死结。

7 从正面观察圆裥在上端是如何展开的：中间的面料紧紧压缩，然后往上慢慢松开。

8 将条格平布放在的褶裥带上端，可以塑造不同的效果。

9 翻到正面，这时裥在上端是紧紧压缩，然后往下慢慢释放形成褶。

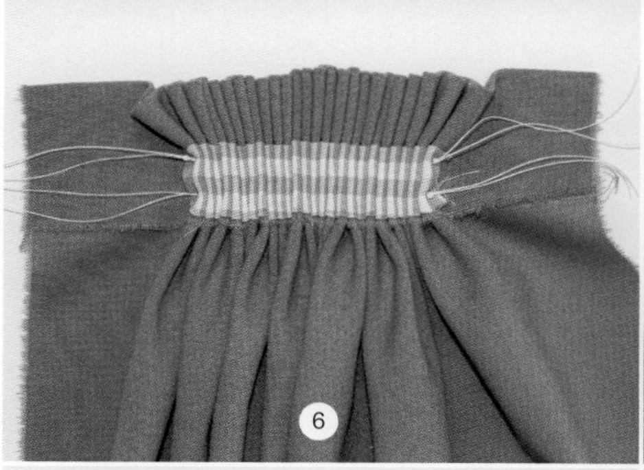

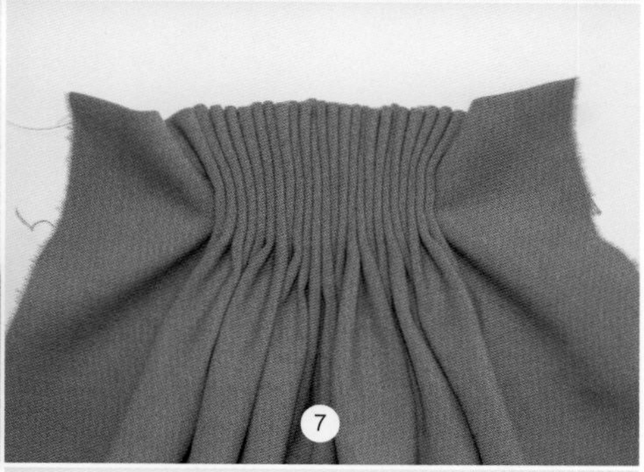

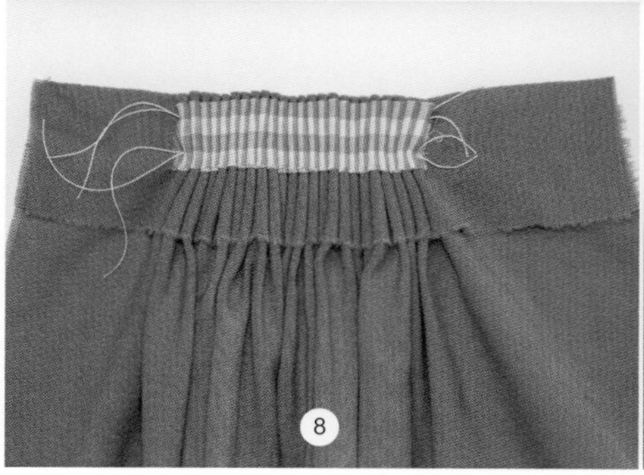

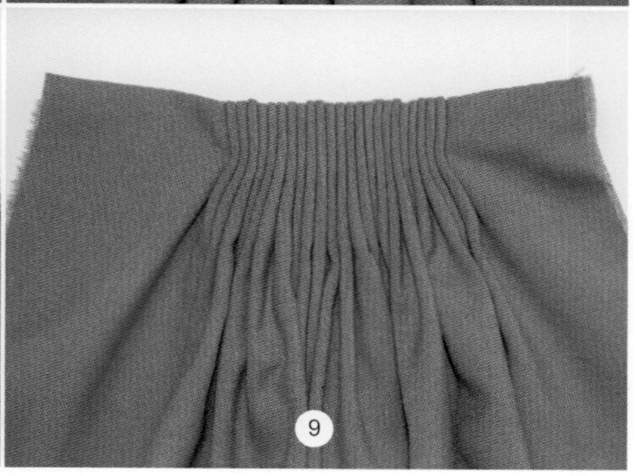

圆裥与服装的缝合

可以将圆裥的前面边缘或背面边缘与服装面料进行缝合。如果用背面边缘缝合会使裥挺立；如果用前面边缘缝合，褶裥会紧贴身体。如果基布是柔软贴体的，那么裥会把基布面料拽离身体而拉向前面，使布面产生歪斜。

重力和打裥面料的重量都会拉扯其周围的服装面料，所以建议加固缝褶裥的服装部位。在这里，用欧根纱缝在面料内层来增强其牢固性。或者将裥缝在撑条上，比如彼得沙姆带，然后再把撑条缝到服装上。

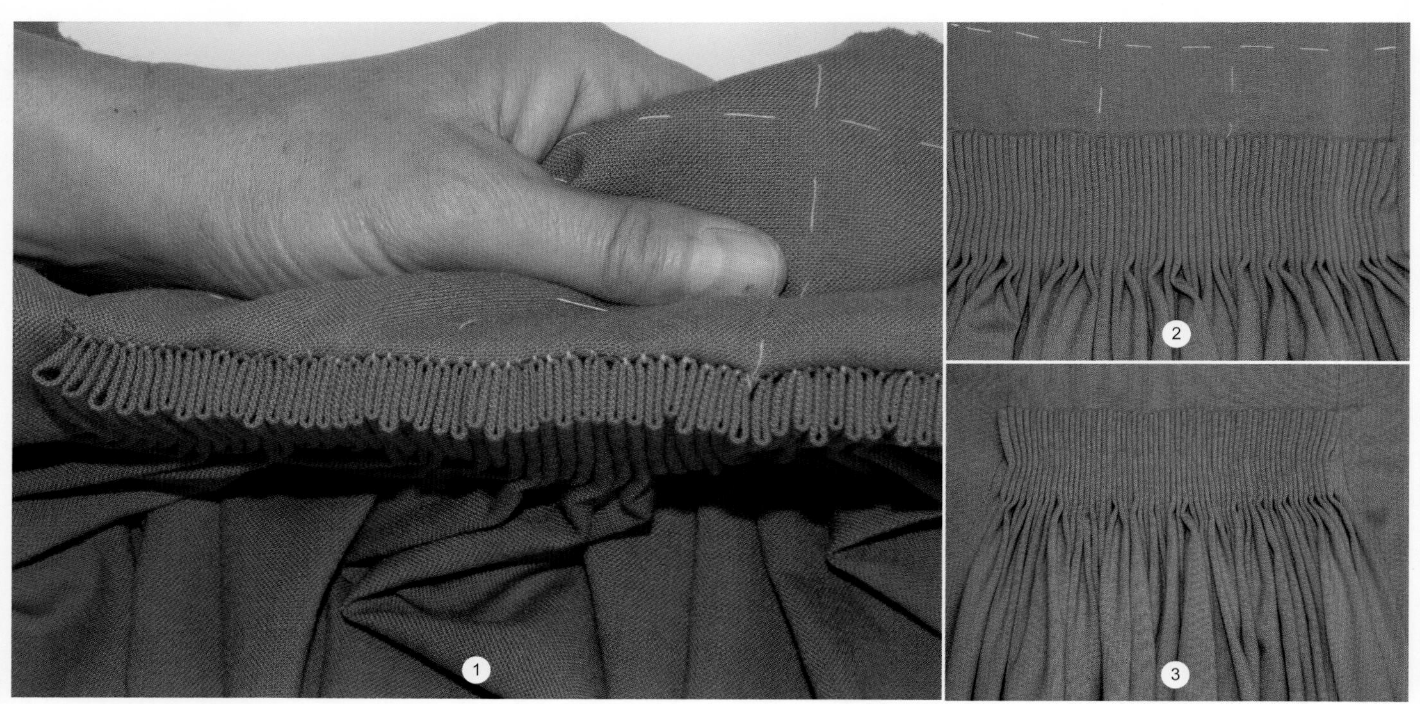

将裥的背面缝到基布上

1 用双线将每个折叠面的背面挑缝到基布上。

2 从正面看，152cm的羊毛面料在打裥和缝合后变成25cm。

3 圆裥的背面边缘缝到基布上，裥会挺立起来。

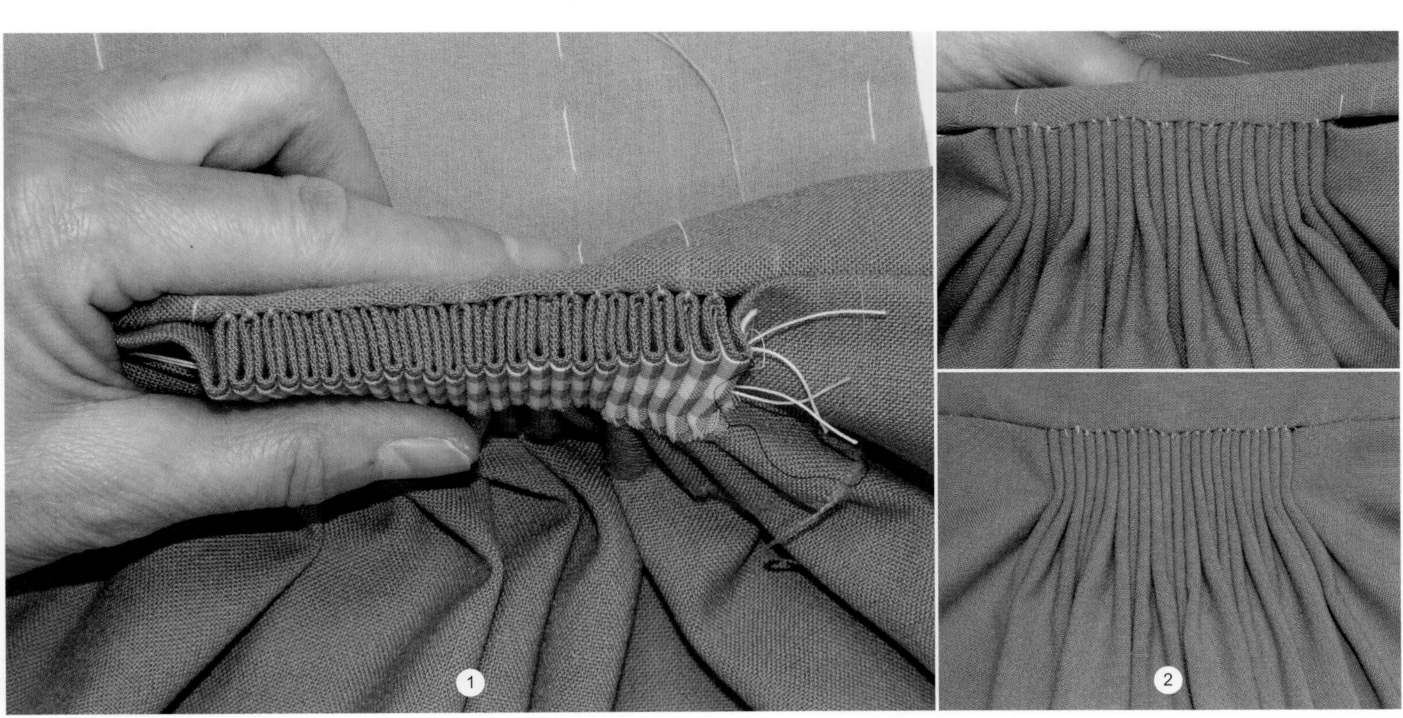

将裥的前面缝到基布上

1 用双线将每个折叠面的前面挑缝到基布上。

2 前面的边缘缝到基布上，裥会将底布向前拉扯，在裥的上方形成一个倾斜的布面。

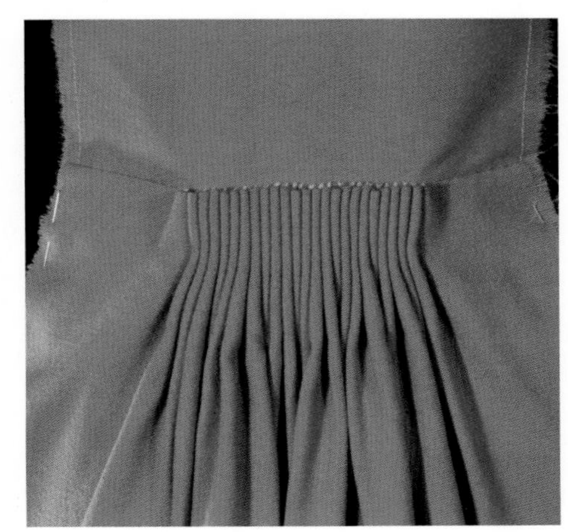

风琴裥

风琴裥是立裥。穿在身上时，立裥会使服装外形往外扩展，从而掩盖穿着者的外形轮廓。风琴裥因类似于手风琴的直风箱而得名，每个裥在整个长度方向上都具有相同的宽度。

细裥，形状像蘑菇底部的菌褶，是风琴裥的一种。福滕纳裥与细裥相似，但会更加不规则。

制作立裥的一个方法是用卡纸或纸板做裥的模型。确保纸板在打湿的状态下不会掉色，因为这个过程要把湿布夹在两块纸板之间。

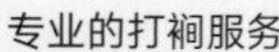

专业的打裥服务

平裥，比如刀裥，是通过熨斗熨烫平整的，它们的制作相对比较容易。立裥是竖直的，制作比较困难。

需要制作立裥时，通常可以将面料送往专业的打裥公司。根据不同的服装品类和不同的裥类型，面料可能会利用码布打褶，或利用裁片打裥。已经缝好的服装不能打裥，因为它不能穿过打裥机器。许多打裥公司可以对小匹量的面料打裥，也可以对整卷布进行打裥。

1

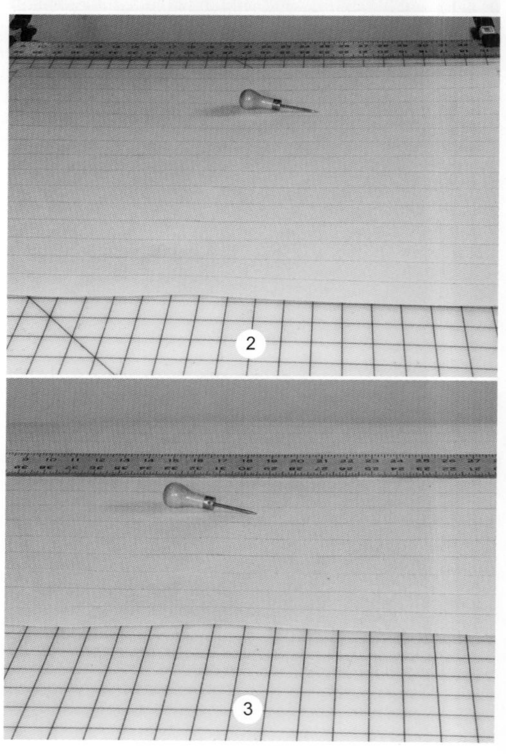
2

3

1 剪两张比面料略大的卡纸。在每一张卡纸上画出与裥等宽的平行线。在这里，线之间的间隔为3cm。

2 用锥子或打眼锥，在第二、四、六行及所有的偶数行线的两端打孔。

如果可能，用夹子或用其他方法将钢尺固定在工作台上，这可以使尺子保持竖直，便于下一步在卡纸上划痕。

3 将卡纸的一端放在钢尺下。卡纸上的第一条线与钢尺边缘对齐，沿第一条线用锥子划痕。

拉动卡纸，使第三条线与钢尺边缘对齐，用锥子划痕。重复上述步骤，对每一个奇数线划痕。注意那些打了洞的偶数线没有划痕。

画到卡纸的底端时，将卡纸反过来并将顶端再一次放在钢尺下。在这一面看不见线，将第一组孔与钢尺边缘对齐，连接两孔划线。重复此步骤，在每一对孔洞之间划线。

凸褶和凹褶

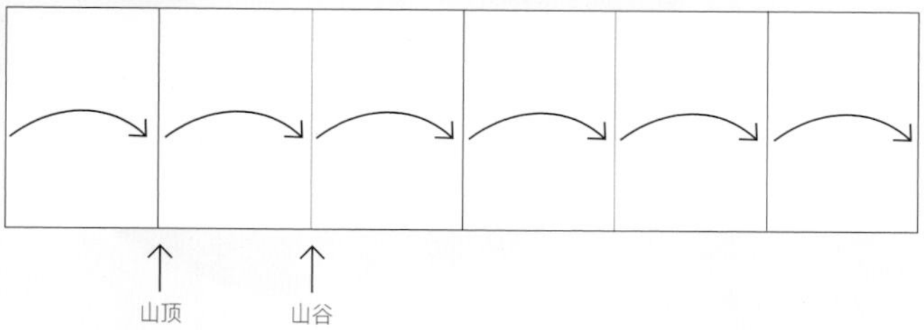

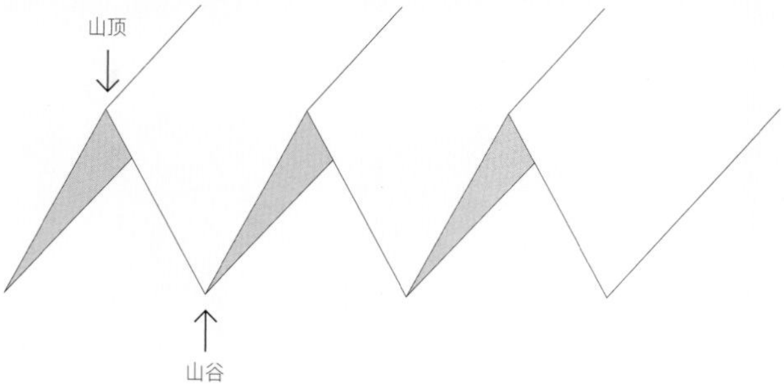

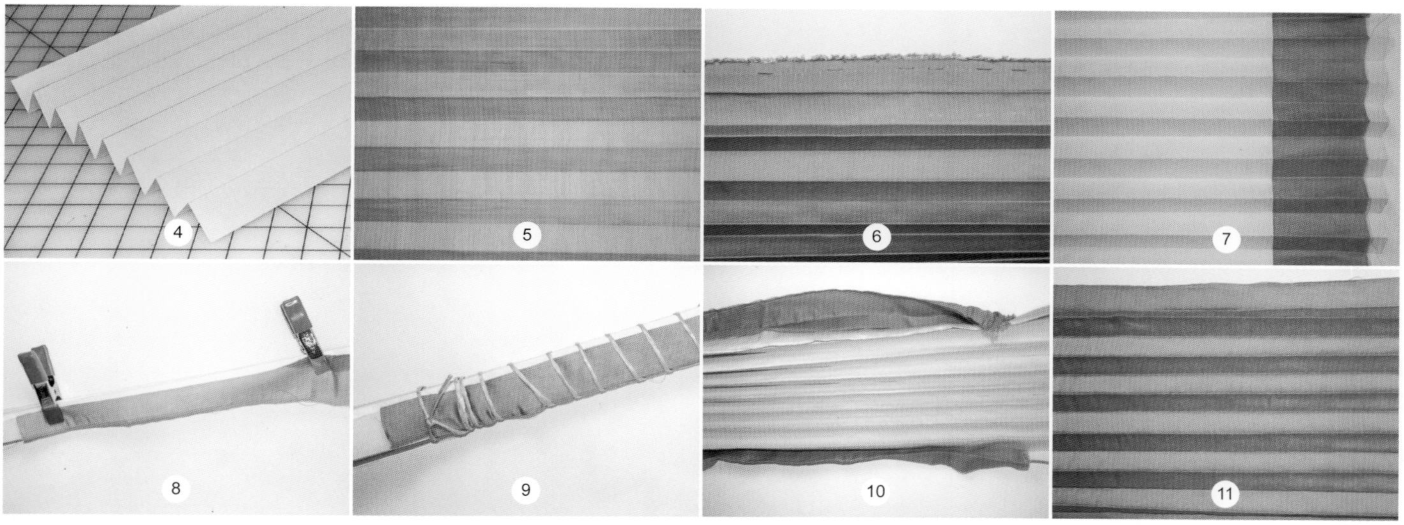

4 翻转卡纸使画线的一面朝上。沿第一条线折叠形成山顶；折叠第二条线形成山谷（见上方的图）。依次继续折叠山顶和山谷，直到完成整个卡纸的折叠。

第二张卡纸重复步骤2～4。现在就做好了一个系列的卡纸模型。

5 用10：1的水和5%蒸馏白醋浸湿面料，这样容易打裥。将一个卡纸模型放在桌子上，划线的面朝上，然后把面料放在模型上，经纱与折叠线平行。可以把面料和卡纸的一边订在一起，确保面料的纱向和位置不改变。

6 轻轻将卡纸的山谷和山顶折叠在一起。

7 用其他的卡纸模型覆盖住面料和卡纸，然后把模型和面料紧紧折叠在一起。把折叠好的卡纸在桌子上使劲按压，使其更紧密。

8 将模型和面料的一端夹在一起。

9 用绳子缠绕将模型捆绑。把模型放在一边，直到面料干燥，有时需要好几天。

10 面料干燥后，松开缠绕模型的绳子。

11 打开模型，移除最上层卡纸。

12 完成的面料正面朝上的风琴裥。

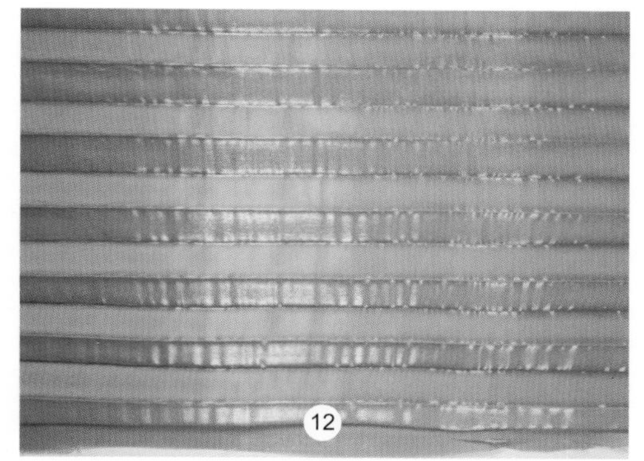

日光裥

日光裥，或者叫辐射裥，是基于一个有省尖点的圆弧，像太阳的辐射一样。这种裥多用在圆摆裙和袖子的细节处。

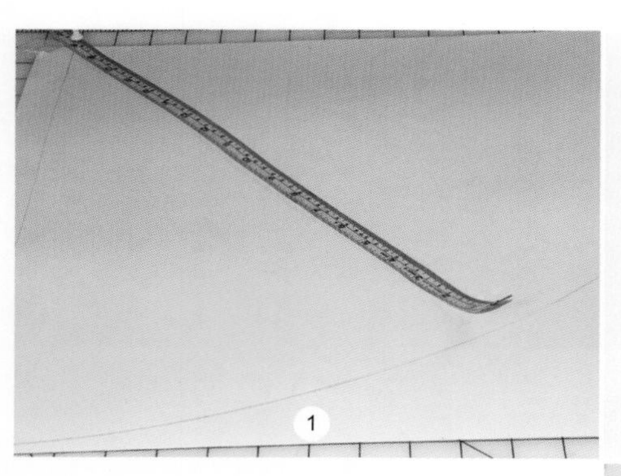

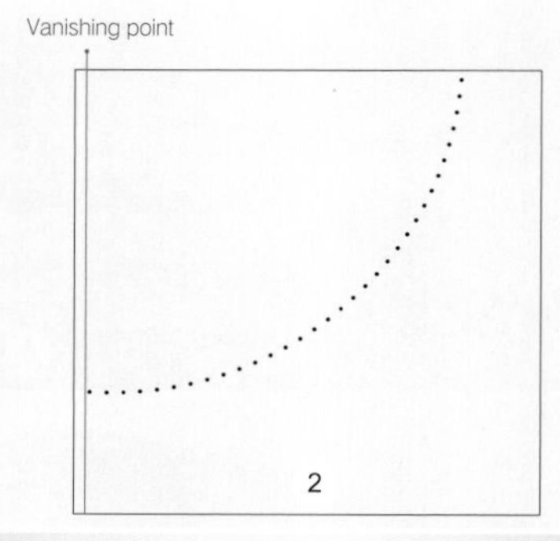

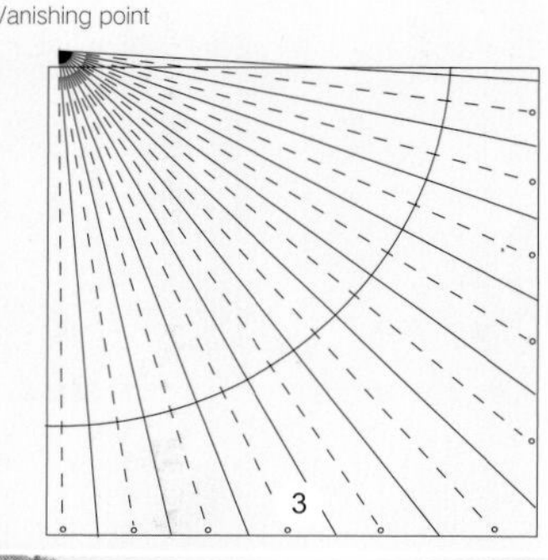

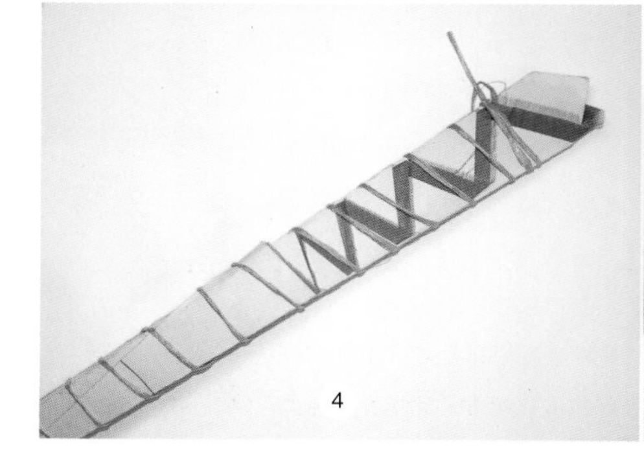

1 剪两张比面料略大的卡纸。在省尖点处固定一把尺子、卷尺或绳子。在每一张卡纸上画一个1/4圆，圆弧中心点是省尖点，圆弧的弧长作为底摆。在这里，可以简单作为测量裥的指导。

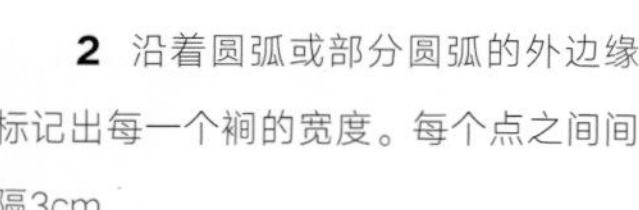

2 沿着圆弧或部分圆弧的外边缘标记出每一个裥的宽度。每个点之间间隔3cm。

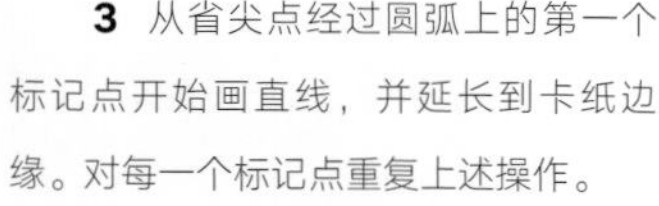

3 从省尖点经过圆弧上的第一个标记点开始画直线，并延长到卡纸边缘。对每一个标记点重复上述操作。

制作卡纸模型并开始打裥（详见风琴裥，步骤2～9，第78-79页）。

4 折叠好的打裥卡纸和面料。

5 完成的日光裥。

打裥服装的纸样裁剪

要制作一件在长度和宽度方向有很多褶裥的服装，先将面料打裥，再把纸样放在面料上裁剪会容易得多。这种方法适用于比较大的纸样裁片，对于小型纸样只需要一小部分的打裥面料，那么这种方法可能会造成面料浪费。

可以用纸做打裥实验来确定是先打裥还是先裁剪面料。首先选择合适的尺寸在纸上打裥，然后将纸样放在打裥纸上，裁剪下来完成新的打裥纸样。打开新的打裥纸样，呈现出合适的打裥造型。

用描图纸可以完成一个完美的打裥纸样。描图纸比较薄且透明，能清楚地看到不均匀的折痕。

1 将描图纸折成预期的褶裥造型，用针固定每个裥的两端。

2 将纸样（这里是克夫纸样）放在打裥的描图上，沿着折叠边竖直摆好。

3 也可以将纸样沿斜纱方向摆放。

4 剪下纸样。

5 打开打裥的描图纸，观察纸样形状。如果是用斜纱裁剪，它可能很复杂。

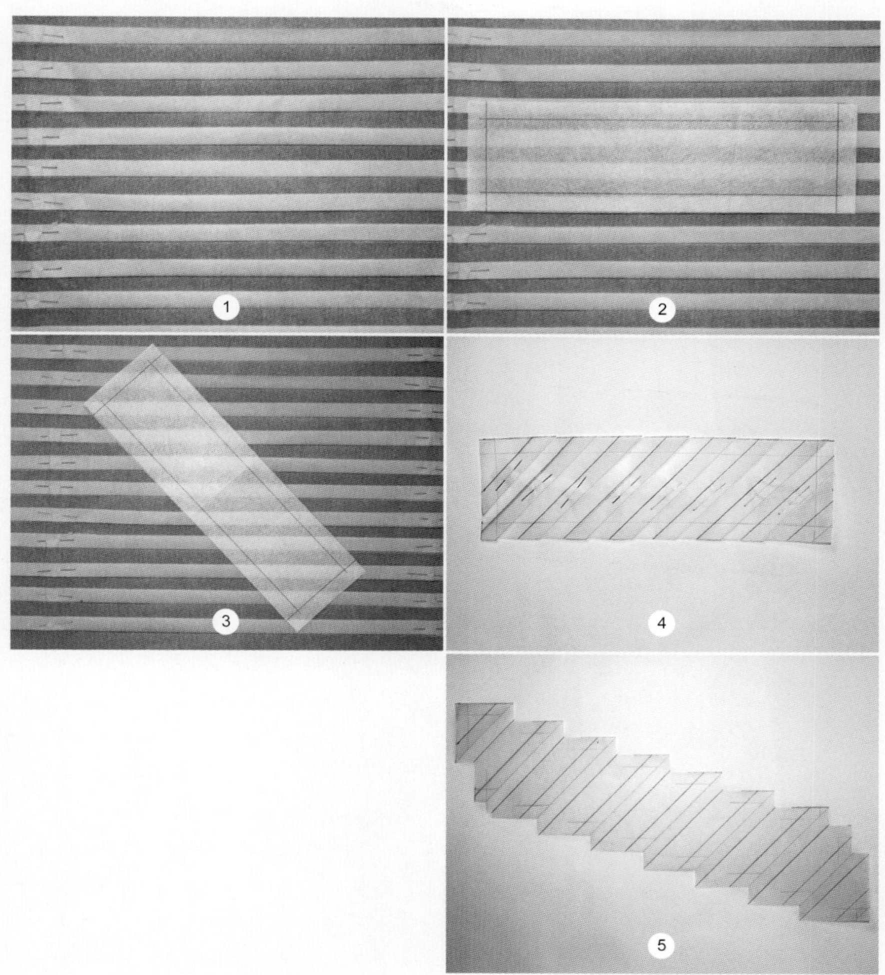

皱纹裥可以给面料表面增加纹理和图案效果。整件服装都可以用有皱纹裥的面料来制作，也可以在服装的局部使用皱纹裥，使服装产生新颖纹理效果。不同的面料可以塑造出不同风格的裥；比如，一块由两种色调编织成的泰丝，做成皱纹裥时可以反射出各种不同颜色。

皱纹裥包含多种不同的工艺：有些使用基本打裥工艺，有些则比较复杂。在这里，以扭曲打结，扫帚裥和包带蓝染裥为例进行说明。

2.4 皱纹裥

褶皱裥的工艺包括面料的扭曲、卷边或压缩，定型，以及汽蒸固定。使用的工艺越复杂，裥复杂部分的控制就越困难。

天然面料和合成纤维面料中有许多都适合打裥。轻质面料通过皱纹裥处理可以塑造出精致的褶皱，而较厚重的面料可以塑造粗旷的褶皱。通常，要在面料样品上进行实验以确保不会掉色，确保蒸汽处理时合成面料不会融化。为使所打的褶裥造型更持久，将面料置于醋浴或其他酸性溶液中浸泡或汽蒸。

裥的扭曲和打结

裥的扭曲和打结是比较简单的工艺。这里展示的是用中等厚度的山东绸打碎褶形成皱纹裥效果，纹理比较深；如果用薄一些的面料或使用更规则的碎褶，那么形成的皱纹裥会更加细腻，纹理会比较浅。

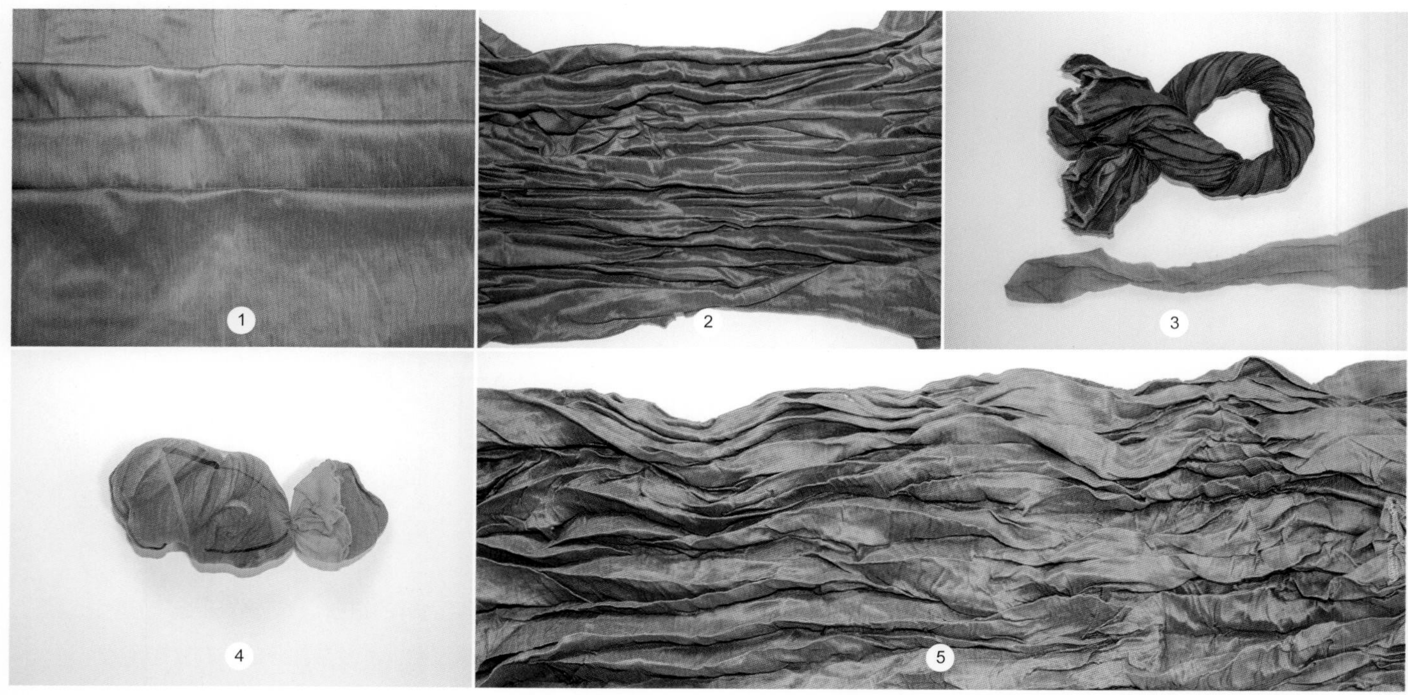

1 打裥前，对面料进行水洗处理，去除涂料或浆料，多次冲洗，避免残留肥皂。对于半永久裥，参考下面提示框的说明进行操作。

2 用手或熨斗抚平潮湿面料上比较大的皱折。如果面料干了，重新湿润它。用手进行面料打褶——褶越小，裥就会越小。

3 用手抓住面料的两端，扭曲面料直到它自身形成一个环扣。

4 将环扣面料塞进尼龙袜，尼龙袜末端打结。放进蒸汽机汽蒸面料，也可以用锅汽蒸，在锅里放一个高于水面的架子用来放置面料；盖上锅盖蒸45分钟。

从蒸汽机或锅里取出装有面料的尼龙袜，然后放在洗涤池里进行除水和冷却。此时不要把面料从尼龙袜里取出。冷却后，将面料放置在干燥处晾干，可能需要好几天。

也可以将尼龙袜放在服装干燥机或微波炉中加热来加速干燥，或者放在热风口。

从尼龙袜中取出干燥后的面料。

5 将干燥的面料打开。

半永久裥

制作半永久裥时，将面料浸没在醋浴或其他酸性溶液中（PH值为3-3.5）.

1.*将温水和蒸馏白醋以10：1的比例混合。*

2.*挤压面料使所有层都被浸湿，浸没20～60分钟，直到所有的面料含水——面料与水接触后颜色会变深。*

3. *将面料从醋水混合液中取出拧干。*

扫帚裥

扫帚裥是一种手工制作的不规则裥，是经典的面料打裥工艺技术。这里给出了多种打裥工艺，其中一种是在整块面料上制作均匀皱纹裥。

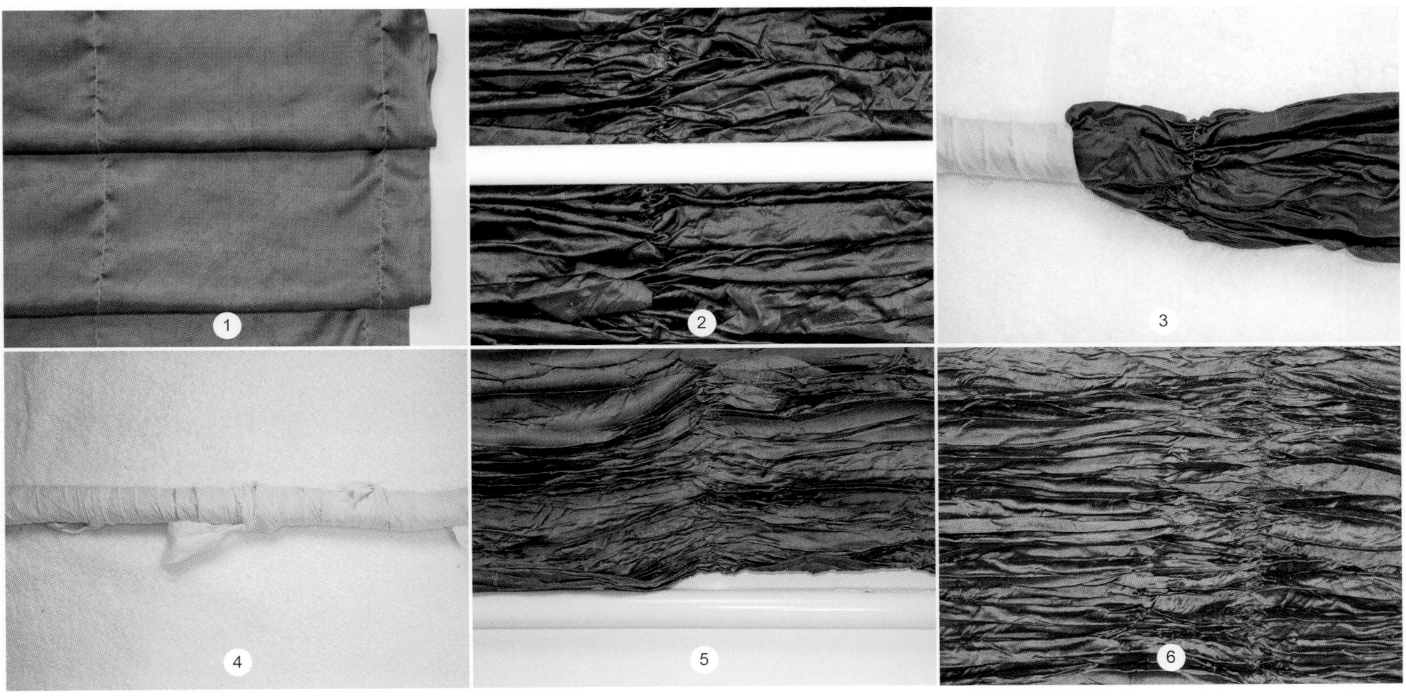

1 打裥前，对面料进行水洗处理，去除涂料或浆料，多次冲洗，避免残留肥皂。面料干燥后，熨平所有大的皱褶（小的皱褶可以忽略）。在面料长度方向缝几条打褶线迹——在这里，两条缝线之间间隔30cm。

2 对面料进行紧密的打褶处理，用线头打结来固定褶。将面料彻底湿润，保证所有的褶皱和折叠部分都被浸润。用毛巾将面料卷起来，将多余的水拧干。对于较小较浅的裥，将打褶线拉开并轻抚面料来整理碎褶。对于较大较深的裥，可以通过拉紧打褶线来获得。将扫帚把或本例中的金属拖把柄横穿面料。

3 用面料包裹缠绕扫帚把，然后用棉布条紧紧缠住扫帚，尽可能地压紧面料。

4 整块面料都被棉布条缠住后，放置至完全干燥，可能需要几天时间。

5 面料完全干燥后，解开棉布条，保存棉布条再次使用。解开面料并展开，拆掉打褶线，用熨斗对裥进行汽蒸处理，这可以定型裥的形态。服装洗涤后，需要重复上述操作进行打裥。

6 完成的扫帚裥面料。

包带蓝染裥

“Arashi”染色又称“shibori”包带蓝染。“Shibori”（蓝染）是一种日本染色和打裥工艺。在日本，“Arashi”表示“风暴”；以这种方法染色和打裥的面料据说会具有风暴的能量和精神。“Shibori”（蓝染）由动词“shiboru”演变而来，意为“绞”、“拧”或“压”。

实际的蓝染包含染色和打裥，下面是简化的蓝染步骤。在这里，仅介绍面料打裥，不包含染色。因为没有染色，所以用来缠绕面料的绳子不需要像蓝染所使用的绳子那样紧。传统意义上，绳子的作用是防止染料渗透到面料下层；这里对面料进行卷边处理来增加纹理效果。

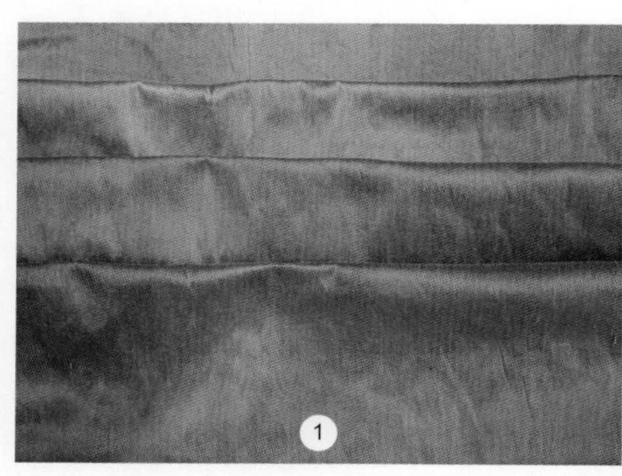

1

2

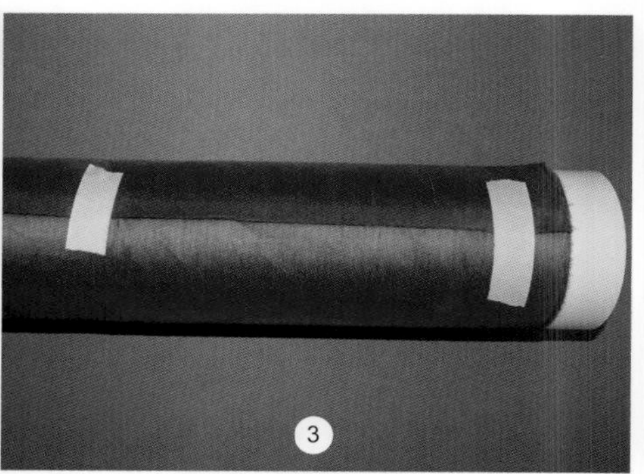

3

材料

- PVC管道（注意：面料的缠绕会使管道变形，如果要制作大量的蓝染，需要选择更加耐用的聚丙烯管）；
- 细砂纸或聚丙烯洗锅机；
- 硅胶喷枪，用于润滑管道；
- 低捻或无捻聚丙烯、棉、尼龙或亚麻细绳，结实无弹（如果是加捻细绳，在后期的压缩过程中，它将会随面料滑动不牢固；
- 用来固定裥的白醋或其他酸性溶液；
- 备用毛巾；
- 一个大锅，硬质锡纸和一个热板或炉子，或者是商用染色蒸汽机；
- 低粘度胶带。

1 准备面料：金绿色双宫绸，宽90cm，长137cm。打裥前，对面料进行水洗处理，去除涂料或浆料，多次冲洗，避免残留肥皂。面料干燥后，熨平所有皱褶。

2 用洗涤剂清洗PVC管的里外面，用砂纸打磨使其完全光滑，然后在上面喷洒硅胶喷雾，擦掉多余的喷雾，重复使用硅胶。此时的PVC管像玻璃一样光滑，并且非常湿滑，移动时要小心。图示中，上面的PVC管进行了清洁和打磨，而下面的PVC管进行了清洁、打磨和硅胶喷雾处理。

3 将面料小心地缠绕到PVC管上。确保面料没有皱折，因为任何一个皱折在蒸汽处理过程中都会定型而成为永久性的。任何一个皱折都会影响最终的打裥效果。

将面料的末端用胶带粘贴好，使其固定在管道上。胶带可以用细绳代替。

这块双宫绸是横向卷在管子上（两端都有布边），所以细绳的缠绕和随后的打裥都按照纱向进行。

4 将细绳在没有面料的管子末端缠绕两圈，并打结系牢。用胶带粘住细绳，防止细绳在管道上打转。

5 将细绳以均匀的张力等距离地缠绕在面料上。戴手套操作有助于拉紧细绳。缠绕时，沿着管道抚平面料，陆续取下中间所有胶带。细绳缠绕的越紧密，裥越小。

6 用细绳缠绕一部分面料后，暂时用胶带将末端的细绳粘到面料上来保持张力。用手握住细绳最后缠绕的部分，并将细绳和面料推向管道的开始端。

7 尽可能压缩已经缠绕的面料和细绳。将管道的末端抵住如地板或墙等较硬的东西，有助于随后推面料和细绳。

8 重复缠绕和压缩的过程，直到所有面料被压紧。如果使用长管道，就可以在管道上缠绕多块面料。

在桶或锅中以10：1的比例放入温水和5%的蒸馏白醋，制备PH值为3～3.5的溶液。将管子放入，并用手挤压面料，使所有层都被浸湿，浸没20～60分钟，直到所有的面料含水——面料与水接触后颜色会变深。

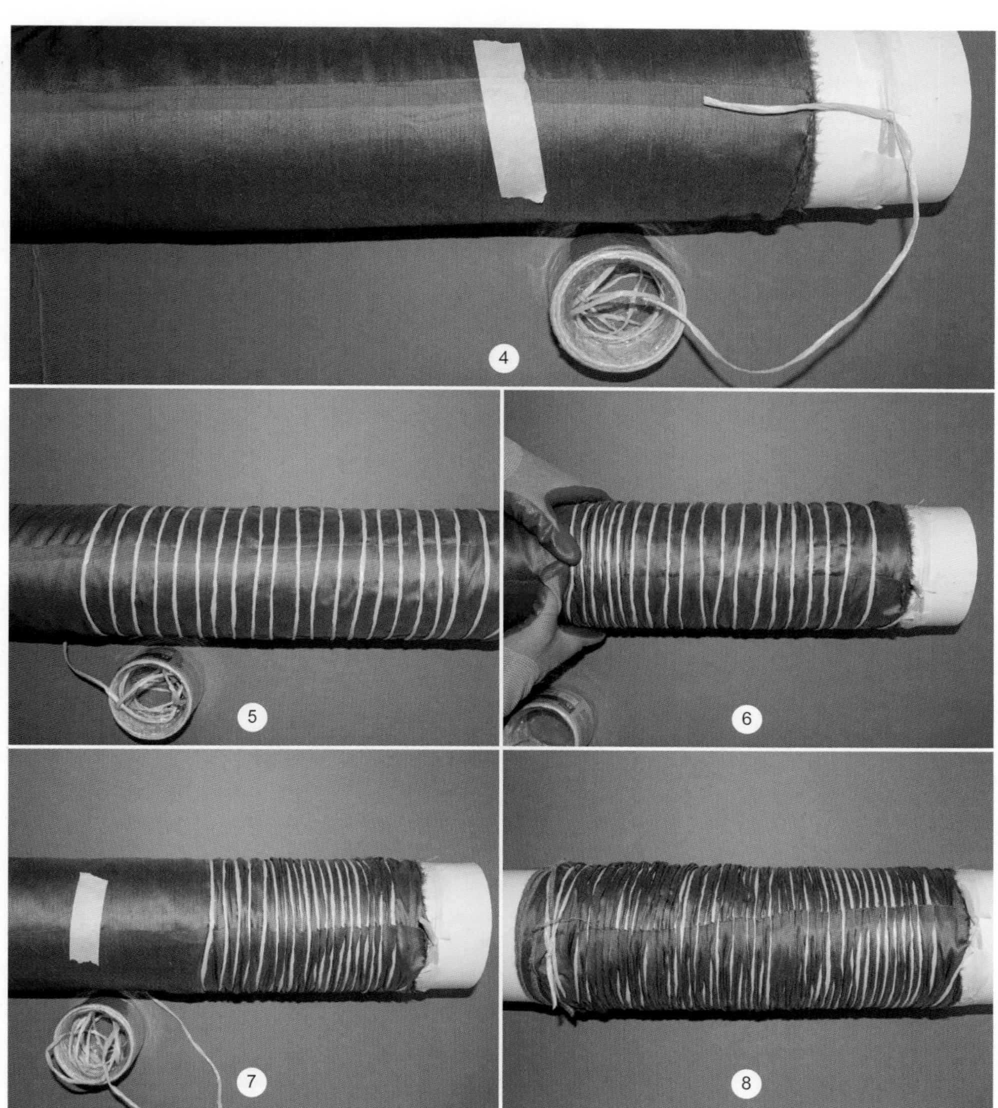

9A 放在炉子上蒸，在锅底放一个蒸笼并加水。将缠绕面料管放入锅中，用硬质锡纸做一个锥形的盖子，保证锡纸不接触面料且蒸汽不会溢出。对面料进行45～60分钟的蒸汽处理。

9B 或者使用商用染色蒸汽机，依照操作指导，先将温水和白醋混合液放入蒸汽机的底部，然后再放入压缩好的面料管。

10 小心地取出蒸汽机中的面料管，使面料在管道上完全干燥，可能需要好几天。面料完全干燥后，会看到面料颜色又变回其原始色调。

11 从管子和面料上松开细绳。保存细绳重复使用。

12 展开面料。

13 完成后的打裥面料。图中左上端出现的水平方向的褶，是因为面料在缠绕时没有完全铺平造成的。

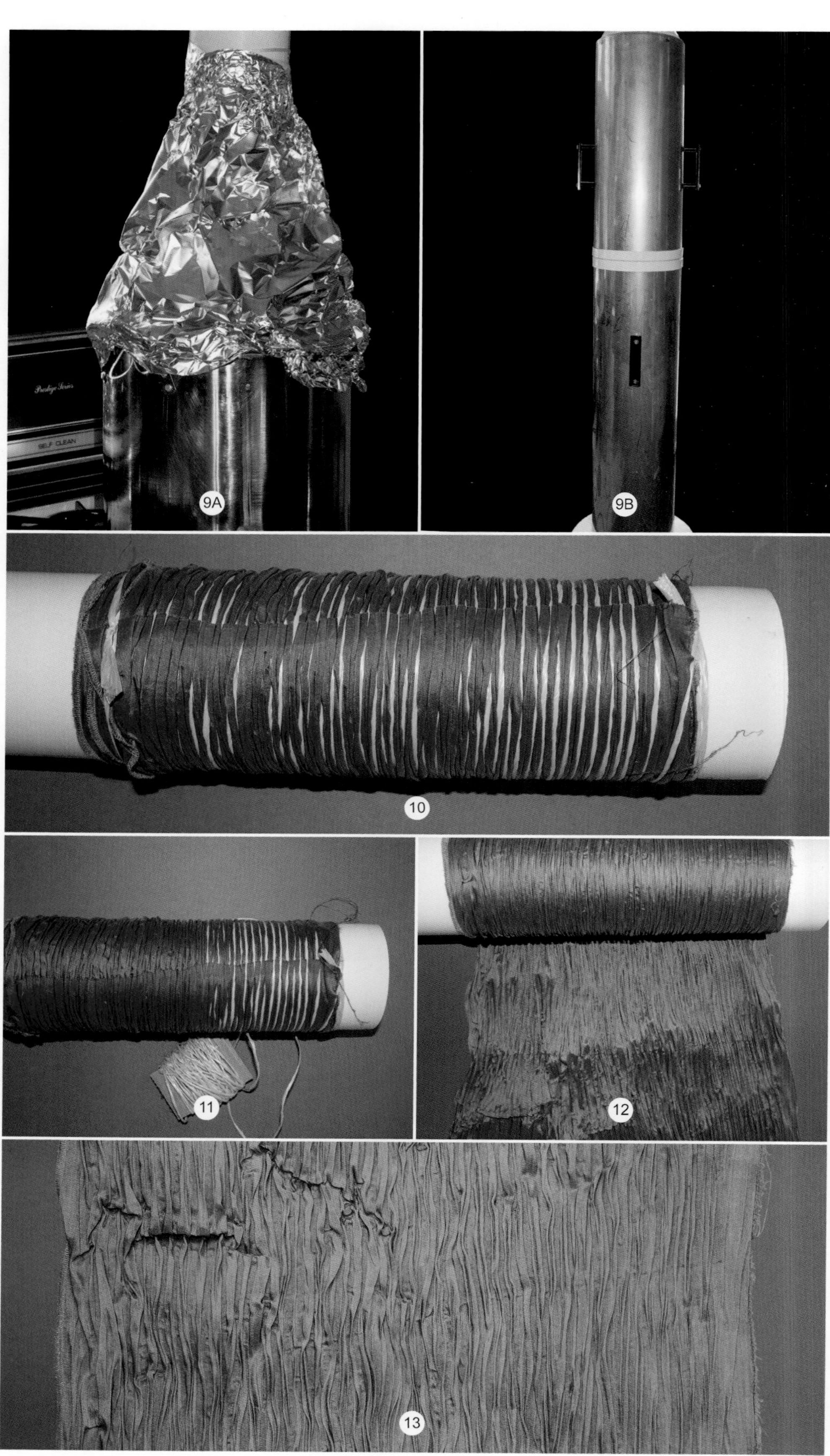

使用蓝染法制作山形裥

折叠面料，然后将它斜向缠绕在管道上，会在垂直方向形成山形裥。

1 一块灰绿色的丝绸，宽147cm，长81cm。水洗面料并按照第86页中的说明准备管道。将面料折叠成窄的长方形：在这里，面料被叠成8份，成品宽度为18.4cm。将面料螺旋形地缠绕在管道上，形成山形纹。

2 将折叠的面料斜向放在管道上，在顶端用胶带粘好固定。将面料小心地缠绕到PVC管上，确保面料没有皱折，因为任何一个皱折在蒸汽处理过程中都会定型成为永久性痕迹。任何一个皱折都会影响最终的打裥效果。用胶带将面料粘在管子上，固定面料。细绳缠绕住管道时，胶带可以去掉。

用细绳在管道的末端缠绕两圈并打结，用胶带把细绳粘在管子上，防治细绳在管道上打转。

3 将细绳以均匀的张力等距离地缠绕在面料上。戴手套操作有助于拉紧细绳。缠绕时，沿着管道抚平面料，陆续取下中间所有胶带。

如果面料较短，在进行下一步前可以用细绳缠绕住整块面料，打结。

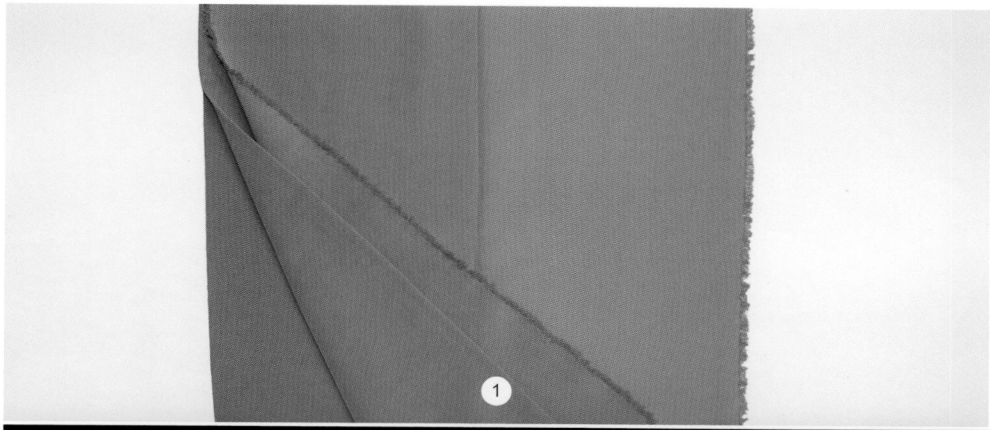

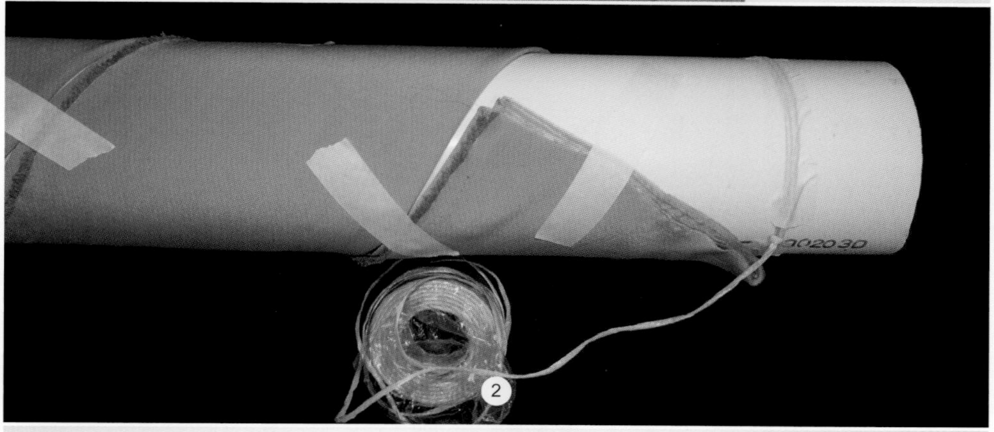

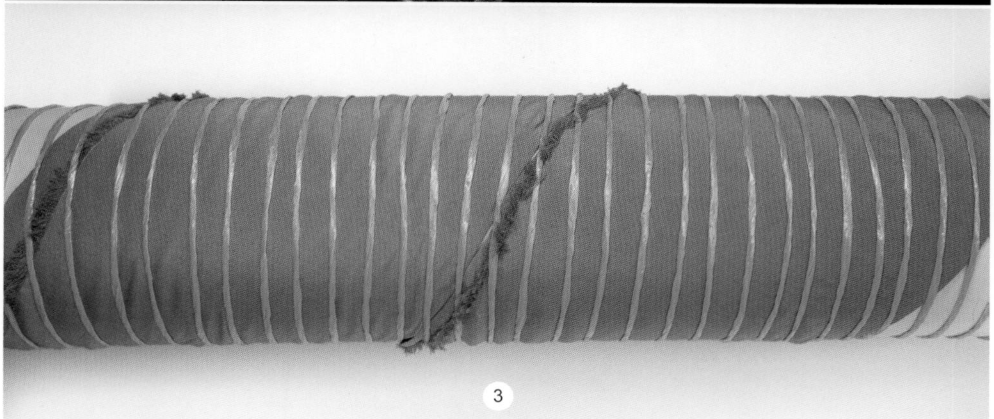

4 用手握住细绳最后缠绕的部分，并将细绳和面料推向管道的开始端，尽可能压缩缠绕好的面料和细绳。依照第88页的指导对面料进行蒸汽处理。

5 面料完全干燥后，展开面料。

6 将灰绿色的丝质面料打开，呈现出山形图案褶。

皱纹裥的面料缝合

缝合皱纹裥面料，或缝合任何一种有不稳定肌理效果的面料时，必须沿着缝合线固定皱折或图案；如果皱纹裥不固定，它会沿着缝合线变成碎褶。可以沿着缝线的折边固定缝合；或通过添加一个轻质欧根纱带来固定接缝；也可以沿着接缝用胶带或斜纹胶带固定。

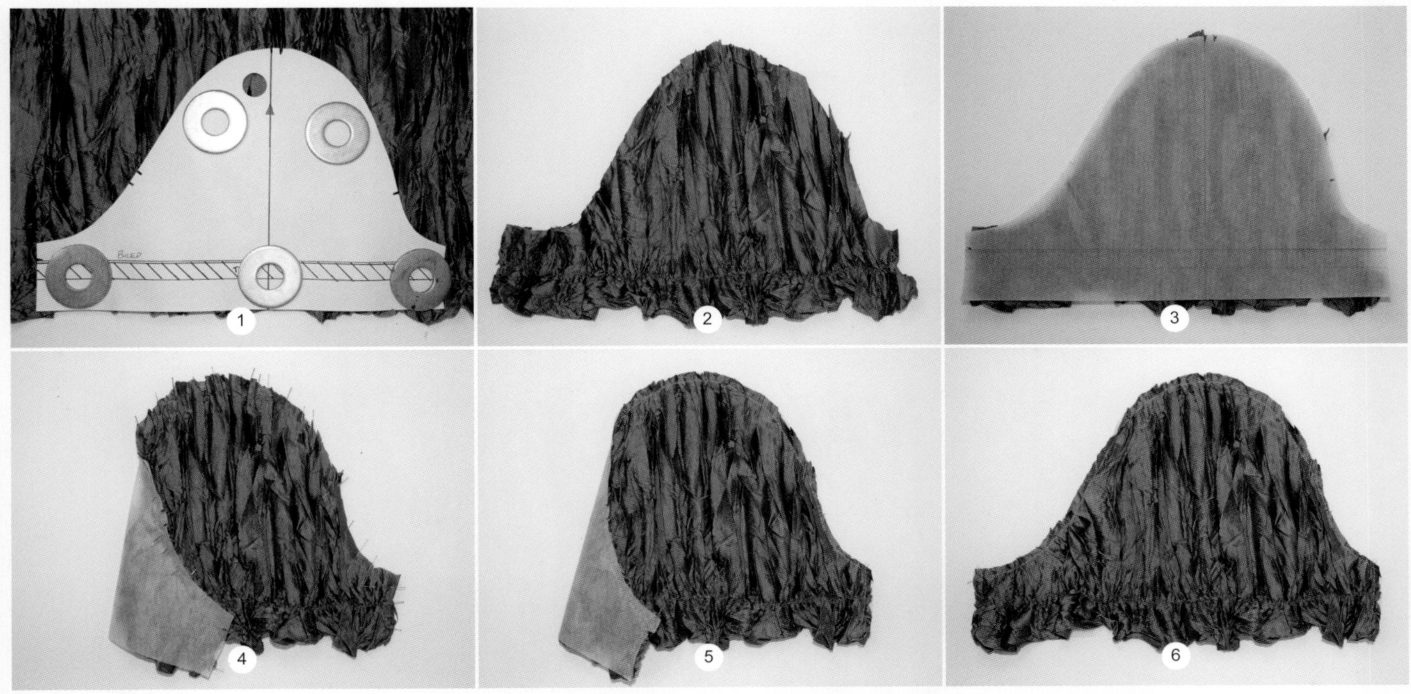

1 制做裁片。将纸样放在面料上并用重物或珠针固定。

2 剪下裁片，并打剪口。

3 在转印纸或轻质可撕内衬上复制一个纸样。

4 将转印纸样别在面料背面。用许多珠针在转印纸样上将所有的皱褶固定。

5 将转印纸面对缝纫机机板放置，留1mm缝份，缝纫样品一周的边缘，确保在缝纫时看到的是面料正面。如果皱褶开始变平或打缕，用锥子或其他尖头工具将面料推到正确的位置。缝线可以沿着接缝将褶皱与褶皱、褶皱与转印纸相互固定。如果需要进一步固定，可以增加一个轻质的固定带；沿着面料反面的接缝线缝一条欧根纱或尼龙固定带。

6 为保持皱褶的稳定，将转印纸贴在面料的背面。转印纸可以在衣片缝合之前或之后移除。完成缝制后，缝纫机针可能会变钝，不能再使用，需要替换。

褶饰、抽褶和缩褶绣是三种不同的将打褶部分融入到服装来装饰表面的工艺。

褶饰通常放在两条缝之间，可用来制作大面积的打褶面料。面料裁片，从一边到另一边有不均匀的打褶，叫做褶饰。

抽褶是指在服装的局部有三列或更多列打褶面料；原始面料的宽度是成品宽度的1.5～3倍。

2.5 褶饰、抽褶和缩褶绣

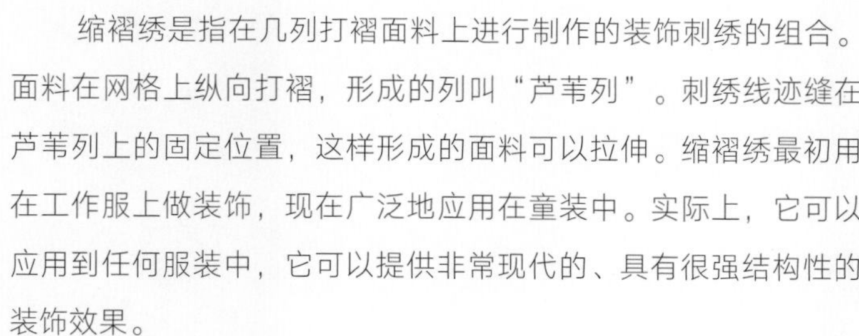

缩褶绣是指在几列打褶面料上进行制作的装饰刺绣的组合。面料在网格上纵向打褶，形成的列叫“芦苇列”。刺绣线迹缝在芦苇列上的固定位置，这样形成的面料可以拉伸。缩褶绣最初用在工作服上做装饰，现在广泛地应用在童装中。实际上，它可以应用到任何服装中，它可以提供非常现代的、具有很强结构性的装饰效果。

对于这种工艺，无论轻质、中等还是厚重面料，都可以塑造出很好的效果。如果包含褶饰，抽褶和缩褶绣，那么面料的长度会因被打褶而减短；面料减短的长度由打褶的列数决定。

褶饰

褶饰是面料的一块裁片沿着一条或多条缝线进行抽褶，然后缝合到另一裁片上而形成的。

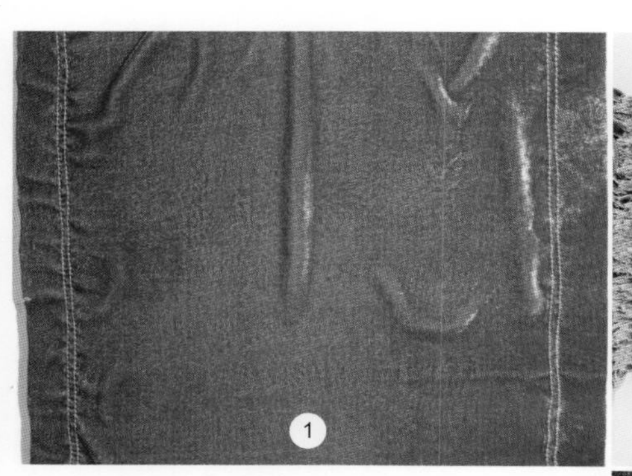

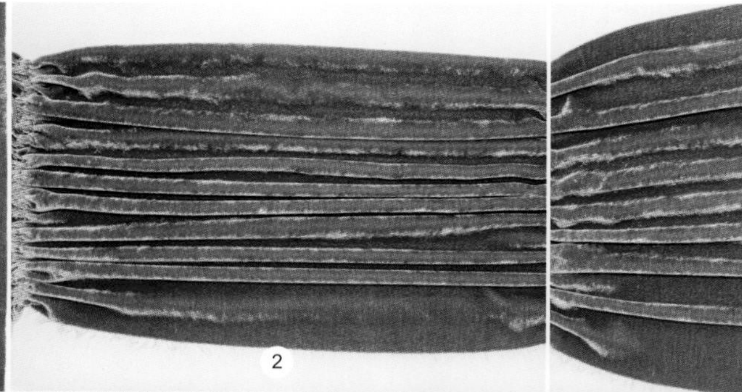

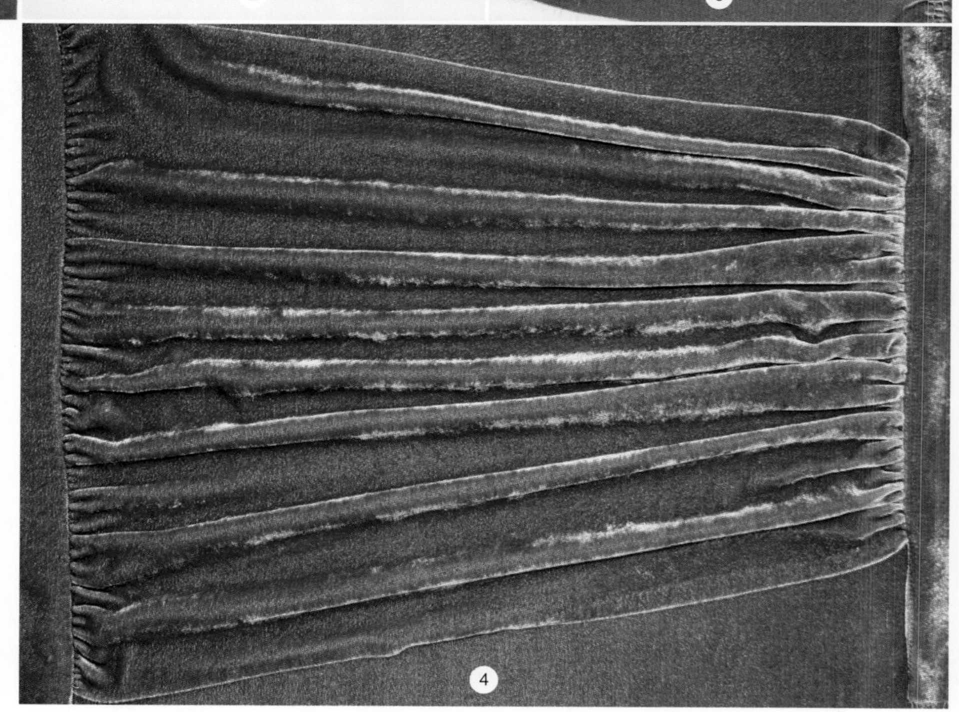

1 在面料的每一边缝两列打褶线迹（详见基础褶边，第36页）。如果面料比较宽，或者想更好地控制打褶效果，可以再缝一列打褶线迹。

2 抽紧打褶缝线并对褶进行调整。图示中，面料沿着两条缝线打相同数量的褶。

3 面料也可以在两边打不同数量的褶。

4 将打褶部分手工粗缝到服装上，从服装的正面检查打褶的排列造型，然后缝合在固定的位置。小心地对褶饰进行蒸汽处理以定型。

抽褶

在这个工艺中，用普通缝线或弹力线按平行的行或列对面料打褶。完成抽褶后，将面料撑条或加固面料缝在面料的背面，用来固定抽褶的形态并使服装更加舒适。

普通缝线抽褶

使用普通缝线抽褶的优点是抽褶相对固定，缺点是没有弹性。

1 绘制纸样（见下图）。这里使用的是中等厚度的丝绸，长45cm，宽61cm。用划粉将需要缝纫的抽褶线转印到面料上。

2 面料正面朝上，以2.5cm的间隔缝纫抽褶平行列，使用常规的打褶方法（详见基础褶边，第36页）。为了清楚展示，这里使用橘色的面线和白色的底线。

3 将所有的抽褶行打褶到目标宽度，这里是27.5cm。将面线穿到面料反面并在每一排的两端打结。不用担心面料是否沿着抽褶列均匀分布，在线头打结后，在列与列间将褶调整均匀。

4 将每列末端的褶都微微往中心移动一些，这样缝份部分可以比较平整。剪一块与完成的抽褶片相匹配的衬布，这里的面料长43cm，宽32.5cm；从抽褶处标记减少的长度。将抽褶面料与衬布反面相对，用针别好。

5 将打褶面料与衬布缝合，注意缝好的每一列抽褶线迹的末端不要卡住打褶部分，防止线结散开。

6 将抽褶部分缝合到服装上，同时对着服装的正面调整面料上每一列的抽褶。所有的褶都调整好后，小心进行蒸汽处理对褶饰定型。

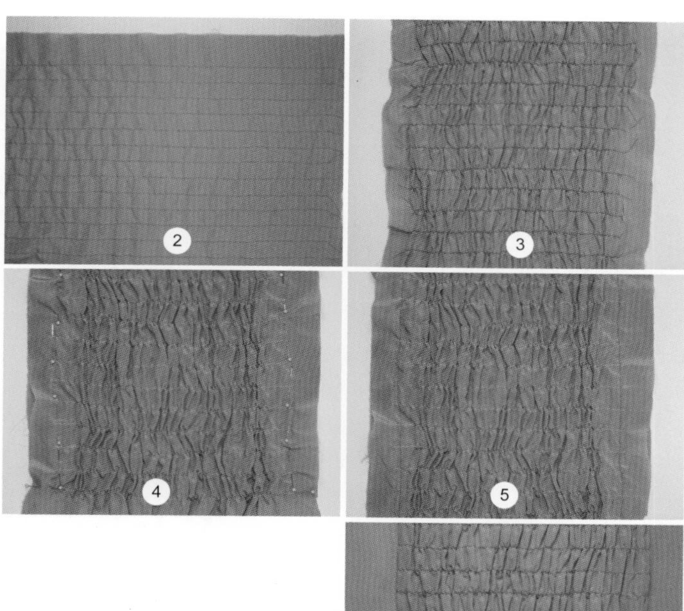

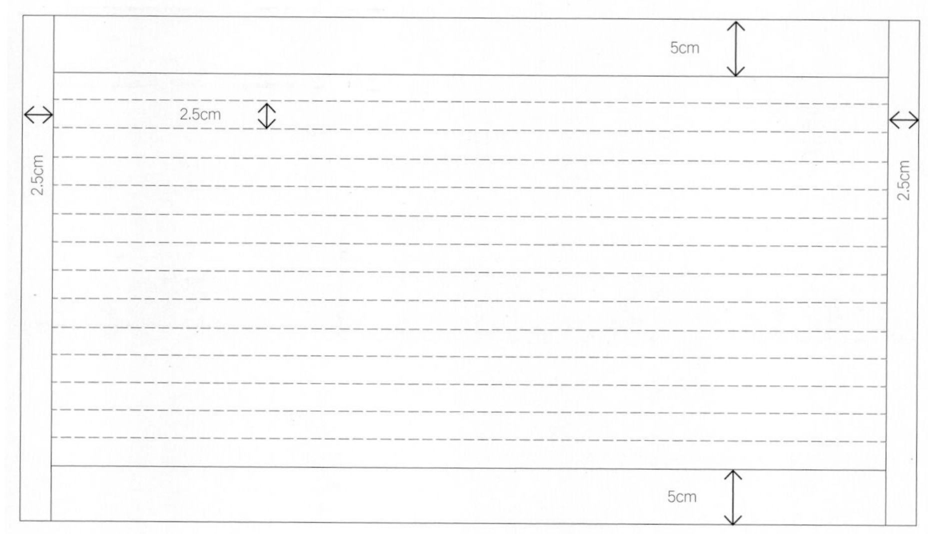

1

厚重面料的抽褶

对厚重面料抽褶，最理想的是缝在线绳上进行（详见面料上的面料打褶，第37页）。

弹力线抽褶

用弹力线进行抽褶的优点是褶具有弹性且合体。缺点是弹性抽褶面料背面不能使用衬布，因为它会限制抽褶的弹性，因此抽褶背面直接接触皮肤，可能会有轻微刺痒感。

1 依照第95页图进行纸样绘制。这里使用的是中等厚度的丝绸，长45cm，宽61cm，用划粉将需要缝纫的抽褶线转印到面料上。

2 用手工或机器将弹力线缠绕在梭芯上。不要将线穿过夹线盘和其他导向锁芯的导纱器；用手慢慢地引导弹力线，保证它以松弛的状态缠绕在梭芯上。弹力线比普通缝线粗，需要调整锁芯的张力（详见第24页）。

3 面料正面朝上，以2.5cm的间隔缝纫抽褶平行列。面料会随缝线打褶，小心沿标记线缝纫，尽可能将面料拉平，最后留出长线头。

4 根据所选择的缝纫机和面料，需要在面料上打更多的褶，或者需要用一根更长的线将面料抽褶。在这里，面料被打了更多的褶，达到目标宽度27.5cm。将面线穿到面料的反面并在每一列的两端打结。不用担心面料是否沿着抽褶列均匀分布，在线头打结后，在列与列间将褶调整均匀。

5 将每列末端的褶都微微往中心移动一些，这样缝份部分可以比较平整。按照需要将抽褶部分缝合到服装上，同时对着服装的正面调整面料上每一列的抽褶。所有的褶都调整好后，小心进行蒸汽处理对褶饰定型。

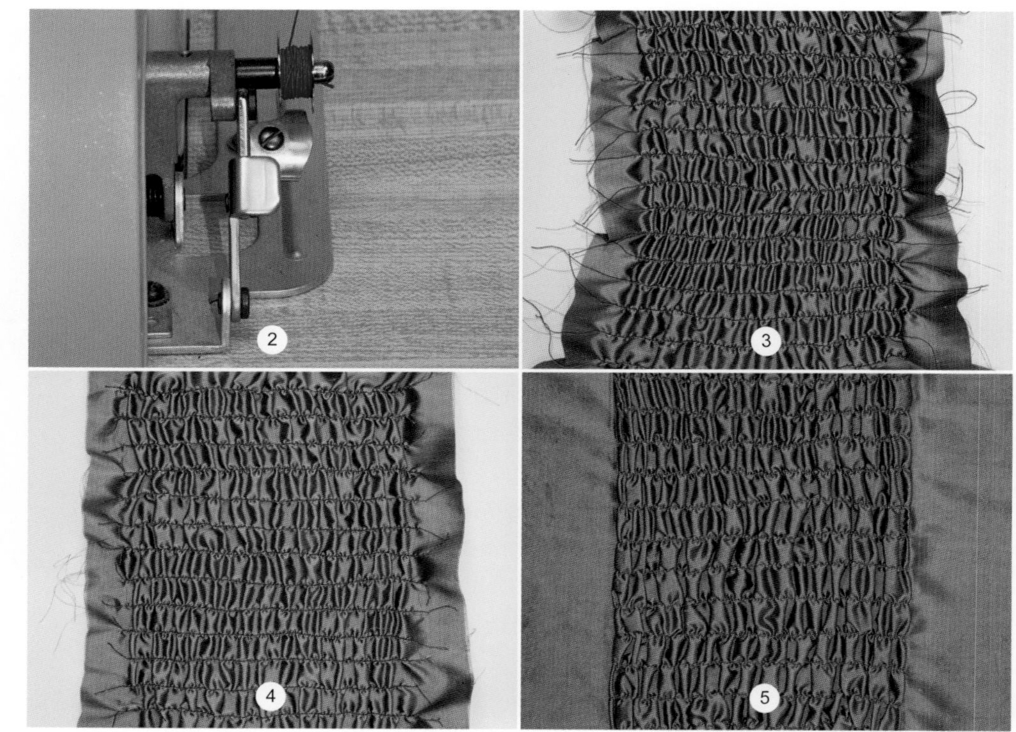

缩褶绣

当面料比较昂贵时，许多服装往往是用未裁剪的矩形块面料制成。面料在围绕脖子、肩部、躯干和腰部等位置打褶，塑造成合体的造型。在英国，经常用这种方法制作工服外套衬衫。褶用刺绣的方式完成，有助于使打褶面料贴紧身体，并且有弹性，可以根据需要进行拉伸。这种具有弹性的刺绣方式被称为缩褶绣。后来服装上带有一些标识性的符号：比如，农夫罩衫可以绣上小麦和谷物等；牧羊人的罩衫特征是上面绣有牧羊人的曲柄杖。

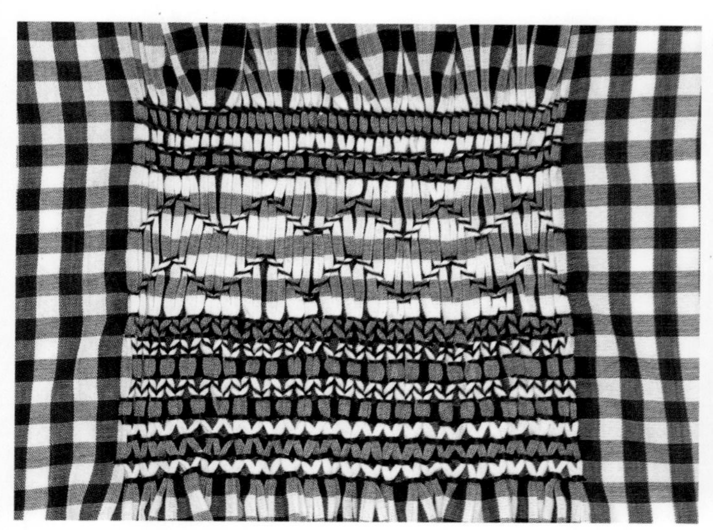

抽褶部分的宽为11.5cm，长为9.5cm

抽褶绣被轻微的拉伸，宽为20cm，长为7.5cm

面料选择

所有平纹面料都可以用来进行缩褶绣：大多数棉布，轻质的羊毛和丝制品都可以形成很好的打褶效果，并能为刺绣提供良好的基布。缩褶绣一定要摆正纱向线；纱向歪斜的面料会导致褶不均匀。打褶后均匀的有深度的列叫做“芦苇”。每条“芦苇”$^1/_3$到$^1/_2$深度的抽褶绣可以使面料具有弹性；线迹必须固定褶，但不能缝得太死，否则会压平“芦苇”。

如果使用厚重的面料，基布宽度可能需要是成品宽度的3倍。如果使用轻薄的面料，基布宽度可能需要是成品宽度的4至6倍。图上所示的是一个轻质的涤棉混纺条格布，宽为58.5cm，打褶后宽变为11.5cm，大约是原始宽度的$^1/_6$。记住打褶后所有的面料都会损失一部分长度；这里的例子中面料由原来的9.5cm变为7.5cm。

面料打褶

方格布是制作缩褶绣的理想面料——面料上的方格纹本身就可作为抽褶网格。方格布可以是纯棉的或是涤棉混纺的；打褶前一定要对面料进行预缩。

1 用一根结实的缝线穿针——其长度大约是条格布的宽度再加上15cm。标记出需要缩褶绣的位置。距离缝线末端7.5cm处打一个大结。

面料正面朝上，针线从方格的一角穿进去，从同一个方格的另一角穿出。跳过下一个方格再缝合接下来的方格。在面料上重复这个步骤，在这一行最后留出长线头。继续用同样的方法沿着每一行进行缝纫。

2 重复相同的步骤把所有需要打褶的行都缝好。

3 沿着打褶缝线抽紧面料。注意用均匀的打褶缝线塑造褶的深度；这些垂直的竖条被称为“芦苇”。

4 不要把褶拉得太紧。“芦苇”间要留一些空隙；刺绣线迹需要一些空间，线迹本身也会占据一些空间。当面料打褶到所需要的宽度后，将线头以“8”字形缠绕在针上。可以将线留在针上，也可以成对地把它们打结。

5 调整打褶面料，使每一个“芦苇”都是垂直和水平的。“芦苇”不用精确定位，因为后期制作时还可以微调。轻轻地对“芦苇”进行蒸汽处理，使其保持长条形状。

6 打褶方格布的反面。

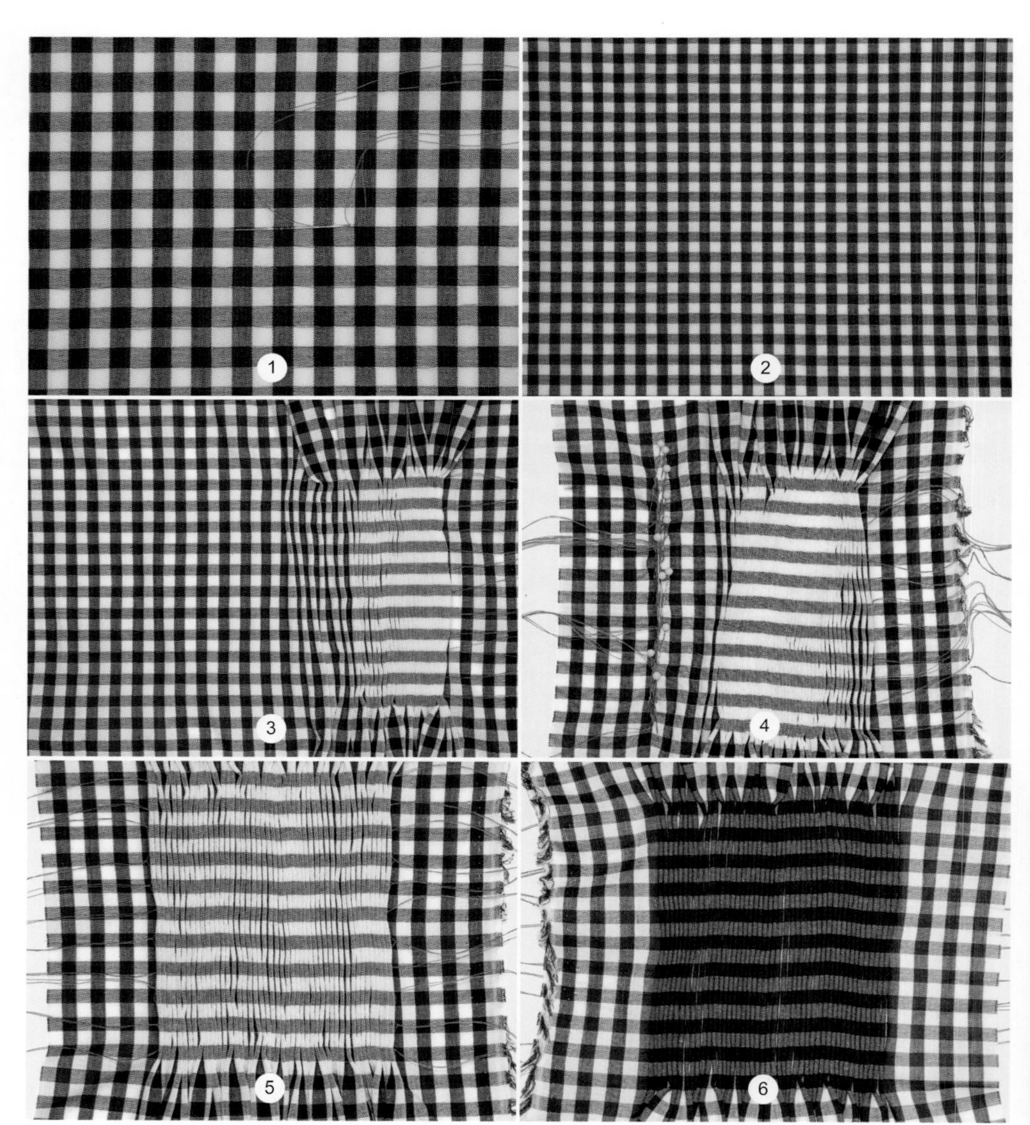

缩褶绣点

方格布给打褶提供了成型的网格，但如果在一块平纹织物上进行缩褶绣，则可以利用蜡转移缩绣点来制作网格。

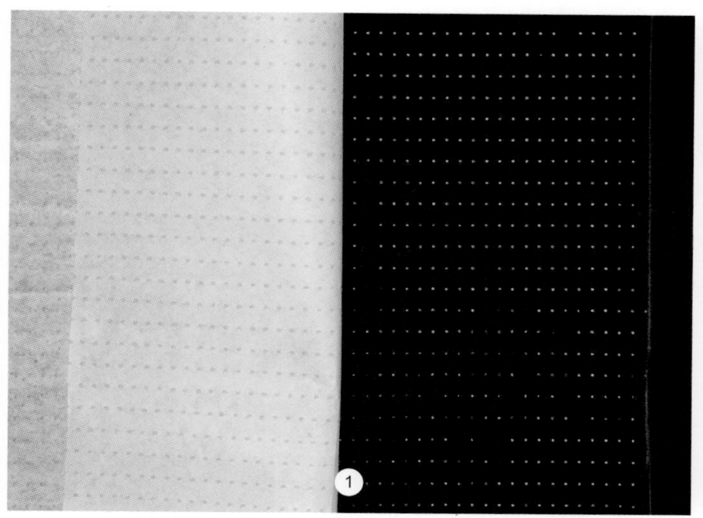

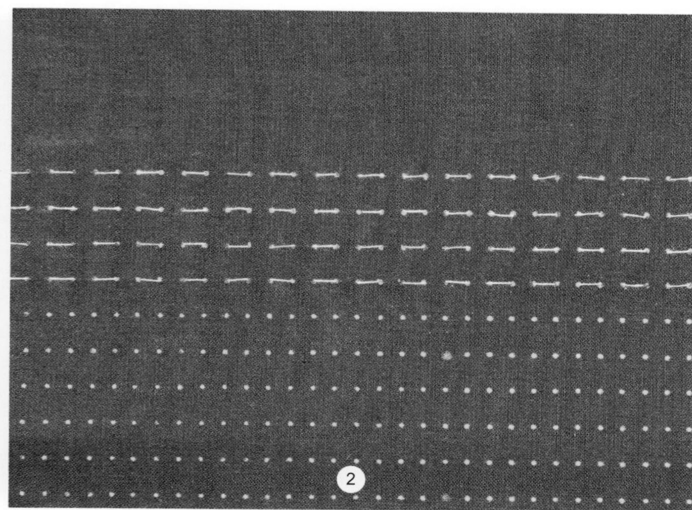

1 这个工艺最早出现在1870年。这里利用黄色和蓝色的蜡进行缩褶绣点的热转移，按照说明书将蜡涂在面料的背面。对于轻质面料，蜡可能会渗透到面料的正面，所以开始前要在废布上进行测试。

2 用裁缝笔将网格上消失的点补齐。准备好打褶面料，点对点连接缝好。

缩褶绣线迹

缩褶绣中最常用的线迹是起梗线迹、链式线迹、表面蜂窝状线迹、蜂窝状线迹或点蜂窝状线迹、波形线迹或山形线迹。如果刺绣是图案形的，褶的缩褶绣线迹在面料反面，会抵消褶的弹性；这种情况下适合用链式线迹。

缩褶绣面料的蒸汽处理

完成所有缩褶绣线迹后，拆除打褶缝线。对缩褶绣布片进行蒸汽处理，保持熨斗悬在面料的上方。使缩褶绣在熨台上完全干燥。

缩褶绣刺绣——轮廓线迹/缝边线迹

起梗线迹和链式线迹通常被用到缩褶绣片的第一行或最后一行，与接缝对接时可以提供平直的线迹。

起梗线迹

起梗线迹是一种最基础的轮廓线迹，呈倾斜状，也可以沿着曲线做藤蔓或波浪设计。

起梗线迹从左往右缝制，在面料的正面，将针从“芦苇”的右边穿进，左边穿出，使之刚好在打褶线迹之上，针的穿入位置在“芦苇”厚度的1/2或1/3处。再将针线带到右边，针尖指向左边，以相同的深度穿到第二根“芦苇”的右侧。将针线从第二根“芦苇”的左侧穿出，刚好压在固定上一针缝出的线上，拉出缝线。在“芦苇”列从左向右重复上述过程（详见手工刺绣，第299页）。

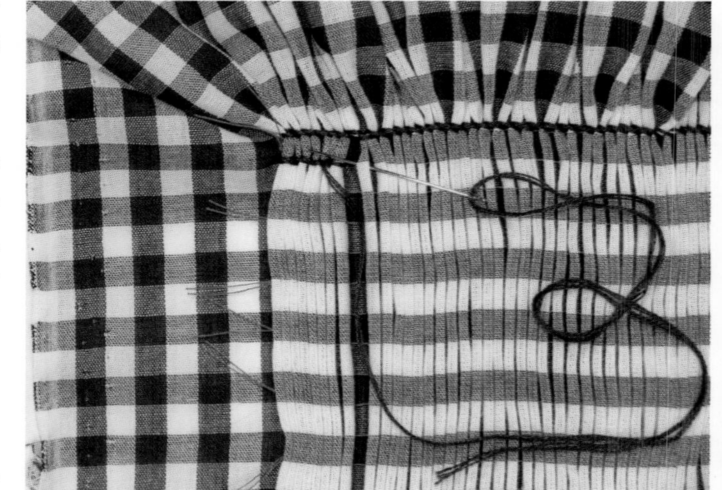

链式线迹

链式线迹呈阶梯状，一针用固定缝线固定在针的上方，另一针固定在针的下方。链式线迹可以用来填充设计图案的形状，在面料的反面充当背面缩褶绣稳定线迹，避免设计图案的扭曲。

1 链式线迹从左往右缝制。在面料正面，将针从“芦苇”的右边穿进，左边穿出，使之刚好在打褶线迹之上，针的穿入位置在“芦苇”深度的1/2或1/3处。再将针线带到右边，针指向左边，以相同的深度穿到第二根“芦苇”的右侧。将针线从第二根“芦苇”的左侧穿出，刚好压在固定上一针缝出的线上，拉出缝线。

2 重复步骤1，这一次把针从第三根“芦苇”的左侧穿出，使线迹刚好在固定缝线之上，把针穿过。重复步骤1和步骤2，继续在固定缝线上上下交替。

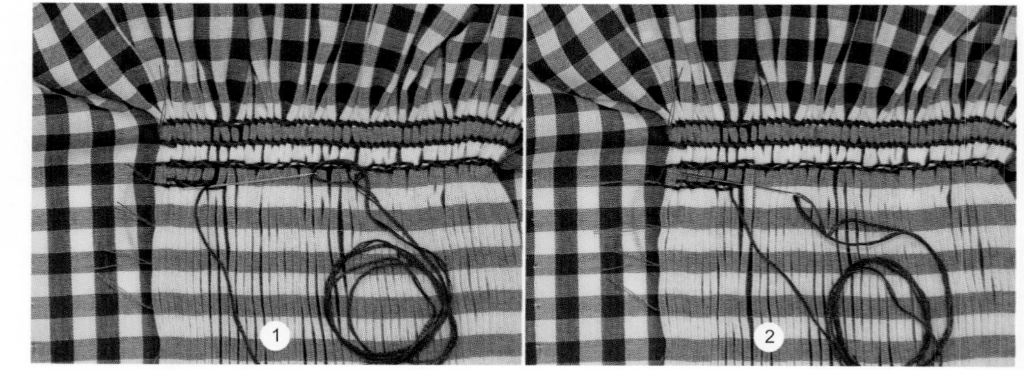

缩褶绣刺绣——波形线迹/山形线迹

波形线迹有许多变化，变化形式由波形的波峰波谷间的针数决定。两组波形线迹镜像排列形成钻石图案。通常，波形线迹在两列打褶线迹之间进行缝制。在这里，是在三列间缝制。

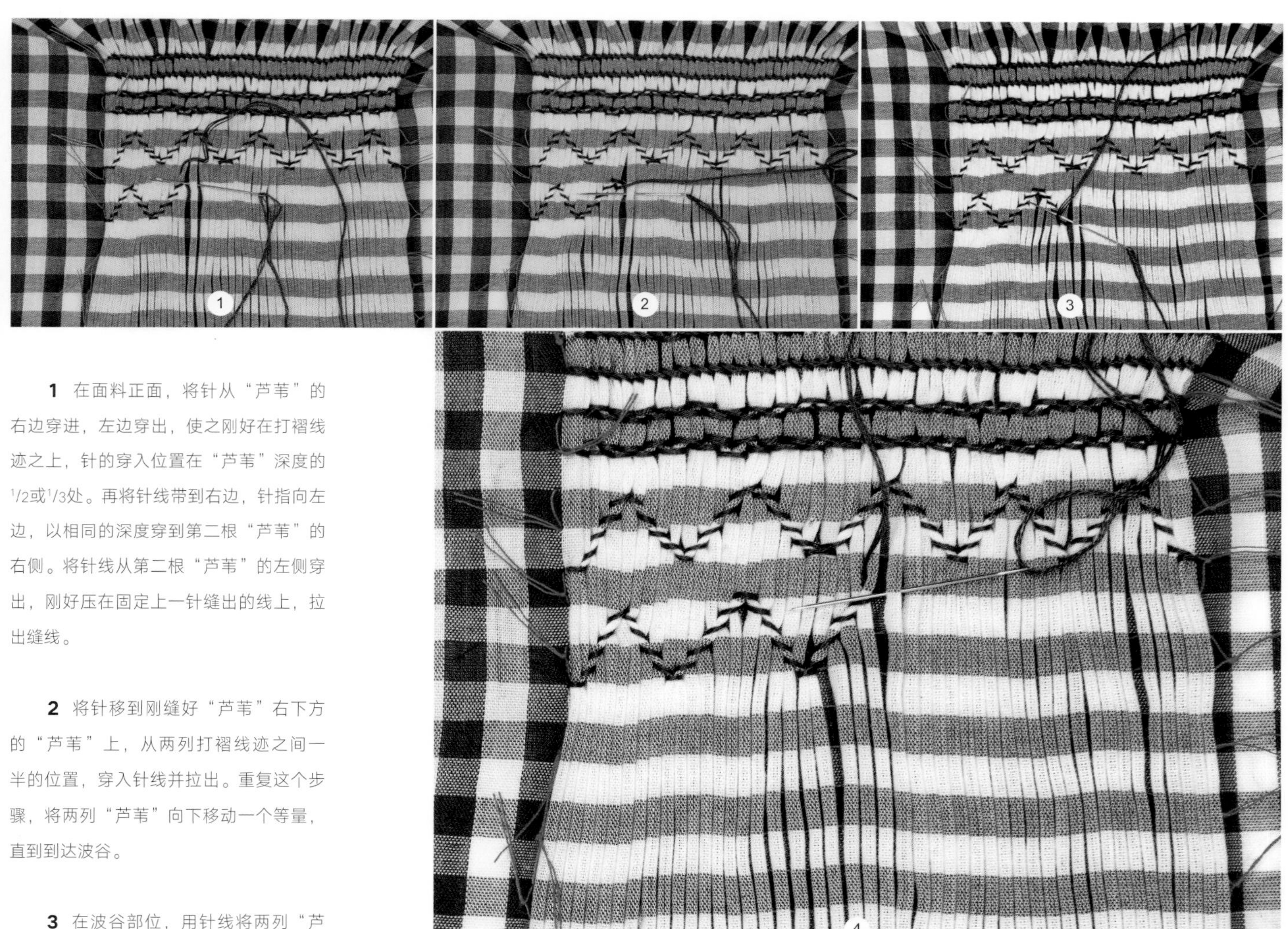

1 在面料正面，将针从“芦苇”的右边穿进，左边穿出，使之刚好在打褶线迹之上，针的穿入位置在“芦苇”深度的$1/2$或$1/3$处。再将针线带到右边，针指向左边，以相同的深度穿到第二根“芦苇”的右侧。将针线从第二根“芦苇”的左侧穿出，刚好压在固定上一针缝出的线上，拉出缝线。

2 将针移到刚缝好“芦苇”右下方的“芦苇”上，从两列打褶线迹之间一半的位置，穿入针线并拉出。重复这个步骤，将两列“芦苇”向下移动一个等量，直到到达波谷。

3 在波谷部位，用针线将两列“芦苇”缝在一起，且针线从两个“芦苇”之间穿出，同步骤1。

4 重复步骤2，将两列“芦苇”向上移动一个等量，直到到达波峰。重复步骤1-4，在“芦苇”列间上下穿梭。

缩褶绣刺绣——
蜂窝状线迹/点蜂窝状线迹

蜂窝状线迹具有非常好的弹性，放松状态呈直线形，拉伸时呈V形。

1 在面料正面，将针从“芦苇”的右边穿进，左边穿出，使之刚好在打褶线迹之上，针的穿入位置在“芦苇”深度的1/2或1/3处。再将针线带到右边，针指向左边，以相同的深度穿到第二根“芦苇”的右侧。将针线从第二根“芦苇”的左侧穿出，刚好压在固定上一针缝出的线上，拉出缝线。

2 将针线从第二根“芦苇”的上端穿进并从下一根“芦苇”底部的打褶线迹处穿出。线迹会在面料的反面穿过“芦苇”。

3 移到右边并跳过一根“芦苇”。穿过两根“芦苇”的左侧进行缝制。拉出缝线。

4 在第二根“芦苇”的底部穿入针线并从上一列“芦苇”内侧的打褶线迹处穿出。同样的，线迹会在面料的反面穿过“芦苇”。重复步骤1～4直到完成。

缩褶绣刺绣——表面蜂窝状线迹

表面蜂窝状线迹是最简单的对角线缩褶绣线迹。这种缝线是对角线方向的线迹，使面料有很好的拉伸性。

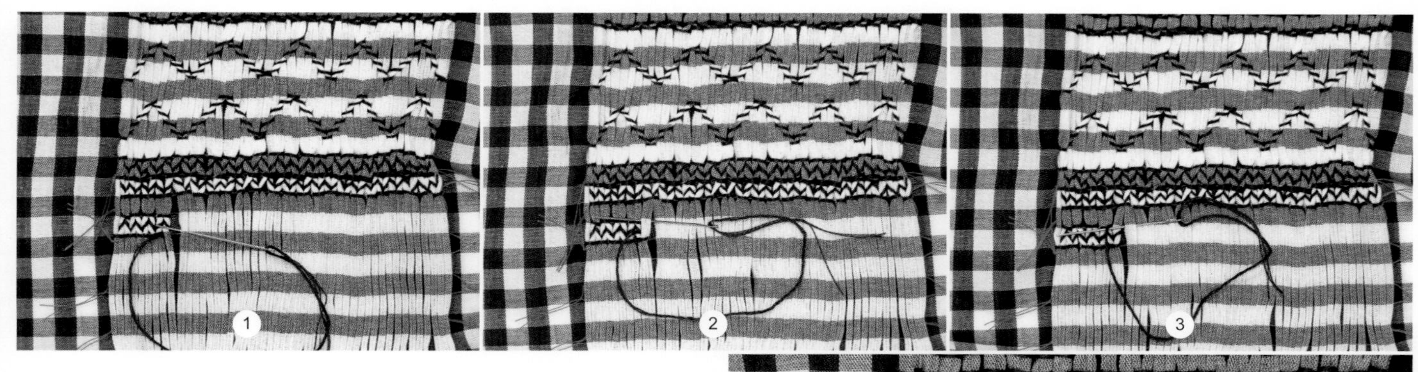

1 在面料正面，将针从第一根“芦苇”的左侧穿出，使线迹刚好在打褶线迹之上，针的穿入位置在“芦苇”厚度的1/2或1/3处。将针线带到“芦苇”右侧，针尖对着左侧，以相同的厚度穿到第二根“芦苇”的右侧。将针线从第二根“芦苇”的左侧拉出，使线迹刚好在固定缝线之上，拉出缝线。

2 移到上面的打褶线迹列。将针线穿入到同一根“芦苇“的顶部。拉出缝线。缝线以对角线的方式穿过“芦苇”。

3 将针移到两根“芦苇”右侧，从“芦苇”的右侧穿入针线，针尖向左。把针从“芦苇”的左侧穿出，在固定缝线下穿过，拉出缝线。

4 将针线移到下一排打褶线迹的底部，穿到同一根“芦苇”的底部。拉出缝线。缝线以对角线的方式穿过“芦苇”。重复步骤1～4，穿过“芦苇”列。

纺缝是把几层面料用缝线缝在一起。拼接也常常与纺缝联系在一起，将一些布片缝合在一起形成一块较大的面料，通常用纺缝。“纺缝”（quilt）这个词语由古法语“cuilte”演变而来，源于拉丁语“culcita”，意为床垫。从中世纪开始，纺缝就被当成一种工艺手法：它用于多层面料以保证特定部位的耐磨性；或是作为一种回收珍贵面料的方式；或是用于制作盔甲内外层，起保暖和防御作用。

2.6 纺缝

一旦确定了纺缝服装的基本用途，刺绣操作就成了一种艺术形式。比如，为了保暖目的的纺缝，沿着设计线纺缝，形成棱状纺缝条，这些部位的缝线和装饰衬垫纺缝之间用线绳连接，在装饰缝线之间的区域进行填充。补丁逐渐发展成复杂的拼布设计，如塞米诺尔拼布。在日本，刺子绣最初是一种修补工艺，后来用来进行复杂图案的缝制。

大块的面料可以进行纺缝，然后从纺缝面料上剪下服装裁片；服装的局部可以通过纺缝增加3D立体效果和纹理质地。纺缝工艺几乎可以用在任何面料上。长期以来，高级定制设计师一直使用丝绸和羊毛制作奢华的纺缝服装。

机器绗缝

对于绗缝，需要一块面布、一块底布，以及填充在它们之间的材料。通常使用长臂绗缝机器进行绗缝，这里的指导说明同样适用于普通缝纫机。由于绗缝会使面料表面收缩，所以最好是绗缝面料后再裁剪样片。填充材料的厚度以及绗缝的密度会改变服装面料的悬垂性，所以绗缝开始前要先做一些样品，选择适合设计的最佳缝纫方案和填充材料。不要在缝纫机上使用手工绗缝线：因为缝线上的涂料会粘住夹线盘。

材料准备

填充材料

将填充材料放在熨台上进行蒸汽处理，去除上面的折痕，但要保持它固有的蓬松感。对填充材料只进行蒸汽处理，不能按压，按压式熨烫会减少蓬松感。

单层棉质法兰绒可以用作薄填充材料。由于法兰绒的绒毛会粘在面布和底布上，并且它们仅能塑造轻微的蓬松感，所以绗缝时要减少面料层的移动，在第五步中网格假缝的数量也要适当减少。

1 将面料熨烫平整。铺开底布，反面朝上，使面料绷紧但不拉伸，如同在刺绣绷上面料的张力。将它粘在桌面上来保持张力；在这里，用低粘度蓝色胶带固定轻薄的白色羊毛面料。

2 将填充物铺在底布上。如果使用棉质法兰绒等面料作为填充絮片，像粘底布一样把它紧绷粘好；如果使用没有光泽的材料，比如这里使用的羊毛填充材料，不要把它粘住，否则会降低它的蓬松效果。

3 将面布铺在填充材料的上面，正面朝上，将面料拉紧并将它和底布粘在一起。面布和底布的张力条件要相同。两层胶带形成绗缝框架。

4 将底布、填充材料和面布用针别在一起。

5 对绗缝层进行网格假缝（见27页），使面料层固定在一起，防止在绗缝过程中移动。将底层的胶带从桌子上揭下，这样可以全部拿起绗缝面料层，使网格假缝更加简单。

6 将面料从桌上取下，并按照网格假缝线迹保持面料层对齐。将胶带背面折叠盖住有粘性的一面，作为一个绗缝框架保存起来；或者直接将它移除。

7 根据填充材料的厚度调节缝纫机线的张力。填充材料越厚，缝线张力越松，因为面线需要通过更远的距离到达底线，较松的张力可以使更多的缝线穿过夹线器。

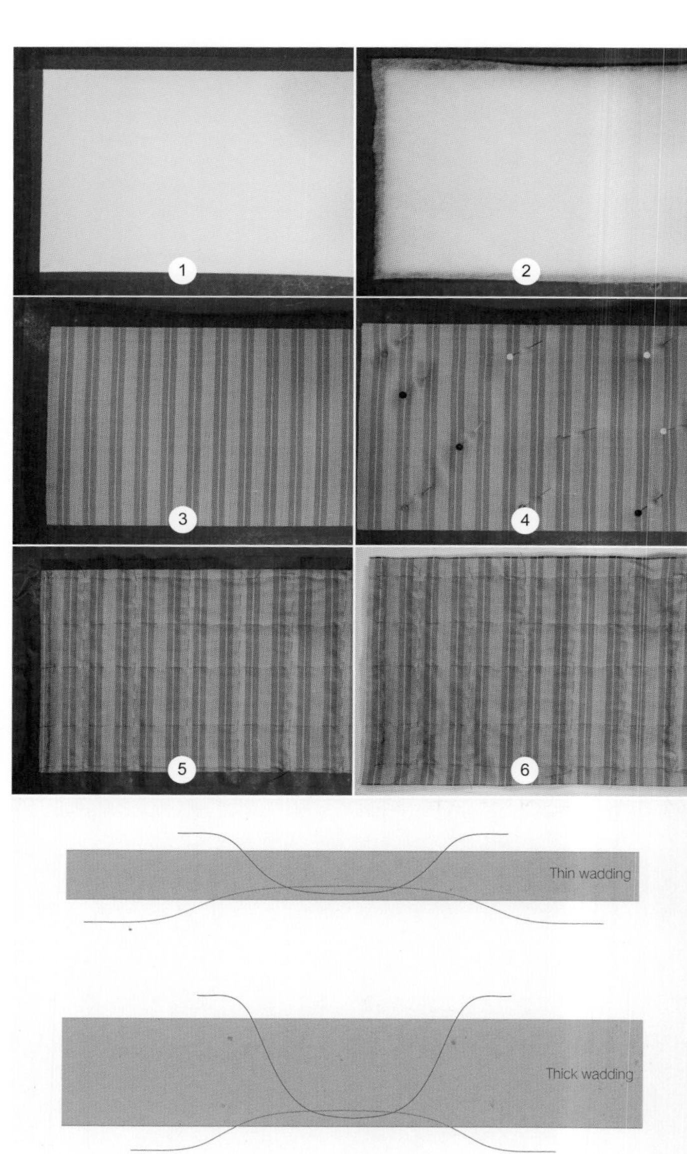

7

8 在同方向上进行绗缝，从面料中间开始缝纫。每一条线都沿同一方向缝合，从中间往一侧缝制，缝好一侧，再从中间往另一边缝制。

9 从两个方向进行绗缝，首先在布片中间缝两条定位线迹，横向和纵向各一条。然后，从面料中间先往一边缝制垂直线。卷起绗缝部分并从中间再往另一侧缝制其他垂直线，完成垂直线的缝纫后，再缝制水平线，方法相同。

使用双送压脚

在最后一列缝线处，如果面布延伸到填充材料以及底布之外，则说明压脚喂入面布的速度过慢，或者是送布牙喂入底布和填充材料的速度过快。使用双送压脚可以解决这个问题。用双送压脚代替常规压脚，并和送布牙协同工作将面布和底层材料以相同的速率喂入到机器里。

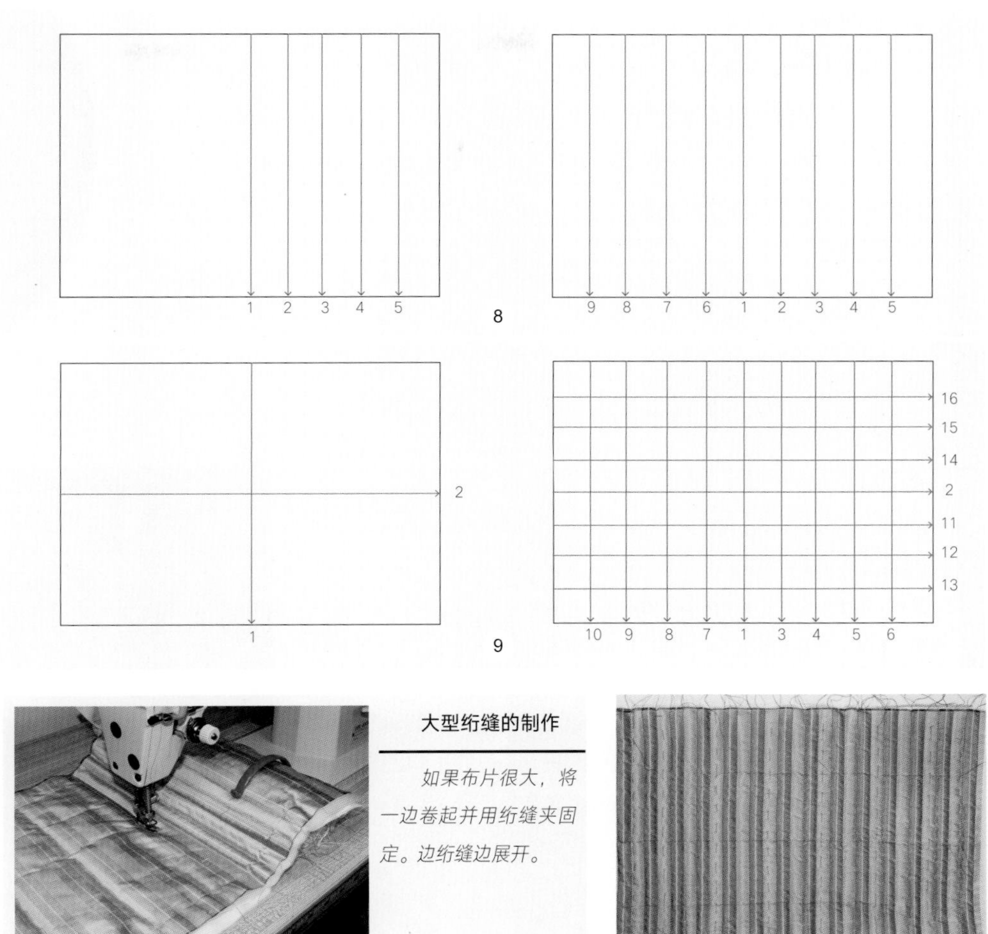

大型绗缝的制作

如果布片很大，将一边卷起并用绗缝夹固定。边绗缝边展开。

绗缝后的布片

绗缝面料的使用

完成绗缝后，拆除网格假缝线并熨烫面料。

1 为了将绗缝面料用到服装中，将服装纸样用针别在绗缝面料上，用划粉或其他标记笔沿外轮廓画好。这里是两个育克纸样别在面料上。

2 把纸样拿开。沿着画好的包含缝份的轮廓线进行手工假缝，防止绗缝层在服装制作过程中散开。

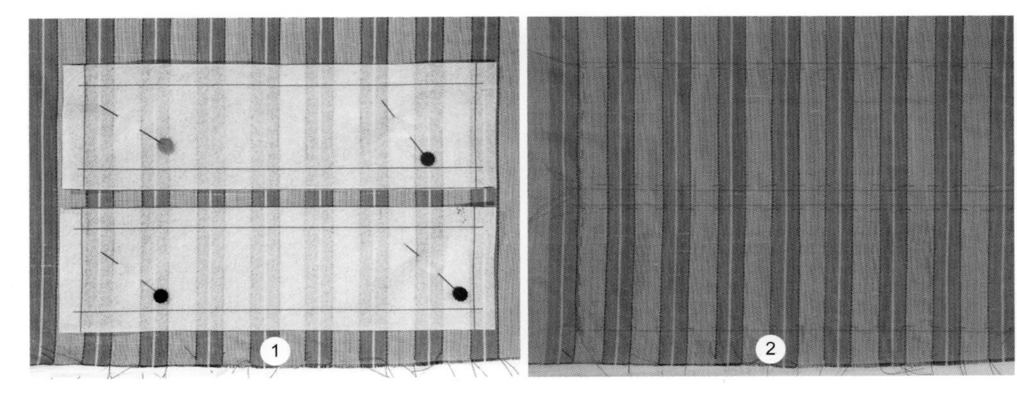

手工绗缝

手工绗缝的应用范围很广，可以缝直线，也可以缝外轮廓；可以缝简单的图案，也可以缝复杂的图案。无论什么样的设计，这种缝线图案都突出了一种3D质感，这种质感是由在两层面料之间添加填充材料所形成的。绗缝开始前，准备好面料和填充材料（详见第106页）。

材料

针

使用非常短的针。用手工短针或绗缝针可以更容易地将面布、填充材料以及底布这样的夹层面料固定在一起。

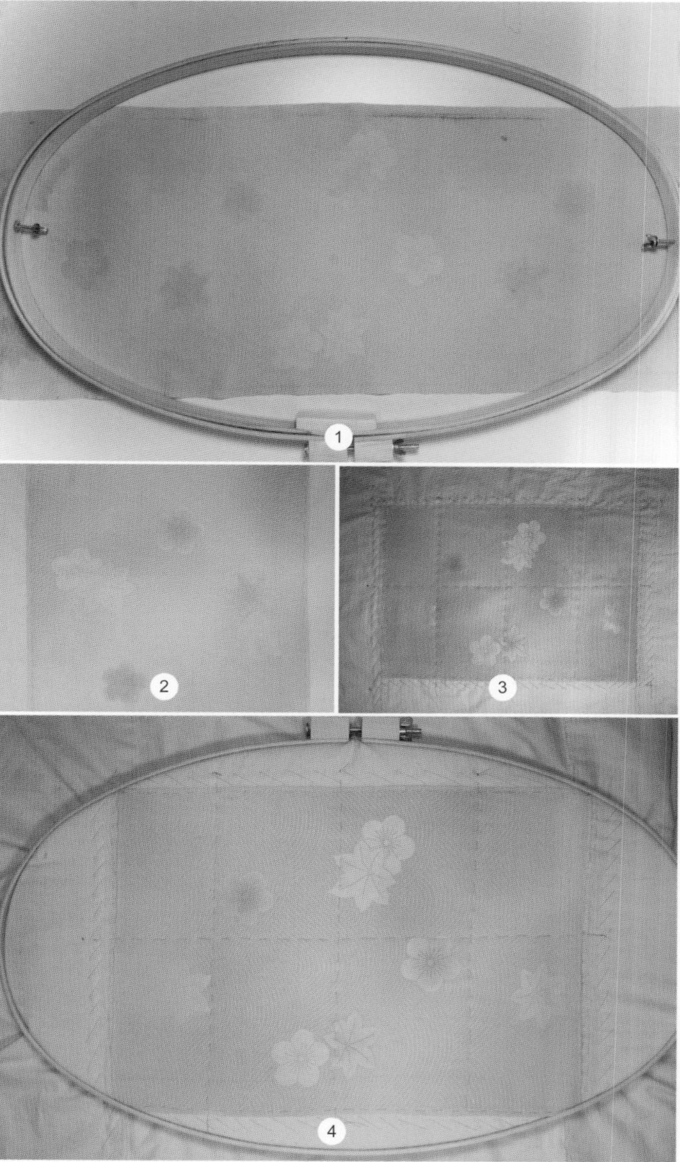

缝线

用蜂蜡润滑缝线表面，可以增加缝线强度，同时可以防止打结。手工绗缝缝线的种类很多：聚酯涂层缝线，涂层或非涂层的棉线，以及蚕丝线等。市面购买的手工绗缝缝线，不要直接用在缝纫机上——涂层会粘住夹线器。

绗缝绷架

绗缝绷架是用来固定面料的超大号刺绣绷。它可以将夹层面料有序绷紧，腾出双手去进行手针操作。圆形的绗缝绷架将面料一圈固定，使面料在绗缝绷里绷紧。传统的绗缝绷架看起来像一台织布机，一次能固定相当于被罩大小的面料。如果用手工缝制，可以使用有桌面支架的简单刺绣绷。

绗缝绷架上的面料固定

1 对比夹层面料的尺寸来检查绗缝绷架大小。

2 如果绗缝绷架太大，像图中所展示，将废布条手工假缝到面料的边缘，延长面料以适应绗缝绷架。

3 参照机器绗缝中的步骤1～5将底布、填充材料以及面布夹层假缝在一起。这里的三层材料也通过在印花布边缘的对角线假缝来固定的。

4 将夹层面料放到绗缝绷架中。图中绷架看起来像一个大的刺绣绷，用支架将面料撑起，固定在桌子的高度位置。

手工绗缝线迹——摆动线迹

如果使用轻薄或中等厚度的填充材料，则可以使用摆动线迹来绗缝夹心面料。如果使用中厚或厚重的填充材料，则可以选用与面料成直角穿过的线迹（详见第111页）。

摆动线迹是传统的手工绗缝线迹。专业的手工绗缝工人缝制这种线迹的速度可以接近机器缝制的速度。

1 缝线打结（详见线头打结，第29页），起针时针尖在上。距离起针5mm处将针尖刺穿面料，确保针尖完全垂直的穿过夹层面料。

2 左手放在面料下面，感受针尖穿过夹层面料。只要左手触到针尖，就用右手推动或摆动针鼻端使针穿回到面料表面，直到针几乎与面料平齐。手指上戴好顶针来做顶或摆的操作。

3 在绗缝夹层下用左手拇指的指尖将针尖推回到面料表面。

4 随着左手拇指推动和右手摆动的配合，将针顶回到绗缝面料的正面，制作出一小段缝线。

5 不要把针从面料中完全拉出，制作出另一小段缝线：把针尖穿回面料正面，确保针进入面料时是完全垂直的，如图所示。

6 将针从面料背面摆到正面，完成第二条线迹。

7 将针完全拉出面料以完成这两针。连续缝两针，或者同时缝两针。如果填充材料非常薄，可以一次性缝三针。

8 完成一条线迹，在最后一针之前，打一个线结来固定最后一针的结束点位置。

9 将针在最后一针结束处刺穿面布和填充物，在离最后一针2.5cm的地方拉出缝针。轻轻地拉，直到线结从面料正面拉到面料的反面。

10 轻轻拉动缝线的同时，在面料表面修剪缝线，线头会埋在填充材料中。

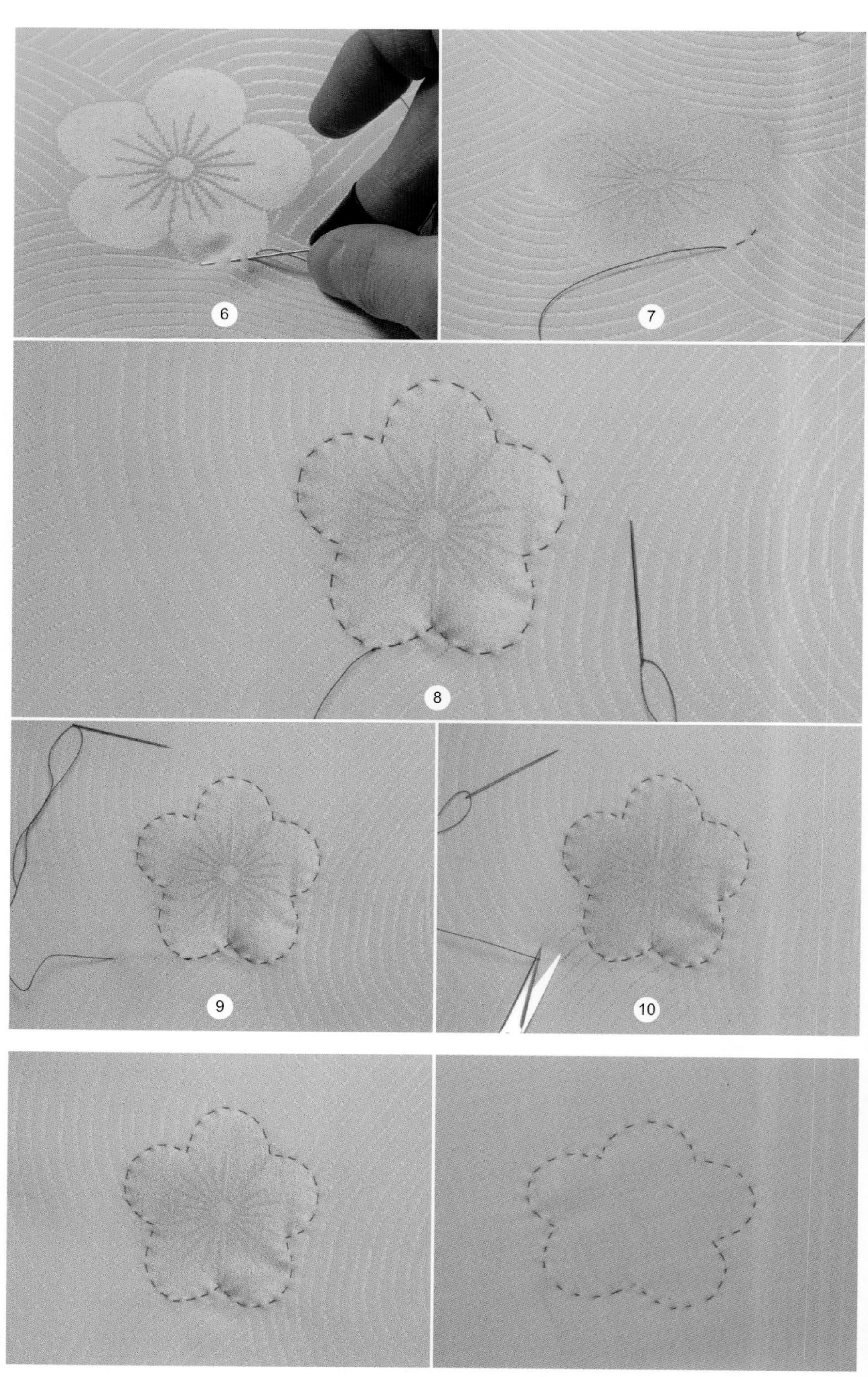

棉质法兰绒面料充当填充材料，完成的绗缝花朵。

面料背面的绗缝花朵

手工绗缝线迹——与面料成直角穿过的线迹

如果使用较厚的填充材料，需要用与面料成直角穿过的线迹进行绗缝。这种线迹的关键在于：针每次穿过绗缝夹层时都与面料保持垂直。

1 线头打结（详见线头打结，第29页），起针时针尖在上。距离起针5mm处将针尖刺穿面料，并将它垂直穿到夹层面料的反面。为了清楚显示缝线长度，图示里的针微微倾斜了一个角度。

2 将针向上穿过绗缝夹层面料5mm，保持针垂直。

3 继续缝制，直到完成线迹。完成缝制后，在缝线的末端打结，并把它拉过去隐藏在面布下面（详见摆动线迹，步骤8~10）。

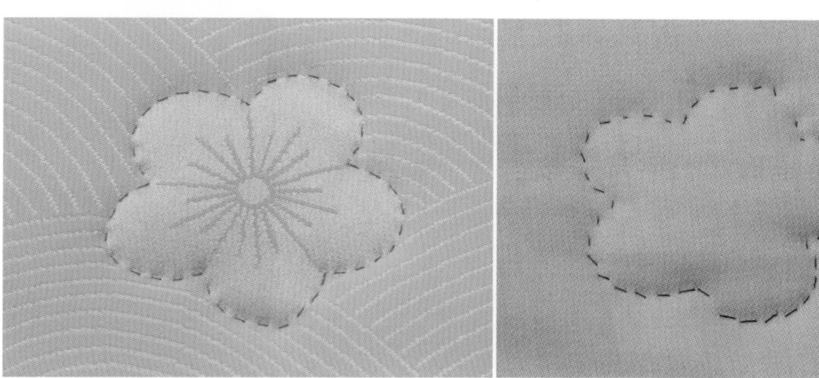

用厚羊毛做填充材料，完成后的绗缝花朵

面料背面的绗缝花朵

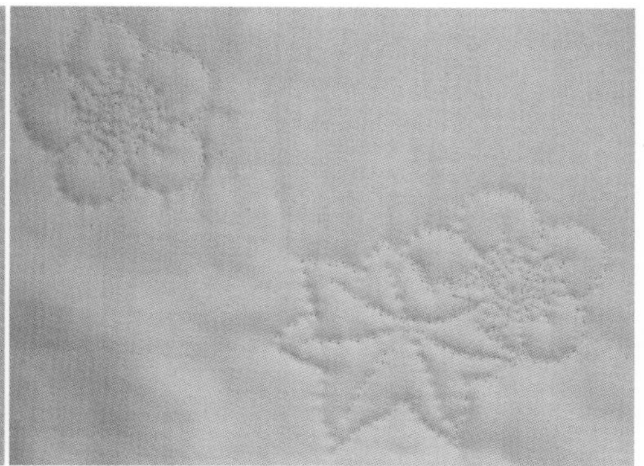

用奶油色缝线手工绗缝的两朵花和一片叶子

面料背面同样的花朵和叶子

塞米诺尔拼布

这种风格的拼布是由佛罗里达州塞米诺尔印第安人逐渐完善形成的，虽然看起来非常复杂，但基本工艺非常简单。它很容易与色彩、印花以及纹理结合，用几块小面料就能创造出非常不一样的设计。

棉质面料可以制作出好的塞米诺尔拼布样板，双宫丝绸和生丝的拼布使成品更优雅。相比平纹面料，有图案的面料能给成品增加维度感，尤其是用这些图案增强拼布设计时。用平纹面料或印花面料做一个小的拼布样品可以有助于想象完成后的成品。

所有的缝份设定为为6mm，接缝用小针距缝制，2mm，这样在裁剪布条时可以使缝线保持完整。缝制完成后，熨烫接缝，将缝份倒向一边熨烫或劈烫；缝份熨烫好之前不要合并布条。

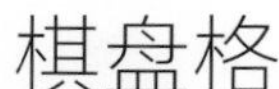

棋盘格

材料

为了制作一个7.5cm×32cm成品样板，需要准备：

- 一块5cm×43cm的浅色布条面料；
- 一块5cm×43cm的深色布条面料。

1 将深浅布条在长度方向缝合在一起，制作初始样板。熨烫接缝。

2 将初始样板裁剪成宽为5cm的布条。

3 每隔一块旋转一块布条，形成棋盘格图案。

4 将布条成对缝合在一起，仔细地对中间的接缝进行对格。

5 将新制作的方格制成一个样板。

6 根据需要添加更多的方格以完成设计。

奶油色丝绸上的棋盘格样板

偏斜方格

材料

- 三块不同颜色的面料，每块5cm×30cm。

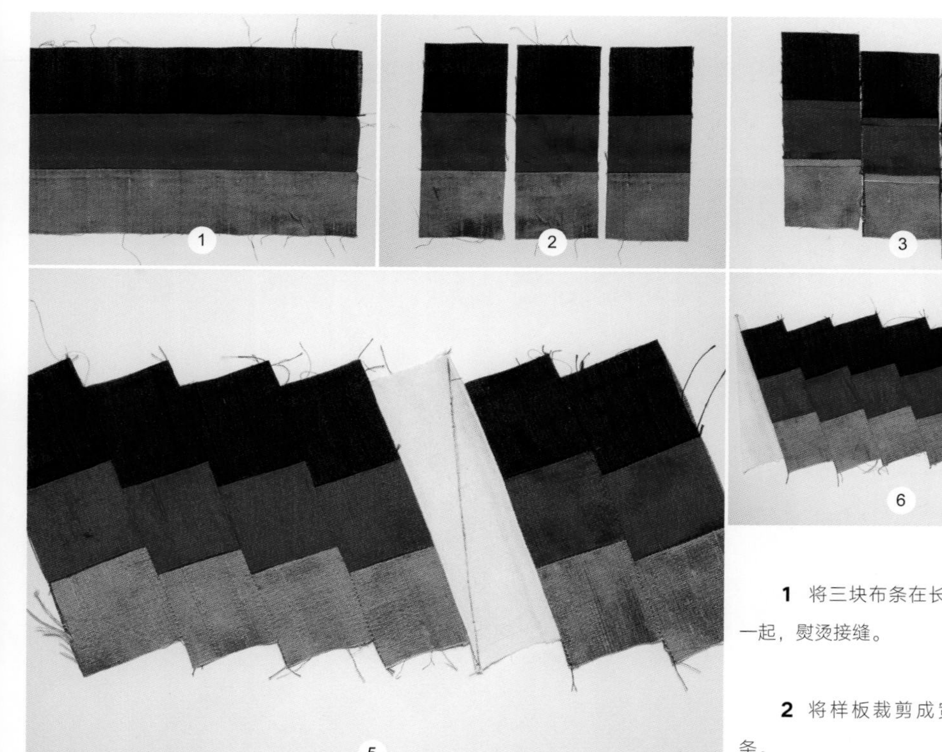

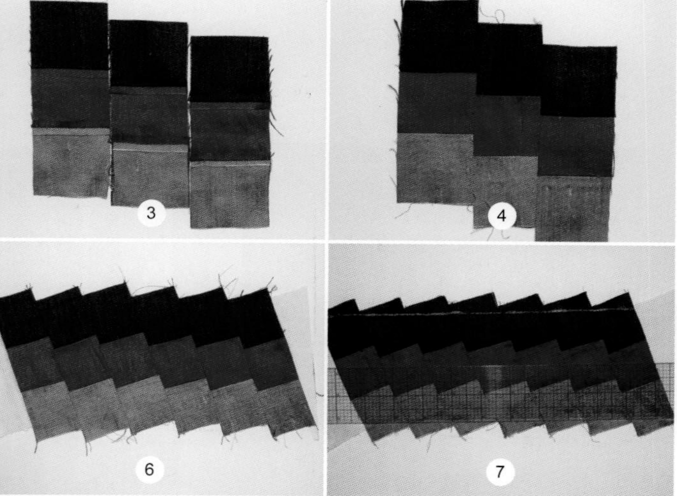

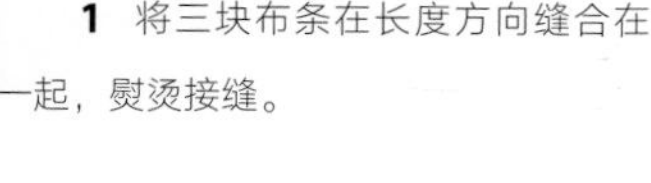

1 将三块布条在长度方向缝合在一起，熨烫接缝。

2 将样板裁剪成宽为5cm的布条。

3 将每块布条向下错位6cm，以靠近布条的缝份作为参考。

4 将布条垂直方向缝合在一起，熨烫缝份。

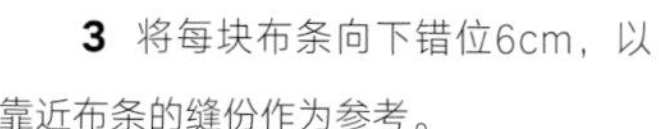

5 在两个偏斜方格样板之间缝一块白色平纹面料。以一定角度转动布条，使得每块布条的倾斜角在同一水平线上。从平纹布条的右上角到左下角画对角线。

6 沿着平纹布条的对角线剪开。重新摆放样板，使平纹布片在样板两端。将两个样板缝合，裁掉上下端多余的面料，形成一个直边的长布条。

7 从偏斜方格上制作嵌条，将尺子放在样片上，与下方方格的内角对齐，在距离样板底部6mm的位置画一条线。重复此操作，在样板顶部划线。嵌入样板时沿着这两条线缝合以形成直边。

奶油色丝绸上的嵌条样板

偏斜方格——不同宽度

材料

为了制作5cm×38cm成品样版，需要准备：

- 两块不同的面料，每块规格为5cm×43cm；
- 一块规格为3.8cm×43cm的面料。

1 将三块布条纵向缝合在一起，较窄的面料放在中间。熨烫接缝。

2 将样板裁剪成宽为3.8cm的布条。

3 每隔一块旋转一块布条。

4 将每块布条沿着相邻布条边向下移动一个中间布条的高度。

5 将布条垂直方向缝合在一起。熨烫接缝。

6 调整方向，使样板呈方形（见偏斜方格，步骤5～6，113页）。

奶油色丝绸上的嵌条样版

对角斜线图案

材料

- 两块深色面料，每块规格为16.5cm×114.5cm；
- 一块条纹面料，规格为5cm×114.5cm。

1 将三块布条纵向缝合在一起，条纹布放在中间。熨烫接缝。

2 用胶带或裁缝铅笔在布条上标记出两个方向的斜纱。

3 沿着斜纱标记裁剪，然后裁剪出多条宽为5cm的布条。把布条分为两组。

4 从两组中各取一块布条。在面料的中心部位将条纹对齐，如果需要使条纹匹配可以更换布条。将两块布条缝合在一起。

5 重复对条和缝合，直到用完所有布条。

成品样版

装饰垫衬绗缝

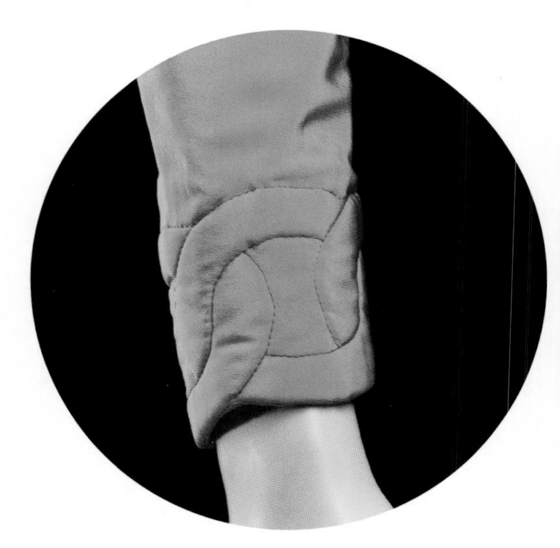

装饰垫衬绗缝是在面料上塑造一种有凸起图案的工艺，所用的图案可以织进面料或印在面料上，也可以是自己设计的图案。底布与面料沿着图案轮廓线缝合在一起，形成一个小的口袋，在口袋上剪个开口，塞进填充材料，形成凸起的造型。开口缝合后，通常会再缝一层底布或里布，因为开口会与皮肤摩擦，随着日常的穿着和洗涤，不容易保持闭合状态。

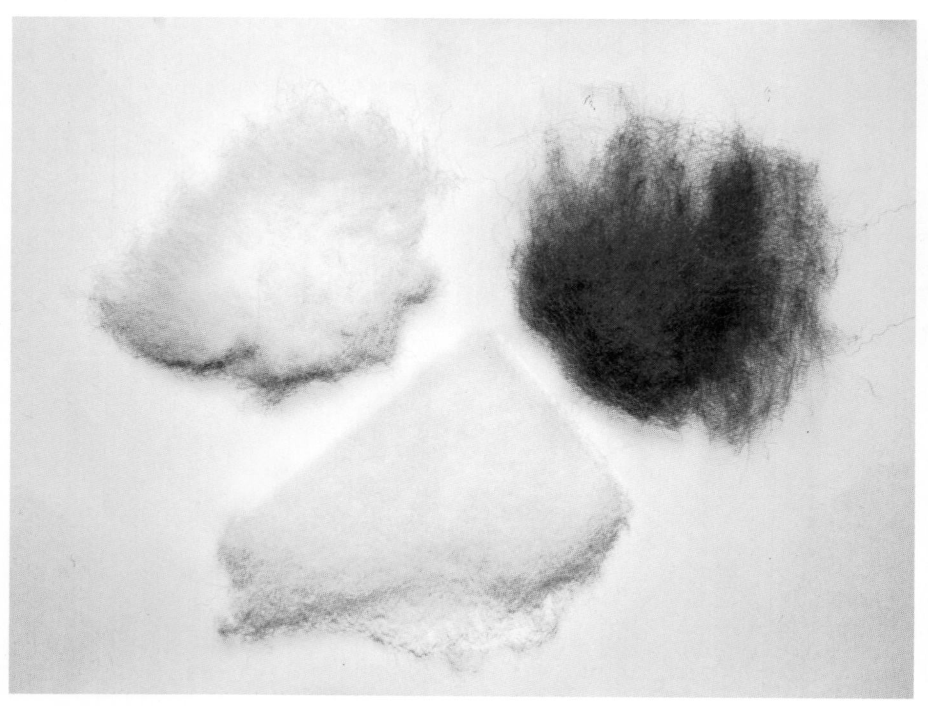

装饰垫衬绗缝常用的填料纤维通常包括：棉花或聚酯纤维填充料（左上角），蓝色羊毛纤维（右上角）以及羊毛绗缝填充物（下面）

许多纤维都可用作填充材料。传统的绗缝填充物包括棉花或聚酯纤维，也可以用羊毛纤维，有多种颜色可供选择。

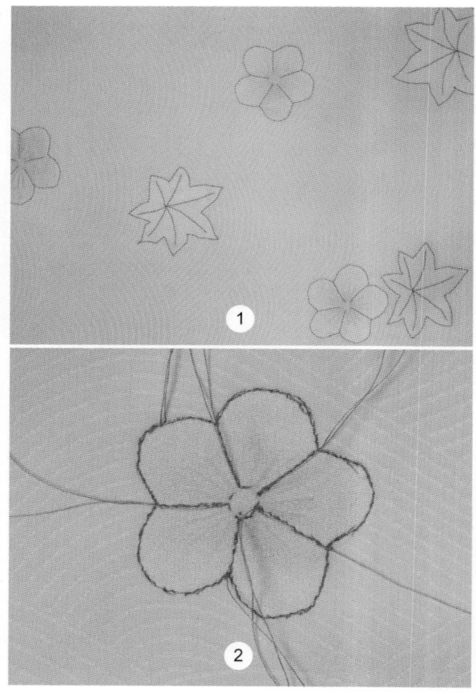

1 这里用提花梭织丝绸作为服装面料。在提花面料上做图案设计，用热消笔做标记画出，使其在缝合时更容易识别。

2 沿着每个图案外边缘进行机缝，留出长线头。图案外轮廓用一条缝线缝制，后续再缝制内部线条。

3 用易穿针将线头拉到面料反面。

4 在面料反面将面线和底线成对打结。留至少1.3cm的线头，防止脱散。对面料的正面进行熨烫，去除可消笔的标记。

5 在面料反面每个缝好图案的底布上剪一个小开口，也可能需要剪几个开口，这完全取决于图案的形状。这里剪了7个开口，用来填充叶子造型。

6 使用镊子钳、钝针或牙签，轻轻地将填充材料塞进图案。

7 从面料的正面检查填充料的分布，确保填料在图案内均匀分布。

8 用搭缝将开口缝合。如果开口处的面料脱散，可以将一小块可融粘衬烫到开口处使之闭合。

成品布片。叶子部分用蓝色羊毛纤维填充，花朵用栗色羊毛纤维填充

嵌线绗缝/马赛绗缝/白玉压线绗缝

嵌线绗缝是一种古老的法国绗缝工艺。两层白色或浅色面料按照装饰槽和图样缝合在一起，然后用纱线穿线以形成有纹理的绗缝面料。完成后，嵌线绗缝面料的反面与正面一样好看。

三种不同的填充料：装饰垫衬绗缝蓝色羊毛无捻粗纱（上），紫色羊毛针绣双捻纱（中），粉色圆形编织有捻棉纱（下）

1 这里用提花梭织丝绸作为服装面料。在提花面料上做图案设计，用热消笔做标记画出，使其在缝合时更容易识别。将轻质羊毛底布用针别在面料上。

装饰槽可以用羊毛、棉和腈纶混纺纱线等填充，填充纱线必须不褪色，高捻度纱容易穿进槽。

粗纱很难填充，因为线头拉入槽的过程中，它们的强度很低易断。针绣纱线是高捻度纱线，是两股羊毛分别加捻后再捻合在一起形成纱线，比较容易填充。棉纱的结构复杂，也能很容易地被拉进槽，但是它比羊毛纱硬挺，在槽里不会膨胀。

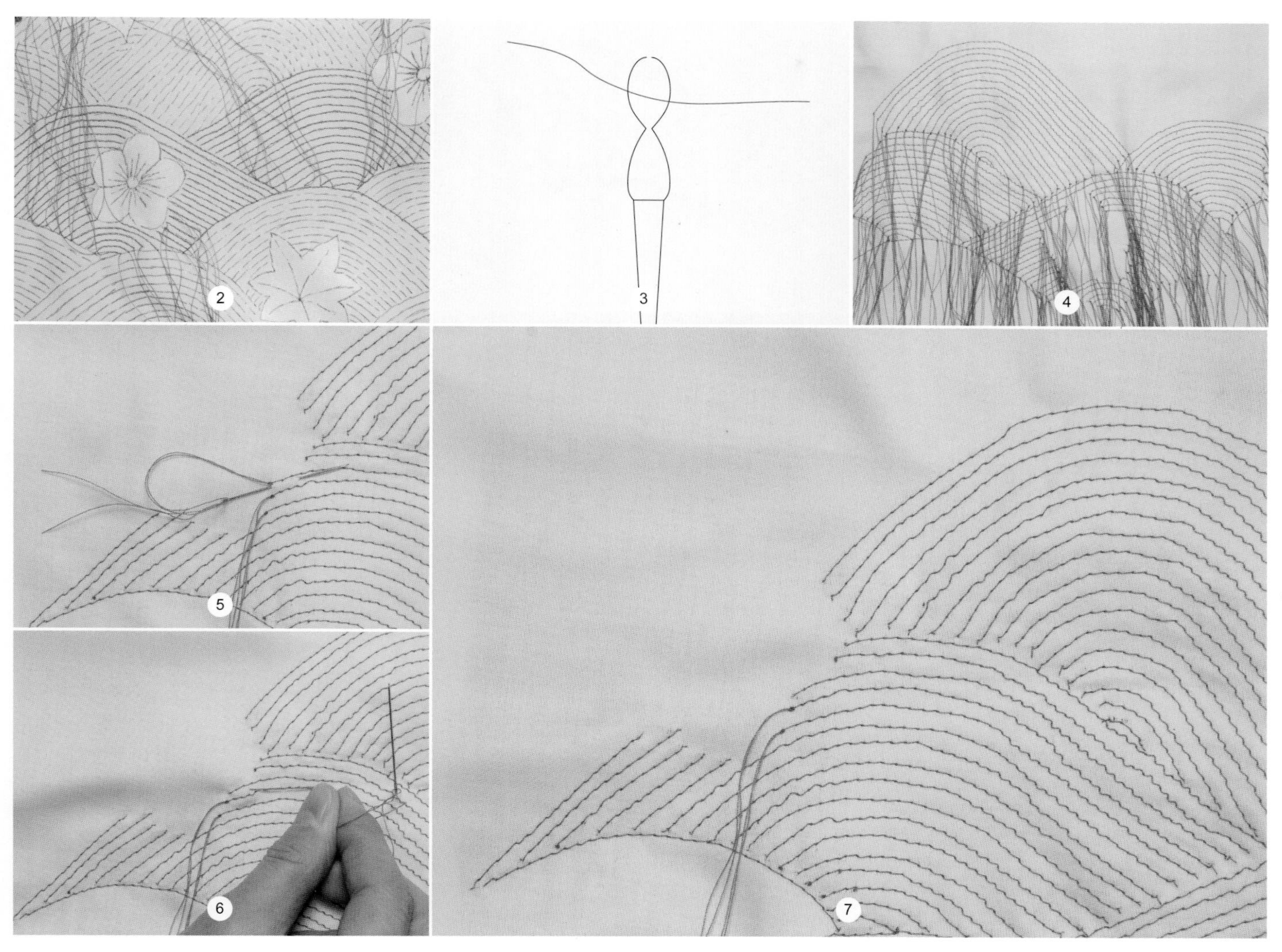

2 装饰槽可以手缝或机缝。从布片的中间开始向两边缝纫，留下长线头。如果是手缝，要用回针缝纫，使之更加牢固。这里的槽是用机缝缝制，针距为2mm。

3 使用易穿针将线头拉到面料的反面。

4 在面料反面将面线和底线成对打结。在面料反面，可以看到一些线迹分布不均匀，但当槽被填充时，这些缝制过程中的小缺陷可以被填充纱掩盖。

5 缝线打结后，结和线头都必须隐藏在面料层之间。使用易穿针将两根线穿到最后一个线迹边，从距离其至少1.3cm的地方穿出，小心地将针从两层面料间穿过。

6 轻轻地拉动缝线，直到线结从面料正面穿到面料反面。

7 剪掉露在夹层面料外的线头。

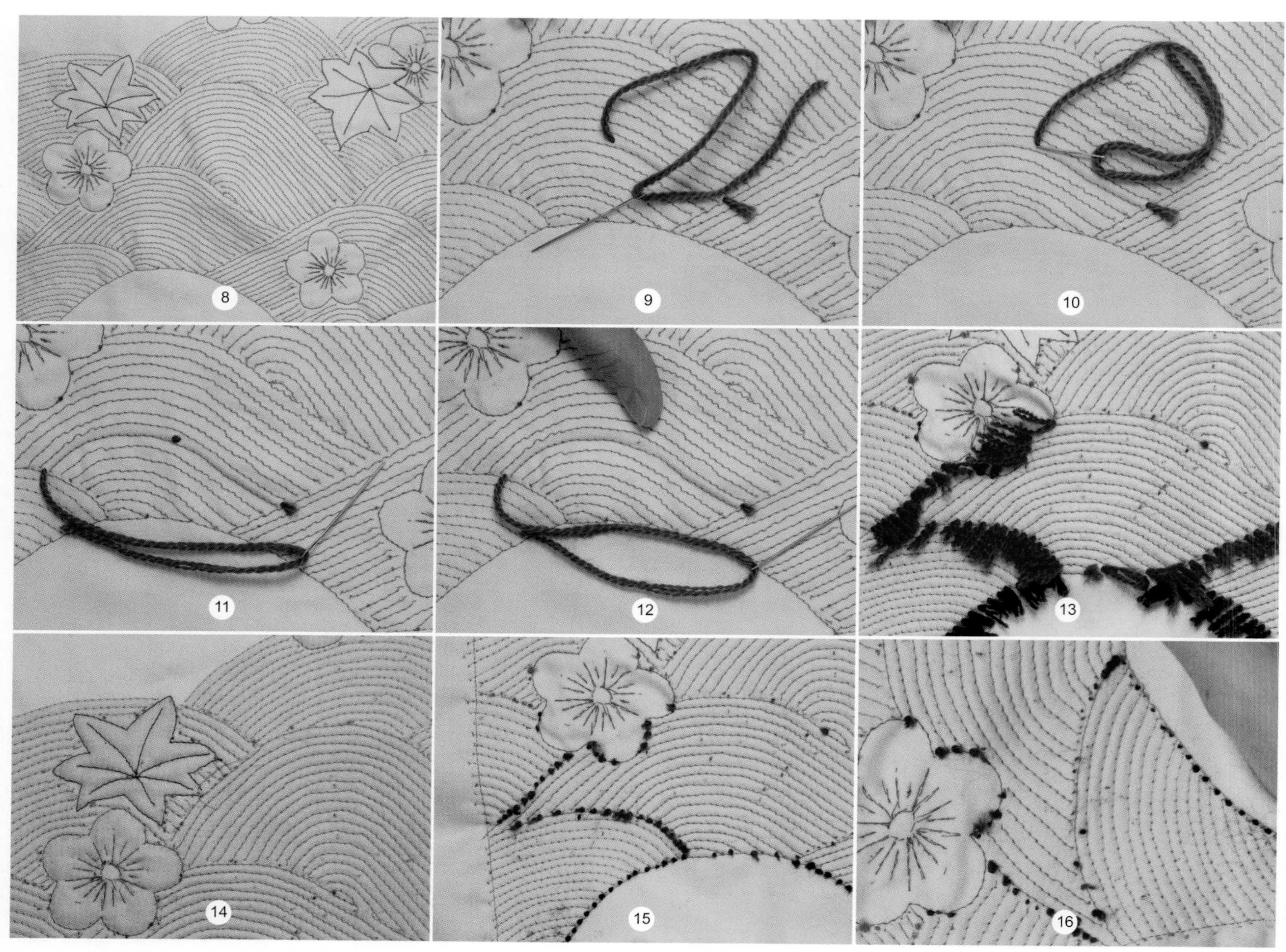

8 缝制图案的其他部分，在这里，花朵和叶子用玫瑰红和暗红色缝线缝制。注意面料在密集的波纹缝线部分的拉伸，随后的填充会缓解一些拉伸。

9 将填充纱线穿过绳绒针或刺绣针（或松捻双股细绒线针），针号大约为22，这些的针眼都比较大。在面料反面，从槽的起始点将针穿入并尽可能的把针推到远处，当针不能再往前推时，将针和线拉到表面，在起始点留1.3cm的线头。检查面料正面，确保针和线都没有穿透面料。在这里可以使用引针器（一个小又平的橡胶盘）辅助操作。

10 继续沿着槽操作，小心地将针从它出来的同一个洞穿回到面料。继续往前推针，直到槽的出口位置。

11 在纱线出来和重新进入槽的地方会有一个小小的开口。

12 用指甲揉搓开口，使开口闭合。将线头修剪为1.3cm。

13 当所有的槽都填满后，用双手将面料沿着槽的长度方向拉伸。面料被拉伸后，填充纱线会被进一步被拉到槽内。

14 如果槽非常短，在纱线和底布上缝几针，这样可以防止纱线跑出来（为了清楚展示，在这里使用绿色缝线）。

15 当所有的槽都被填满和拉伸后，贴近面料对纱线线头进行修剪，仅能看见一点残留线头。

16 再一次拉伸面料，此时，纱线线头应该完全消失在槽里。

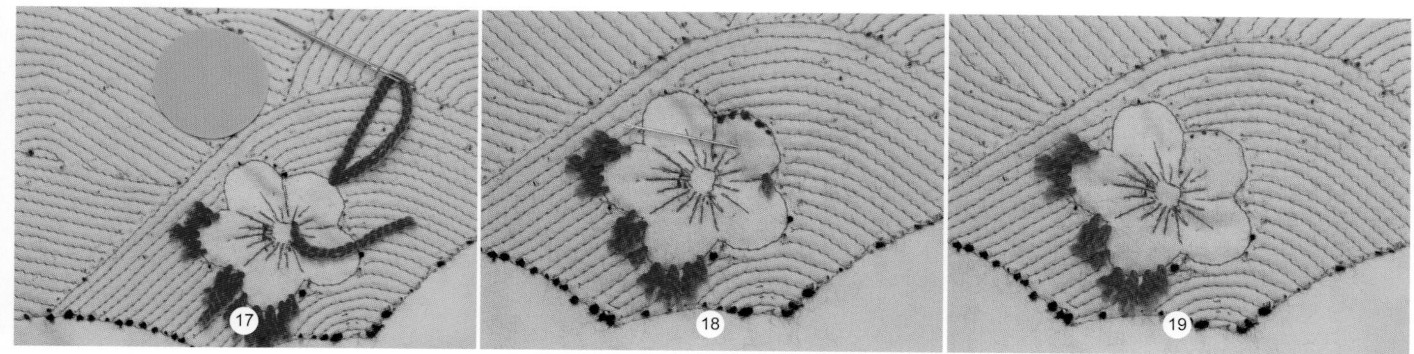

17 用同样的工艺手法去填充有更大开口的图案，比如这里的花朵。线头可以留长一点，这样它们就都可以通过拉伸面料和使用尖锐的针把纱线拉进花瓣里。注意花朵上棕黄色的是引针器。

18 将线头拉回到图形中。将穿好加捻纱线的尖头针扎进图形，旋转针，将纱线线头拉进花朵。

19 继续剪拉线头，直到所有线头都拉进槽里埋好。

对整块面料进行轻柔水洗和缩水处理。在盆里装满热水，轻轻搅动水中的布料，直到完全渗透。面料在水中直到水冷却到室温。如果面料上有标记，用肥皂清洗后冲洗面料。

将面料从冷水中取出，轻轻挤压掉多余的水，注意不要拧干。将面料卷进一条毛巾里，尽可能地挤压去除水。展开毛巾并将布料平放在另一条毛巾上干燥。纱线和面料比较厚重，干燥可能需要几天。

成品嵌线绗缝

刺子绣

刺子绣是由日本的一种服装缝补技术发展而来。当劳动服的靛蓝面料缝制上浅色缝线时，就会出现明显的图案。许多这类图案被编进刺子绣艺术。刺子绣图案是基于一条或两条缝线，或直或弯，进行旋转或重排而形成的复杂设计。这些设计最初是为了使手工缝制补丁时缝线能连续而设计的，但也很快地应用于机器缝纫。

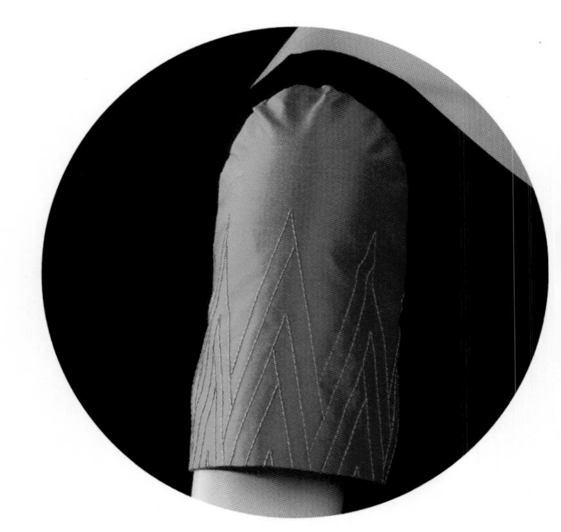

钻石纹，直线刺子绣图案

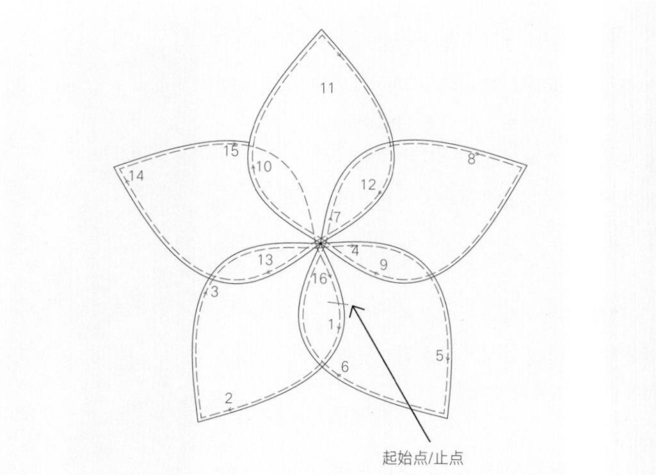

刺子绣图案也可以由曲线组成，如这里的五瓣花，是由连续的缝线缝制而成。所有的花瓣都在中心点相连

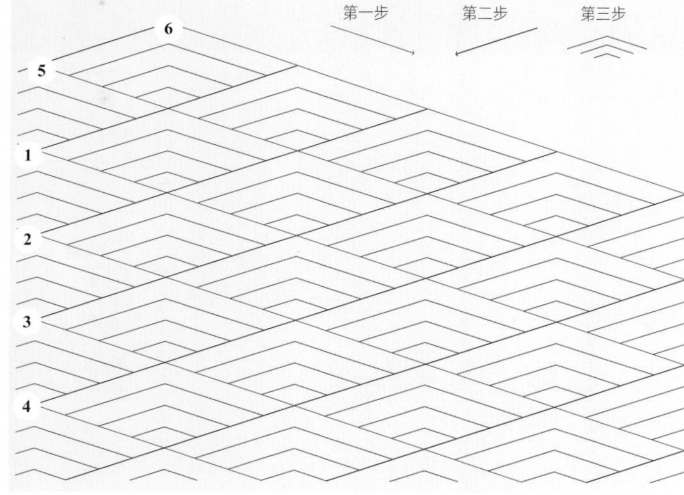

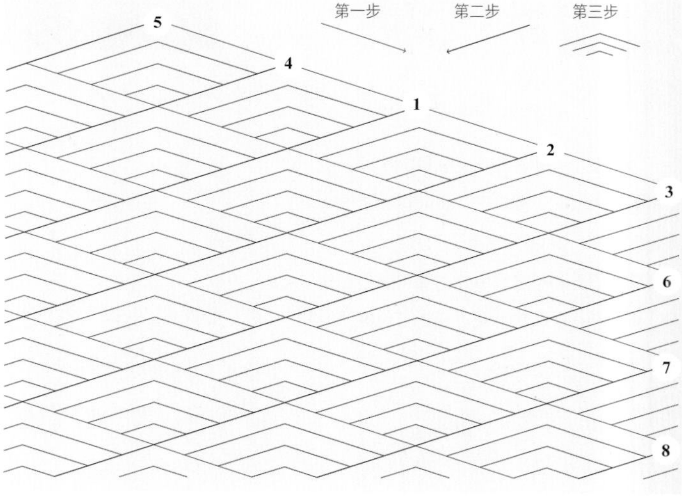

钻石纹图案的缝制顺序。首先缝制红线，从中心开始向一边缝。然后缝制黑线，再一次从中心开始。最后，缝制棕线，完成钻石图案

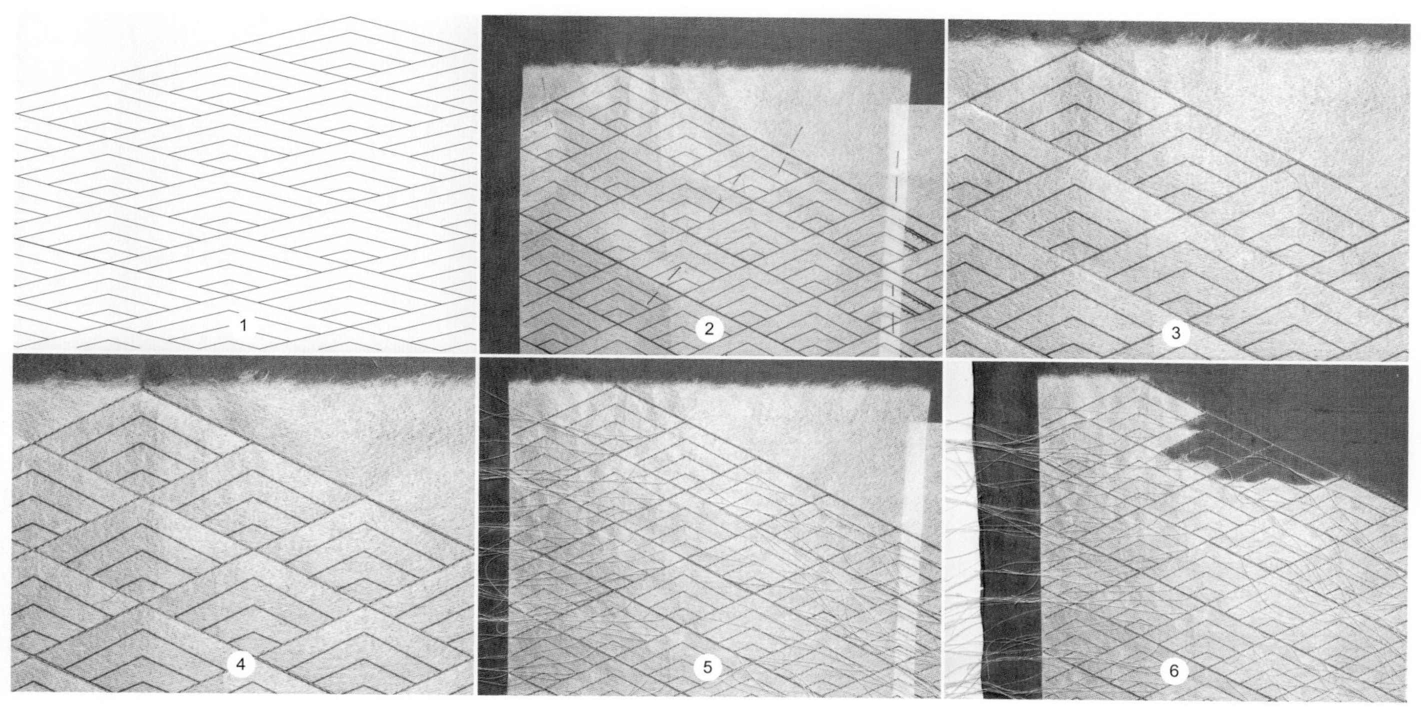

1 这些结构需要较粗的缝线作底线（见右侧图），所以需要从面料的反面进行缝制。如果设计图案不是对称的，那么就需要把设计图颠倒后转印到可撕内衬上。在这里，纸样正面朝上。

2 将两块面料重叠放置，形成夹层面料。将颠倒后的设计图转印到可撕内衬上。将内衬放在夹层面料的反面并别好固定。

3 按照前面的缝制步骤图，先缝制红线，从面料的中心开始向一边缝制，随后从中心开始缝向另一边。

4 然后缝制黑线，从面料的中心开始向一边缝制，随后从中心开始向另一边缝制。

5 缝制剩下的波纹形状。

6 小心地去除可撕内衬。将所有的面线和底线成对打结在一起，将线结和线头藏在两层面料之间（详见手工绗缝，第110页）。一定要在去掉可撕内衬后进行线头打结，这样可以确保线结和线头被藏在两层面料之间。

缝线

为了使线迹更加明显，适合选择较粗的缝线，比如锁眼线或绒线。使用粗缝线作底线，使用常规缝线作面线，会让操作变得简单。检查锁芯的张力，设置成适合粗缝线数值；根据需要对张力进行调整（详见基础线迹，第24页）。

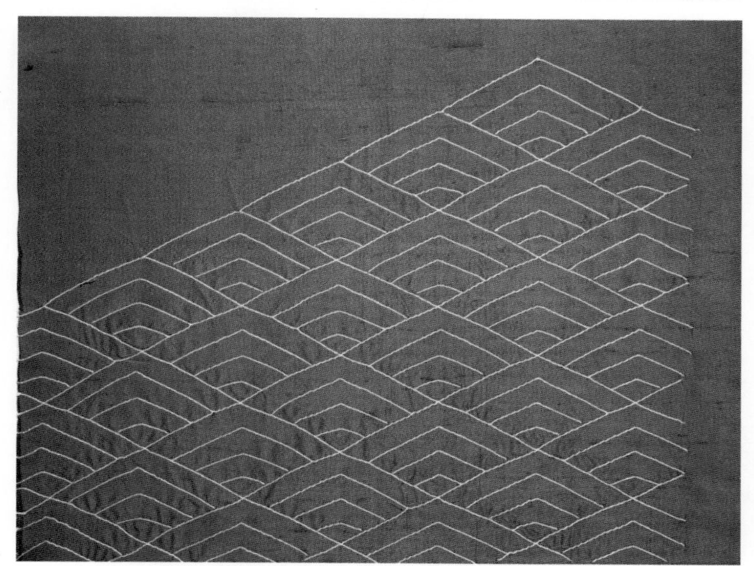

刺子绣钻石波纹图案成品

3

装饰工艺与装饰物

用斜纱裁剪的布条是各类饰边和工艺处理方法的基础。斜纱布条具有弹性，使得它可以形成各种弧形和角度。布条可以做成滚边或滚条，遮盖住服装内侧或外侧的毛边缝份。斜纱条也可以制做成细布管，用做纽扣的扣襻或纽襻。宽的斜纱饰边可以为服装增添活力，窄条的斜纱饰边给服装以优雅感。服装上的斜纱条一方面可以加固接缝，另一方面具有一定的装饰性。斜纱条无论是直线或是弧形，平的或是立体的，厚的或是薄的，都可作为装饰物。

3.1 斜纱

斜纱条一般是从与面料配色或撞色的布料的长度方向裁剪获得。布条的纱向与直纱呈45°的角度，有编织图案的，有条纹印花的，可以给服装增添装饰性。

斜纱条的用途决定所使用的面料。如果把斜纱条作包边使用，轻质至中等厚度的面料可以避免增加服装的体积感。滑爽的面料常用来做滚边或滚条。有蓬松感或比较厚重的面料常用来制作嵌条。斜纱条的用途很多，这一章介绍其中的一部分。

什么是斜纱？

进行织物织造时，纱线沿着织物的长度方向上下运动，经纱从织机的综丝上穿过，然后缠绕在大滚筒或横梁上，这个过程叫整经。纱线沿着织物的宽度方向运动，纬纱缠绕梭子，从左往右穿过织物然后再穿回来。

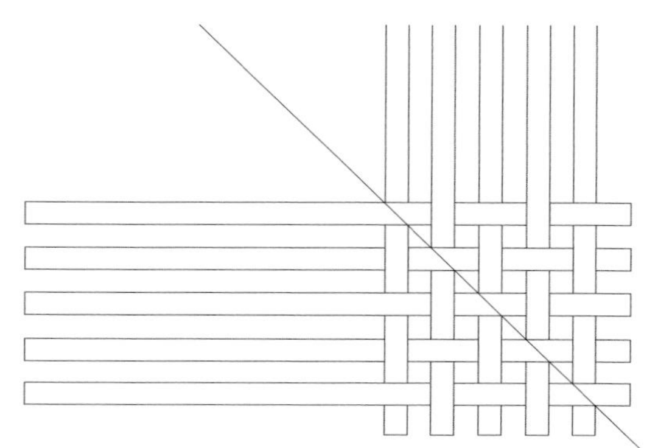

带有纬纱的梭子穿过织布机完成一个来回，它会以U字形掉头穿过织布机去织下一行织物。U形掉转形成了织边。

纵向的纱线——经纱，被紧紧地拉在梁之间，所以在梭织面料的纵向没有拉伸性（弹性）。而横向的纱线——纬纱，没有像经纱那样被紧紧拉住，因此面料的横向会有一定拉伸性（弹性）。

通过经纱和纬纱交叉点的对角线是斜纱。这个方向的面料拉伸最大。所以，使用面料的斜纱，是利用了斜纱的拉伸性，斜纱可以拉伸或收缩，从而用来制成弧形或转角。

制作斜纱条

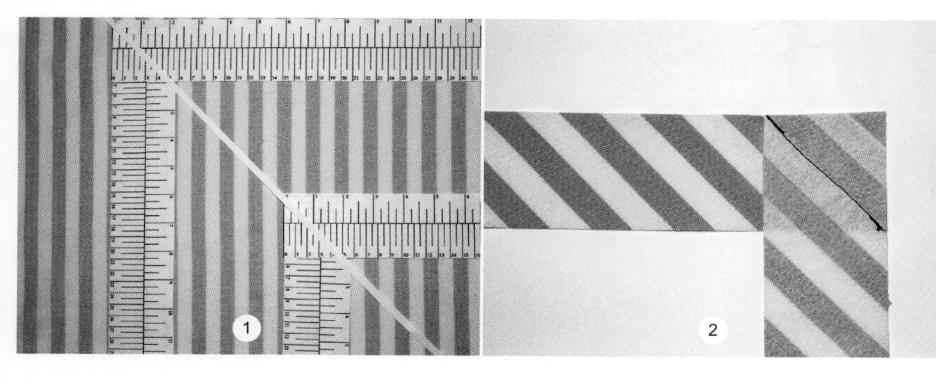

两条斜纱条连接在一起

1 制作斜条，首先在面料上确定斜纱。将两把尺子互相垂直，分别从织边和直角边量取相同的长度。测量时不包括织边和布边紧密编织的部分。在尺子交叉的位置做记号。

在面料上重复同样的操作，做另一个标记。把标记点用直线连接，这条线就表示正斜纱方向。在图中，正斜用白色细纸条标示。

与初始斜纱线平行画斜纱线，沿着斜纱线裁剪相同宽度的布条，得到斜纱条。

将斜纱条拼接在一起可以形成更长的布条，接缝最好用直纱，这样做有三个原因：

a 防止接缝拉伸；

b 布条折叠时体积更小；

c 可以使接缝不明显，布条看起来更完整。

2 将两块斜纱条正面相对，彼此成直角放置。将珠针别在两块布条重叠部分的对角线上。翻开上方的布条检查珠针位置。沿着对角线缝好两块布条。

连续包边（筒状）法

连续包边（筒状）法是另一种制作斜纱条的方法。这种方法是将面料缝制成筒状，再沿着连续长度方向裁剪斜条。缝合的接缝为直纱。

斜条的面料计算

用下面的这些方法计算出斜纱饰边需要的面料量。这里是计算所需面料的码数（米数），也可用来确定一块面料能裁多少斜纱面料。

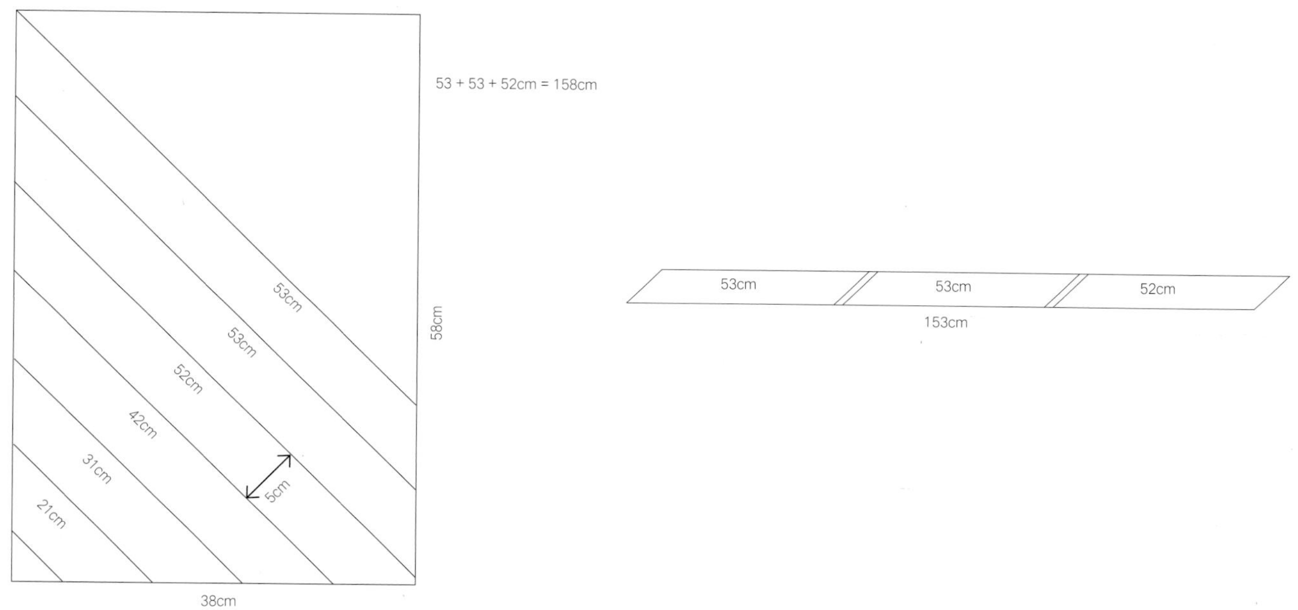

测量所需要的成品斜纱条长度。需要增加15～30cm分配给缝份，实际缝份的量由所使用的面料量来决定。总长用L表示。测量所需要的斜条宽度（B）以及所使用面料的宽度（F）。所需面料长度的估算量可以通过以下步骤进行计算：

N=（（L+15cm）×B）/F+F
或者
N=（（L+6in）×B）/F+F

如果需要的斜纱条总长为137cm，宽为5cm，面料的宽为38cm（15in），那么：

N=（（137+15cm）×5）/38+38
N=58cm

图中看出前两条布条长53cm，第三条长52cm，越往下布条越短。按照上述方法，这些短布条可以舍弃。

以1.25cm的缝份将布条缝合（两条接缝损失5cm），最长的三块布条连接在一起可以制作出长为153cm的斜条。

因此长为58cm，宽为38cm的面料，如果按最小的缝份拼接，可以制作出大于137cm的斜条。

弧形斜纱包边的测量

斜纱包边越宽，弧形包边的弹性越小。因此宽度大于6mm的包边需要在曲率较大的一边打剪口。

凸形弧

以鸡心领作凸形弧的示例。黑线是光边，棕线是缝线。光边比缝边略长，因此需要裁剪斜纱包边，使其与弧形光边相配。

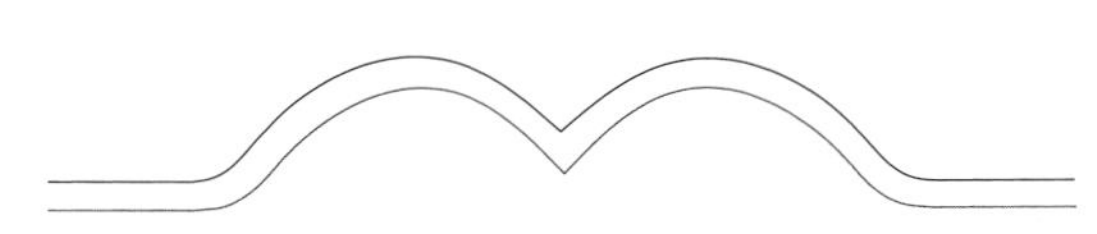

凹形弧

以袖窿作凹形弧的示例。缝线（棕色）比光边（黑色）略长。因此，需要裁剪斜纱包边，使其与弧形缝边相配。

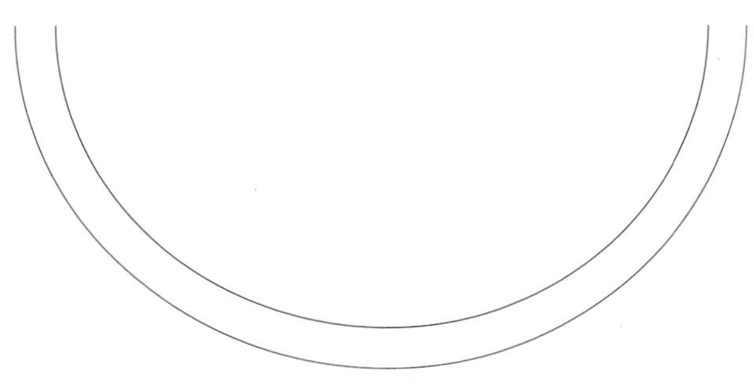

重新定位斜条的缝份

服装上有斜条包边时，外露的斜条饰边越窄，服装看起来越优雅。本章例子里除了特别说明的，均使用宽为5cm的斜条和1.3cm的缝份；成品外露饰边宽3～6mm。

用斜纱条作包边时，需要更改纸样上的缝份和缝线。

1 为了计算新的缝线位置，首先将原来缝线标记为光边。

2 测量成品服装斜纱包边的宽度，再加上3mm，这个3mm随后会被剪掉。这里的包边宽度是3mm，加上后期修剪掉的宽度3mm，总计是6mm。将这条线作为新的缝线。

3 从新缝线量出常用缝份的宽度1.3cm，得到的这条线作为新的裁剪线。

4 检查计算数据：新的裁剪线在光边线之上6mm处。光边线就是旧缝线，新缝线在旧缝线之下6mm处。新缝线到新裁剪线的距离为1.3cm。

沿着新的裁剪线裁剪纸样，保留正确宽度的缝份。

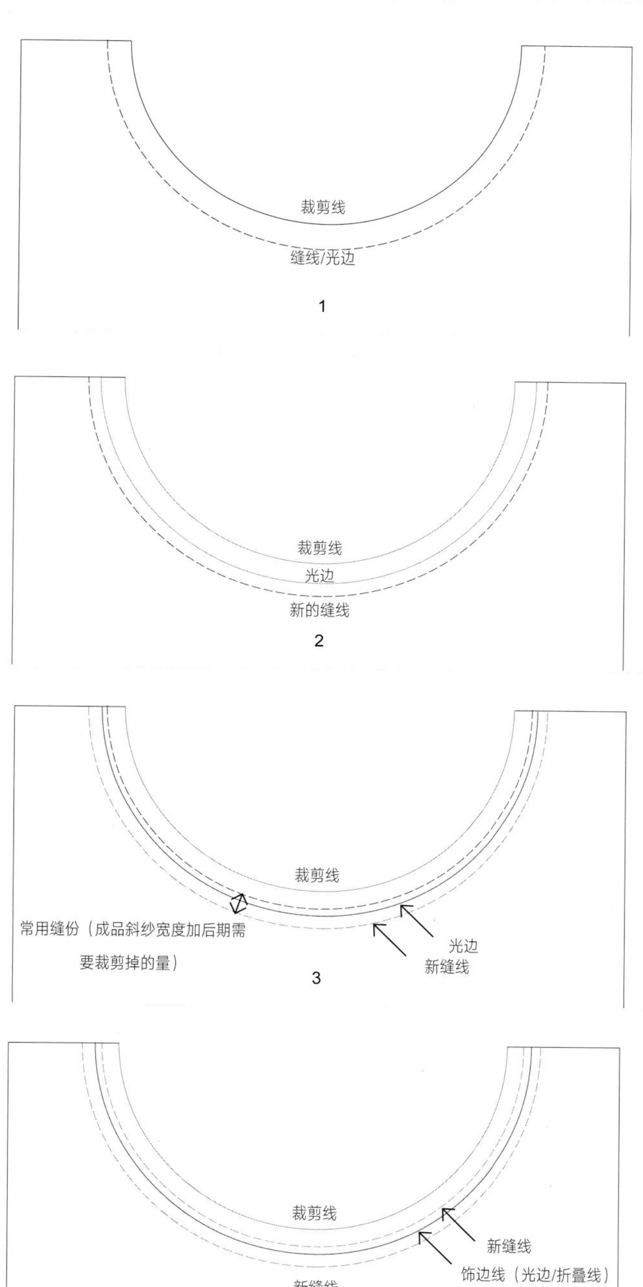

斜条塑形

斜纱条具有非常强的可塑性，可以拉伸，可收缩，还可以用蒸汽熨斗塑造曲线形。缝制像袖窿这样有弧度的部位时，首先用斜纱条对其进行塑形，成品的形态会更整齐。

拉伸

斜纱条可以拉伸，利用熨斗的热或蒸汽可以改变其尺寸。这里将规格为4.5cm×45cm的布条拉伸延展到3cm×49cm。注意随着长度增加，宽度会变小。

拉伸前的斜条和拉伸延展后的斜条

塑形

熨斗所提供的热和蒸汽可以使一部分纱线收缩，使另一部分拉伸，从而使斜条呈弧形。

1 制作斜条（详见第128页，第140、141页）。

2 将熨斗放在斜条的一端，用手轻轻的将斜条另一端拉成弧形。同时使用蒸汽沿着弧线移动熨斗，熨烫过程确保弧度圆顺。可能会需要多次熨烫才能达到完美的弧形。如果弧形拉得太紧，面料的布边会折叠形成一些小褶，可以通过去除张力，让弧形放松。

3 斜条刚完成后的几分钟内，避免让其潮湿而变形。这里可以看到熨斗第一次熨烫后所产生的弧形。

4 第二次塑形后，弧形的曲率更大。

弯曲部位的窄斜条包边

利用斜纱的延展特性，对服装上的弯曲部位用6mm或更窄的斜纱进行包边。

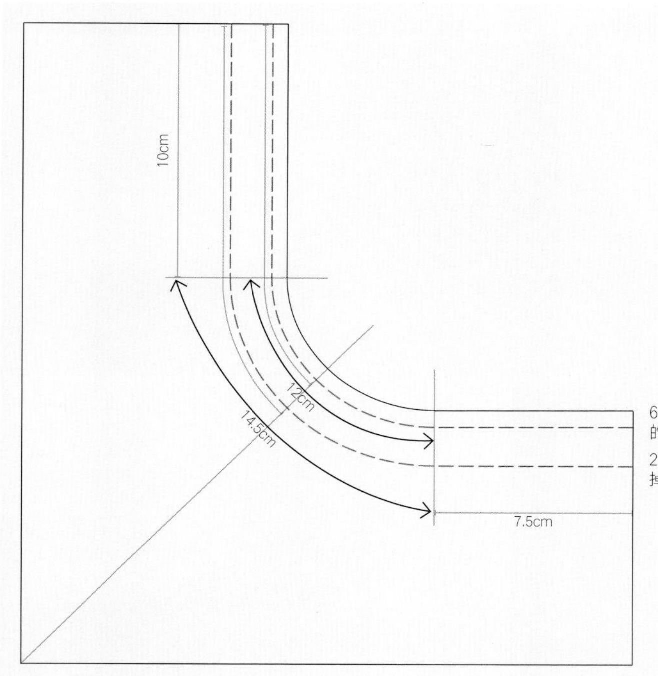

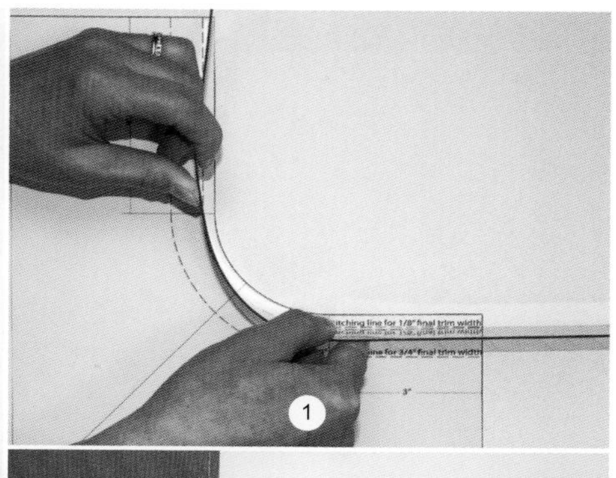

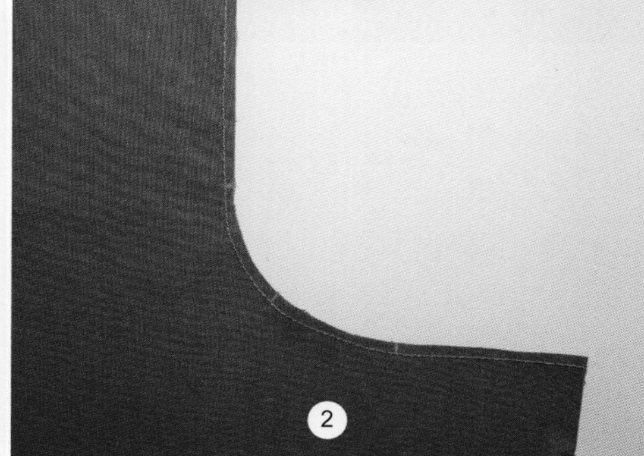

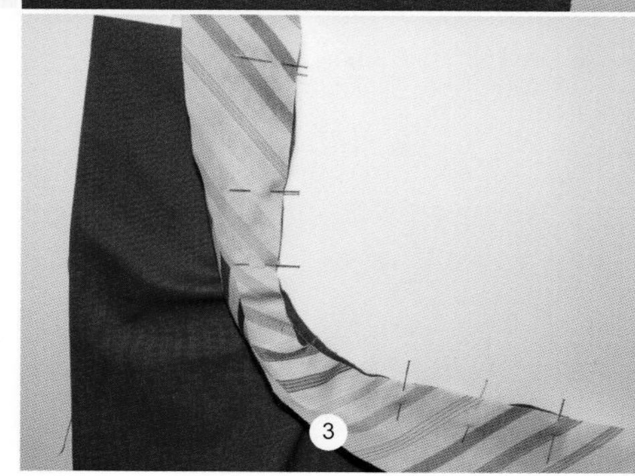

1 测量纸版上最接近布边的缝线长度，以确定制作窄包边所需的斜条长度。图中较短的缝线有10cm的直线部分，紧接着有12cm的弯曲部分，最后又有7.5cm的直线部分。因此，缝线总长为29.5cm。将斜条裁剪为相同或更长的长度。

在纸版每个转角部位打剪口。在弯曲部位中心打剪口有助于斜条沿弯曲部位均匀分布。

2 当缝份宽度为6mm时，用小线段（这里用的是黄色划粉）在面料标记剪口位置，而不是直接打剪口。在斜条对应部位做剪口标记。折边固定线迹缝在面料缝线内侧，防止弯曲部分拉伸。

3 斜条与面料正面相对，在两段直线部分将斜条别在底布上。

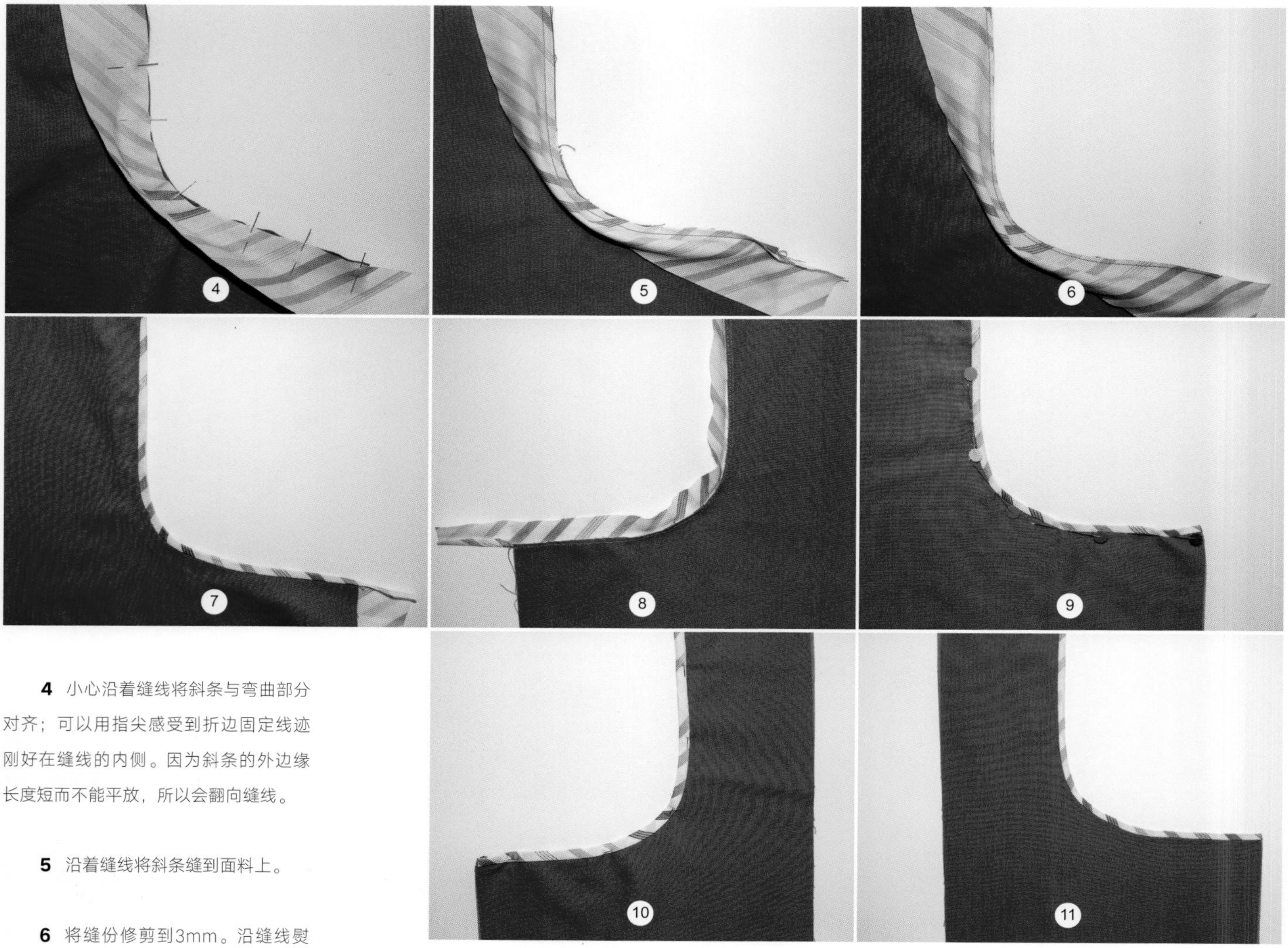

4 小心沿着缝线将斜条与弯曲部分对齐；可以用指尖感受到折边固定线迹刚好在缝线的内侧。因为斜条的外边缘长度短而不能平放，所以会翻向缝线。

5 沿着缝线将斜条缝到面料上。

6 将缝份修剪到3mm。沿缝线熨烫斜条。

7 沿着毛边将斜条翻起，注意包边在正面的宽度要保持一致，熨烫。

8 在面料反面，将斜条修剪为最终折叠宽度的两倍；这里的最终宽度是1cm，从底布毛边处开始测量，将布条修剪至2cm。此时反面的斜条应比正面的斜条稍宽。

9 将毛边折到衣服的反面，斜条毛边先对折一半后，熨烫，然后再对折，并将其在正面合适的位置别住固定。

10 如果沿着缝线把斜条别好，那么反面的斜条也刚好被珠针固定住，如图所示。从面料正面缝线的凹陷处把斜纱包边的反面缝在面料上，或者在面料反面对包边进行手缝。

11 完成的窄斜条包边转角。

凸形弧线的处理

用同样的工艺手法对凸形弧线进行窄斜条包边缝。在这个例子中，包边外边缘太长而无法平放，出现波浪形。

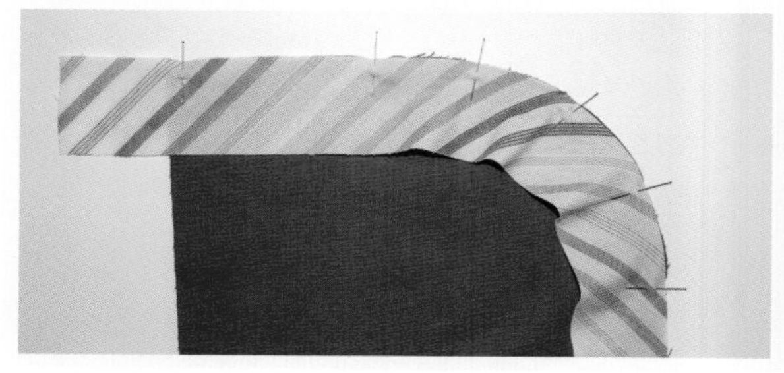

弯曲部位的宽斜条包边

宽度大于6mm的包边缝合后，需要沿着弯曲部分将包边拔开，避免产生拉扯和皱褶。

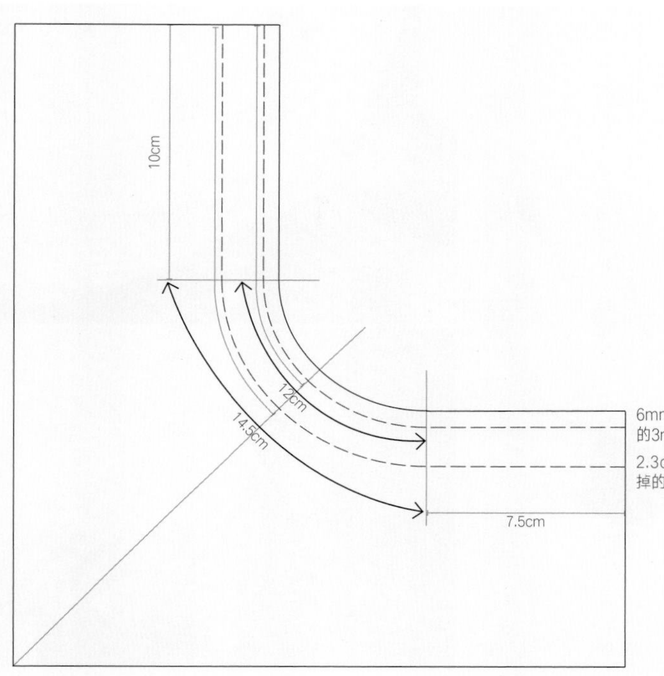

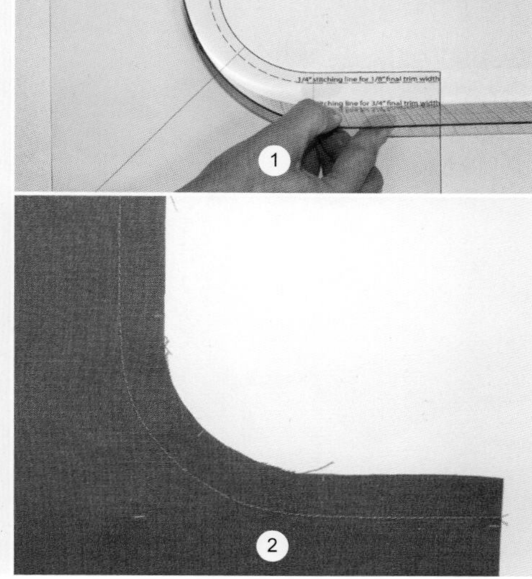

1 参照与前面相同的纸版，测量样版上最长的缝线，也就是距离弯曲布边最远的那一条缝线。这条缝线包含10cm的直线部分，紧接着是14.5cm的弯曲部分，最后又有7.5cm的直线部分。缝线的总长为32cm。

裁剪一条与缝线长度相同的斜条。但是，在处理宽斜条的弯曲部分时，需要将斜条长度缩短1～1.3cm。然后沿着缝线稍微拉伸斜条以补偿长度，这样处理可以防止成品弯曲部分的布边产生过多的皱褶。

2 在纸版弯曲部位的每一段打剪口标记。在弯曲部位中心打剪口有助于斜条沿弯曲部位均匀分布。

将这些标记转印到面料上，用小线段（这里用的是黄色划粉）在面料和斜条的对应位置做剪口标记。折边固定线迹缝在面料缝线内侧，防止弯曲部分拉伸。

3 在斜条弯曲部分成品边缘的部位，缝一条打褶线迹（桔色缝线），这条线距离打剪口的布边3cm。这有助于减少步骤8中的皱褶。

成品包边的边缘

成品的边缘是指斜条折向面料反面的部分。通常情况下，缝制完成后，毛边要比缝份修剪前要小一些。

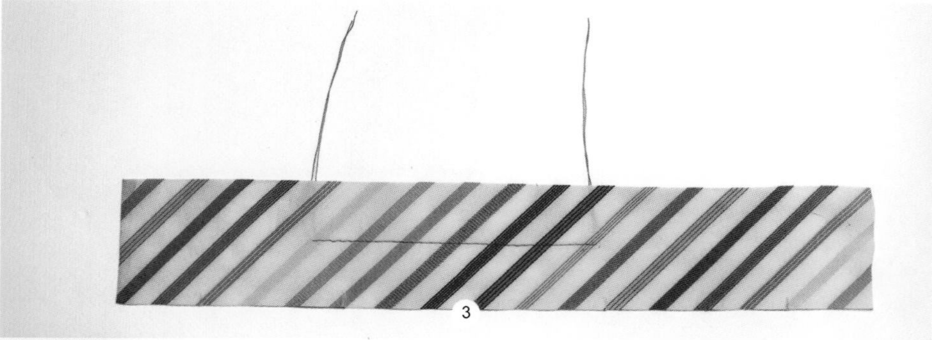

4 将斜条沿着面料上缝线的直线部分别好固定。

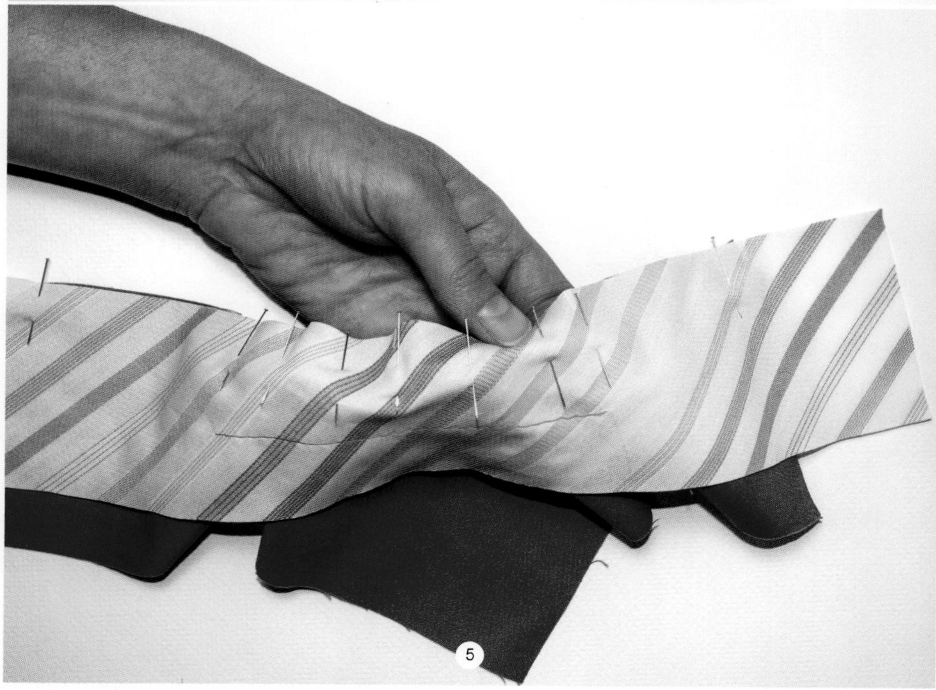

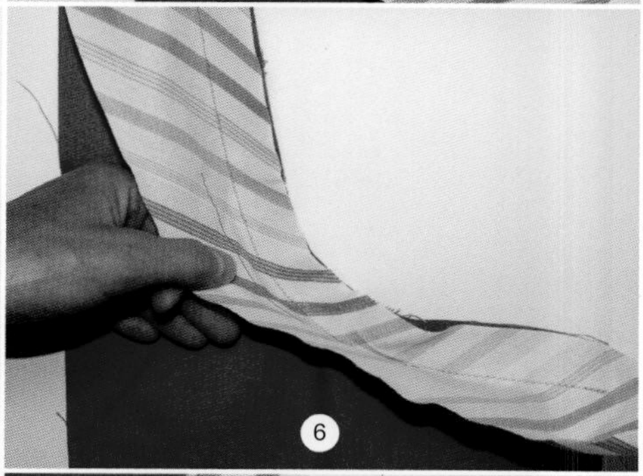

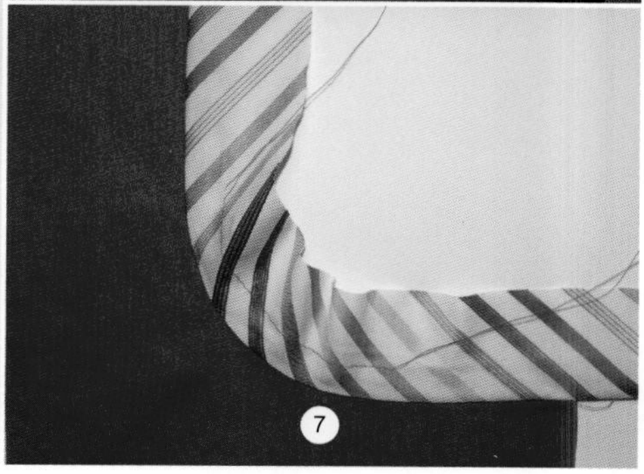

5 小心沿着缝线将斜条与弯曲部分对齐；可以用指尖感受到折边固定线迹的位置。将面料推至斜条，越过指尖，有助于对齐缝线。

6 沿着缝线进行缝制，刚好在打褶线迹内侧。由于斜条的外边缘长度短而不能平放，因此会倒向自己的方向。

7 将缝份修剪至2cm。将斜条置于面料下方，沿着缝线用熨斗隔着面料对斜条进行熨烫。

8 沿着成品布边将斜纱包边翻起，注意包边在正面的宽度要保持一致。先将斜条的直线部分熨烫平整。将斜条弯曲的部分轻微打褶直到它与面料的弯曲部分匹配。打褶线迹应该刚好在成品边缘上。

凸形弧线的处理

如果弯曲部分是凸形弧线，包边的外边缘会有点长。沿着缝线添加一些打褶线迹有助于拨开底布上的斜条。

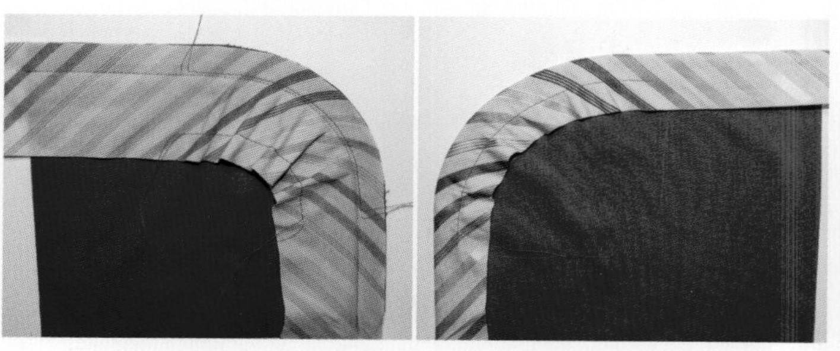

正面，缝制后　　反面，缝制后

9 蒸汽处理斜条弯曲部分的皱褶，直到所有的浮突量都用熨斗归拢平整。

10 将面料翻到反面，让毛边处的斜纱包边朝向自己。

11 将毛边折向反面，此时面料反面的斜纱包边会比正面的斜纱包边略宽。熨烫。

12 从正面将斜纱包边沿着缝线别好。

13 在面料反面，斜条也刚好被珠针固定住，如图所示。从面料正面缝线的凹陷处与斜纱包边正面相对缝合，或者在面料反面对包边进行手缝。

14 完成的宽斜条包边转角。

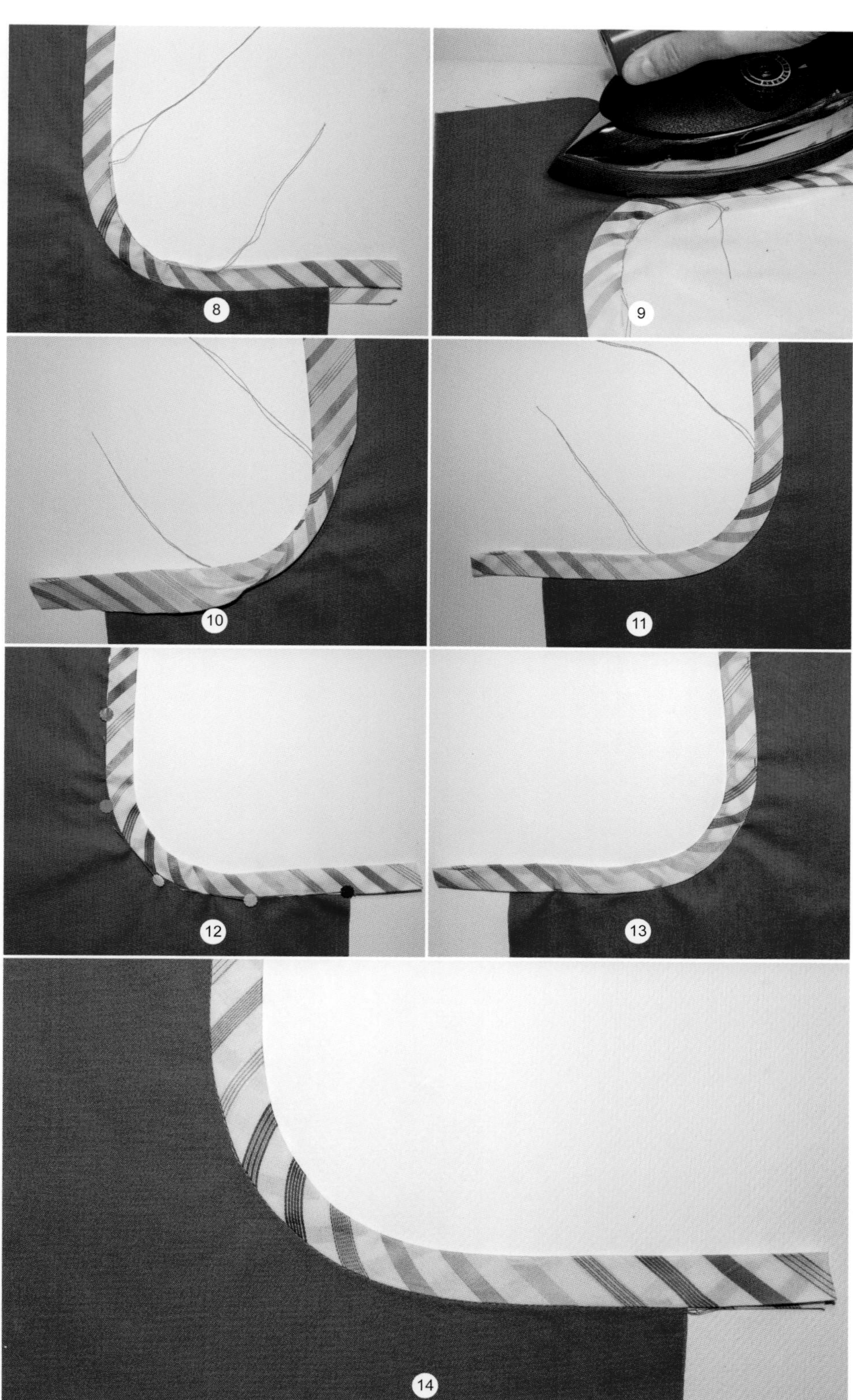

镶嵌斜条

沿着服装的设计线使用斜条，可以增加其装饰效果。

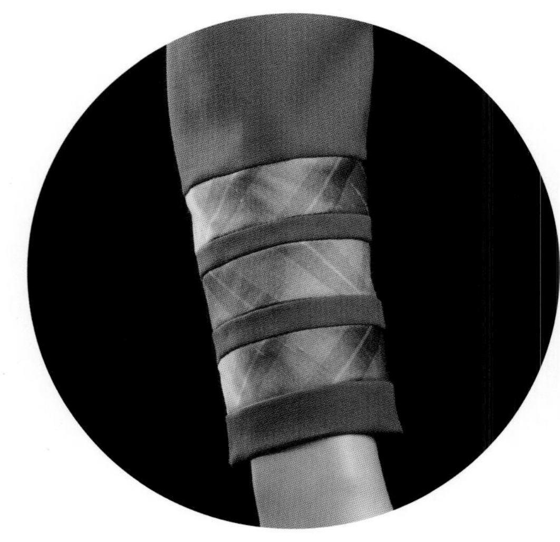

1 做镶嵌斜条，首先沿着设计线剪开样版。在这个例子中，剪开的是衣身的前侧缝线。每一个裁片边缘加缝份（见图）。沿着新设计线增加剪口，有助于正确的重排样版。

2 如果需要给服装加衬，裁剪一块纱向与服装面料相同的衬，并将其手缝到面料的反面。

3 为使斜条具有一定的稳定性，给斜条添加相同材质的衬里，衬里要直纱裁剪以防止斜条拉伸。在服装面料和斜条上打对位点。

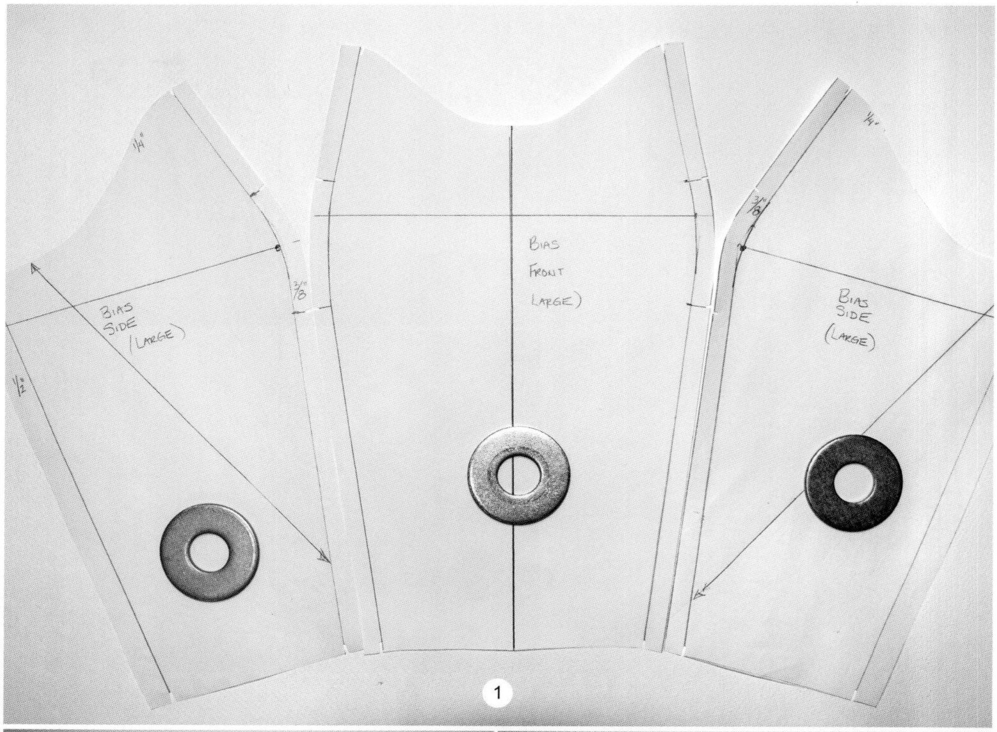

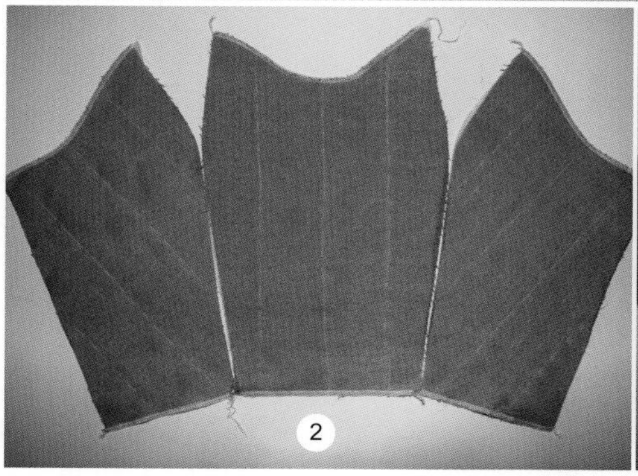

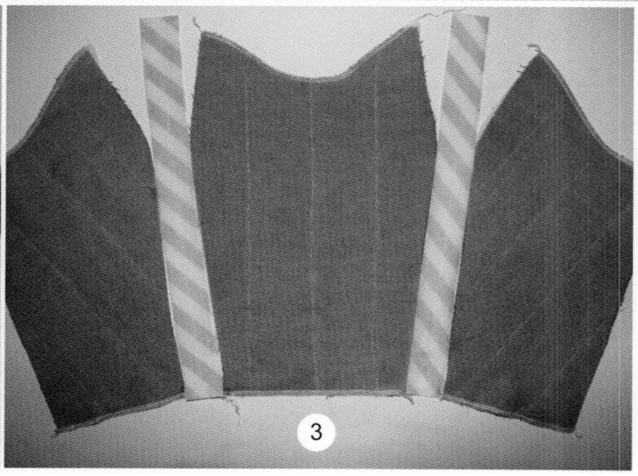

斜条的计算及缝份调整

为得到成品宽度为6mm的斜条，首先将斜条裁剪为3.2cm宽：成品斜条的宽为6mm，再两边加上1.3cm的缝份。

为了补偿斜条镶嵌时的损耗，沿着设计线对每一片样板增加1cm。

1 从每一条设计线扣除成品斜条的宽度：距离每个样片边缘6mm，或3mm。

2 给每个样片增加1.3cm的缝份。

4 将斜条缝到中间样片的两侧，留出1.3cm的缝份，对准对位点。

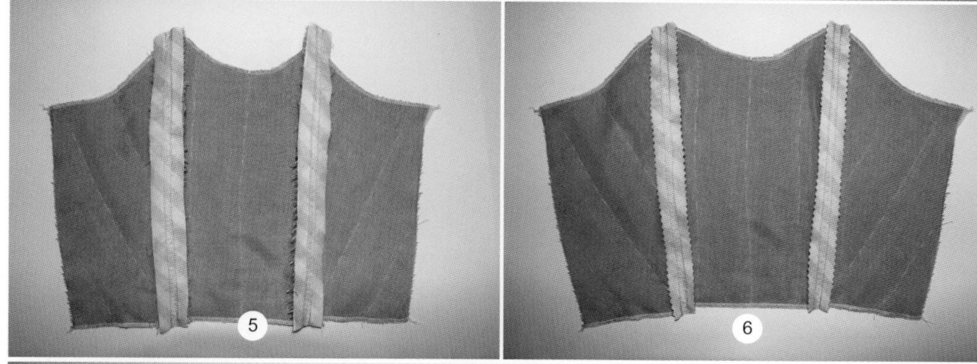

5 将斜条缝到侧片上，留出相同的缝份。

6 分开缝份，完成接缝；这里将缝份处理为锯齿状。

7 镶嵌斜条的前衣片的正面。

滚条

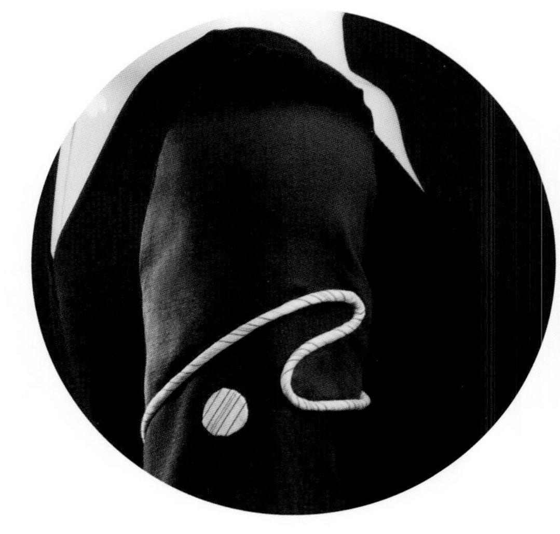

滚条，可以用来制作嵌花、细肩带、扣襻或嵌线。有许多制作滚条的方法，在这里展示三种不同的方法：缝合和折叠，缝合和翻转，锁边和翻转。

缝合和折叠

这种工艺适用于为嵌花、方格斜纹嵌花结以及旋转式边饰制作面料滚条。

1 反面相对，将斜条缝成滚条。缝份修剪到3mm。

2 将缝份翻折到一边并熨烫，这样接缝就在滚条的反面。毛边不用处理。

缝合和翻转

这种工艺适用于特别细的滚条。

1 正面相对，将斜条缝成滚条。用双股缝线穿钝头绒绣针，缝线比滚条长度略长。使用粗缝线的效果更好，比如珍珠棉或纽扣缝线，它的强度是普通缝线的两倍。用缝线在面料滚条一端快缝几针。

2 将缝针从缝有缝线的滚条一端穿进，如果缝线足够长，针可以完全穿过滚条。

3 轻轻拉动针和缝线，将滚条的正面翻出来。

4 完成的滚条：正面在外，接缝在内。

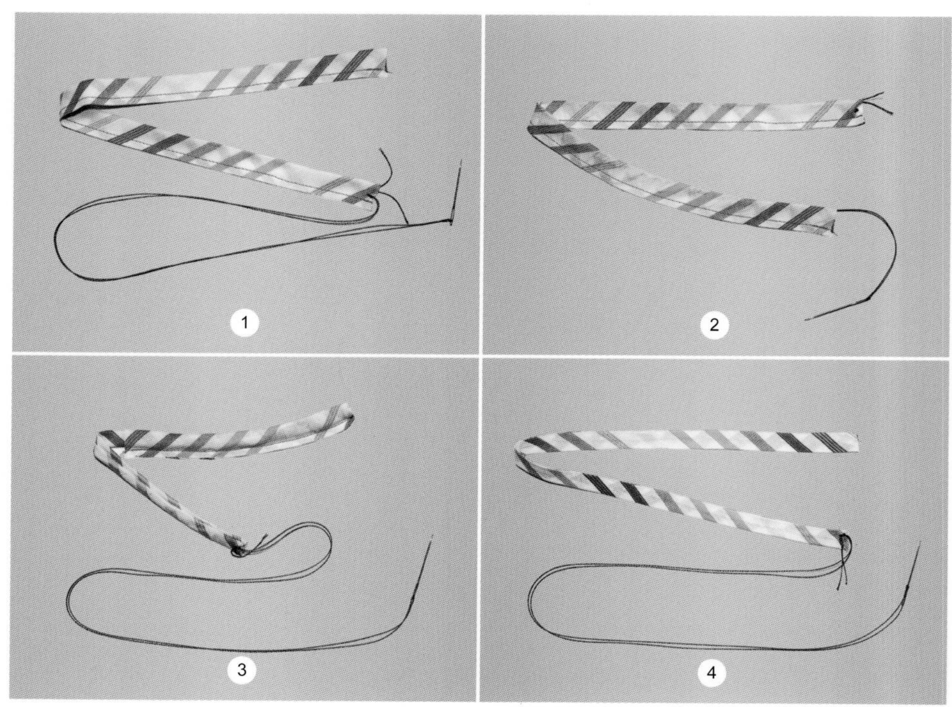

锁边和翻转

这种工艺适用于容易散边的面料，完成的滚条在翻转前需要进行光边处理。

合适的肩带

在滚条内增加轻质橡皮筋可以将肩带固定在肩部。橡皮筋的松紧度应该刚好让肩带能保持在合适的位置，不要太紧，避免面料出褶。

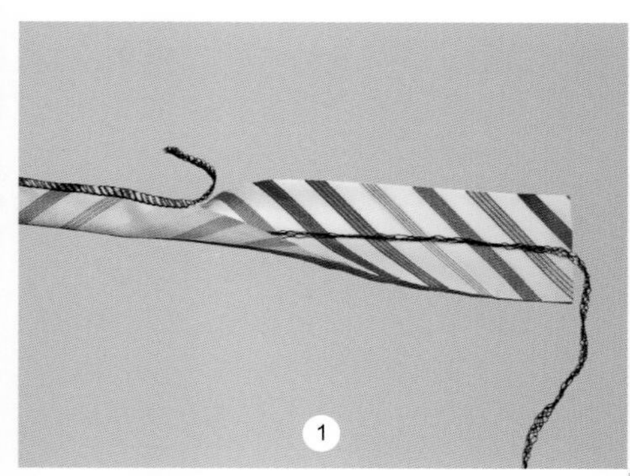

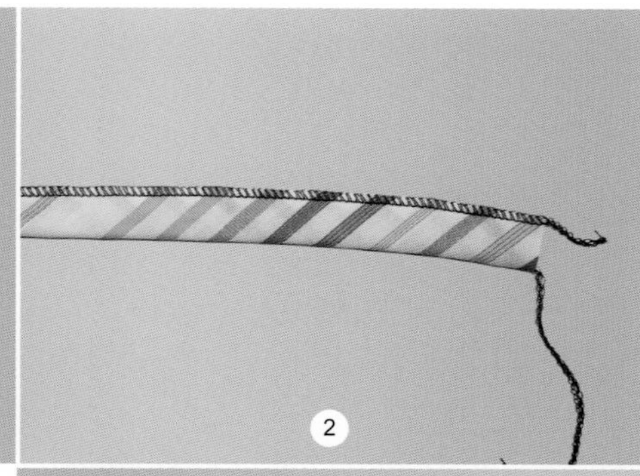

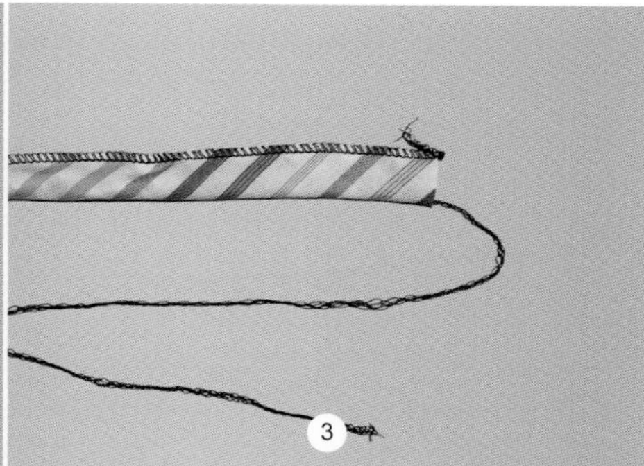

1 锁边一条长线尾，使其与布条长度相同。不要将线尾剪掉，将它留在锁边机上。将布条正面相对，绕着线尾方向折叠。图示是锁边了部分滚条后从锁边机上取下，展示了留在滚条里的线尾。

2 将毛边用锁边的方式缝合在一起，注意在操作过程中不要缝住里面的线尾。

3 在滚条的末端轻轻拉动线尾，将滚条的正面翻出来。

4 完成的滚条：正面在外，锁边接缝在内。

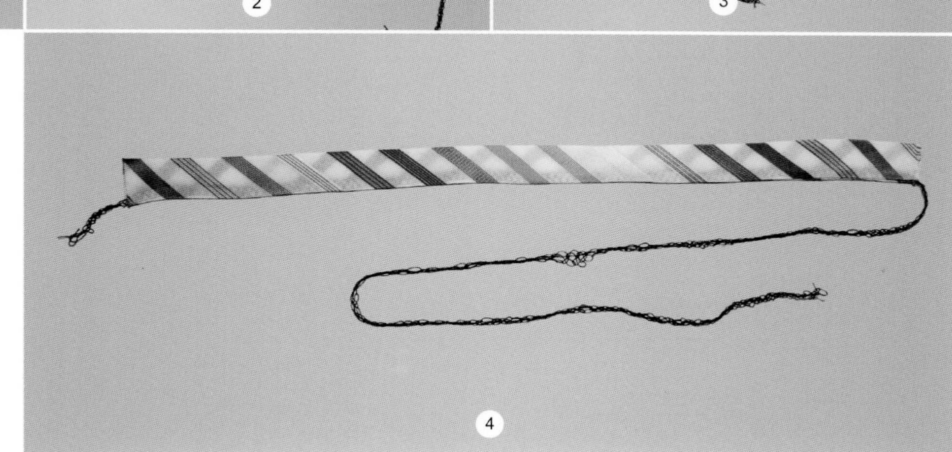

变化形式

上面展示的是面料滚条足够宽，在使用时可以拉伸。如果制作更窄的且经过预拉伸的滚条，可以使用上面所提到的任何一种方法，然后进行一些细微的调整。

1 裁剪一条宽为2.5cm的斜条。

2 选择一种方式缝合滚条，在缝制时拉紧布条使其拉伸。将多余的缝份修剪掉。

3 用熨斗加热和汽蒸，拉伸斜纱滚条。

4 将滚条的正面翻出来，再次熨烫。这样得到的成品滚条会更加细长。这里展示的样品斜条从33cm被拉伸到40.5cm。

术语“滚边”和“嵌线”通常可以互换使用。在接下来的几页中，滚边是用来描述面料的包芯斜条，在缝合接缝时缝份形成耳朵皮；而嵌线没有耳朵皮（缝份），是斜条中间有包芯，缝份翻到内侧。

滚边的圆条可用于强调服装的接缝，或者用来强化服装边缘，例如领口线或夹克领和翻领。嵌线可以手缝成弯曲的形状，在服装的表面呈蛇形状。根据包芯的粗细不同，定制的滚边和嵌线可以是纤细的或丰满的。

3.2 滚边和嵌线

嵌线也可以用来定制滚带或中国结，这些是将滚条通过编织或扭曲形成极具风格的物件。本章中所展示的中国结通常是用作扣合件装饰物，比如滚条交织形成的纽扣或对扣。

其他装饰物，比如串珠流苏等，可以用与制作滚边相同的工艺手法，将其添加到接缝或服装边缘上。

滚边

滚边可以给接缝增添图形细节。包芯的粗细以及用于覆盖包芯的面料都会影响服装成品的效果。

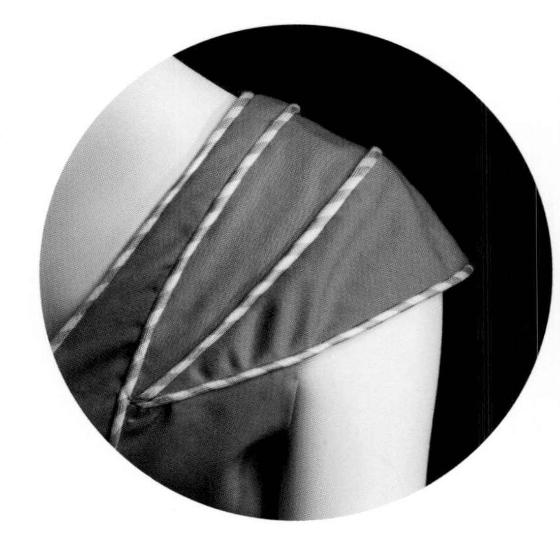

裁剪包芯

有些包芯在裁剪时会散开或蓬松。为了避免这种情况，在包芯上缠绕两块胶带，中间相隔3mm，然后从两块胶带之间剪开。

将包芯的两端封进斜条之前，先将胶带取下——胶带在滚边内部会形成不同的纹理效果，而且胶可能会在后续操作中渗透到斜条上。

如果包芯不能平放，首先蒸汽处理一下。

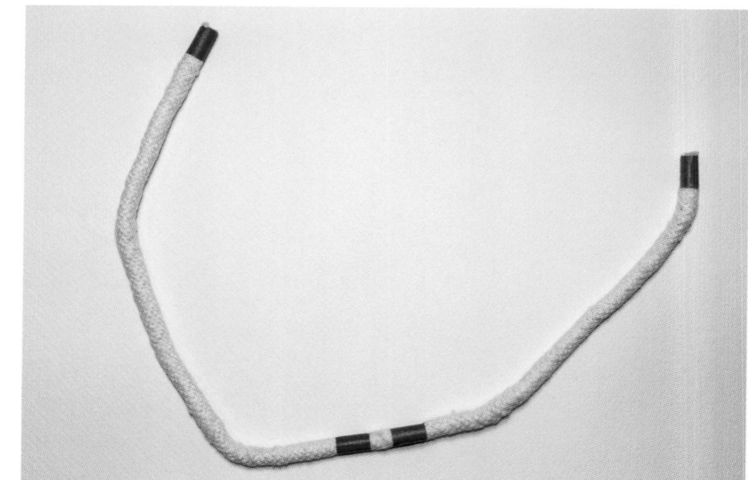

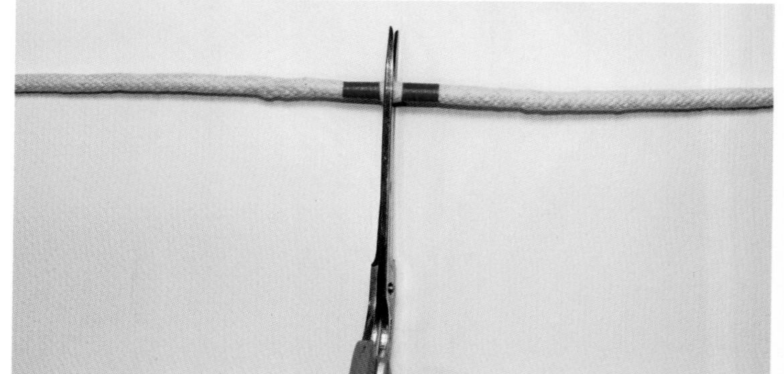

包芯的周长测量

用一张纸条紧紧缠绕包芯，并将止点别在一起固定。取下纸条上的珠针，在针孔位置做标记。画线将标记点连在一起，两条线之间的距离就是包芯的周长。在每边增加缝份，就可以计算所需斜条的宽度，这里的缝份为1.3cm。

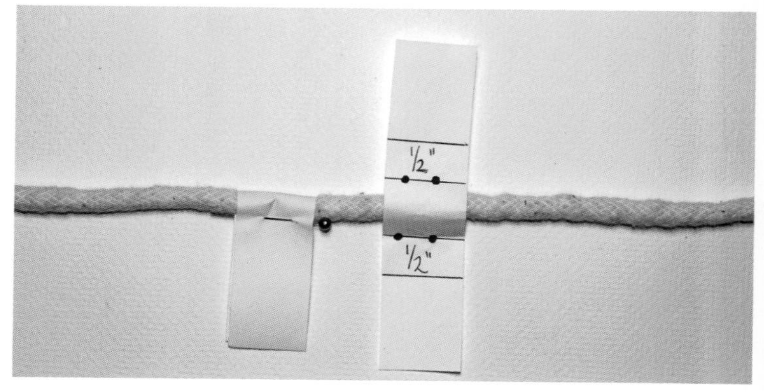

制作滚边

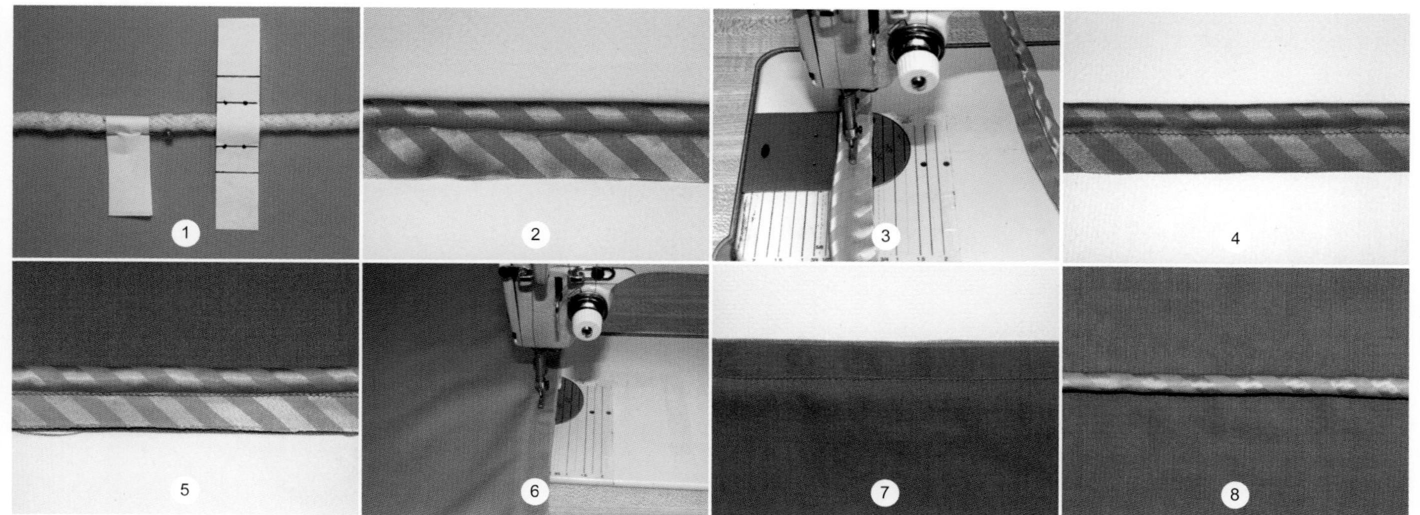

1 制作一个面料耳朵皮（缝份），这样可以将滚边缝进接缝。首先测量包芯的周长，并在两侧增加缝份（见图）。这里使用的包芯周长为2.3cm，缝份为2.5cm，那么所需斜条的宽度为4.8cm。裁剪斜条（详见制作斜条，第128页）。

2 将斜条反面相对（正面朝外）缠绕在包芯上。将斜条手缝在包芯上，用缝纫机缝制时斜条很容易歪斜。如果斜条缝扭曲了，缝份会不准确，从而导致缝滚边时出现问题。

3 用拉链压脚或小压脚，将包芯缝进斜条，在包芯和缝线之间留出1mm。当把滚边缝到服装面料上时，会缝在这个1mm的空隙上，这样上面缝的第一条缝迹线可以隐藏起来。

4 在这里，缠绕包芯的斜条用橙色缝线缝合。图中的绿色缝线是假缝线迹，可以拆除。

5 将滚边放置在服装面料上，对齐毛边。注意包芯斜条在缝线内侧。用拉链压脚，贴近包芯进行缝纫，将斜条缝在指定的位置。这条缝迹线，即图中的绿色缝线，将滚边固定在合适的位置，可以为下一条缝迹线提供参考。

6 将第二块面料正面相对别好，滚边夹在中间，形成夹层面料。将夹层面料的第一块面料置于顶部放进缝纫机，这样可以看到在步骤5中制作的缝线（绿色线迹）。

7 缝在前面一条缝线的内侧，靠近滚边的部位。这里的第二条线迹用橙色缝线。

8 打开夹层面料。滚边会立于在底布面料上。

转角滚边

将转角或弯曲部分使用滚边的关键是修剪滚边的缝份。完成后的转角会因为滚边中的圆形包芯而存在轻微的弧度。

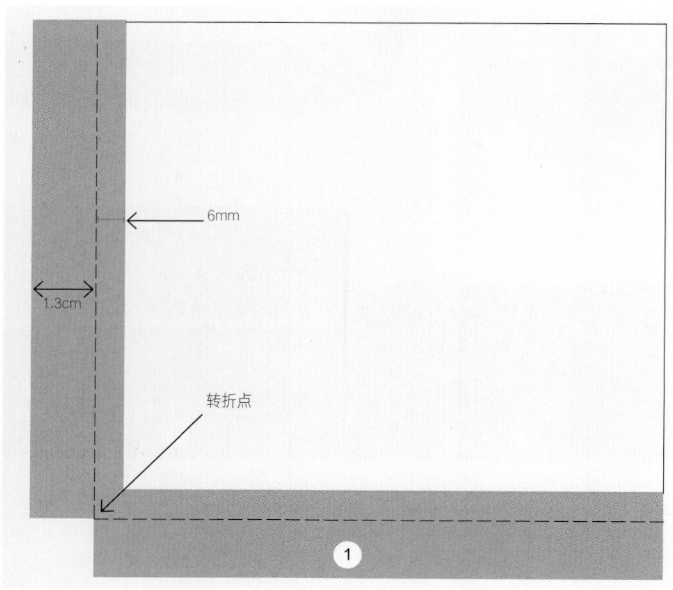

1 在服装面料和滚边上的转折点做标记。修剪滚边缝份至固定包芯的缝线位置。

2 将滚边缝到底布面料上（绿色缝线）。距离转折点约2.5cm处，为了更好地控制，将针距调小为1.5mm（15spi）。缝到转折点时，缝针落下停止缝制；抬起压脚，旋转面料和滚边，放下压脚并继续缝制。注意 ，在离开距离转折点2.5cm处再将针距调整为正常值。

如果在面料反面操作，具体步骤详见制作滚边，步骤6～7（第145页）。

3 完成的滚边转角。

凹形弧的滚边

1 在服装正面，将滚边假缝到指定的位置，在这里，沿着领口弧线假缝。注意将滚边与领口缝线对齐，忽略滚边缝份上轻微的褶皱。将滚边缝到领口弧线上（绿色缝线）。在滚边的缝份处打剪口，使弧线平整圆顺。

2 将服装和滚边的缝份翻折到反面，这时滚边缝份上的剪口轻微裂开。小心地将剪口分开，沿着领口弧线对服装缝份打剪口，使其平整。如果滚边和服装上的剪口对齐，则领口弧线会出现凹凸不平的波浪形。

3 正面看到的滚边领口弧线样子。

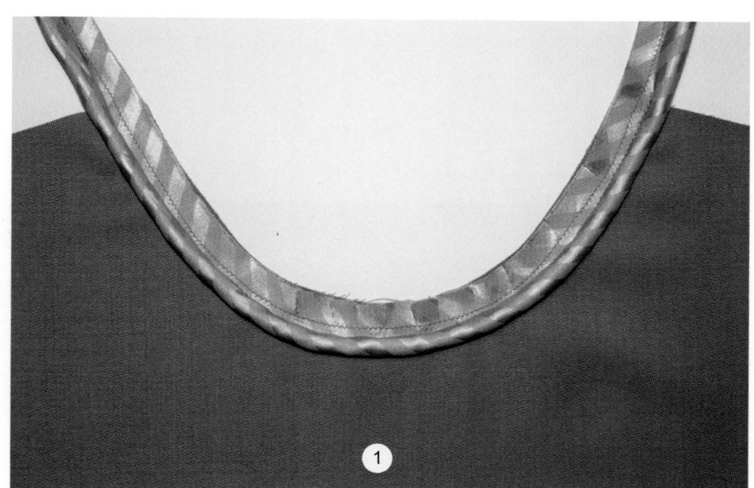

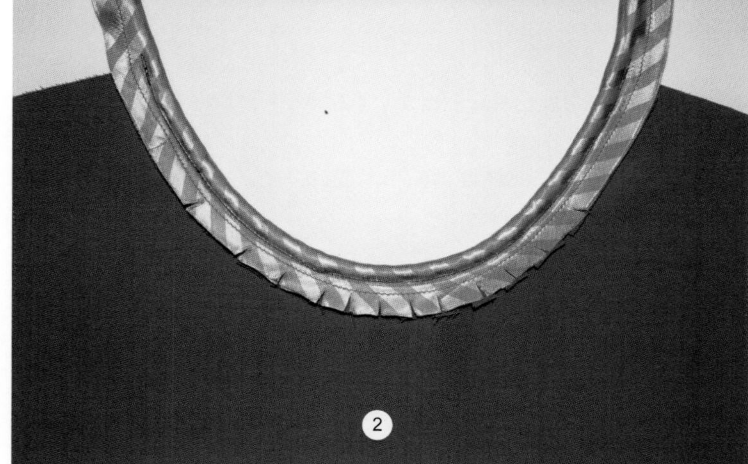

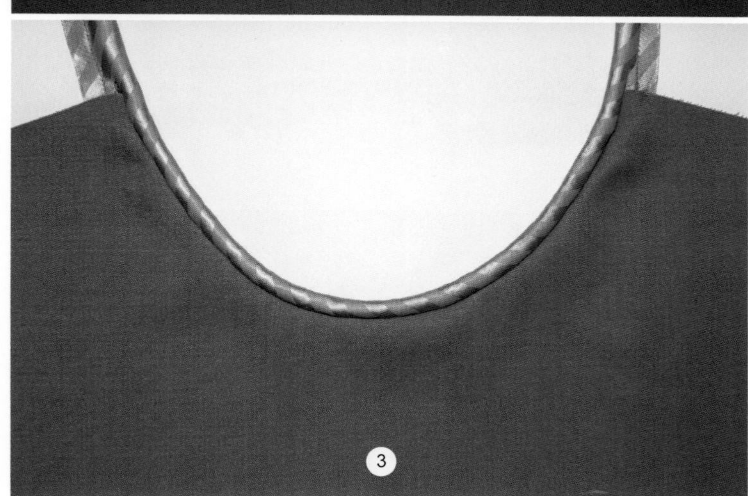

两条滚边的连接

有时滚边围绕整个服装部位，那么滚边的开头和结尾需要重叠在一起，同时又要防止在接头处产生突起。这里有两种方法：在斜条内对接包芯或将斜条重叠。

对接包芯

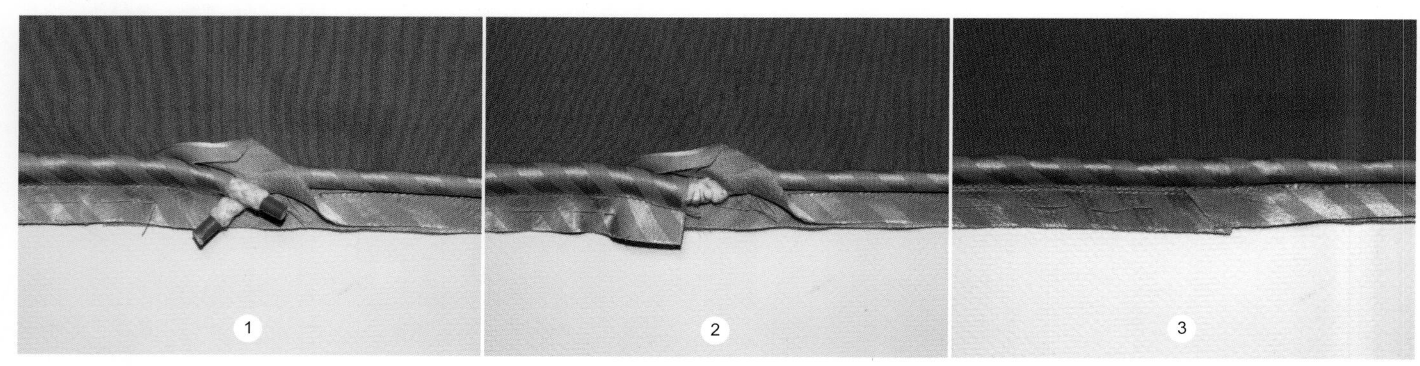

1 将滚边缝到滚边交叉部分一边的服装面料上（图中右手边的布片），留5cm线头。掀开右边斜条的末端，露出包芯。45°方向裁剪斜条，将斜条的毛边折到内侧。

2 裁剪两条包芯的末端，这样它们可以对接到一起。用手缝的方式将两条包芯缝在一起（粉色缝线）。

3 用斜角裁剪的斜条缠绕包芯连接点。穿过交叉部分继续将滚边缝到指定位置（绿色缝线）。这里可以看到斜条在双银条处连接。

重叠滚边

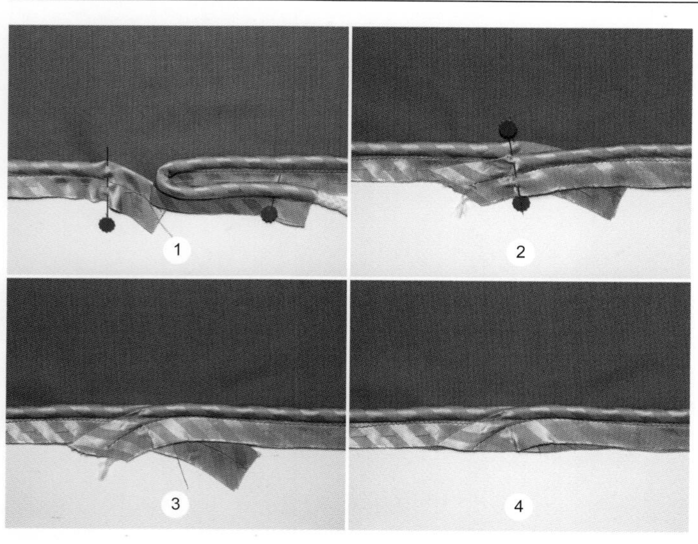

1 将滚边假缝到面料上，对好毛边。将滚边缝到滚边交叉部分一边的服装面料上（图中右手边布片），留5cm线头。用珠针标记滚边重叠的位置。在左侧片，将斜条缩起漏出包芯，包芯修剪到重叠点处。在斜条末端剪斜角，插到缝份中。

2 将右边滚边压住左边的滚边，将右片线头顶到修剪过的左片末端。在包芯线头处放一根珠针标记两根包芯的交叉位置，然后修剪右片滚边包芯至珠针处。

3 修剪后的滚边放平，将包芯末端顶在一起。将斜条空的末端剪斜角，插到缝份中。将两条滚边的末端都缝到服装面料上（绿色缝线）。

4 修剪多余的面料。

带流苏的滚边

许多饰边可以用缝合滚边的方式缝到服装上。

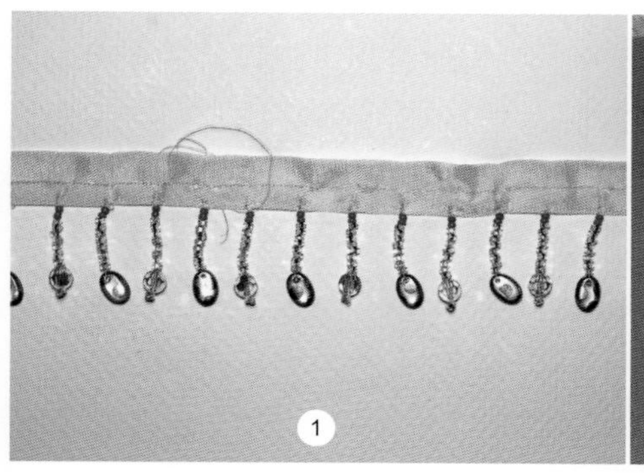

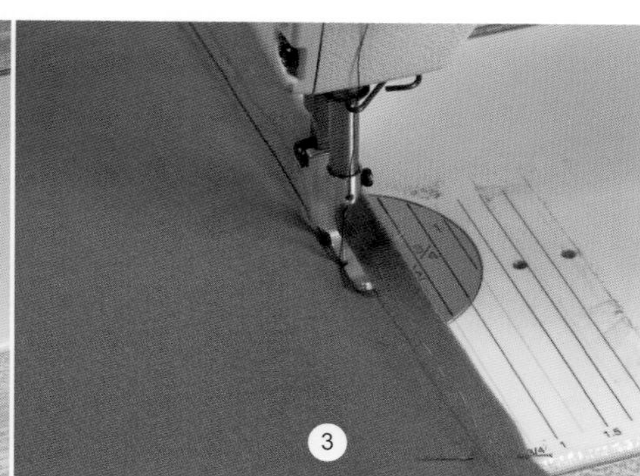

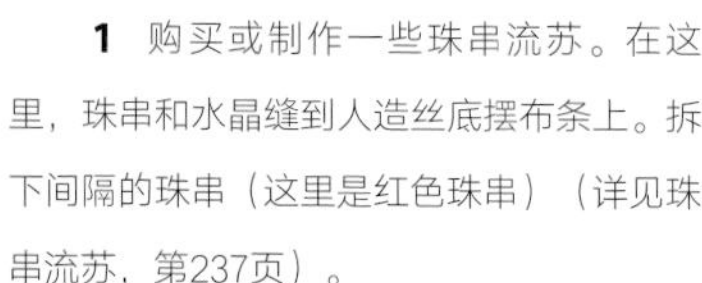

1 购买或制作一些珠串流苏。在这里，珠串和水晶缝到人造丝底摆布条上。拆下间隔的珠串（这里是红色珠串）（详见珠串流苏，第237页）。

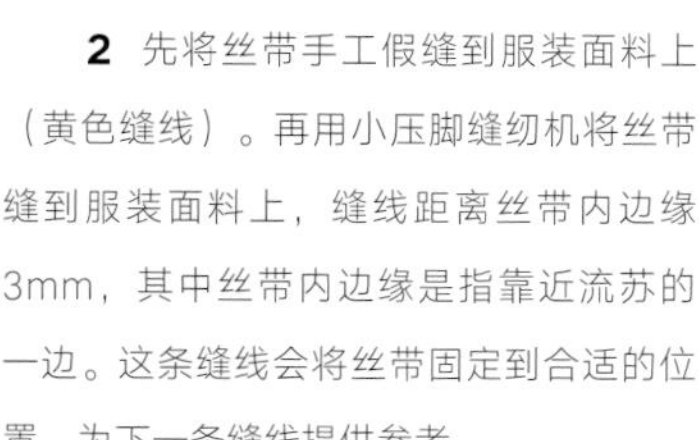

2 先将丝带手工假缝到服装面料上（黄色缝线）。再用小压脚缝纫机将丝带缝到服装面料上，缝线距离丝带内边缘3mm，其中丝带内边缘是指靠近流苏的一边。这条缝线会将丝带固定到合适的位置，为下一条缝线提供参考。

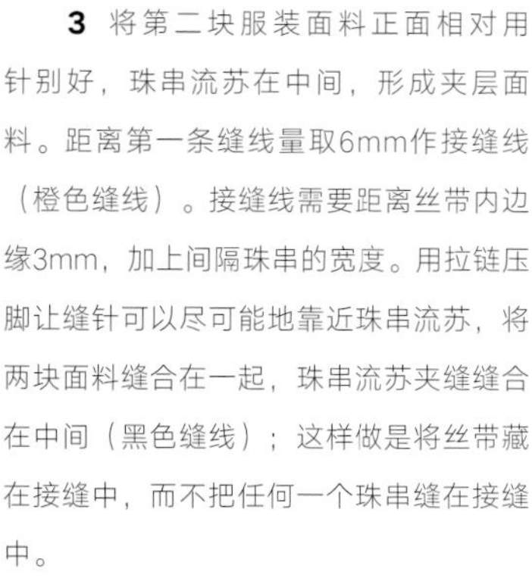

3 将第二块服装面料正面相对用针别好，珠串流苏在中间，形成夹层面料。距离第一条缝线量取6mm作接缝线（橙色缝线）。接缝线需要距离丝带内边缘3mm，加上间隔珠串的宽度。用拉链压脚让缝针可以尽可能地靠近珠串流苏，将两块面料缝合在一起，珠串流苏夹缝缝合在中间（黑色缝线）；这样做是将丝带藏在接缝中，而不把任何一个珠串缝在接缝中。

服装接缝中完成的珠串流苏。

缝迹线

三条缝迹线，从上开始：

1. 黄色的手工假缝线；

2. 橙色的机缝线迹，将丝带固定到底布上；

3. 黑色的机缝线迹，沿着珠串流苏完成面料的夹层缝制。

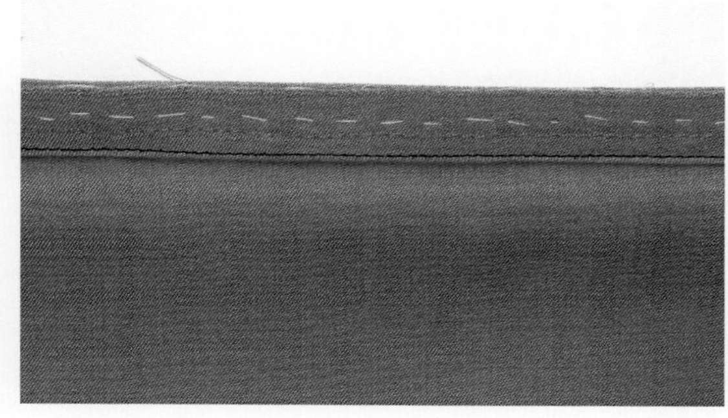

嵌线

嵌线是用斜条缠绕包芯制作而成。斜条反面朝外缝到包芯上，随后翻到正面，将缝份隐藏起来。这种工艺适用于比较平滑的面料。

材料

- 斜条的宽度等于包芯周长加上2.5cm的缝份。每块斜条的长度等于完成后的线绳长度加上2.5cm；
- 棉或涤棉混纺包芯。

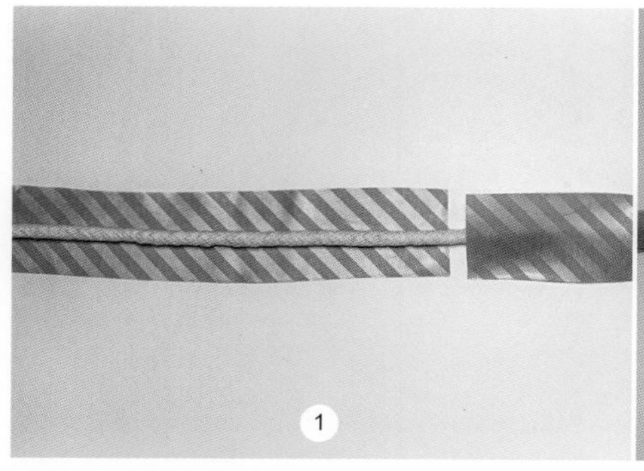

1

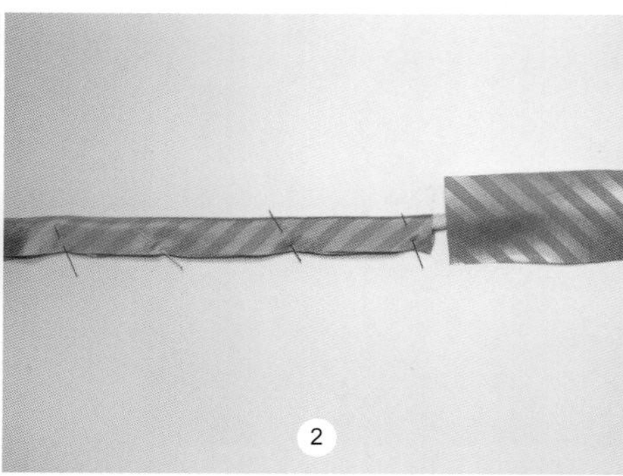

2

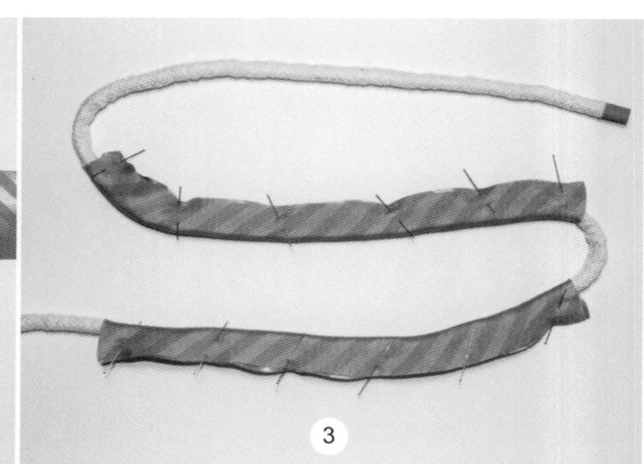

3

长条与短条

如果需要多条嵌线，分别制作几条嵌条比制作一条长嵌线再剪断要简单得多，因为将长嵌线上的斜条翻出来是很困难的。

4

1 顺着包芯摆放两条长度相同的斜条。将右边斜条命名为第一条斜条，作为定位。

2 面料正面相对，将左边斜条缠绕包芯，并别好固定。

3 将第一根斜条移到左边，靠近第二根斜条，缠绕包芯并别好。这里展现了两个斜条缠绕包芯，上方是包芯的未缠绕部分。

4 用拉链压脚或小压脚，沿着上面一根斜条和包芯的右手边用小缝迹将包芯缝制在合适的位置。机针落下并旋转物料，沿着斜条的长度方向进行缝制。

不要太靠近包芯缝制，需要在斜条内部给翻转面料后的缝份留一些空间。对每根斜条重复步骤4。

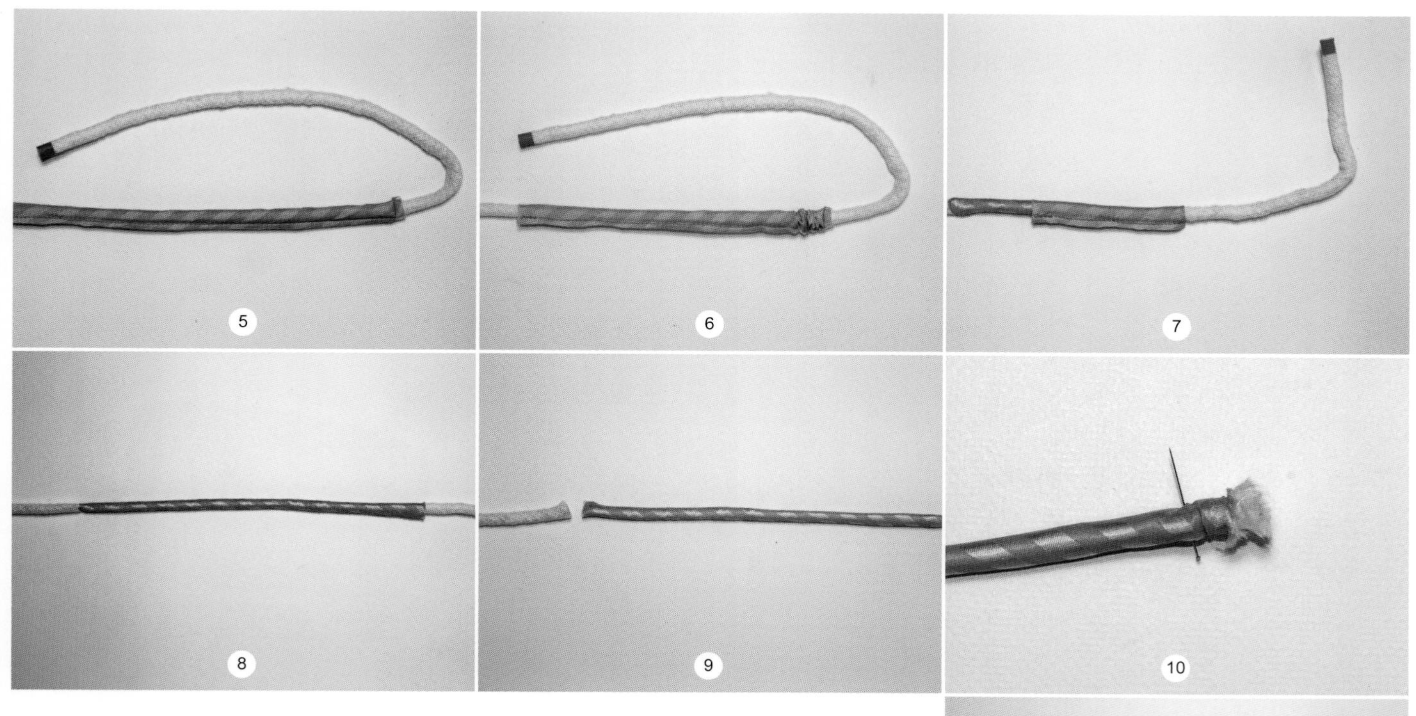

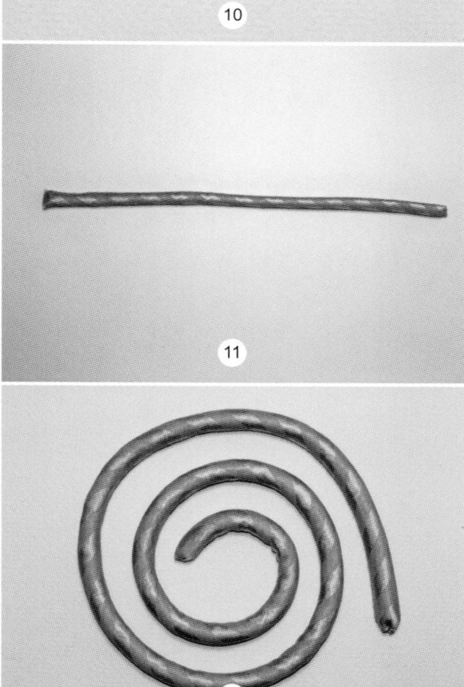

5 将缝份修剪至3mm，包括旋转点周围的转角处以及穿包芯的位置。

6 从缝迹线穿过包芯的位置开始，绕着缝迹线松动斜条，将斜条正面翻出。

7 通常，一开始比较难操作，但是一旦翻开一点，面料就能比较容易地翻过来。

8 面料会覆盖到步骤3中未缠绕斜条的包芯上。

9 在翻折点裁断成每一段，尽可能地剪掉多余的包芯，而不要剪到斜条。

10 在嵌线的开口端，将斜条和包芯别好固定。珠针可以防止包芯在斜条内聚成一团。将斜条微微往回拉露出包芯。将露出的包芯修剪，抚平斜条盖住包芯。将斜条的毛边折起盖住包芯并缝合。

11 成品嵌线。

12 制作完成的长嵌线。

中国结

中国结，有时也被称为花纽扣或盘扣，在中华服饰中已经使用了几个世纪。无论用鼠尾绳还是定制嵌线，它们都会给服装增添东方韵味。双结可以用来制作扣合件——扣和扣襻，一个结作扣子，另一个结作扣襻。

线绳的粗细不同，打结所需的线绳长度不同。在本章中所展示的结使用2.3cm的包芯嵌线做成（详见第150、151页）。这对于中国结来说太粗了，所以需要一条长为91.5cm的线绳。打结需要一根比较长的线绳，这样可以在结太紧的时候沿着线绳松动线结。

用一个网格板来协助定位，使结在上、下、左、右4个方向均匀分布。用面料覆盖软木板，再在上面画网格线，线和线相隔1.3cm。

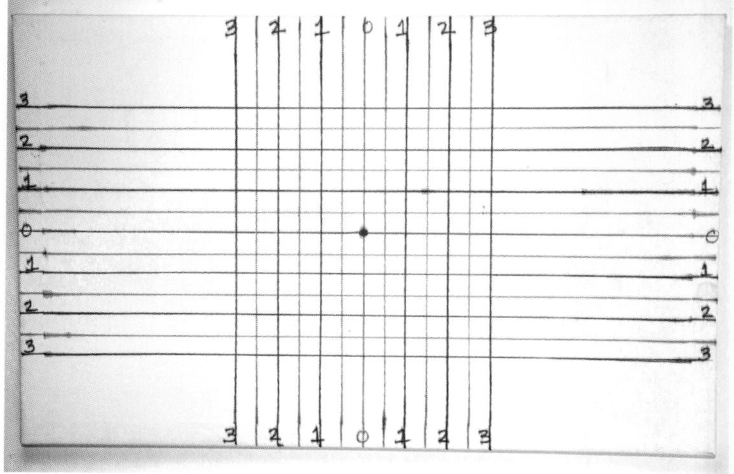

简易吉祥结

这种简易的吉祥结可以用作“扣一扣襻”扣合件中的扣襻。如果有制作好的线绳，将线绳接缝朝上来打结。

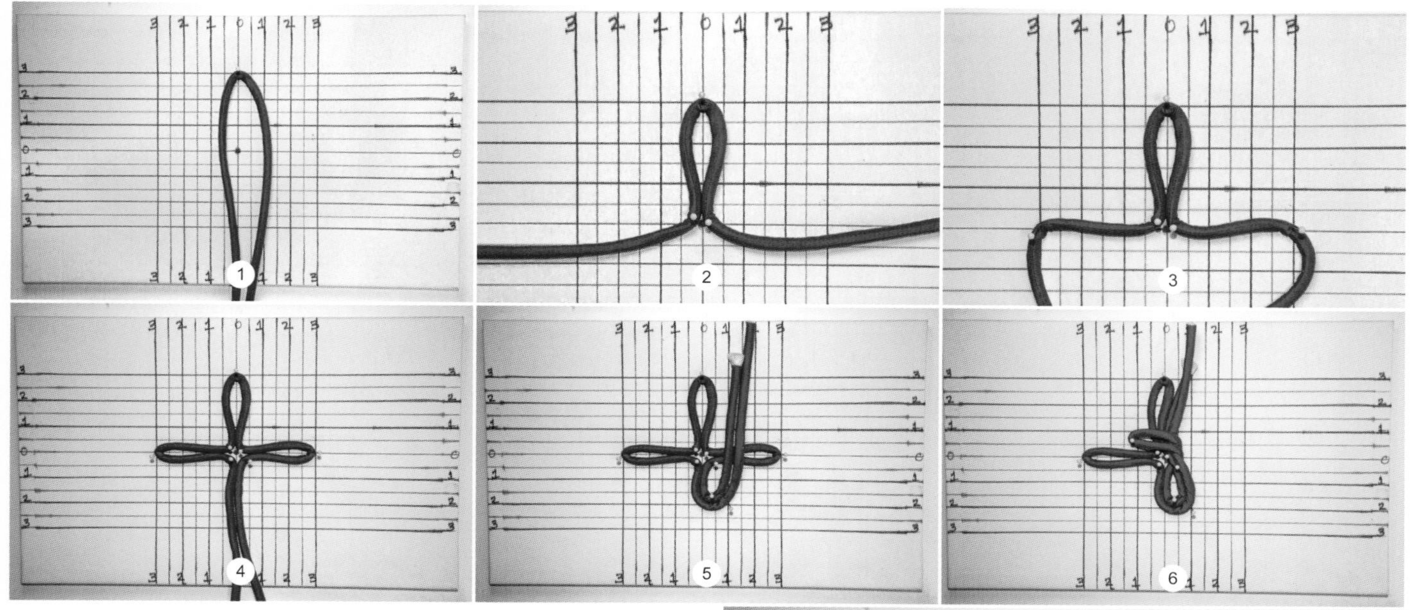

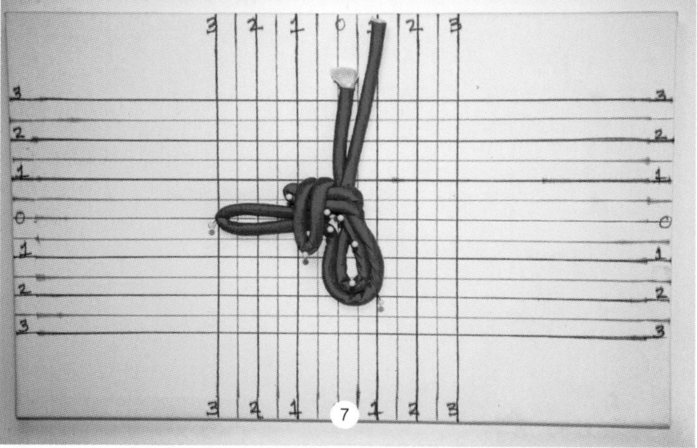

1 将线绳对折，在网格板中心点插一根珠针。

2 将线绳两边别在网格板中心，形成第一个环，将线绳两端拉到两边。

3 取与上个圈相同的长度，将两边别好。

4 将线绳的两端折回中心，用针别住，线绳接缝始终朝上。

5 将线绳的两端拉到右边圈上，弯曲固定。因为线绳向上压在圈上，所以线绳两端的接缝应该压在底下。

6 取掉右边圈上的珠针，并把它翻折到左边，压在四个圈上。

7 取掉上边圈的珠针，并把它向下翻折，压在四根线绳上：第6步刚刚形成圈的两根线绳和左边圈的两根线绳。将圈的顶端别在新的位置。

8 取掉左右边圈的珠针，并把它翻折到右边，压住刚刚放下的上圈，然后再从下圈的前两根线绳底下穿出，压住下圈的另外两根线绳。将末端别在新的位置。

9 从结的中心取掉4个珠针。

10 取掉线结下圈的珠针，拉动线绳的末端直到它们开始拉拽底部线圈而形成结。

11 取掉固定左下圈的珠针，拉紧线圈。确保线绳上的接缝整个过程是不可见的；根据需要，扭转线绳将接缝藏好。

12 取掉剩余的珠针。拉紧左右边和上下边的线环，直到将结拉紧。

13 对线绳尾部进行处理。将面料往回退，露出里面的包芯，将多余的包芯剪掉。重新将布条拉直，并将其修剪到1.3cm。

14 将另一条线绳尾制作成扣襻：将最靠近长线头的线圈微微松开。将线绳的末端穿过松开的圈里，拉动线绳头直到形成与纽扣尺寸匹配的圈，将缠绕着线绳头末端的小圈拉紧。在图中，右侧的是扣襻，边上是未包芯的线绳，下面的是扣襻的尾端。将线结反过来，根据步骤13中的方法剪掉所有多余的包芯。将布条缩短到1.3出m。将两个布条的毛边都往下折，并缝到结的反面。在面料反面缝几针，将每个圈固定。

15 完整的扣合件，包括吉祥结扣襻和双金钱结纽扣（详见图）。

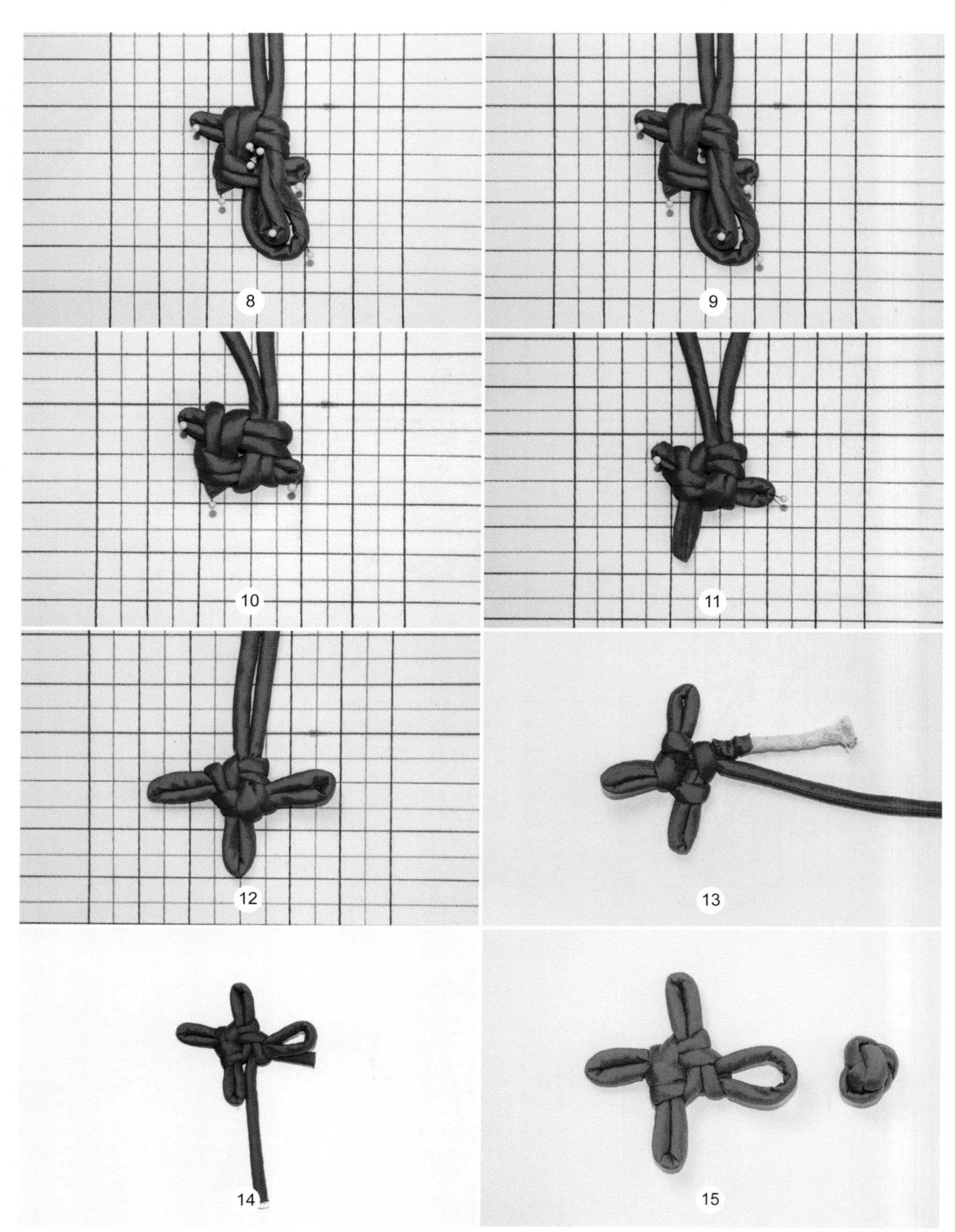

双金钱结

双金钱结可以用来制作扣合件的扣襻或扣子。如果有制作好的线绳，将线绳接缝朝下来打结。

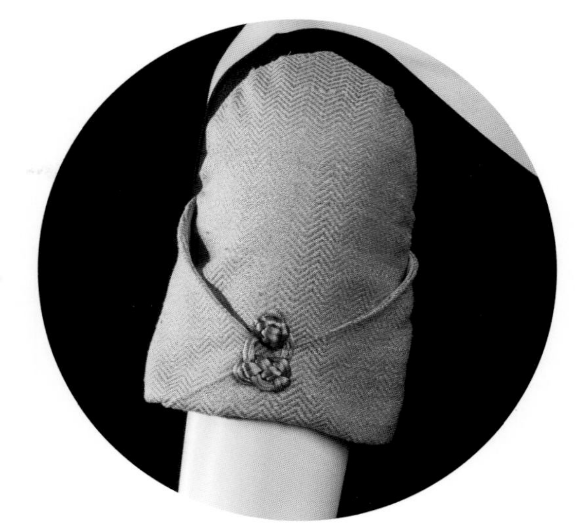

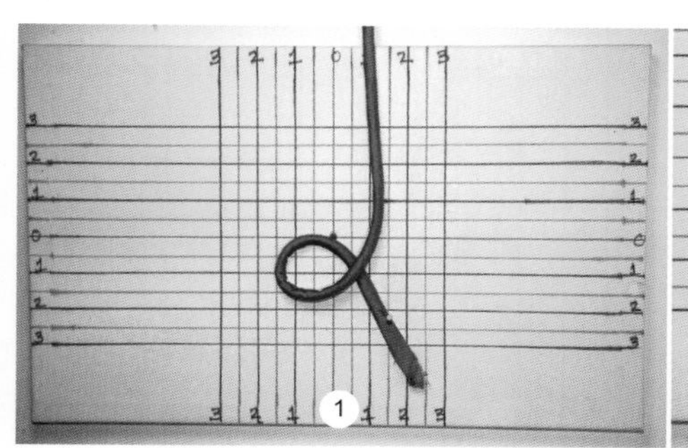

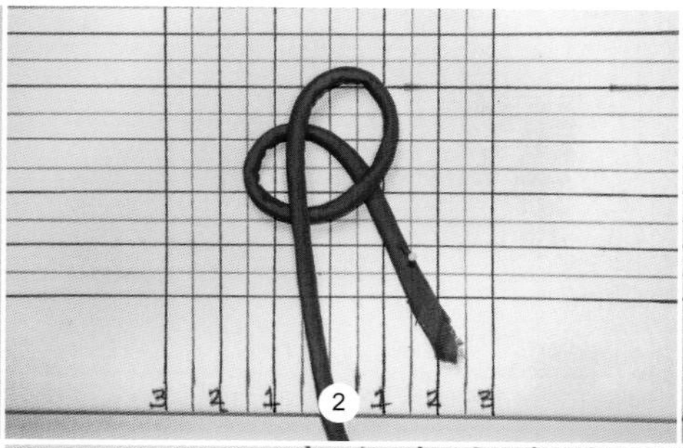

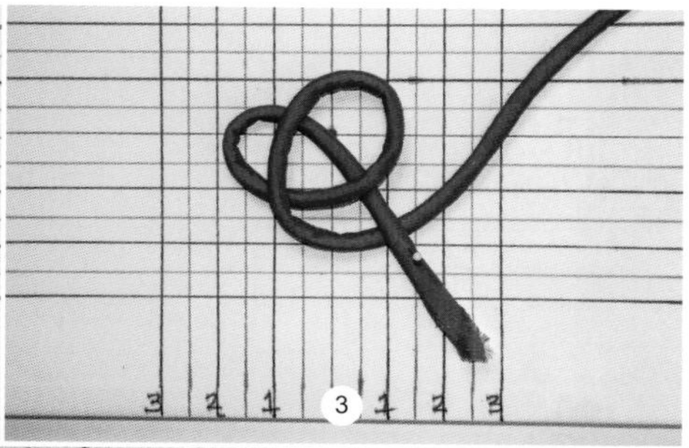

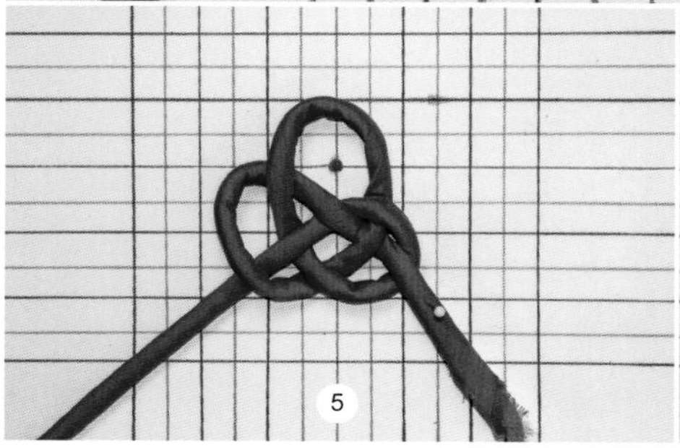

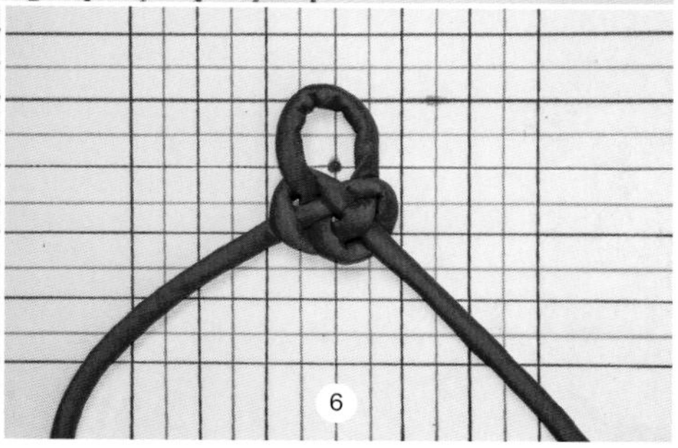

1 在线绳靠近末端处绕一个小圈，圈在左边，长边压在短边上面，将短线绳端固定到网格板上。

2 将未固定的线绳端向左绕，然后再向下形成另一个圈，圈在上方。将末端压在第一个圈的所有线绳。

3 线绳再往右边绕，从短线绳端下面靠近珠针的位置穿过。

4 将线绳末端朝向结的中心位置打圈。从上圈的右手边压着线圈一边穿进，从下一个线绳下面穿出，再从第三根线绳的上面穿进，并从第四根线绳下面穿出。

5 拉紧线绳末端收紧结。

6 取掉短线绳上的珠针，并从另一边将结拉紧。上圈就形成纽扣的扣襻。如果希望纽扣扣襻做大一些，将线尾更多的线拉进结中，并将结上多余的线推到圈中。反之亦然。

双金钱结扣——扣襻扣合件

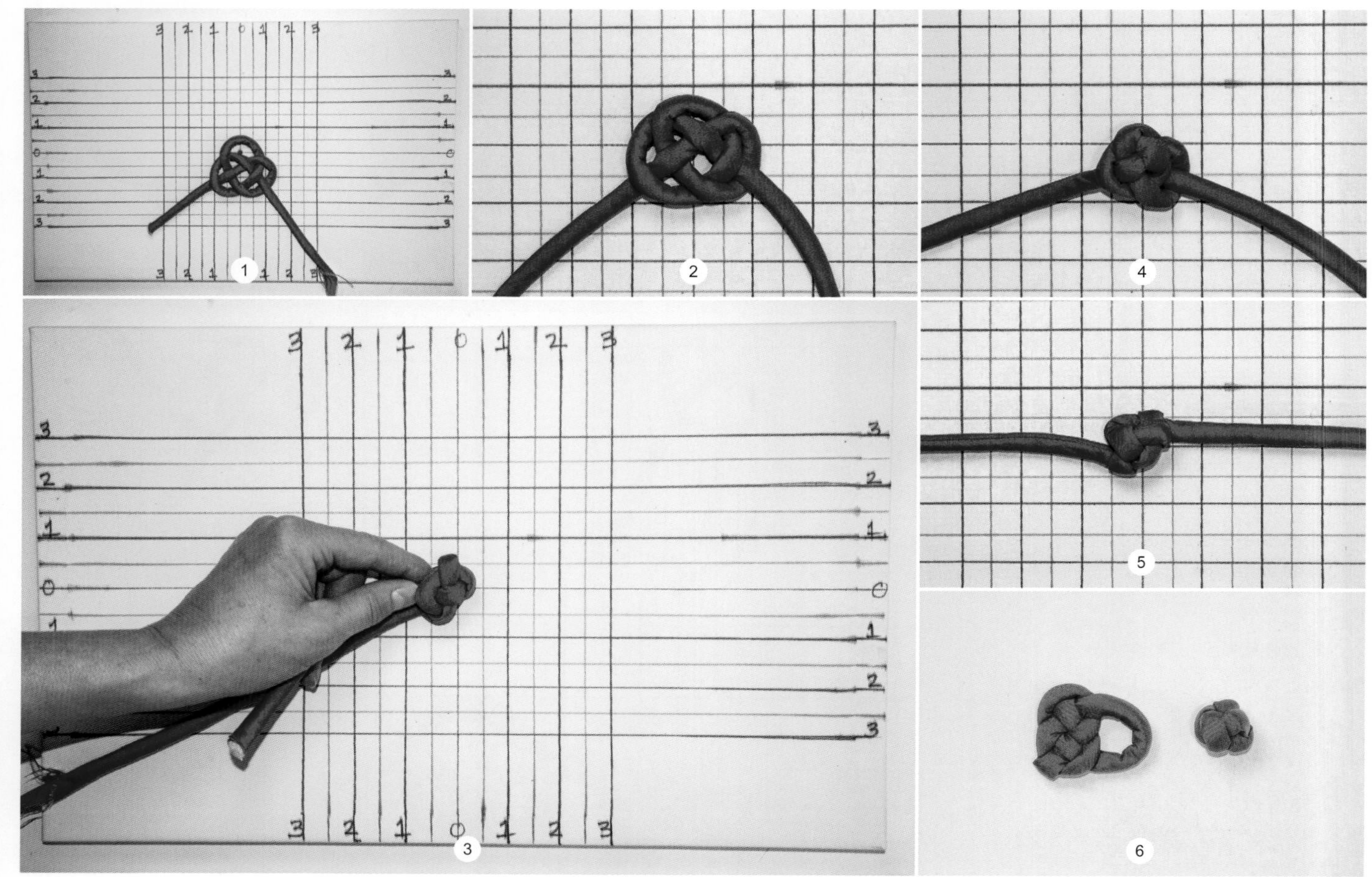

1 制作一个双金钱结（详见第155页），但不在顶部留扣襻。拉紧线绳两端收紧结。

2 通过拉紧线绳两端将结内线绳进一步拉近。将结内的多余线绳都拉到线绳末端。

3 结逐渐变紧变小，将其绕在指尖上，形成一个突起。

4 继续将多余的线绳拉紧。

5 拉紧线结。

剪掉多余的线绳，将末端缝到背面，完成扣的制作（详见简易吉祥结，第153、154页）。

6 完成的双金钱结，扣一扣襻扣合件。

八字结

这种结包含了三个“8”字形联锁；一对八字结可以制作一对扣一扣襻扣合件。如果有制作好的线绳，将线绳接缝朝下来打结。

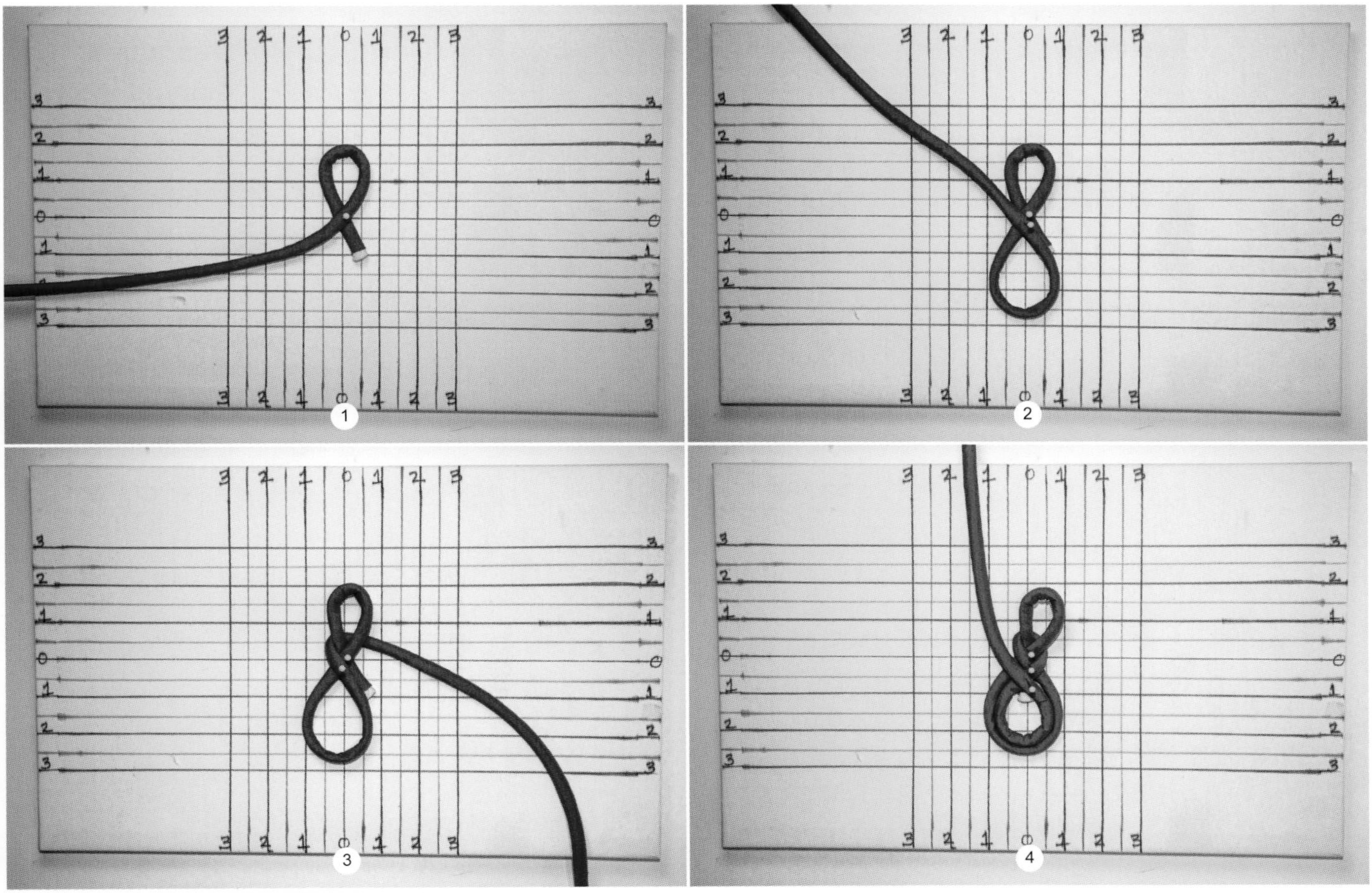

1 做一个朝上的圈，线绳端从上绕过线绳，尾部并指向左边。用珠针固定在线绳交叉的位置。

2 做第二个较大的圈，朝向下方，线绳端在中心交叉处从上绕过它自己。线绳末端现在应该指向左上方。线绳与下面线圈的交叉处用珠针固定。

3 将线绳端从上圈的后面绕过并拉紧，它会紧紧地缠绕住上圈。这样就形成了第一个“8”字形。

4 在下圈内部用线绳端作另一个圈；线绳端完成后再次指向左上方。将珠针固定在新交叉处。

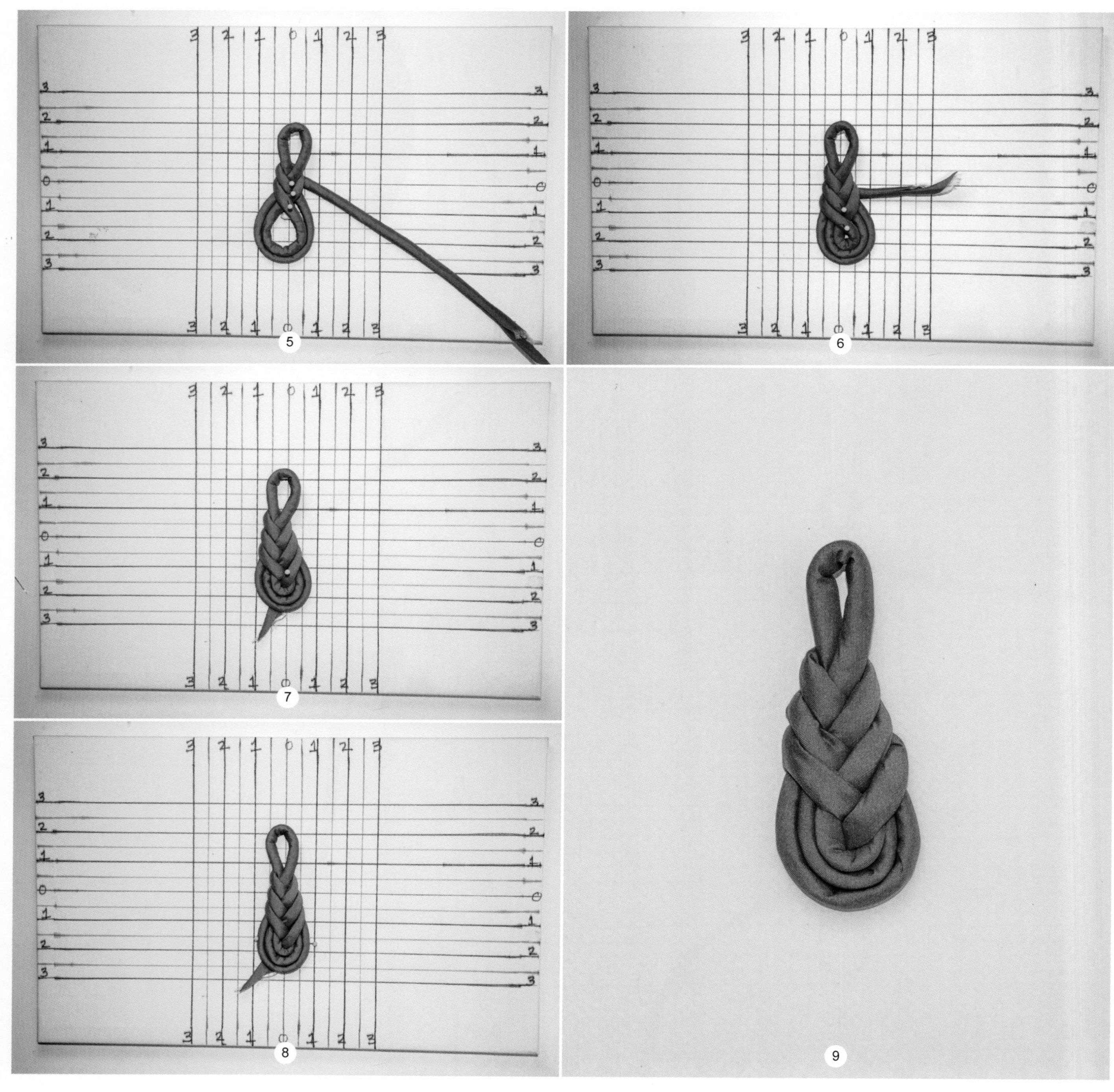

5 将线绳端在前一个缠绕部位之下从上圈的后面绕过并将其拉紧。将上方的珠针取下并将线绳拉到合适的位置。这样就完成了第二个“8”字形。

6 用线绳端在下圈的中间再作一个圈。线绳端在完成后再一次朝向左上方。从第一个交叉处将珠针取下，并将其放在最底部线圈的交叉处。将线绳端缠绕线结的颈部并拉紧。

7 将线绳端穿进下方线圈的中心并将其拉到反面，可以用镊子协助操作。根据需要取掉珠针。

8 在下方线圈的每一边都要用珠针固定“8”字形。结颈上方的线圈长度可以通过松动步骤1中留下的线绳头来调整大小，使其与扣子大小匹配。在结的反面缝几针固定。将结用熨斗轻微蒸汽熨，有助于结固定在合适位置。

9 完成的八字结。

八字结——扣一扣襻扣合件

1 在靠近线绳的一端制作一个双金钱结（详见第155）。将结固定在网格板上。

2 在扣结下以八字结起头，将线绳绕过它本身并将线绳头留在结的下面，再缠绕结颈并放在结下，最后从上绕过两个线绳，指向右边。

3 在反面缝几针，将八字结固定。

4 制作第二个八字结，圈的大小与前一个八字结中扣的大小相同。通过将右手边的线绳拉紧或放松来调整线圈的大小，以与扣结相配。将结用熨斗轻微蒸汽熨，有助于结固定在合适位置

5 完成的八字型扣—扣扣合件。

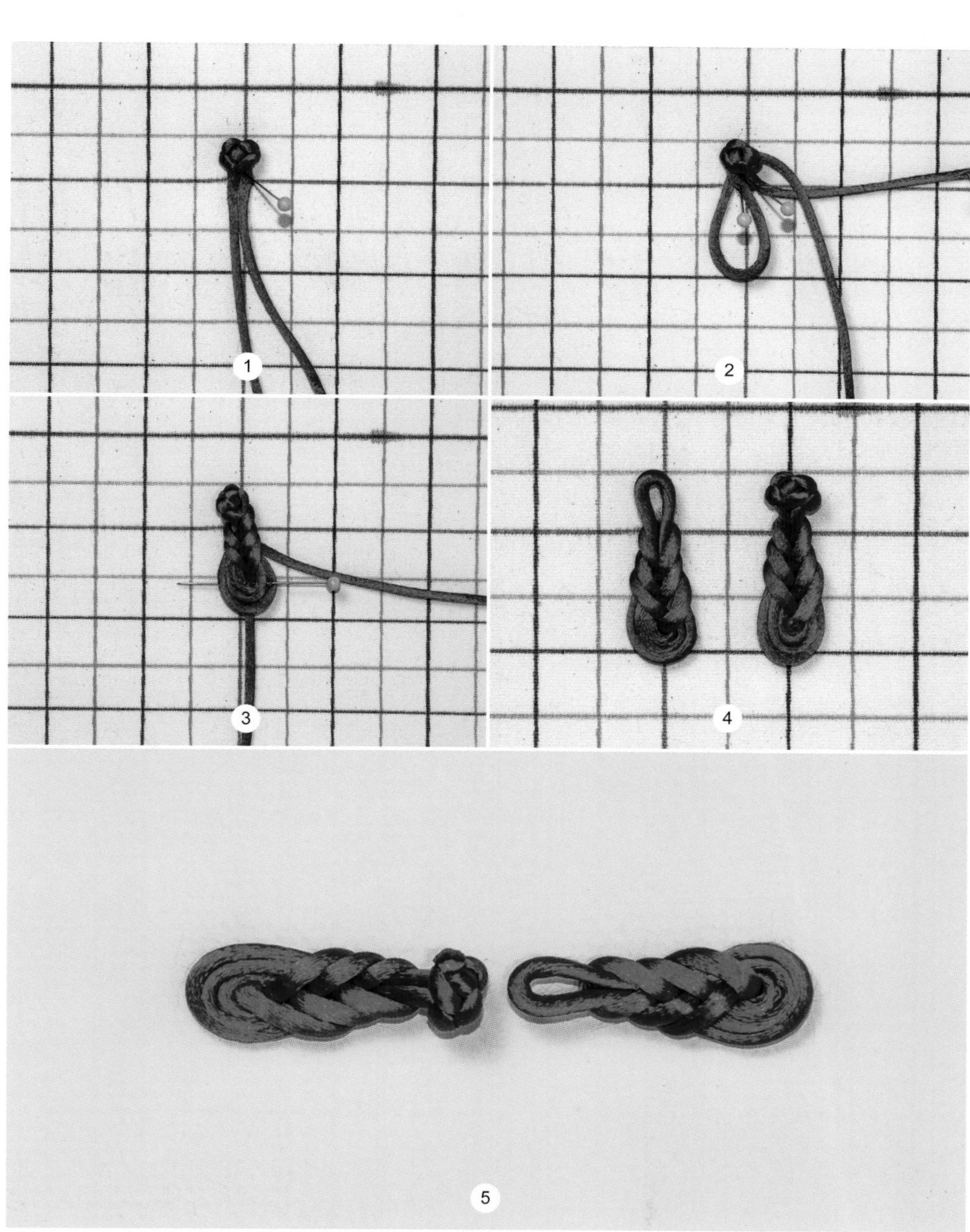

饰边，由法式边演变而来，也称为镶边，是指缝到服装上的边饰或织带。从历史上看，制作复杂的云纹和佩斯利涡旋花纹图案，并将他们织或缝到服装上是非常耗费时间和财力的，只有富人才能负担得起。如今，许多饰边都是大规模生产，并且可以通过缝纫机缝制，这使饰边工艺更加容易被人接受。无论饰边是对简单曲线的强调，还是作为复杂设计元素的一部分，它都可以将一件普通的服装变得具有时尚感和独特性。

饰边有许多不同种类，可以由不同的材料制成——线绳、穗带、蕾丝、珠边、荷叶边和丝带等。

3.3 饰边

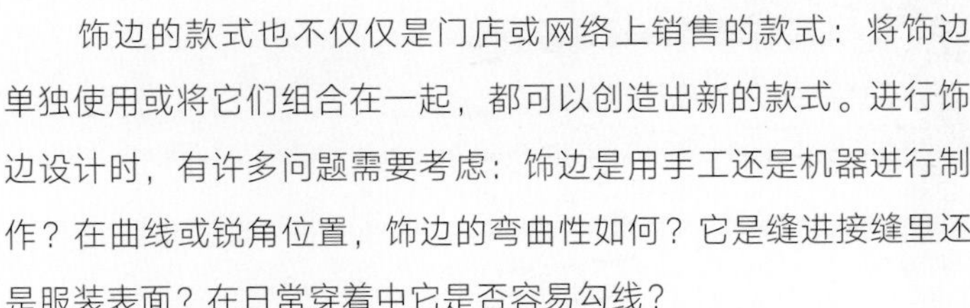

饰边的款式也不仅仅是门店或网络上销售的款式：将饰边单独使用或将它们组合在一起，都可以创造出新的款式。进行饰边设计时，有许多问题需要考虑：饰边是用手工还是机器进行制作？在曲线或锐角位置，饰边的弯曲性如何？它是缝进接缝里还是服装表面？在日常穿着中它是否容易勾线？

饰边的用途不同，形状和尺寸也不同。平饰边可以用缝纫机快速缝合，弯曲饰边可以加工成螺旋形或带角的形状。窄饰边可以用“之”字缝线迹缝制；重型饰边可能需要使用牢固的单丝线缝制。一些饰边的外轮廓边缘比较厚，不能放进缝纫机，必须用手缝。此外，重型饰边可能需要加内衬（详见17页）提供支撑。边饰通常是在设计转印到底布后使用（详见图案转印，第18~23页）。

定制饰边

有时，很难找到一个颜色或比例合适的饰边。那么，可以自己制作饰边，或将已有的饰边调整成适合自己设计的饰边。

饰边拆除

许多饰边是将不同的纱线用类似暗卷缝机缝在一起制成的；将这些纱线拆开会分离出几种不同形态的饰边，能够很容易地拆除缝合线让饰边快速分开。注意不要将不能分开的饰边也拆成一堆卷曲纱线。

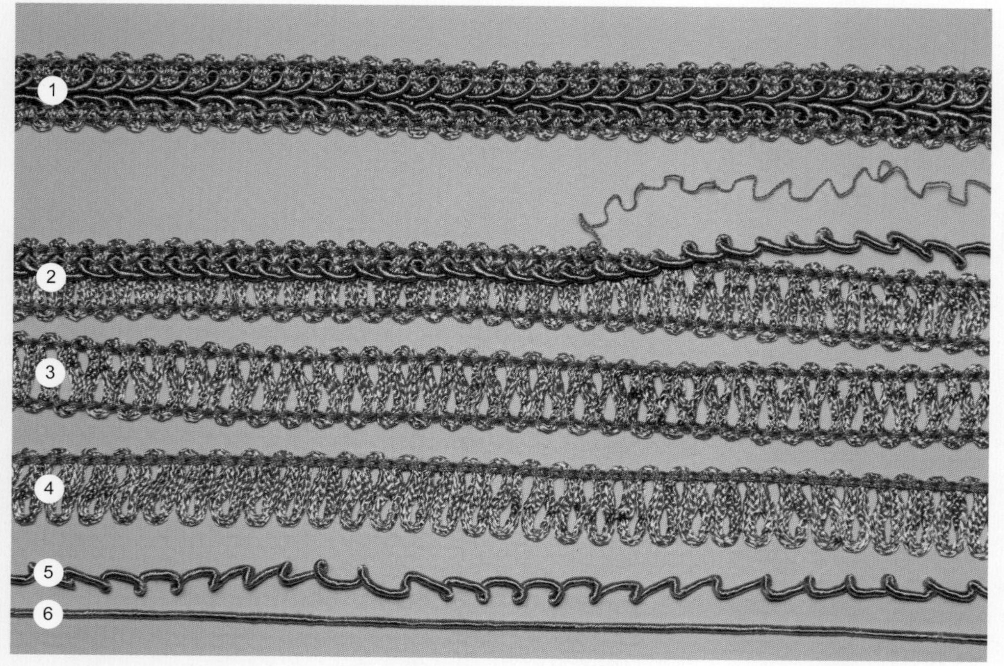

1.成品饰边

2.拆掉饰边上面的漩涡形装饰。图上较细的纱是漩涡形装饰的固定线；较粗的纱是漩涡装饰纱

3.基础饰边，顶部和底部有吊骨定位线

4.拆掉下端的吊骨线，保留上端的线圈吊骨

5.从饰边上拆下的漩涡装饰纱

6.熨烫平整的漩涡装饰纱

金属线流苏

金属线流苏非常精致，有延展性；缝到服装上前，它与流苏吊骨底部用临时线迹缝在一起，保持流苏的完整性。吊骨线很容易拆掉——在底部轻轻拉与流苏固定在一起的纱线。

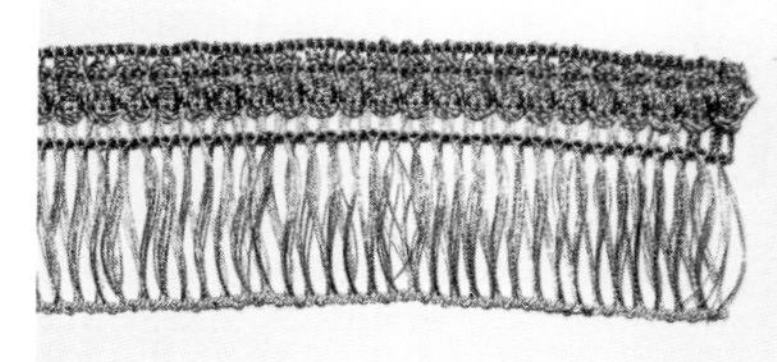

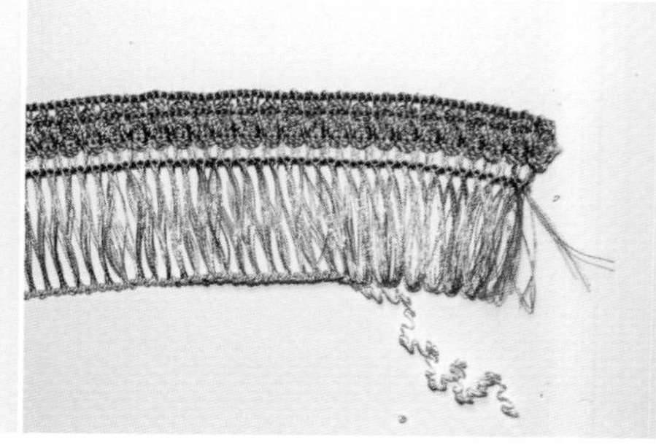

饰边组装

可以将几条饰边组装在一起制作自己想要的饰边。这里，两块饰边背对背缝合在一起，得到一个更加牢固的装饰物。

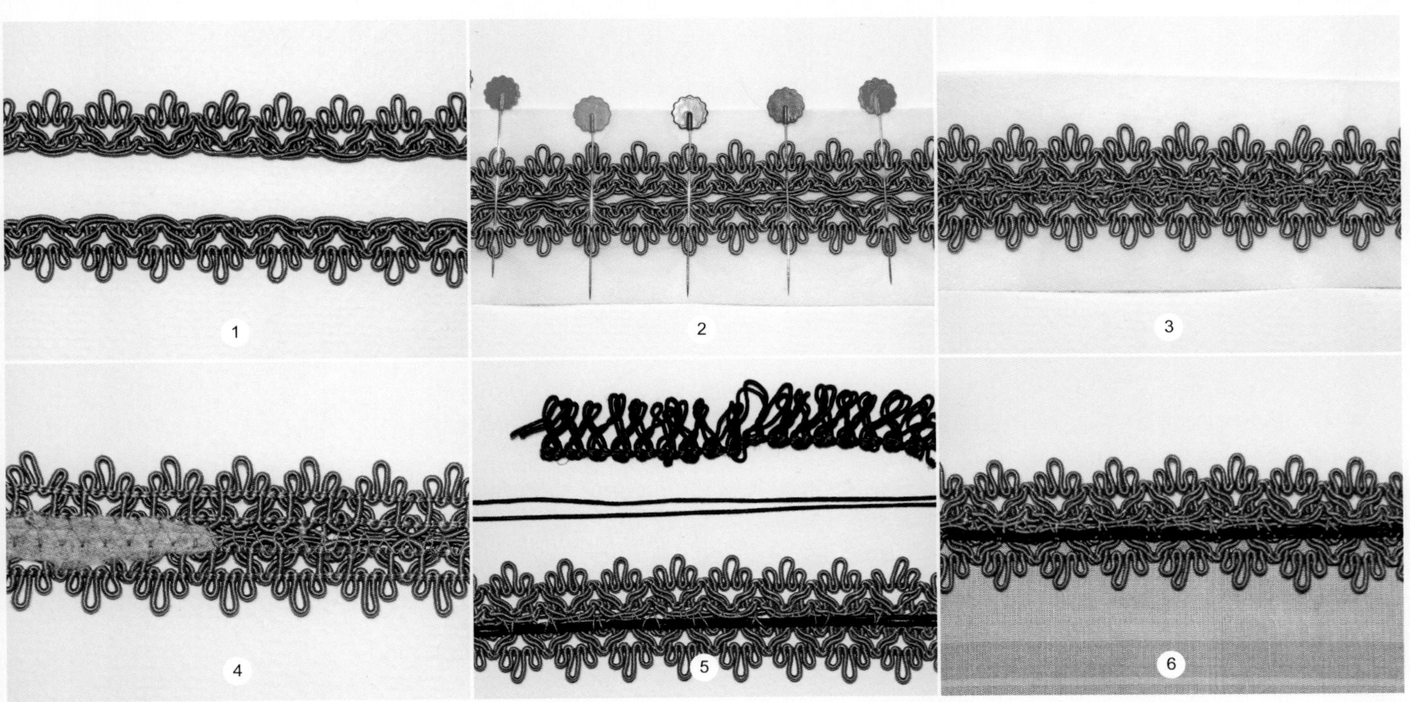

1 将等长的饰边放在一块可撕除内衬或纸扑上进行组装。使用这种内衬有两个目的：一方面为饰边提供牢固的底布来进行操作；另一方面，可以防止饰边被吸进针板，卡住缝纫机。

2 用珠针将饰边别在内衬上，这些珠针比较长，可以别住两层饰边并固定在衬布上。用大花片头的珠针，防止针头藏在饰边中。

3 用“之”字缝线迹缝合两条饰边的脊部，将其固定在一起（橙色缝线）。要提前测试“之”字缝线迹的宽度，确保能够缝住两条饰边。可以用密集型“之”字缝线迹，在饰边的中心缝制缎纹线迹。

4 在反面，轻轻撕掉内衬，缝线之间的残余部分可以用镊子或珠针处理。

5 为了完成这个饰边的制作，可以从另外的饰边上拿来两条黑色纱（上面图），将它们熨平（中间图），并用“之”字缝将它们缝合（下面图）。

6 完成的饰边。

饰边末端后整理

许多饰边裁剪掉末端后会散开。在商店中，饰边的末端裁剪处会用胶带缠绕。不要将胶带缝到服装上，它会使缝制部分鼓起，而且胶可能会弄脏面料。将饰边缝合到服装上前，必须先固定好末端。饰边末端在接缝处相接时，它们必须精准地对齐。

饰边末端固定

1 将一块可撕除内衬或纸扑放在饰边的下面，用0.5mm（50spi）的线迹进行缝制，并进行修剪（左图）或锁边（右图）。注意，饰边喂入缝纫机时，内衬不要卡在缝纫机里。

2 用剪纸剪刀小心的将内衬剪掉：在距离缝迹线3mm的位置，将饰边末端剪掉，防止饰边散开。最后，在反面沿着饰边的缝迹线剪掉内衬。

饰边末端折叠

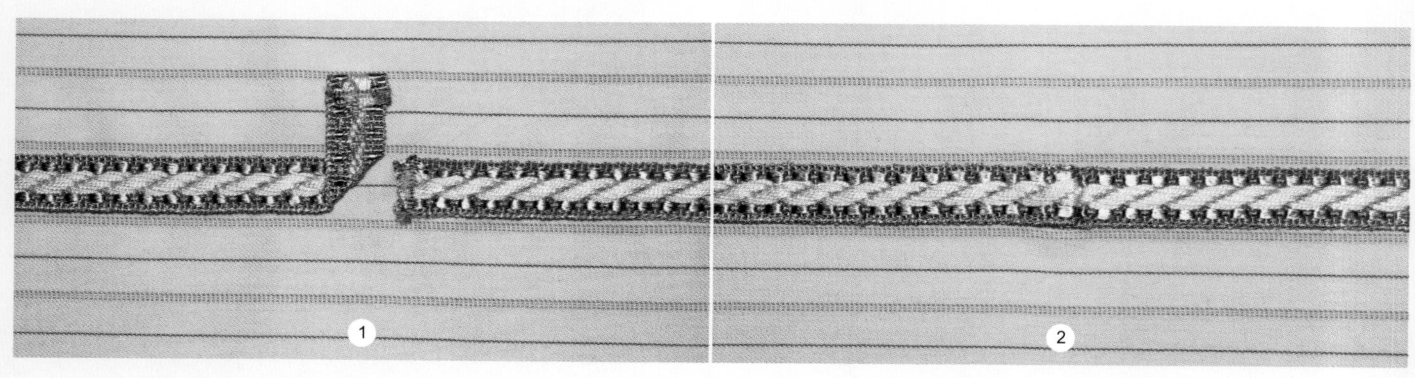

1 将饰边缝到服装上，首先进行毛边端的处理（详见平饰边，第169页）。开始时，将后整端折叠1.3cm，缝好折叠边，确保两个毛边在不同的位置修剪，避免形成凸起。

如果两个毛边在同一位置修剪，会在饰边下形成很大的隆起。隆起越小越好。如果需要，可以用手缝将两个饰边在中心缝在一起。

2 完成的搭叠饰边。

饰边端隐藏进接缝

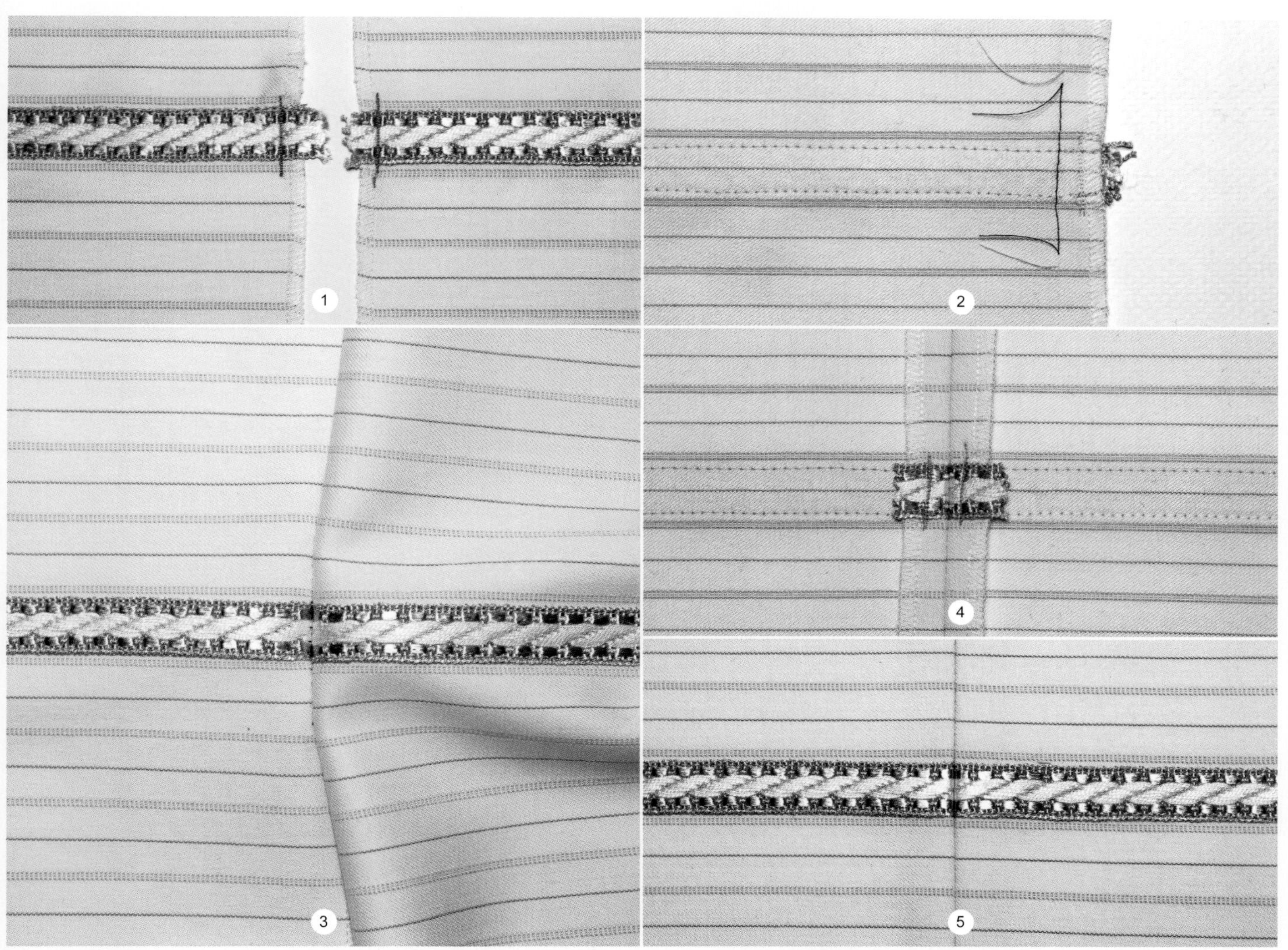

1 裁剪饰边的两端，使其比服装的缝份略长，防止在缝份边缘形成较大的隆起。用锯齿剪刀会使边缘更加平整均匀。如果缝份中的饰边末端隆起，在完成缝纫后将末端推平。

2 将饰边对齐缝合到面料上（详见平饰边，第169页）。分别在两个饰边接缝2.5cm处，用珠针和机器假缝将饰边固定好。

3 检查两个饰边是否完全对齐，然后用常规针距将其缝合。

4 成品接缝的反面。

5 成品接缝的正面。

饰边末端穿进面料

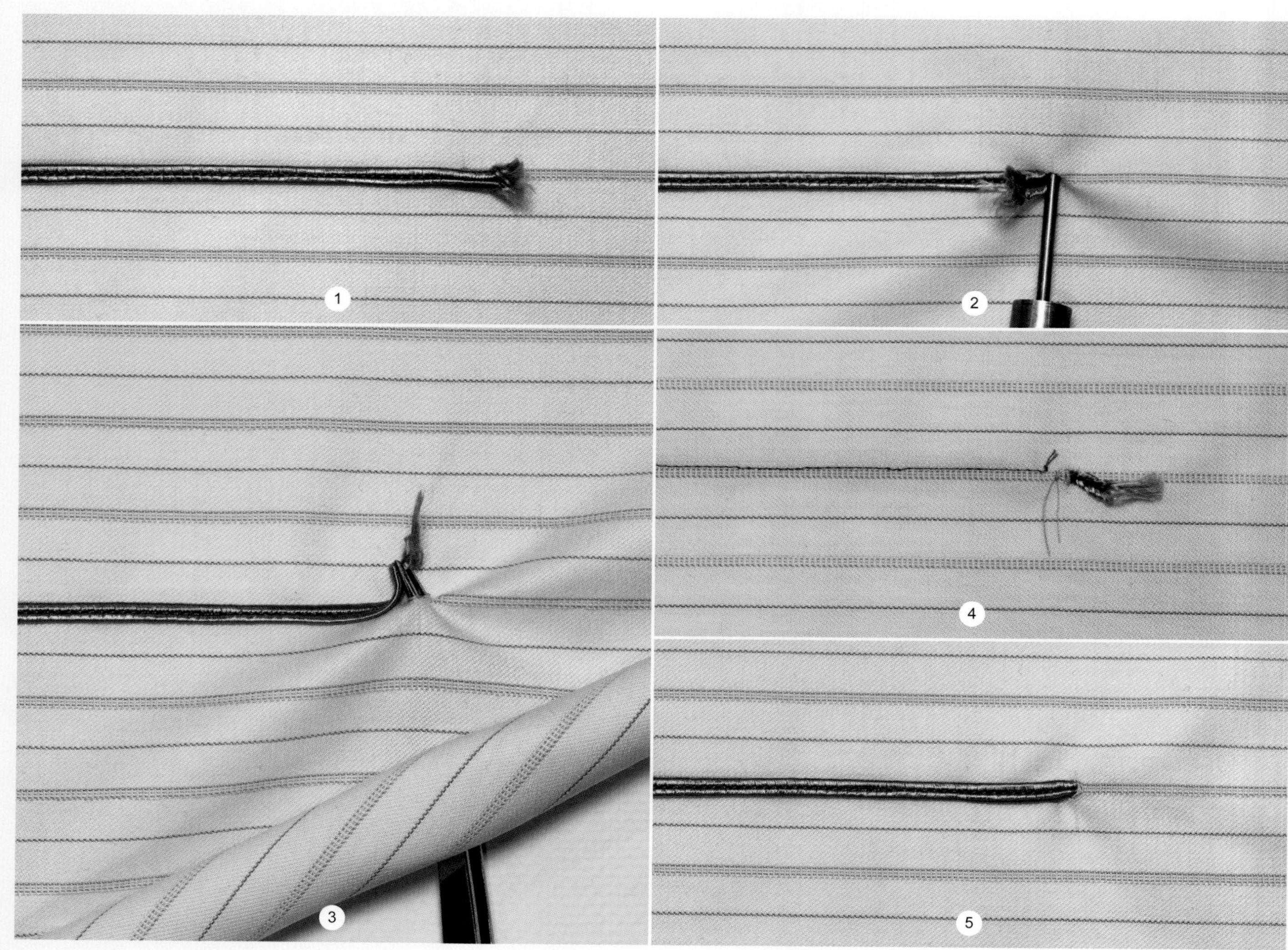

1 将饰边缝到面料上，在距离饰边末端2.5cm处停止缝纫。将缝线拉到面料的反面并打结。

2 用一根大针和锥子将面料的纱线分开并形成一个小洞。在钻洞时要小心，不要将面料纱线弄断，避免降低服装的耐穿性。

3 在面料反面，用镊子穿过面料上的洞夹住饰边末端并轻轻地将饰边末端拉到面料反面。

4 将饰边末端缝到面料反面固定，防止其被拉回面料正面。

5 完成的饰边。

机器缝迹固定饰边

当饰边太窄而不能用机器平缝时，可以使用“之”字缝线迹。这时可能需要用内衬来进行固定——可撕除内衬或烫衬/缝合衬，以防止在饰边周围形成凸起或起缕。

针距和张力

首先，制作一些样品来测试“之”字缝线迹的宽度和密度（或长度），以及面线和底线的平衡（详见“之”字缝线迹平衡，第25页）。使用颜色鲜亮的缝线，以观察在每一针中面线和底线的状态。缝线宽度合适时，线迹会落在饰边的两边且不拉扯饰边。当针距合适时，线迹会形成保护屏障，防止饰边被勾住和拉出。如果选择刺穿饰边的方式将它固定，在这种情况下可以将针距调大（低频率），因为不用依赖于“之”字线迹来固定饰边。这里的例子中，内衬用作底布，作为图案转印的中间介质。

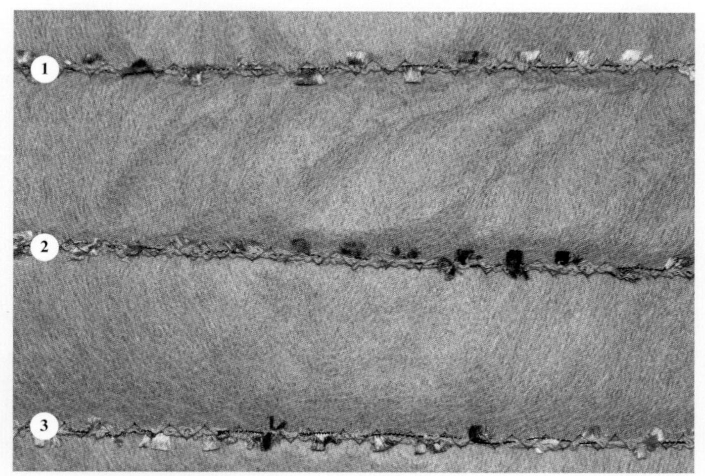

正面

1. 面线张力过紧，内衬产生波纹皱褶。

2. 面线线迹点消失在反面，这非常好，但需要检查反面，防止线迹过松。

3. 面线线迹点消失在反面，也没产生皱缩。检查面料反面，可能与面线张力设置有关。

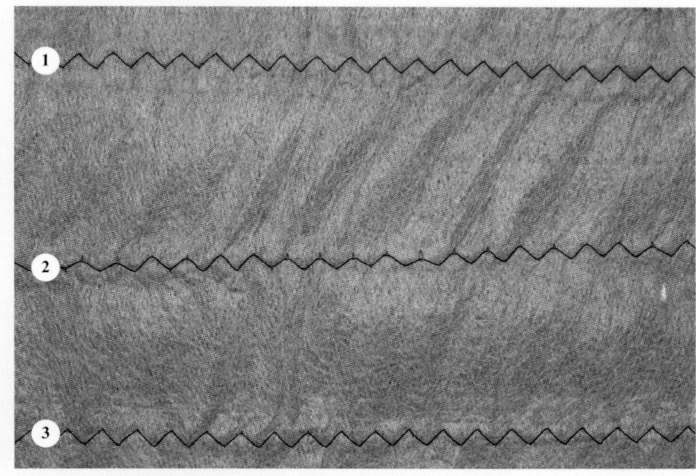

反面

1. 面线太紧，内衬产生了波纹皱褶。

2. 面线线迹点露出过多，说明面线（橘色）张力太小。

3. 面线底线张力平衡，有一些面线线迹点（橘色）刚刚穿过面料。

机器“之”字缝固定饰边

1 在可撕除内衬上画或印出饰边设计的图案（详见图案转印，第18~23页）。

2 将有图案的内衬放在面料的正面。将另一片可撕除内衬放在面料反面作固定衬，防止“之”字缝在饰边周围产生凹槽。

用机器将图案衬、面料和底衬三层假缝在一起（橙色缝线），然后将饰边别在合适位置。

3 如果饰边需要按照图案别到面料—内衬夹心层上，则珠针需要别进面料，穿过饰边，然后再别到面料上。

4 用“之”字缝将饰边缝到面料—内衬夹心层上。这里使用中等宽度的线迹。

5 将饰边从压脚顶部喂入，这有助于饰边按图案进行“之”字缝。在这里，饰边被拉起以展示饰边线穿过压脚的过程。

6 拆掉固定面料和内衬的假缝线迹。从面料的反面和正面轻轻撕除内衬。用镊子或珠针协助移除缝进“之”字线迹中的小块内衬。

用第164、165页中给出的任意一种方法来处理饰边末端。

7 用配色缝线缝制完成的饰边。前两行用与饰边相配的奶白色面线缝制。下面两行用与底布相配的棕黄色面线进行缝制。

8 成品饰边，用透明单丝线作面线，用常规缝线作底线进行缝制（详见单丝线缝制，第26页）。

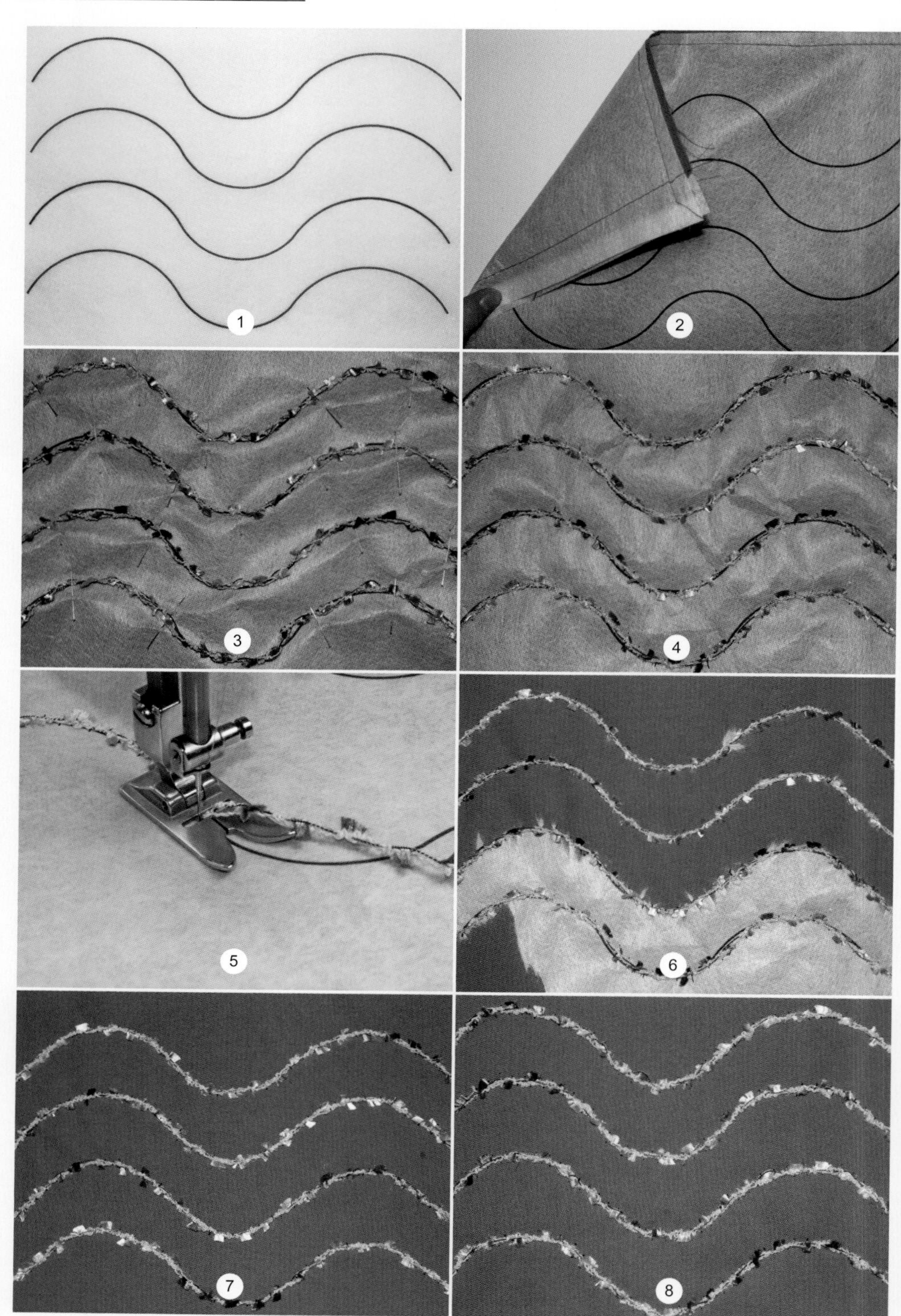

平饰边

平嵌芯滚带是一种通过机器缝合到面料上的简单饰边。这里用来遮挡服装底摆处的线迹。

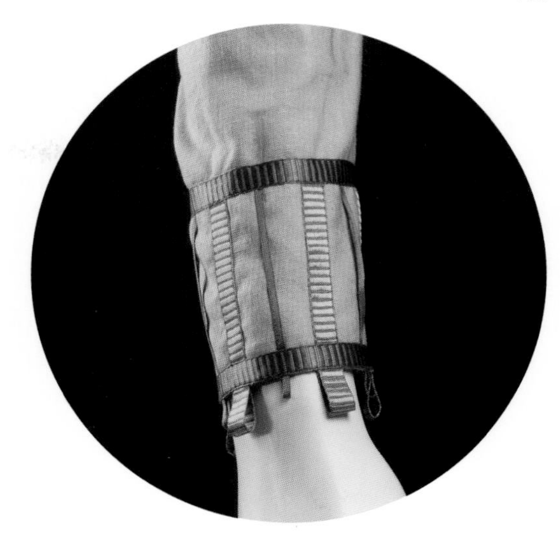

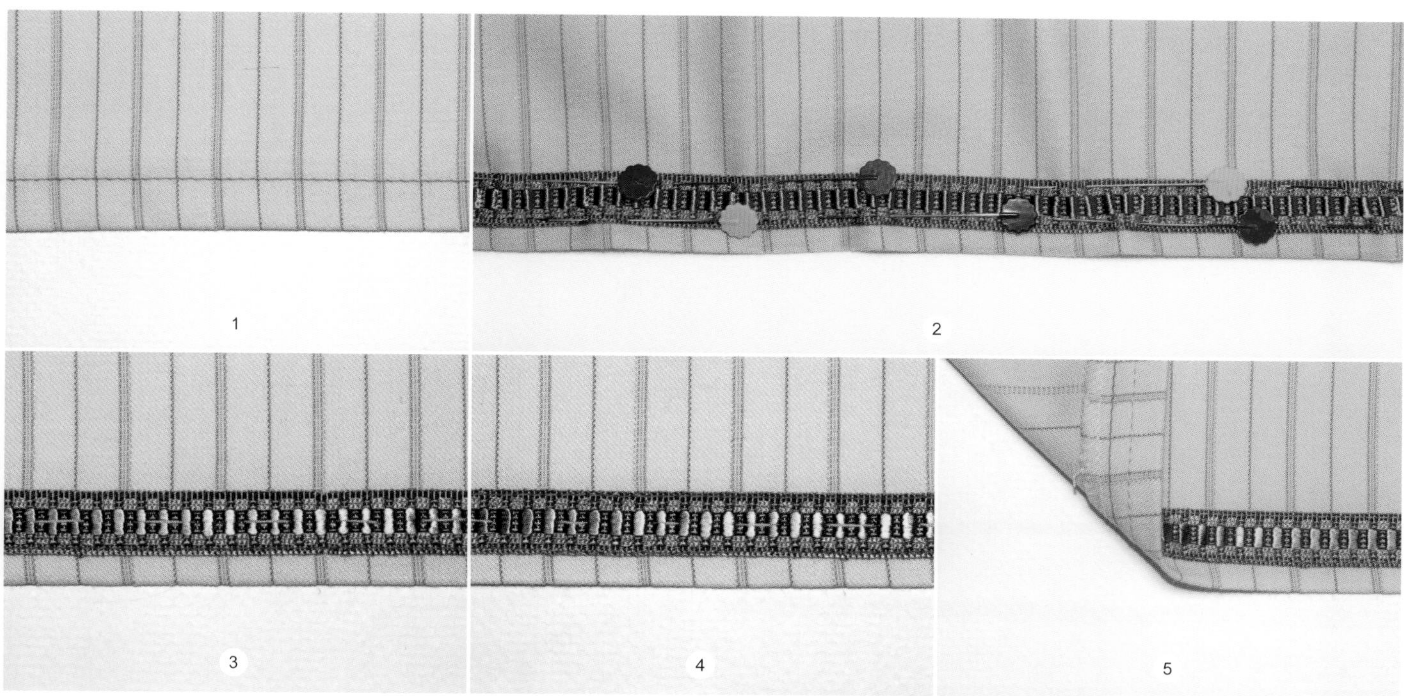

1 缝底摆（橙色线迹）。

2 用珠针别好饰边，使它盖住底摆线迹。面料上的波纹皱褶是珠针造成的。

3 将饰边手工假缝到合适的位置。面料上的波纹皱褶会随着珠针的移动而消失。用机器将饰边的一边缝纫到服装面料上（橙色线迹），熨烫。

4 然后将饰边另一边缝合，缝纫方向与前一次相同，缝纫机压脚会微微地推动饰边，确保饰边两边的推力方向相同。在这个例子中，如果第二条边从反方向缝纫，饰边的中间部分会有一定角度的扭曲，而不是垂直上下。用第164、165页中给出的任意一种方法来处理饰边末端。

5 完成的底摆及其反面状态。

胶带定位饰边

市场上有许多适用于面料的双面胶和双面衬，可以替代假缝，甚至替代机缝，但使用时需要注意以下几个问题：

- *胶带上的胶会不会在缝制时粘住缝纫机机针？*
- *如果胶带是水溶性的，饰边和面料能浸在水中溶解胶带而不损坏面料和饰边的结构吗？*
- *如果胶带留在原处，一段时间后胶溶解，胶带会在饰边下面膨胀吗？*

镶边饰带（俄罗斯织带）

镶边饰带是一种用于装饰饰边的织带（法式镶边饰带是由匈牙利词语“sujas”衍生而来，意为装饰物）。它由人造纱以人字形花纹缠绕两条或多条棉质包芯绳而形成的平饰边。饰边中间凹陷，非常适合隐藏缝迹。镶边饰带有多种应用方式，从直线到复杂的、卷曲的旋涡形装饰。

镶边饰带最适合用于弧线设计；它不会形成尖锐的转角，最好用织带制作（详见第172页）。对于小型设计，可以将包芯绳拉成弧线来塑形镶边饰带；有些包芯绳有很好的弯曲性，有些则不可以。所有的镶边织带都可以通过手指按压和蒸汽处理变成弧形，先利用手指的温度制作出初始的弧线，然后用熨斗蒸汽对其永久定型。通常要对底布进行测试，确保它能支撑起旋涡形装饰中的饰边和缝迹。增加内衬可以更好地支撑饰边。

调整设计大小

可以通过手绘将设计临摹到内衬上。但是电脑辅助设计有几个优点：它可以随意更改尺寸，旋转或翻转图案，也可以直接将设计转印到内衬上（详见第19页）。

镶边饰带可以有许多的尺寸

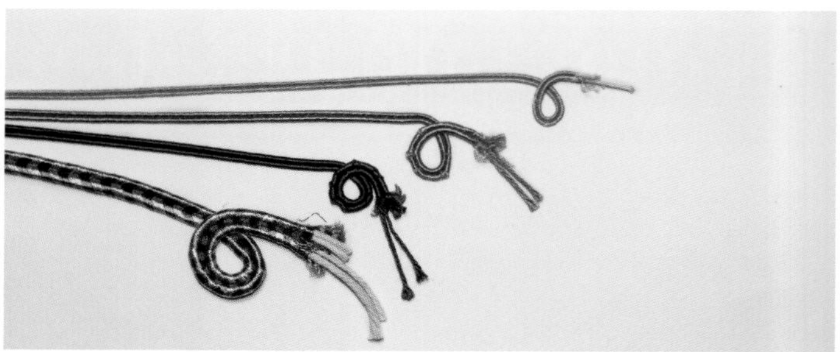

苔绿色镶边饰带（图中上端）和银黑色镶边饰带（图中下端）在包芯拉出时很容易变形扭曲，蓝色饰带（图中间）不能很圆顺的弯曲

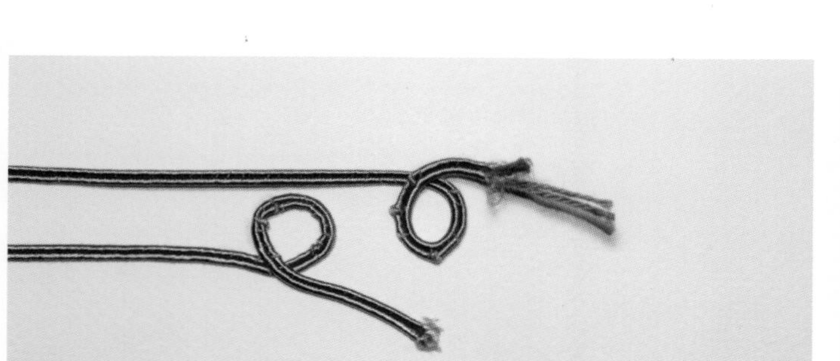

上面的镶边饰带通过拉出包芯而弯曲；下面的镶边饰带通过手指按压和蒸汽处理形成弯曲

左边的云纹缝在有轻质针织可熔内衬支撑的双宫绸丝上，底布是非常平整。右边的云纹缝在没有支撑布的双宫绸上，底布有些细微的褶皱，会给镶边饰带带来许多问题

1 可以用电脑或手绘进行设计创作。这里，对一个波纹图案进行处理，直到它填满袖克夫纸样。将设计转印或临摹到可撕内衬上。

转印前可以在纸样上加一些对位标记。这个纸样中，红线表示1.3cm的缝份，蓝线表示裁剪线和折叠线。

2 仅处理镶边饰带和内衬，将镶边饰带用针别到内衬上。用手指拉伸并圆顺第一个弧线处的镶边饰带。在弧线的内侧会有一些小小的凸起，试着沿弧线将它们均匀地分散开。

3 完成2.5～5cm镶边饰带的塑形后，用熨斗熨烫。保持熨斗在镶边饰带之上2.5～5cm，不要直接用熨斗熨烫弧线部分。将弧线内侧的包芯归拢，将弧线外侧的包芯拔开。熨斗汽蒸后，对镶边饰带进行修整，用手指按压小凸起直到消失。再次用蒸汽定型镶边饰带。

4 镶边饰带弧线干燥后，用针别在合适位置，然后对下一部分进行处理。继续这样一小部分一小部分地处理，直到完成设计。

5 将别好的饰边和内衬放在面料上。用机器将面料和内衬假缝到一起（红色缝线表示接缝线处的假缝；蓝色缝线表示面料上的定位线）。

6 用小压脚来提升可见性，用2mm（12spi）的短针距来提升可控性，沿着饰边的中心缝纫。在这里，内侧转角是通过手工转动缝纫机手动轮来缝合，以便准确地放置每一针。

如果按照自己的方式进行设计，记得抬起压脚并旋转物料时需要保持机针放下。锥子或小剪刀可以用来协助将饰边戳到压脚下面（要注意不要缝到它们，避免损坏机针）。

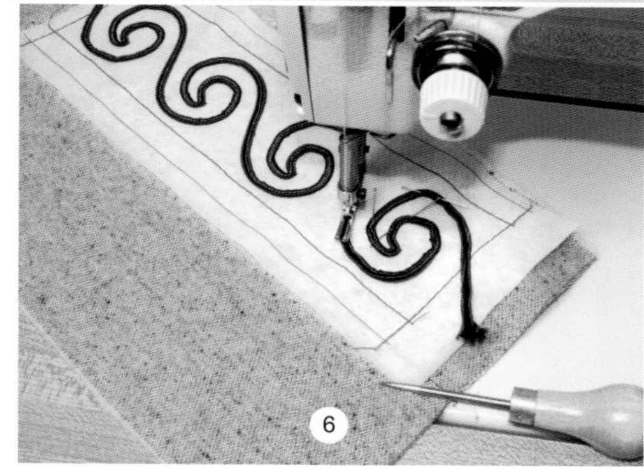

7 完成缝纫后不要立即熨烫布片。先拆除固定内衬的假缝线迹，并轻轻地撕掉内衬。可以用镊子协助移除在拐角处的小块内衬。

8 所有的内衬拆除后，抚平面料，并将面料重新塑形。要非常小心地熨烫布片，过度熨烫会使饰边产生极光。修整饰边末端（详见第164～165页）。

9 将完成的镶边饰带缝到袖克夫上，准备装袖子。

7

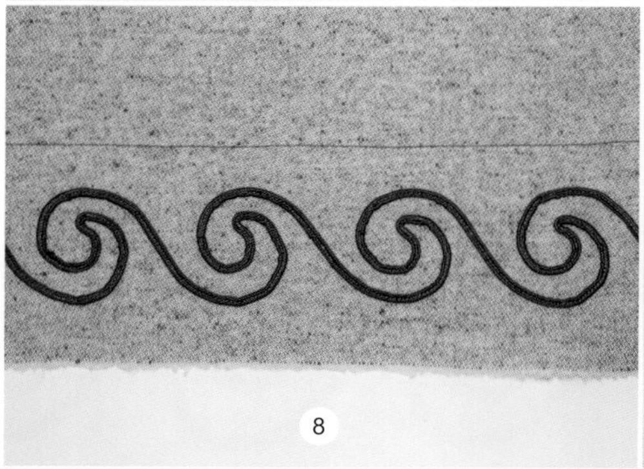

8

9

变化形式

斜纹织带在水手衫的育克上很常见，因为这种织带很容易制成尖角的造型。它可以采用与镶边饰带相同的缝制方法与服装缝合，但在拐角处需要斜接。

1 为了在拐角处形成斜接，将织带往回折叠压在它自己上面。熨烫。

2 固定折痕的顶部，再把织带折到一侧。小心地移动织带直到在拐角处形成精确的45°角，熨烫。继续将织带放到图案上制作斜接拐角，直到完成设计。缝合镶边饰带（详见步骤6，第171页）。

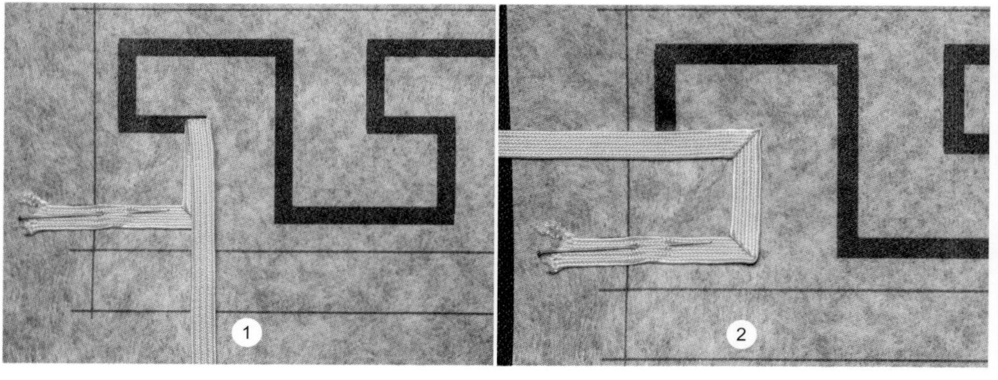

1

2

波形花边带

波形花边带有棉质或涤纶材质，也有各种尺寸。它可以用多种方法进行缝制，最常用的方法是沿着中心线缝直线线迹或按照波形花边带的形状缝“之”字缝线迹；后者需要提前在样布上调试针距和线宽。如果波形花边带缝在服装的中间，遵循平饰边（169页）或者镶边饰带（第170~172页）的缝制方法。波形花边带也可以用在底摆布边处，如下所述。

不同尺寸的波形花边带

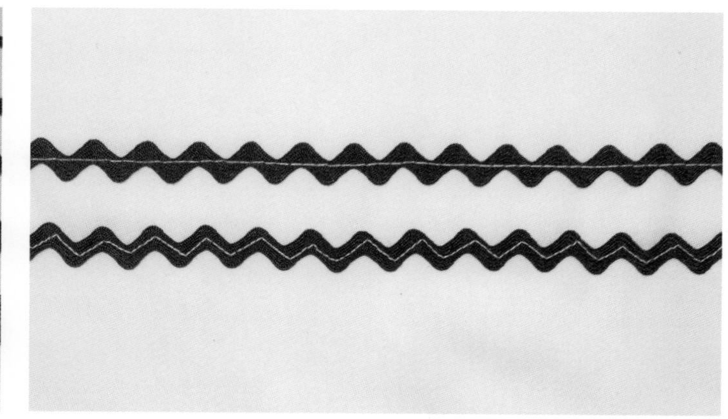

上面是沿着波形花边带中心缝直线线迹；下面是按波形花边带形状缝“之”字缝线迹

1 对折边线用机器假缝（白色缝线），然后在波形花边带底部用机器假缝定位线。这里波形花边带宽1.3cm；在波形花边带一半宽度的位置缝定位线（橙色缝线）——6.5mm——在折边线之下。

2 在面料正面，手工假缝波形花边带，使它的下端刚好挨着定位线。

3 在中心水平线下面一点缝波形花边带。

4 在面料反面，将底摆余量折起到波形花边带线迹之上；它会略低于折边线，但是面料翻过来时，折边刚好与折叠线重叠，轻轻熨烫。

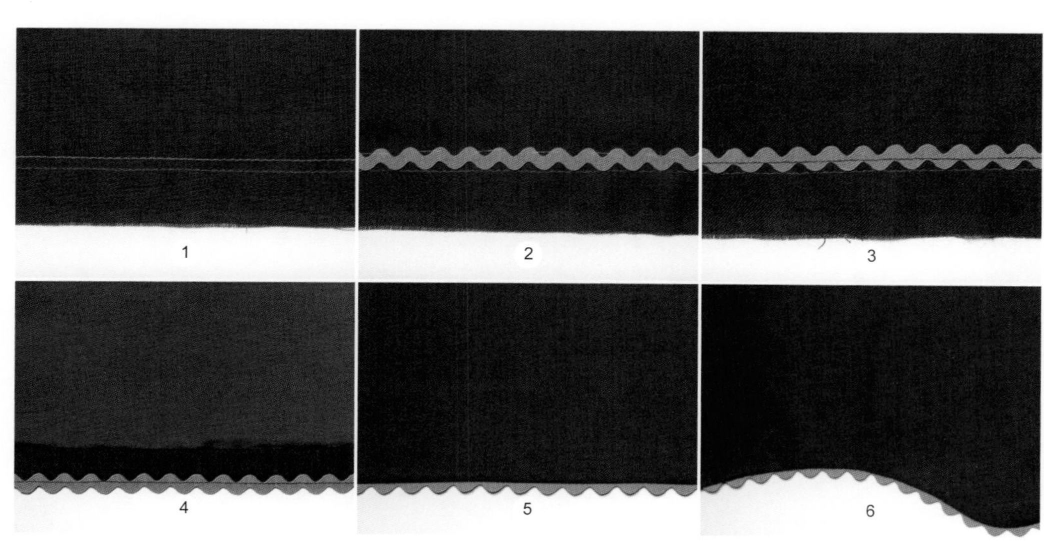

5 将面料翻到正面，熨烫波形花边带和底摆，确保底摆上的波形花边带分布均匀。修剪饰边末端（详见第164-、165页）。

6 波形花边带也可以应用在有弧度的底摆上。

手缝饰边

有些饰边因过厚而不能用缝纫机进行缝纫，必须手缝。可以用一个大的刺绣绷将面料绷紧，这里使用的刺绣绷有一个支架，将它从操作台上支起，这样可以使面料从正面旋转到反面。在这里，用厚重羊毛料作底布，面料的反面不需要加内衬。

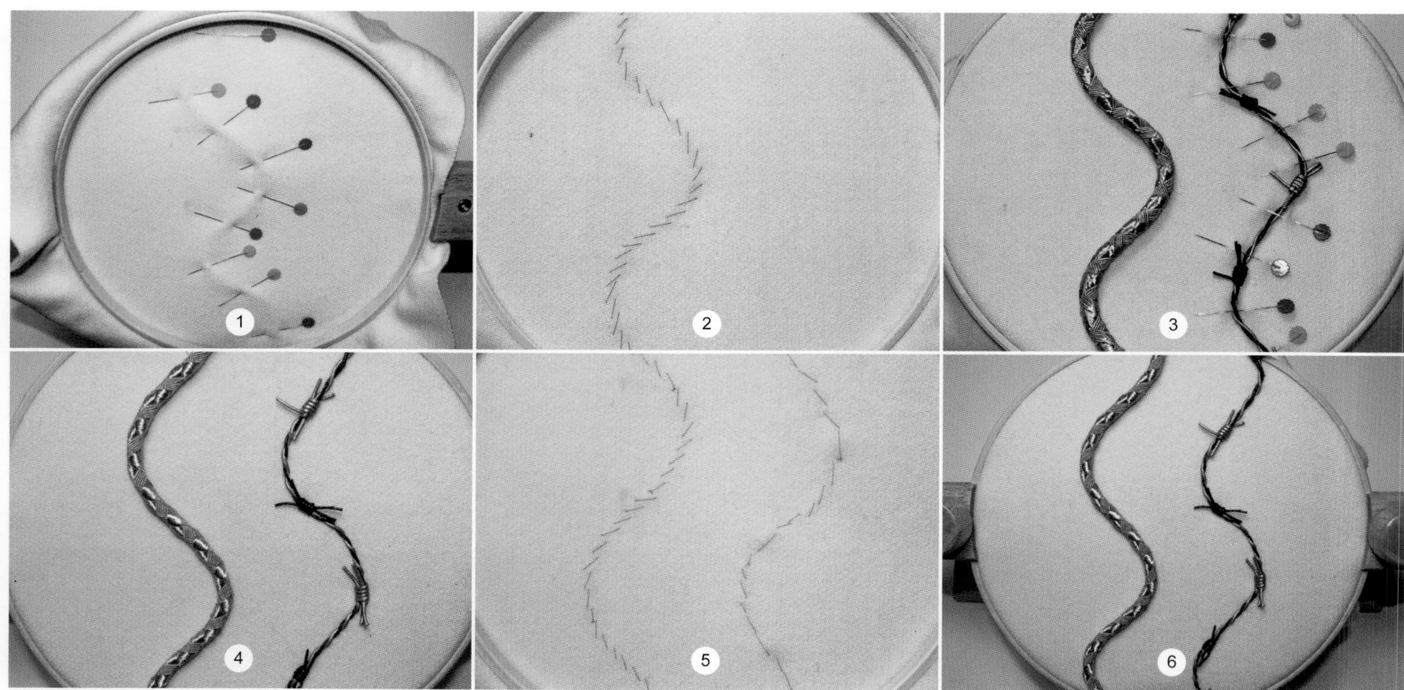

1 将饰边放在合适位置，并从面料反面用针别住，注意仅仅别住一点饰边的股线即可。

2 在面料正面，用对角缝或人字缝缝制（详见对角线假缝，第28页）。针每一次穿行都要别住饰边的几股线，每隔几厘米要对缝线打结，随后继续用相同的缝线缝纫。由于饰边位于面料之上，它很容易被缝线结勾住，如果线迹损坏，需要重新用短针距线迹缝制。这里展示的是面料反面的线迹图案。

3 有些饰边从正面固定会比较容易。图中倒钩铁丝饰边的两侧用一根珠针固定在面料上。

4 在面料正面，用对角缝或人字缝等将饰边缝到合适位置，小心缝纫，确保缝迹线几乎看不见。

5 在反面有两条不同的缝迹线：左边用蓝色缝迹固定灰色饰边；右边用橙色线迹固定黑灰色的倒钩铁丝饰边。注意两条线迹的打结频率。

6 两条缝在白色羊毛上的成品饰边。

缎带“之”字贴花

这是一种传统的手工缝缎带或其他饰带的方法。缎带来回折叠，形成一种迂回的设计造型。

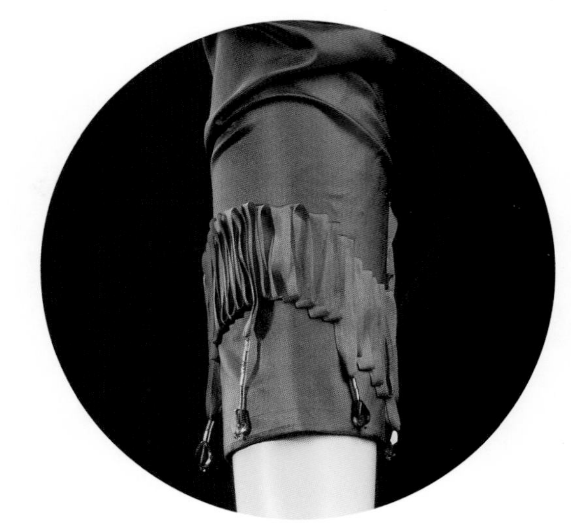

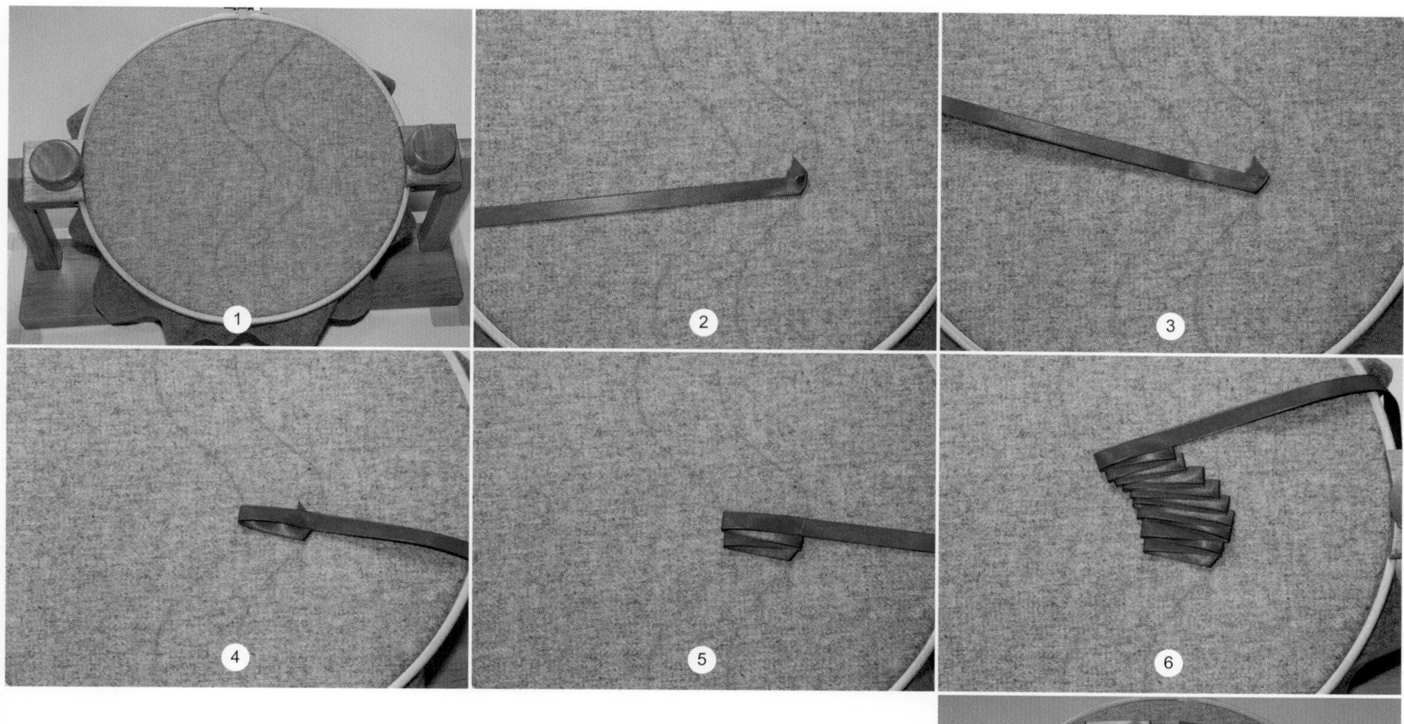

1 将图案转印到面料上，面料放在刺绣绷上绷紧。

2 在设计线的边缘，将缎带一端向下折叠，缝几针固定在面料上。缝完后，针和线应该在面料的反面。在这里，为了更清晰地展示，将缎带放在设计的中心位置，通常应该将其放在设计的底部。

3 将缎带放在设计图上。在左手边将针从缎带的中心位置向上穿，刚好在设计线之内，再从缎带的上边缘向下穿到反面，也要在设计线内。

4 稍微倾斜一点折叠缎带，隐藏刚刚缝好的线迹，缎带也会向上移动一些。在设计的右手边再缝制另一条缝迹，将下面的缎带和新一层的缎带固定在一起，同步骤3。

5 重复步骤3－4。

6 制作的时候顺着你的设计稿。

7 成品图。

贴花

贴花，源于法语词汇，最初是作为修补破损或破旧衣服的一种方式。这种方法很快演变成了一种装饰工艺，补丁本身也变成了艺术。贴花通常与绗棉面料联系在一起，但如果用丝绸、羊毛或仿麂皮做贴花，可以设计出华丽的装饰。

贴花可以通过将单层面料或多层面料缝到底布上制得，利用缝合增加其立体效果。选择制作贴花的底布时需注意：每个贴花板片的折边都非常窄，通常向下翻折。因此，像雪纺和涤纶等光滑面料很难处理，羊毛珠皮呢等绉丝和钩织的面料同样不好处理。而棉、人造丝、羊毛和丝质面料，折边后很挺阔，可以制作出漂亮的贴花；也有许多面料的毛边不需要折边，可以修剪后直接缝到底布上，如麦尔登呢，毛毡，仿麂皮和皮草等。在本章中，除了其中一款外，其他所有的贴花都是用纯色面料制作的。但混色梭织印花面料会给服装增加层次和纹理，得到意想不到的效果。

贴花有大有小，可以是将所有的元素缝在一起形成完整复杂的图案，也可以是一个简单的，单一的形状。在本书练习中（第187页），是将缝纫机线迹缝到花型设计的中心，同样的，也可以添加装饰线迹，珠子，扣子或其他饰边，共同装饰出一件特色的服装。

基础贴花线迹

在贴花上有许多特殊的缝制工艺：缭针，下卷边缝和缝合锐角拐角的方法。这里，为了更清晰地展示，缝迹线用白色双线。如果用单根缝线缝制，尽量选择能将线迹隐藏的配色缝线。

缭针

缭针可以用来将贴花片缝到底布上，在正面应该看不见缝线。

1 轻轻地把缝份熨烫到面料反面。从面料的反面起针，穿过底布和贴花。

2 将针穿入底布，挑住底布的两三根线，在贴花的边缘形成一个小线迹。

3 将针插入贴花折边边缘，针穿进折边处大约3～6mm，然后穿出贴花面料。重复步骤2～3，直到贴花缝到底布上。

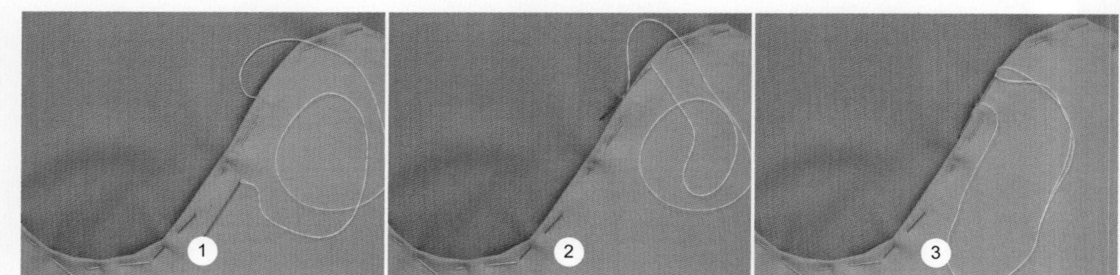

下卷边缝

线迹抓住贴花毛边后向下卷，然后将贴花固定到底布上。

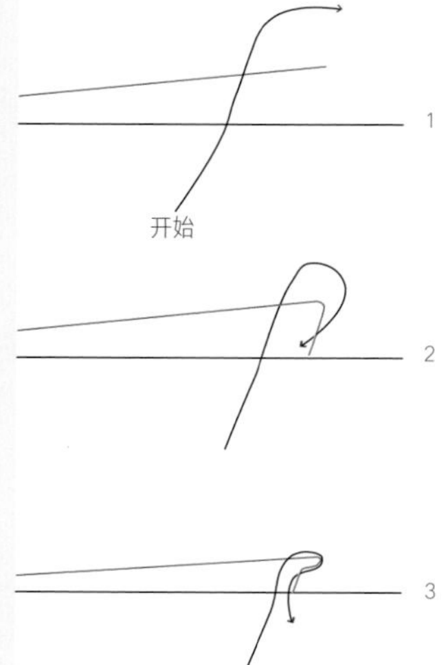

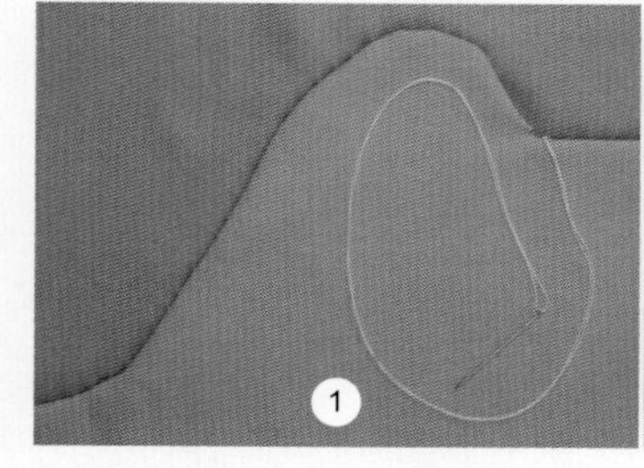

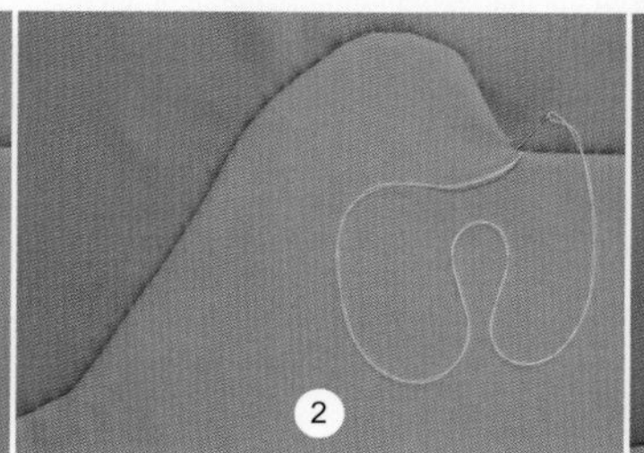

1 在贴花边缘内1mm处，将针向上穿过底布和贴花。

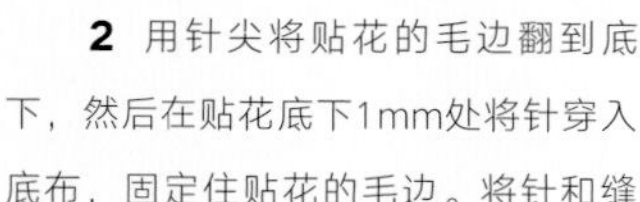

2 用针尖将贴花的毛边翻到底下，然后在贴花底下1mm处将针穿入底布，固定住贴花的毛边。将针和缝

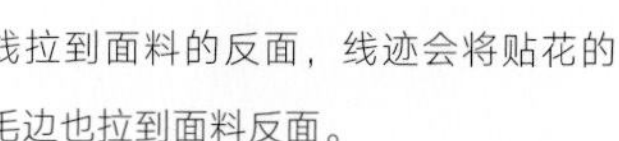

线拉到面料的反面，线迹会将贴花的毛边也拉到面料反面。

3 完成的拐角。

缝制锐角

将拐角毛边打剪口后向下卷边，抚平所有缝份。

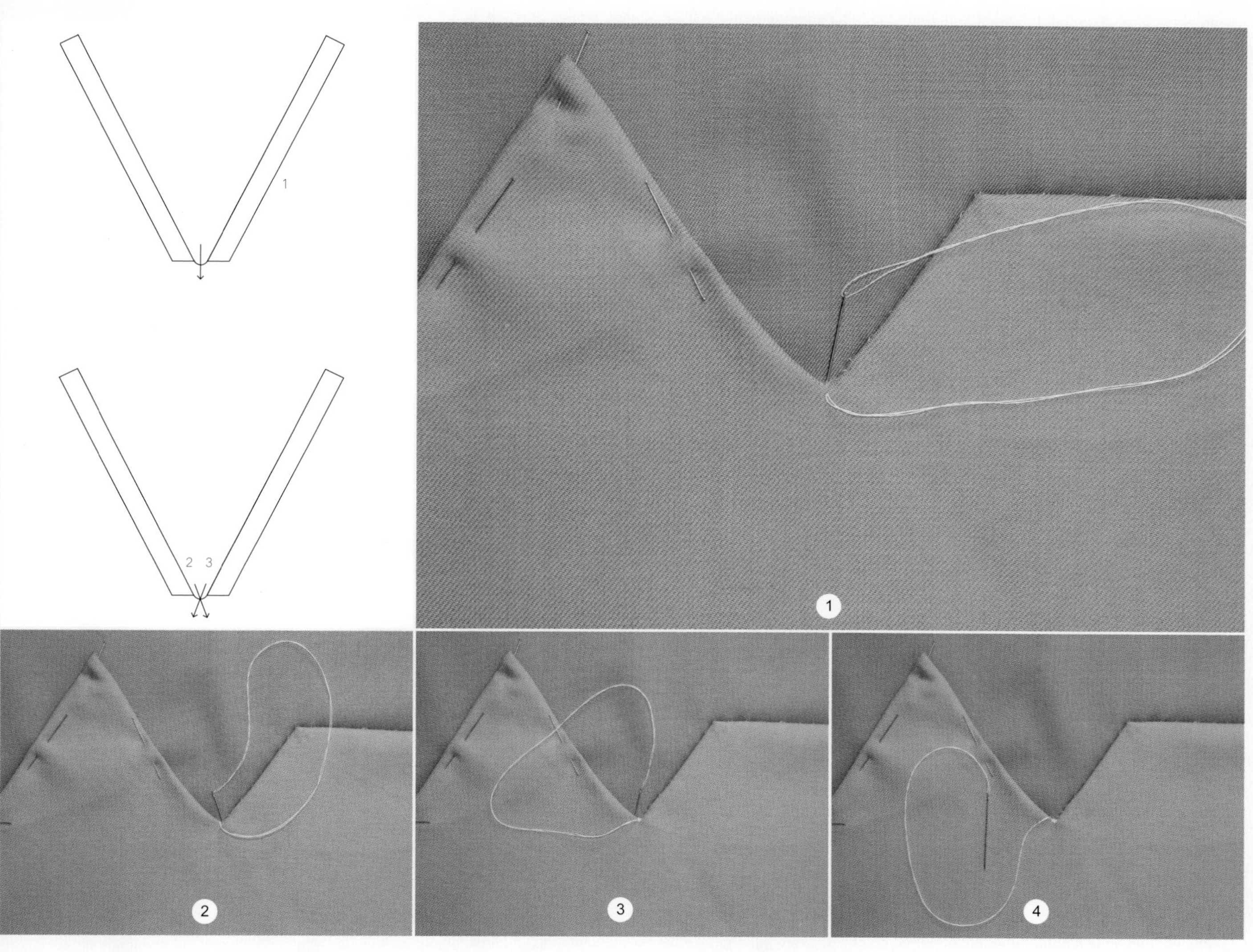

1 距接缝线1mm处裁剪缝份。用缭针缝到V形内6mm处，然后用下卷边缝，第一针从 V 形中心起针，将毛边向下卷。

2 第二针落在第一针的右边。

3 第三针落在第一针的左边。

4 用三针固定V形，根据需要可以增加小线迹，防止面料在V形处散开。

锐角的折叠

如果贴花有比较尖的转角，需要将面料和饰边折叠以防止散开。

1 熨烫两边的缝份。

2 把三角形外的面料折起来，刚好折到缝份折叠处。

3 沿着步骤2中制作的折叠线别好珠针，标记折痕。

4 取掉珠针并沿着折叠线裁剪。

5 重新折叠缝份，使新裁剪后的毛边夹在相邻边的接缝下。如果折叠的合适，三角形的外侧边缘不会露出毛边。

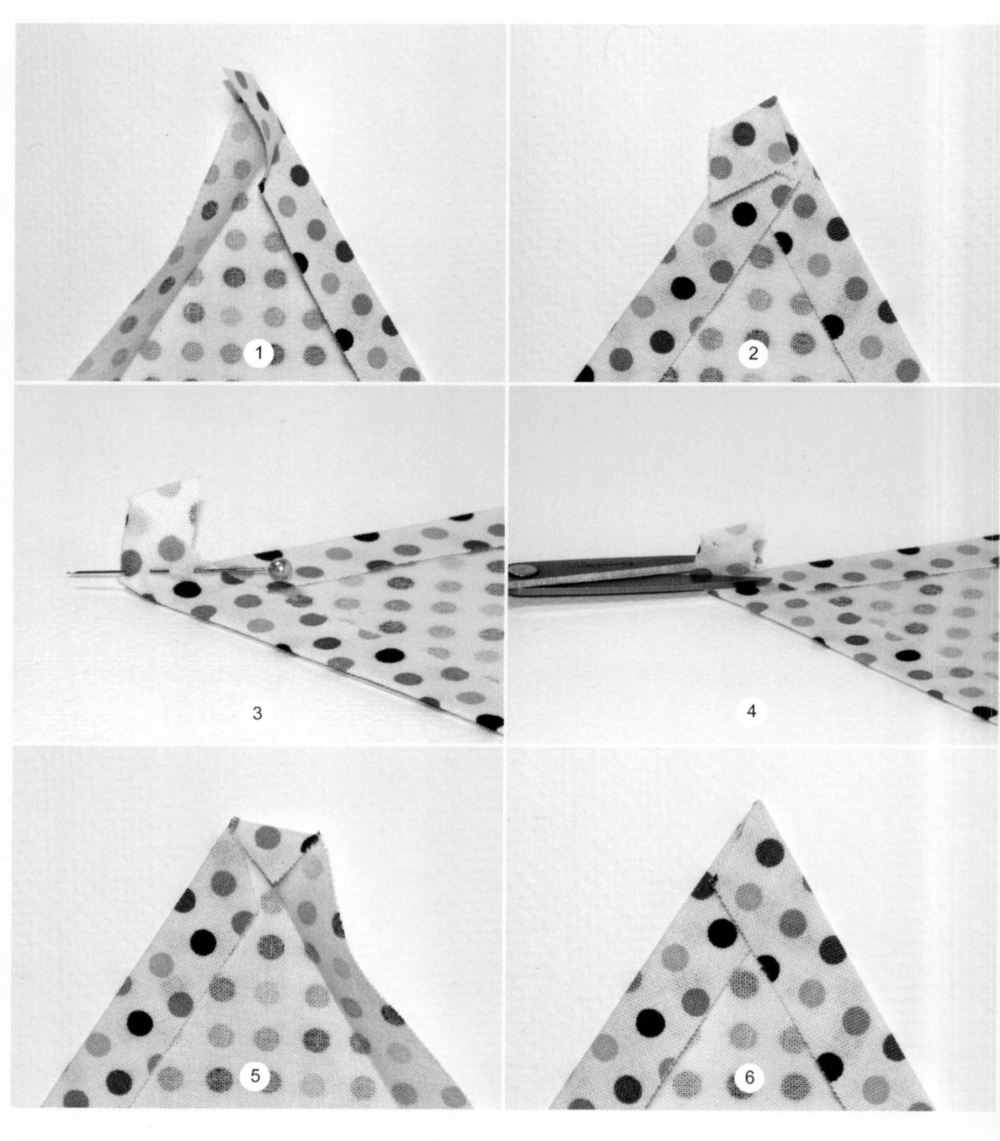

手工贴花

贴花位置的标定方法有许多种。在这里，用卡纸定位花瓣（其他方法详见图案转印，第18～23页）。花瓣用缭针缝到合适位置。

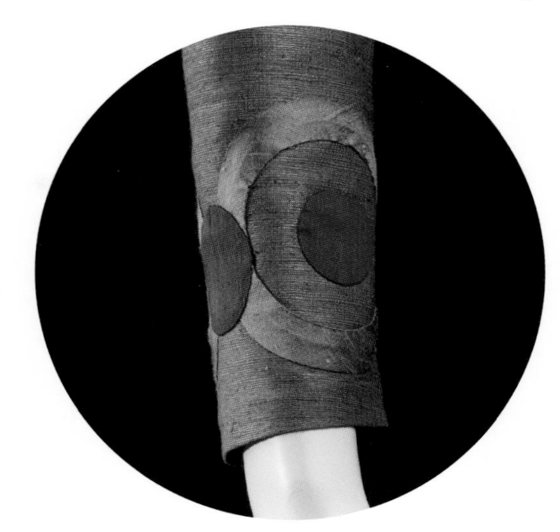

1 在卡纸上画出设计图。

2 沿外轮廓剪下设计图。

3 将外轮廓放在底布上；使用设计图剪下后的卡纸部分（阴面）或者使用剪下的设计图（阳面）均可。这里使用的是阴面。在面料上描出轮廓。

4 从第二块面料上裁剪出独立的花瓣，留出缝份。将花瓣缝份向下翻折，熨烫，然后放到底布上，将它们排列在设计轮廓线上，用珠针别好。

5 移除卡纸。将花瓣假缝到合适位置，或者在每片花瓣的中心用小块双面衬来将它们固定到位。

6 使用缭针（详见第178）将每片花瓣缝在合适位置。操作时用针尖将拐角处的面料塞进内部。

7 完成的贴花。

机器贴花

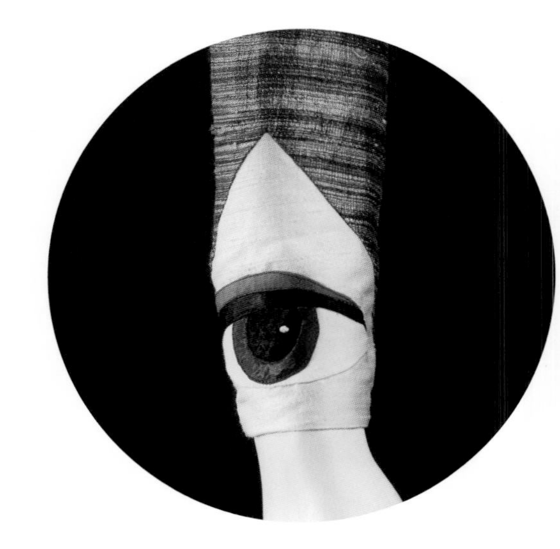

可以用不同的机器线迹和工艺将贴花片缝制到面料上，每种方法的效果不同。

直型线迹

直型线迹是用机器缝合贴花的最基本的方法。开始缝纫前要计算好缝纫路径。在这里，最简单的缝纫路径是绕着每个花瓣的边缘进行缝纫。

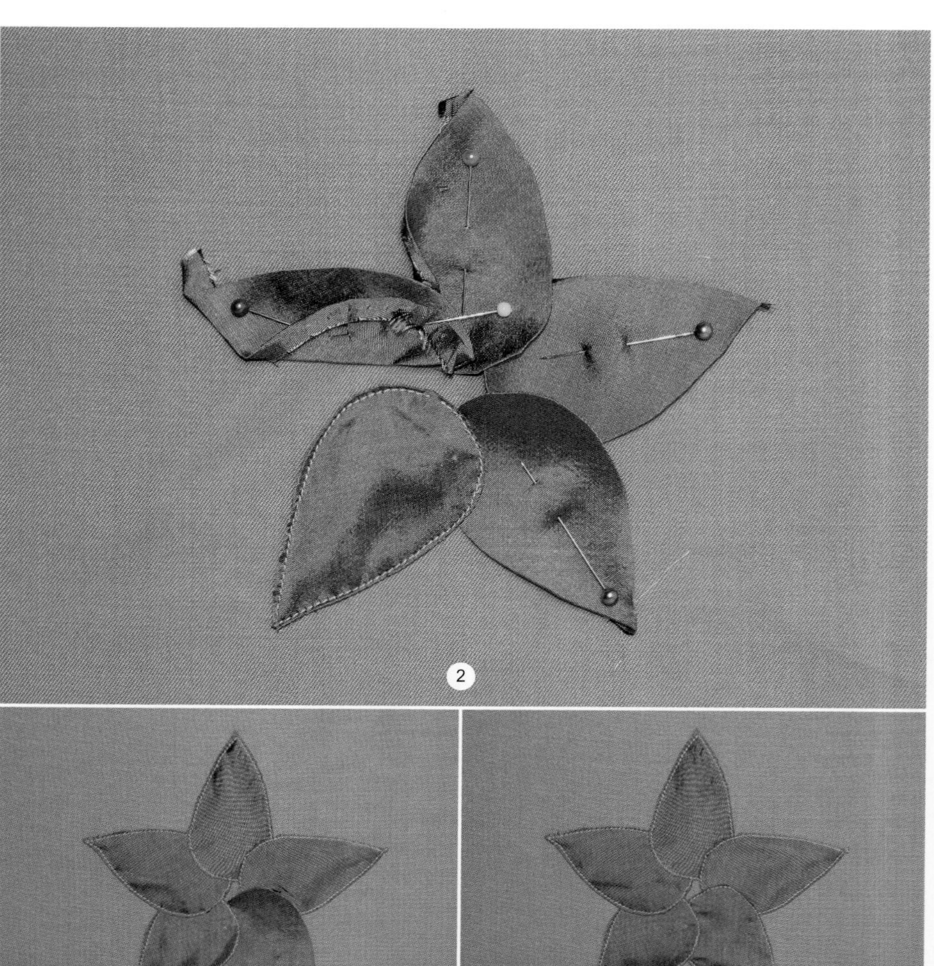

1 将图案转印到冷冻纸上，并准备好面料布片（详见图案转印，第23页）。按照手工贴花步骤1～5对布片进行定位并别好固定。

2 翻开其中一片重叠的花瓣，并从这点开始用机器缝制下面的花瓣，这样线迹的开始点和结束点都在重叠花瓣的下面。依次缝合每片花瓣。

3 在最后一片花瓣上，从前一片花瓣的边缘开始缝纫，顺时针绕过花瓣的尖点，再到侧边，绕过第一片花瓣的底部并回到这片花瓣的结束点，正好停在前一片花瓣的边缘，没有重叠的缝线。将面线拉到面料的反面并与底线一起打结。

4 直型线迹缝合的成品贴花。

“之”字缝线迹

“之”字缝线迹是另一种使用机器缝合贴花片的方法。“之”字缝线迹需要控制三个环节：针距、线迹宽和缝线张力。

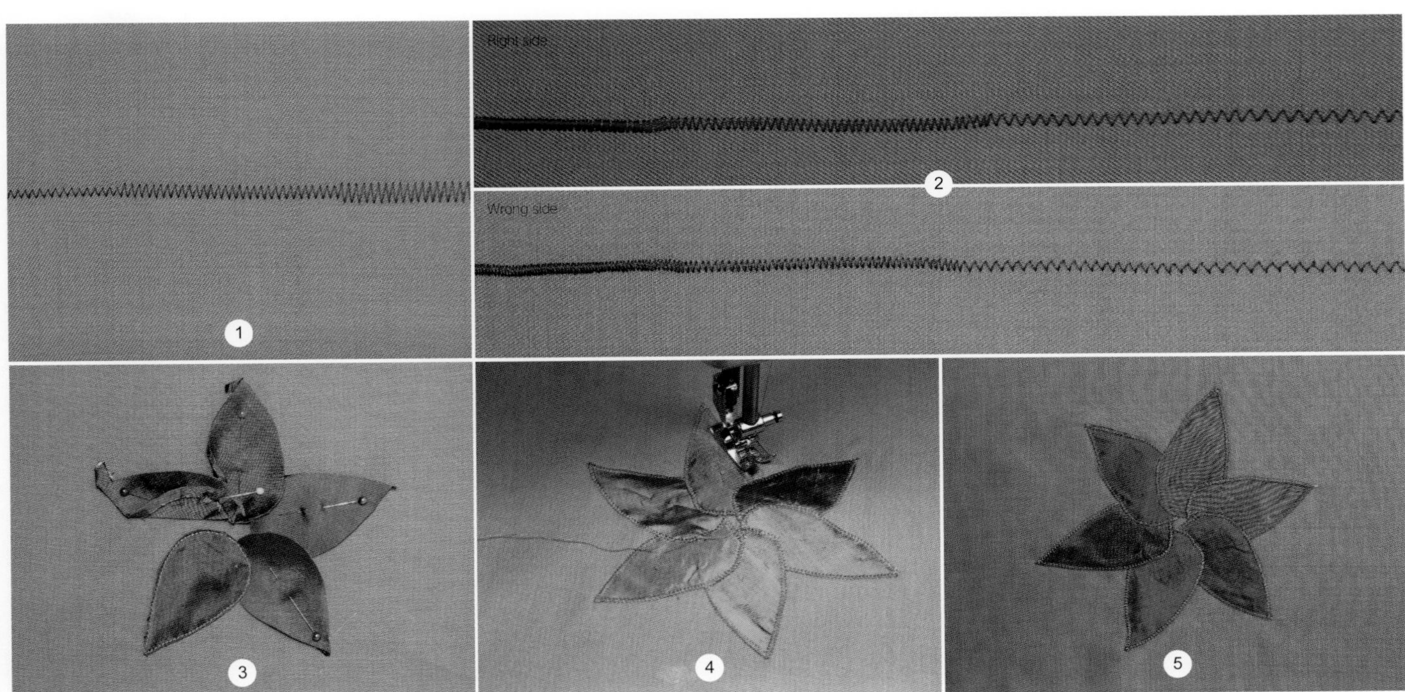

1 首先选择线迹宽，也就是针从一侧到另一侧的距离。在这个例子中，从左至右，线迹宽从2mm增到4mm，再增到8mm。每台缝纫机与另一台机器在设置相同数值的情况下，会缝制出略有不同的线迹。

2 选择针距，也就是线迹间的距离。从左至右，针距从0.5mm增到1mm，再到2mm（50spi到25spi，再到12spi）。针的张力表示面线和底线在哪里缠绕形成线迹。对于贴花来说，缠绕过程应在面料背面（详见“之”字线迹的平衡，第25页）。

3 将花瓣用针别在或假缝在合适的位置。翻开一个重叠的花瓣，并从这点开始缝制下面的花瓣，这样线迹的开始点和结束点都在重叠花瓣的下面。

4 使用“之”字线迹将针沿着花瓣的外轮廓边缘插入面料，或让线迹一半在花瓣上，一半在花瓣底下，均匀分布。依次缝合每片花瓣。将线头拉到面料反面并打结。

5 “之”字线迹缝合的成品贴花。

贴花背面使用内衬

在贴花的背面使用内衬来支撑缎纹线迹。

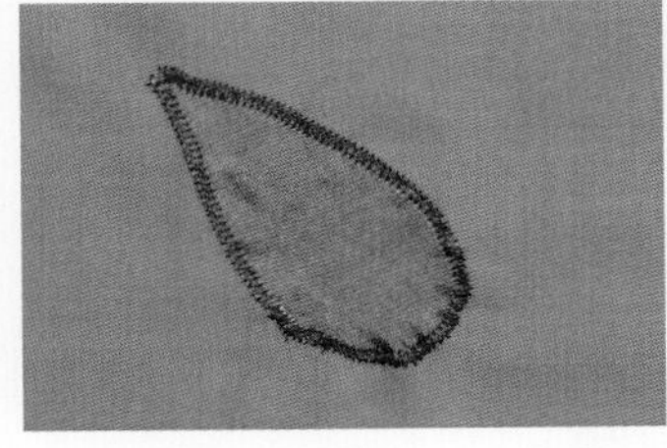

在这里，将过多面料的褶缝到线迹中，特别是在花瓣的底部，导致底布出现褶皱。底布上使用内衬有助于减少褶皱。

嵌线缎纹线迹

缎纹线迹缝在贴花毛边和人造丝嵌线上，是一种仅用单层面料来创造具有装饰细节贴花的方法。

添加嵌线也可以改变缎纹线迹的外观。图中的左边，人造丝缝线用缎纹缝迹缝制后呈现哑光色；图中右边是人造丝增加粗度后变得更加明亮。

对面料层进行测试，确定面料是否足够坚固或者是否需要添加内衬。可以在底布或贴花片上增加内衬。粘衬后的贴花可以避免毛边在覆盖到缎纹线迹上前散开。

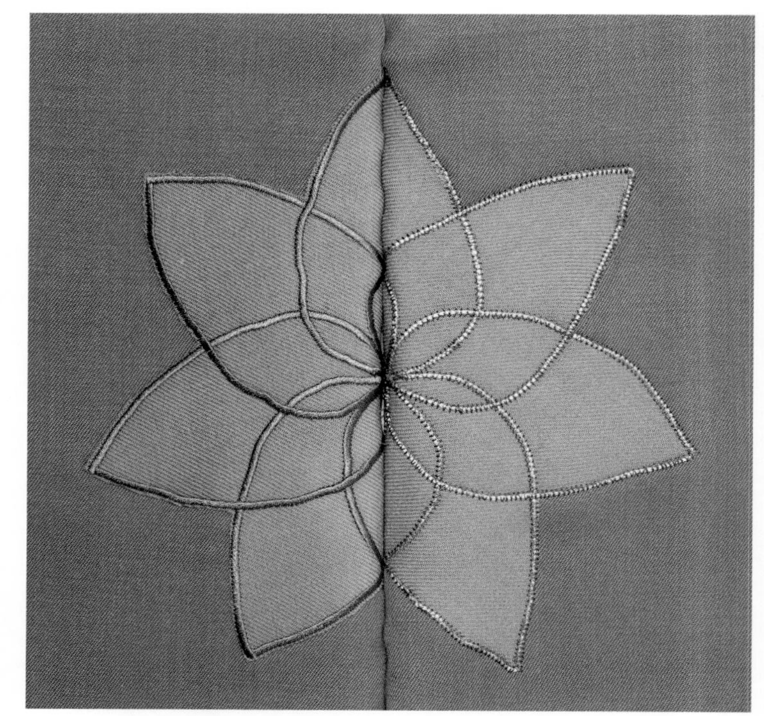

1 绘制缝迹线图案。

2 用数字标出缝迹线的缝制顺序。

3 使用热消笔在面料上画出缝迹线。将贴花片裁出，用珠针或手缝的方式固定在底布合适位置。

4 对嵌线进行缝制时，将面线的张力调松是非常重要的，因为它必须从嵌线的一边走较长的线程到达另一边。调松面线的张力可以使更多的缝线在每一针中穿过夹线盘。

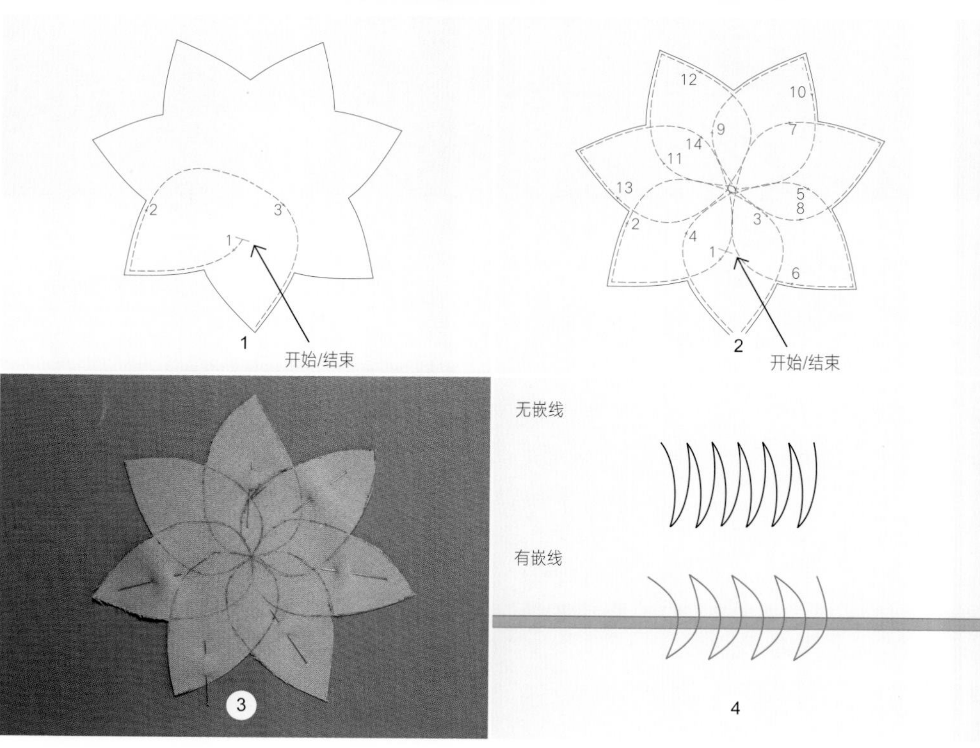

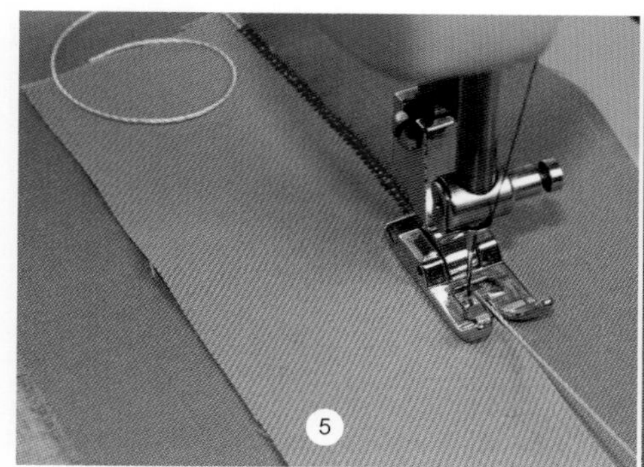

5 开始前，开始前用几个样品将“之”字缝线迹调整到合适的宽度、长度和缝线张力，以确保覆盖住嵌线和贴花的毛边。

将嵌线放在压脚下，位于压脚脚趾的中间，留出几厘米的嵌绳在压脚后面。沿着贴花的边缘缝制，保持嵌线在压脚脚趾之间。嵌线可以在“之”字缝线迹中露出来，也可以只是给缝迹增加厚度。在这里，嵌线从“之”字缝线迹下露出来，显示出多彩的颜色。

6 调整好缝线的张力，按照缝迹线图案将贴花缝到底布上。用强蒸汽熨烫贴花，使缝线融进面料。在移动贴花前确保贴花在熨台上已经干燥。

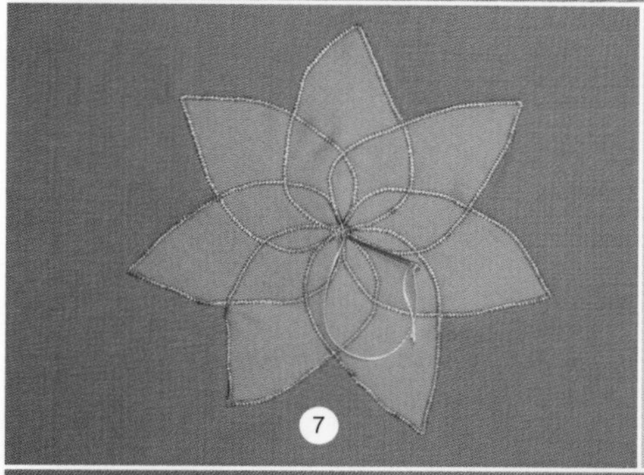

7 将面线穿到面料反面并与底线打结。将嵌线的末端穿过大眼缝针，穿到面料反面。

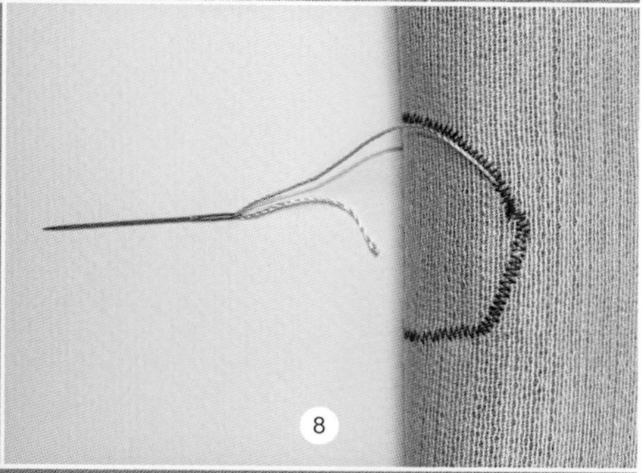

8 嵌线不要打结，但要将嵌线的末端穿到“之”字缝线迹的下面（红色线迹）。

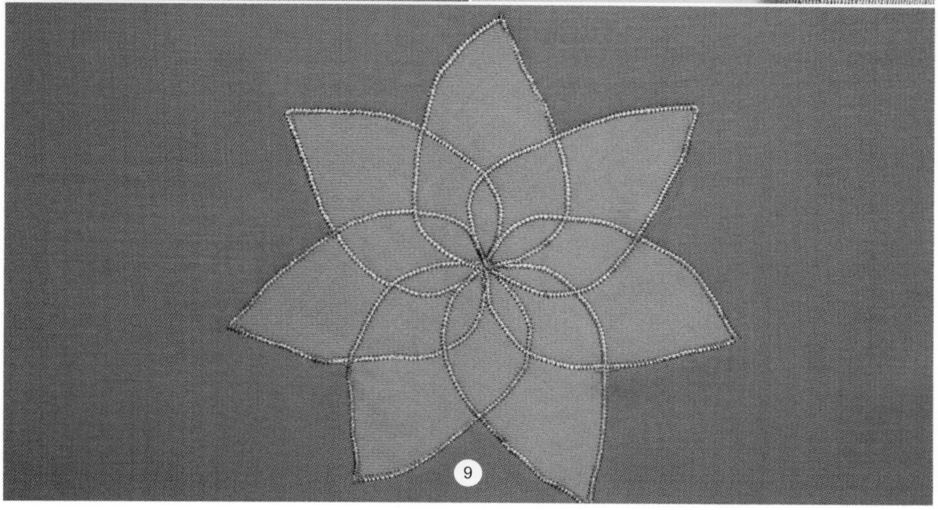

9 用嵌线缎纹线迹缝制的成品贴花。

缝合后裁剪

这种工艺是另一种将单层贴花装饰面料添加到底布上的方法。开始前用几块样布将“之”字缝线迹调整到合适的宽度、长度和缝线张力。对面料层进行测试：确定面料是否足够坚固或者是否需要添加内衬；确定如果给贴花面料粘衬，衬是否会在剪掉多余面料后露出来。

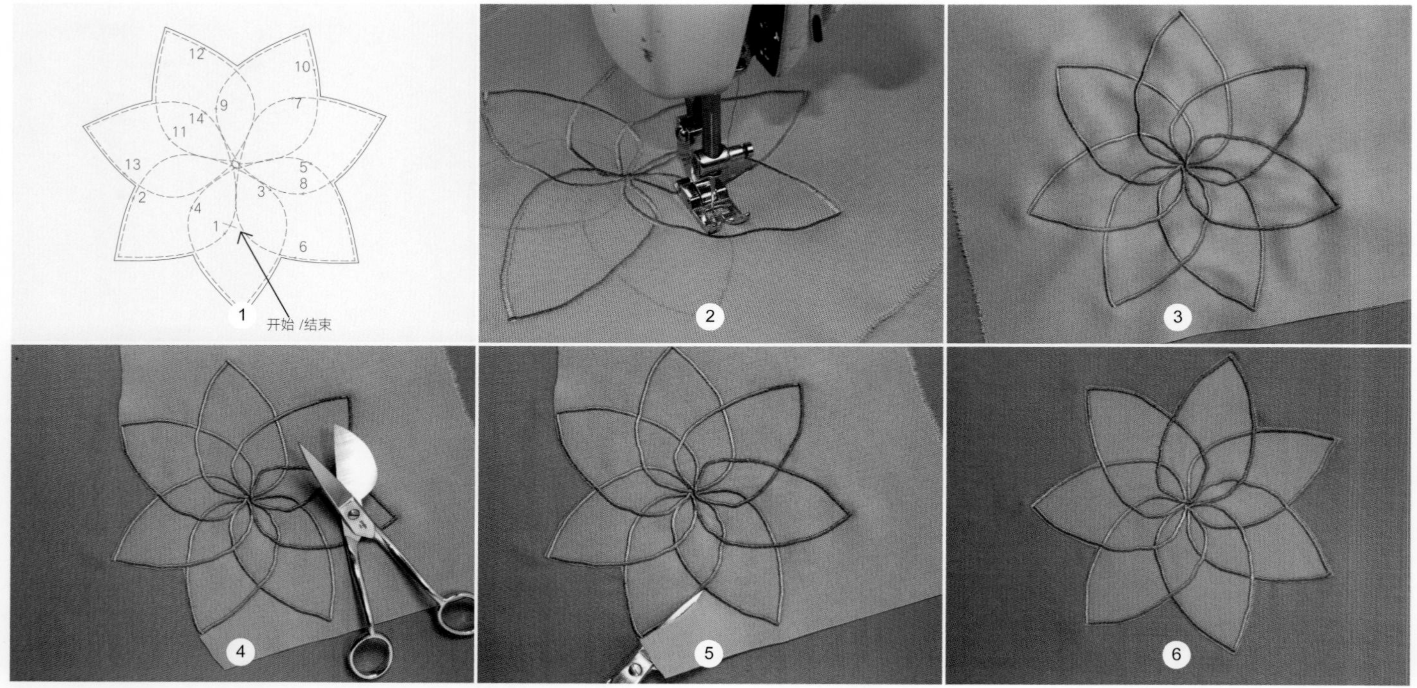

1 绘制缝线迹图案。在这里，底布粘有针织黏合衬。

2 沿着设计线用缎纹线迹缝合。

3 整个图案在缝合完毕后可能会起皱；较强的蒸汽将贴花熨烫平整。但是确保在移动贴花前贴花在熨台上已安全干燥。

4 贴花片熨烫和干燥后，用贴花剪将多余的面料修剪掉。这种剪刀有一个椭圆形像鸭嘴兽嘴部或船桨的刀片，可以紧紧地贴着缝迹线，在多余面料上滑动。弯曲的手柄有助于减少裁剪过程中面料的移动。

5 经过训练后，可以做到将剪刀紧贴缝迹线并刚好在椭圆形刀片的上方移动，进行非常近距离的裁剪。

6 完成的贴花。注意粉色面料的边缘在灰色缎纹线迹的外面。

装饰贴花工艺

这种工艺通常使用不易磨损的面料，例如仿鹿皮，皮革或者毛毡等，用非同寻常的方法将设计元素加到底布上。

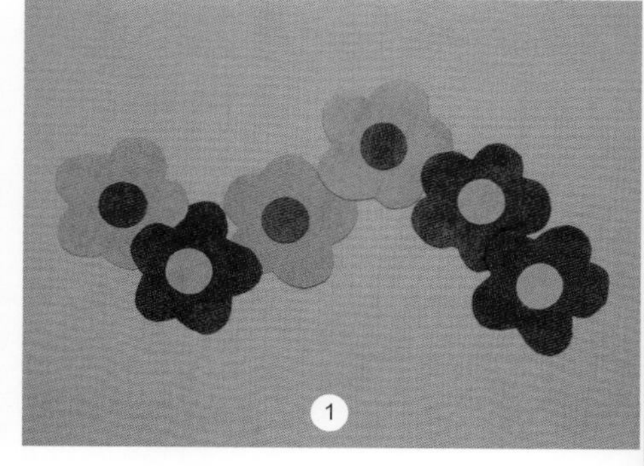

1 首先将设计元素裁剪出来（这里是花朵），并将它们放在底布上。用珠针、假缝或用几小片双面粘衬将设计元素固定在面料的反面。

2 撞色线从每朵花的中心穿过4次，缝线的起始点和结束点在花朵中心的外边缘上。这种设计使花朵的花瓣部分较松，中心部分较紧，从而改变了花瓣的排列方式。

变化形式

用其他的工艺进行尝试。这种仿鹿皮花朵用三个同心圆缝在底布上，花芯有珠子。

反面贴花

反面贴花由多层不同面料叠在一起，然后裁剪掉指定位置的面料而露出多层设计。巴拿马圣布拉斯群岛的库纳印第安人以利用这种技术制作称为“莫拉斯”的彩色几何图案而闻名，通常，它们用来装饰女性的上衣。在这里，用羊毛和丝绸做的花型设计，有三层花瓣，花芯部分为网格贴花。

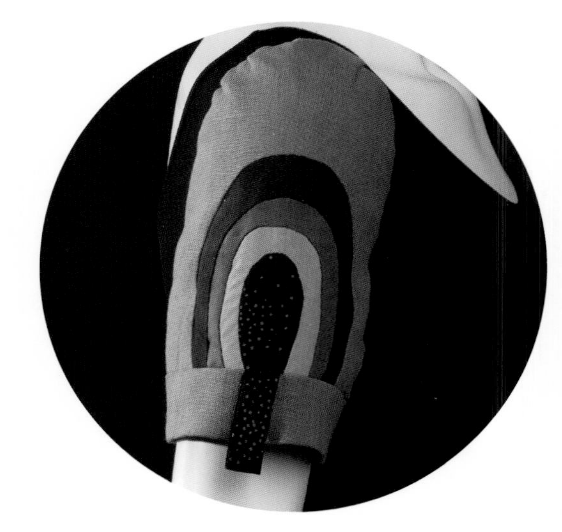

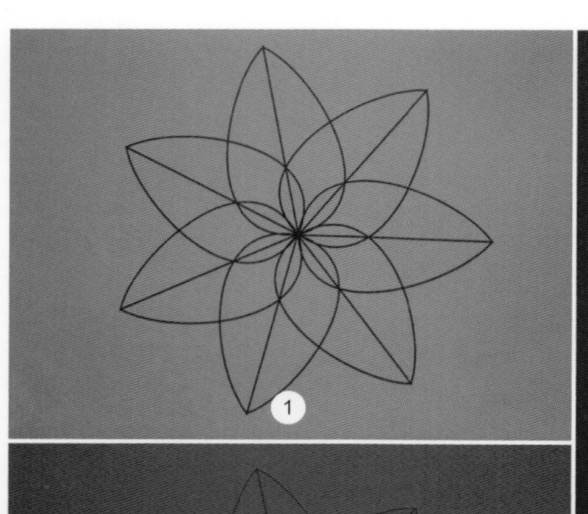

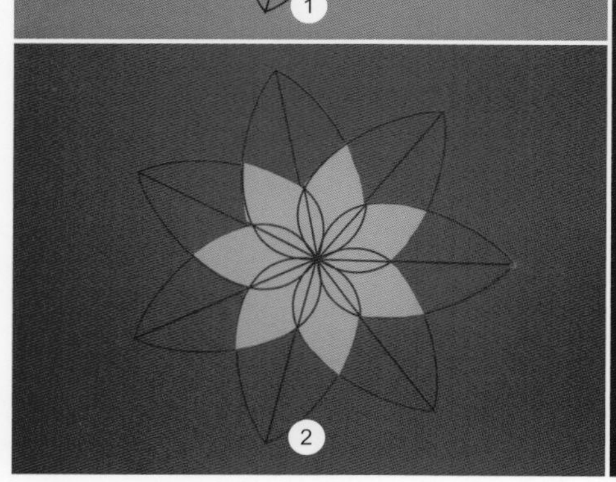

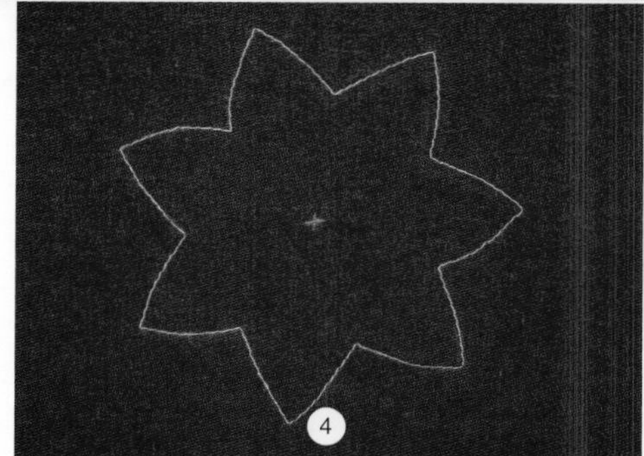

1 使用彩色纸片或彩色铅笔制作一个完整的设计小样。首先，在纸上画出或印出整个花朵，作为底布的设计。

2 在第二层纸上画出或印出设计图，这是中间层设计。将花芯部分剪掉露出底层。

3 在第三层上画出整朵花的外轮廓，这是最顶层的设计。将这个形状剪掉，露出中间层和底层。

4 将纸版按层分开，用纸版层作为纸样，在每一层标记缝纫线。在每层用机器假缝接缝线，缝迹线可以为翻折缝份提供精确的指示。在这里，可以看到顶层面料上机器假缝的外轮廓。

5 将面料叠放在一起，对齐每层关键设计点。用网格假缝将每层固定在一起（详见网格假缝，第27页）。

6 在接缝线内标记缝份，这里是6mm。将顶层面料的中心分剪掉，留出缝份。

7 在下一层标记缝份，并将中心部分剪除。继续标记并裁剪，直到最底层面料。在这个设计中，每一层的花瓣尖端会与上层面料相接，所以必须对下层面料小心标记。在可撕除内衬上画出底层花瓣并缝到合适位置。缝合花瓣设计图案，随后小心地拆除内衬，留下设计线迹。

8 用手工贴花缝纫工艺（详见第178页），将顶层面料的缝份向下翻折，将面料翻折到机器假缝线以下，并根据需要进行裁剪。珠针固定并用手指按压。拆除接缝线上的机器假缝线迹。用非常小的缭针将折边缝到下一层。在每一层重复折叠和缝合缝份，直到全部完成。

9 为了将网状贴花添加到设计图案的中心，拆除内部花瓣先前的线迹，撕除内衬。将网状层放到花朵中心上，并将内衬放在顶层。

10 用小针脚绕着中心花朵机缝，撕除内衬。将网状贴花修剪到机缝线迹处，在网状贴花的缝迹线外留出1mm。拆除所有的网格假缝，并熨烫整块布片。

11 完成的反面贴花。

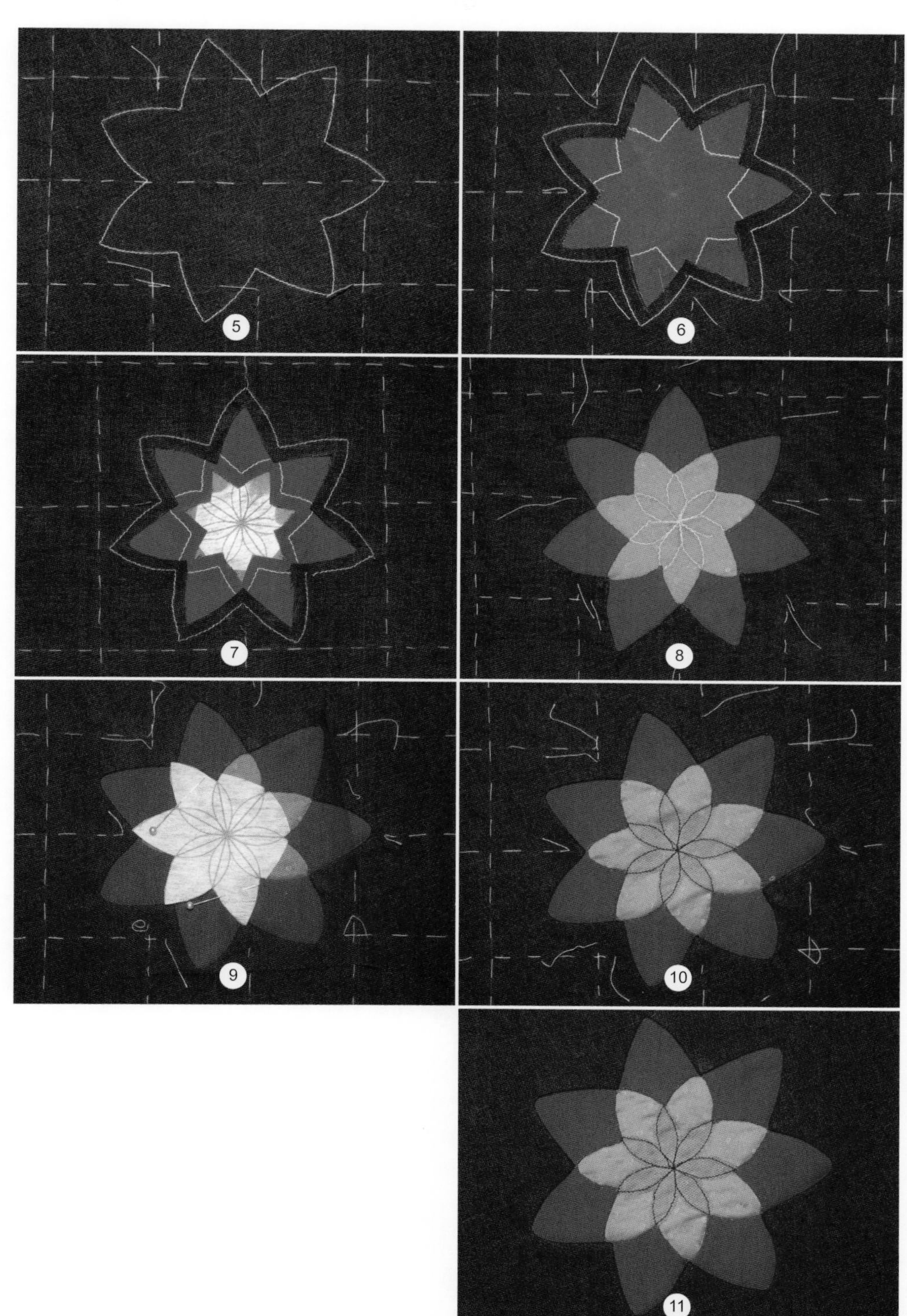

结绳，或叫编辫，是一种将几股纱线编织到一起以增加强度，或是给肩带、腰带或领带增加宽度的工艺。许多国家和地区有自己独特的结绳编织工艺，结绳通常与他们的传统服装相结合。本章重点介绍有时被称为“编辫”的工艺，而不是扣襻、日式组纽、秘鲁结或其他的结绳工艺。

在每个编织图案中可能包含许多的设计，这由股数、颜色和所选择的排列顺序所决定。本章给出了三股、四股、五股和十股圆辫和平辫的图示；在这里，用有限的颜色色板清楚地展示辫带随工艺上的微小改变是如何变化的。

3.5 编辫

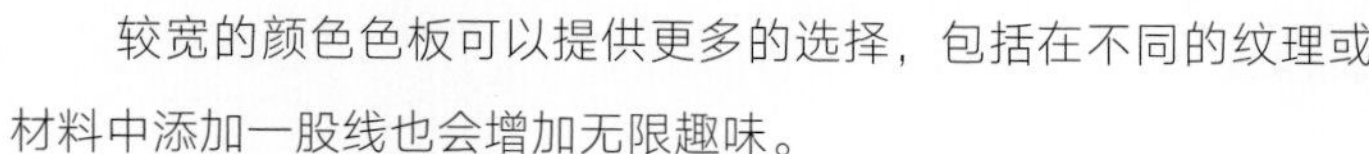

较宽的颜色色板可以提供更多的选择，包括在不同的纹理或材料中添加一股线也会增加无限趣味。

辫带可以由鼠尾绳、纱线、鞋带、售卖绳、定制嵌线（详见嵌线，第150、151页）、皮革、织物上抽出的纱或其他适合服装的纤维制成。在本章中，所有的纱、绳和纤维都被视为股线。

股线的长度计算

股线相互缠绕会缩短长度。辫带中的股线数和包芯的粗细都会影响到完成辫带所需要的股线长度。但是有一个很好的经验法则：股线长约为最终长度的1.5倍。举个例子，四股长为61cm的2mm鼠尾绳编织成的辫带，最终成品长为43cm；而十股长为61cm的2mm鼠尾绳编织的辫带，最终成品长为38cm。

末端固定

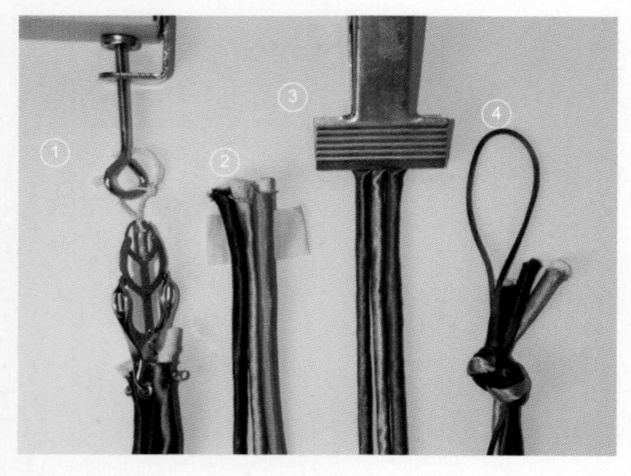

1.单股由三爪或缝纫夹固定

2.三股由胶带固定

3.三股由夹子固定

4.用其他的股线把股线打结在一起，挂在门把手上

在开始制作辫带时，将股线的两端连接在一起，并将它们固定在一个牢固的位置，这样就可以拉紧它们。这里有许多方法：用膝盖夹住打结的股线末端，将股线形成圈套在门把手上，将股线编辫；或用临时工具或服装用工具协助。

如果辫带的末端会缝进接缝中，那么将末端缝在一起并将它们固定（详见饰边末端的固定，第164页）。如果辫带末端在服装中间，需要将末端绑定。通常工厂生产的嵌线有两部分：包布和包芯，将包布回退露出包芯。将包芯修剪至合适的长度，然后后将包布推回覆盖包芯末端，防止凸起。把包布叠在辫带下并缝合。

也可以用绳缠绕辫带的末端，所用方法与流苏的颈部缠绕方法相同（详见流苏，步骤7～12，第211页）。

1.三股鼠尾绳辫带，用天然色珍珠皇冠人造丝线绑住

2.另一个辫带末端，用海军蓝珍珠皇冠人造丝线绑住

股线处理

学习每种编织的顺序，有助于在制作时快速操作每一步。比如，对于四股标准辫带来说：“左上穿1，下绕1；右上穿1，合股。左上穿1，下绕1；右上穿1，等等。

编织方向用缩写表示：

R=最右股　L=最左股

O=上穿　U=下绕

#=上穿或下绕的股线数量

如果忘记了操作顺序，返回到之前能够辨别的位置重新开始。

后整理和蒸汽处理

编织完成的辫带可能会扭曲、不平整或者弯曲。用蒸汽进行处理，但熨斗不要接触辫带。在辫带温热潮湿时处理，使其平整有序。再一次蒸汽处理可以使其干燥后保持完美的形状。蒸汽处理也可以对辫带重新塑形。

成品辫带可以缝到面料上（详见手缝饰带，第174页）。

绑好的末端

用熨斗对辫带蒸汽处理

蒸汽处理前（上面）和蒸汽处理后（下面）

三股圆辫

三股圆辫是最简单的编辫方式。

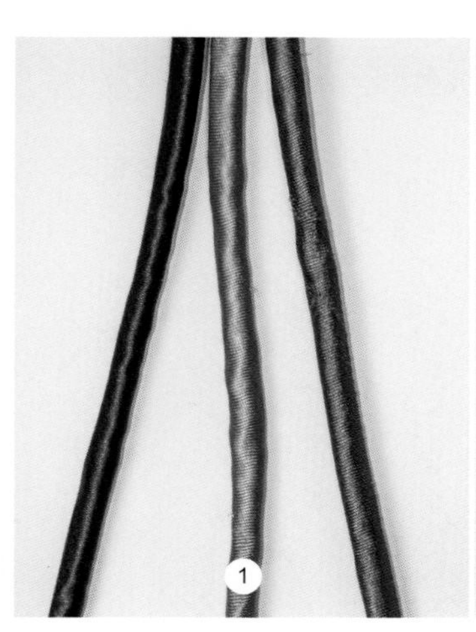

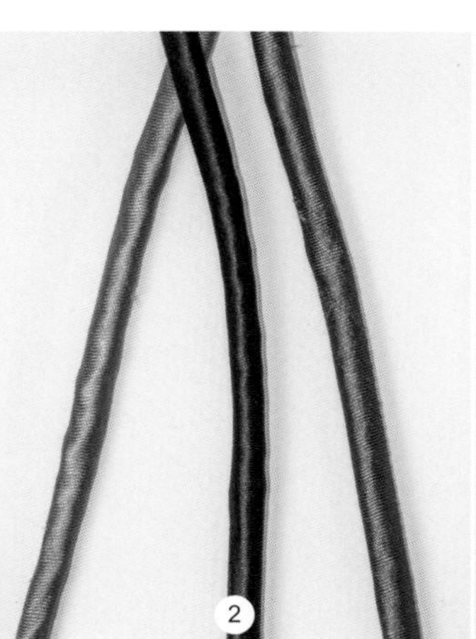

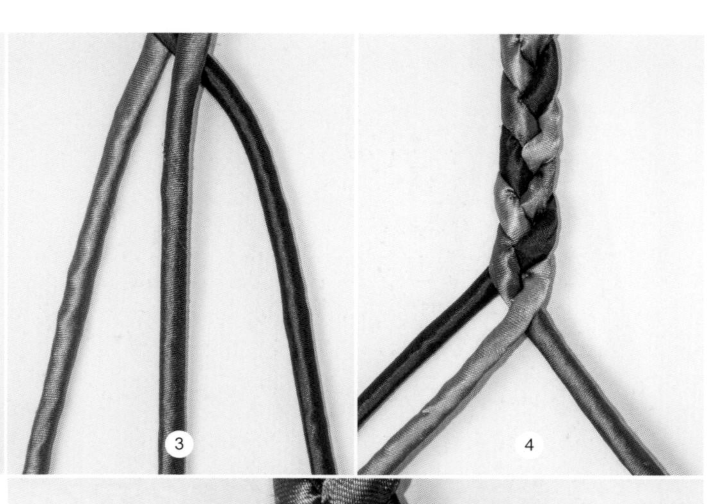

1 固定三股线。

2 LO1=最左股线上穿1股线。

3 RO1=最右股线上穿1股线。

4 继续重复步骤2~3直到完成辫带。

5 成品三色辫带。

四股圆辫

用四种不同颜色编织的四股圆辫，可以创作出一根彩色的粗线绳；用两种不同颜色编织的四股圆辫可以呈现一种简单的波动效果。

1 固定四股线，这里用四种不同的颜色。

2 LO2=最左股绳上穿2股绳。

3 RO1=最右股绳上穿1股绳。

4 重复步骤2～3直到完成辫带。

5 完成四股圆辫。

6 2mm鼠尾绳四股圆辫和四股平辫（详见对面图）。

变化形式

尝试不同的颜色搭配和不同的编织顺序。这里展示的是（从左到右）全蓝；蓝色/灰色，蓝色/灰色；灰色/蓝色，蓝色/灰色。

也可以用由两股线拧在一起的线绳制作四股圆辫，如2mm鼠尾绳，直到它们折叠起来（详见流苏，第202页，和扭曲和编辫，第203～205页）。

四股平辫

四种颜色编织四股平辫的特点是重复的对角线套结，呈现出两种颜色的对角线条纹。

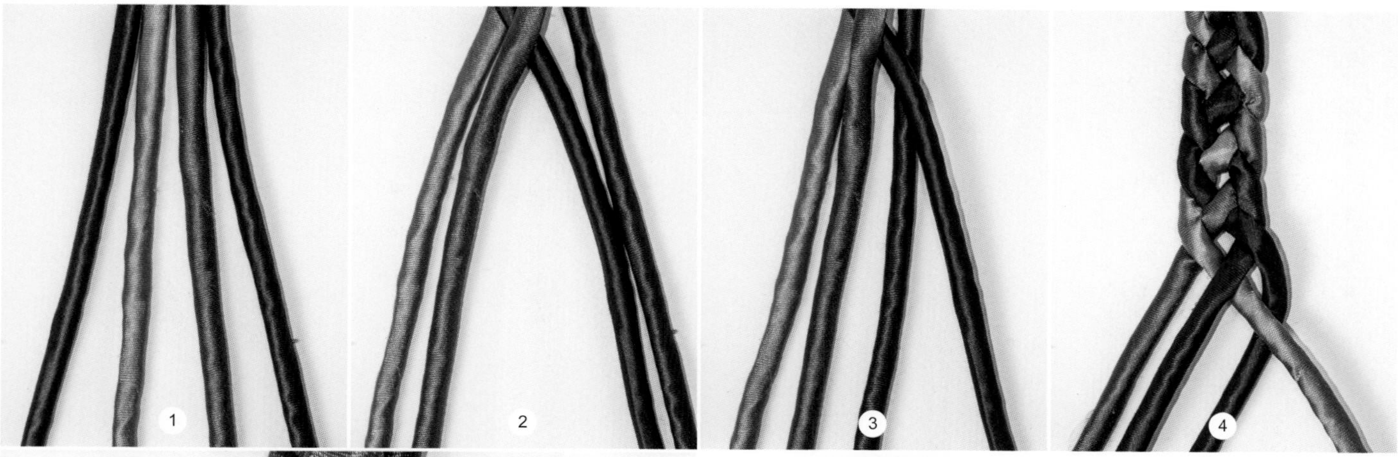

1 固定四股线，这里用四种不同的颜色。

2 LO1,U1=最左股绳上穿1，下绕1。

3 RU1=最右股绳下绕1。

4 重复步骤2～-3直到完成辫带。

5 成品四股平辫。

变化形式

用两种颜色交替编织成类似理发店三色灯图案的辫带。

五股圆辫

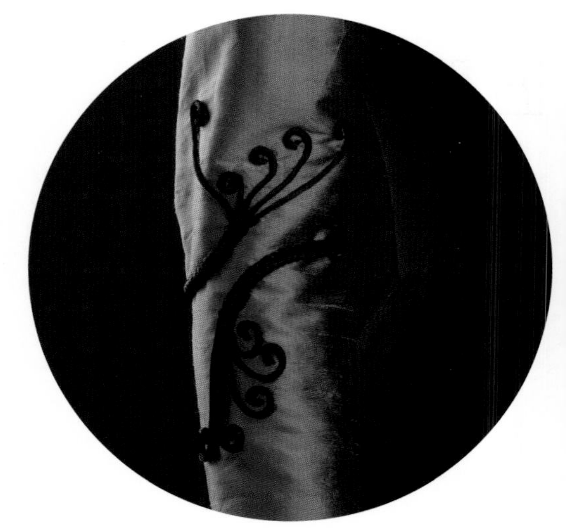

五股圆辫比四股平辫的结构更加紧密。用五种颜色进行编织时，每一个颜色都在重复序列中出现两次：边缘和中间的部分。

1 固定五股线，这里用5种不同的颜色。

2 LO2=最左股上穿2。

3 RO2=最右股上穿2。

4 重复步骤2～3直到完成辫带。

5 成品五股圆辫。

6 用2mm鼠尾绳编织的五股圆辫和五股平辫（见下页图）。

五股平辫

五股平辫比四股平辫有更加紧实的编织外观。

1 固定五股线，这里用5种不同的颜色。

2 LO1,U1=最左股上穿1，下绕1。

3 RO1,U1=最右股上穿1，下绕1。

4 重复步骤2～3直到完成编织。

5 成品五股平辫。

十股圆辫

十股圆辫在中心部分有一个突起的倒V字型。这是一个由双股线编织而成的五股圆辫。

1 固定十股线。开始前，将股线分成左右两半，左边六股，右边四股。编织时，六股线和四股线会交替变换左右位置。

2 2LO1,U3=最左两股线上穿1，下绕3。注意，现在六股线在右侧。

3 2RO1,U3=最右两股线上穿1，下绕3。注意，现在六股线在左侧。

4 2LO1,U3=重复步骤2，两股最左股线上穿1，下绕3。

5 2LO1,U3=重复步骤3，两股最右股线上穿1，下绕3。

6 重复步骤2～3直到完成编织。

7 十股圆辫的反面。

8 十股圆辫的正面。

9 2mm鼠尾绳编织的十股圆辫和十股平辫（详见对面图）。

错误修正

如果忘记顺序，先不要继续编辫，松开绳结，重新整理左边和右边的股线。

十股平辫

十股平辫是用双股线编织成的五股平辫。

1 固定十股绳，将相同颜色的股线两两放在一起，然后分为两组，左边六股，右边四股。编织时，六股线和四股线会交替变换左右位置。

2 2LO2，U2=最左两股上穿2，下绕2。

3 2RO2，U2=最右两股上穿2，下绕2。

4 重复步骤2～3直到完成编织。

5 成品十股平辫。

流苏、绒球和穗常用于一些特殊服装或服装的局部。例如，披巾边缘的流苏，帽子上的绒球或拉链拉手尾部的穗。现在它们也有许多独具创意的用途。

简洁的丝绸长流苏掀起了1920年代的时尚风潮，而短小的羊毛质感流苏通常用在香奈儿服装的饰边上。带流苏的服装可以使腰部若隐若现，绒球聚集在一起可以形成一个圆环，穗可以用来增加围巾底摆的重量。

3.6 流苏、绒球和穗

这些饰边都可以用不同的纱线来制作，从鼠尾绳到金属线，它们都可以打结、缠绕或绑扎在一起后缝合到服装上。

流苏也可以作为服装的一部分，放置在底摆或克夫上。同样的，服装纤维可用来制作与服装相匹配的绒球和穗。

流苏

流苏通常用松散的织物制作，而较少用紧密的织物制作。以下例子中所用的面料包括松散的梭织棉丝混纺平织物，和紧密的梭织山东丝绸和羊毛呢。

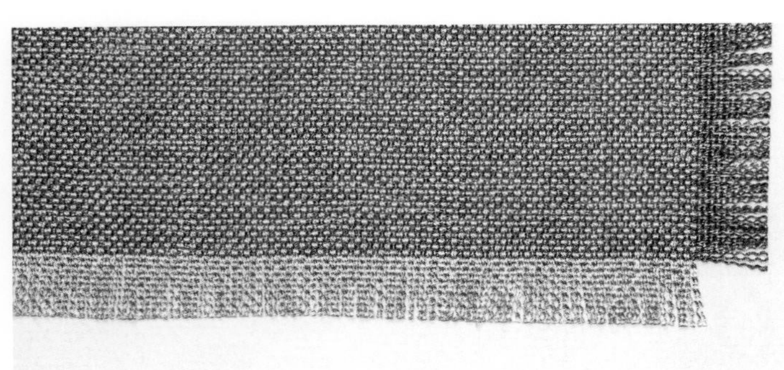

在这块面料上，经纱是米色/金色纱线，纬纱是蓝色纱线

基础流苏

这种工艺一般用于制作服装底摆处或披肩边缘处的流苏。

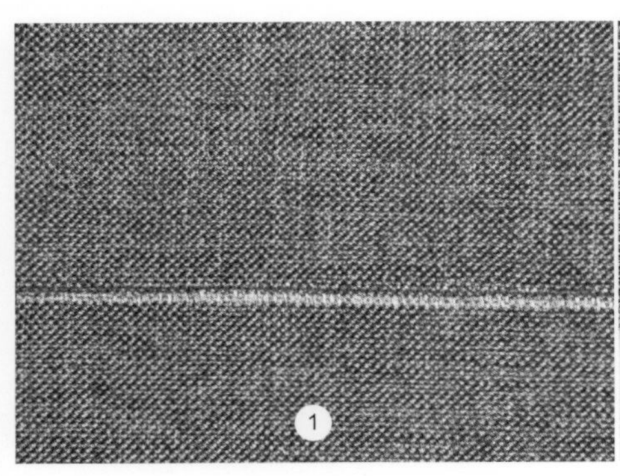

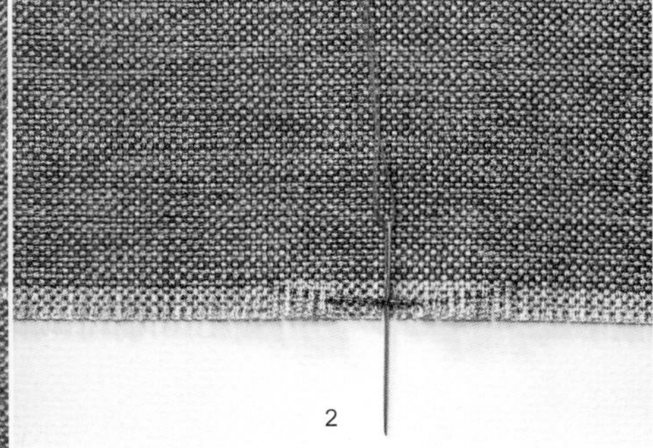

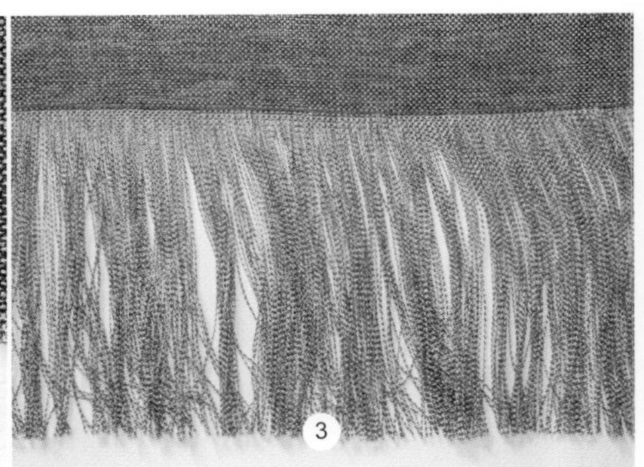

1 将面料的末端剪平直：任何不规则的边缘都会在流苏的底摆上显示出来。可以从面料上抽出一根纱线来获取直边，裁剪掉抽纱后多余的部分。

测量出流苏上端位置，从面料上抽一根纱线来标记这个位置。在抽掉的纱线上用小的“之”字缝固定流苏的上端（橙色缝线）。

2 用一根钝针（橙色的线），将每根经纱（或纬纱）从编织结构中分离并拉出。一次不要拉多根纱线，避免破坏面料的编织结构。继续分离和拉出纱线直到“之”字缝的位置。

3 完成的流苏。

扭曲和编辫

有多种打结和扭曲可以用于流苏的装饰。这里展示了三种流行样式：扭曲、折叠扭曲和编辫。这里使用鼠尾绳。

扭曲

这些扭曲由基础流苏的末端制作而成。

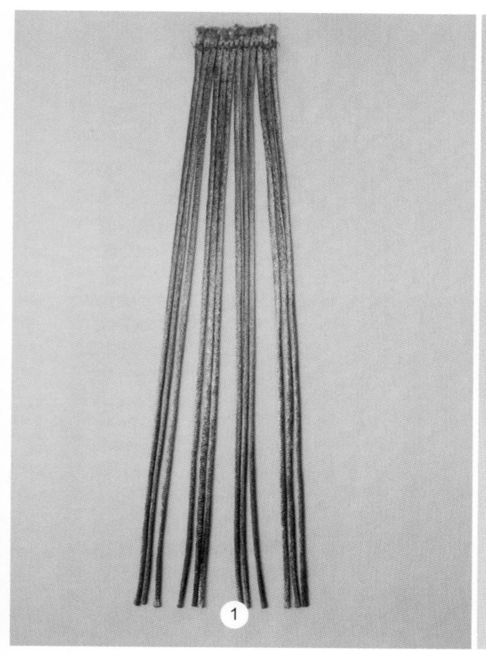

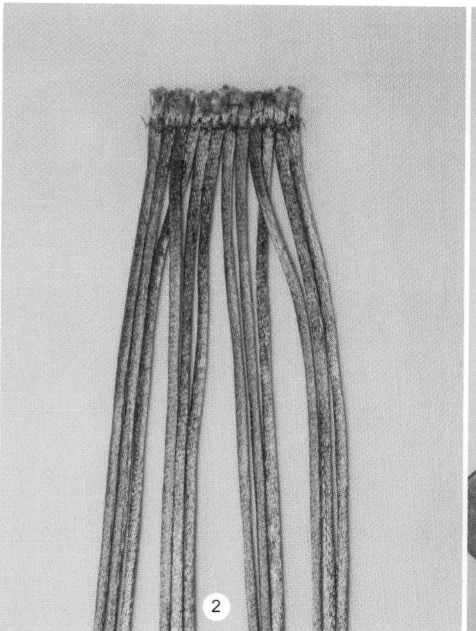

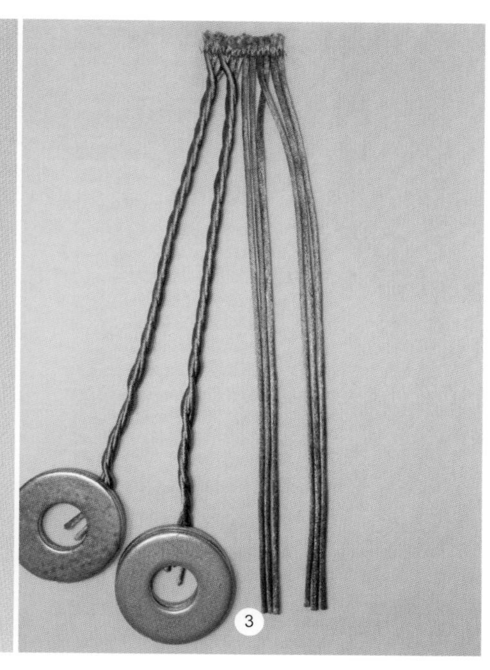

1 将面料边缘流苏的长度设置为成品长度的1.5倍：15cm的流苏可以制作10cm的扭曲。

将流苏分成捆，从流苏的顶端数出每捆的股线数。这里展示的是三股线为一捆

2 从每捆中拿出最少一股线与相邻捆中的一股线绳进行交换。

3 将两捆股线扭在一起。无论顺时针还是逆时针扭曲，但两捆线必须以同样的方向扭曲。操作时可以使用重物辅助固定位置。

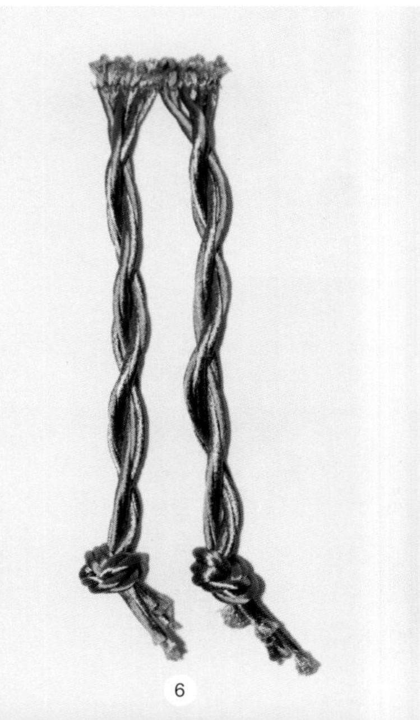

4 保持扭曲状态，在流苏底部将两捆线打结在一起。

5 放开已打结的流苏：两捆绳会有些扭曲松开，随后再将其扭曲在一起。注意，双捆扭曲的方向与原来的扭曲方向相反。

6 完成的双捆扭曲。

7 由基础流苏制成的扭曲造型。

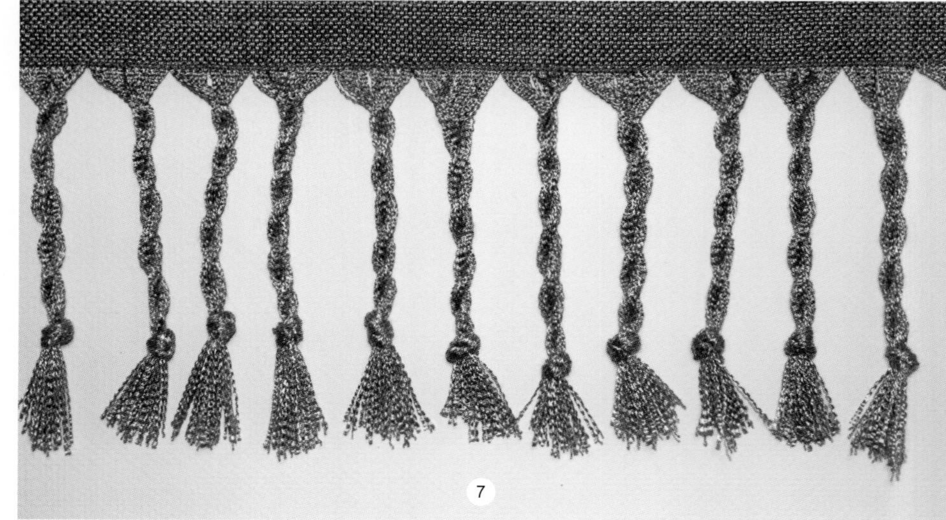

折叠扭曲

这种工艺可以使扭曲的末端藏在底布中。

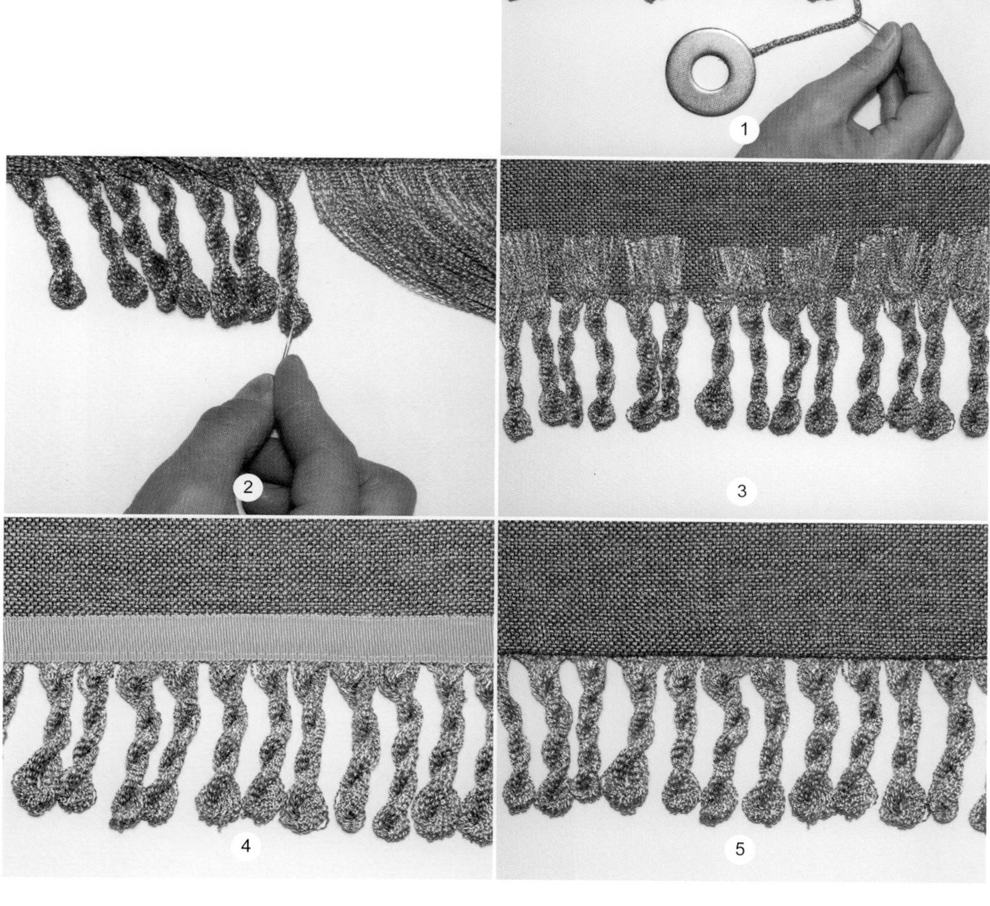

1 制作流苏，将纱线组合并扭曲，形成不同的几捆，如扭曲步骤1～3（第203页）所述。用珠针固定捆的中间位置。

2 用珠针固定后，将每一捆的末端朝面料方向折叠，捆绳会自行扭转。取下珠针。

3 用小“之”字缝在流苏的顶端将纱线末端缝到底布上。在面料正面还是反面操作，取决于是否要将织带（详见第4步）作为设计的一部分来覆盖毛边。

4 对纱线末端进行修剪。用另一块面料或缎带覆盖住末端，并进行“之”字缝（详见平饰边，第169页）。

5 从另一面看成品折叠扭曲。

编辫

编辫给流苏提供了另外一种装饰处理方法。

按照扭曲步骤1～3（详见第203页），制作纱线的须边并分捆，然后从编辫章节（详见第190～199页）选择一种编辫方法。

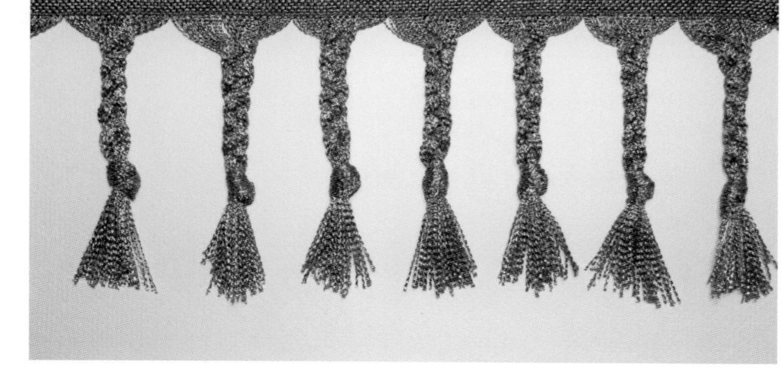

内部须边

内部须边是一种极具创意的工艺，可以在平整的面料上表达图案或纹理，可以通过抽拉少许纱线来改变图案。

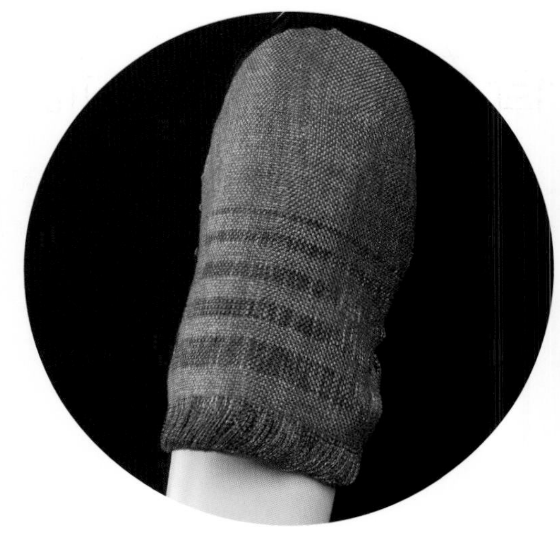

1 将一根纱线抽出想要的长度，剪断。

2 轻轻地从面料里抽除一整根纱线。去掉纬纱，露出更多经纱。

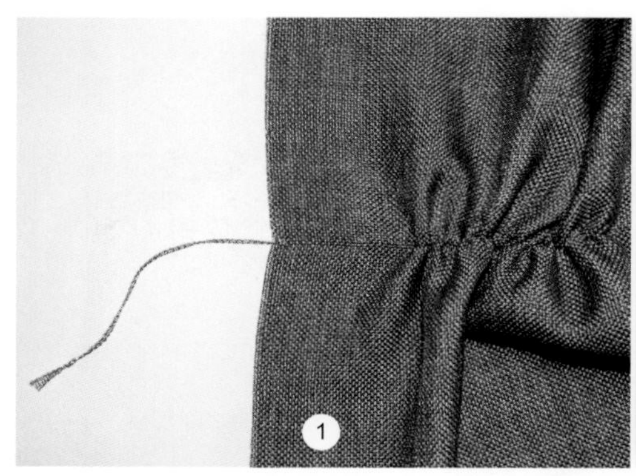

去除细纱线

对于紧密的梭织面料，需要用针将细纱线挑出并拉出。

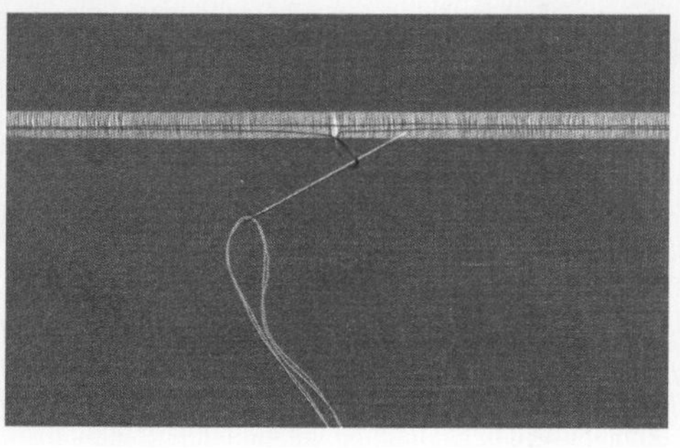

纱线的确定

如果纱线不容易看见，将面料放在有光源的桌子上，如果是白天，背对着窗户操作，这样更容易看到纱线。

变化形式

以不同的宽度去除纱线，创作出新图案。

如果从经纱和纬纱两个方向去除纱线，那么在交叉点处没有纱线，是一种新图案。

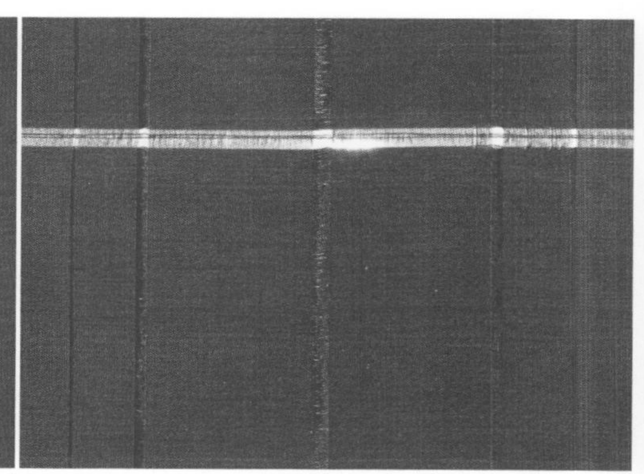

香奈儿风缝合流苏

这种流苏是受香奈儿外套上流苏的启发，可以用任何的面料制作，但用羊毛呢的效果尤其好，因为结子纹理的羊毛呢可以给流苏增加厚度。

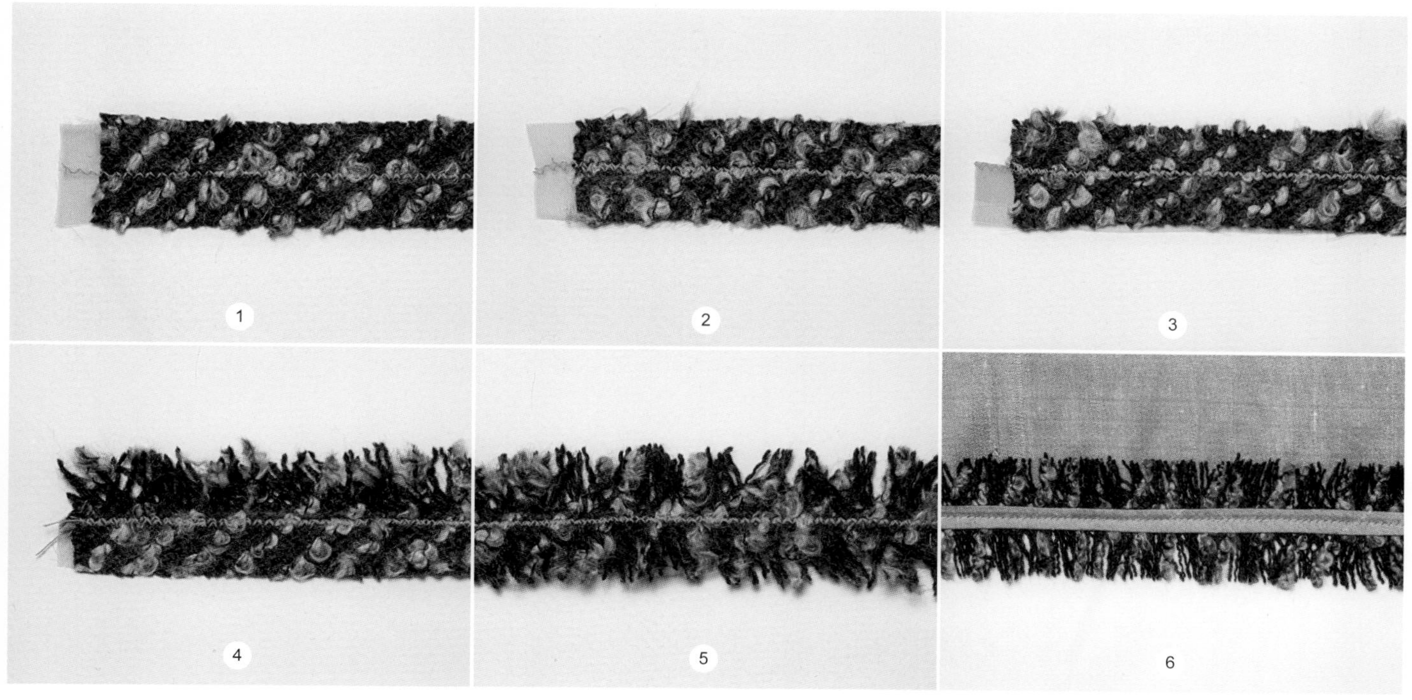

1 在一条宽2.5cm的欧根纱上放一条宽2.5cm的羊毛面料，沿着直纱裁剪。在两布条的中间缝一条窄的“之”字缝线迹或1.5mm的直线缝线迹。在这里，欧根纱相当于“耳朵皮”（缝份）将流苏添加到服装上（详见带流苏滚边，第149页）。

2 如果羊毛面料的结构比较松散，可以再加缝一条“之”字缝线迹将羊毛织物固定到欧根纱上。

3 将欧根纱对折，并将其往一侧熨烫。

4 用一根钝针将纱线从编织物中抽出，一次抽一根。在中间缝线附近留下一小部分不抽纱，防止纱线完全拉出脱散。注意流苏边比非流苏边要宽。纤维从斜纱方向抽出后，剩余的纤维可以垂直中间的缝线排列，使其稍微变长。

5 做好两边的流苏，对过长或不均匀的流苏进行修剪。

6 根据需要修剪欧根纱“耳朵皮”，然后借助欧根纱将流苏缝到服装面料上。用斜条或其他饰边盖住“之”字缝部分。

香奈儿风格的流苏，带有装饰性饰边，环绕外套的边缘

绒球

有许多制作绒球的方法，这里展示了其中的一种；另一种是将纱线绕在两张甜甜圈形状的卡片上。绒球可大可小，可紧可松。

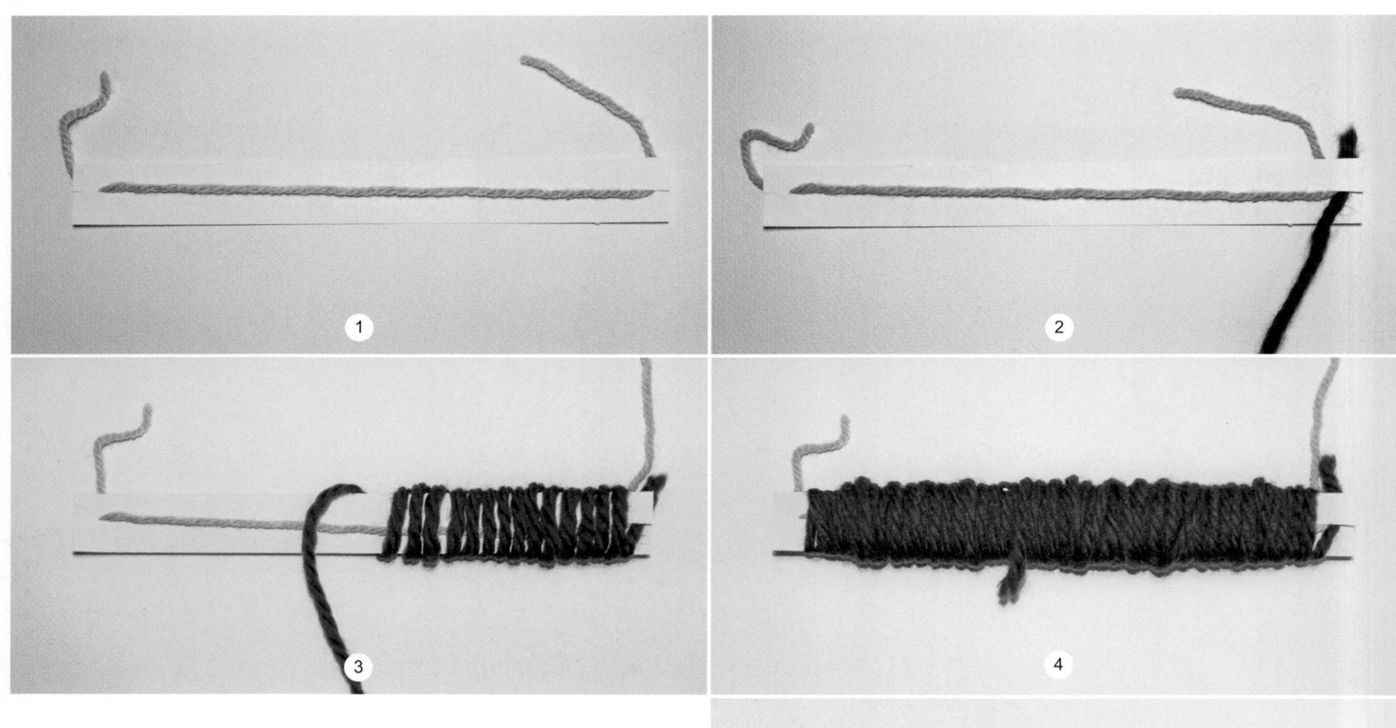

1 裁剪一条2.5cm×25cm的卡纸片，两端剪开一段裂口。将长为30cm的纱线两端分别放到裂口中卡住，以确保后期纱线沿着卡纸缠绕，这根纱线是毛球的挂线。

2 将长为18m的纱线一端放进一个裂口中；这根纱线是绒球的主体线。

3 沿着卡纸缠绕纱线，不需要特别整齐。

4 继续沿着卡纸缠绕纱线，直到将18m的整根纱线全部缠绕。结束时将纱线的末端放在纱线束的中央。

5 将挂线两端尽可能系紧，打活结（蝴蝶结），卡纸可以弯曲。在这里，为了看清楚，系得比较松。注意不要系死结，因为在第9步中需要重新捆绑挂线。

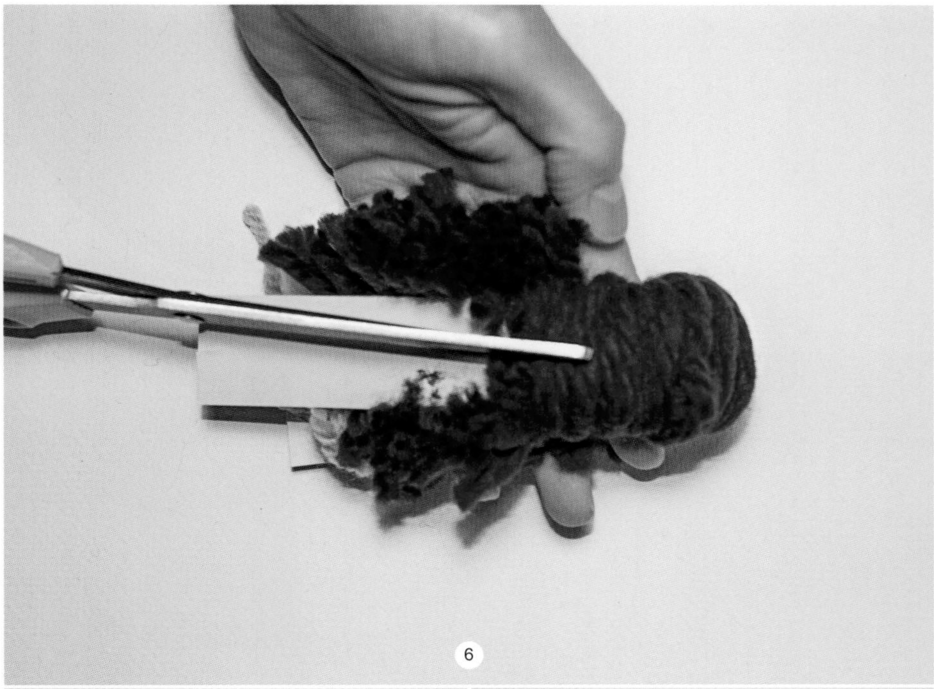
6

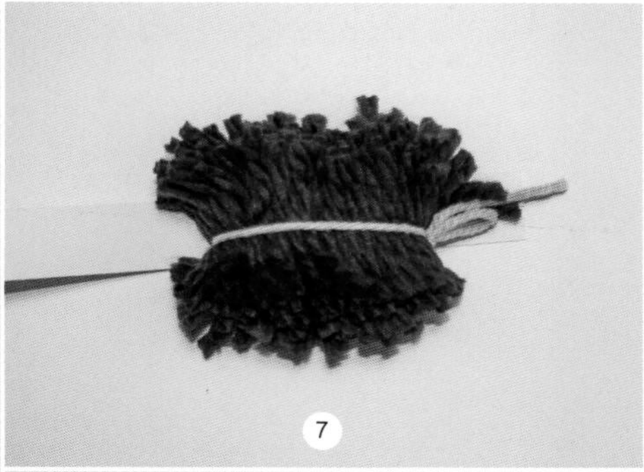
7

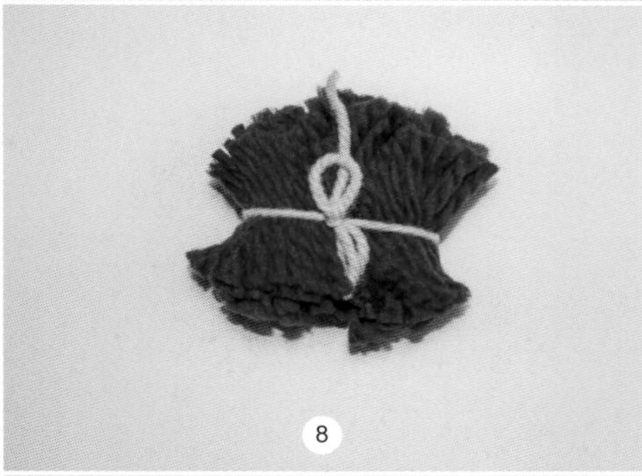
8

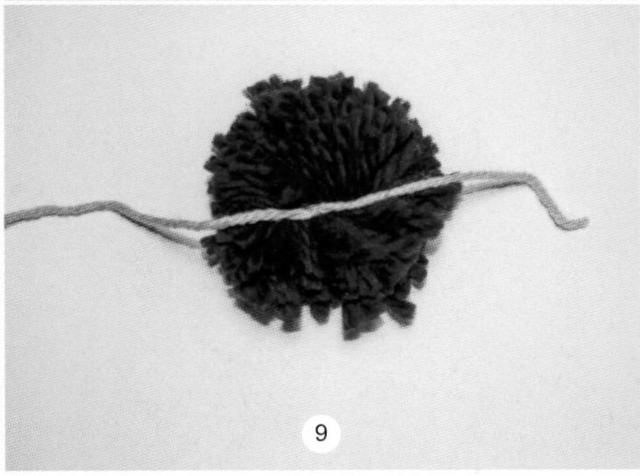
9

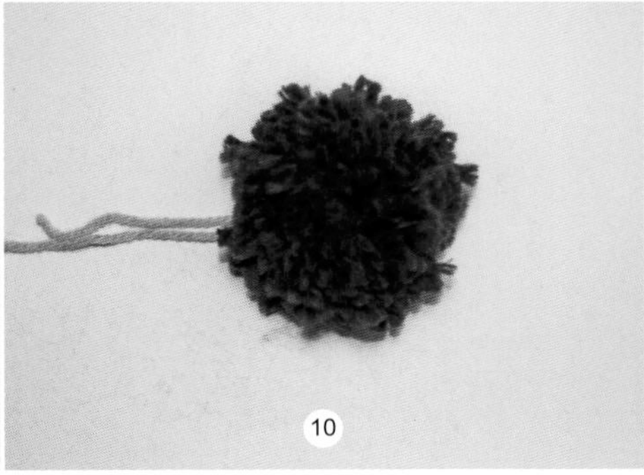
10

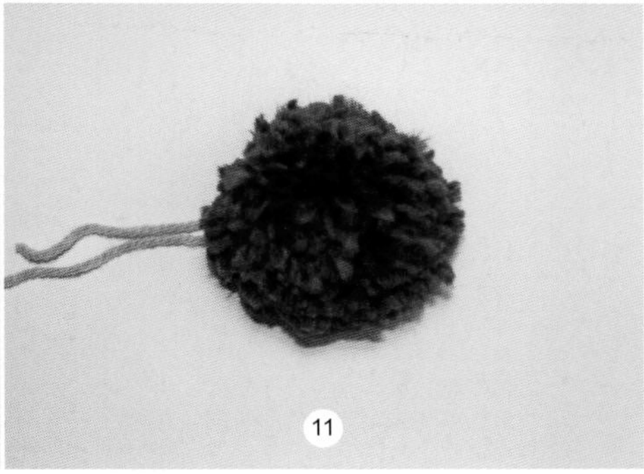
11

6 沿着卡纸的中间剪开绒球纱线。裁剪时要系紧挂线，防止纱线散开。

7 剪开所有纱线后，卡纸会展开，露出挂线。

8 将这捆纱线小心翻转，此时挂线的蝴蝶结朝上。

9 解开蝴蝶结，将挂线尽可能地拉紧。纱线拉得越紧，绒球越圆。

10 形成圆球后，将挂线打结，完成绒球。

11 将一些短纱线往外拉，直到它们与其他纱线等长，修剪过长的纱线，使绒球呈完美的球形。

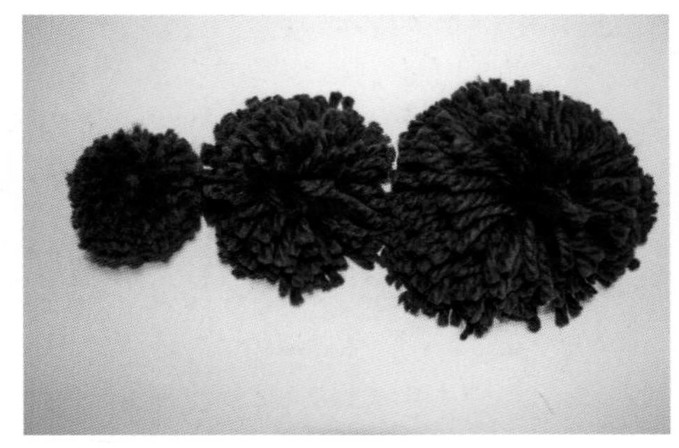

虽然成品绒球的尺寸不同，但都是用18m的纱线制作而成。从左到右依次为：用2.5cm卡纸制成的绒球；用5cm卡纸制成的绒球；用7.5cm卡纸制成的绒球

穗

穗可以用多种纱线制作，也可以用缎带，但是会需要很多材料。

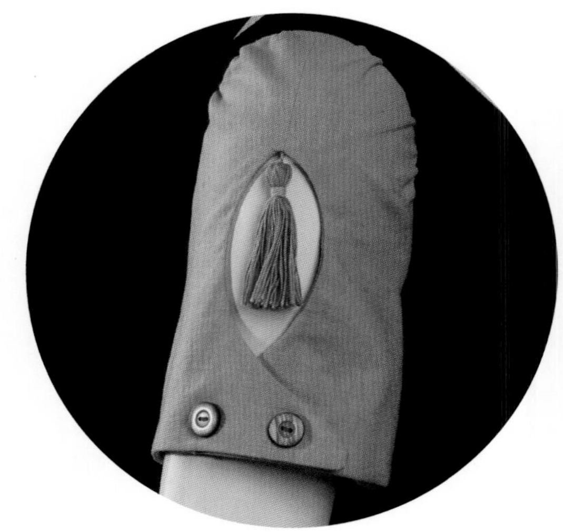

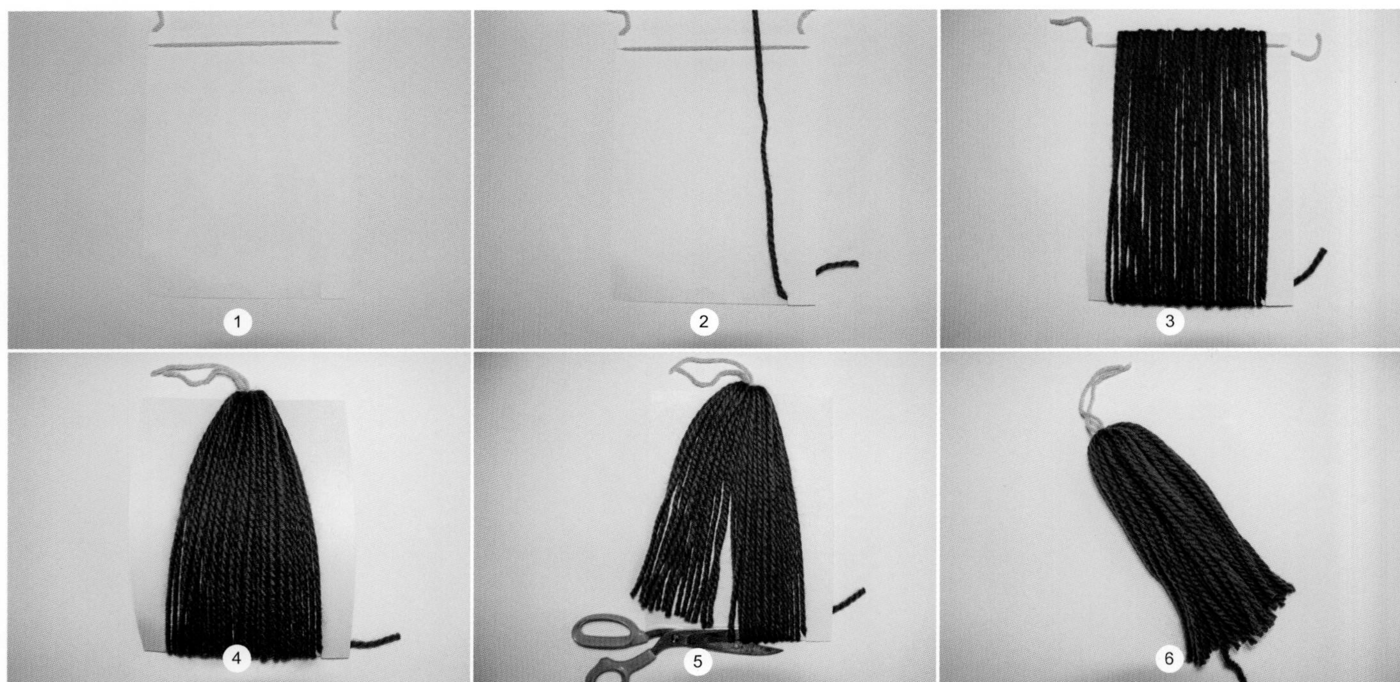

1 裁剪一条12.5cm×25cm的卡纸片。在卡纸靠近上边缘的两端剪开一段裂口。将长为30cm的纱线两端分别放到裂口中卡住，以确保后期纱线沿着卡纸的上端缠绕，这根纱线是穗的挂线。

裁剪一条2.5cm×25cm的卡纸片。

2 在卡纸的下端剪一个裂口，将18m纱线的一端放在裂口中。

3 将纱线缠绕在卡纸上，直到将18m的纱线全部缠绕。

4 将挂线两端尽可能系紧，打活结（蝴蝶结）。注意不要系死结，因为在第6步中需要重新捆绑挂线。在卡纸顶部将挂线拉到一起，可能会导致卡纸弯曲。

5 如果卡纸在步骤4中弯曲了，用手抚平卡纸或用重物压平。在卡纸的底端剪开纱线。

6 解开蝴蝶结，将挂线尽可能的拉紧。

7 用另一根长为75cm的纱线，做一个长为5cm的线圈，将它放在穗的顶端，圈指向穗的末端。

8 线圈的长尾端穿过线圈并绕着穗的主体缠绕。

9 将纱线围着穗的主体缠绕，保持缠绕的紧度和顺序。

10 造型完成时，将纱线的尾端从线圈穿出。

11 拉住线圈的短尾端，将线圈和长线尾拉进穗的颈部。如果缠绕比较紧，线圈和线尾会很好地固定在对应位置。

12 将线圈的短尾端埋在穗的顶部，长尾端修剪到与穗束相同长度。

左边的橙色和蓝色穗使用粗羊毛纱制成；米色穗使用中粗羊毛纱制成；棕色穗使用较细的纱线制成

从鹅毛到孔雀毛，各种羽毛都会给服装增加一种独特的触感。羽毛通常用来装饰女帽，但也常用于一些礼服上，装饰领部或肩部。羽毛的种类各种各样，其用途也不相同。各种鸟类都有多种不同样式的羽毛：有些羽毛柔软；而有些比较硬挺，如尾羽和翼羽。现在许多的羽毛都可以染色或塑形，给设计师提供了更多的选择。无论是人为改良还是天然状态下的羽毛，都会给服装增加流动性和优雅感。

3.7 羽毛

所有的鸟类羽毛，无论是收集的还是购买的，都可以用来装饰服装。如果希望使用“收集”的羽毛，有几个需要注意的：一些野生鸟类是保护级的，使用它们的羽毛是非法的；许多鸟类有羽毛虱子和螨虫，要进行消毒：将羽毛煮沸20分钟或将它们放在密封的塑料袋里冷冻几天；收集的羽毛需要封闭存储；消过毒的羽毛一般不再吸引虫子。

如果购买羽毛，熟悉销售羽毛的术语有助于辨别鸟的种类、羽毛所处的身体部位以及它们的包装方式。

羽毛术语

所有的羽毛都有相同的部分：羽茎，或羽轴，是羽毛的中轴。从中轴分开是羽枝，羽枝分开是羽小枝。羽枝和羽小枝组合在一起就是我们认知中的羽毛。羽毛的底下是绒毛，羽枝、羽小枝和绒毛组成了正羽。羽轴的空心部分，是翎，没有生长绒毛或羽枝，是羽毛附着到鸟身的部分。

羽毛结构

所有的鸟类羽毛都有4个部分：

1. 羽绒，隔绝空气。
2. 体羽，盖住羽绒部分，具有防水，展露颜色，形成外轮廓的作用。
3. 翼羽，用于飞翔。
4. 尾羽，用于平衡，飞行掌舵和吸引异性。

鸟类形态各异，活动方式也不同，所以他们的羽毛也多种多样：有的长，光滑，笔直；有的短，毛茸茸，柔软。通常来说，设计师会使用从普通鸟类获取的羽毛，所以大多数会比较小。

公鸡和火鸡的羽毛

- 秃鹳毛是短小，柔软的绒毛，以其原始来源而命名，这种鹳鸟现在是保护动物。今天秃鹳毛基本来源于公鸡和火鸡。
- 从公鸡颈部获取的羽毛修长纤细，沿着羽轴从蓬松的羽绒到细长羽枝变化。背部羽毛是比颈部羽毛更为丰满的绒毛。
- 尾侧羽毛比颈部羽毛长，羽枝要更宽，更茂密。它们是公鸡羽毛中最奢华的部分。
- 科克毛或尾羽长又直，通常在羽轴两侧分布着均匀的羽枝，常有不均匀或不规则的纹理和边缘。翎可能偏右或偏左，取决于它是来源于尾巴的右边还是左边。
- 火鸡颈羽的起始位置是柔软的绒毛，逐渐变成扁平的羽枝，火鸡的平羽和颈羽形状相同，但长度更长。
- 火鸡圆羽的尖端比较圆润，常常脱色后再进行艺术染色，做成仿鹰的羽毛。

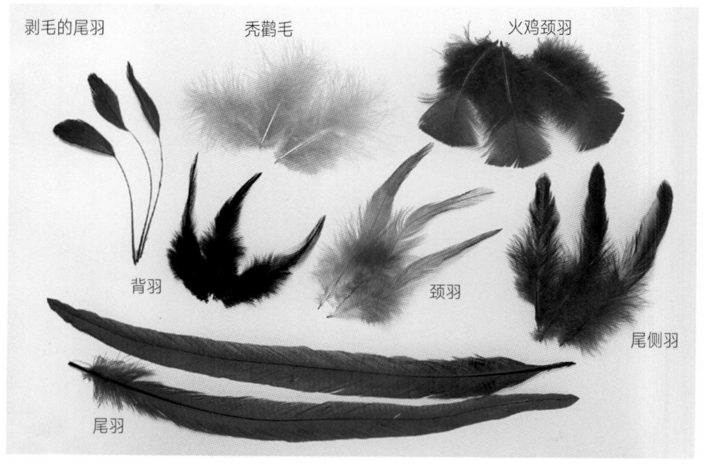

公鸡和火鸡的羽毛

火鸡

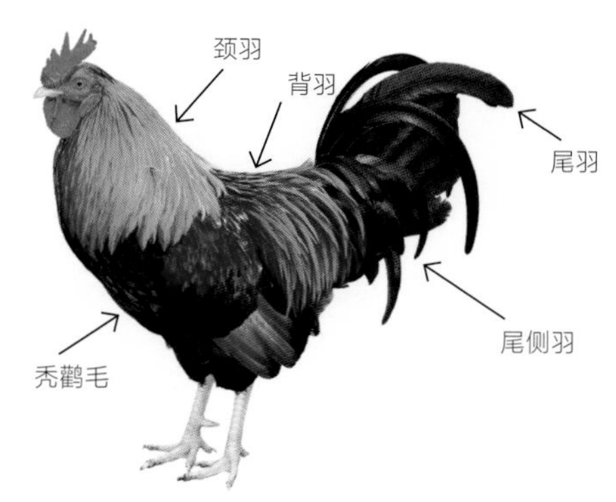

公鸡

鹅

鹅毛和鸭毛

鹅毛和鸭毛

- 鹅毛有明显的光泽，染色后依然保持光泽。
- 鹅毛和鸭毛的翼羽有不均匀的羽枝。
- 鹅的背羽长10～20cm，有钝头和均匀的羽枝。
- 鹅的侧羽是由翼羽前缘组成的。翎很硬，羽枝被修剪到3～6mm长。
- 鹅的尾羽长而硬，长为11.5～15cm，是典型的工艺羽毛。
- 鸭的尾羽直且硬，带有硬翎。它们与鹅的尾羽相似，但是更小。

鸵鸟羽毛

鸵鸟羽毛

- 羽片上的绒毛长而垂。
- 翼羽短而薄，因此更加便宜。羽片和翼羽有许多不同的长度。
- 背羽比翼羽的绒毛更短。
- 颈羽是背羽修剪成矛的形状。

孔雀羽毛

- 孔雀羽毛可以作为任何服装的装饰，无论使用哪个部分：绒毛、眼状斑羽毛或孔雀冠上的冠羽。

其他种类羽毛

- 野鸡、鹦鹉、金刚鹦鹉和其他奇异的鸟类身上的羽毛也可以用来制作装饰物。

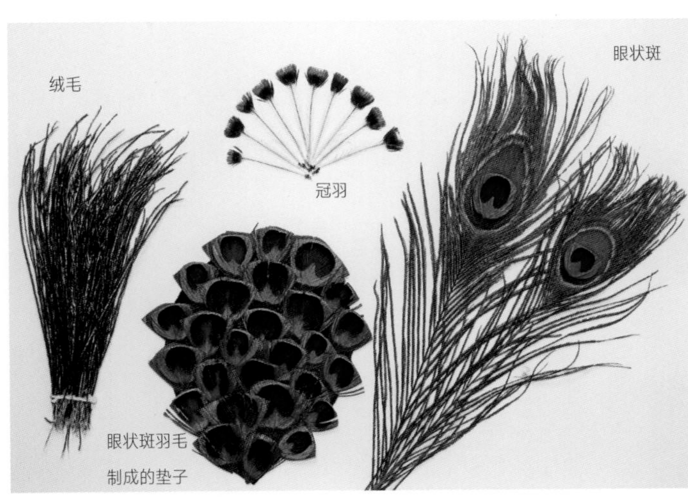

孔雀羽毛

包装

羽毛可以散装，也可以做成垫子，像风车或扇子形；也可以用线串在一起，羽毛绒条状等进行包装。根据服装设计的需要，羽毛也可以重新塑形。

散装

散装的羽毛用袋装，按重量出售：几克，225g或450g。

垫子

羽毛也可以做成一定的装饰图案或组合颜色，用胶粘在硬麻布、毡子、皮革上进行销售；这些称为垫子。

左边：野鸡羽毛垫

右边：孔雀眼状斑羽毛垫

串羽毛

串羽毛是将羽毛经过分类和尺寸划分后，串成1m长条，所有的羽毛整齐排列，随着长条长度的增加，尺寸逐渐增大。

羽毛也可以作为半成品饰边出售。按种类和尺寸分类，所有羽毛整齐地排列并缝制到人造丝或棉带上，随着长条长度的增加，尺寸逐渐增大。羽毛饰边按米（码）出售。

剥毛羽毛

绒毛和下端的羽枝可以从翎上剥离下来，留下羽毛上部形状。所有的尾羽和公鸡蓑毛都要需要剥毛。剥毛的蓑毛纤细且轻巧，剥毛的尾羽形状更加规整。鹅羽毛也可以剥毛，在所述三种羽毛中，它的羽轴最硬，形态最固定。剥毛的羽毛也要缝制在人造丝带上，以“打”数或是米（码）出售。

风车或扇子

剥毛羽毛可以粘到扇形底布（也被称为风车）上；羽毛可以在扇子上使用，也可以从扇子上拿下来单独使用。扇子可以做成半圆或整圆，也可以用珠子或水晶串在轴上并粘在合适的位置。

上：串天然公鸡羽毛

下：串染色公鸡羽毛

剥毛和染色的公鸡羽毛饰边

带珠串的剥毛羽毛扇

用不同种类的羽毛制作而成的羽毛绒条

上：3层公鸡羽毛　　中：4层鸵鸟羽毛　　下：火鸡羽毛

羽毛绒条/围巾

将羽毛缝制或者粘贴到棉绳或尼龙绳上，制作一条羽毛围巾。制作羽毛绒条时，有几个问题需要考虑：羽毛的种类、品质、使用的数量（用层数表示），羽毛绒条的直径以及/或者重量，还有成品长度。比如，一条1.8m的鸵鸟羽毛绒条的价格是同样长度的公鸡秃鹳毛长绒条价格的100倍。

羽毛的品质：

不太昂贵的羽毛长围巾，通常是由小的、弯曲的或半剥毛的羽毛组成，而昂贵的羽毛长围巾是由较长的、饱满的羽毛组成。

层数：

一些羽毛绒条根据层数出售。羽毛缝制并/或粘到一根棉绳上叫做一层。几层可能会缠绕在一起。标准的鸵鸟羽毛绒条是一层到三层缠绕在一起，最多可达到18层。

重量/直径：

不太昂贵的直径为15cm的火鸡羽毛绒条，重量大约为50g；而一条直径为20cm，重85g的长绒条需要花费4倍的价格。一般出售的公鸡羽毛、鞍部羽毛和尾侧羽毛的绒条，直径通常是7.5～25cm。

“天鹅绒条”是由火鸡秃鹳毛制成。它们以直径或层数出售；一条优质的6层天鹅绒条的直径大约是25cm。

直径为15cm，长为25cm的紫红色/半青铜色鹅腹羽绒条的末端。

卷曲羽毛

这里介绍两种简单的羽毛卷曲方法：用黄油刀和卷发棒。

羽毛重塑

羽毛处理前，要多次对羽毛进行蒸汽处理，使所有在运输过程中压倒的羽枝重新塑形，使羽枝回到最蓬松的状态。如果羽枝分离，可以用手指将其抚平回原位。

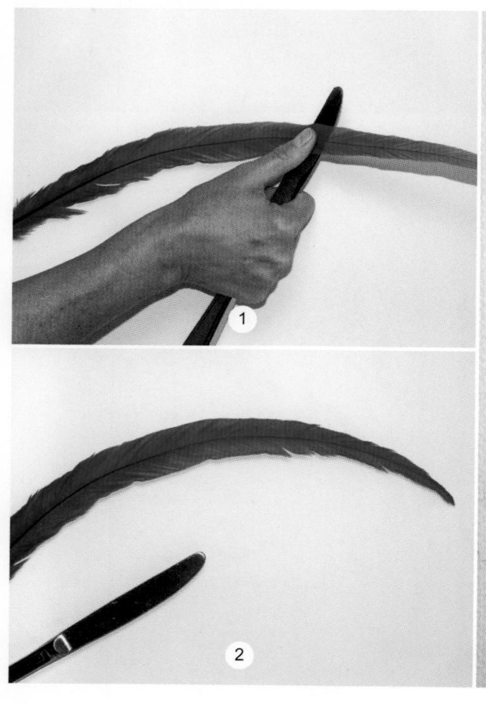

用黄油刀卷曲羽毛

用黄油刀或是任意有钝边的刀来对羽毛进行卷曲，就像用剪刀卷曲丝带一样。

1 对羽毛（这里使用公鸡尾羽）进行蒸汽处理，恢复羽毛的蓬松度和光泽感。从翎的末端开始，顺着羽毛的羽茎拉动刀的钝边，用手指给羽毛轻轻施压。

2 尾羽在刀子第一次经过后会有轻微的弧度。

3 尾羽在刀子第二次经过后更加弯曲。

4 刀子三次卷曲后的羽毛。

用卷发棒卷曲羽毛

卷发棒也可以用来对羽毛进行塑形。

1 剥除羽毛（这里是公鸡尾羽）下端7.5cm的绒毛和羽枝，并对其进行蒸汽处理，恢复其蓬松度和光泽感。

2 卷发棒预热到所需温度，夹住羽毛下端。

3 轻轻地将羽毛拉过卷发棒，如果需要的话重复此步骤直到羽毛完全卷曲。顺着或逆着羽茎的自然弯曲的走向进行处理会产生不同的效果。

4 四片羽毛多次用卷发棒处理后得到的不同形状。

修剪羽毛

羽毛可以通过修剪形成不同的形状，几何形或奇形异状。修剪对于使用已损坏的羽毛来说也是一项非常好的工艺处理手法；修剪掉受损部分，充分利用剩余的羽毛。这里介绍两种修剪羽毛的方法：从羽茎上摘除羽枝和剪除羽枝。

摘除羽枝

可以从许多种类的羽毛上摘除羽枝。

1 抓住一些羽枝并轻轻地将羽枝从羽茎上向下摘除。

2 从羽茎的另一侧摘除羽枝。

3 摘除羽枝的羽茎部分可以创造出成千上万种的设计。

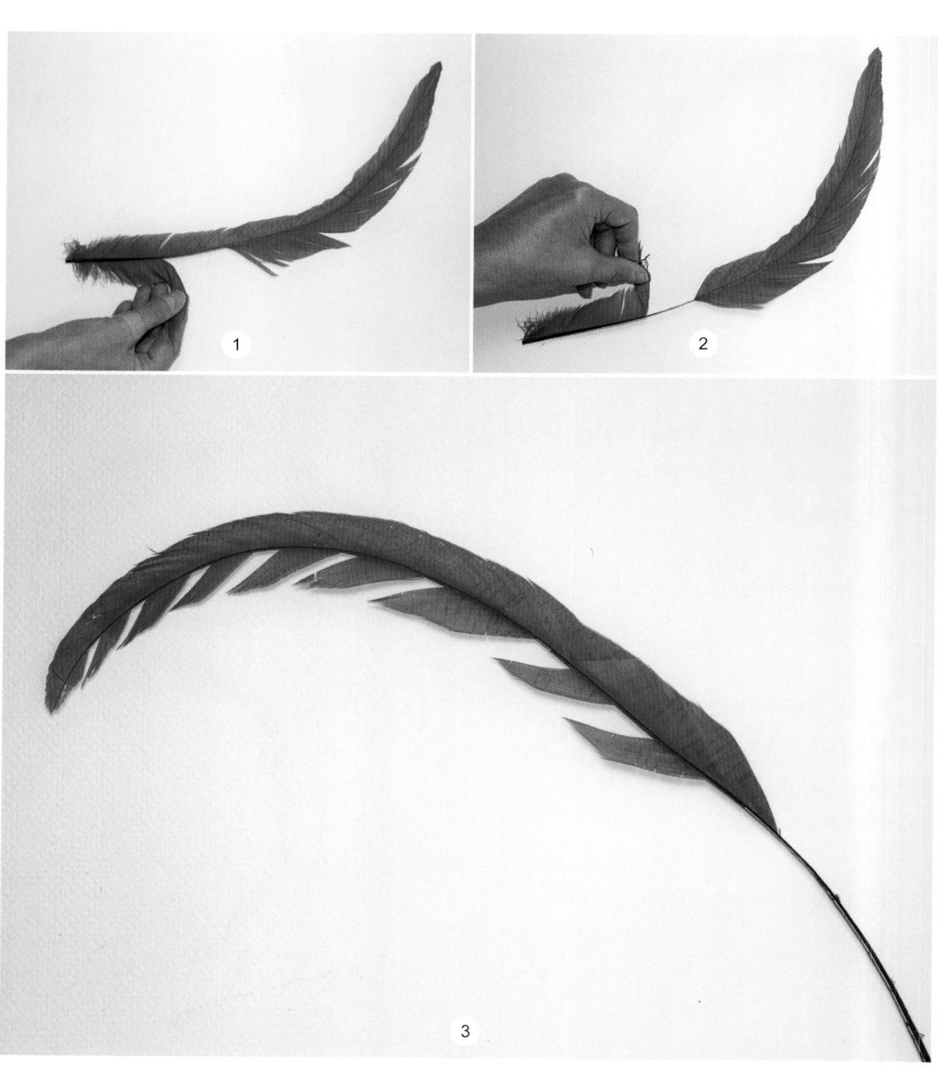

羽毛重塑

羽毛处理前，要多次对羽毛进行蒸汽处理，使所有在运输过程中压倒的羽枝重新塑形，使羽枝回到最蓬松的状态。如果羽枝分离，可以用手指将其抚平回原位。

剪除羽枝

剪除羽枝有两点好处：保持羽茎的完整和强度，裁剪可以更加精确。可以分别尝试两种方式，看哪一种更适合自己的设计。

1 羽毛反面朝上，用指甲在翎的背面抓住羽毛。用旋转刀或工艺刀，尽可能地靠近羽茎的部位剪除羽茎底端的羽枝。

2 露出的白色羽茎可用永久记号笔涂上颜色。

3 修剪靠近羽毛顶端的羽枝，把顶端剪钝，会产生另一种类似天线的造型效果。

4 沿着羽茎剪除部分羽枝，创造出类似箭头造型的效果。

羽毛流苏

羽毛可用来制作流苏，以简化将它们缝制到接缝或下摆的过程。

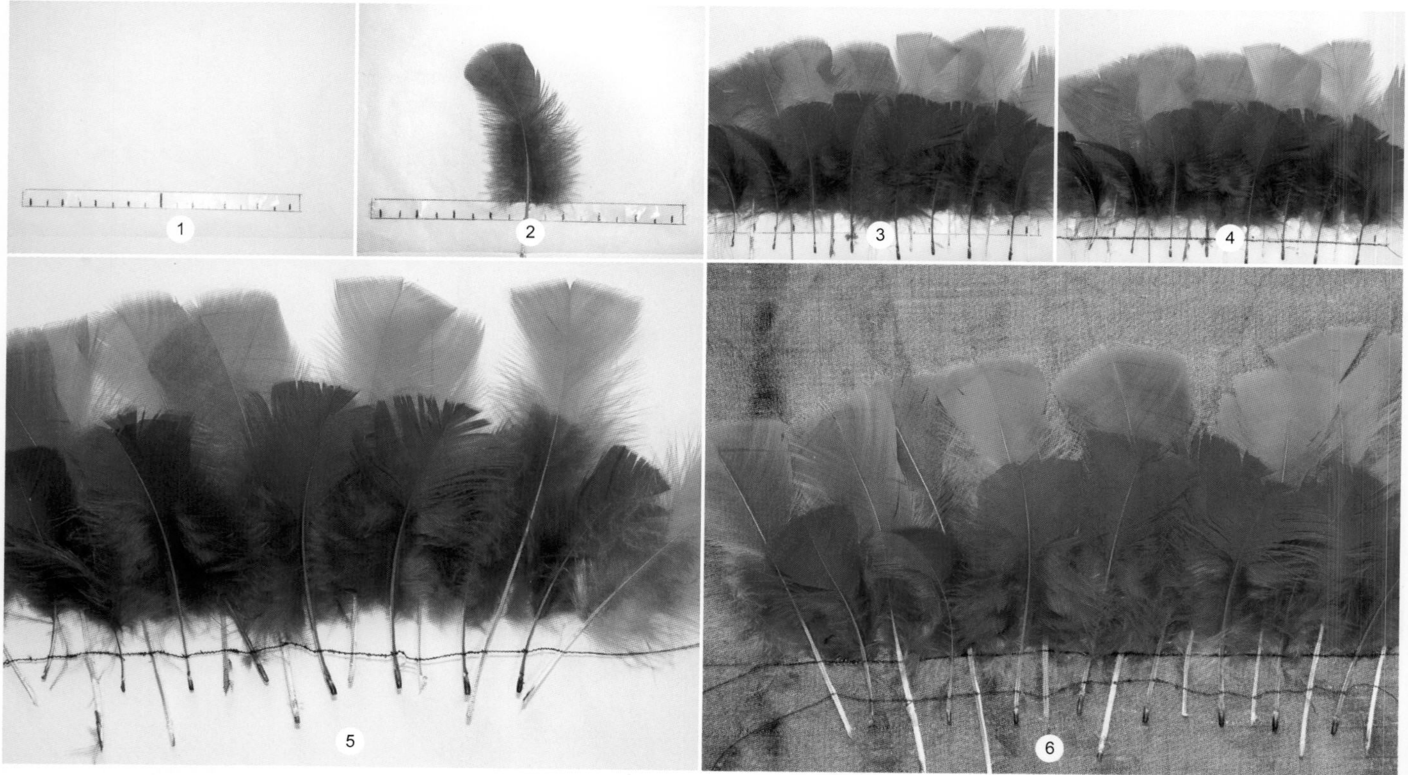

1 在可撕除内衬或拷贝纸上画一条流苏长度的线。沿着这条线每隔6mm做一个标记（这个间隔值可以更大或更小，取决于所创作的流苏的密度）。这些标记用来协助均匀地沿直线放置羽毛。在直线上放置双面胶；在这里，双面胶的外轮廓是紫色的。

2 将羽毛的羽茎放在双面胶上，羽茎的3～6mm露在双面胶的下面。双面胶可以使羽毛固定在确定的位置，根据需要可以移动。

3 继续将羽毛排列在双面胶上。如果需要，还可以放第二层羽毛以增加密度。

4 在双面胶下面3mm处，用极小的针迹缝一条缝线。不要缝到双面胶，避免黏住机针。

5 轻轻地将内衬或拷贝纸以及双面胶从缝线上移除。

6 在缝线以下3mm处，用极小的针迹将羽毛缝到服装面料上。然后将流苏缝制到合适位置（详见流苏包边，第149页）。

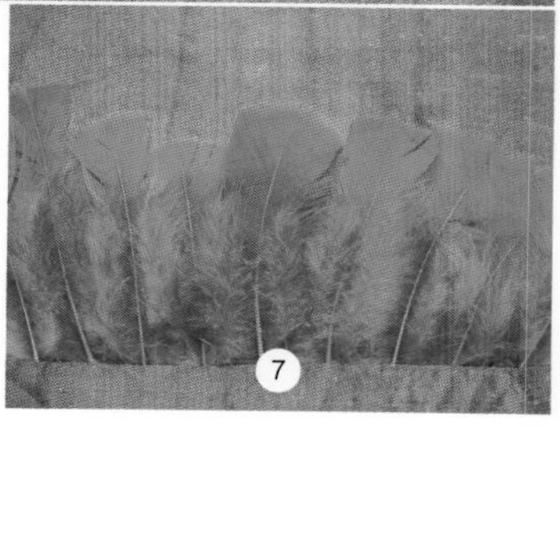

7 成品火鸡羽毛流苏。

带有珠饰的羽毛流苏

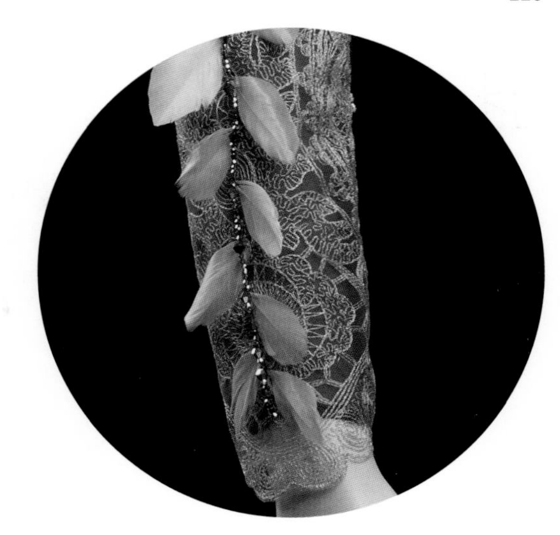

在剥毛羽毛上增加珠饰，可以为羽毛增添装饰效果。珠饰可以以图案或随机的方式粘在羽茎上。可以使用购买的剥毛羽毛，或者自己进行剥毛（详见第220～221页）。小的珠饰、珍珠或水晶可以达到很好的效果，珠饰上的孔要足够大以使翎能穿过，但是不要过大，否则会需要很多的胶来固定珠饰。

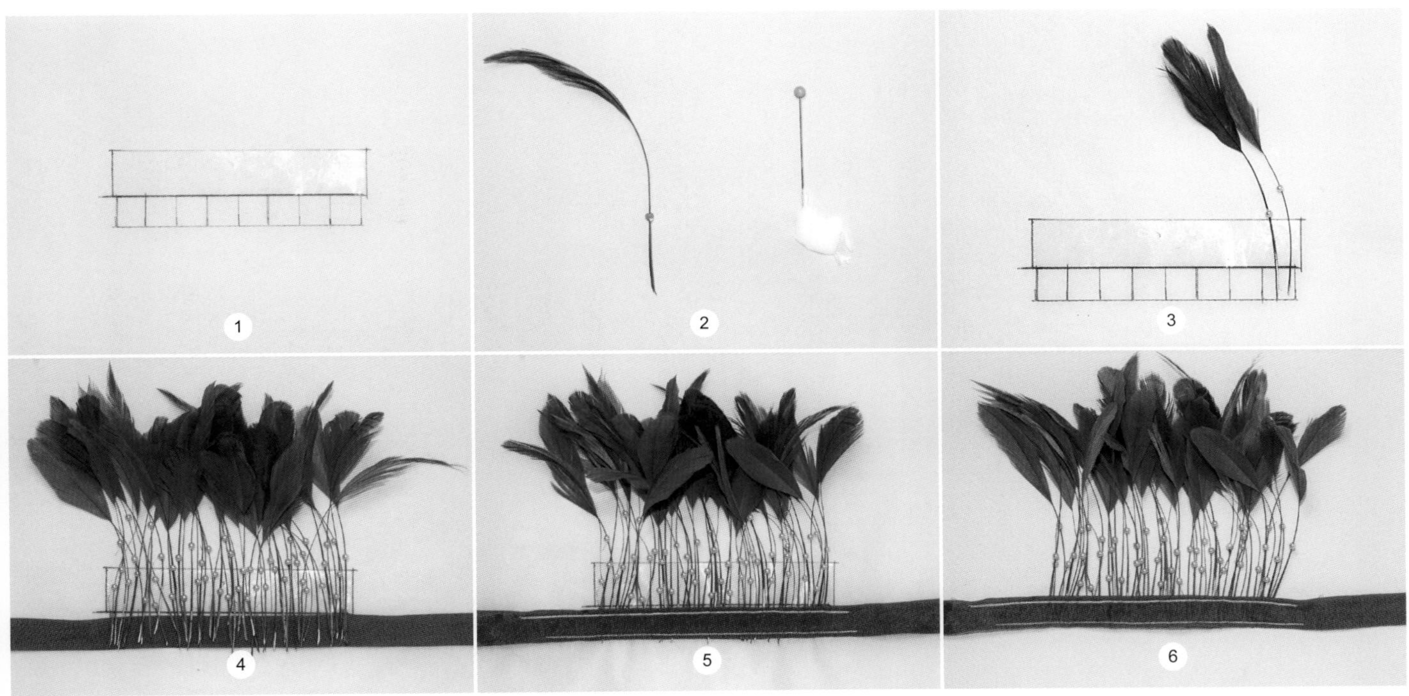

1 在可撕除内衬或是拷贝纸上画一条所需珠饰羽毛长度的线。沿着这条线每隔6mm做一个标记（这个间隔值可以更大或更小，取决于所创作的流苏的密度）。这些标记用来协助均匀地沿直线放置羽毛。在直线上6mm处放置双面胶；在这里，双面胶的外轮廓是紫色的。

2 按一定倾斜角度剪掉翎的末端，将珠饰穿进剥毛的羽茎。用珠针或牙签在珠饰上方的羽茎上涂一些工艺胶水，将珠饰固定到合适的位置。

3 将珠饰羽毛放在双面胶上，翎的末端放在下面一条线上。双面胶将羽毛固定到位，需要时可以移动它们。继续放置珠饰羽毛。

4 将一条人造丝底摆织带或其他轻质的丝带穿过羽毛的末端。将另一条底摆织带覆盖在翎的上面。

5 在靠近织带上边缘的位置，用极小的线迹缝制两层底摆织带、羽毛羽茎以及可撕除内衬或拷贝纸。在织带的底部用极小的针迹缝另一条缝线。如果羽毛可以拉出，需要在接近织带顶部的地方增加几条缝线。轻轻地移除可撕除内衬或拷贝纸以及双面胶。将饰边缝到固定位置（详见流苏滚边，第149页）。

6 成品饰边，可缝到服装上。

漂洗羽毛

羽毛可以通过在漂白剂中反应来改变它们的性状，并使它们蓬松。羽小枝由角蛋白构成，将羽毛浸泡在漂白剂中会破坏它们的结构，留下羽枝和羽轴。在这里，是将两片鸵鸟羽毛和两片鹅尾羽放入漂白剂浴中。

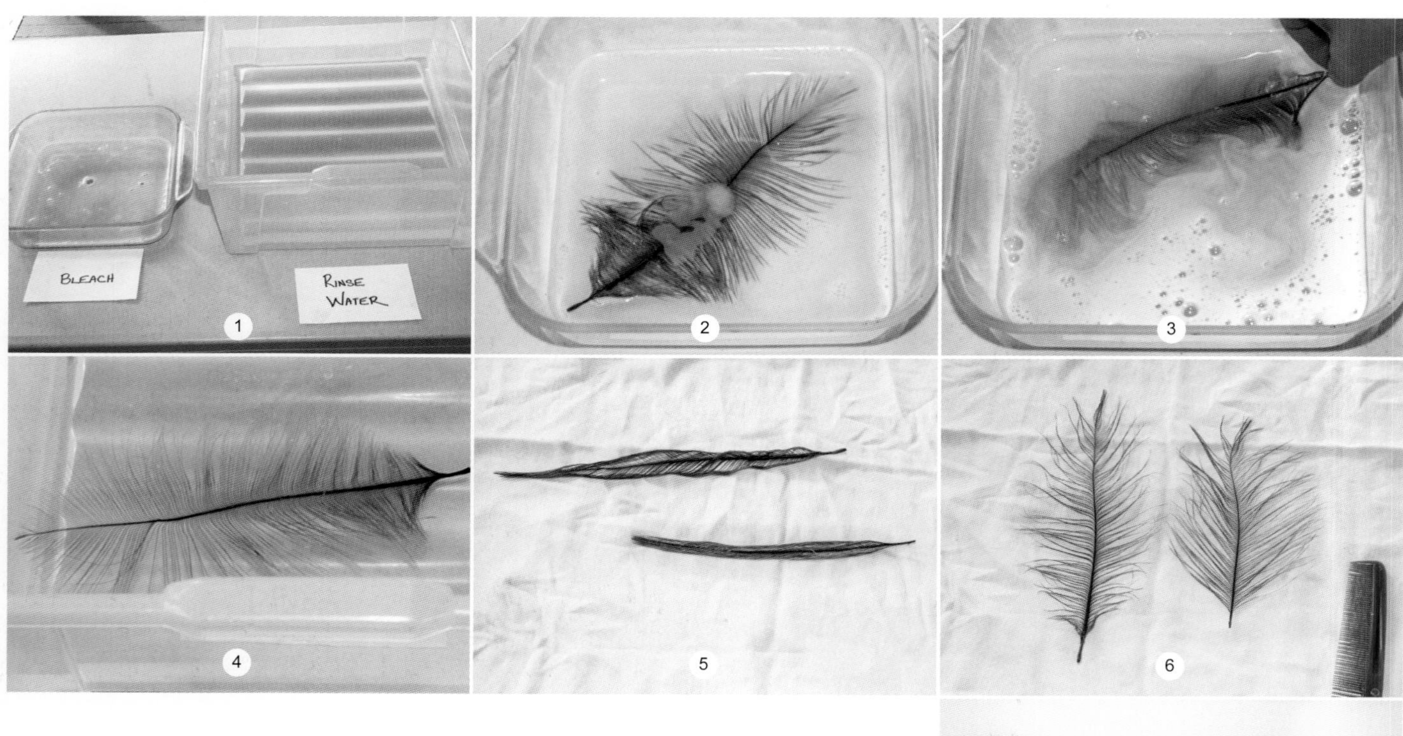

1 开始前，将所有物品准备好，因为羽小枝的溶解速度非常快。需要的物品包括：羽毛，一碟漂白剂，一容器清水，吸水布或纸巾。操作时穿着旧衣服以防漂白剂溅出。

2 将一片鸵鸟羽毛浸入到漂白剂中。

3 羽小枝角蛋白在漂白剂中溶解，产生泡沫。

4 半分钟后，将羽毛移到清水中。如果羽小枝没有完全溶解，可以将羽毛再放回到漂白剂中。

5 将羽毛用吸水布或纸巾吸干。

6 用密齿梳或手指将羽枝分开，干燥后对羽毛进行蒸汽处理。如果它们还是僵硬的，说明羽枝上还残留着漂白剂；再一次用清水冲洗羽毛，晾干使其蓬松。

7 漂洗后的鸵鸟羽毛（左）和鹅尾羽（右）。鹅尾羽比较粗，所以鹅毛的羽小枝溶解时间比鸵鸟毛的羽小枝溶解时间长。

缝制单片羽毛

缝制单片羽毛时，要避免面料在翎的羽茎周围堆积。用刺绣绷将面料拉紧，确保面料的尺寸和形状保持不变。

羽毛重塑

羽毛处理前，要多次对羽毛进行蒸汽处理，使所有在运输过程中压倒的羽枝重新塑形，使羽枝回到最蓬松的状态。如果羽枝分离，可以用手指将其抚平回原位。

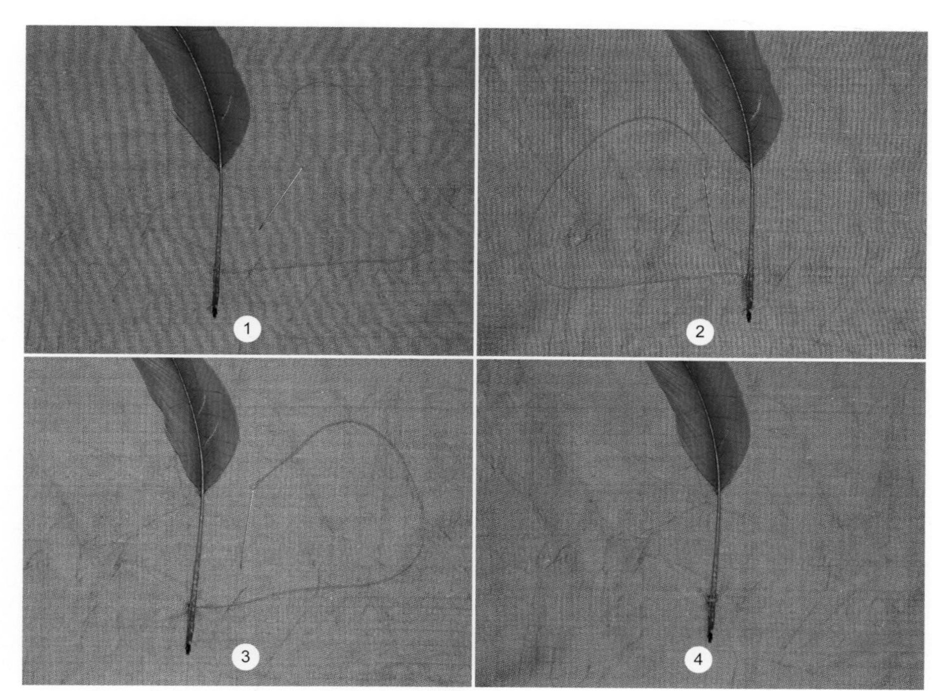

1 剥除公鸡尾羽下端7.5cm的绒毛和羽枝。在面料上放置羽毛的位置用小线迹缝一针，然后将羽毛放在缝线上。

2 在翎的中间位置穿入针和线，将针刺穿翎并到达面料反面，然后从翎的另一侧将针穿出到面料正面。

3 再将针和线穿到翎的中间，针穿过翎到达面料反面。现在，翎被两个缝迹固定。在整根翎上多缝几个缝迹并在面料反面打结。

4 缝在指定位置的单片羽毛。

保持缝线远离绒毛

在翎上缝固定针，其余的针迹可以在绒毛处缝住翎。先将针穿到面料正面，绕过翎，然后穿回到面料反面，中途不拉动缝线，最后将针和缝线拉到面料反面，完成缝制。任何缠在缝线中的绒毛可以用珠针从缝线中挑出。

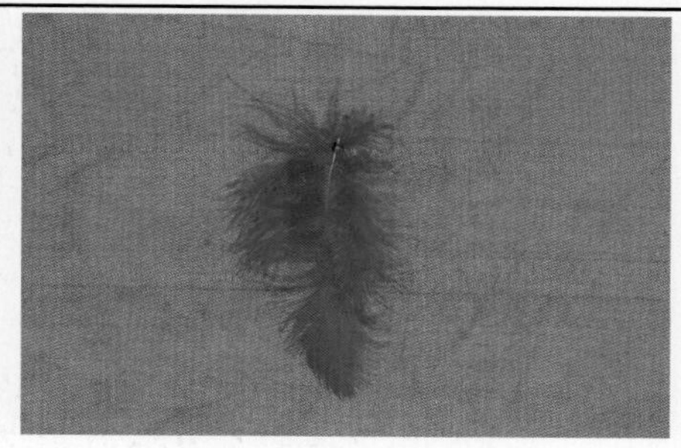

手工缝制多层羽毛

缝制多层羽毛的工艺与缝制单片羽毛的工艺（详见第225页）相同。其精髓在于通过放置羽毛形成密集的图案。

1

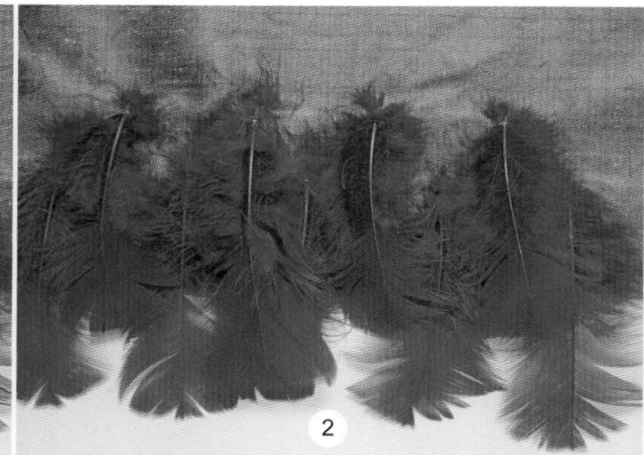

2

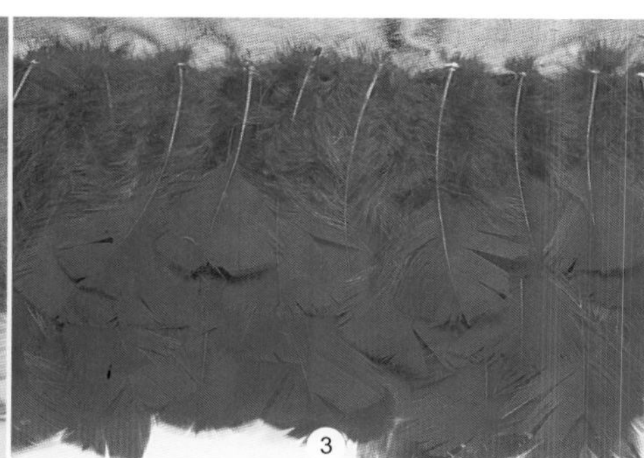

3

4

1 整理并设计羽毛的排列，选出最长的羽毛作为最底层，最短的羽毛作为最上层，或是反过来，这由设计决定。将第一层羽毛缝到合适的位置（详见缝制单层羽毛，第225页）。如果一开始底布就在羽毛下堆积，将它放在刺绣绷上操作，以保持其平整。

2 缝制第二层羽毛，将羽毛放在第一层羽毛翎和盖住第一层羽毛绒毛的位置之间。从羽茎上适当修剪绒毛，这些绒毛要放置在羽毛层上方，提供颜色的饱和度和层次感。

3 继续摆放羽毛层。为了隐藏绒毛，可以将羽毛的绒毛剪掉后缝在最顶层，这样仅留下羽枝。

4 完成的羽毛层，最后的羽枝在最上层。

服装上缝制羽毛绒条

在服装上缝制羽毛绒条以增加奇妙的触感。如果羽毛绒条太大，可能需要在服装面料上增加内衬以支撑其重量。丝绸欧根纱常用作羽毛内衬。

1 如果使用不太昂贵的羽毛绒条，像图中的紫色绒条，分开羽毛露出绒条中间的棉绳。

2 用两股缝线，将绒条的棉绳手缝到服装面料上。将针和缝线穿过羽毛，缝过或绕着棉绳。缝线与羽毛配色，避免缝线太显眼（为了清晰，这里用橙色缝线）。

3 继续将棉绳缝到服装面料上。缝好后，拂动羽毛盖住棉绳。

4 缝在合适位置的绒条，羽毛重新排列。

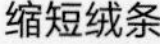

缩短绒条

如果绒条比所需长度长，在需要剪短的毛条下面放置可撕除内衬或拷贝纸，防止羽毛缠在缝纫机上。在棉绳上缝两条平行的小缝纫机线迹（橙色缝线）。在两排缝线间剪断绒条。

变化形式

如果绒条品质很好，绒毛会紧紧地缠绕在一起，所以中心棉绳很难找，如图所示的浅蓝色鸵鸟毛绒条。在这里，羽毛被尽可能地从绳上拨开并用重物压住，不要解开绒条。小心地用一根长针来引导缝线尽可能靠近羽轴，拉紧每根缝线。绒条缝到服装面料上后，用长珠针挑出被缝线压住的羽毛部分。

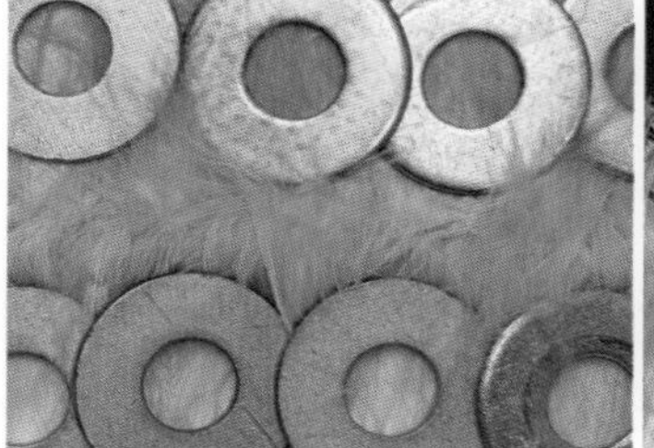

用重物压住羽毛以帮助找到绒条中心的棉绳

缝在合适位置的绒条，羽毛被抖松的状态

珠子和珠片能给服装增添色彩、纹理以及闪耀感和层次感。零散的珠子，用平针缝制（详见第234页），可以让人联想起雨滴或太阳光。大量的珠子用双针挑绣针法（详见第235页）缝制，可以生动地展示出色彩和光亮，甚至是一幅完整的图画。无论是零散地放置一些珠子或珠片，还是成组放置，都可以使简单的服装变得非常奇妙。

珠子给服装增添的层次感，无论是密度还是纹理，这是许多装饰手法（如刺绣和缎带）所达不到的。

3.8 珠子和珠片

珠子有许多的形状和后整理方法：米状，管状，椭圆形，圆形，水滴状，环状，多边形，透明的，不透明的，哑光的，抛光的，亮光的等。许多珠子是玻璃质感的，它们也可以用其他材料制作：陶瓷，木头，石头，金属（稀有的，半稀有的，以及普通的），塑料，珍珠，水晶，骨头，贝壳，甚至是真沙粒。

选择珠子时，要注意它们都是要放在具有服用性能的服装上，并且会立于面料的表面。大的珠子可能很重，需要内衬来进行支撑。同样的，要考虑成品服装的功能，来决定哪些部位适合放置珠子装饰物。比如，珠子不利于人坐下。

珠子的尺寸和种类

米珠，是最小且最普遍的珠子，由长玻璃棒或玻璃管切割而成。珠子被进一步加工，形成圆形且带有光滑的孔洞。米珠以“aughts”作为单位，一个11aughts的米珠表示为11°或者11/0。如同缝针，数字越大，珠子的尺寸越小，因此11/0的米珠比8/0的米珠要小。

有许多测定珠子尺寸或珠子数量的方法。可以用量珠卡尺（详见钉珠工具，第233页）来测量珠子；也可以将10颗珠子平放在下图上去比对；或者数出一条2.5cm长的直线上有多少颗珠子。珠子的尺寸因制造商的不同而略有差异，所以所给表格和图片仅供参考。

在米珠家族中有几种特殊的珠子：“rocaille”珠，是带银丝的珠子；“delicas”珠，日本11/0方形珠子；角珠或六角珠（切割面使珠子有闪耀光泽）；以及tilas珠，有两个平行的方孔。

管珠也是从玻璃棒上切割而来的，但是没有进行进一步的加工，从而有尖锐的边缘。管珠有自己的尺寸规格（见下表）。

米珠尺寸

尺寸	直径（mm）	每3cm珠子个数	每2.5cm珠子个数
15/0	1.4	27	23
11/0	1.8	20	18
10/0	2.4	16	14
8/0	3	14	12
6/0	4	10	8

管珠尺寸

尺寸	长度（mm）	每3cm珠子个数	每2.5cm珠子个数
1	2.5	12	8
2	5	6	5
3	7	4	4
4	9	3	2+（银）
5	12	2+	2
20	20	1+	1+

每10颗米珠的尺寸

珠子尺寸	珠子长度	每2.5cm珠子数	10颗珠子平放（实际尺寸）	10颗珠子的长度（mm）
15/0	1.4mm	23	 OOOOOOOOOO	14
11/0	1.8mm	18	 OOOOOOOOOO	18
10/0	2.4mm	14	 OOOOOOOOOO	24
8/0	3mm	12	 OOOOOOOOOO	30
6/0	4mm	8	 OOOOOOOOOO	40

通过孔眼测量珠子尺寸

⊖	2mm	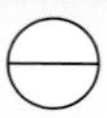 ⊖	6mm
⊖	3mm	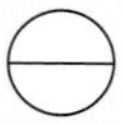 ⊖	7mm
⊖	4mm	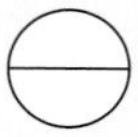 ⊖	8mm
⊖	5mm	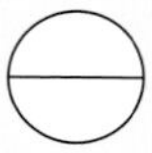 ⊖	9mm

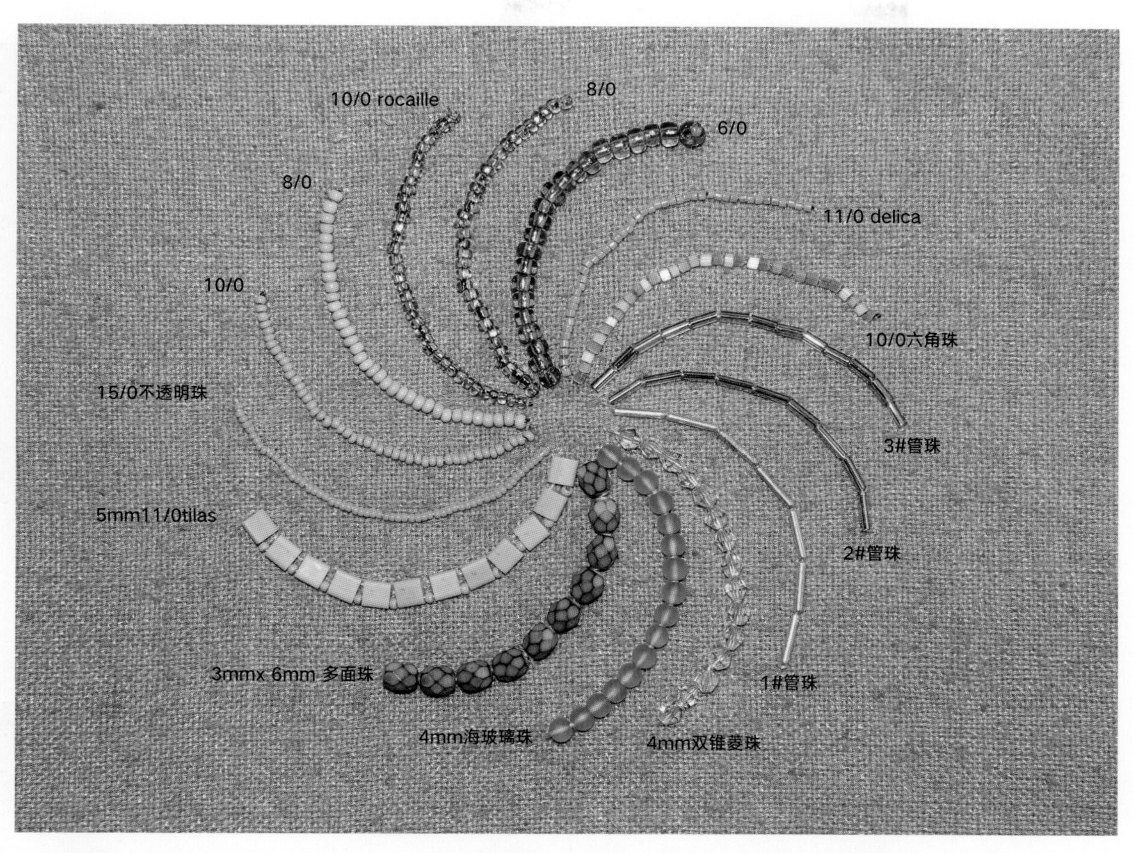

米珠和管珠家族包含的许多种珠子

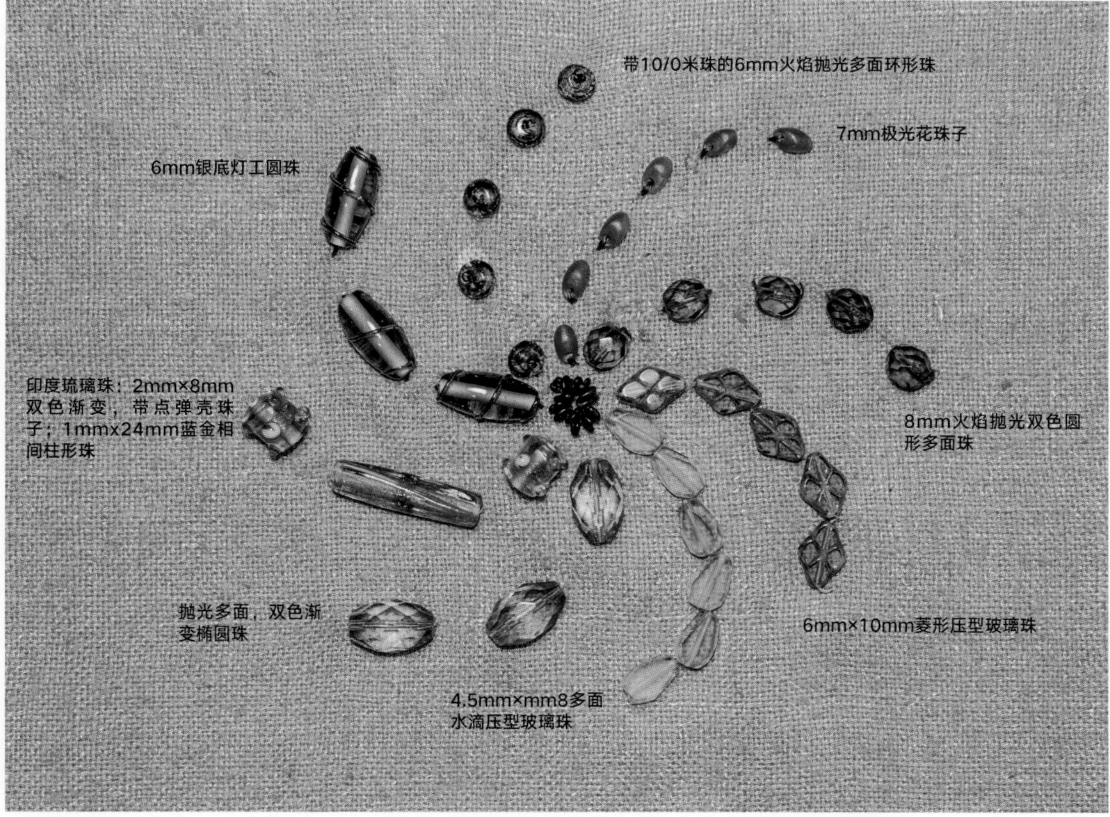

玻璃也用来制作其他种类的珠子

缝珠线

有很多令人眼花缭乱的钉珠线可以用来缝珠子，每一个供应商有自己的命名和尺寸体系。钉珠线可分为两大基本类别：尼龙长丝和凝胶纺聚乙烯长丝。

尼龙长丝线——Nymo，Superlon（S-Lon）,C-Lon，Silamide，K.O.，以及SoNo——是尼龙纤维纺成的单丝，通常被称作尼龙线。尼龙线容易磨损，所以在使用前，将其穿过蜂蜡或微晶润滑剂，这可以再一次将股线粘合在一起，减少珠子与线的摩擦，减少磨损。Nymo是最早生产钉珠线的品牌，许多新品牌与Nymo的珠线的对比见下表。

凝胶纺聚乙烯长丝——Firelinehe和wildfire——是聚乙烯纤维纺成的单丝，非常细，强度很大，不能拉伸，不耐磨。烟灰色（灰色）和水晶色（透明色）可以让缝线近似隐藏在面料中。

K.O.，Nymo，Silamide，WildFire 0.15mm，以及WildFire B都与普通的Gutermann和Mettler100%涤纶线粗细相同。这些缝线非常适用于将珠子缝到面料，最好使用双线并将缝线穿过蜂蜡以增加强度。

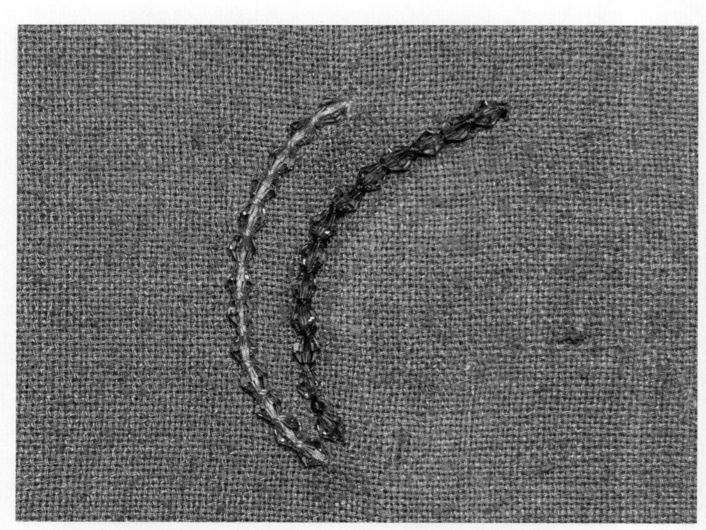

缝线的颜色会改变珠子的颜色。左侧4mm的透明双锥菱珠用白色S-Lon #18缝线缝制，而右侧同样的双锥菱珠用绿松石色S-Lon #18缝线缝制。选择与面料或珠子配色缝线

缝珠线和串珠绳

珠子缝在服装面料表面，容易受到摩擦，所以缝珠线必须非常强韧，而且且要足够纤细以穿过米珠最小的中心孔眼。

串珠绳，用来将珠子串成项链，比用于缝珠线更粗更结实。

缝珠线表

名称	尺寸	建议
Coats&Clark Dual Duty	直径0.3mm	普通缝纫机线 千万不要使用缝纫机线缝珠。缝珠线是为承受珠子的磨损而专门设计的
Gutermann,Mettler	直径0.3mm	
Nymo	00：直径为0.08mm，用于#15缝针 0：直径为0.45mm，用于#13缝针 B：直径为0.2mm，用于12/0珠子，#11缝针 D：直径为0.3mm，与普通涤纶线粗细相似	容易磨损和拉伸；使用前用蜂蜡或微晶润滑剂处理
BeadSmith生产的Superlon（S-Lon）	AA: 用于15/0珠子 微型或#18:直径为0.5mm，用于11/0的珠子	S-Lon比C-Lon结实
C-Lon	AA: 直径为0.45mm，与Nymo 0相似，有1.8kg（4lb）测试评级 D：与Nymo D相似，有3.2kg（7lb）测试评级	C-Lon较S-Lon略软
Silamide	A：与Nymo D相似	有一个平面轮廓，使它更容易穿针
K.O.缝线（日本）	只有一个尺码：与Nymo B相似	纤细，强韧，易穿针
BeadSmith生产的Fireline	直径为0.15mm：与Nymo B相似，有1.8kg（4lb）的测试评级 直径为0.20mm：与Nymo D相似，有2.7kg（6lb）的测试评级	最初用作钓鱼线，Fireline是非常细且强韧的缝线，且不易磨损，易穿针，也可染色
BeadSmith生产的WildFire	直径为0.15mm，有4.5kg（10lb）的测试评级 直径为0.20mm，有6.8kg（15lb）的测试评级	与Fireline非常相似，非常细且强韧；这种线看起来很结实，同时具有良好的弹性

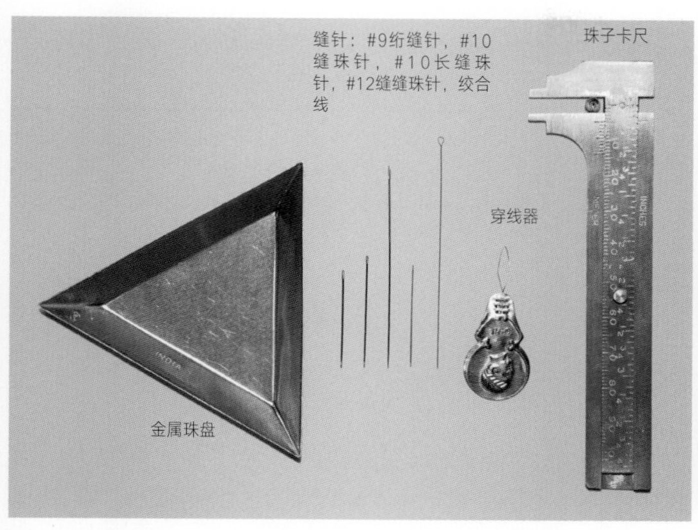

金属珠盘，针，穿针器，以及测珠卡尺

支架上的刺绣绷

缝珠工具

珠盘

带边缘的珠盘有助于铲起和收集珠子，但是珠子在金属珠盘（如上图所示）里容易滚动，不容易抓起珠子。可以在珠盘上放一个塑料容器的盖子或铺一层海绵状材料，或有绒毛的聚酯：一块法兰绒或者棉平绒。

缝针

米珠的孔很小，需要很小的缝针。这里的图片展示了几种适用于缝珠子的缝针，从左依次是：#9绗缝针，#10缝珠针，#10长缝珠针，#12缝珠针。记住，数字越大，针越细。针越细，越难穿针，必要时使用穿针器；也可以用绞合线针，但是它不够尖锐，不能刺穿大多数的面料，一般多用于织布机上进行编珠。

测珠卡尺

测珠卡尺用来测量珠子的大小尺寸。

刺绣绷

缝珠子时，用立起的刺绣绷绷紧面料，可以使珠子平整地缝在服装表面。支架将面料从工作台抬起，使其稳定。需要看面料反面时，松开侧纽，翻转刺绣绷。如果要缝珠的面料对于刺绣绷来说太小，可以在面料的四周假缝坯布以增加面料的尺寸。

散落的珠子

散落的珠子可以用胶带或较大的东西将其捡起，也可以用粘性线头辊。如果珠子散落在地上，在真空吸尘器的吸嘴上放一个尼龙袜子或轻质织物再吸取珠子，防止珠子被吸进袋子，关掉吸嘴，把珠子放进珠子收纳器里。

缝珠基础线迹

有许多方法可以将珠子加到到面料上，最基本的四种线迹是：平针，回针，双针挑绣和单针挑绣。如果想让珠子分散在某一区域，比较适合用缭针。回针适用于将一些珠子整体地缝到面料上。双针和单针挑绣适用于将珠子以线形缝到面料上。

拿针方法

每次缝珠时，针要垂直地向上和向下插。如果缝针呈一定的角度插入，会使珠子向一边偏斜。

回针

回针能快速牢固地将一串珠子缝到底布上。它允许珠子之间距离非常近。

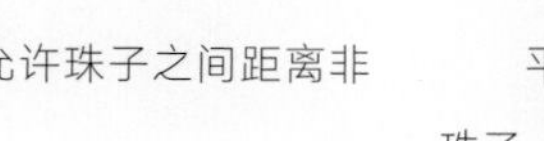

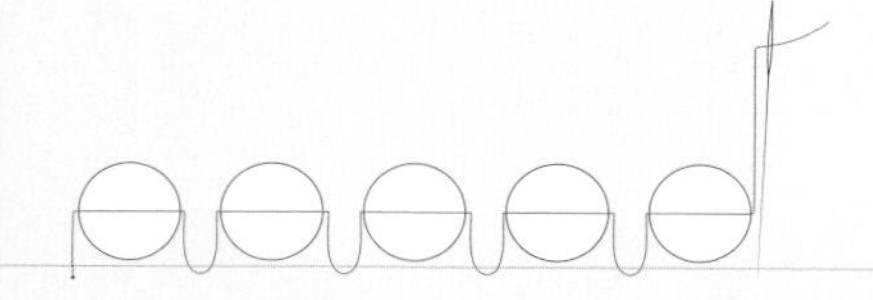

1 将设计图转印到可撕除内衬上，并将其别在面料上（详见图案转印，第19页）。

2 在底布的反面将线头打结固定。

3 保持缝针与面料呈正确角度，将针和线拉到面料正面。

4 将一颗珠子穿到针线上，并落在面料上，将珠子放置在合适的位置。

5 将针直接插在珠子的边上，保持针与面料呈正确的角度，将针线穿过面料。对下一颗珠子重复同样的操作。

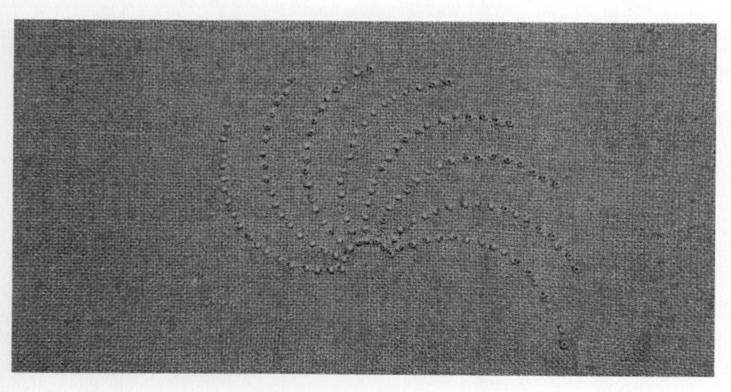

平针缝制的珠子，内衬已被撕除

平针

平针是最基本的缝珠线迹，它可以用来缝单个珠子，或成千上百个珠子。每次只缝一个珠子，平针有很大的灵活性，但很耗时。

1 将设计图转印到可撕除内衬上，并将其别在面料上（详见图案转印，第19页）。

2 在底布的反面将线头打结固定。

3 保持缝针与面料呈正确角度，将针和线拉到面料的正面。

4 将4颗珠子穿到针线上，并落在面料上，将珠子放置在合适的位置。

5 将针直接插入到第四颗珠子的边上，保持针与面料呈正确角度，将针线穿过面料。

6 往回数两颗珠子，并将针从第二和第三颗珠子之间穿出。

7 将针穿过第三和第四颗珠子。重复步骤4～7。

可以改变向前和向后的珠子数目：比如，向后三颗，向前六颗，或者其他任意组合。

缝制间隔珠子

如果珠子间距很大，在移到下一颗珠子前将缝线打结。

双针挑绣

在面料正面看，单针和双针挑绣是完全一样。在这两种线迹中，一根缝线穿进珠子，然后第二根缝线将第一根缝线和珠子调整到合适位置。这种线迹适用于将一长串珠子缝到面料上。双针挑绣针迹比单针挑绣针迹容易操作。需要将两条线分开；为了清楚讲述，这里将它们分别叫做缝珠线和挑针线。

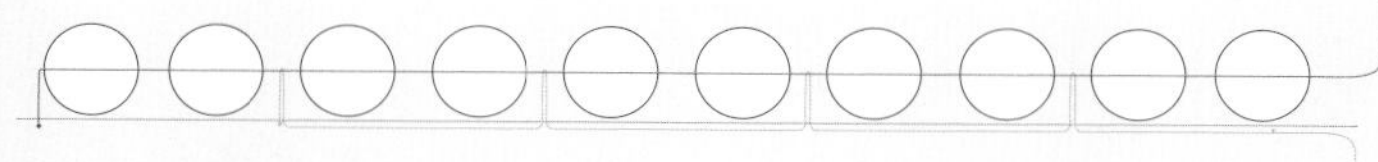

1 将设计图转印到可撕除内衬上，并将其别在面料上（详见图案转印，第19页）。

2 在底布的反面将缝珠线的线头打结固定。

3 保持缝针与面料呈正确角度，将缝珠针线拉到面料的正面。

4 将尽可能多的珠子穿到缝珠针线上，完成操作。

5 将第一颗珠子放置在面料合适的位置。

6 在底布的反面将挑针线的线头打结固定。

7 将挑针的针线拉到面料的正面。

8 将挑针线在距离开始端二到四颗珠子间绕一个圈，然后将针和挑针线拉回到面料的反面。

9 沿着缝珠线再滑下二到四颗珠子，并将其放置在面料合适的位置。重复步骤7～9直到完成。将缝珠线拉到面料反面并打结。

单针挑绣

单针挑绣针迹与双针挑绣针迹操作方法相同，但是缝珠线和挑针线是同一根线。

1 将设计图转印到可撕除内衬上，并将其别在面料上（详见图案转印，第19页）。

2 在底布的反面将线头打结固定。

3 保持缝针与面料呈正确角度，将针线拉到面料正面。

4 将尽可能多的珠子穿到针线上，完成操作。

5 从设计线的一端插入针线，将所有的珠子排列到面料上。

6 缝线不要拉科过紧，留出一点缝线余量，可以用挑针绣从珠子之间拉到面料表面。

7 距离开始端两颗珠子的位置，将针线拉到面料的正面。

8 将缝线在两颗珠子之间绕圈，并将针线拉到面料的反面。

9 沿着缝珠线再滑下二到四颗珠子，并将其放置在面料合适的位置。重复步骤7～9直到完成。

挑针绣缝制的珠子

双挑针绣时珠子及缝线控制

距离操作部位一定距离，将缝珠针线穿入面料。这样可以保持缝针的穿线状态，缝线不打结，珠子做好挑入的准备。

锯齿线迹

锯齿线迹是一种能增加服装或边缘纹理的简单线迹。

用锯齿线迹交替缝制两种珠子：较小的亮面罗卡尔（rocaille）珠和水滴形勾玉珠

1 在底布的反面将缝线线头打结固定。

2 保持缝针垂直于底布，将针和线拉到面料的正面。

3 将三颗珠子穿到缝线上并落到面料。将珠子放置在合适位置。

4 将针直接插到第三颗珠子的边上，保持针与面料垂直，拉动针线穿过面料。重复步骤3～4直到完成。

珠子流苏

珠子可以直接缝到服装或缎带上制作珠子流苏。如果在领围线处增加流苏，流苏之间的缝珠线可以隐藏在服装和贴边的缝份处。如果在下摆处增加流苏，下摆熨烫后添加流苏，然后再缝制，这样就可以将缝珠线隐藏起来。如果将珠子缝到缎带上，那么就需要一个接缝来隐藏缎带（详见流苏滚边，第149页）。

缝制流苏缎带时，要确认缎带放置在缝份里，并且珠子从缝份处悬垂落下。在流苏上端留出3mm，以便在接缝翻折时面料可以卷起来。在每一条珠串的上端先用一个便宜的米珠作间隔，完成后将其移除（详见步骤7）。

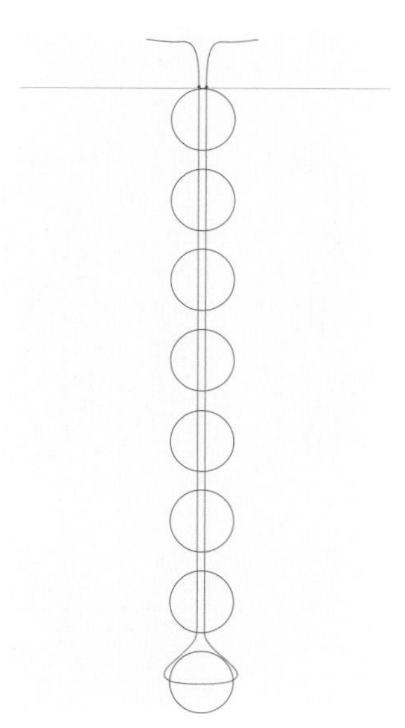

底端的珠子与流苏上的其他珠子垂直；它被称为转向珠，因为它可以让缝线重新转向上端

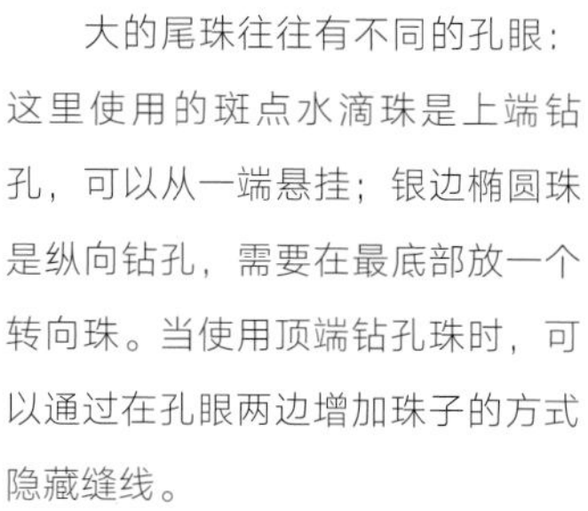

大的尾珠往往有不同的孔眼：这里使用的斑点水滴珠是上端钻孔，可以从一端悬挂；银边椭圆珠是纵向钻孔，需要在最底部放一个转向珠。当使用顶端钻孔珠时，可以通过在孔眼两边增加珠子的方式隐藏缝线。

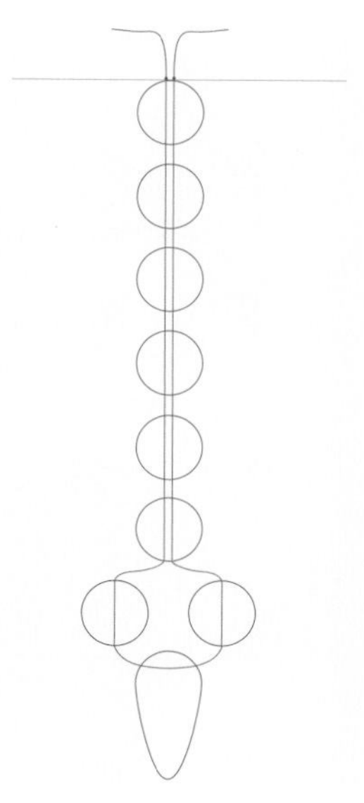

在顶端钻孔尾珠的两边增加珠子以隐藏缝线

1 在服装和缎带上标记出规律的间隔，有助于制作间隔均匀的流苏。在面料或缎带上将缝线打结或缝几针以固定缝头。

2 保持缝针与面料垂直，将针线拉到面料的正面。

3 将两颗便宜的米珠（这里为红色）穿进缝线，后面接着穿9颗珠子，将珠子沿着缝线落到面料上。注意：如果流苏直接缝到服装上，不放间隔的米珠。

4 从第八颗珠子将针线穿回到第一颗珠子上。

5 将针直接插到第一颗珠子的边上，保持针与面料垂直，拉动针线穿过面料。缝几针或者在面料上打结以固定缝线。

6 重复步骤2~5直到完成流苏制作。

7 用钳子小心地夹碎顶部做间隔的玻璃米珠，这样在流苏的上端会有一定的空隙量，然后将流苏夹到接缝里缝制，详见流苏滚边，第149页。

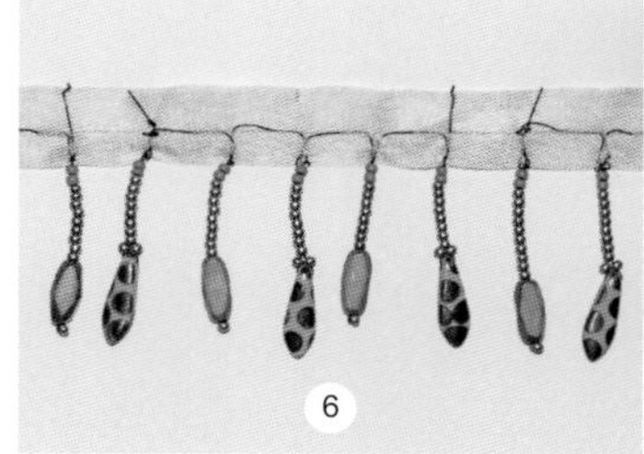

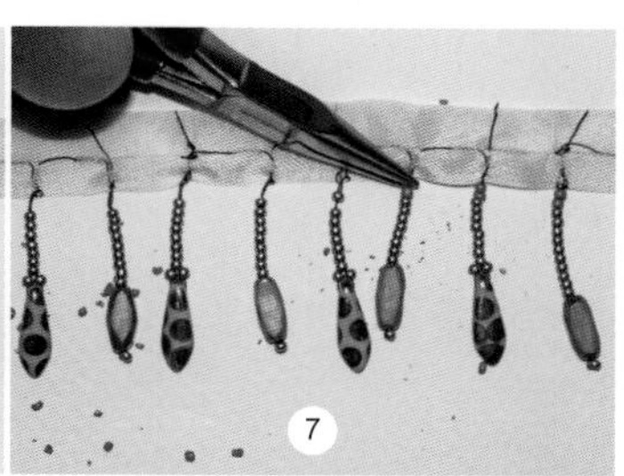

缝在服装下摆处的成品珠子流苏

网状珠串流苏

网状珠串流苏可以直接缝到服装或缎带上。

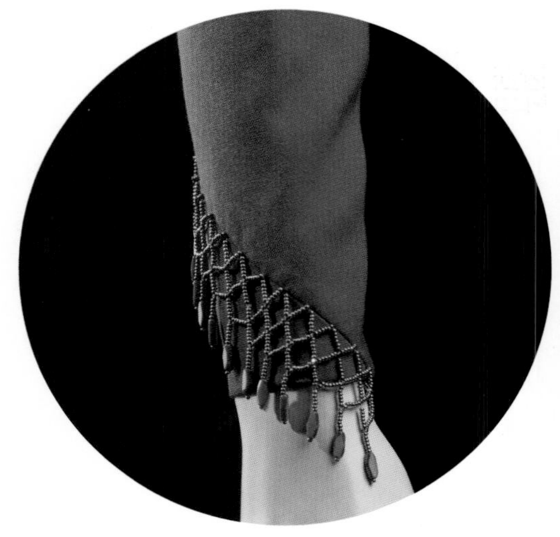

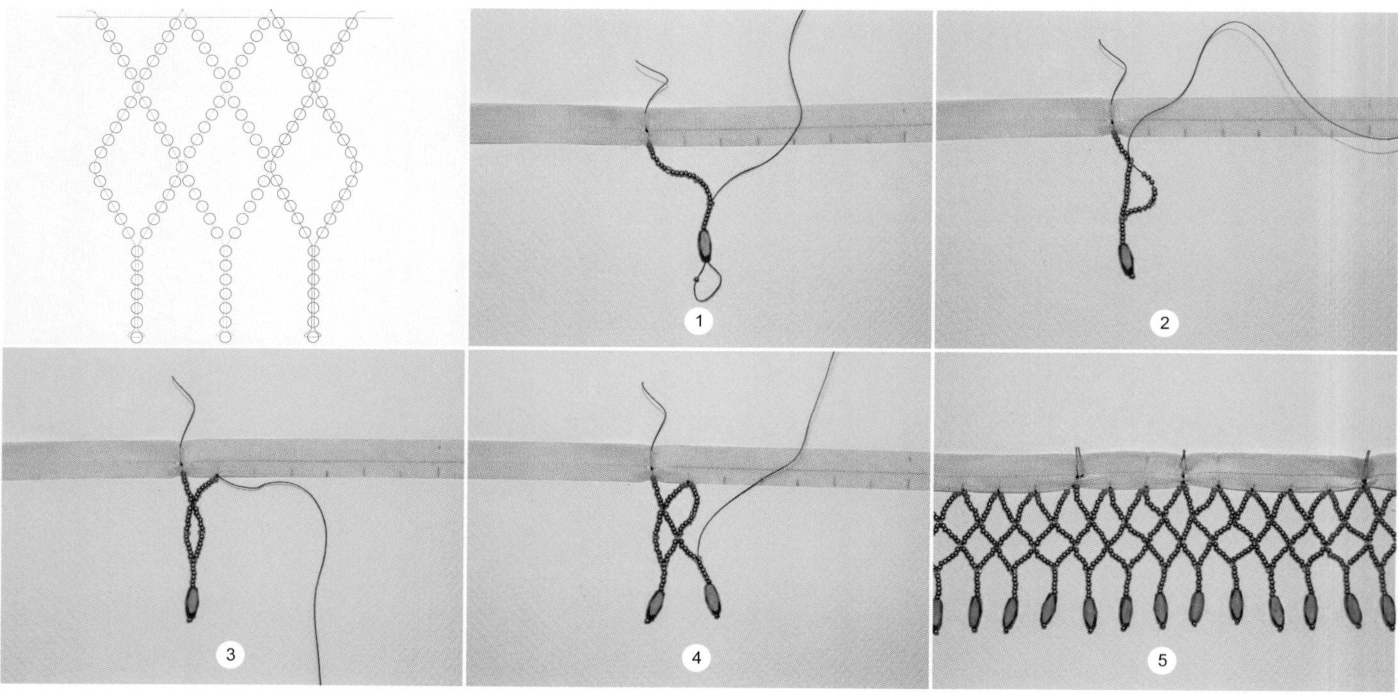

为了清楚表示，这里的缝线路径用不同颜色的珠子表示，但只有一根连续的线用于整个网状流苏。

1 在面料或缎带的反面缝几针或者打结以固定缝线。先穿入两颗红色间隔珠，再穿入6颗灰色#11米珠，一颗#10绿松石珠，6颗灰色#11米珠，一颗大的椭圆银边珠和一颗灰色#11珠，最后一颗珠子为转向珠。将针线再向上穿，经过大的椭圆珠、最下端的灰色珠群和一颗绿松石珠。

2 针线从绿松石出来，再穿另外的6颗灰珠，一颗绿松石珠和6颗色珠。然后在第一条珠串的第一颗绿松石珠处将针线向上穿出。

3 再穿入另外的6颗灰珠，这时回到了流苏顶端，加两颗间隔珠，在缎带上缝几针打结，然后向下进入到下一根流苏。

4 穿入另外两颗红色间隔珠，6颗灰珠，一颗绿松石珠和6颗灰珠。在第二条珠串处将针穿过第二颗绿松石珠，然后再穿另外的6颗灰珠，一颗绿松石珠和6颗灰珠，最后加一颗大的椭圆珠和一颗转向珠。将珠子穿回，经过大的椭圆珠、最下端的灰色珠群和第三颗绿松石珠。重复步骤2～4。

5 成品流苏。

珠串流苏的造型

流苏完成后，用熨斗进行蒸汽处理，使形成的钻石造型更加均匀。

磨圆石缝珠

磨圆石是一种背面平整，正面略微呈弧形隆起的石头、玻璃或陶瓷制品；也可以用任何其他的钝边物替代磨圆石。将磨圆石粘贴到面料上，周围用珠子把磨圆石固定在合适的位置。

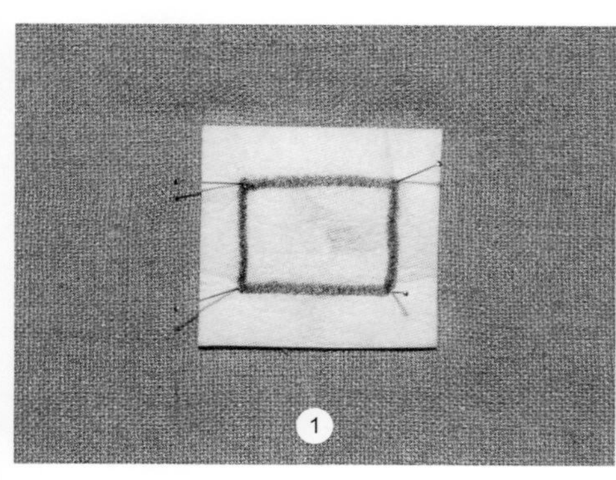

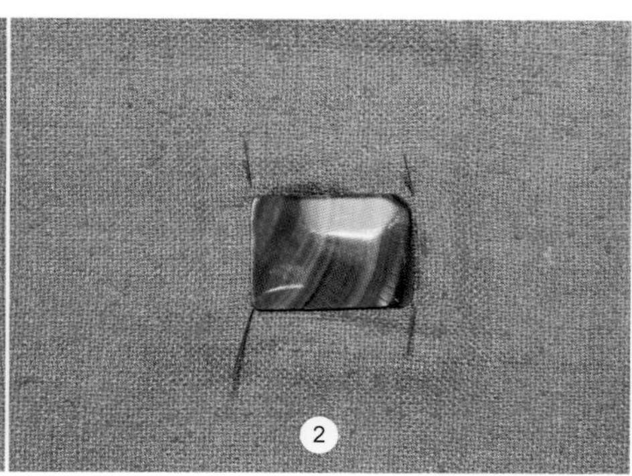

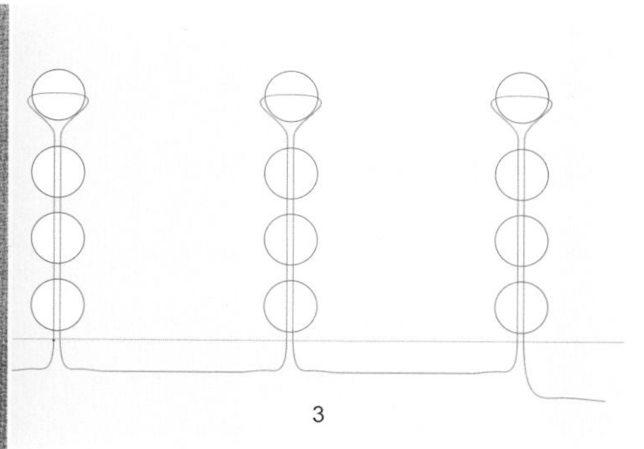

1 在磨圆石垫布上画出磨圆石的轮廓，如Lacy's Stiff StuffTM（详见下方介绍），在外轮廓留出一定余量将图案剪下。将垫布用胶水粘在面料反面，面料的中心就是磨圆石的中心，仅在外轮廓线内部涂胶水，因为沿着胶水缝纫非常困难。要在磨圆石的每一个转角处用珠针固定。

2 面料翻到正面，将磨圆石粘到珠针标记的面料部位，胶水仅在磨圆石底部。用几个小时甚至更长时间让胶水自然干燥。

3 选择与珠子配色的缝线，这样缝线可以多次穿过珠子。这里用3mm的珠子和与其配色的双倍K.O.缝线。在面料反面将缝线打结。保持缝针垂直面料，将针线拉到面料正面。

将珠子穿进缝线，并滑到面料和磨圆石上。制作一个能足够围绕磨圆石的弯曲珠串，同时又不能遮盖住磨圆石。针线穿到珠串顶端的转向珠后，再往下穿回珠串，并穿回到面料上。继续沿着磨圆石的边缘以相同的方式制作珠串。

磨圆石的支撑

大而沉的磨圆石会拉拽面料，所以需要在磨圆石和面料的背面增加内衬作为支撑。Lacy's Stiff StuffTM是专门为磨圆石缝珠设计的轻薄结实的内衬。Lacy's Stiff StuffTM制造商建议搭配牢固粘贴的E6000TM胶水一起使用，所以一定要在通风良好的地方操作。

如果没有Lacy's Stiff StuffTM，可以在磨圆石下面加一些厚重内衬做支撑，同时又可以遮住缝迹线。

4 重复操作直到所有的珠串都缝好。珠串可以间隔放置，也可以紧密排列。在这里，珠串的一半向上折叠覆盖住磨圆石，以展示它们的高度。

5 在面料反面固定缝线，用针线向上穿过一串珠子，加一颗连接用转向珠，然后再穿下一颗连接用转向珠。

6 重复操作，直到完全环绕磨圆石。

7 拉紧缝线，让珠子紧紧环绕在磨圆石上。把针和线从珠串上穿出来，在反面将缝线打结。

在反面，尽可能的将Lacy's Stiff StuffTM内衬修剪到与缝迹线接近的位置，避免磨圆石周围有凸起。

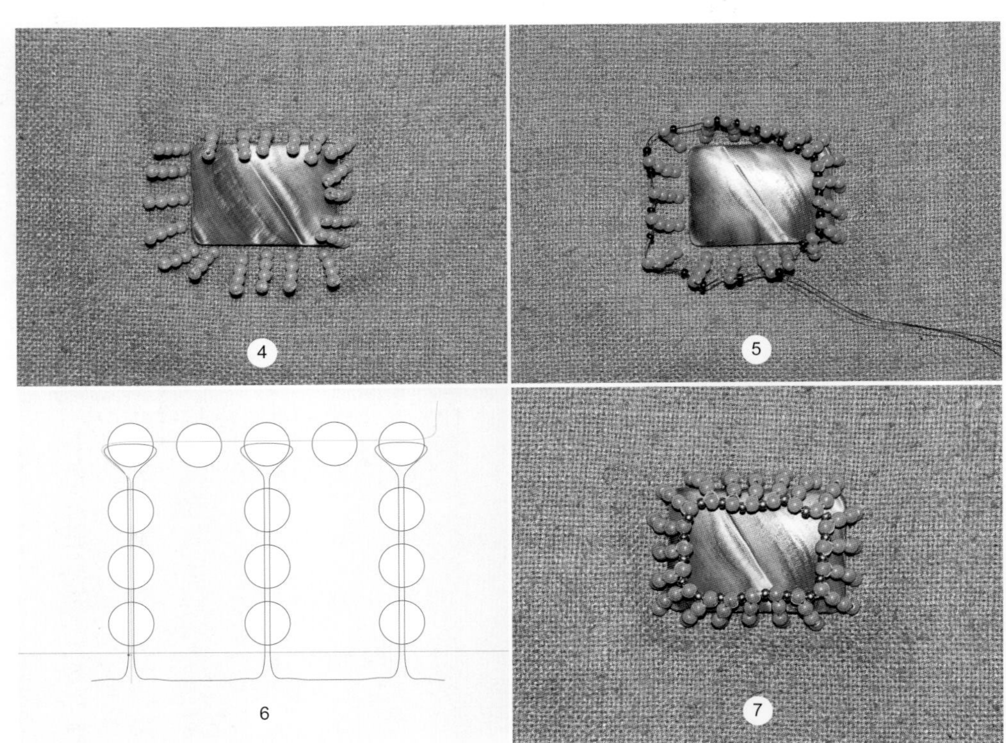

变化形式

在这个例子中，8条等距8/0黑色米珠串缝在磨圆石的周围，并用1号黑色管珠在顶部将它们连接在一起。最后，一颗被4颗8/0黑色米珠裹起来的绿松石多面珠缝在珠串之间，环绕在磨圆石四周。

珠片

珠片是小的片状珠子，中心带有孔眼，能缝在面料上。起初，珠片是金币，产于威尼斯，并在意大利以古金币而闻名；它的名字来源于造币厂或铸币厂。这种钱币被缝在衣服上作为财富保管的方式，这种习俗慢慢演变成后来使用硬币形状的珠子作为装饰。

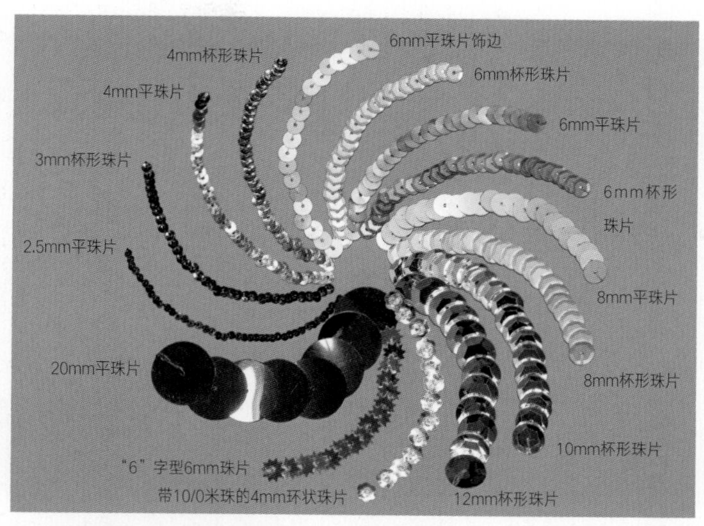

珠片有许多尺寸，从直径2mm到直径1.5cm。珠片有许多形状，扁平的，杯状的或是多面的。珠片也有多种后整方法：哑光，缎面感，金属感，透明的，月光感（透明拉银丝），彩虹色，虹彩色（比平面彩虹色有更强烈的彩虹感），光滑的，柔滑的，超光滑的，不透明的等。

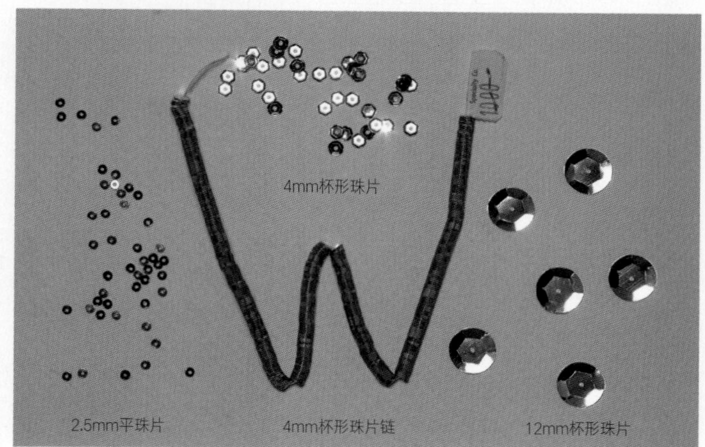

珠片可以散装购买，也可以成串购买。散装珠片可以按数量（35～1000片/袋）或重量销售。

也可以购买珠片饰边，珠片已经串成链条。在使用这种饰边时，有些珠片可能会从末端滑落，可以将它们收集起来，以备填补缺失的部位。

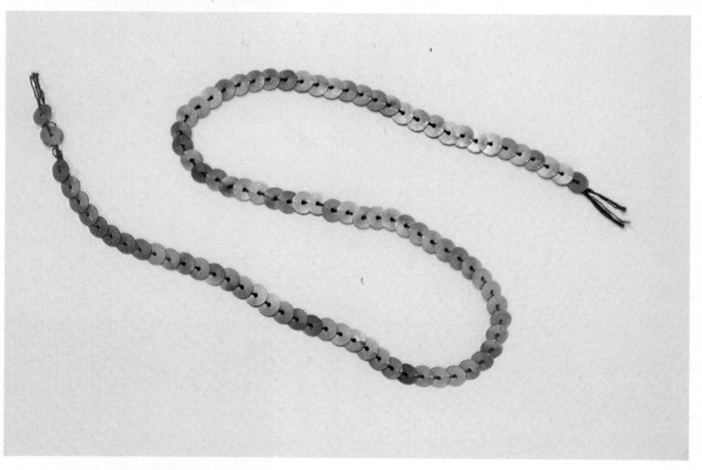

珠片已被固定在缝线上的珠片饰边，准备缝制到面料上

珠片熨烫前测试

珠片在熨烫时可能会融化，所以熨烫服装上的珠片前，用熨斗对几个珠片进行测试。

零散珠片的缝制

珠片可能以单点的形式缝制，分散在面料上，或者以线的形式缝制，创作出闪亮的连续图案，也可以在珠片的中心添加珠子，以增加更多的颜色、亮点或纹理。

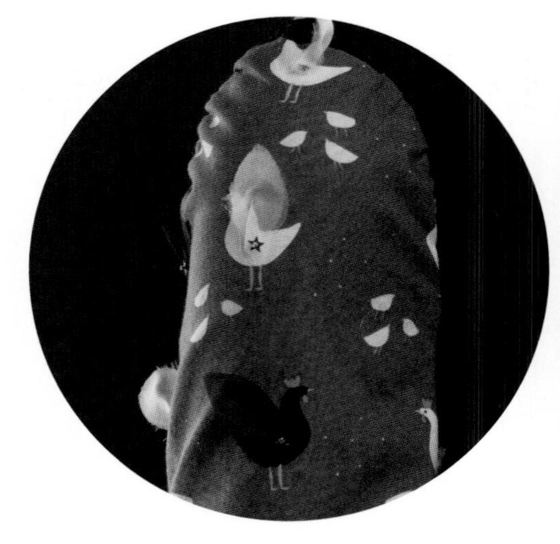

1 在面料反面缝几针固定缝线。将针和线穿过第一个珠片中心；珠片的凹面朝上——凹面是正面。将针线落在珠片的边缘，在距离第一个珠片边缘半个珠片宽度的地方穿出。

2 将第二个珠片穿进缝针，凹面朝下。在这里，珠片的反面用紫色以示清晰。将针线从第一个珠片的边缘穿入。

3 拉紧缝线，珠片翻转到它的反面，这样珠片的凹面朝上，并且能挡住缝迹线。

4 重复步骤2~3，熟练了每个珠片的宽度，就能比较快速地将它们缝好。

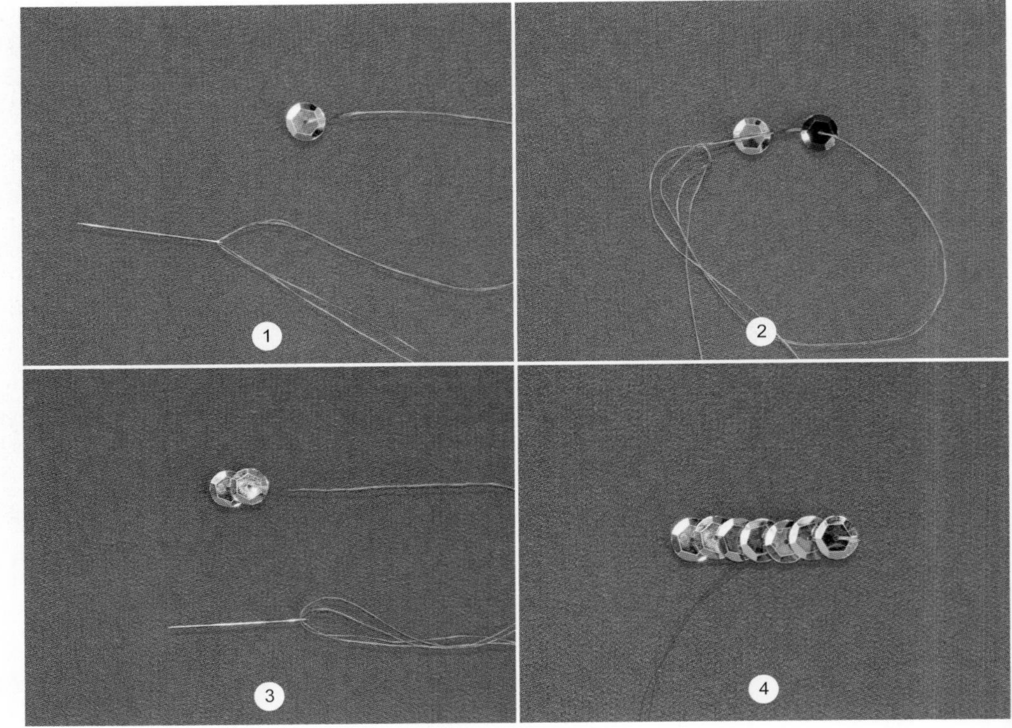

变化形式

1 在面料反面缝几针以固定缝线。将针和线穿过第一个珠片中心，珠片凹面朝上。加一颗珠子，把针和线穿到面料的反面。对下一个珠片重复上述操作。

2 平珠片串和中心带有珠子的珠片串交替排列。

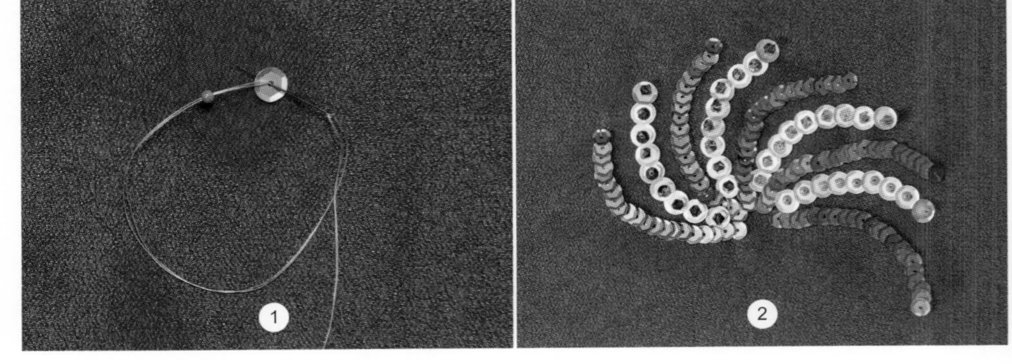

珠片饰边的缝制

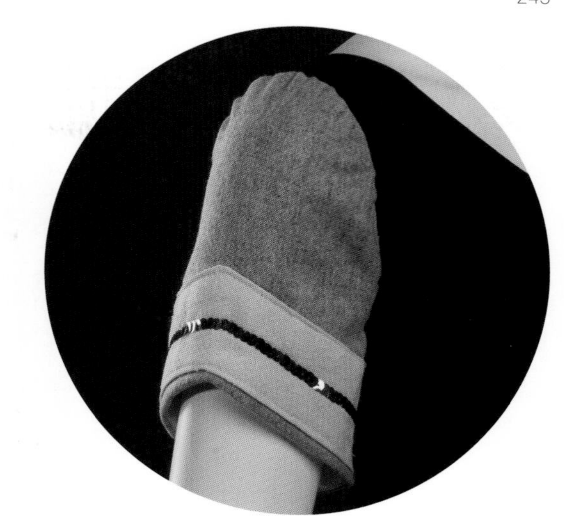

有多种方法可以将珠片饰边缝到面料上。如果是手工缝制，可以把它看作是一串珠子，将它挑绣到合适的位置（详见单针挑绣和双针挑绣，第235页）。如果用机器缝制，可以用普通缝纫机进行直线缝或者“之”字缝，也可以用锁边机。

直线缝

用直线缝可以缝住珠片饰边的中心。这种方法可以牢牢地固定饰边，但它存在一些缺点：缝线是可见的；如果操作失误，缝纫机针在珠片上留下洞眼，饰边可能会被毁掉，从而必须用新的饰边制作。如果需要增加直线缝的牢固性，可以使用针/线润滑剂，辅助缝针反复刺穿塑料珠片。最后，确保在完成制作后更换缝针。

机器缝制珠片

对于所有的机器操作，将珠片的重叠边缘面对自己，放置珠片。如果饰边方向放反，珠片会阻碍压脚。

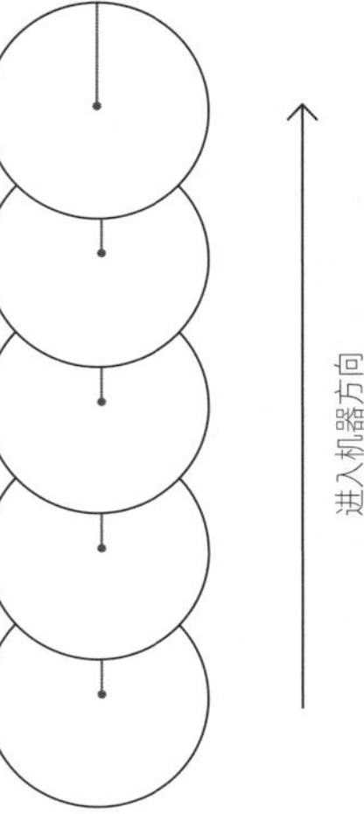

“之”字缝

1 购买饰边前，检查缝纫机“之”字缝的最大宽度。将珠片饰边放在面料上，调整“之”字缝的宽度，使其比珠片大一点。在珠片饰边上缝制，小心地避免机针刺穿珠片。如果缝纫机针容易跳针，可以在饰边上增加一层轻质可撕除内衬。这里，去除一部分的内衬，以展示缝迹线。

2 去除内衬。将珠片饰边拉向接缝边缘，然后再回到起始位置，使缝线隐藏在珠片下面，可能会有几个珠片没有盖住缝线，用手移动这些珠片直到挡住缝线。

3 用与面料配色的缝线对珠片饰边进行“之”字缝。

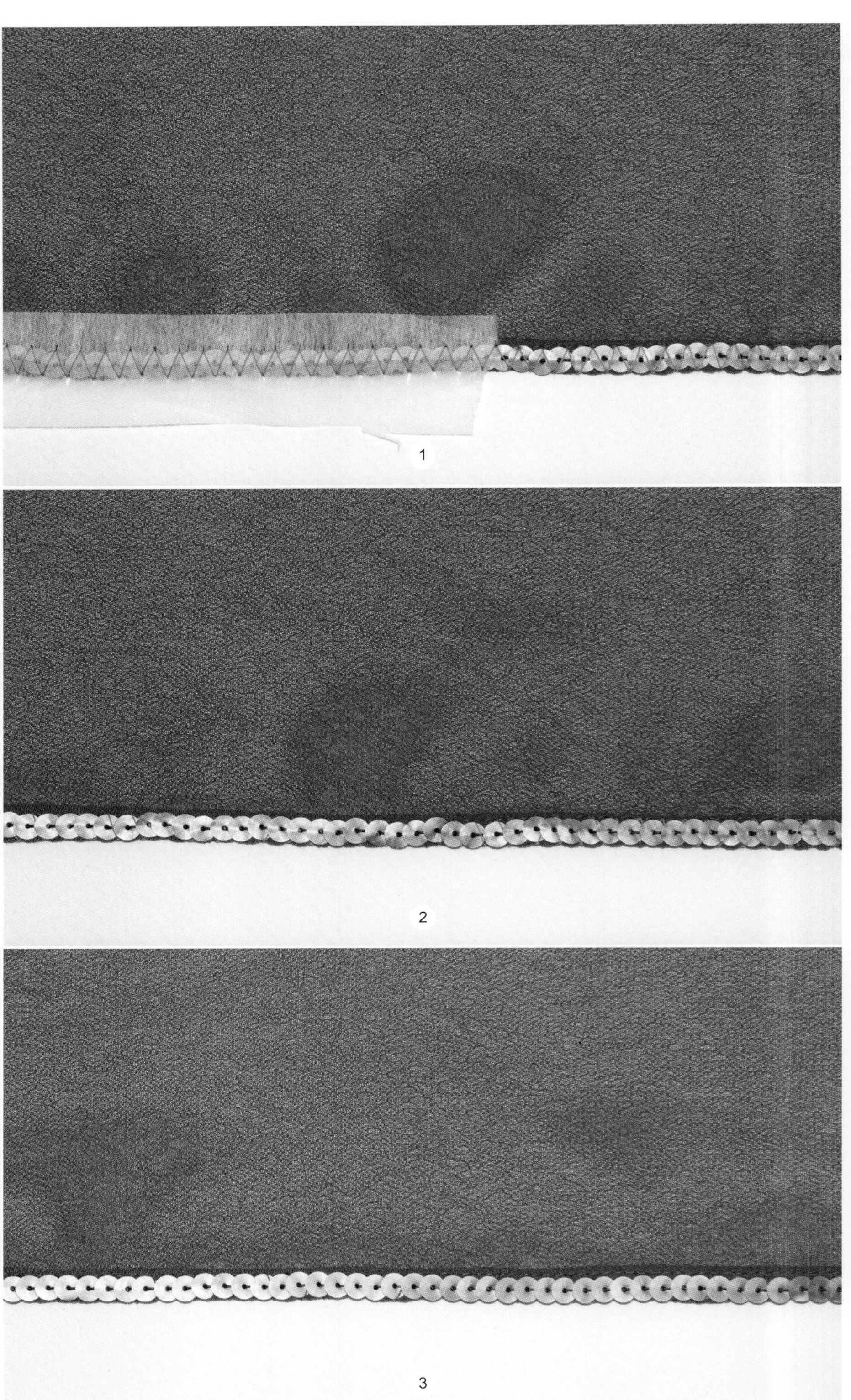

使用锁边机

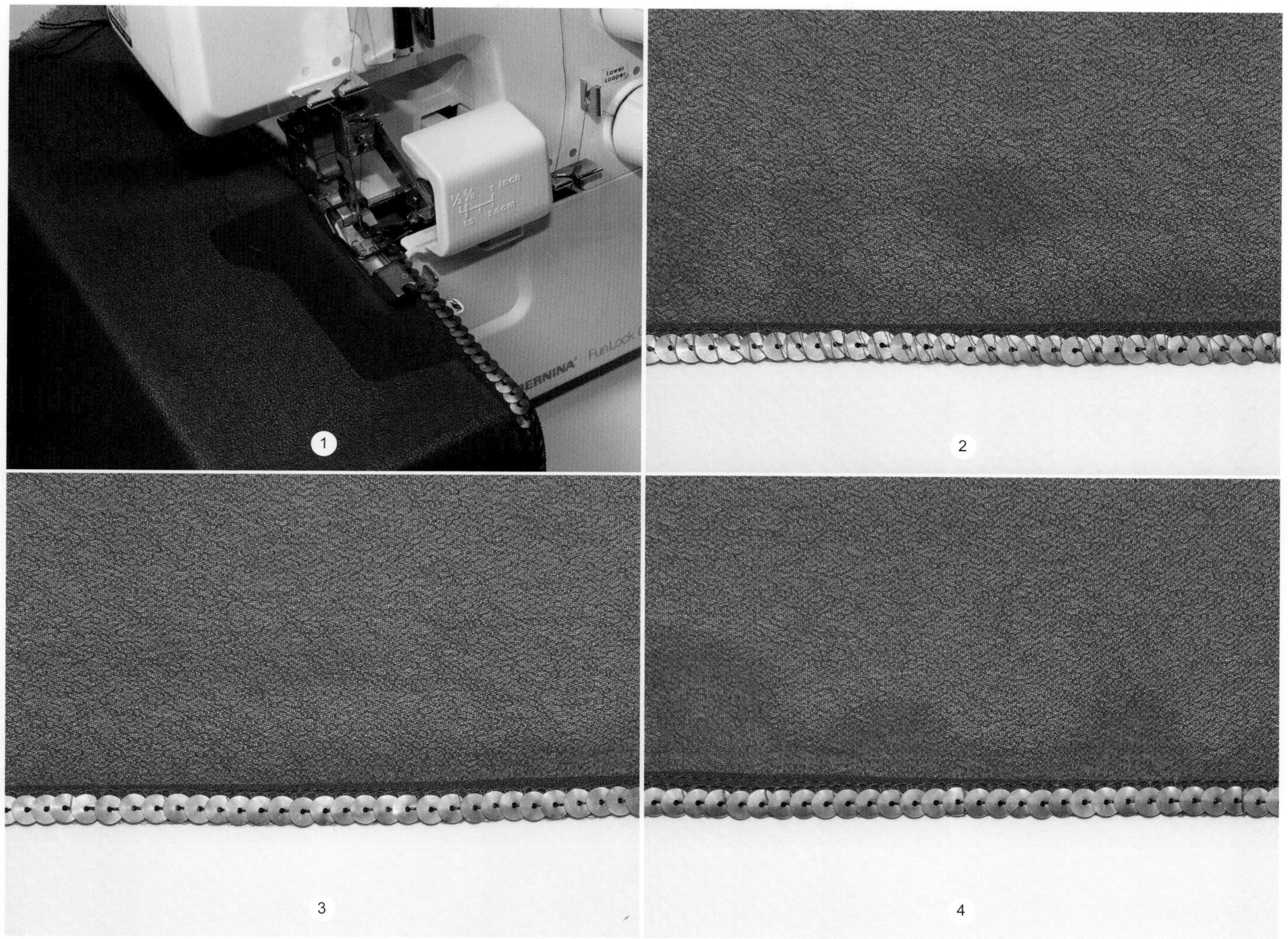

1 取下锁边机的刀片，将压脚换为多用途或珠子/珠片压脚，这些压脚有一个凹槽可以引导饰边进入锁边机。放下锁边机机针，确保将珠片饰边放进饰边凹槽，这样珠片重叠的边缘会被喂入锁边机。

2 对饰边进行锁边。

3 将珠片饰边拉向接缝边缘，然后再回到起始位置，使缝线隐藏在珠片下面，可能会有几个珠片没有盖住缝线，移动珠片直到挡住缝线。

4 用与面料配色的缝线对珠片饰边进行锁边。

珠片面料的接缝缝制

使用由珠片装饰的面料时，需要沿着缝线将缝份处的珠片都去除。如果珠片留在接缝线上，会不利于接缝平放；如果珠片留在缝份上，会产生鼓包，导致皮肤不适。

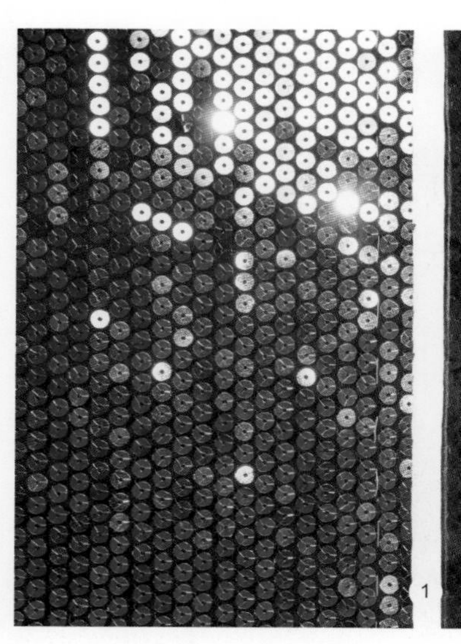

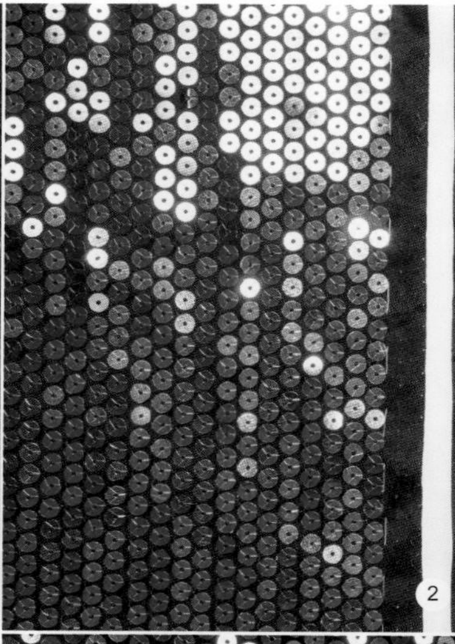

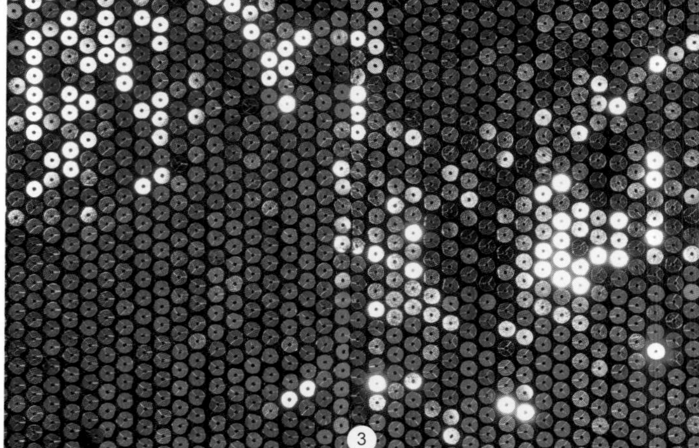

1 沿着所有的缝线去除缝份处的珠片。这里直线缝迹是缝线的标记线；这里展示了面料正面（左边）和反面（右边）。

2 小心地从缝份处去除珠片，将它们保存好，以备在接缝缝制完成后填补空缺处。在这里，珠片已经被去除，准备缝合接缝；这里展示了面料正面（左边）和反面（右边）。

缝合接缝。用熨斗对几个移除的珠片进行测试，确认珠片在接缝熨烫时不会熔化。

3 完成的接缝。

亮片

亮片“paillettes”源于法语，意思是“斑点”或者“薄片”，是在上端有孔眼的大片状珠子，孔眼用于将亮片缝到面料上，它们也被称作金属片或钻片。亮片有很多颜色和后整理方法：镀金属，透明的，全息的，不透明的，彩虹色，不透明的和印花的。它们的直径从15mm到30mm不等，孔眼可大可小。亮片可以按照基本图案缝制：直排直列或交错排列。交错排列图案可以营造出鱼鳞效果。

亮片的缝制

亮片需要缝得松散一些，闪光的亮片会随着面料的晃动而闪动。将一到三个亮片缝到面料上后，在面料的反面打结。松散的缝线可以使亮片自由晃动，但也会增加意外掉落的机率。

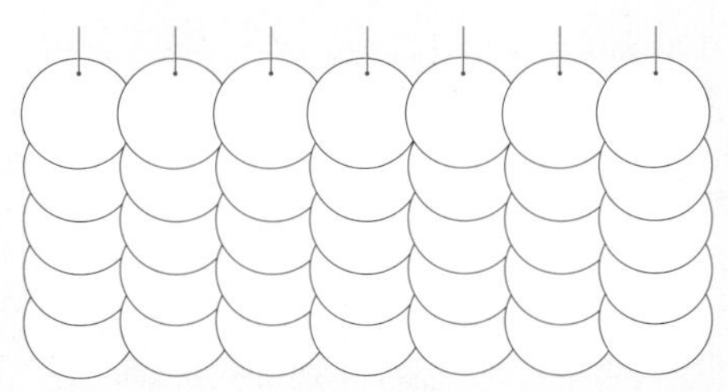

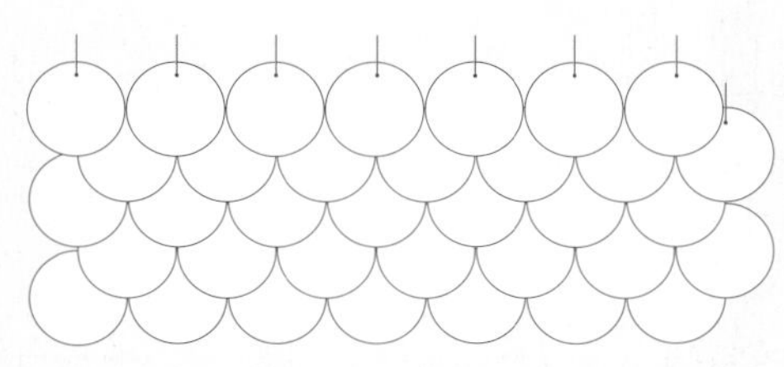

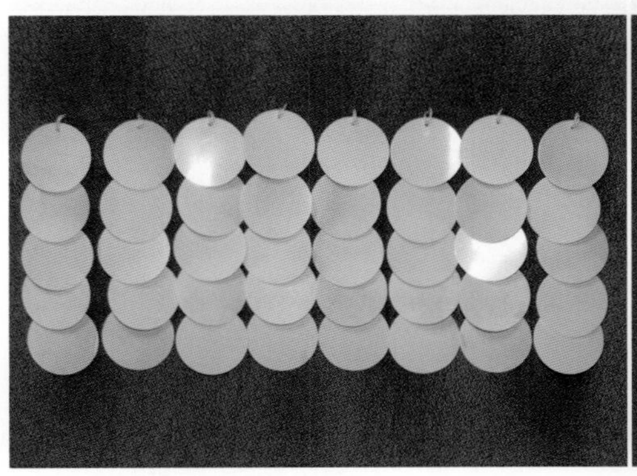

直线排列缝制的小孔亮片

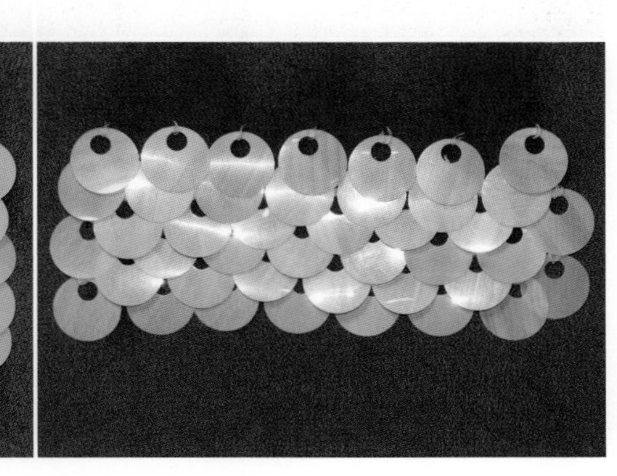

交错排列缝制的大孔亮片

1 确定需要大孔亮片还是小孔亮片。

2 在可撕除内衬上画出版图作为参考，将亮片均匀隔开摆放。细竹签可以辅助来调整针脚的松度（细的双头毛衣针）。将竹签附近的每个亮片绕竹签缝两针，缝线穿过亮片孔眼。将一到三个亮片缝到面料上后，在面料反面打结。移除竹签时，亮片可以自由摆动。

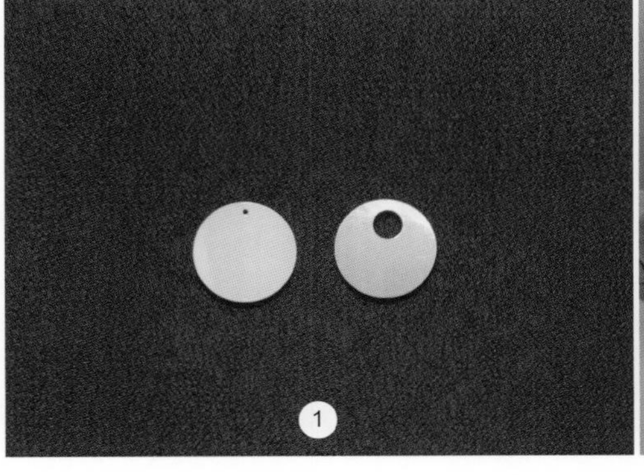

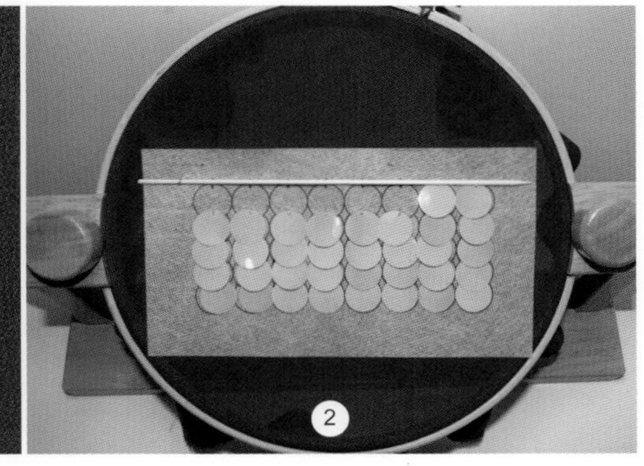

没有什么比水晶装饰的礼服更能体现红毯的魅力了。作为人造钻石使用的莱茵石，最初源于莱茵河。18世纪，珠宝商J.G.Strauss开始通过在玻璃的底面涂上一层金属粉末来制造人造水晶。术语“莱茵石”“莱茵石水晶”，以及“水钻”可互换使用。莱茵石水晶有自己的测量系统，有统一的行业标准，用SS表示石头尺寸。现在，澳大利亚的施华洛世奇和捷克的宝仕奥莎是两个主要的高端水晶制造商。

水钻可以通过许多方法添加到面料上：这一章内容会涉及到缝制型、热烫型、粘贴型和爪夹型水钻。铆钉有类似的放置和固定方法。

3.9 水钻和铆钉

最简单的水钻添加方法是缝纫法和热烫法。施华洛世奇烫钻特别牢固，放在剧服上可以经受多次的演出和洗涤不脱落。而廉价的水钻会脱落，留下背面的金属薄片粘在面料上。

注意面料的局限性：烫钻需要热熨斗/点钻器，可能会让醋酸纤维类面料熔化；粘贴型水钻的胶也可能会熔化醋纤。任何有烫钻的服装都可以手洗，但不能用烘干机或熨烫器干燥，胶对蒸汽和热很敏感，可能会使水钻脱落。爪夹比较适用于厚面料，比如丹宁布，一种厚重的羊毛或人造鞣皮，爪夹会使轻薄面料起皱。

水钻

水钻和莱茵石有许多尺寸规格，并带有不同的底部和爪夹。它们可以通过不同的方法添加到面料上。

缝制型水钻

莱茵石水钻可以添加到一些可缝制的饰边上。

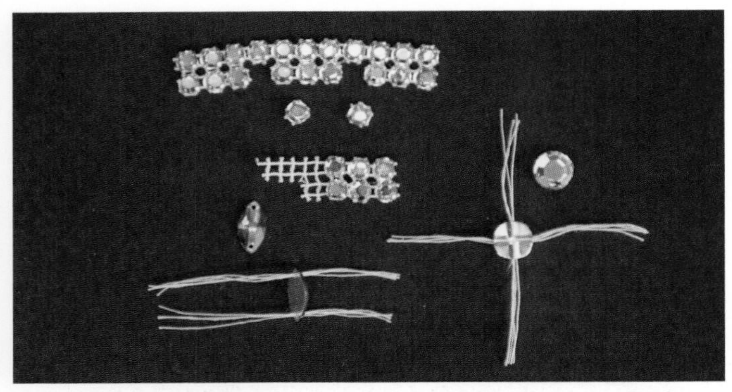

图中最上端的小水钻装饰在一块网状面料上。可以剪下一些单个的水钻，使饰边可以绕着弧线弯曲。右边的水钻上有金属底部，上面有缝线引导槽。下端的图是带孔眼的水钻。这些水钻都能很容易地缝到面料上。

要添加水钻，先将设计图转印到面料正面。将针穿过水钻的网状部分或水钻末端的孔眼或穿过缝线引导槽进行缝制。选择哪种水钻取决于水钻的固定方式。

莱茵石尺寸

石头尺寸	石头直径	实际尺寸
SS 5	0.9mm	○
SS 7	2.0mm	○
SS 9	2.8mm	○
SS 10	2.8mm	○
SS 12	3.0mm	○
SS 16	4.0mm	○
SS 20	4.8mm	○
SS 30	6.0mm	○
SS 34	7.0mm	○
SS 40	8.5mm	○
SS 48	11.0mm	○

烫钻

烫钻的背面有背胶。放置好水钻后，用熨斗或点钻器将背胶融化。

热烫转印纸或聚酯薄膜纸，一般是双层：一层干净有粘性；另一层是背纸，白色无粘性。使用熨斗前可以用这些纸核对水钻所放位置是否正确。

水钻直接放在面料上

如果直接将水钻放置在服装面料上，正面朝上，不需要使用转印纸。但需要在熨烫前在水钻和面料上放置一片特富龙熨烫纸，防止面料烫光或烫焦。

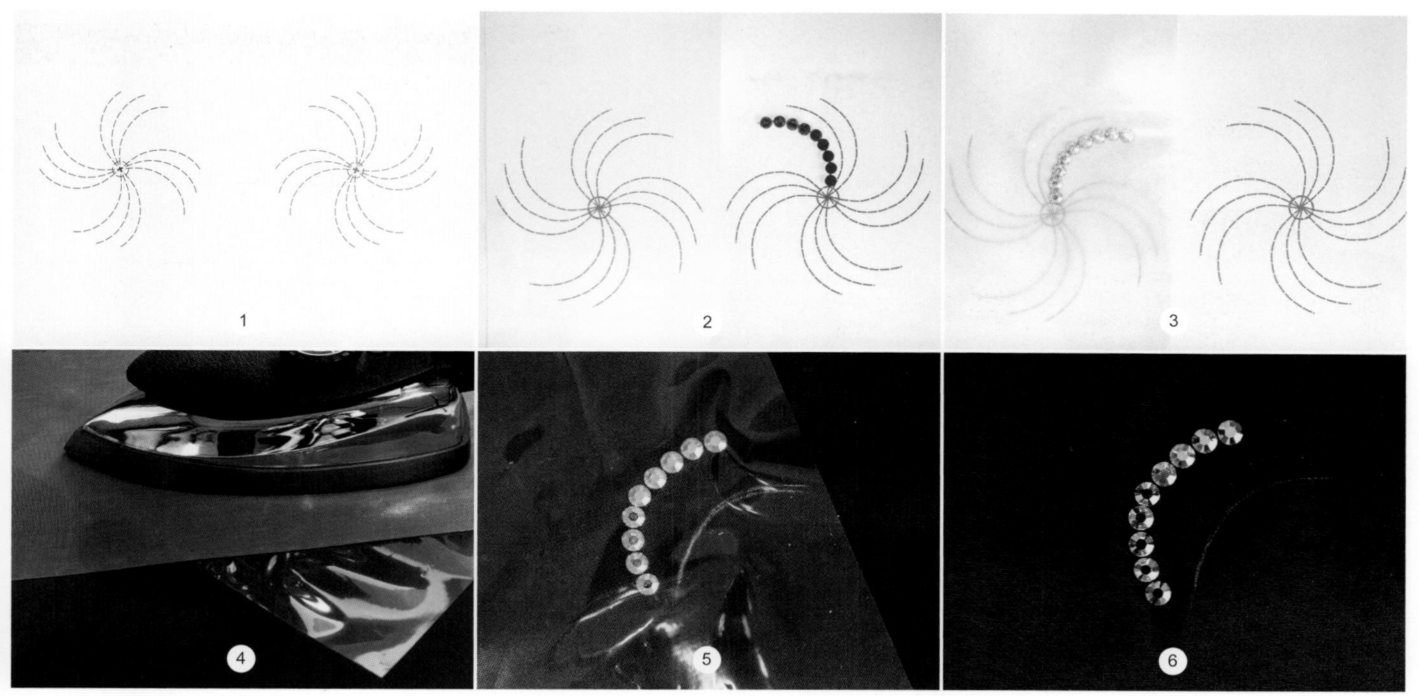

1 画出设计图（黑色线条）。在水钻背面操作，也就是说，水钻的正面朝下，所以要画出镜像设计图（红色线条）。

2 将转印纸粘在镜像的设计稿上，有粘性的面朝上，并移除背纸。在粘性转印纸上放置水钻，正面朝下，盖住设计线。

3 用背纸盖住水钻。揭起转印纸的两层并将它们放到原始设计图上，水钻正面朝上。调正歪斜的水钻。

4 移除背纸，并将带水钻的转印纸放到面料上。用特富龙熨烫纸盖住，然后在上面用熨斗热烫。熨斗温度应该设置到面料所能承受的最高温度。

保持熨斗30秒不动，时间可以调整，也会随熨斗功率不同而不同。拿起熨斗并将它放在下一个需要烫钻的部位。千万不要滑动熨斗，因为这可能会导致水钻在面料上滑移。

5 揭开转印纸，转印纸可以循环使用。

6 一条完成的烫钻。

使用热烫点钻器

使用热烫点钻器是烫单个钻最简单的方法：设计图在面料的正面，可以直观地看到每一颗水钻放置的位置。因为金属点钻器上有烫头，需要在每一颗水钻周围留出一定的间隔，这也是热烫点钻器最大的缺陷。

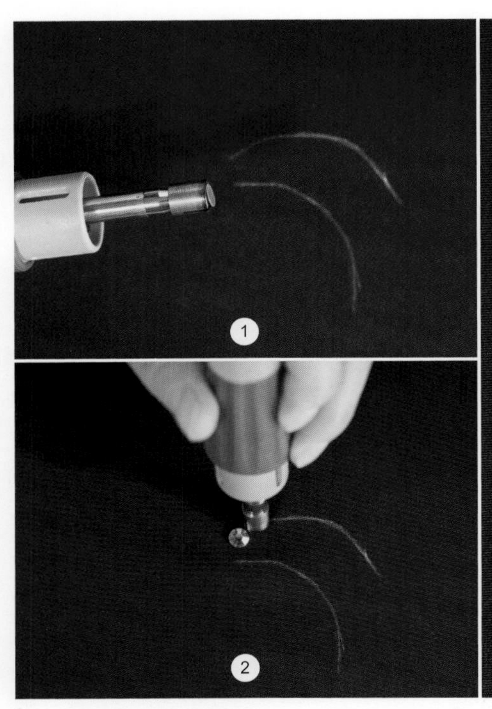

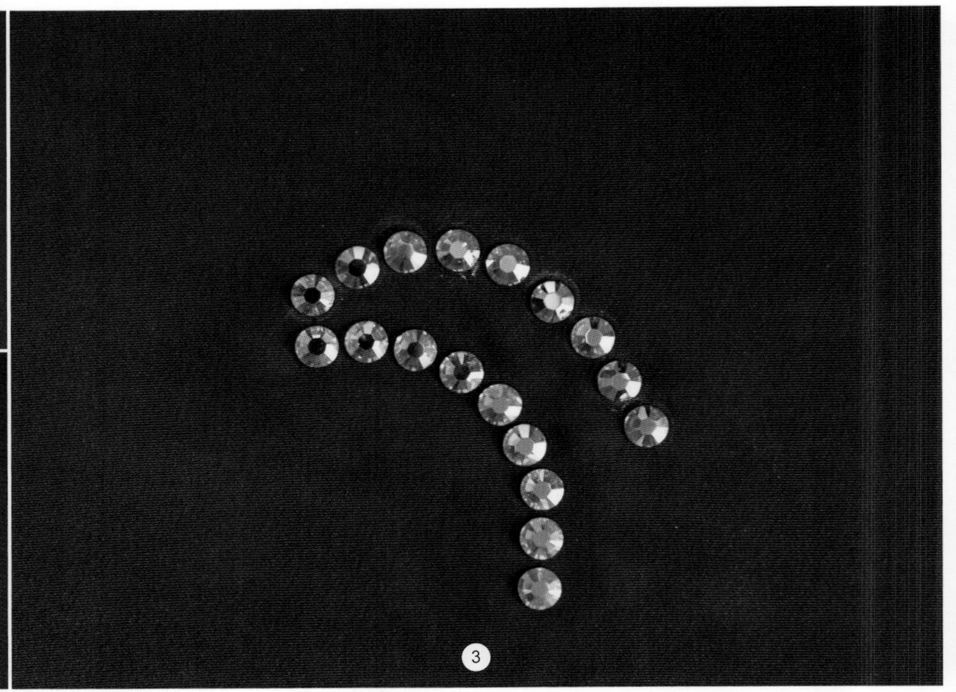

接通点钻器

不要在有电涌保护的延长线上插点钻器的电源，因为有电涌保护，会使点钻器达不到所需温度。

1 将设计图转印到面料的正面。选择并安装与水钻相匹配的点钻器钻头。接通点钻器电源并使其升温。用点钻器拾取水钻，平/胶面朝外。

2 当水钻上的胶变黏时，将水钻放在面料上，保持热烫点钻器置于面料10秒。拿开点钻器，水钻被粘贴在面料上。如果水钻没有与点钻器分离，用珠针插入到点钻器钻头的小槽内将水钻顶出。如果胶没有完全熔化，延长点钻器放在水钻上的时间。

3 两行完成的烫钻。

粘贴型水钻

粘贴型水钻可以单个或成组地粘贴到面料上。9001TM胶和E6000TM胶是两种将平底水钻粘在面料上比较好的胶水；它们都非常牢固，需要在通风良好的环境中操作。施华洛世奇公司制造了一种非常好用的带小胶头的胶笔，但是它的用途非常有限。

单个水钻

放置单颗水钻时，必须非常准确；任何水钻的滑移都会使面料沾上胶。

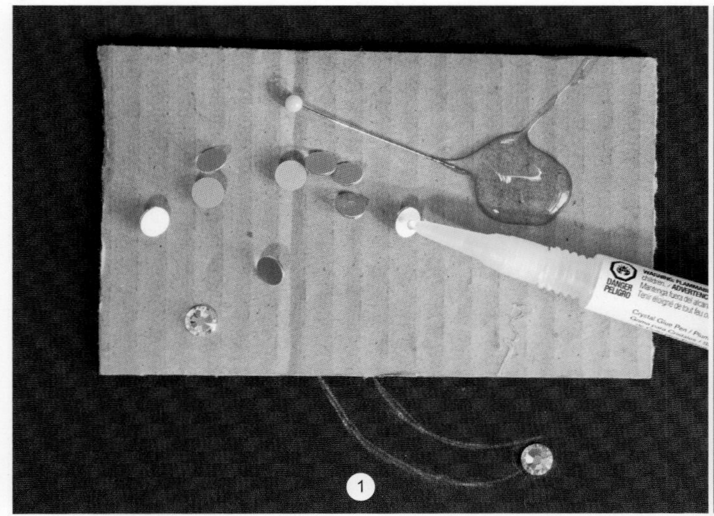

1

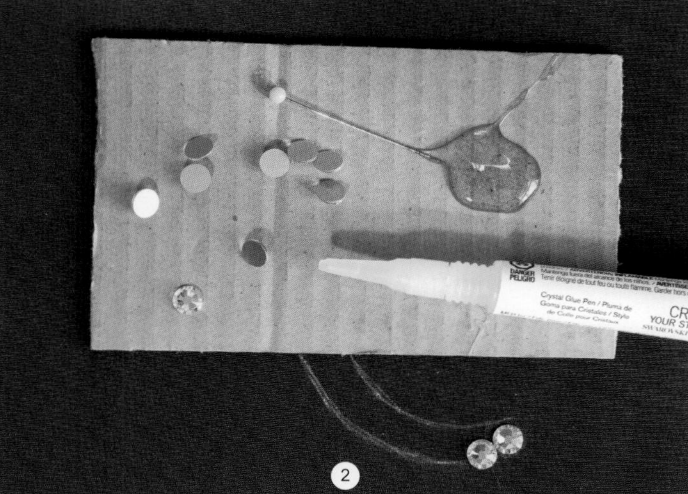

2

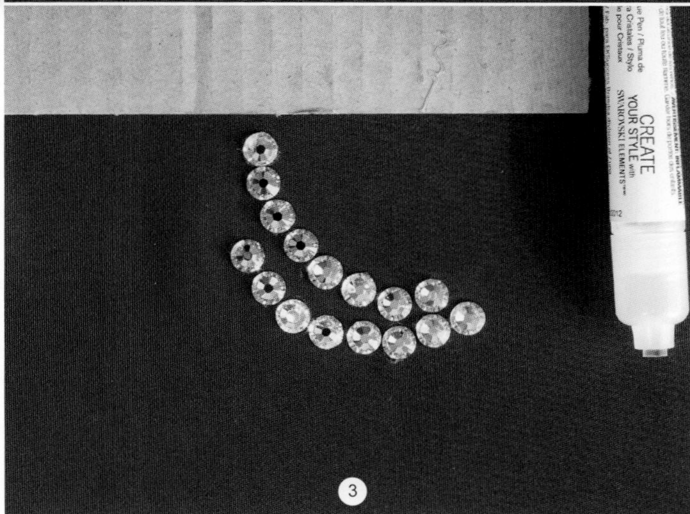

3

1 将设计图转印到面料正面。在卡纸或折叠的纸上挤一点胶水。用珠针取一点胶水涂抹在水钻的背部，或者用施华洛世奇胶笔将胶水直接挤在水钻上。

2 小心地将水钻放在面料合适的位置，并轻轻按压。

3 重复上述步骤，直到所有的水钻都放置在合适位置。静置面料，直到胶水完全凝固（大概24小时）。

一组水钻

粘贴型水钻也可以用热烫转印纸（聚酯薄膜）（详见第251页）进行定位，然后按组的形式粘贴到面料上。使用转印纸可以在水钻固定到面料上前核对所放位置是否正确。

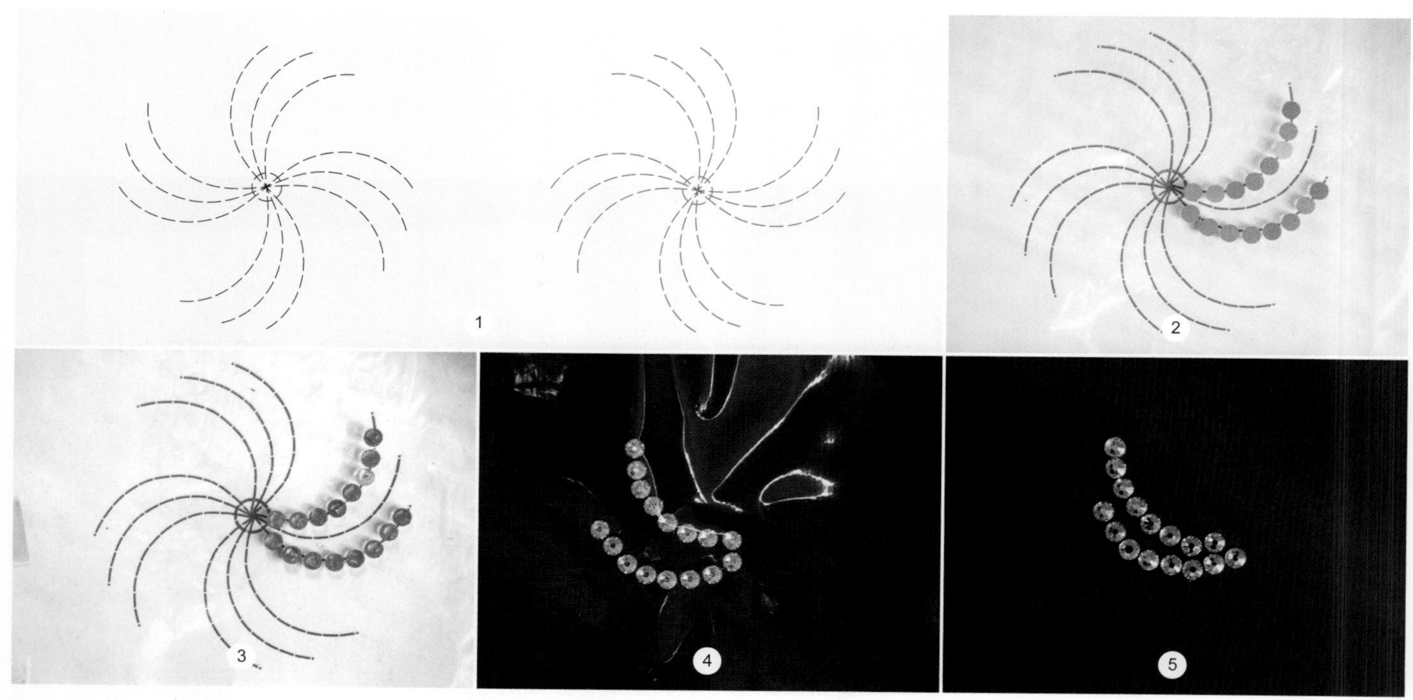

1 画出设计图（黑色线条）。在水钻背面操作，也就是水钻的正面朝下，所以要画出镜像设计图（红色线条）。

2 将转印纸粘在镜像的设计稿上，有粘性的面朝上，并移除背纸。在粘性转印纸上放置水钻，正面朝下，盖住设计线。

3 在每个水钻的背面放一小点胶水。注意不要放得过多，因为多余的胶水会渗出弄脏面料。

4 将水钻和转印纸放在面料上，必须非常精确地放置，因为弄脏了面料的胶水是不能去除的。小心揭开纸，使面料静置直到胶水完全凝固（大约24小时）。

5 两行粘贴在面料上的水钻。

有平底爪夹的水钻

平底水钻可以用“Tiffany”爪夹固定到厚重的面料上（首次由Tiffany&Co在1886年钻石展示会上创作）。爪夹的尺寸与水钻尺寸（SS）相配，有普通腿或长腿。长腿爪夹适用于较厚重的面料上，如梅尔顿羊毛或一些较厚的面料。普通腿爪夹适用于单宁、羊毛和皮革上。爪夹固定也可能会导致面料起皱。但当水钻不能用胶水粘在织物上时，最好使用这种方式，或者想要爪夹本身作为服装特点时选用此方法。

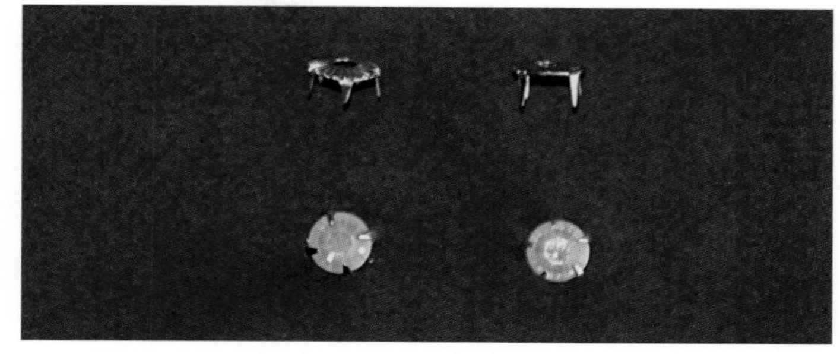

平底爪夹，左侧的比右侧的腿短。

1 画出设计图（黑色线条）。在面料的反面操作，因此需要画出镜像设计图（红色线条），并将它转印到面料的反面。

2 在面料反面，将第一颗爪夹放在设计线上，用手将爪夹腿推到面料正面。注意不要将面料夹得过紧。

3 可以用莱茵石固定工具来固定爪夹。莱茵石安装工具有广泛的应用；都应用在相似的面料上。

4 将水钻放在下扣料斗中，钻面朝下，平底朝上。放好面料，反面朝上，将固定器放在扣料斗的水钻上。按压杠杆臂推动固定器顶部落在爪夹固定件上。当爪夹被压进下扣料斗中，爪夹会沿着水钻一圈弯曲，将它固定在面料上。

5 两行固定好的水钻。上面一行由喷赤铁矿水钻组成；下面一行是黑钻石水钻，两个都使用了Tiffany爪夹进行固定。“赤铁矿（赭石）”磨光后，通过喷射（黑色）处理得到具有柔和光泽的水钻。

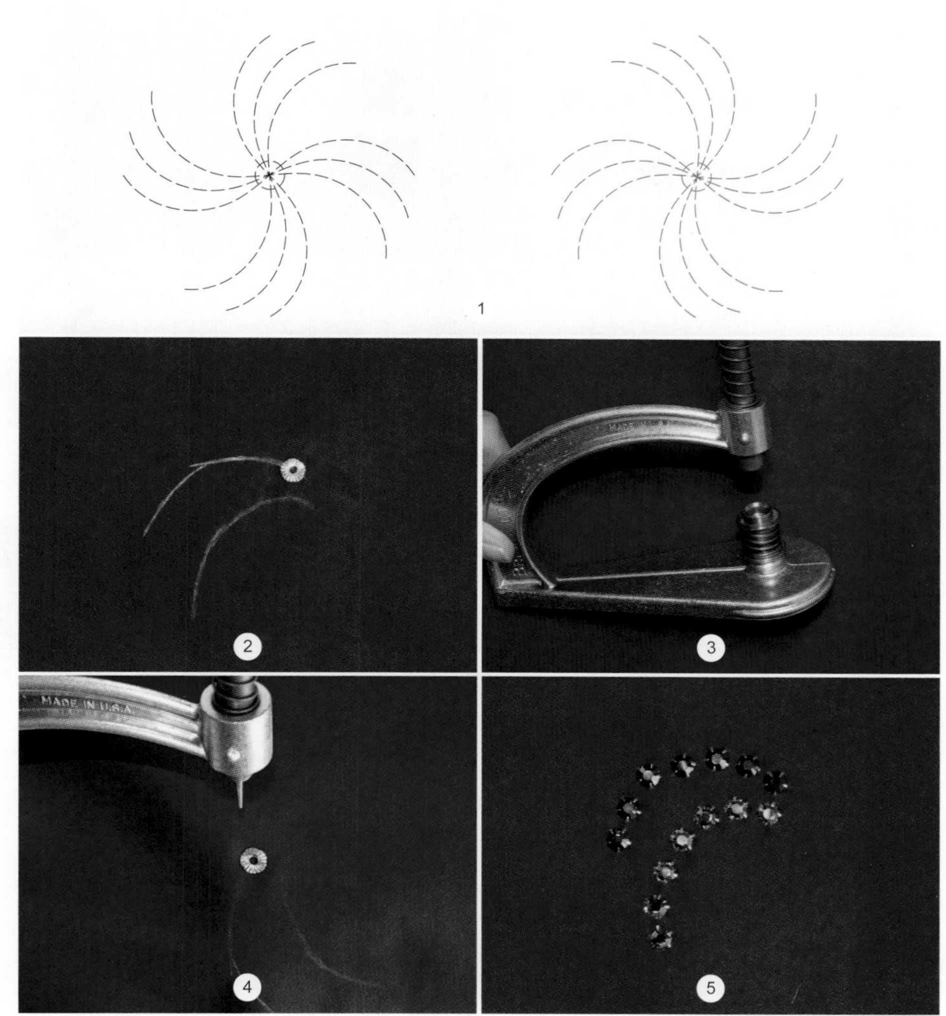

铆钉/钉

钉或钉可以用与莱茵石以及水钻相同的方法加到面料上：通过熨烫或使用胶水或使用爪夹。铆钉的尺寸表示方法与水钻相同：用石头尺寸（SS）或者用毫米。

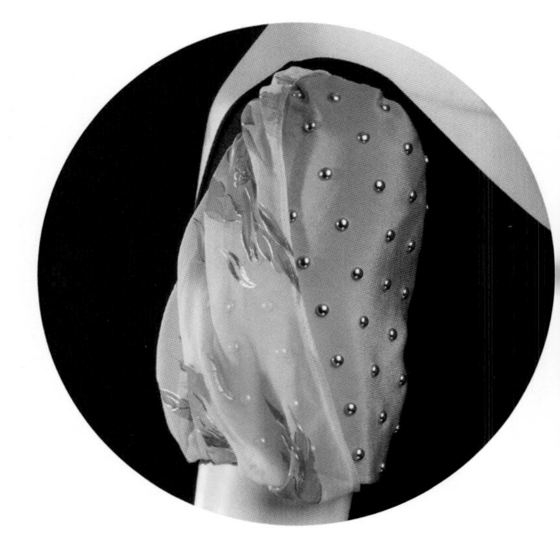

热烫铆钉

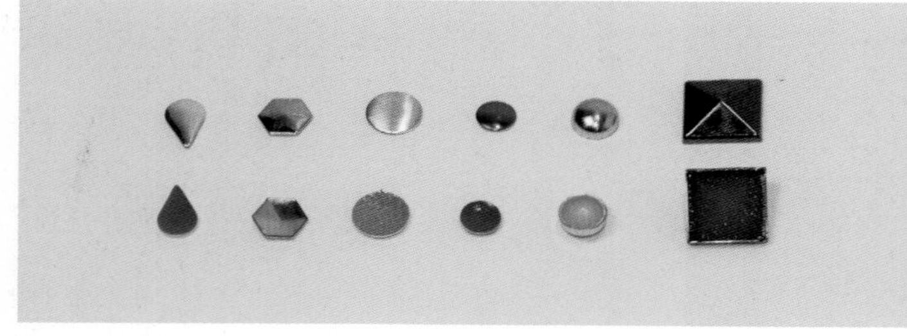

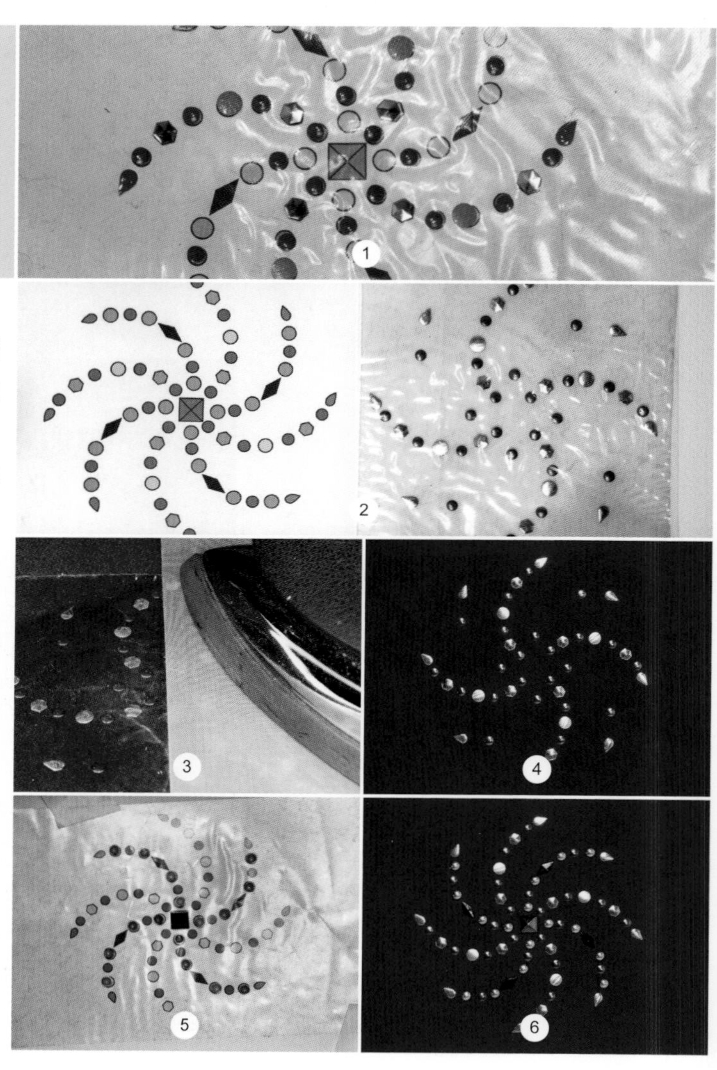

图中上排是设计中使用的熨烫铆钉，下一排为胶面朝上。注意金字塔和金色半圆比其他的铆钉厚，整个形状的内部都充满了胶水。大的铆钉被加热后，胶水易渗到面料上。为了防止此类情况发生，先放最小的铆钉，最后放最大的铆钉。对所有的铆钉进行熨烫，直到融化足够的胶水把它们粘在面料上，这个过程花费的时间与所使用的铆钉和熨斗有关。

1 将设计中较小的铆钉放在转印纸的粘性面，正面朝下，记得要镜像设计图（详见烫钻，第251页）。

2 用背纸盖住铆钉，并将转印纸的每一层整理平整。揭起两层并将它们翻转，露出铆钉正面朝上。调正歪扭的铆钉。在图中，水钻边上的是镜像设计图。

3 移除背纸，并将铆钉和转印纸放在面料上。用特富龙熨烫纸盖住铆钉，并用熨斗将铆钉熨烫到面料上。不要滑动熨斗，因为这可能会使铆钉在面料上滑移。

4 揭掉转印纸。

5 转印纸和背纸是可重复利用的。将剩下的铆钉放在上面并熨烫到面料合适的位置。

6 所有铆钉都固定好的最终设计。

爪夹铆钉

带有爪夹的铆钉可以用与带爪夹水钻相似的方法粘贴到面料上（详见第255页）。可以使用任何适用于铆钉的莱茵石固定器，或小的螺丝刀或锤子。

从左边开始：SS 40荷兰古铜平铆钉；SS 40圆头帆布纹镍铆钉；12mm×7mm波浪形磨砂镍铆钉，每个都展示了上面和侧面

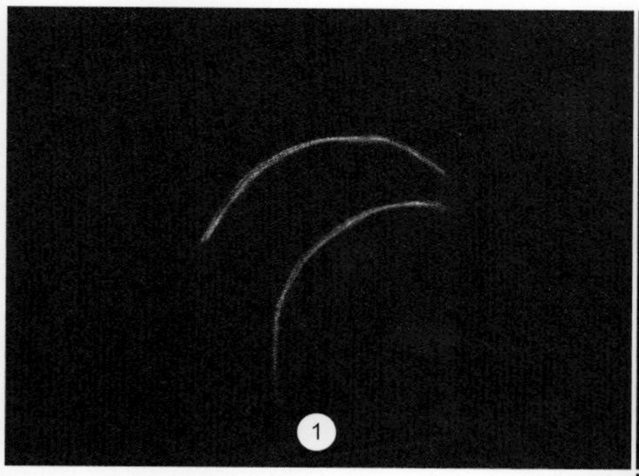

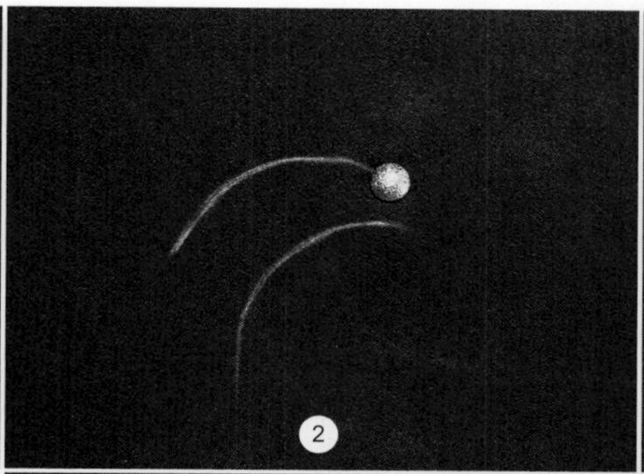

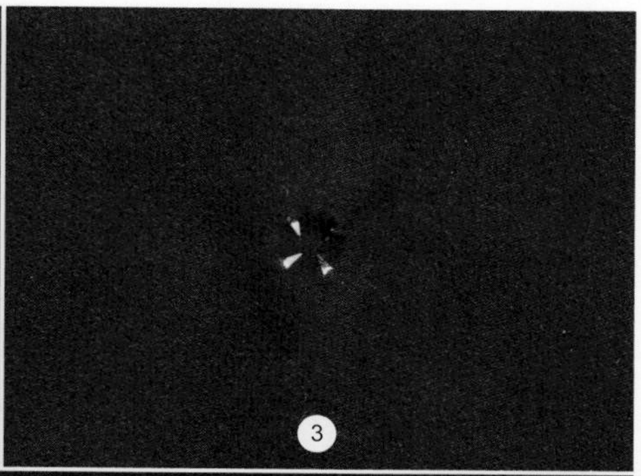

1 将设计图转印到面料正面。爪夹可能会使面料起皱，所以在设计图下放一块内衬。

2 将第一个铆钉放在面料正面，推动爪夹穿透面料。

3 将面料翻到反面，并将爪夹推到铆钉的中心，如果需要的话用螺丝刀或锤子使其弯曲。

4 成品设计。

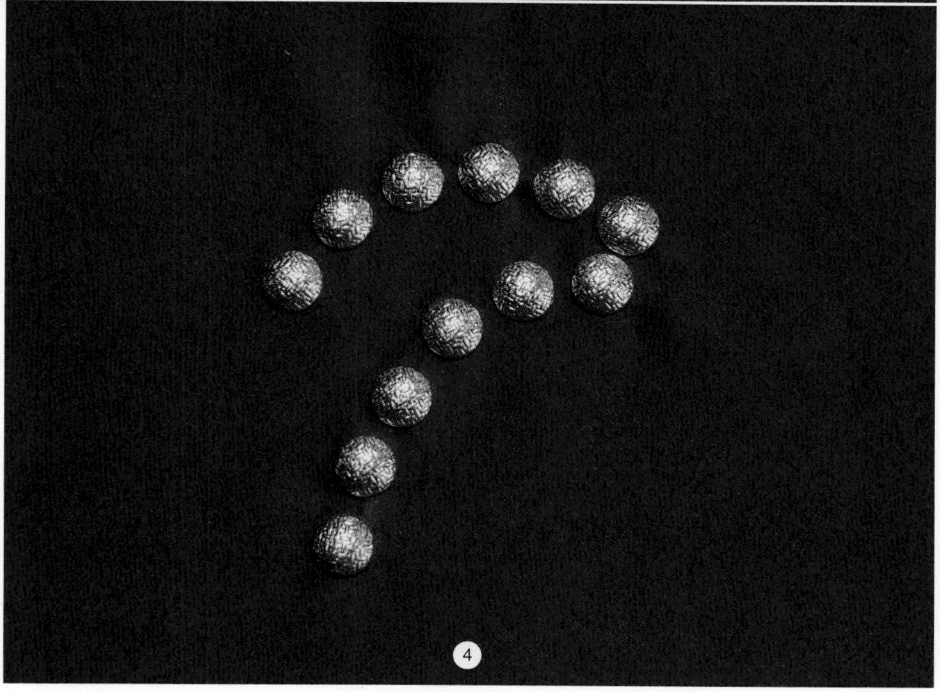

蕾丝可以是性感的或是纯洁的，松散的或是紧密的，是由扭曲和缠绕的纤维制成的图案或者图形。这个词语来源于古法语“lassis”或者“lacis”，以及早期英语“lacez“，意思为“套索”或者“线”。蕾丝最早出现于16世纪，蕾丝可以由一根线和一根针制成（针绣蕾丝），也可以是由多个缠满线的线卷制成。这种奢华的面料是由蕾丝制作大师以一周2mm的速度完成的，必须在潮湿、避光的房间内制作以保持纤维的柔韧性。

虽然世界上蕾丝的设计大同小异，但每种蕾丝都由其起源地命名：法国香特莉，阿朗松以及瓦朗谢讷；意大利米兰，威尼斯和热那亚点；比利时的宾什和布鲁日；英国巴德福德郡，韩宁顿岛和北安普顿郡。

3.10 蕾丝

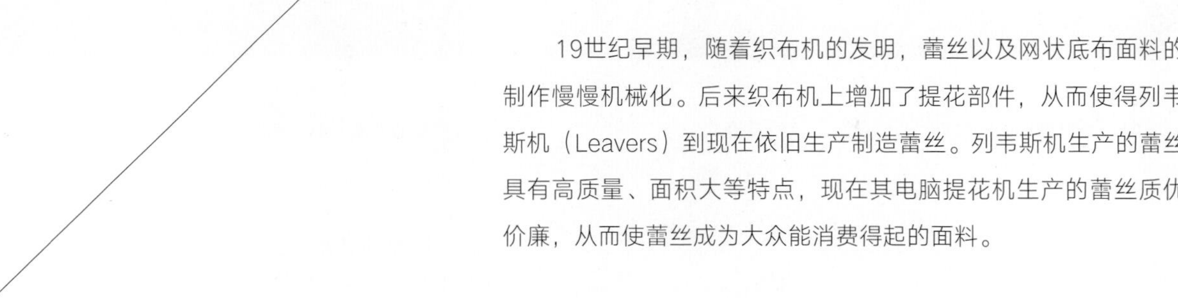

19世纪早期，随着织布机的发明，蕾丝以及网状底布面料的制作慢慢机械化。后来织布机上增加了提花部件，从而使得列韦斯机（Leavers）到现在依旧生产制造蕾丝。列韦斯机生产的蕾丝具有高质量、面积大等特点，现在其电脑提花机生产的蕾丝质优价廉，从而使蕾丝成为大众能消费得起的面料。

蕾丝结构

了解蕾丝的结构有助于识别不同的蕾丝类型，了解蕾丝的组成也有助于选择合适的蕾丝应用到服装设计上。

A.六角网眼/网眼底布：基础蕾丝，这里用的是六角形图案.

B.布纹/垫/平缝：底布完全填充，看起来更像面料。

C.半针/纱布缝/缎纹：网状底布根据建议厚度进行部分填充。

D.填充线迹：装饰性作用，用在面料各部分之间的网状线迹。

E.麻纱：用来勾勒布纹图案的纱线。它可以是细纱，比如这条香特莉蕾丝；也可以是厚重的，如阿朗松针绣蕾丝。

F.蕾丝边小圈：蕾丝边缘的加捻纱线。精致的蕾丝边是优质花边的特征之一，所以不要修剪掉。

A.连接细条/套结：套结将设计图案连接到一起。最简单的套结或连接条是用两根线加捻制作而成的。

B.连接圈：用锁眼线迹制作的套结，通常是圆形。

C.蕾丝边小圈：用线制成的小圈。

D.连接毛边：沿着长度方向上的小线圈套结。

E.底边：饰边的坚固边缘，用来缝到面料上。

F.顶边：饰边的装饰边。

蕾丝的种类

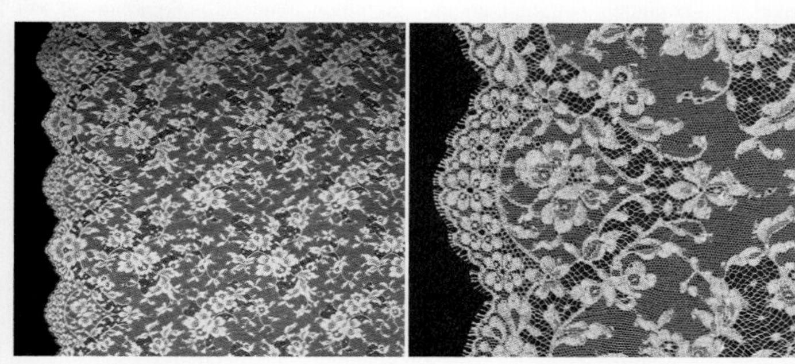

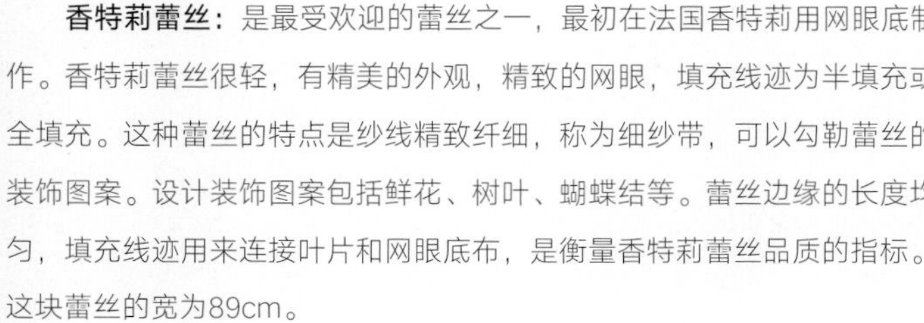

香特莉蕾丝：是最受欢迎的蕾丝之一，最初在法国香特莉用网眼底制作。香特莉蕾丝很轻，有精美的外观，精致的网眼，填充线迹为半填充或全填充。这种蕾丝的特点是纱线精致纤细，称为细纱带，可以勾勒蕾丝的装饰图案。设计装饰图案包括鲜花、树叶、蝴蝶结等。蕾丝边缘的长度均匀，填充线迹用来连接叶片和网眼底布，是衡量香特莉蕾丝品质的指标。这块蕾丝的宽为89cm。

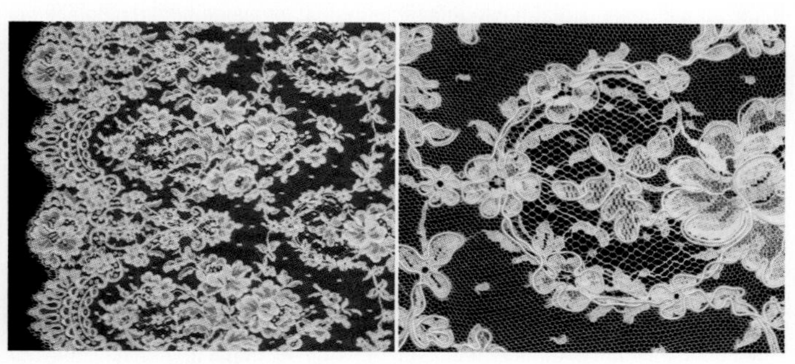

阿朗松蕾丝：最初作为针绣蕾丝在法国阿朗松制作，阿朗松蕾丝具有很多香特莉蕾丝的特点：精致的网眼，填充线迹为半填充或全填充。但主要的设计装饰图案是用比香特莉蕾丝粗的线绳勾勒出轮廓，从而创造出更立体的效果。花朵、树叶等是阿朗松蕾丝比较常见的设计图案。这块蕾丝宽为84cm。通常，阿朗松蕾丝搭配上饰边能到20cm宽，可用于制作短袖或底摆边。

点状网眼底布上的香特莉蕾丝：香特莉蕾丝可以在有细纱带或没有细纱带的点状网眼底布上制作（底布上有梭织点）。在这里，蕾丝片上的装饰图案的大小和频率从左到右依次递减。这块蕾丝宽为135cm。

镂空蕾丝/化学蕾丝/烂花蕾丝：镂空蕾丝的设计装饰图案之间仅仅用细条连接，而不是通过底布。这种蕾丝可以用棉、丝或金属丝制作而成，它的密度和重量与其他的许多精致蕾丝不同。有时，蕾丝织在网状面料上，然后用化学方法进行烂花处理，留下镂空蕾丝的连接细条和设计装饰图案。这种蕾丝通常被称为烂花蕾丝或者化学蕾丝，是镂空蕾丝的一种。这块蕾丝宽为47cm。

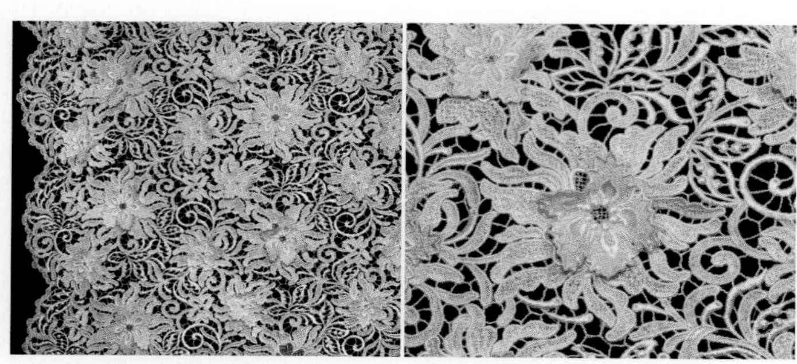

多重刺绣镂空蕾丝：这种蕾丝有额外的蕾丝花瓣层，固定在每个花朵的中心，创造出三维立体效果。这块蕾丝宽为109cm。

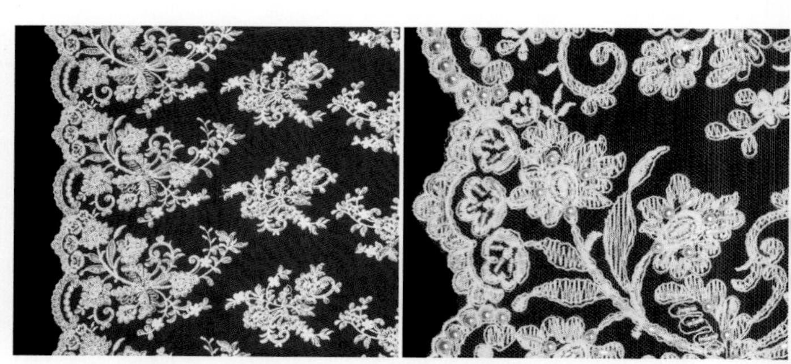

刺绣蕾丝：蕾丝可以加上珠子、珠片、水钻或者缎带一起进行刺绣。这里是绣有珍珠、米珠和管珠的席弗里刺绣蕾丝。刺绣可以用链式线迹缝制，防止裁剪时散开而使刺绣部分发生移动。注意珠片和某些珠子的熔点非常低，熨烫时可能会损坏。这块蕾丝宽为142cm。

席弗里刺绣蕾丝：用于制作蕾丝的席弗里刺绣机生产于1880年晚期。席弗里刺绣蕾丝通常用缎纹刺绣线迹，是一种仿手工刺绣的线迹，制作在英式网眼底布，具有点刺绣装饰图案的特征（英式和法式网眼都比较精细柔软，但很结实）。这块蕾丝宽为58cm。

金属蕾丝：金属蕾丝是用金属丝或金属/涤纶混纺丝制成。这种蕾丝可以用金银线制作，金属蕾丝也有许多种颜色。这块蕾丝宽为127cm。

克鲁尼蕾丝：这种蕾丝起源于19世纪，据说其设计是基于巴黎克鲁尼博物馆中的古蕾丝。克鲁尼蕾丝的一个特点是有麦穗图形组成的车轮图案辐射条。克鲁尼蕾丝用粗的棉线或亚麻线制成，通常用来做睡衣，无袖衬衣和套裙的饰边，它可以在热水中反复洗涤。

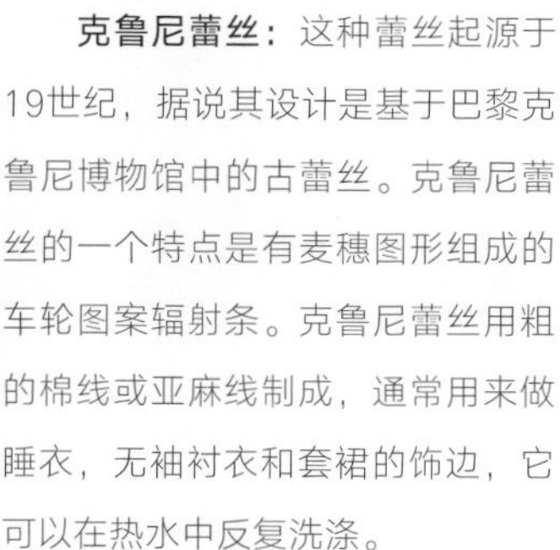

方网眼蕾丝/网眼/绣花网眼蕾丝：最早起源于针绣蕾丝，方网眼蕾丝是在结网或网格上进行刺绣。手工制作时，设计图案使用一种叫做帆布点的线迹进行刺绣，这种线迹与织补线迹相似。因为装饰图案是基于方眼制作，所以这种蕾丝通常有一种块状的感觉。这块蕾丝宽12.5cm。

棉质蕾丝：这种蕾丝由柔软的棉绳制成，它的设计看起来像是用钩针编织的，实际上底部的棉绳是用非常细的线固定在反面。面料非常细腻柔软，有三维质感。这块蕾丝宽为91.5cm。

手摇蕾丝/皇家手摇蕾丝/米兰长条蕾丝/现代蕾丝：蕾丝条是用针绣蕾丝线迹缝在一起的平布条，可以制作多种形状，最后把这些片都缝在一起，可以用于服装和家居用品的饰边。

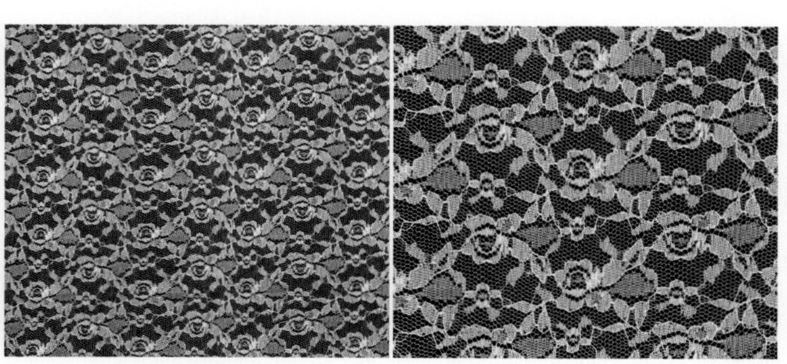

全花边蕾丝：这是最便宜的蕾丝。全花边蕾丝采用素色镶边，无装饰，采用单向设计，图案重复。这块蕾丝宽为114cm。

蕾丝的选择

选择蕾丝时，将设计纸版放在蕾丝下面以确保设计形状与蕾丝花纹相匹配。可以选择使用蕾丝片上某些部分，或者使用几种不同类型的蕾丝来创造不同的效果：蕾丝片上有些区域花纹密集；有些有扇形的边缘，可以沿边缘摆放，也可以从蕾丝上剪下独立的花纹图案作为贴花放在服装上。

衣身纸版上密织的香特莉蕾丝

纸版上同一个香特莉蕾丝织成的稀疏部分

纸版上分布的镂空蕾丝。

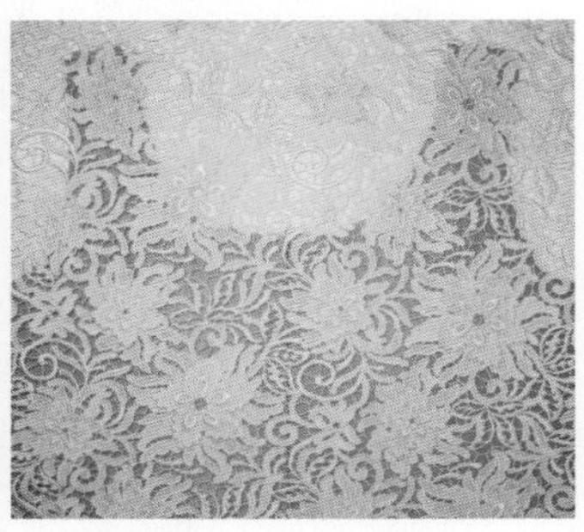

纸板上分布的重刺绣镂空蕾丝

纸版上的刺绣蕾丝。在这里，蕾丝装饰图案放在衣身前中线的位置

相同的刺绣蕾丝镜像翻转分布在衣身纸版上

香特莉蕾丝的扇形边沿着下摆线放置

镂空蕾丝的扇形边缘沿着下摆线放置

重刺绣镂空蕾丝的扇形边沿着下摆线放置

刺绣蕾丝的扇形边沿着下摆线放置

蕾丝与服装面料的结合

如果将蕾丝放在服装面料上，需要考虑颜色的匹配。撞色的服装面料可以用来加强蕾丝设计的效果，而相似颜色的服装面料可以用来制造凹凸不平的效果。

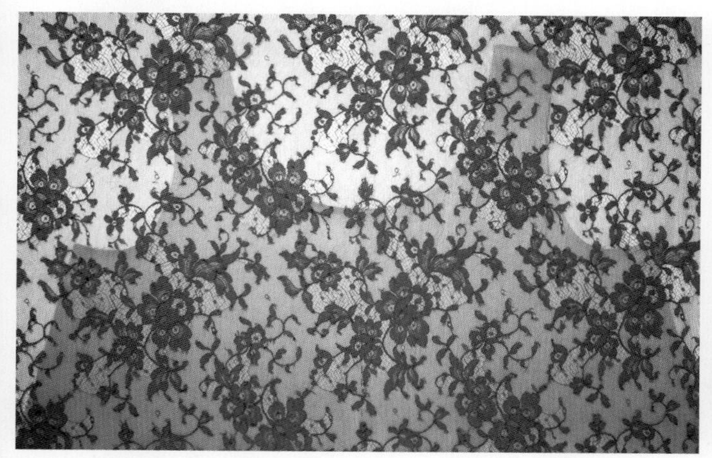

选用奶油色的里布，所有的蕾丝设计细节都能看见。如果里布的颜色与皮肤的颜色非常相近，服装看起来就像是纯蕾丝制作的

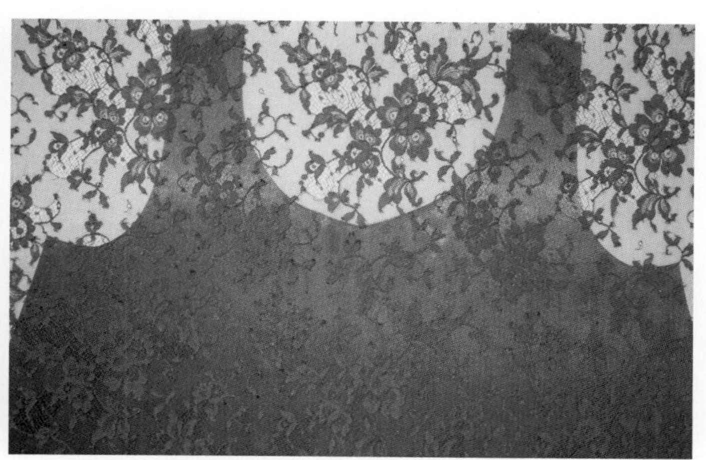

选用灰色的里布，蕾丝的细节看起来像是织物的纹理

图案元素的识别

蕾丝的设计图案是由多个部分图案组成，或者是单个设计图案在面料上重复。在蕾丝上定义设计图案有助于明确如何合适的在服装上放置图案。沿着图案进行假缝有助于识别设计元素。

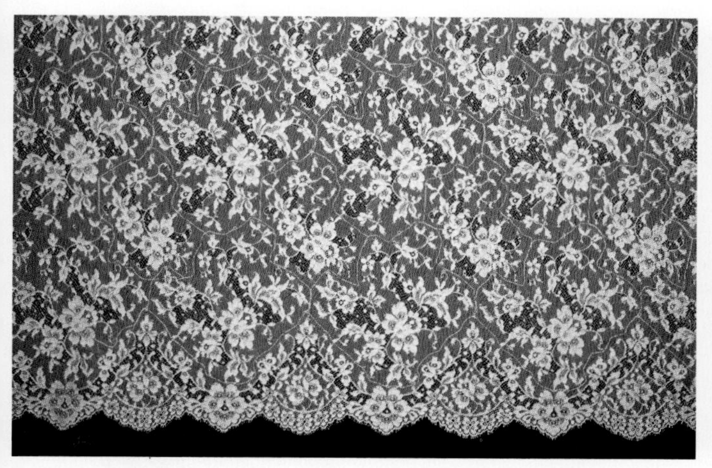

这里，用白色假缝线对图案外轮廓进行勾勒。注意，有两个不同的相互关联的主题：大的图案和较小的图案

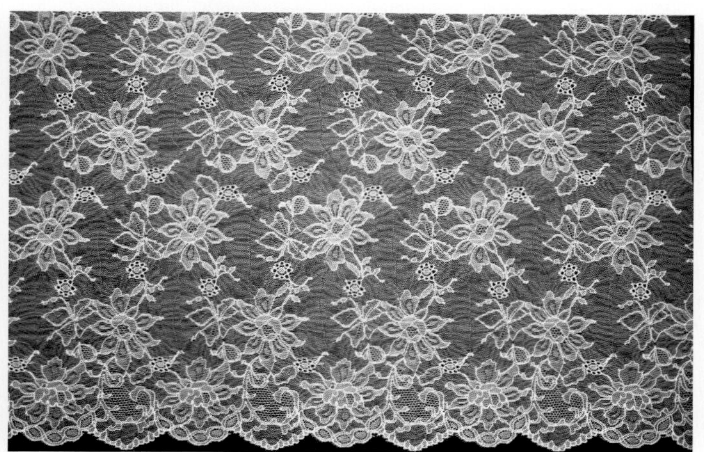

这里，用橙色假缝线对图案外轮廓进行勾勒。注意，在水平方向上是单个重复的图案。这是不太昂贵的蕾丝，粗网眼底布，不透明的填充线迹，较稀疏的布纹

蕾丝图案的放置

很少有蕾丝图案能够刚好与纸版相匹配；通常需要对图案进行调整，使其在纸版边界内合理放置。蕾丝具有可塑性，网眼和连接细条会在熨斗蒸汽和热的作用下收缩，从而将图案放置在合适的位置。

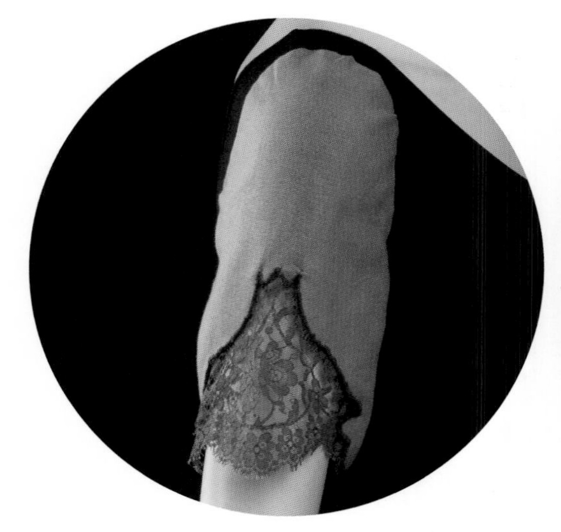

1 在这里，使用衣身纸版。将蕾丝放在纸版上，对蕾丝的中心线进行假缝。确定领围线处蕾丝的摆放位置并进行假缝。在这种情况下，肩部周围的蕾丝需要向右侧调整，使图案对称平衡。

2 剪开领围线以上的蕾丝放出一些量。多打些剪口，方便对相关图案进行重新定位。在袖窿附近的网眼或连接细条面料上可能会出现一些褶皱，用熨斗悬在蕾丝上将褶皱吹平，再重新定位蕾丝上的图案。不要直接将熨斗放在蕾丝上，这样可能会使一些立体细节被压平。

3 沿着纸版的外轮廓对缝线进行假缝。

蕾丝接缝

蕾丝接缝有两种不同的缝制方法。处理蕾丝跟处理服装面料一样，最简单的是用常规方法与里料缝在一起。或者，为了更具高级定制的效果，可以用贴花缝迹来排列图案，这样成衣不会有明显的缝迹线。贴花缝迹可以用机器或手工实现。

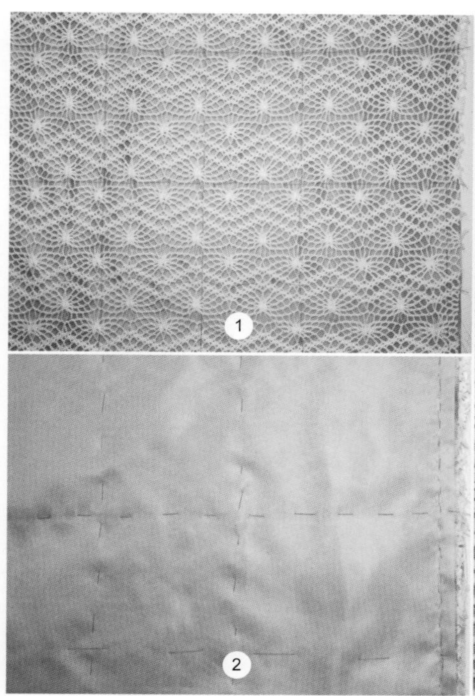

把蕾丝当做服装面料

把蕾丝直接缝到接缝上是一种好的工艺手法。在这里，用一块厚棉涤混纺蕾丝，里料是光滑涤纶塔夫绸。

1 将蕾丝和里料用白色或配色的缝线网格假缝在一起。这里为了清晰，用橙色缝线假缝。

2 用小段线迹将接缝手工假缝在一起（绿色缝线）。如果用机器将几层不同面料（如厚蕾丝和光滑的塔夫绸）缝在一起，缝纫机的压脚和送布牙会将面料以略微不同的速度喂入。手工假缝接缝可以确保面料一起通过缝纫机。

3 缝合接缝。边缝制边熨烫，最后将缝份劈烫。

蕾丝贴花缝——匹配图案

贴花缝的一种方法是尽可能与接缝处的蕾丝图案匹配，接缝线看起来像蕾丝中的细纱线（用于勾勒图案外轮廓的缝线或线绳的一部分）。将蕾丝缝份剪宽一些（5~10cm），用这种工艺对接缝进行隐藏。

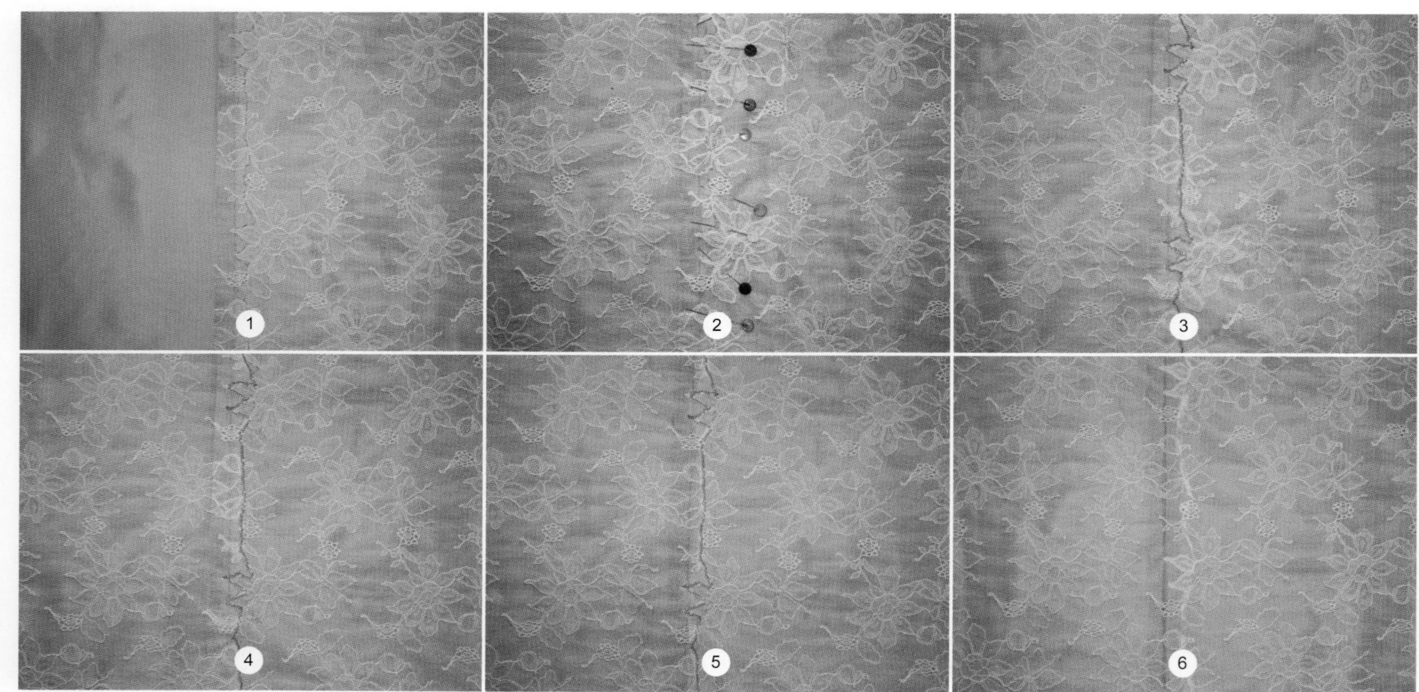

1 缝合里料的接缝。将一片蕾丝放在里料的正面，对齐所有的剪口和缝份。如果缝合侧缝（比如，蕾丝前片应该放在蕾丝后片的上面，就像侧边拉链平滑的重叠到反面），先放后片蕾丝。沿着外轮廓的细纱线，找一条穿过蕾丝图案的直线线迹。缝线要沿着配色缝线的路径，防止被锁在贴花线迹中。这里为了清晰，用橙色缝线缝制。

2 将另一片蕾丝放在里料上，对齐所有的剪口和缝份。如果可以，也对齐蕾丝图案，然后沿着引导线将两片蕾丝别在一起。

3 用窄的“之”字缝，用与蕾丝配色的缝线缝住引导线（橙色缝线）。随后会把蕾丝缝到里料上，因此需要确保每一层都要对齐。用熨斗对接缝进行蒸汽处理，并用手掌将蕾丝抚平整；如果蕾丝上没有刺绣，可以在它上面放块垫布并轻轻熨烫。

4 小心地将第一层的多余蕾丝修剪干净，尽可能地沿着“之”字缝线迹修剪，千万不要剪到下层主要的蕾丝片。

5 移开第一层蕾丝，露出下层蕾丝。小心地修剪下层多余的蕾丝，尽可能沿着“之”字缝线迹修剪。将后片蕾丝放在里料上并检查接缝。有些地方可能无法靠近缝迹线裁剪，最好先不处理这些部位，避免剪到主要的蕾丝面料。

6 蕾丝贴花缝，用白色缝线缝制。

蕾丝贴花缝——交织图案

如果蕾丝图案在缝份处不能对齐，可以对图案进行交织，一个图案来自接缝的右侧，另一个图案来自接缝的左侧，使接缝在两片蕾丝间交替移动。将蕾丝缝份剪宽一些（5～10cm），用这种工艺对接缝进行隐藏。

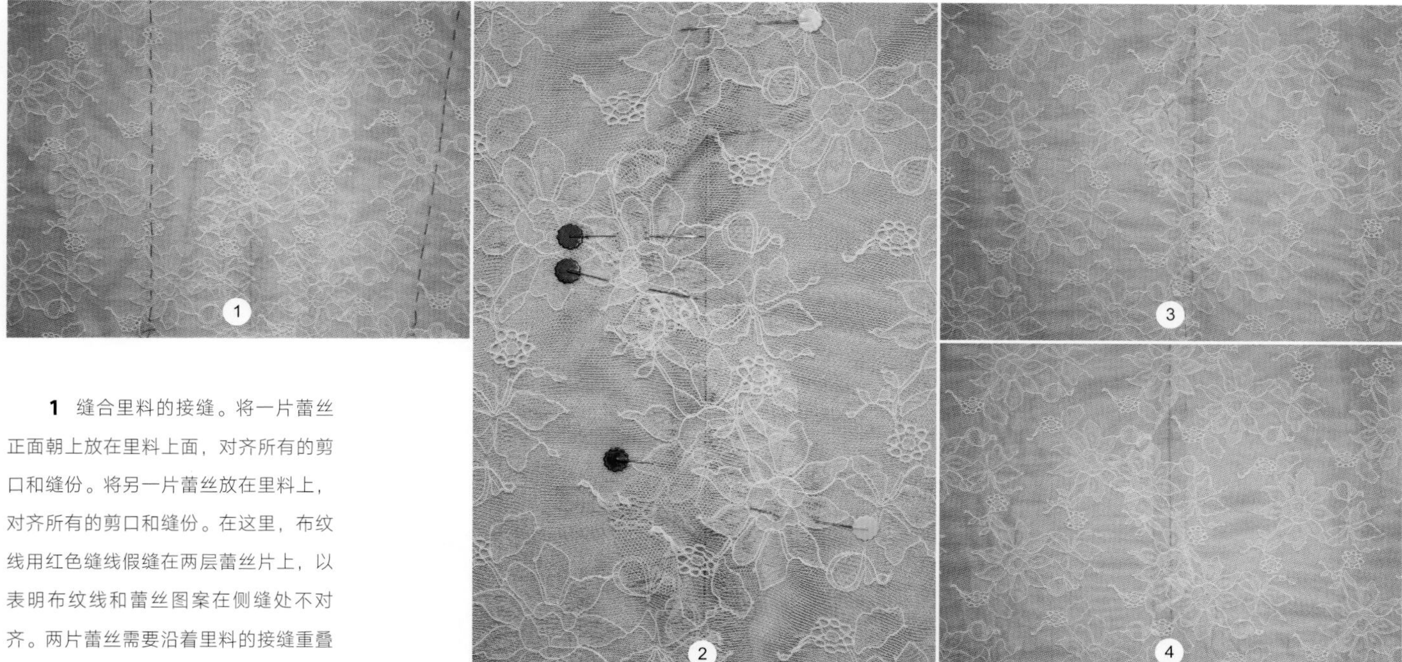

1 缝合里料的接缝。将一片蕾丝正面朝上放在里料上面，对齐所有的剪口和缝份。将另一片蕾丝放在里料上，对齐所有的剪口和缝份。在这里，布纹线用红色缝线假缝在两层蕾丝片上，以表明布纹线和蕾丝图案在侧缝处不对齐。两片蕾丝需要沿着里料的接缝重叠（如果在侧缝处操作，将蕾丝后片放在下面，前片放在上面）。

2 观察接缝位置蕾丝的主要图案（这里是花朵），小心地沿着图案进行修剪，留较大的缝份。将图案进行交织，揭起接缝一边的蕾丝，再交织另一边，将它们固定好。在这里，右边的图案用黄色珠针固定，左侧的图案用蓝色珠针固定。

3 小心修剪图案之间的面料，确保蕾丝上有6mm的重叠。如果不重叠会容易露出里料的“秃点”，缝线沿着配色缝线路径以防止被锁在贴花线迹中（橙色缝线）。随后会把蕾丝缝到里料上，因此需要确保每一层都要对齐。

按照蕾丝贴花缝——匹配图案的指导缝好接缝（步骤4～6）。

4 交织蕾丝贴花缝，用白色缝线缝制。

蕾丝贴花缝——手缝

蕾丝贴花缝也可以用手缝饰边缝进行缝制。将蕾丝缝份剪宽一些（5～10cm），用这种工艺对接缝进行隐藏。

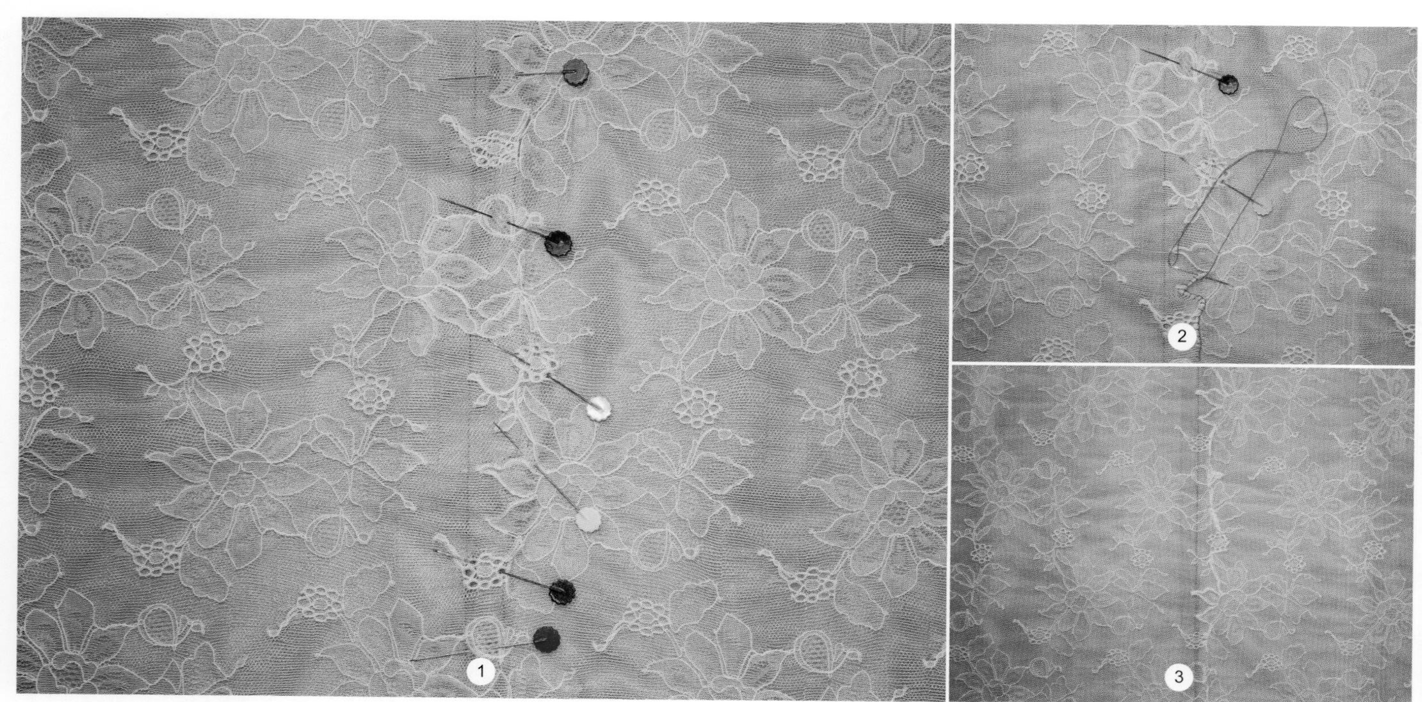

1 按照蕾丝贴花缝—匹配图案中的指导步骤准备接缝（步骤1～2，第268页）。

2 使用饰边缝迹线（详见第306页），将蕾丝片缝合在一起。线迹要非常小，距离要非常近。沿着接缝线在蕾丝和里料之间放一把尺子，这样可以防止缝线刺穿里料；但这也可能会导致蕾丝层浮在里料上。

3 用白色缝线进行手缝贴花蕾丝接缝。

贴花和圆角

蕾丝片可以用来制作装饰性边缘或面料的圆角部分，首先将蕾丝贴花缝到面料上，然后将蕾丝底层的面料剪除，以露出图案。

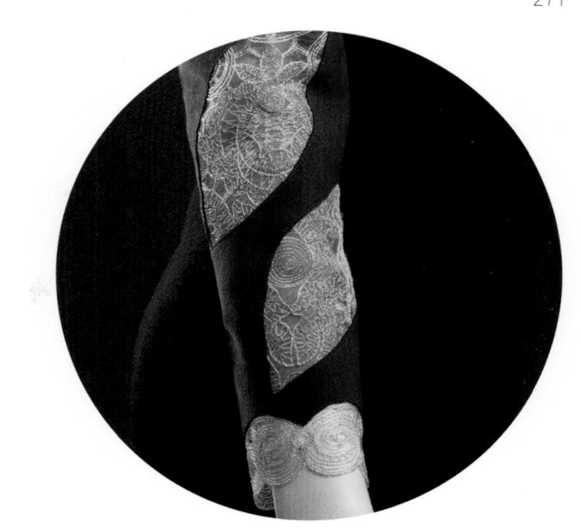

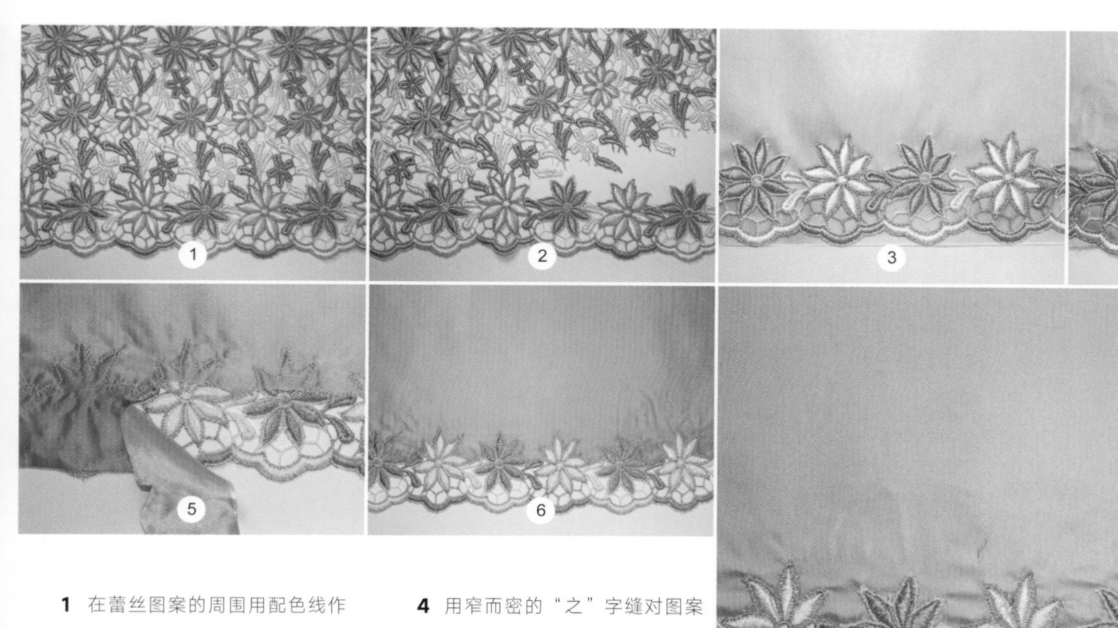

1 在蕾丝图案的周围用配色线作缝线引导线迹（橙色线迹）。

2 小心地从主蕾丝片上剪下图案。靠近图案的地方修剪连接细条或套结，但是千万不要剪到图案。零散的连接细条和线头可以在贴花完成后修剪干净。拆除引导线迹。

3 用垫布轻轻按压蕾丝，确保所有图案的大小和形状相同。将蕾丝放在底布上，并用中性颜色缝线将蕾丝手工假缝到合适位置（橙色缝线）。

4 用窄而密的“之”字缝对图案的外轮廓进行缝纫。在这里，“之”字缝有两个作用：将蕾丝缝制到底布上，并防止底布在步骤5修剪后散开。用垫布轻轻按压蕾丝，将线迹嵌入到面料中。

5 在面料反面，修剪蕾丝下面的底布。将蕾丝翻转过来，根据露出的蕾丝部分判断是否还需要修剪；在这个位置可以停止修剪或继续修剪。

6 为了露出更多的蕾丝贴花，用锋利的剪刀小心地在下方底布对细节处修剪。

7 完成的蕾丝贴花边。

如果不想使用大片的蕾丝，或者设计需要多种风格的蕾丝，那么可以使用蕾丝边。通常以卷或卡的形式出售，蕾丝边的设计、尺寸、颜色以及使用的纤维多种多样，从极细的金属丝到精细的尼龙或涤纶线，甚至到粗羊毛线；有简单的，复杂的，华丽的。所有这些都可以用作服装上的装饰线——通常用来强调设计线或某个特征，比如接缝、下摆线或者领边——或者组合在一起创造出独特的装饰特色：可能并排放在衬衫前片，增加服装的质感和趣味性，或者放在裙子上形成奇异的图案。

3.11 蕾丝边

蕾丝边根据功能分为不同的类别，比如贴花、细绳、饰边、孔眼、贴花或嵌饰。本章对这些类别进行介绍，同时使用一些工艺手法将它们融入到服装中去；除此之外，蕾丝边还可以用在很多地方，需要不断尝试来创造自己独特的设计。

蕾丝边的种类

蕾丝边家族有相同的设计元素。这些机器制作的棉质饰边都有相似的三角饰边细节特点

从上开始：

- 棉质孔眼蕾丝边，3.4cm宽
- 棉质孔眼蕾丝边，1.3cm宽
- 棉质饰边，1cm宽
- 三角点饰边，1cm宽，包含网眼饰边

蕾丝贴花边可以用非常细的网或透明硬纱面料制成

从上开始：

- 扇形贴花，5cm宽
- 席弗里刺绣贴花，17cm宽

金银花边的两个边缘都制作成扇形，它们通常和蕾丝面料一起应用，用作袖口和下摆的饰边，这种香特莉金银花边的宽为20cm

许多金银花边在两个扇形边的中间纵向分开，得到两个贴花片

这种饰边有一条直边（足边），非常牢固，主要用来缝在服装面料上；还有一条装饰边（头边），饰边的宽度从6mm到15mm不等，较宽的饰边称为荷叶蕾丝

从上开始：

- 机器制作的人造丝饰边，2cm宽，有重叠的半圆
- 机器制作的棉质饰边，2.3cm宽，有重叠的圆形
- 手工钩织饰边，3.8cm宽，扇形设计处有布纹针迹
- 机器制作的棉质饰边，2.5cm宽，有很细的缝线固定花朵图案
- 机器制作的人造丝饰边，5.3cm宽，有精致的连接细条将图案固定在一起
- 威尼斯蕾丝边，7.8cm宽，用粗人造丝或涤纶纱线制作，可以在不使用网眼和透明硬纱作为底布的情况下创作出三维的蕾丝

贴花或嵌饰蕾丝设计，用来缝在两片面料之间。两边都为直边，用牢固的缝线或其他的面料进行饰边，藏在接缝中

从上开始：

- 钩织饰边，5cm宽，缝到面料表面
- 棉质饰边，5cm宽，缝到面料表面
- 涤纶或人造丝贴花，3.8cm宽，在缝到面料上时形成1.3cm的辫状丝带
- 涤纶贴花，2cm宽；缝到面料表面
- 涤纶贴花，1.5cm宽；缝到面料表面
- 棉质贴花，3cm宽；饰有阶梯状镶边的花朵，2.3cm宽，露在外面
- 棉质面料贴花，2.3cm宽；饰有阶梯状图案，3mm宽，露在外面

孔眼蕾丝边上有小孔眼，便于缎带或纱线穿过。面料饰边比蕾丝饰边要牢固

从上开始：

- 尼龙饰边，3.8cm宽，有或没有6mm缎带。通常用在内衣上，尼龙的超薄结构几乎不会增加服装的体积感
- 贴花蕾丝边，3.4cm宽，有或没有6mm缎带
- 棉质面料饰边，2.5cm宽，有或没有1cm缎带
- 棉质面料饰边，2.5cm宽，有或没有3cm缎带
- 涤纶饰边，2cm宽，有或没有2mm鼠尾线绳

孔眼蕾丝边

孔眼蕾丝边（也称为蕾丝珠串）有平饰边和装饰饰边两种。它可以穿缎带，或者不装饰，也可以放在两片面料之间。

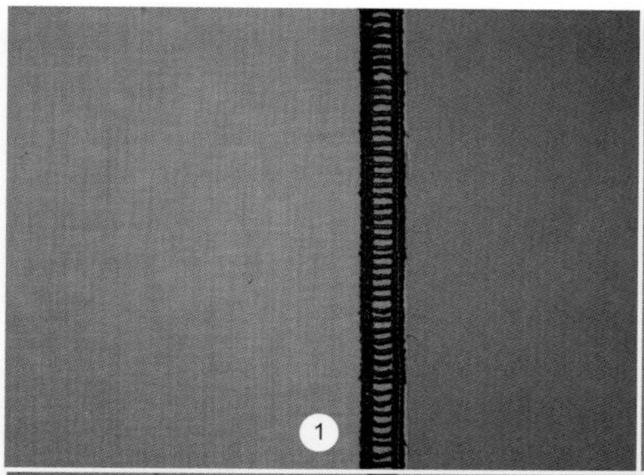

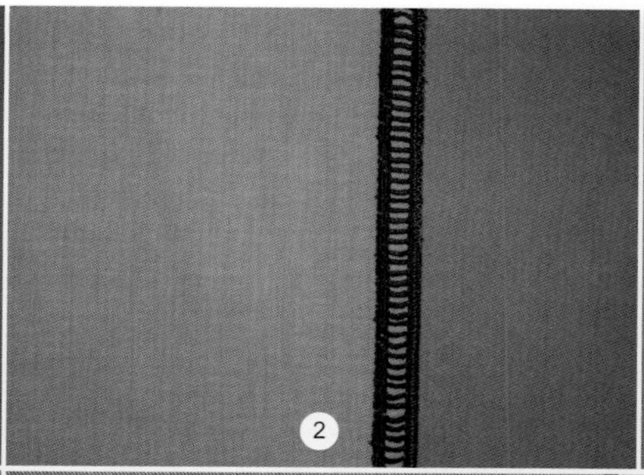

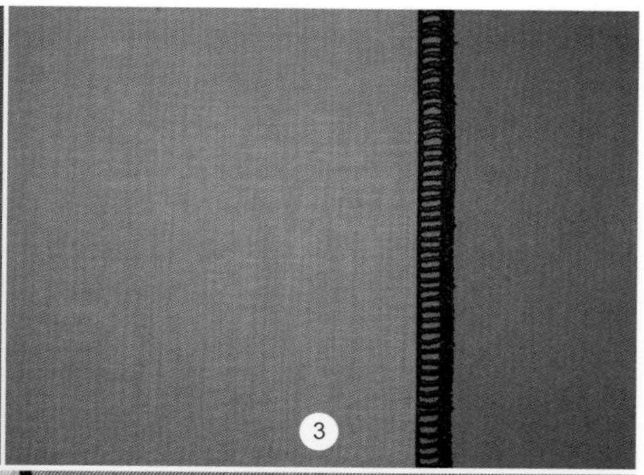

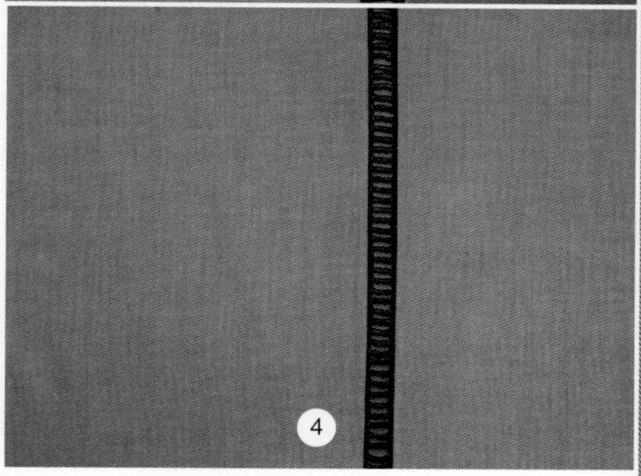

1 这种棉质“阶梯”状饰边有牢固的边缘。面料正面朝上，将饰边沿着面料的毛边放置，用手工假缝或用机器缝将面料和饰边用直线缝迹缝在一起。

2 用“之”字缝或使用锁边机，将饰边缝到面料的毛边上，防止面料散开。这里，饰边的上半部分用“之”字缝线迹，下半部分用锁边线迹。

3 沿缝线熨烫饰边，将饰边从面料上向右翻开，再次熨烫。

4 重复步骤1～3将面料和饰边的另一边缝合。

5 饰边可以保留开口状态，也可以穿上缎带，如上图所示。

蕾丝贴花饰边

蕾丝贴花饰边可以用“之”字缝线迹或锁边机添加到面料上。

使用“之”字缝线迹

这种蕾丝饰边在两边都有小孔眼。用“之”字缝线迹对面料的毛边锁边以防止散开，所以饰边可以不留缝份缝到面料上。

1 在废布上测试“之”字缝线迹的长度，直到机针在“之”字缝时能进入饰边的每个小孔眼中。图中上方的缝线，针迹离得太远，或者太长；下方的缝线，针迹与小孔刚好匹配。调整缝线的宽度，使其稍微超出修剪饰边的宽度。

2 将饰边完全重叠地放在面料的毛边上，饰边的固定边放在面料上，小孔处于面料之外。用“之”字缝线迹将饰边和面料缝在一起。

3 饰边的另一边和另一片面料重复步骤2，这里线迹用白色缝线表示。

使用锁边机

这种蕾丝贴花饰边一般绣在棉质面料上。通常它的两侧为面料，中间为装饰图案，用锁边机缝合蕾丝，蕾丝边缝到面料上，所以面料边缘不需要再修剪。

1 蕾丝贴花饰边与面料右边对齐，通过锁边将其缝合在一起。锁边机机针应该刚好能从装饰部分的边缘穿过饰边。

2 沿着缝线熨烫蕾丝贴花饰边，然后将饰边翻到面料外面（右侧）进行熨烫。

3 在另一块面料上重复步骤1～2。这里蕾丝贴花饰边的左边用红色缝线锁边，右边用白色缝线锁边。

4 成品蕾丝贴花饰边。

孔眼蕾丝边饰上添加蕾丝边

蕾丝边可以缝到孔眼蕾丝边上作为一个更大的定制饰边。饰边可以手缝或用机器平缝或者“之”字缝缝合，这里用机器平缝。孔眼饰边有面料边缘，在步骤5中修剪。

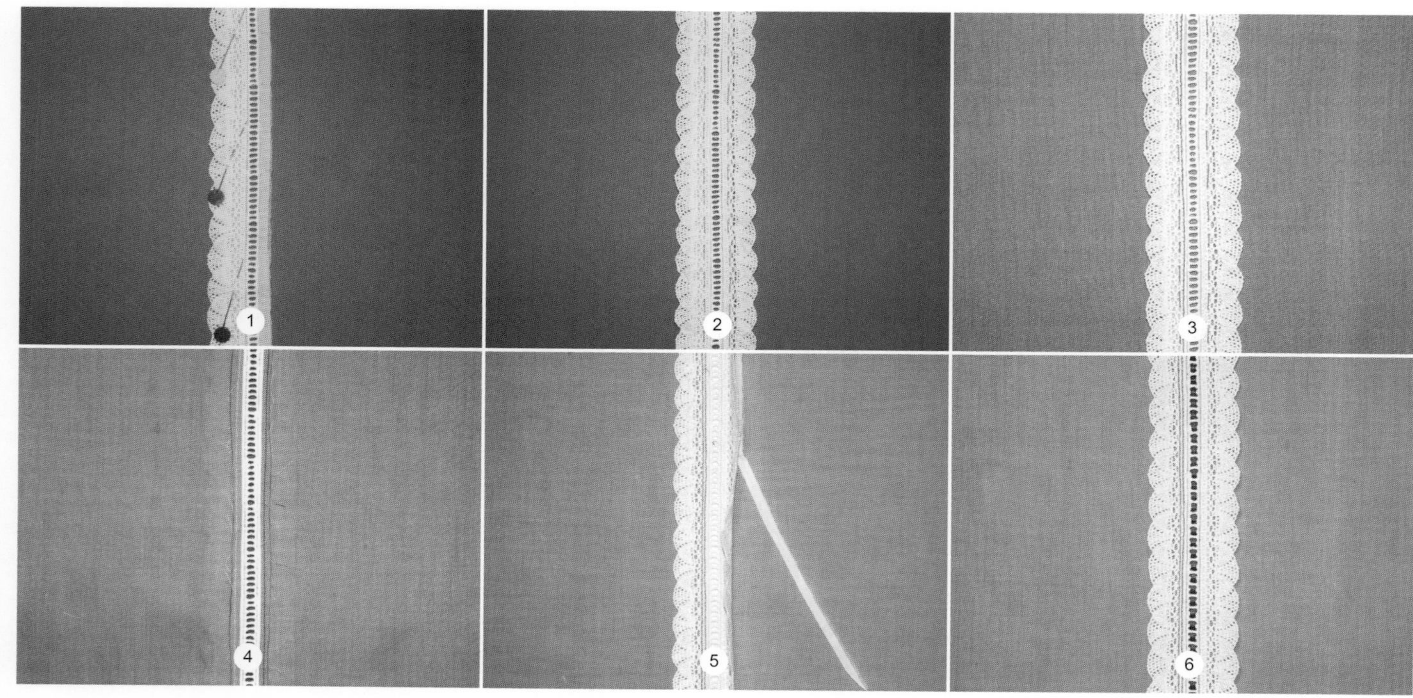

1 将孔眼蕾丝边放在桌上。用珠针将蕾丝饰边别在孔眼饰边的面料上，把它顶到孔眼饰边的缝线部分。

2 将另一块蕾丝边别在孔眼饰边的另一边，饰边两边对齐。手工假缝孔眼饰边的两边，将假缝饰边别到服装面料上。

3 正面朝上，将蕾丝边和饰边缝制到面料的右侧，这里为了清楚，左侧用橙色的缝线缝合，右边用白色的缝线缝合。

4 在反面，沿着孔眼饰边的中心裁剪服装面料。将面料打开熨烫，露出孔眼饰边。

5 在正面，距第一行线迹1mm缝另一条线迹，固定面料边缘。将蕾丝饰边折向孔眼饰边，从孔眼饰边的边缘修剪棉质面料边缘。

6 成品蕾丝和孔眼饰边贴花，左边用橙色缝线缝制，右边用白色缝线缝制。

蕾丝边拼缝转角

蕾丝边装饰转角时，用拼缝可以把蕾丝边处理干净。

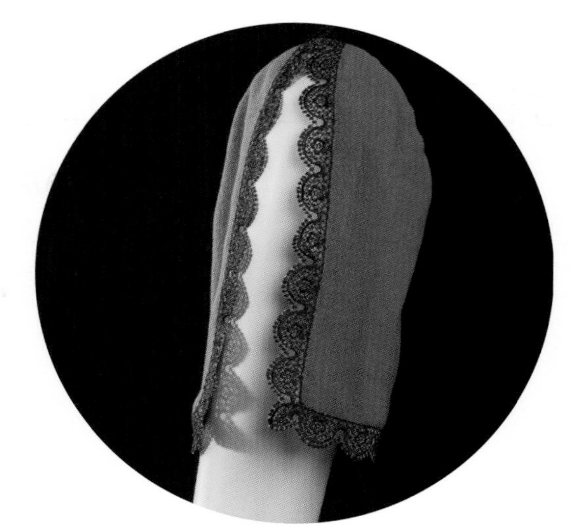

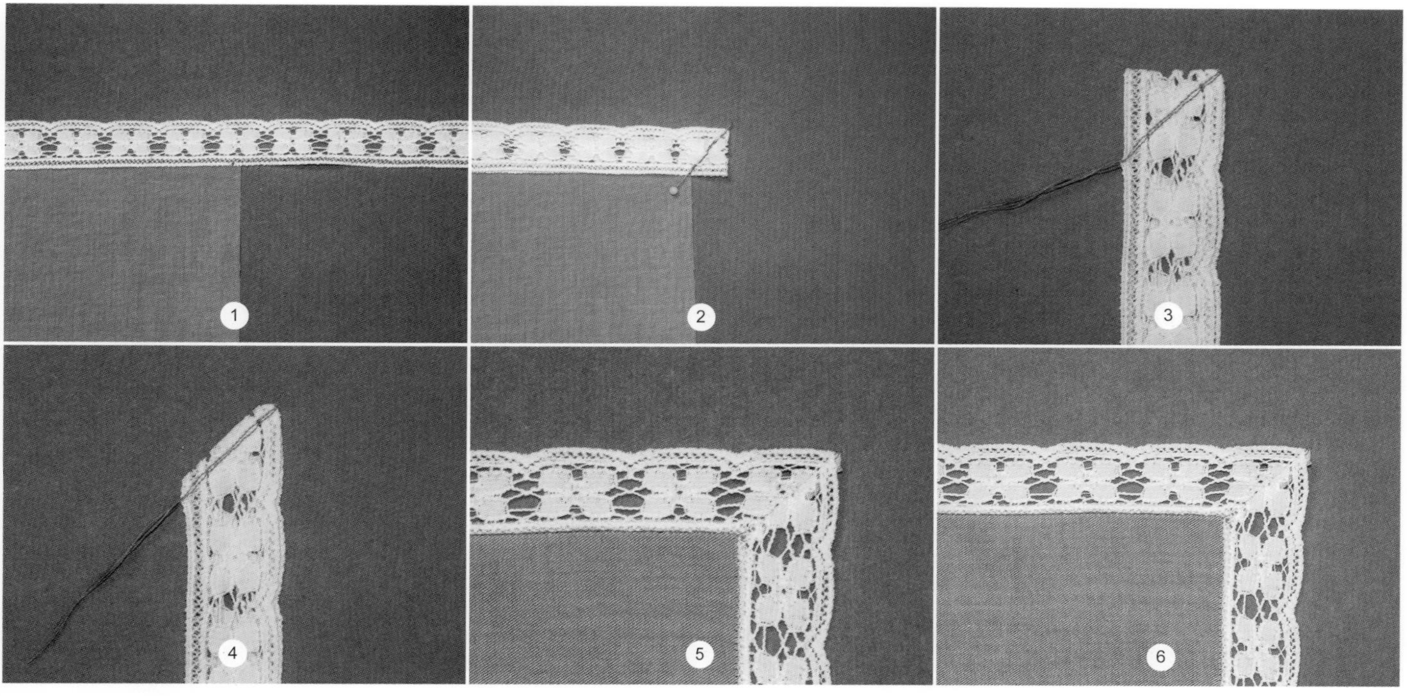

1 沿着足边（直边）在转角处标记蕾丝。

2 折叠蕾丝，从足边开始用珠针以一定的角度斜穿在蕾丝上。在这里，要完成90°的转角，所以沿着直角边用珠针斜向标记45°角。

3 从足边开始，沿着珠针标记线用1.5mm（15spi）的小针迹缝一条线（橙色缝线），在头边（装饰边）落下针，旋转蕾丝再缝回到足边。

4 修剪多余的蕾丝。打开蕾丝，将缝份熨烫倒向一边或劈烫。

5 将蕾丝缝到面料上。

6 完成的拼缝转角。

弧形蕾丝边

处理蕾丝边或其他饰边的转角时，必须是蕾丝缝到面料上时将足边（直边）打褶，在头边（装饰边）留出足够的长度，这样蕾丝边在围绕转角时不容易损坏。在这里，成品蕾丝饰边的足边长为25cm，蕾丝饰边的头边长为26.5cm。

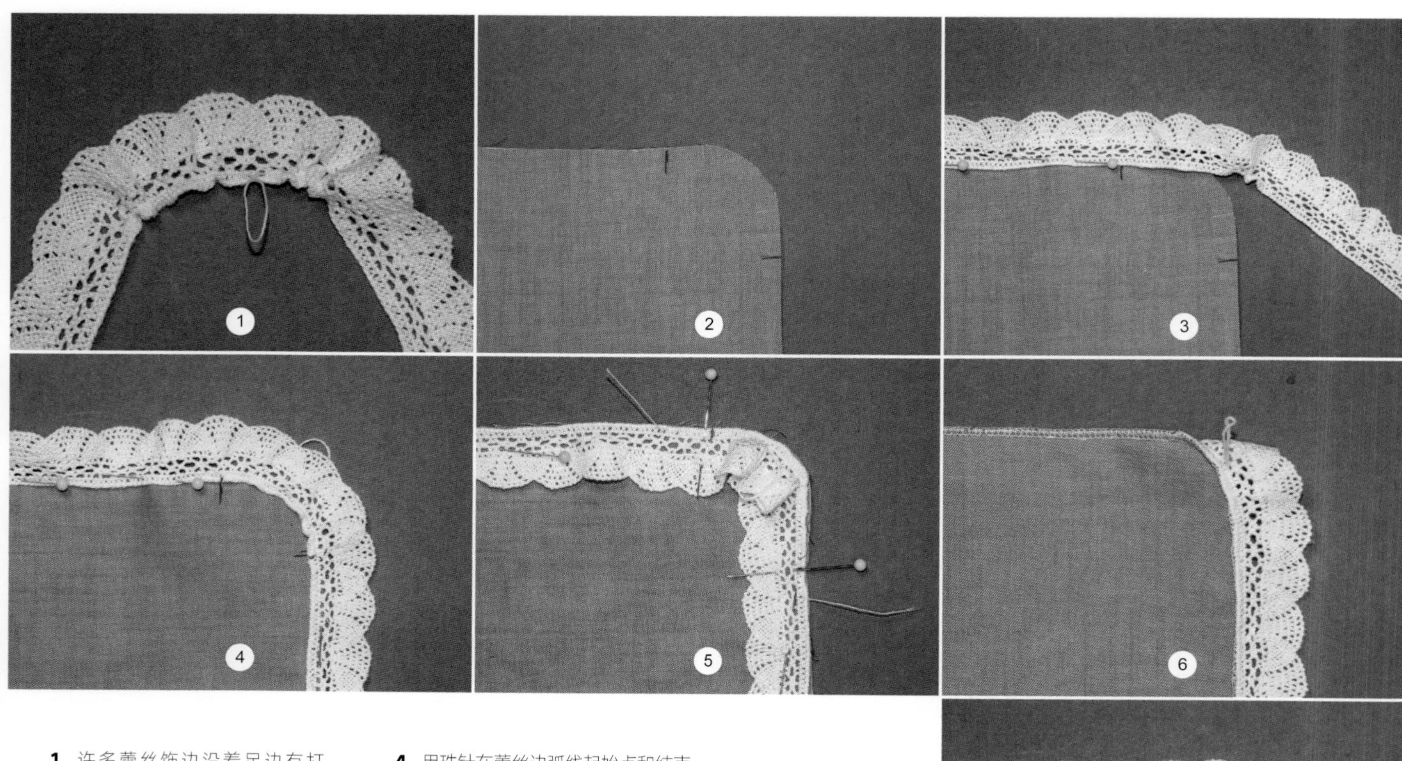

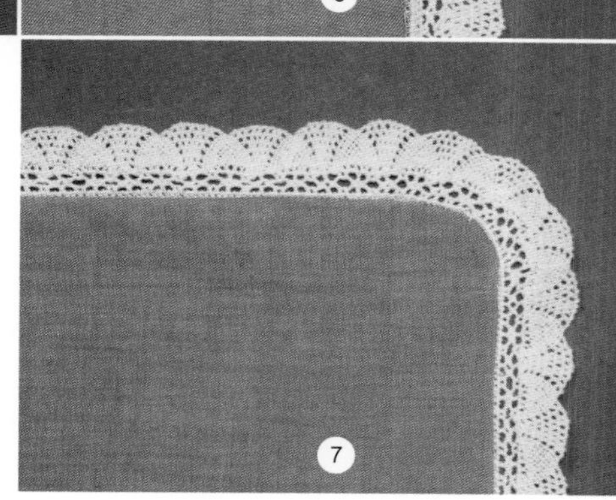

1 许多蕾丝饰边沿着足边有打褶线，在饰边的反面，可以看到有一条穿过足边的凸起线迹。如果饰边没有，可以在围绕转角的饰边部分手工缝制打褶线迹。

2 在面料上标记出转角弧线的起始和结束点。

3 将蕾丝饰边用珠针固定在起始点标记处。轻轻地拉紧打褶线，直到饰边沿着转角弯曲，头边平整地贴合在桌面上。

4 用珠针在蕾丝边弧线起始点和结束点的位置做标记，与面料上的标记对齐。

5 取下蕾丝边，然后用珠针将其右边对齐别到面料上。注意在转角处的打褶蕾丝非常密集。绕着转角手工假缝饰边。

6 将饰边缝到面料上（这里使用锁边缝）。将打褶线迹的线圈穿进织针里，然后再将针穿进锁边线迹间，隐藏打褶线迹。

7 完成的蕾丝饰边转角。

扇形蕾丝边

扇形织物和三角范戴克（Vandykes）可以作为装饰元素放在蕾丝饰边后面或者单独使用。在这里，扇形边放在在蕾丝饰边后面。可以尝试不同尺寸的圆形和椭圆形，寻找最佳的装饰效果。

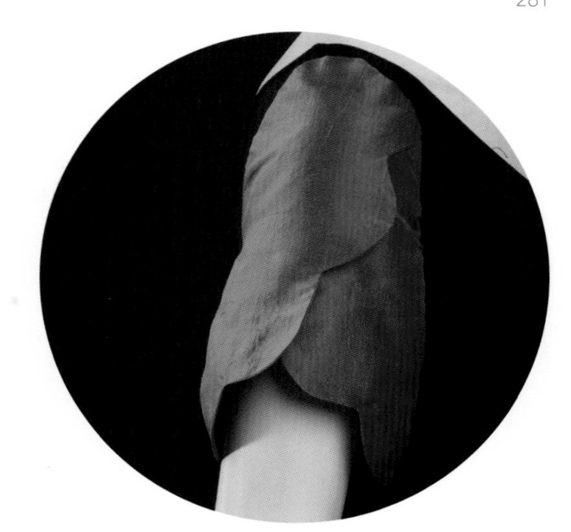

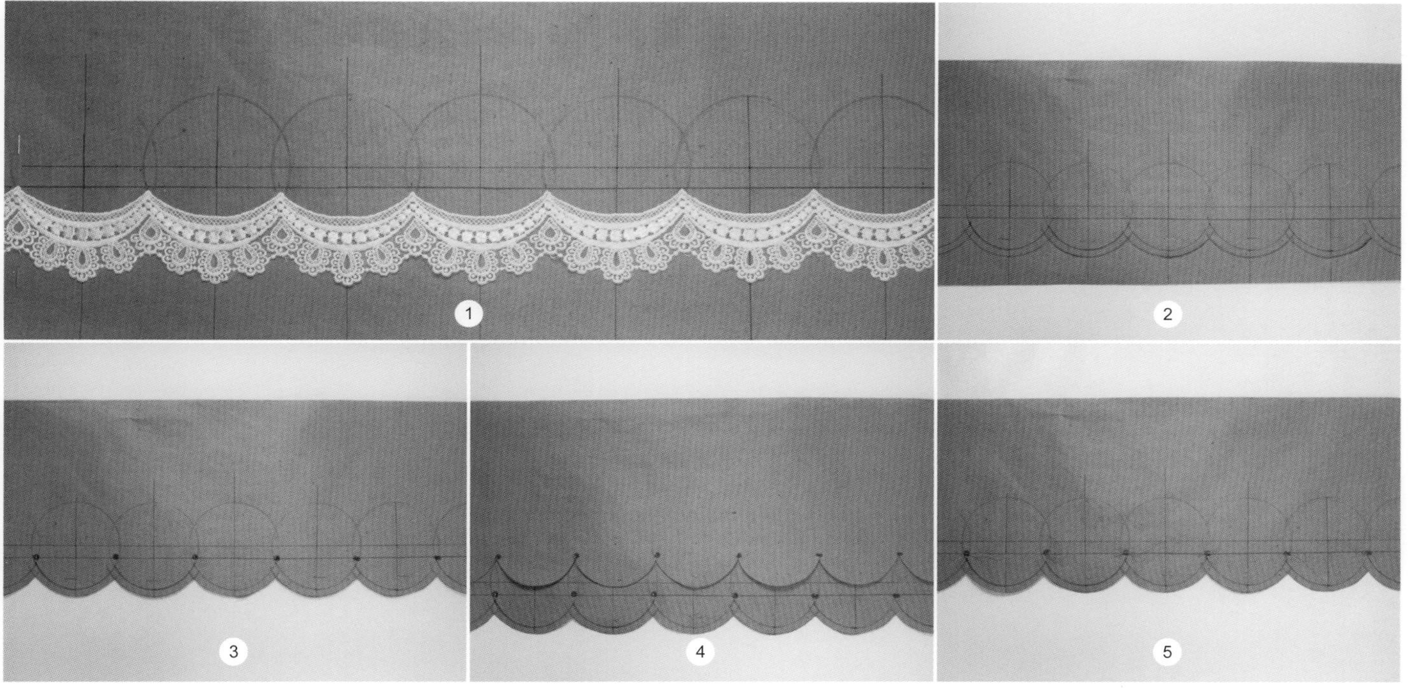

1 将两个纸版钉在一起，这样可以拷贝两个纸版。如果是制作底布扇形边，可以量取饰边的扇形部分，也可以自己设计。扇形可以从圆形或椭圆形上的部分获取。这里尝试用圆形，这样在它们的交点处可以缝两针。

这里的饰边已经摆放好，比较密的刺绣边放在扇形面料的底部，蕾丝下面的扇形边可以随意放置。

2 一旦画好扇形，将每个扇形钉到纸版上，防止裁剪时两层纸移动。给扇形的底部增加6mm缝份。

3 裁剪纸版。在两个扇形的交点处，用锥子或尖头在纸版上穿孔，这些孔洞在将纸版转印到面料上时可做为参考点。

4 将两层纸版分开。第二张纸版上去除6mm缝份，上面可能还会保留一点铅笔或钢笔标记。这个纸版在步骤7中用作熨烫纸版。

5 将带缝份的纸版放到面料上，剪出扇形。在每个孔洞上缝上线钉。在里料上重复上述操作。这里，丝质欧根纱用来作里料，为了清楚，线钉用橙色缝线。

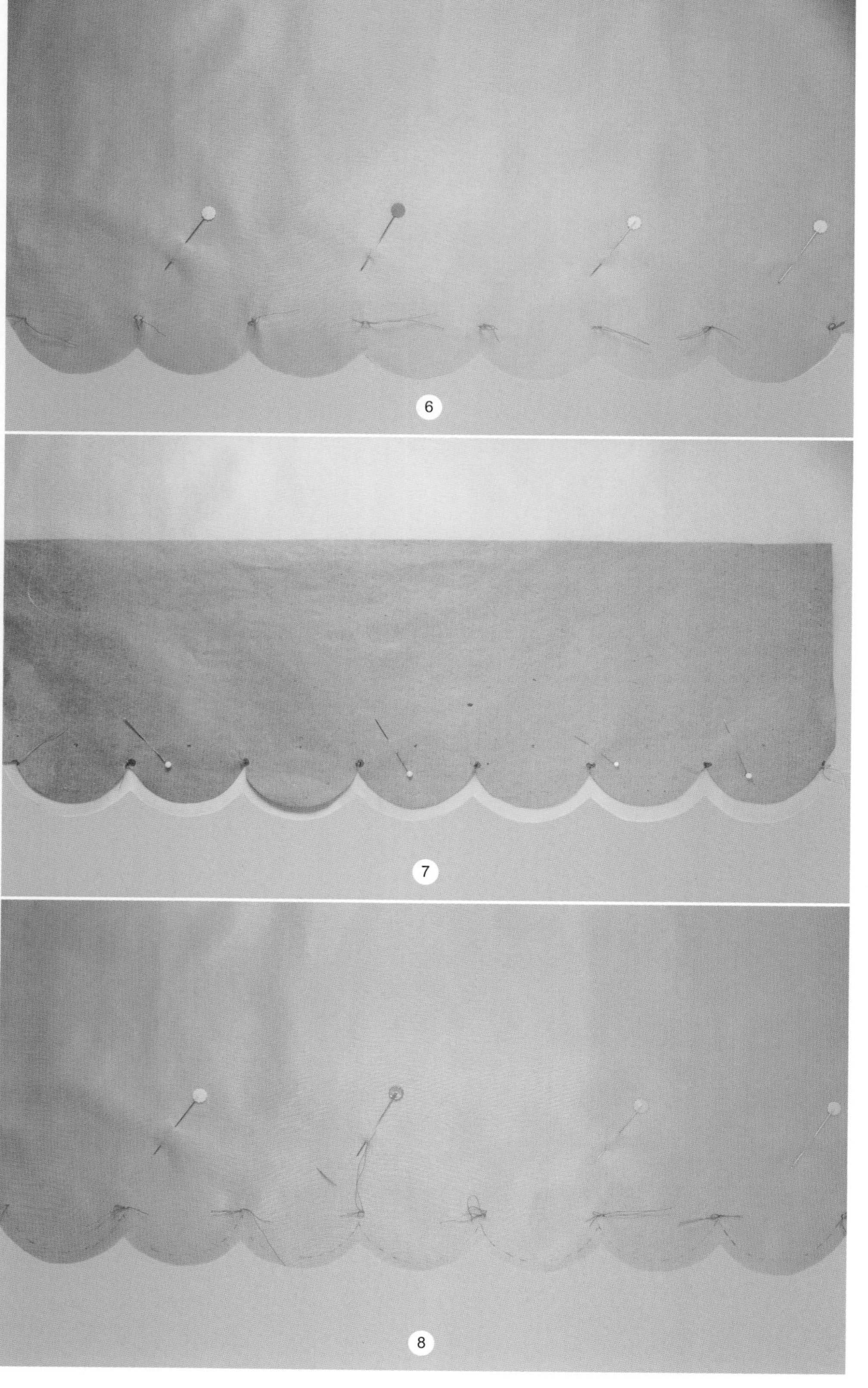
6
7
8

6 将服装里料放在服装面料上，正面相对。用珠针将两层面料别在一起。

7 将熨烫纸版别在里料上，使用线钉辅助定位。

8 用划粉或热消笔在里料上画出接缝线。

边缘不规则的背衬蕾丝或饰边

对于边缘不规则的背衬蕾丝或饰边，可以用上述相同的工艺制作对称扇形。

1. 将熨烫纸版别在里料上，用线钉辅助定位。

2. 用划粉或可消笔在里料上画出接缝线。

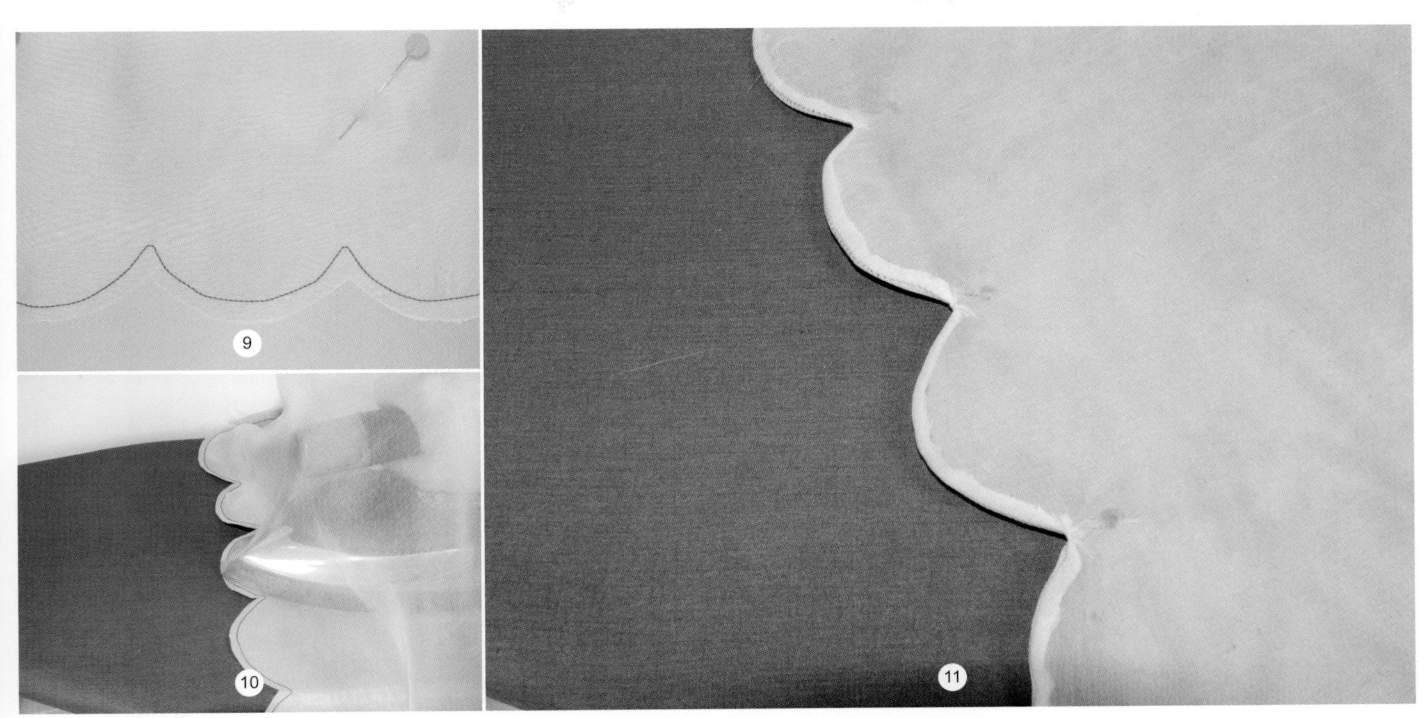

9 用针距为1.5~2mm（12~15spi）的缝线缝制扇形，小针距容易控制弧线。在扇形的交点处，缝两个水平的针迹，利于交点处平整。

10 将缝份修剪至3mm。一边缝制一边熨平扇形，将缝线嵌入面料。保持扇形在熨台上平整放置，移开里料并轻轻用熨斗尖部熨烫扇形部分。用熨斗尖部沿着针迹线熨烫，根据需要移动里料，但一定要保持面料的平整。沿缝线熨烫接缝。

11 沿着弧线对缝份打剪口，直接打在交点处。将面料翻到正面。将熨烫纸版放在面料和里料之间，用纸版的弧线部分辅助熨烫扇形，将缝线稍微向后（里）翻折，在正面看不到缝线。

扇形边缘上添加蕾丝边

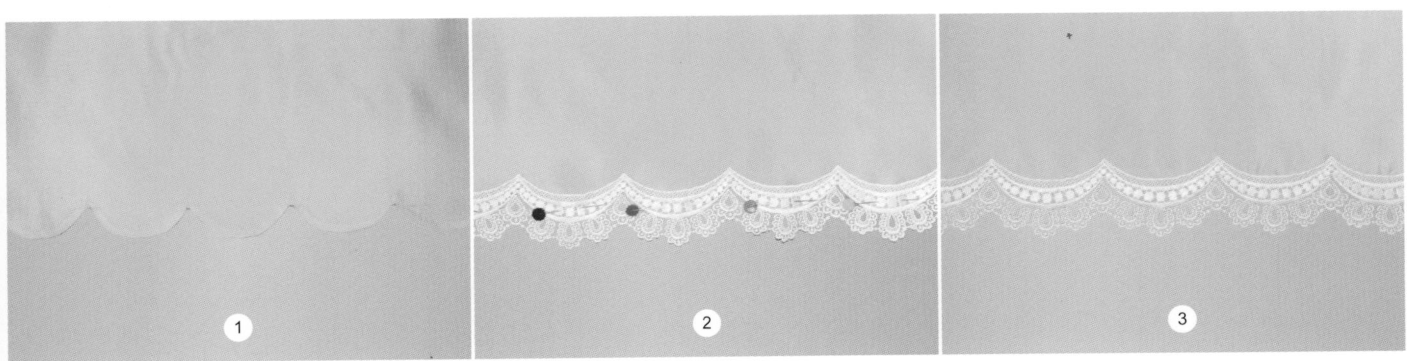

1 已有的扇形边缘。

2 将蕾丝边别到扇形面料上。用手针或机器将饰边缝到面料上。

3 添加了蕾丝边的扇形边缘。

系带是最古老的缝纫方法；早期的服装是用带子将动物皮毛系在一起，形成身体上的遮蔽物。随着缝纫技术越来越精细，用来穿系带的孔眼用缝线加固，防止磨损和撕破，这些穿绳孔眼称为“气眼”。

在现代裙子中会看到简单的单结构气眼，或是将金属部件插入到面料上的小孔，然后通过锤打或压平形成气眼。有些气眼的筒身上刻有划痕线，当它们被按压或锤到面料上时，划痕线部分会裂开，像爪子一样卷到面料中。

3.12 气眼和系带

双结构气眼可以保护大孔不受磨损。气眼由两部分构成：筒身和垫片。锤击筒身，将筒身压扁在垫片上，金属刚好盖住面料小孔的边缘。双结构气眼的筒身都没有划痕线。

系带有许多不同的图案，可以与气眼搭配使用。在本章中展示了十字交叉、叠排式，以及单螺旋的系带方式。

工具

为了配套的需求，气眼通常和其他工具配套出售。比如，运动鞋上的塑料气眼，需要特殊的塑料模具，也可以分开购买气眼和模具。在紧身衣中最常用的气眼尺寸为5mm，气眼内径与所需要的孔大小相对应，气眼高度与织物的厚度相对应，气眼外缘直径与被金属覆盖的面料圆的直径相对应，也可以购买穿有系带的气眼：系带是一种预装在气眼上的斜纹条。

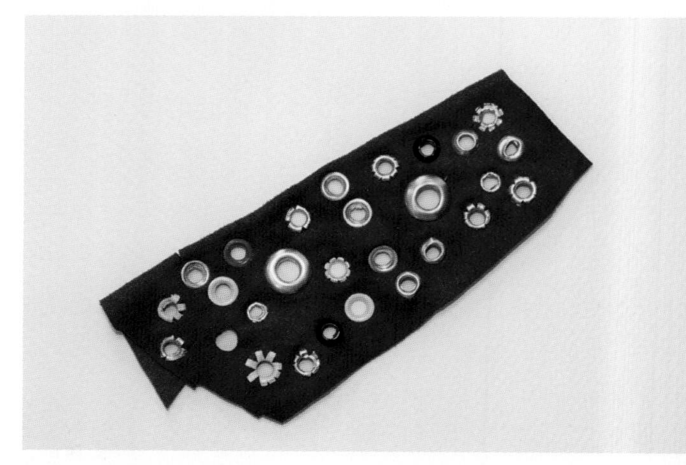

1. 单结构气眼铁砧
2. 双结构气眼铁砧
3. 橡皮木槌
4. 5mm气眼和打孔器
5. 气眼模具
6. 双结构7mm气眼
7. 7mm打孔器
8. 双结构气眼模具
9. 10mm自穿双结构气眼
10. 自穿气眼模具
11. 气眼钳（可与铁砧一起固定气眼的正面）
12. 锤子

在服装上操作前，用木槌锤进面料来测试气眼钳或调节器，也需要测试面料的厚度与气眼筒身的高度。

气眼尺寸		
气眼尺寸 (孔眼直径)	孔眼直径 (小数英寸)	孔眼直径 (分数英寸)
4mm	0.16	3/16
5mm	0.2	3/16
6mm	0.2	1/4
7mm	0.3	1/4
8mm	0.3	5/16
10mm	0.4	3/8
11mm	0.4	7/16
14mm	0.6	9/16

气眼

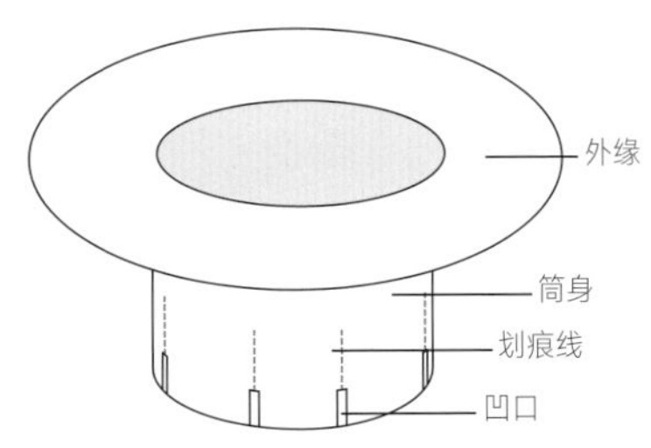

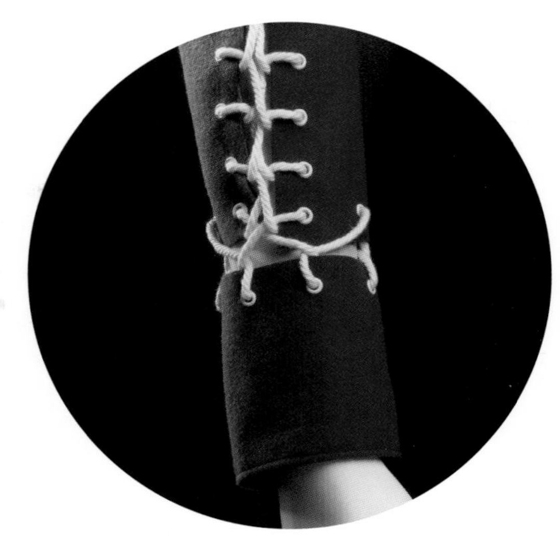

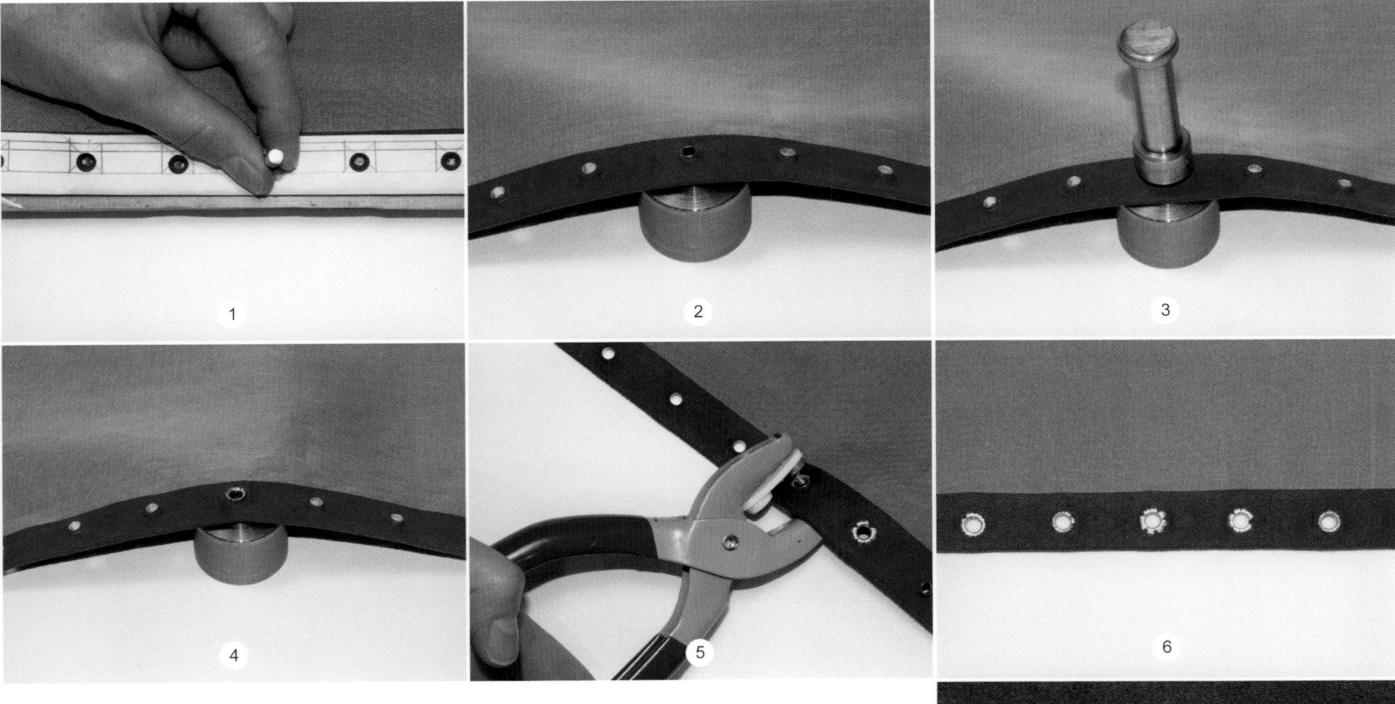

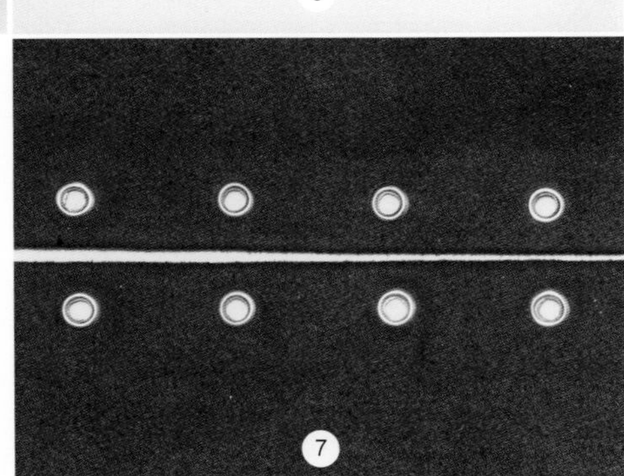

1 做一个纸版，标识出气眼位置。准备面料：在这里，沿着衣身后中线把里料熨烫在贴边上，然后将贴边折叠到面料反面。面料放在木板上，将纸版放在贴边上。用锤子打穿面料形成洞眼，洞眼应该比气眼口略小一些。

2 从面料正面把气眼放在每一个洞眼中。将每个气眼依次置于底下铁砧的上面。

3 将模具插进气眼洞眼中。

4 用橡胶或木头槌轻轻敲打模具，使筒身均匀地展开。增加冲击力度直到筒身边绕着洞眼卷曲。

5 还可以用气眼钳挤压气眼，使筒身卷曲。

6 面料反面，完成的气眼。

7 两个带成品气眼排的后片。

带垫片的气眼

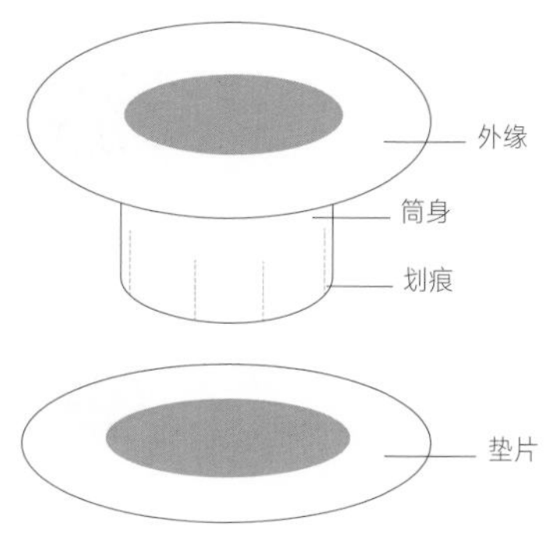

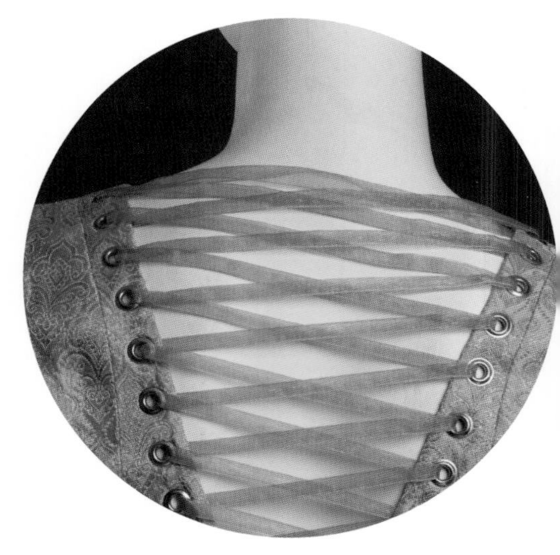

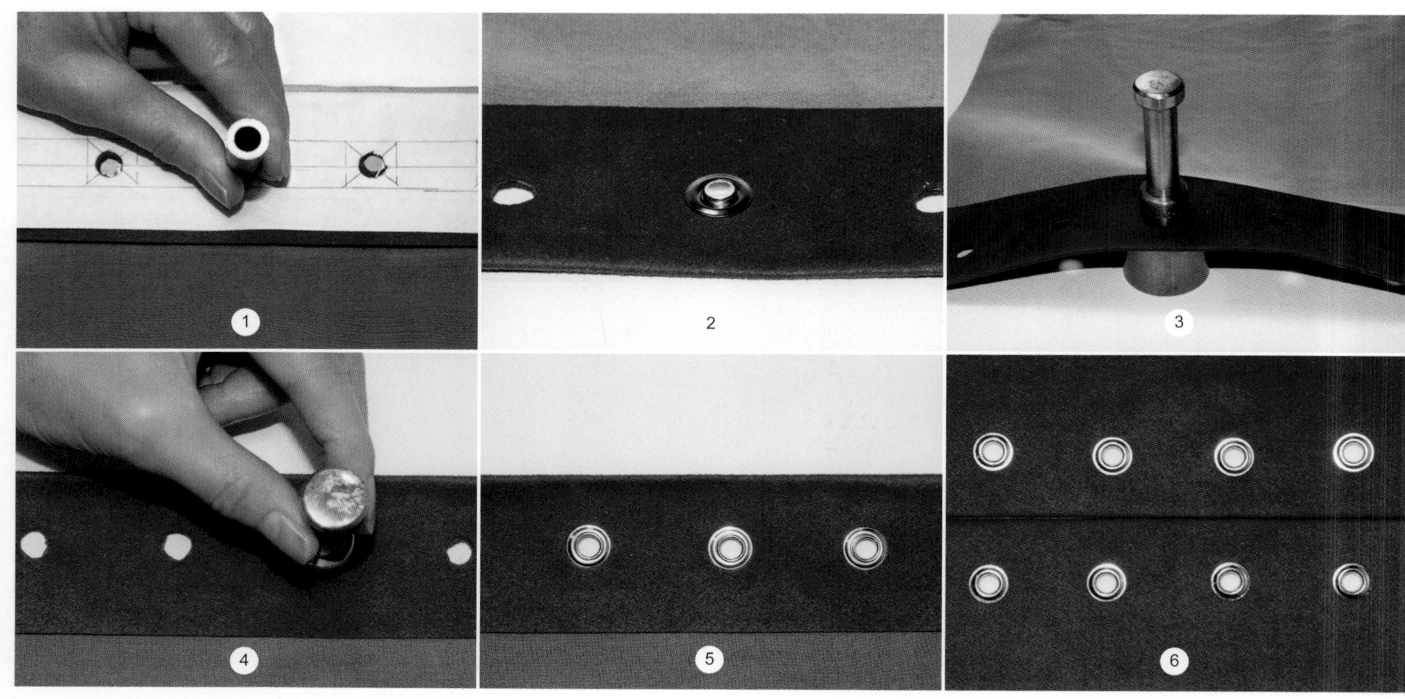

1 准备纸版，用与单结构气眼相同的方法制作洞眼（详见步骤1，第287页）。

2 将气眼筒身从面料正面穿过洞眼。洞眼应紧紧地贴住筒身。在面料反面，将垫片套在筒身上。

3 将铁砧放在气眼下，将模具的锥形端穿过气眼，置于铁砧的中心。

4 用槌子将模具用力敲几下，使筒身压平在垫片的边缘，在面料孔眼周围形成一个坚固而均匀的金属圆。

5 面料反面的气眼。

6 两个带成品气眼排的后片。

系带

几百年来，服装的各部分是用系带系好：长筒袜系在裤子上，袖子系在马甲上。拉链发明于1851年，在1930年代被推广，但在此之前，裤子、裙子和连衣裙在前中或后中都是扣合或系合。有成千上万种系带的方式，这里展示三种最流行的类型。

鱼骨型

鱼骨型系带的正面

鱼骨型系带的反面

十字交叉型

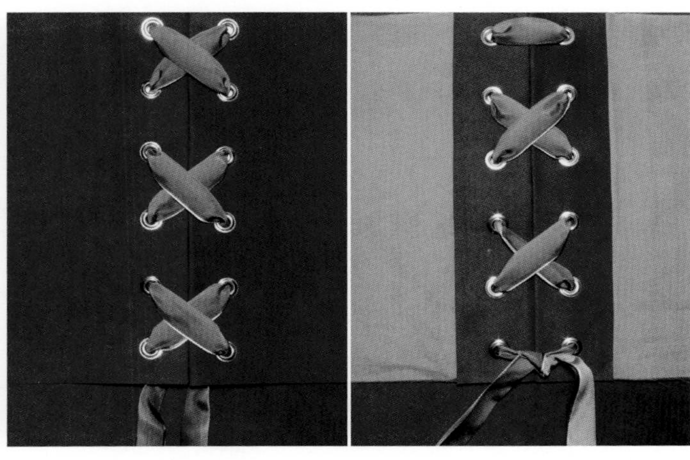

十字交叉型的正面

十字交叉型的反面

单螺旋型

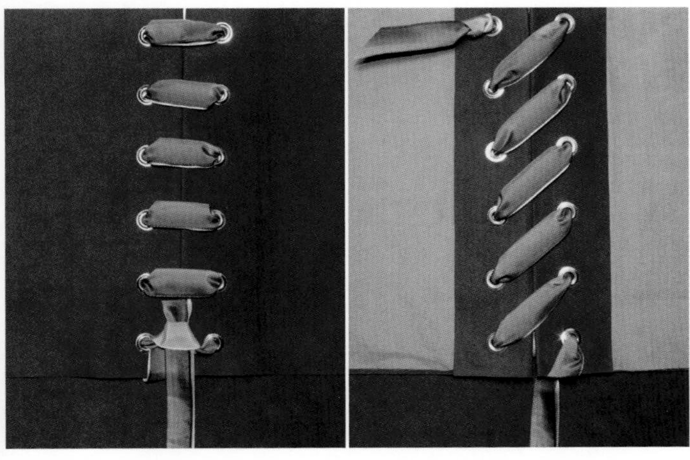

单螺旋型的正面

单螺旋型的反面。注意缎带的末端在左上方

吊钟（止头）

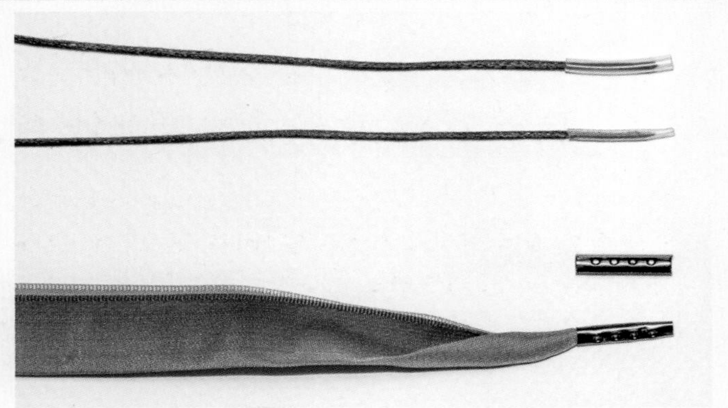

吊钟，或叫止头，可以添加到系带上使其更容易固定和系合，并防止系带末端散开。对于鼠尾绳，将塑料管放在系带的末端，然后用熨斗或吹风机加热使其收缩，与系带贴合。对于较粗的线绳或缎带，用金属吊钟卷到末端。

链式线迹、十字缝、缎缝、花茎针法、羽毛针法、法式扣等都是古代和现代刺绣针法的名称。无论是对传统图案还是现代设计进行刺绣，都可以起到装饰服装的作用。它可以用棉线，人造丝，金属丝，亮光或哑光缝线缝制，也可以用许多其他纤维，包括缎带等。刺绣者的技能是控制刺绣线的入口、通道和出口。

刺绣，如刺子绣和绗缝等其他形式，最初是由修补服装和给珍贵的服装打补丁用的缝线演变而来。那时新的服装不容易得到，所以衣服破损时常常打补丁，在穿着易磨损的小区域加一块垫布后缝制，可以根据时尚潮流对服装进行改造。

3.13 手工刺绣

完成基础工作后，缝制者会把缝线当成装饰。许多古代的服装都已经腐烂，几乎没给我们留下多少古代刺绣实物样品。据发现，一些古老的刺绣片上的线迹与我们今天使用的线迹非常相似。

随着装饰性的缝线演变成刺绣，刺绣也成为了一种艺术形式，在全球范围内，人们开始用漂亮的缝线刺绣来装饰服装。现今，刺绣包含很多手工和机器缝纫工艺。比如，表面刺绣、中国刺绣（刺绣的反面和正面一样好看）、线迹对称、白底黑线刺绣和黑底白线刺绣。机器刺绣越来越普遍。本章只研究手工表面刺绣：线迹在服装表面，而不改变底布的组织结构。

刺绣针迹

许多刺绣针迹有多个名字。通常，它们的名字来源于一种与针迹类似的动物或植物，或者用它可能的发明地作为名字。比如，珊瑚绣，类似于珊瑚枝，也被称为德国结、缝珠绣、打结绣或蜗牛尾绣。所有刺绣针迹都是由几个简单的操作得到的：比如，将针从上绕过或从下穿过缝线，并向左或向右打圈。这些操作以不同的方式组合在一起，形成5个基本的针组：

平针或直线线迹：倒针缝，缝纫，吊线倒针缝，起梗线迹，缎纹线迹，长短针线迹，对称针迹，玫瑰花苞线迹。

十字线迹：十字线迹，人字线迹。

起圈线迹：包边缝线迹，锁眼线迹，羽状绣花线迹，缎纹线迹，蛛网玫瑰形线迹。

连接线迹：链式线迹，扭形链缝，雏菊绣线迹。

打结线迹：中国结，法国结，卷线缝，珊瑚线迹。

同种刺绣线迹还可以分为几类，有许多线迹被分到了不同的类别中。比如，链式线迹属于轮廓绣线迹，也属于填充线迹。

轮廓线迹，用来勾勒目标图案：缝纫，倒针缝，起梗缝迹，链式线迹。

边界线迹，用来固定边缘或者突出某一部位：饰边缝线迹，锁眼线迹，珊瑚线迹。

独立线迹，用来制作单独的图案：链式线迹，雏菊绣线迹，羽状绣花线迹，中国结，法式结，珊瑚线迹，蛛网玫瑰形线迹，玫瑰花苞线迹。

填充线迹，用来填充某一部分：链式线迹，缎纹线迹，长短针线迹，中式结，法式结，珊瑚线迹。

刺绣线

羊毛线

羊毛刺绣线（绣花羊毛），是双股线捻合成的细缝线。针绣纱和织锦纱是较粗的棉纱和毛纱，需要用较稀松的底布，这样可以使针和线容易穿过面料，且不会使面料变形。

丝绸，人造丝以及金属丝

丝绸，人造丝以及金属丝有光泽和闪亮感。但是，因为比较细，在缝纫时需要格外细心。

DMC人造棉丝

DMC棉丝

珍珠棉#5

珍珠棉#8

50%丝/50%羊毛混纺

DMC金属丝，100%涤纶

一些流行的刺绣线

棉线

六股刺绣丝绵通常用棉线制作。它柔软，有光泽且有许多种颜色。根据设计，丝绵可以被分成几股：三股丝绵最常见，但是任何数量的股数都可以用来完成所需的厚度和密度。将不同颜色的股绳混在一起实现不同的色彩渐变效果。

棉也可以用珍珠棉，它比丝绵粗，捻度更大，能立于面料的表面。珍珠棉有许多不同重量，以线束或线团出售，但比丝绵的颜色少。绣花专用线是非常细的棉线，用于字母组合图案和“传世之宝”的缝制。

混纺线

混纺线有许多品类，如丝绸和羊毛混纺。

面料

刺绣可以缝在任何面料上，甚至可以缝在可溶解内衬上以贴合在另一块面料上，唯一的要求是面料的物理性能必须能够支持刺绣。刺绣前，将内衬、欧根纱或帆布放在底布下，用来辅助支撑面料和刺绣。

刺绣绷

标准的刺绣绷是圆形的，但是任何形状的刺绣绷都可以在缝制时用来绷紧面料。刺绣绷的工作原理都相同：一个小绷圈，一个大绷圈，两个内外贴合，可以在缝制时绷紧面料。螺丝紧固在较大的绷圈上，可以放大或缩小以匹配不同厚度的面料。

用刺绣绷支架将刺绣绷支在操作台上，双手解放出来操作针和线。它可以将面料表面调整到任何的角度，甚至是正面朝下。注意，支架与特定尺寸的刺绣绷相匹配，且只能支撑那个尺寸的刺绣绷。

如果新的刺绣绷边缘不光滑，用砂纸打磨。当使用精致的或易变形的面料，如天鹅绒，需要用水洗棉条将较小的刺绣绷包起来垫在上面，以减少面料上的褶皱。如果刺绣绷相对于面料过大，可以将坯布假缝到面料边缘，直到与刺绣绷大小匹配（详见手工绗缝，第108页）。

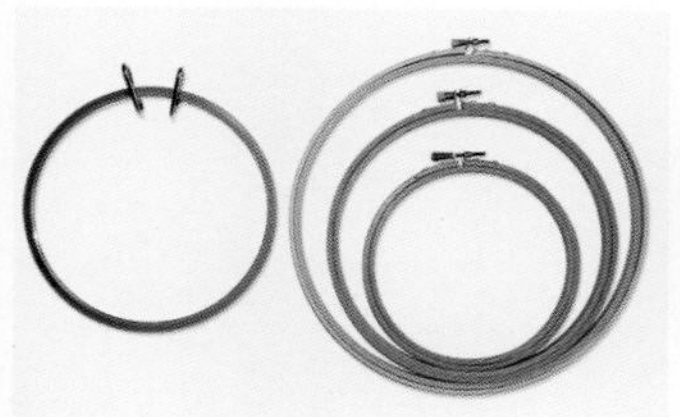

刺绣绷有许多的尺寸，由木头、塑料或者金属制成

带支架的刺绣绷

使用刺绣绷

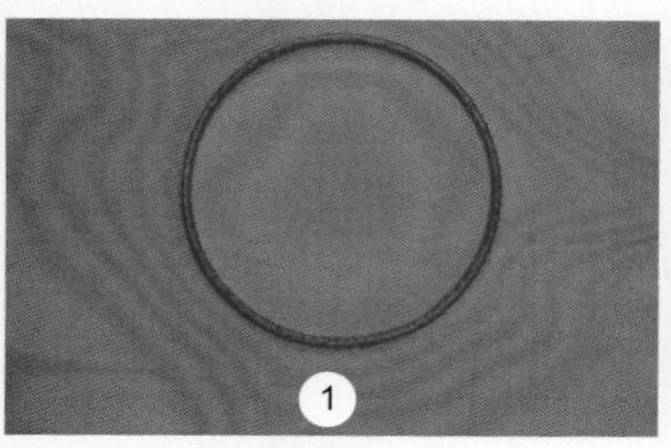

1 将较小的绷圈放在面料下面。

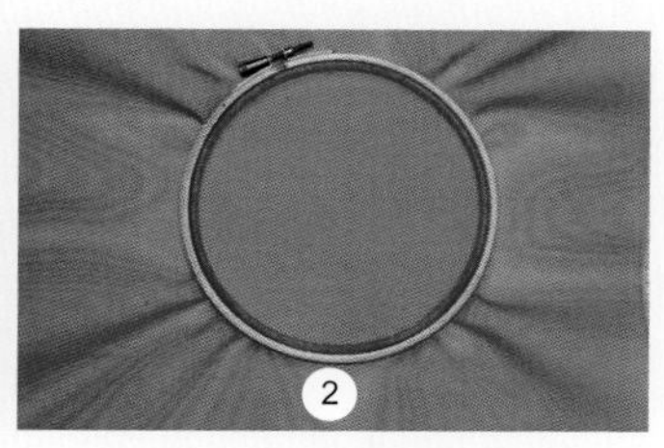

2 将较大的绷圈放在面料和小绷圈上面，按压固定。扭紧螺丝将面料绷紧。如果面料的纱线在绷子中发生扭曲，将上面的绷圈拿下并调整面料。

针

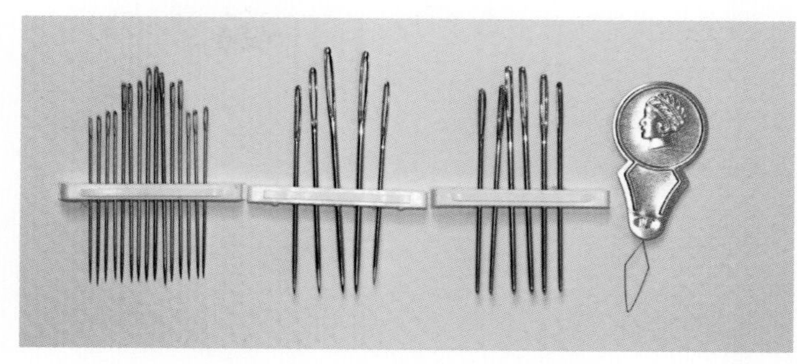

从左开始：刺绣针，尺寸为5-10；绳绒线针，尺寸为18-22；织针，尺寸为18-21；穿线器

刺绣针（也称作绣花针），针头很尖，针眼较长，可以穿过多根股线或缎带。绳绒线针的针头很尖，有较大的针身和针眼，用来穿较粗的缝线和纱线。织针的针头较钝，针身较粗，针眼较大。

选择可以顺畅穿线的最小针眼的缝针。使用穿线器可以协助将多股缝线穿过针眼。缝针在面料上留下的针孔的大小以可以使缝线刚好穿过为最合适，太大的缝针会损坏面料。

练习用布

通常，缝纫服装面料前需要在一块废布上测试线迹；有些刺绣工把这些练习用布叫做“涂鸦布”。涂鸦布上会看到缝线的长度，还可以在上面熟悉手指的操作步骤，练习后就可以用完美的线迹和更少的引导线开始缝纫。

准备缝纫面料

用绷子绷住面料前，在面料上标记出缝线或图案，如果需要，沿着缝线标记出缝线长度。面料绷紧后如果标记线不够直，将面料拉直或者重新绷好面料。

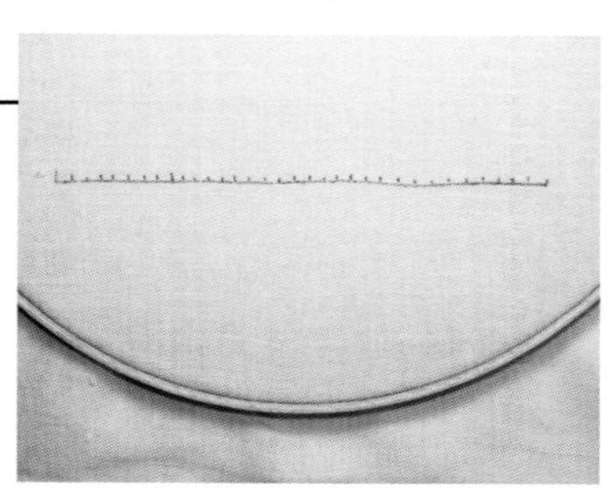

开始和结束

有许多种方法开始和结束刺绣线迹，这里展示的是打结和打活结。

使用线结

通常不建议在刺绣中打结。线结会有凸起，熨烫时在面料正面容易形成光点。然而，不打结的缝线在面料上很容易散开，所以无结操作是不切实际的。

打结

1 在面料反面，距离缝线末尾7.5cm处打结（详见线头打结，第29页），然后开始缝纫。所有线迹的线头保持整洁。

2 缝好所有的缝迹线后，加固缝线末端。在面料反面，靠近底布将缝线打结。

3 将针和线穿过最后两针缝迹线。这样可以使线尾整齐，并防止散开。

4 剪断缝线，回到缝迹线的开端，将线头穿过大眼缝针。

5 同第三步一样，将缝线穿过前两个线迹，剪断线头。

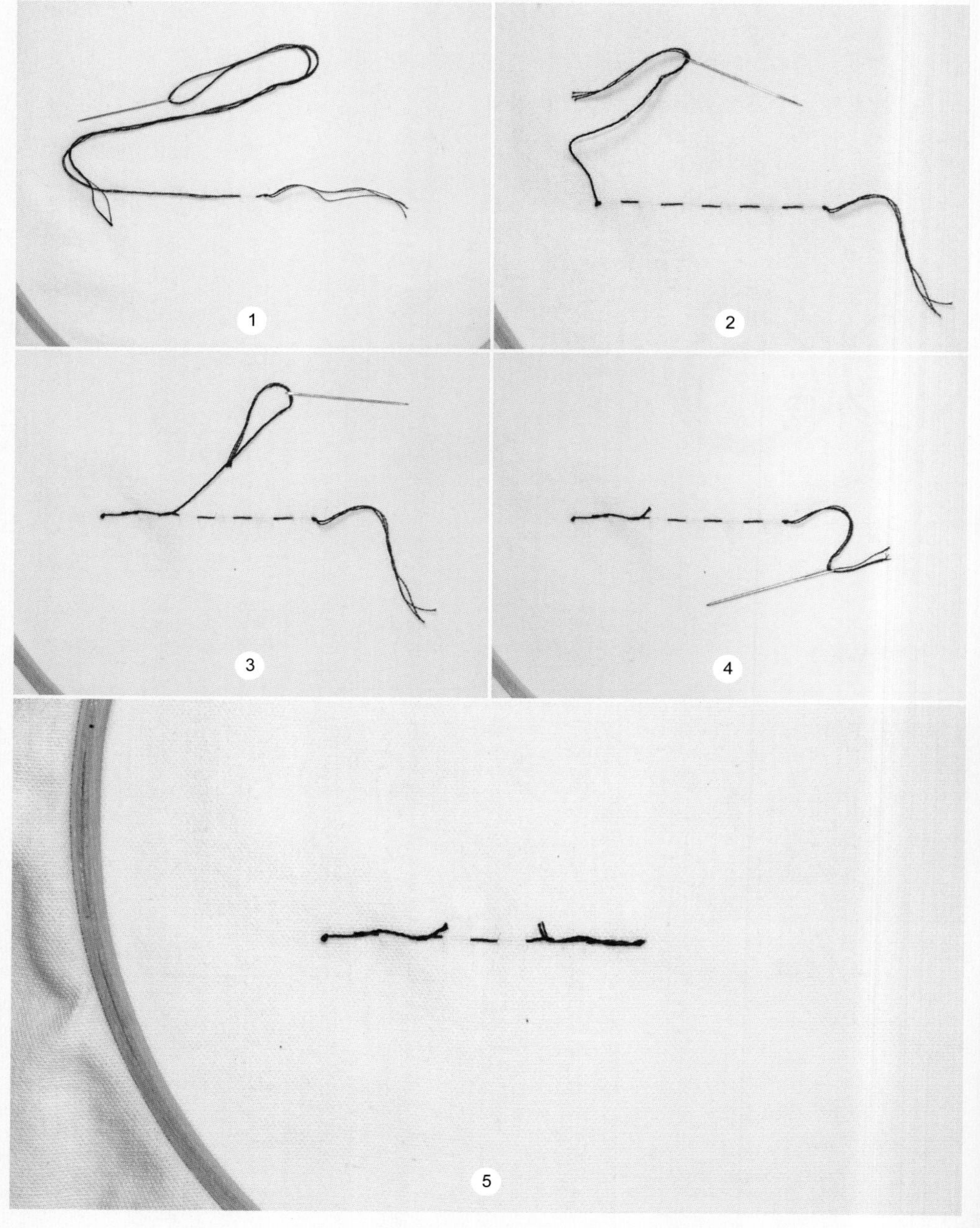

活结

1 当使用密缝线迹，如缎纹线迹，可以用活结或可拆线迹的工艺。在缝线上打一个结，然后在面料的正面缝几针，远离操作图案区域；或者缝几针倒针不打结（这里在花瓣的正面缝了几小针）。

2 缝好开始的几针后，剪去线结尾或小倒针的缝线。

3 拆除线结或小倒针，压住线头继续缝纫。

4 在面料反面，缝线穿过几个线迹，然后剪断。

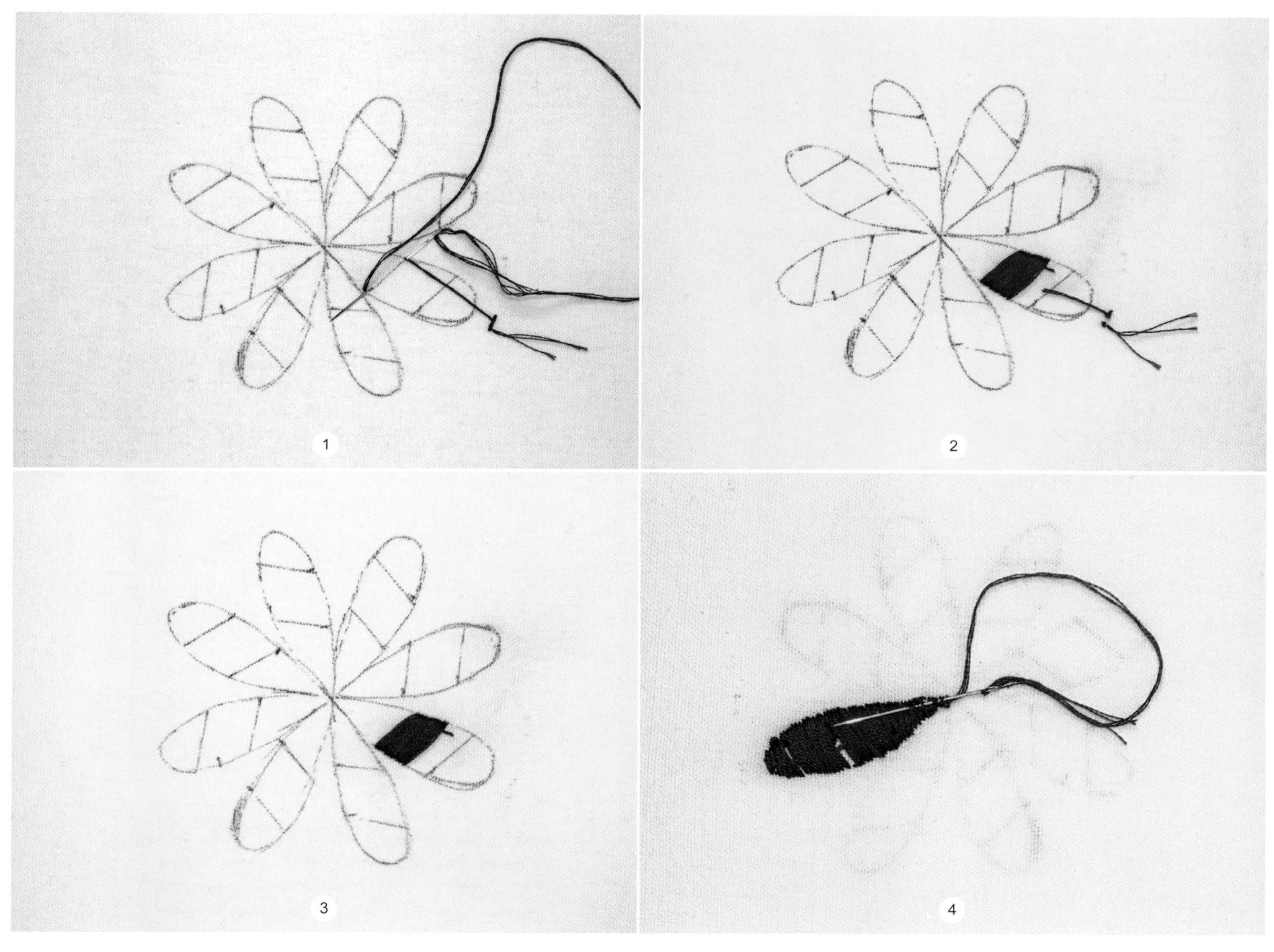

平针/织锦线迹

平针是所有刺绣线迹中最基础的线迹；它从左至右缝制，形成虚线缝迹。有一半缝线在面料反面，所以要使用不透明的底布，否则面料反面的缝线能从正面看到。

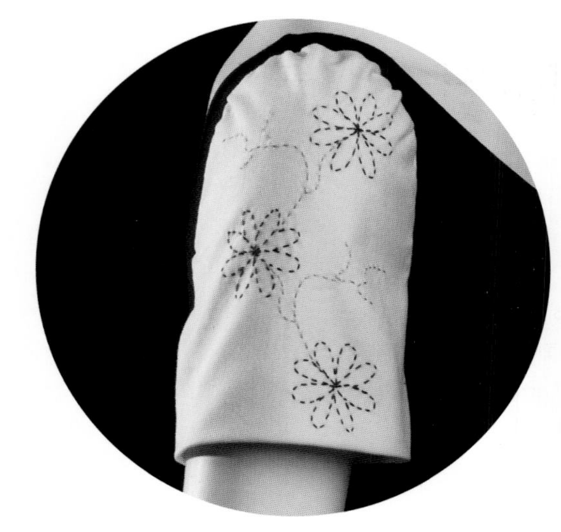

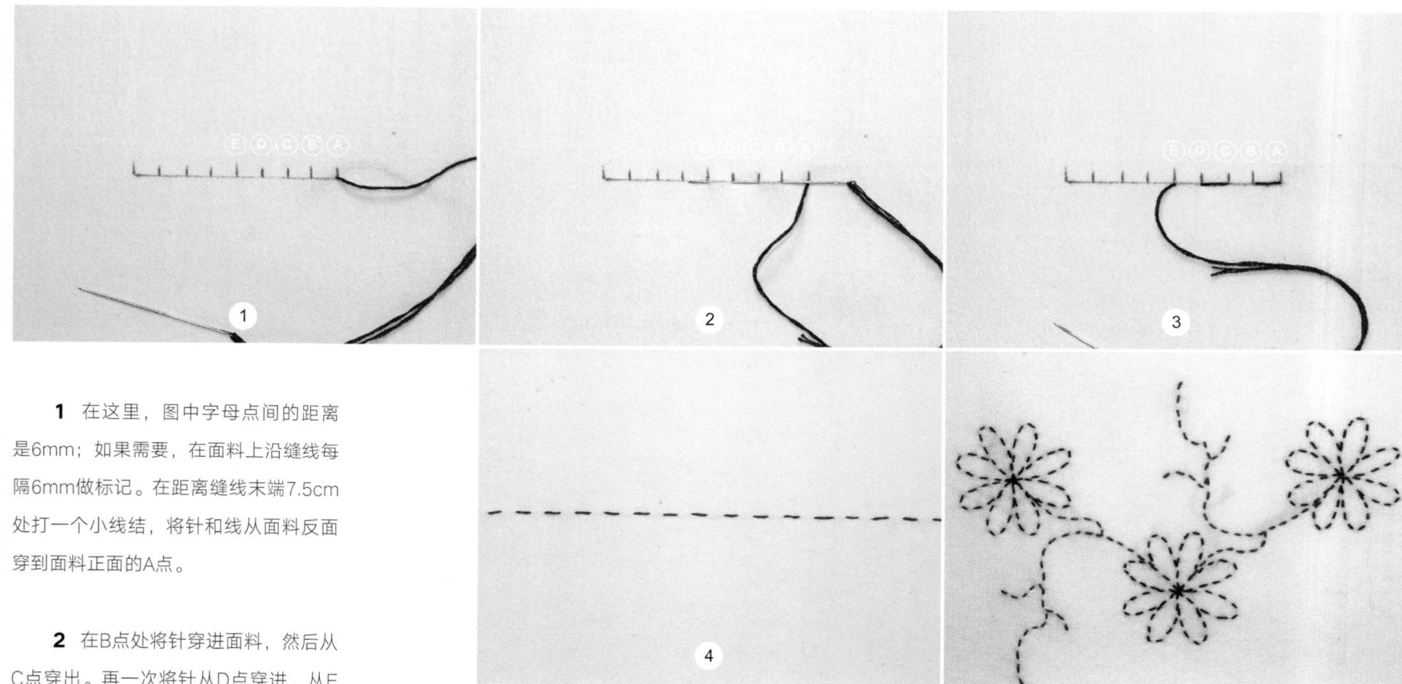

1 在这里，图中字母点间的距离是6mm；如果需要，在面料上沿缝线每隔6mm做标记。在距离缝线末端7.5cm处打一个小线结，将针和线从面料反面穿到面料正面的A点。

2 在B点处将针穿进面料，然后从C点穿出。再一次将针从D点穿进，从E点穿出。

3 将缝线拉直，重复步骤2～3。检查所有的线迹都沿着针迹均匀分布，将缝线打结（详见线头打结，第29页）。

4 平针完成效果。

变化形式

平针线迹可以用来创作不同的图案，图示为积木图案。

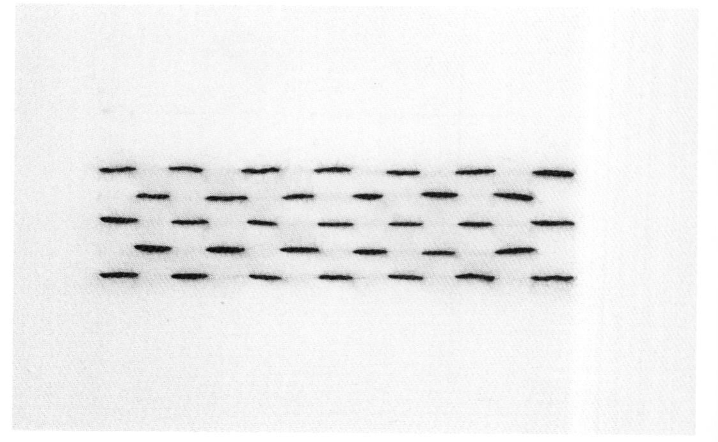

回针/砂点

回针形成的是一条从右到左缝制的实线。

1 在这里，字母点间的距离是6mm；如果需要，在面料上沿着缝线每隔6mm做标记。在距离缝线末端7.5cm处打一个小线结。将针和线从面料反面穿到面料正面的A点。

2 将针和线在B点穿入面料，然后从C点穿出，拉动缝线穿过面料。

3 将针从B点穿入，从D点穿出，跳过C点。

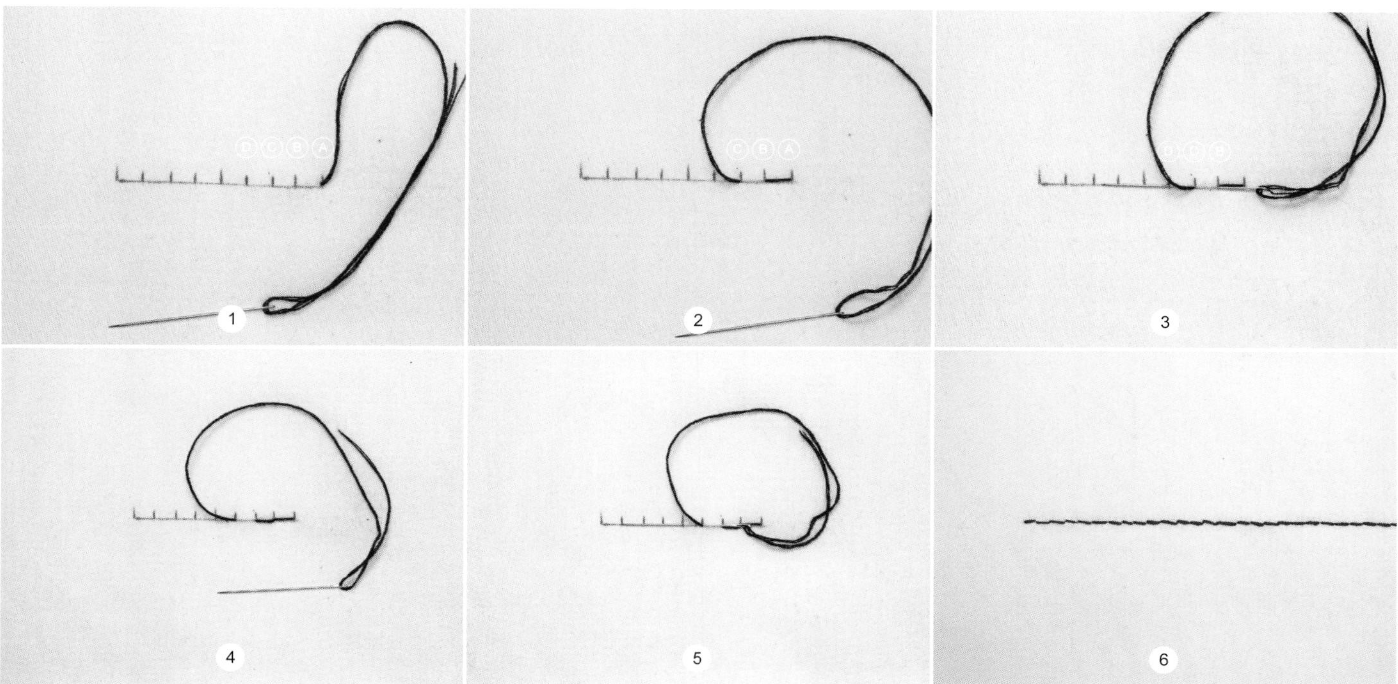

4 将针和线拉出。

5 继续从前一个线迹处穿入缝针，并从两个线迹后的点拉出。检查所有的线迹都沿着针迹均匀分布，将缝线打结（详见线头打结，第29页）。

6 完成的回针线迹。

绕线回针绣/吊线倒针缝

绕线回针绣是一种能混合缝线颜色，产生甘蔗条纹效果的方法。它也可以使不规则的缝线变得均匀，因为绕线模糊了基础缝迹上的进出点。可以只绕一次短针，绕两次长针，使所有缝迹都呈现出相同的长度。

1 缝好一条基础回针线迹后，在线迹起始的位置，用第二根穿有对比线的针放在面料的正面。沿着第一条基础线迹穿针，不要勾住基础线迹的缝线，拉动缝线穿过面料。

2 沿着下一个基础线迹缝针，同样的不要勾住基础缝迹缝线，拉动缝线穿过面料。缝线会绕着基础线迹，形成甘蔗条纹的效果。

3 继续绕基础线迹。如果绕一条较长的回针绣线迹，在面料反面每隔7.5～10cm将绕线线迹打结；这可以在缝线破损时防止整条缝线扭曲。检查所有的缝迹都沿着针迹均匀分布，将缝线打结（详见线头打结，第29页）。

4 完成的绕线回针缝。

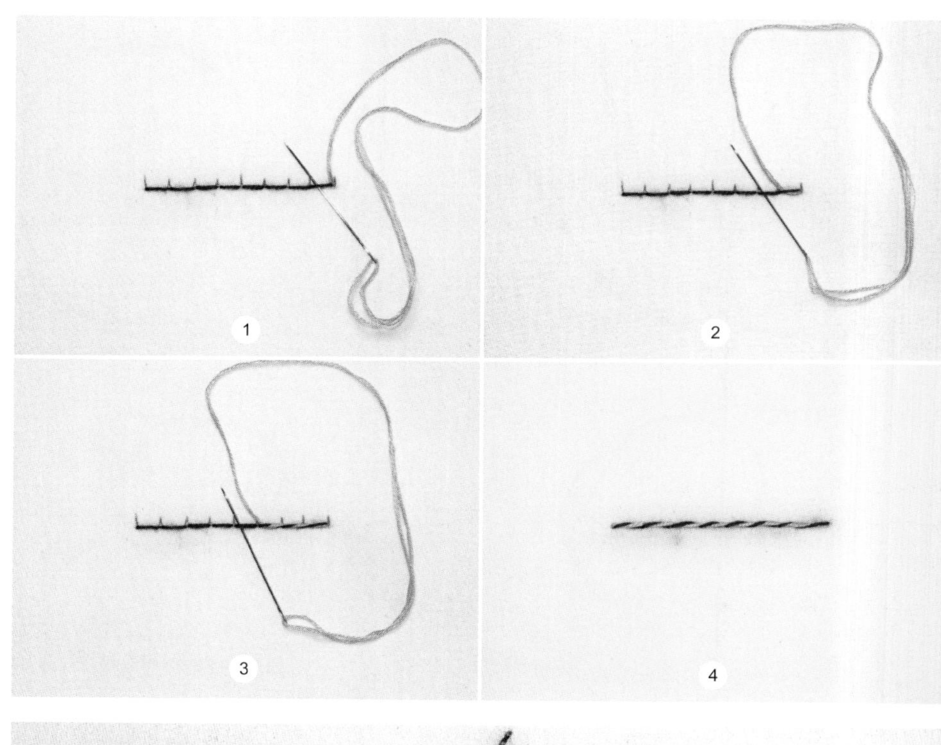

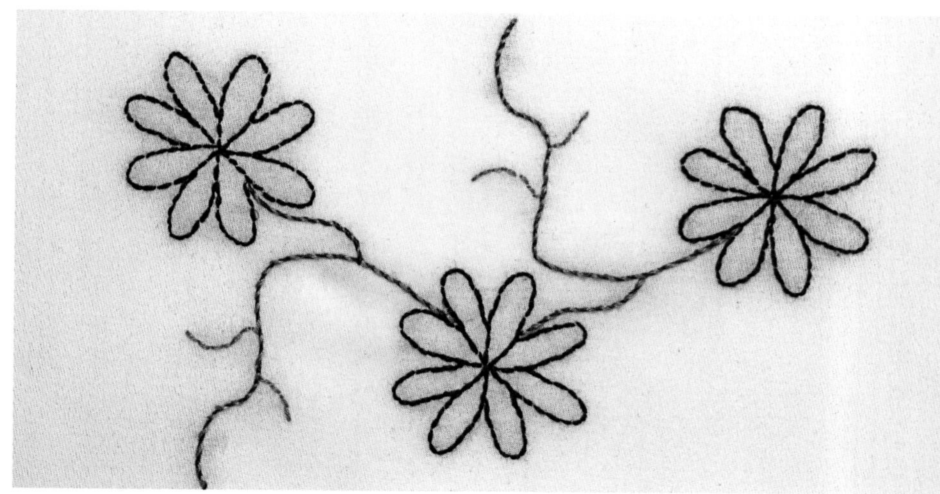

起梗线迹/绒线刺绣线迹/南肯辛顿线迹/茎状线迹

起梗线迹，从左到右形成一个比回针缝密集的线迹，因为每个6mm的缝迹线被两个重叠线迹覆盖。起梗线迹适用于缝曲线和填充不规则形状。

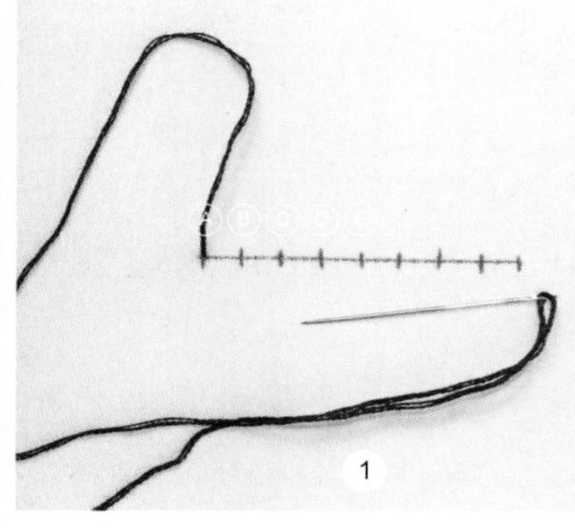

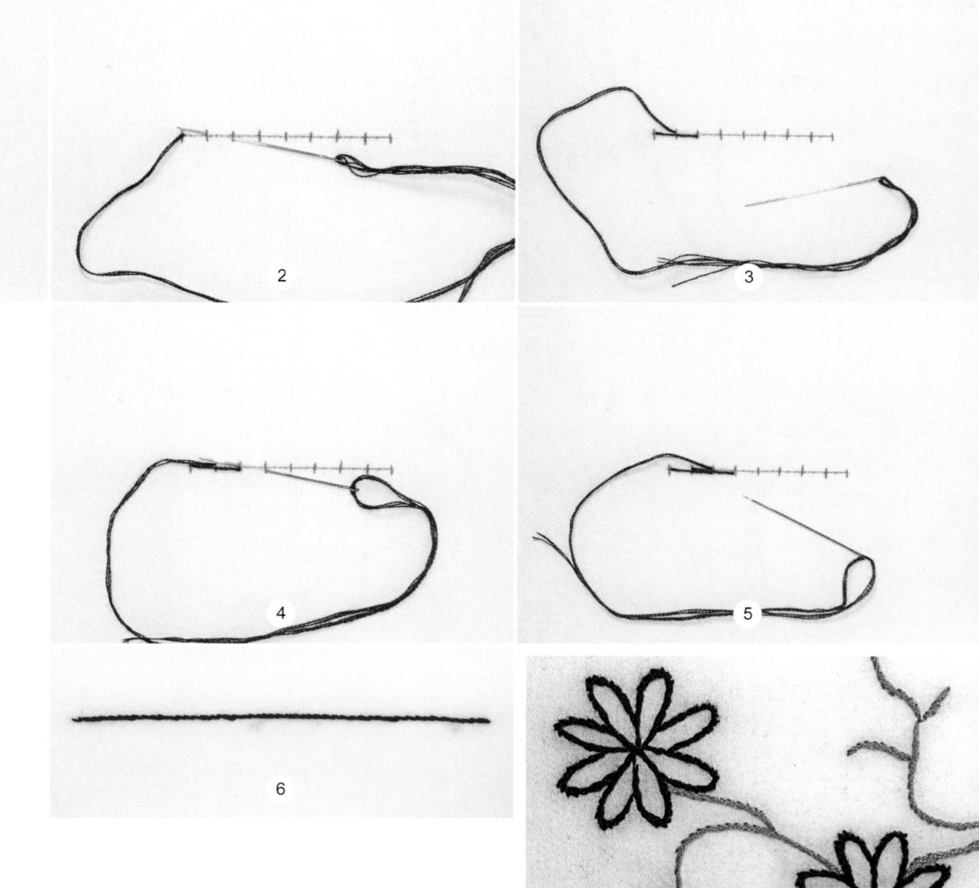

1 在这里，字母点间的距离是6mm；如果需要，在面料上沿着缝线每隔6mm做标记。在距离缝线末端7.5cm的地方打一个小结。将针和线从面料反面穿到面料正面的A点。

2 在C点将缝针穿入面料，然后从B点穿出。对于每一针，针从右到左向上倾斜，保持已有的线（从之前的线迹穿过面料的缝线）在操作区域的下方。

3 拉动缝线穿过面料。

4 缝线从B点穿出后，再将针从D点穿进，并从C点穿出，压在前面的线迹之上。

5 拉动缝线穿过面料，重复步骤4～5。检查所有的线迹都均匀分布在缝线上，将缝线打结（详见缝头打结，第29页）。

6 完成的起梗线迹。

变化形式

这一系列的缝线也可以使新缝线在前一缝线的下方操作。针从右到左向下倾斜并保持已有的线在操作区域的上面。

链式线迹/手鼓线迹/链点/扭形链缝线迹

链式线迹，由相互缠绕的小线圈组成，可以用作沿曲线刺绣的线迹或作为轮廓绣线迹。

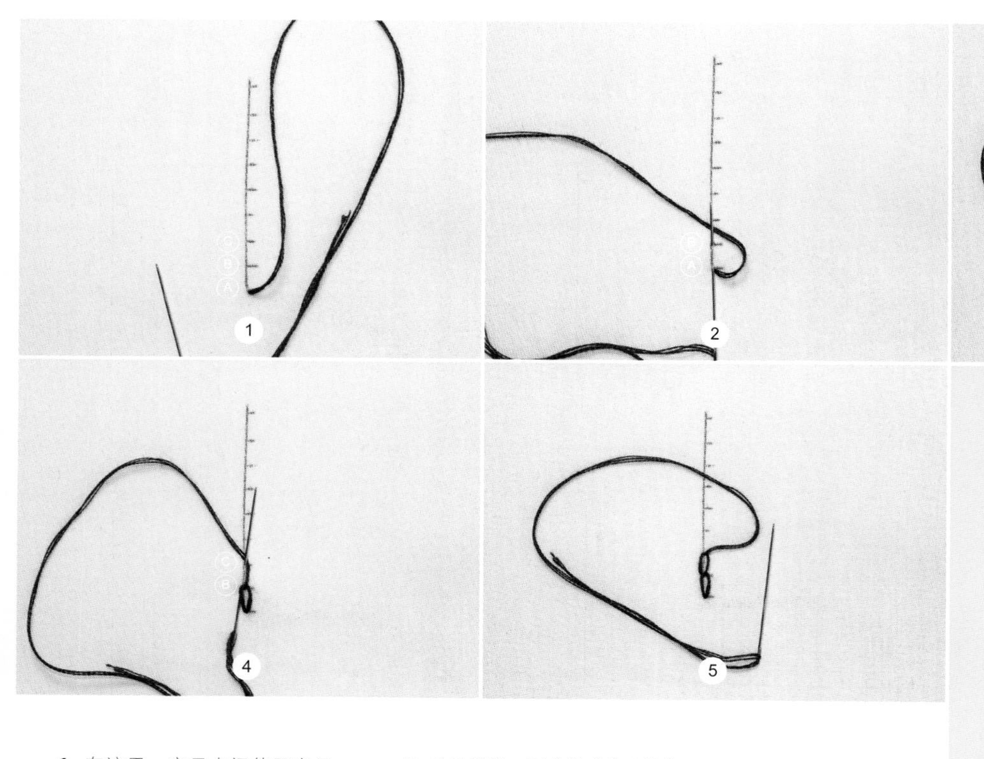

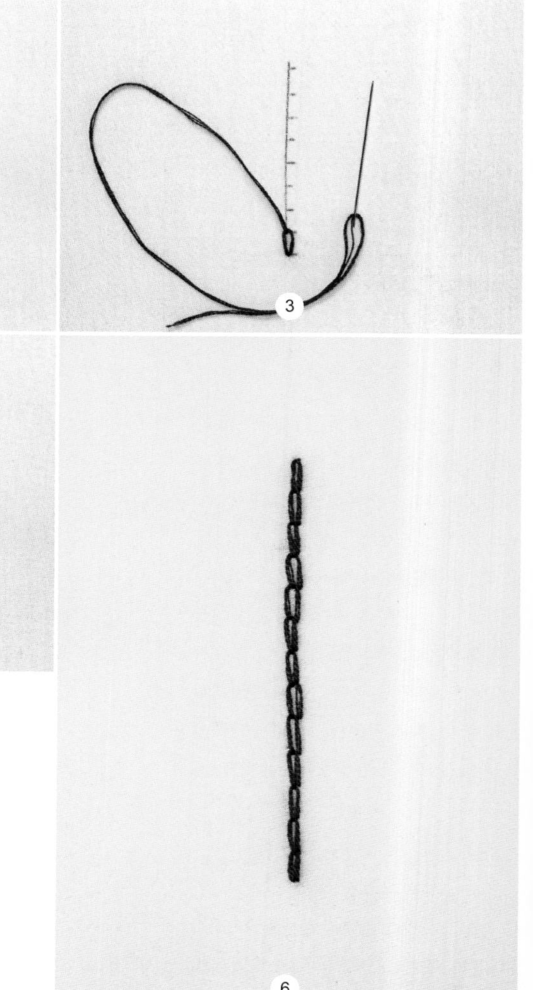

1 在这里，字母点间的距离是6mm；如果需要，在面料上沿着缝线每隔6mm做标记。在距离缝线末端7.5cm的地方打一个小结。将针和线从面料反面穿到面料正面的A点。

2 将针从A点的左边穿入并从B点穿出，把线钩在针尖下面，将线从右边穿到左边；也可以将缝线从左边穿到右边，但每一次都要保持相同的方向。

3 拉动缝线，形成链式线迹的第一个圈。

4 在圈内将针穿到B点的左边，并从C点穿出。同样的，将线钩在针尖下面，缝线从右边穿到左边。

5 拉动针线穿过面料，形成链的第二个圈。重复步骤3～4直到完成。检查所有的线迹都沿着针迹均匀分布，将缝线打结（详见线头打结，第29页）。

6 完成的链式线迹。

变化形式

扭形链缝线迹和链式线迹的缝制方法相同，但是缝线在缝针下面从左边传到右边，形成线圈的扭曲。

1 将针从A点的左边穿入并从B点穿出，把线钩在针尖下面，针从左穿到右边。

2 拉动针线穿过面料，形成第一个扭形链缝线圈。重复步骤1～2直到扭形链缝完成。

3 图左边是扭形链缝线迹，图右边是平缝链式线迹。

链式线迹也能形成雏菊绣或分离链式缝迹（详见缎带刺绣，第330页）。

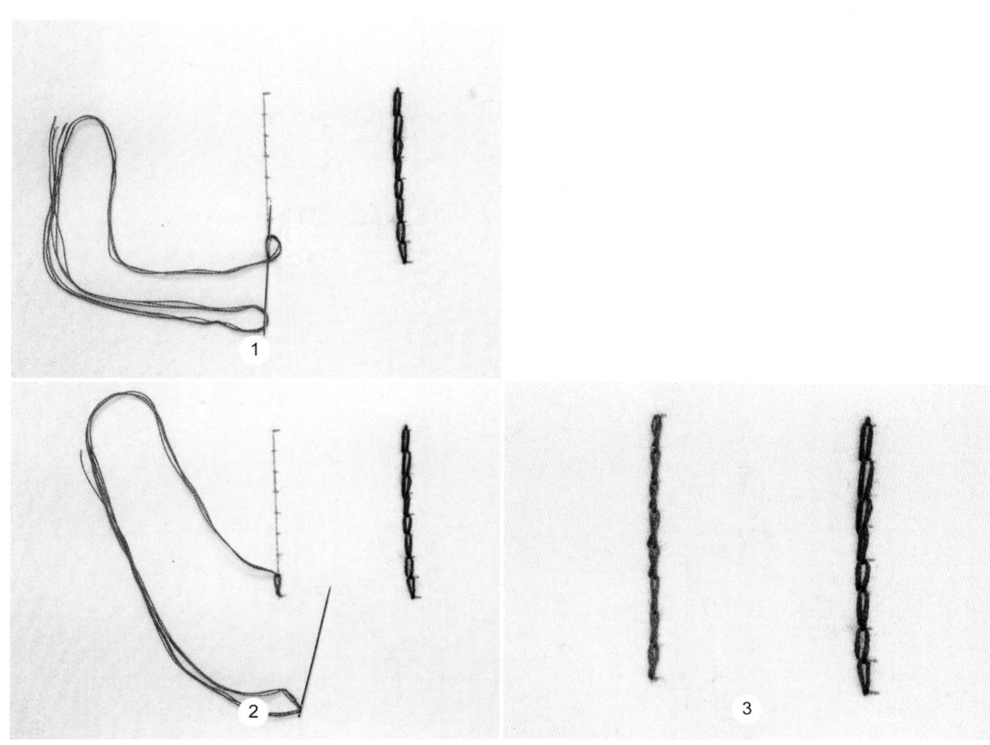

十字缝线迹/取样线迹/柏林线迹/标记点

十字缝线迹可以通过两种不同的方法完成：第一种，沿一条横线缝一排向后倾斜的缝线（\\\），然后再沿着这条横线缝一排向前倾斜的缝线（///）；第二种，缝一排组合线迹形成“X”形。这里展示的是第一种缝制方法。

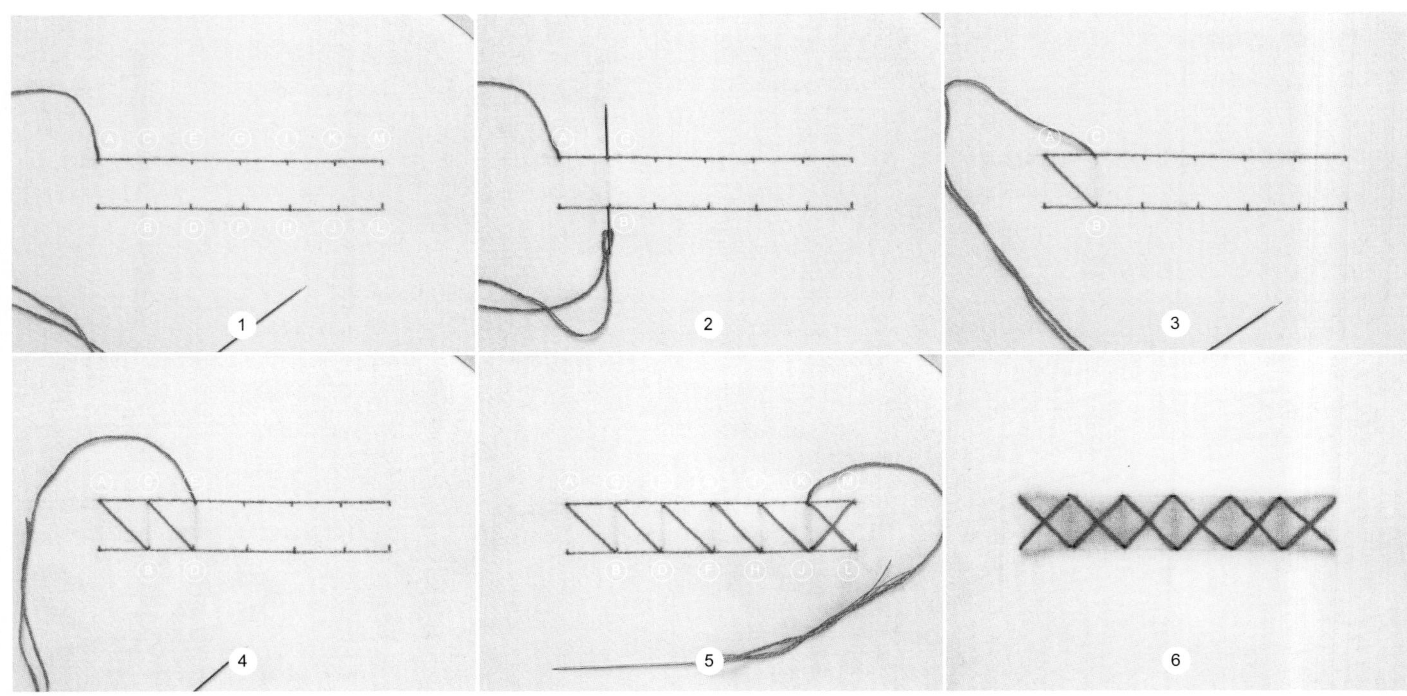

1 在这里，字母点间的距离是6mm；如果需要，在面料上沿着缝线每隔6mm做标记。在距离缝线末端7.5cm的地方打一个小结。将针和线从面料反面穿到面料正面的A点。

2 在B点将针穿入面料，并从C点穿出。

3 拉动缝线穿过面料。

4 在D点将针穿入面料，并从E点穿出。拉动缝线穿过面料。重复上述操作，直到缝线用尽。缝合好后，在面料反面会呈现出阶梯形状。

5 将针和线在M点拉到面料正面，然后将针在J点穿入面料，再从K点穿出。拉动缝线穿过面料，再按照同样操作回到A点。面料反面会呈现一个双阶梯形缝迹。检查所有的线迹都沿着针迹均匀分布，将缝线打结（详见线头打结，第29页）。

6 完成的一排十字缝线迹。

变化形式

十字缝线迹也可以在每一个十字之间留出间隔。

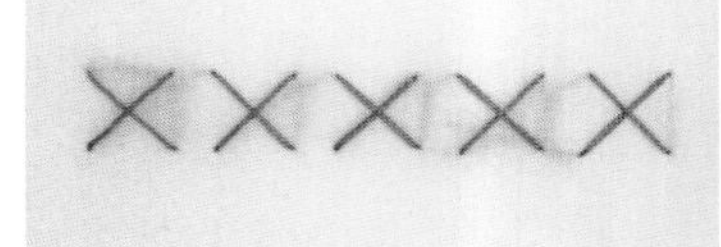

人字缝线迹/钩针/摩苏尔线迹/波斯线迹/俄式缝迹/俄式十字缝线迹/打褶线迹/女巫线迹

人字缝线迹，又称钩针线迹，广泛用于服装的褶边，进行密集缝纫时，用来当做滚边线迹或填充线迹。

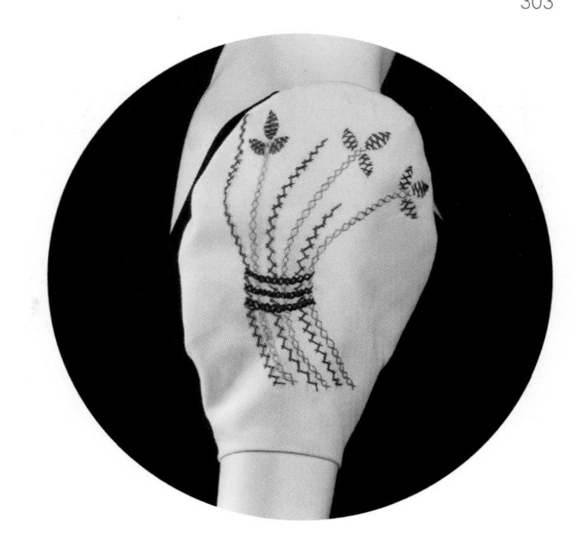

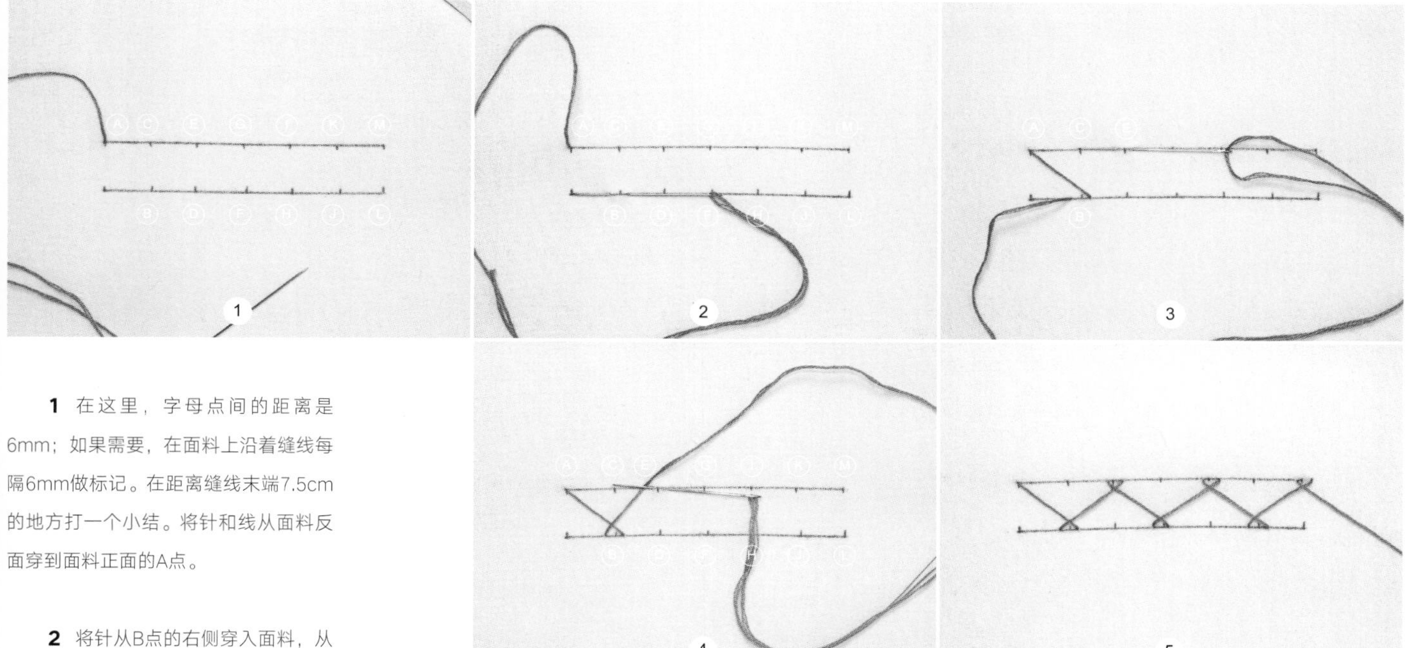

1 在这里，字母点间的距离是6mm；如果需要，在面料上沿着缝线每隔6mm做标记。在距离缝线末端7.5cm的地方打一个小结。将针和线从面料反面穿到面料正面的A点。

2 将针从B点的右侧穿入面料，从距离B点相同距离的左侧穿出，形成一个小针迹。将上一条已有的线放到针尖下面，然后拉动缝线穿过面料；也可以将已有的那条线放在针上面，但是每次都要保持一致。

3 拉动缝线穿过面料。再将针从E点右侧穿入面料，从距离E点相同距离的左侧穿出，形成一个小针迹。

4 同样的，在拉动缝线穿过面料之前将上一条已有的线放到针尖下面。重复步骤3～4。缝合后，在面料反面会形成阶梯形线迹。检查所有的线迹都沿着针迹均匀分布，将缝线打结（详见线头打结，第29页）。

5 完成的人字缝线迹。

羽状刺绣线迹/荆棘线迹/羽状刺绣线迹

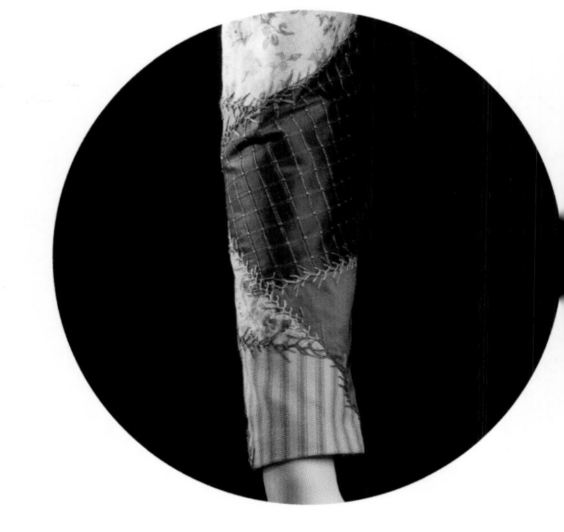

羽状刺绣线迹，如同它的名字一样，形成的是羽毛状的交织缝线。它们的尖部可以分开很远或紧密排布，形成透明或不透明的网状针迹。

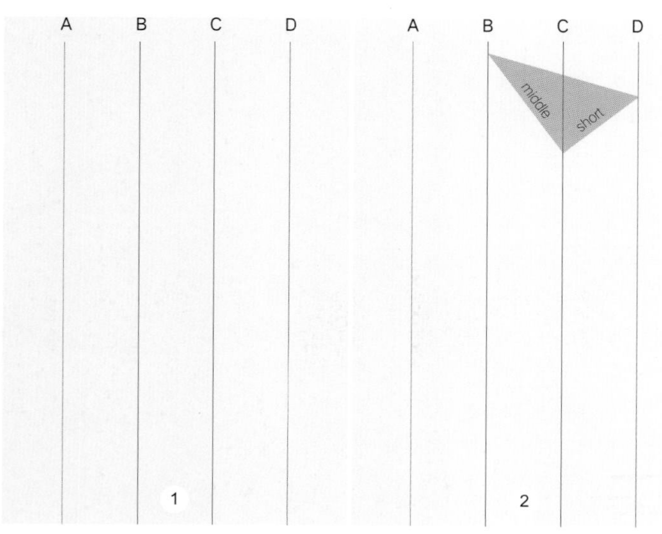

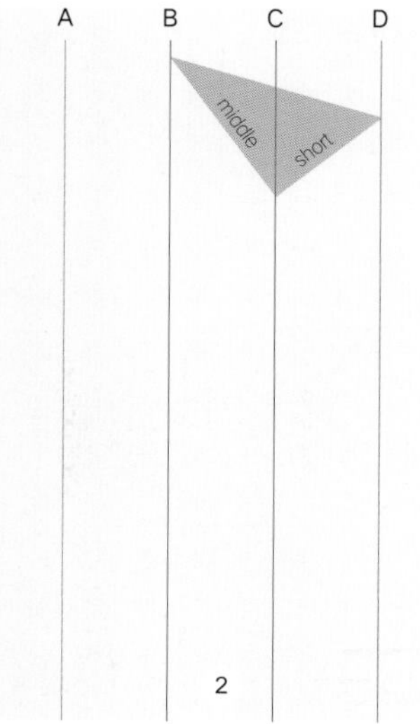

1 画出纸版。画四条等距直线，分别将它们标记为A，B，C，D。在这里，直线长17cm，间隔2.5cm。

2 画一个不等边三角形，在线B、C和D间形成一个近似直角，最长边落在线B、D之间。这里三角形边分别为：3.8cm，3.5cm以及长边5cm。标记出三角形与直线交叉的点。

3 拷贝三角形并翻转，并将其定位，使三角形能触到C线，另外的两个角在线A和B上。注意三角形中间长度的边在B、C线之间。标记出新的三角形的交叉点。

4 重复步骤2～3，沿着直线向下移动三角形并标记。

5 如图标记符号。

6 将纸版上的点转印到面料上。

7 距离缝线末端7.5cm的位置打小线结。将针和线从面料反面在B线上点1的位置拉到面料正面，再将针从面料D线上的点2处穿进面料。

8 将针和线从C线上的点3处穿出，将1，2点之间线置于针下面。

9 拉动缝线穿过面料。

10 将针穿进A线上的点2，然后从B线的点3穿出，同样保持缝线在针以下。

11 拉动缝线穿过面料。注意针是在竖列的外侧穿入面料反面，从竖列的内侧穿回面料正面。

12 完成的羽状刺绣线迹。

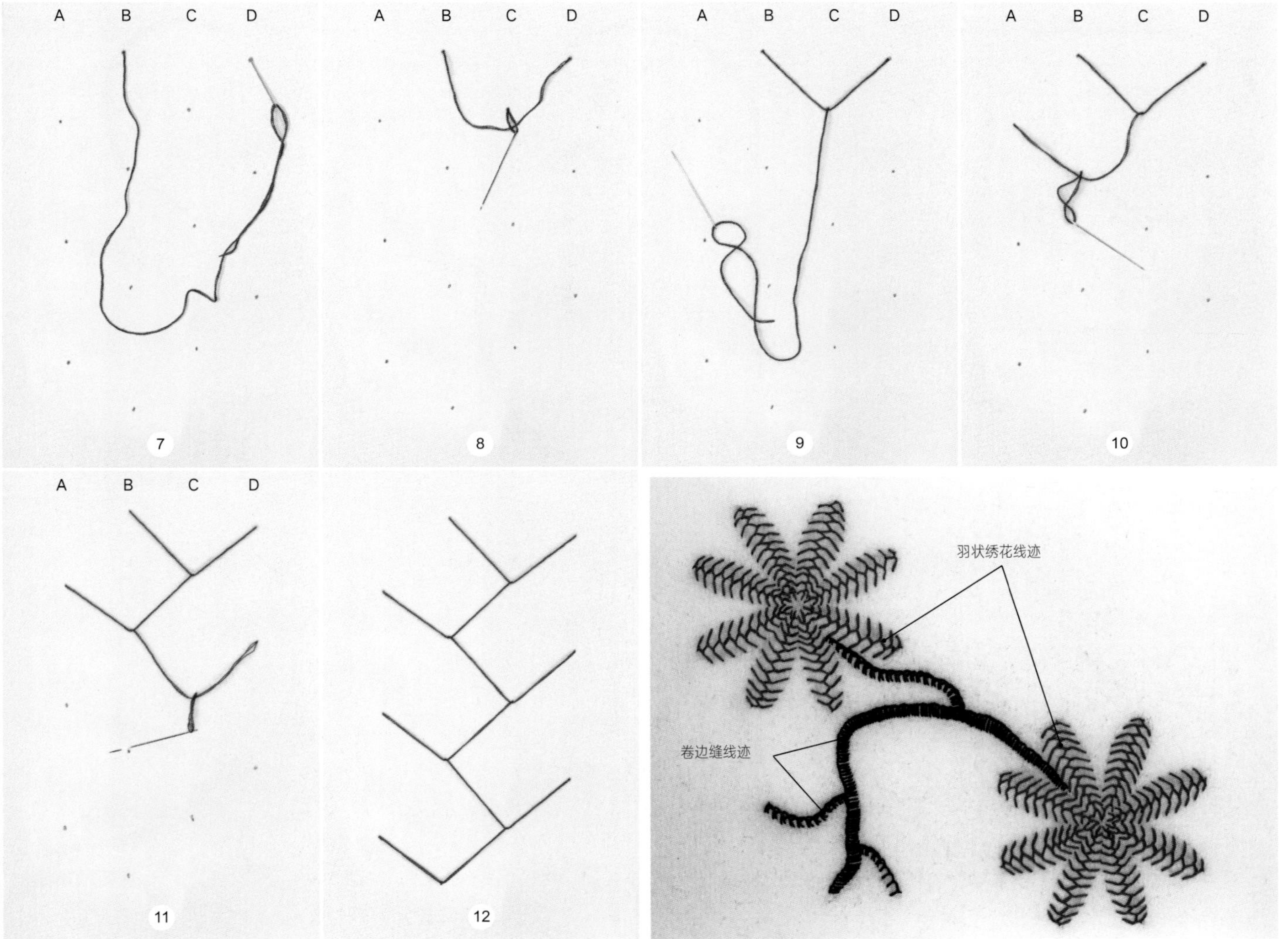

饰边缝线迹和锁眼线迹

饰边缝线迹，一般用来给毯子包边，是一种边缘缝线，还也可以用作填充缝迹。当缝线之间没有空隙时，饰边缝线迹又称为锁眼线迹。锁眼线迹是一条密集的缝线。

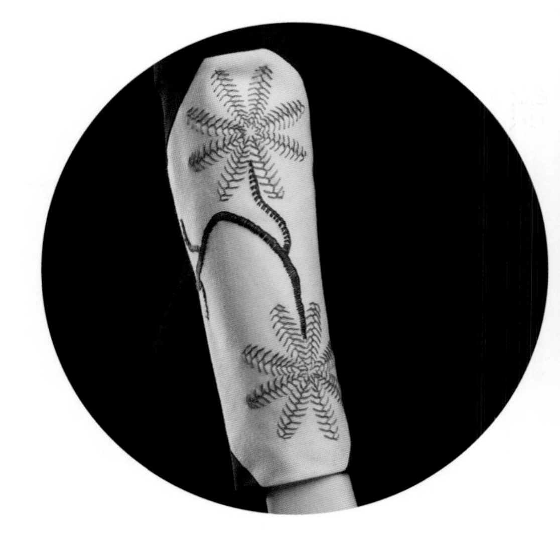

饰边缝线迹

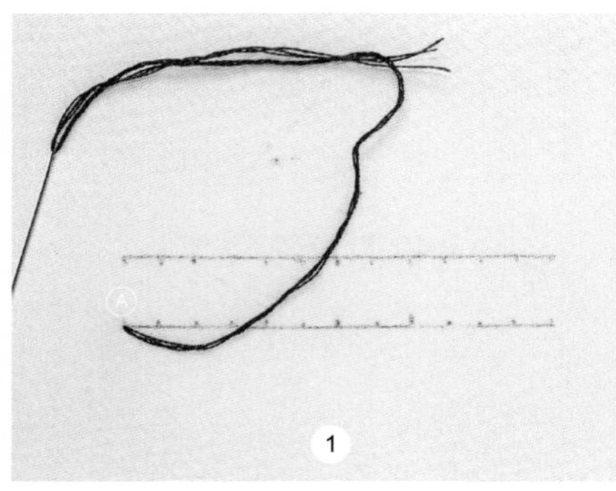

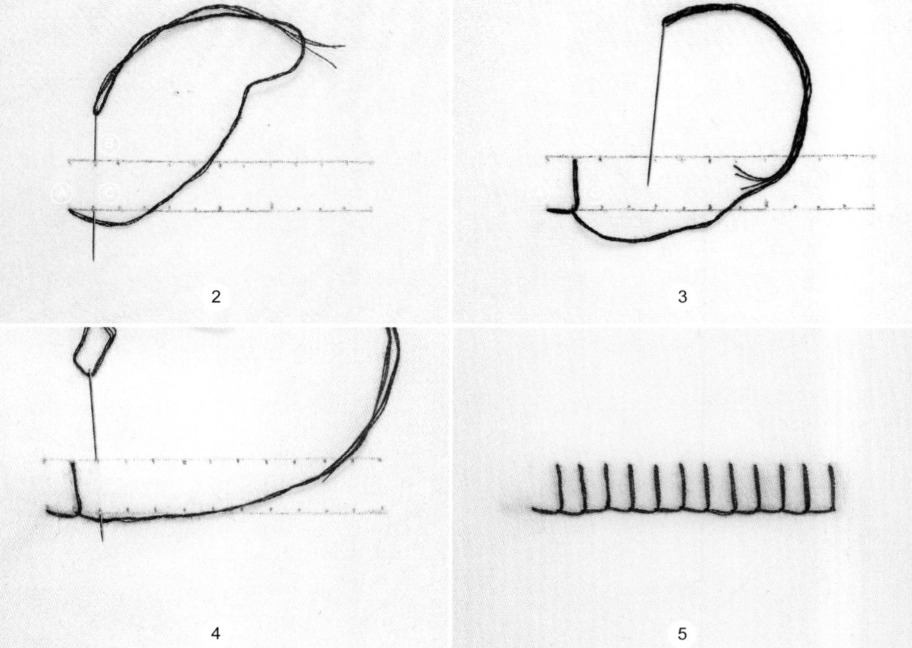

1 在距离缝线末端7.5cm的地方打一个小结。将针和线从面料反面穿到面料正面的A点。

2 将针从B点穿入面料，然后从C点穿出，在C点将已有的线固定在针下面。

3 拉动缝线穿过面料。

4 重复步骤2～3.

5 一排饰边缝线迹。

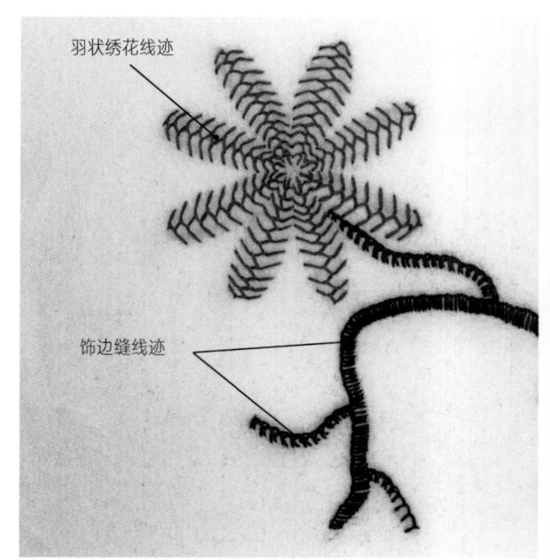

锁眼线迹

如果用锁眼线迹处理扣眼，沿着扣眼中线排列线圈边。

1 可以绕着一条卡纸来缝制锁眼线迹，以确保线迹具有相同的高度。

2 一排锁眼线迹。

3 锁眼线迹用#5珍珠棉线手缝，这种线比刺绣丝绵更加牢固，更能承受纽扣的摩擦。

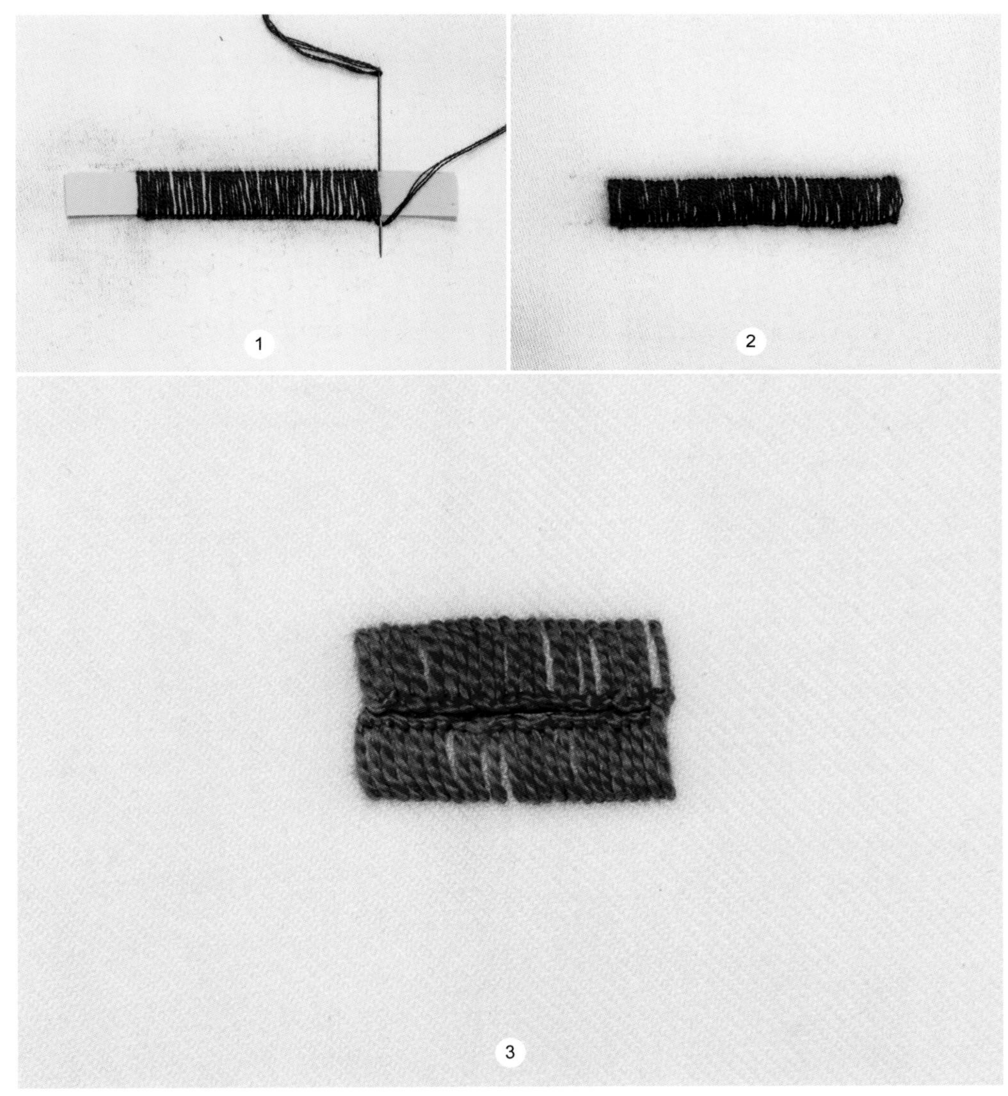

缎纹线迹

缎纹线迹是填充线迹，而不是钩边线迹。使用这种线迹时，缝线紧密排列直到填满图形。

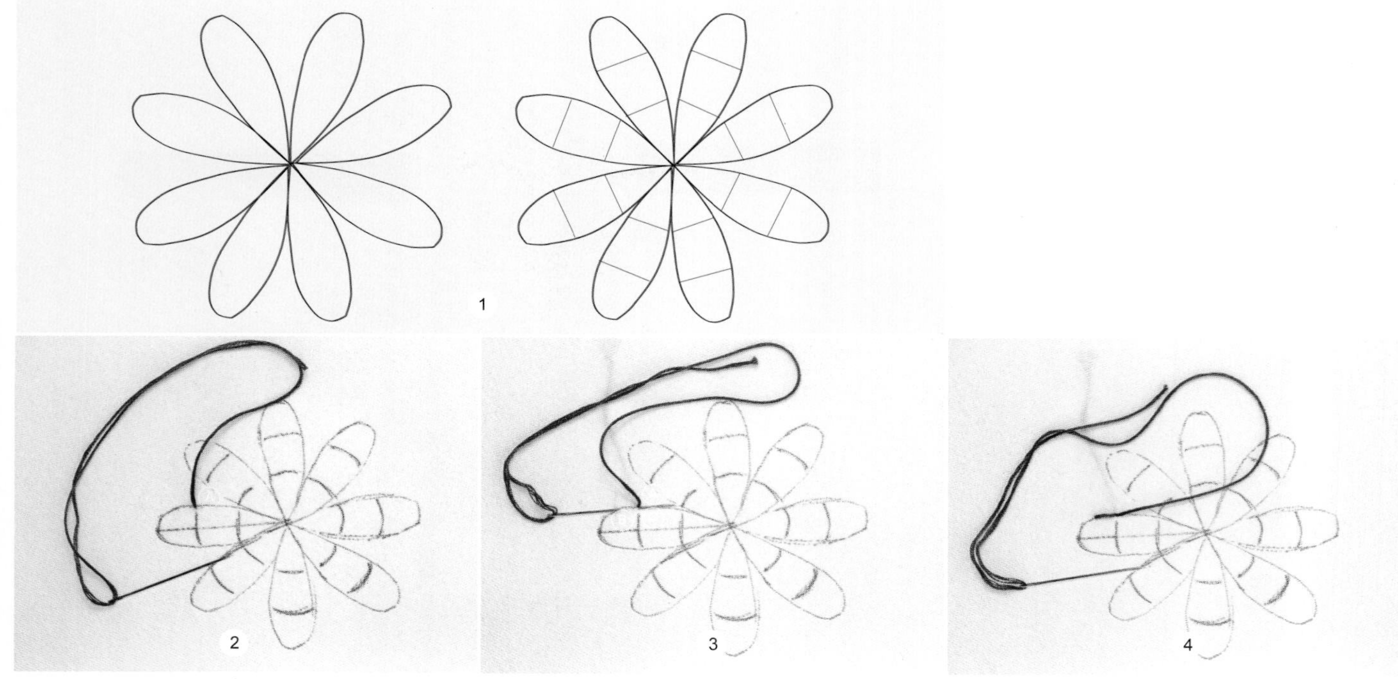

1 将图案转印到面料上（详见图案转印，第18~23页）。在这个设计中，花瓣非常大，所以将每个花瓣分成三个部分进行操作。

2 打一个线结或在距离缝线末端7.5cm的地方打一个小线结。将针和线从面料反面穿到面料正面的A点。

3 将针从B点穿入面料，然后从C点穿出，C点刚好在A点的旁边。

4 拉动缝线穿过面料。

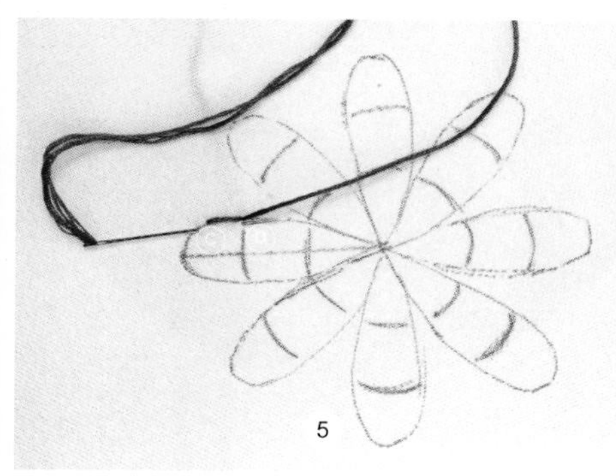

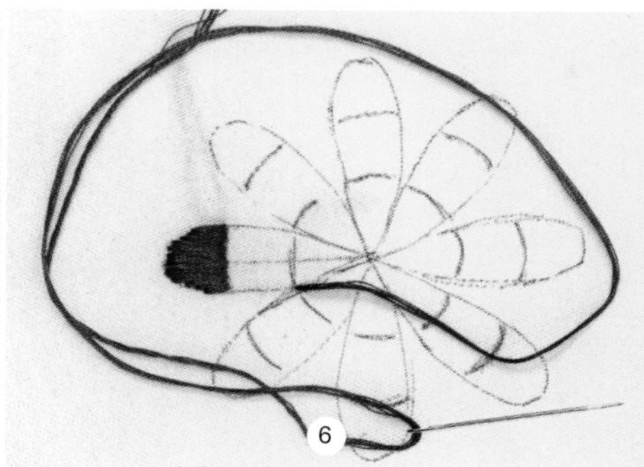

5 紧挨着前一个线迹，将针从C点穿入，并从靠近开始位置的D点穿出。观察下一步在哪里穿针才可以将缝线穿到面料上前一个缝迹的旁边。重复步骤3～5，直到填满图形。

6 完成的第一个部分。用相同的方法缝制其余的部分。

7 完成的第一片花瓣。

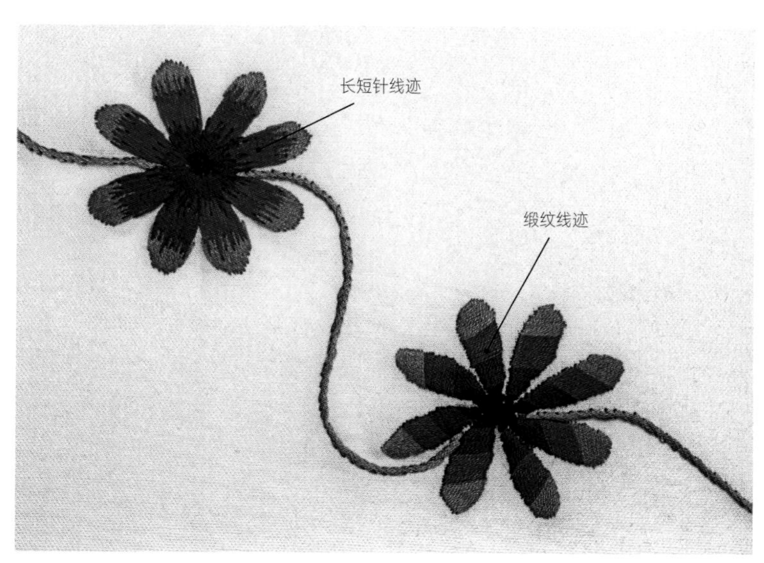

变化形式

大的花瓣可以以任意方法划分。在这里，花瓣以斜线划分，这是标准的刺绣工艺。

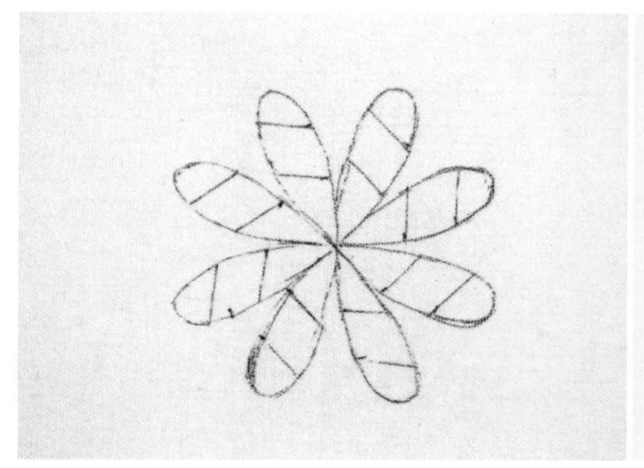

长短针线迹

长短针线迹实际上是两种线迹，一种长针线迹和一种短针线迹重复交替编织，形成一个无缝的混合线迹。这种填充针迹可以完美实现图案中的阴影或微妙的颜色变化。

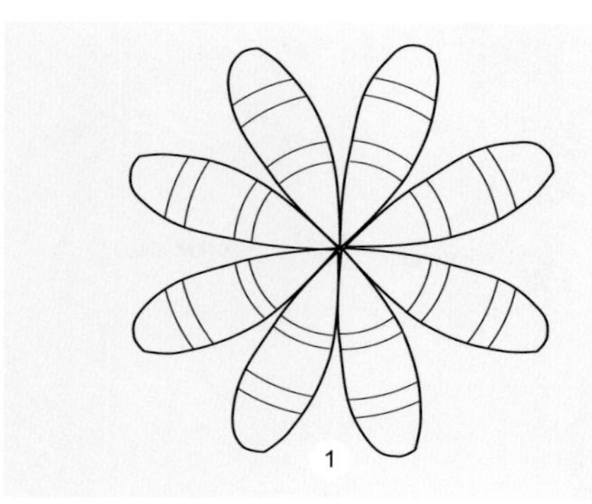

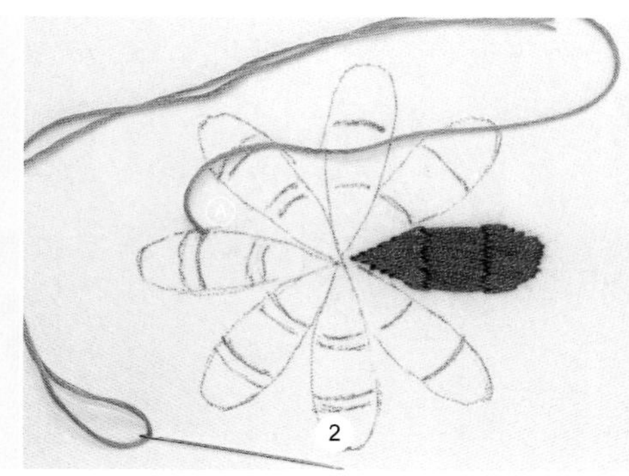

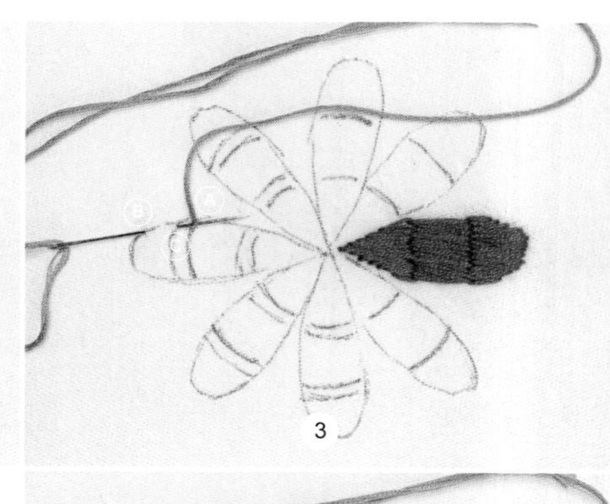

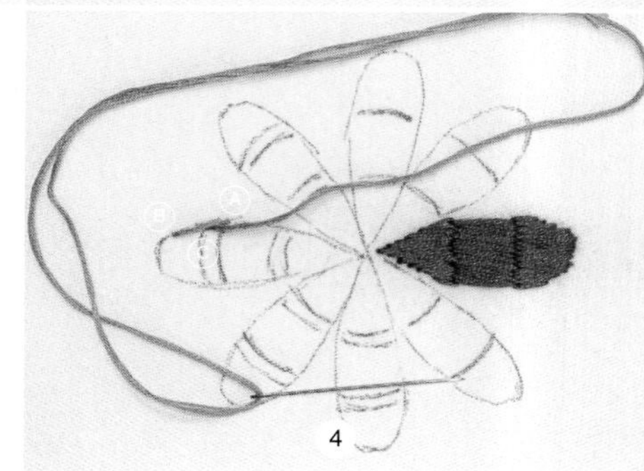

1 将图案转印到面料上（详见图案转印，第18～23页）。为缝制长短针线迹，花瓣的每个部分都用双线分割开：在接下来图片中，黑线用来标记短针的边界，蓝线用来标记长针的边界。

2 在距离缝线末端7.5cm的位置打一个活结或小线结。将针和线从面料的反面穿到面料正面蓝线上的A点处。

3 在B点将针穿入面料，缝一个长针线迹。从黑色边界线的另一端将缝线从C点穿出，开始缝制短针。

4 拉动缝线穿过面料，完成第一个长针线迹，并准备开始缝制第一个短针线迹。

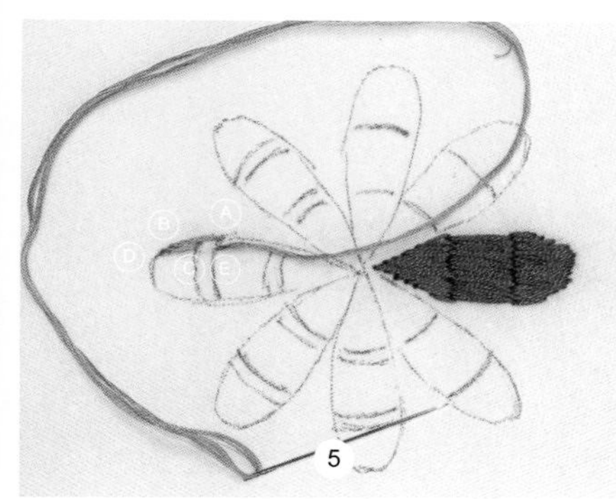

5

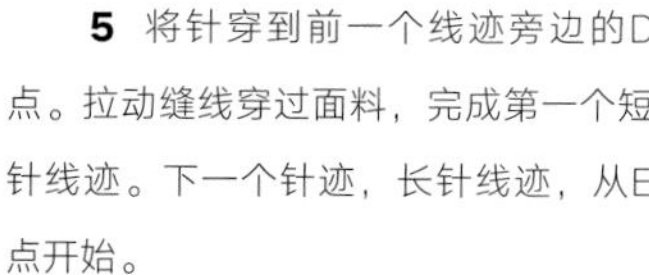

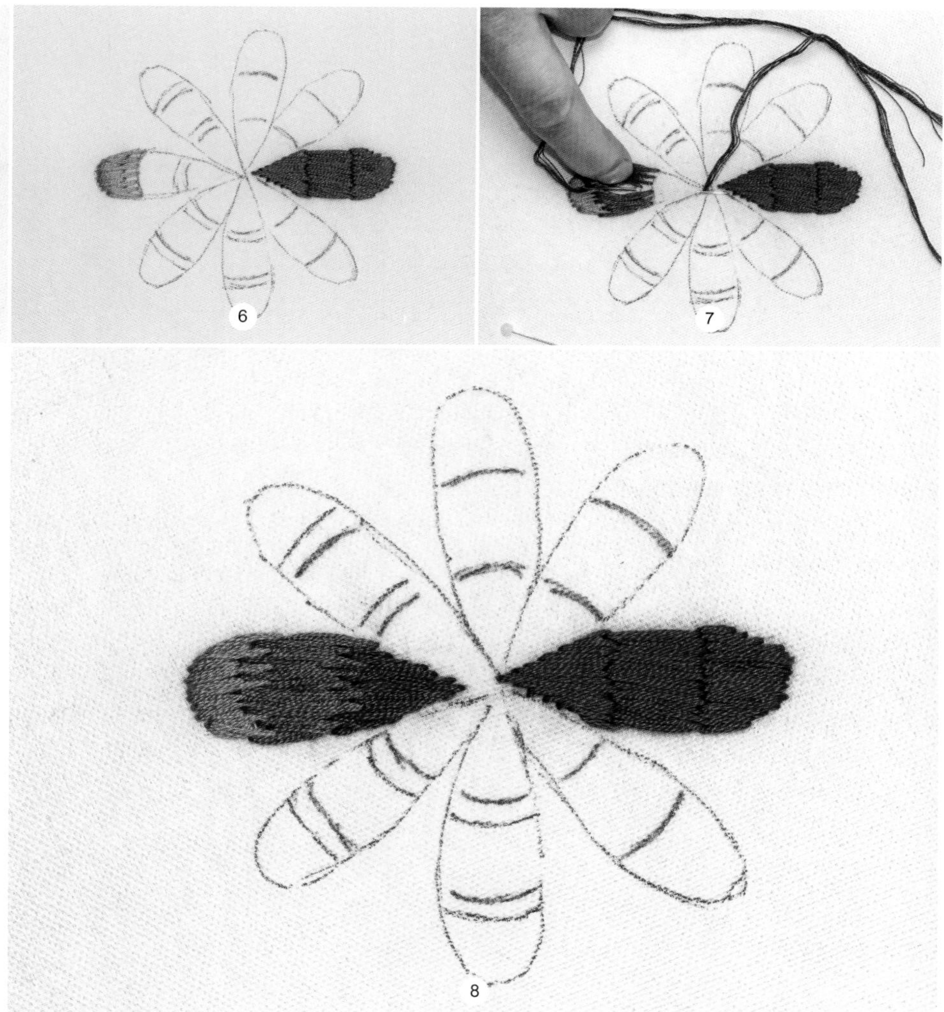

6

7

8

5 将针穿到前一个线迹旁边的D点。拉动缝线穿过面料，完成第一个短针线迹。下一个针迹，长针线迹，从E点开始。

6 重复步骤3～5，直到第一个部分填充完整。

7 添加下一层缝迹时，可以参照长短针图案，如果把针穿过边界线，把新线和旧线交织在一起，不同缝线的边界就会淡化。

8 图中左边花瓣用长短针填充；右边花瓣用缎纹线迹缝制的三部分。选择最适合自己设计的线迹形式。

中式结/北京结/死结/盲结

把线绕在针上，再将针插回面料中，形成打结线迹。打结线迹无论分开或聚集在一起，都会给设计增加纹理和立体感。中式结是最小的打结线迹，它仅用一个线圈缠绕缝针。

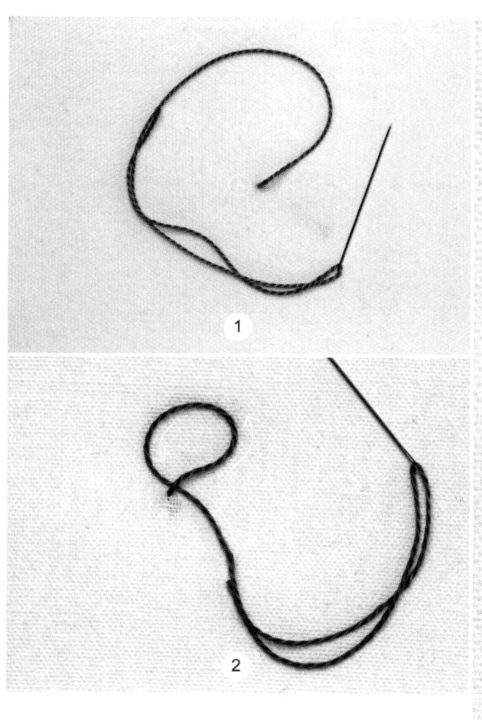

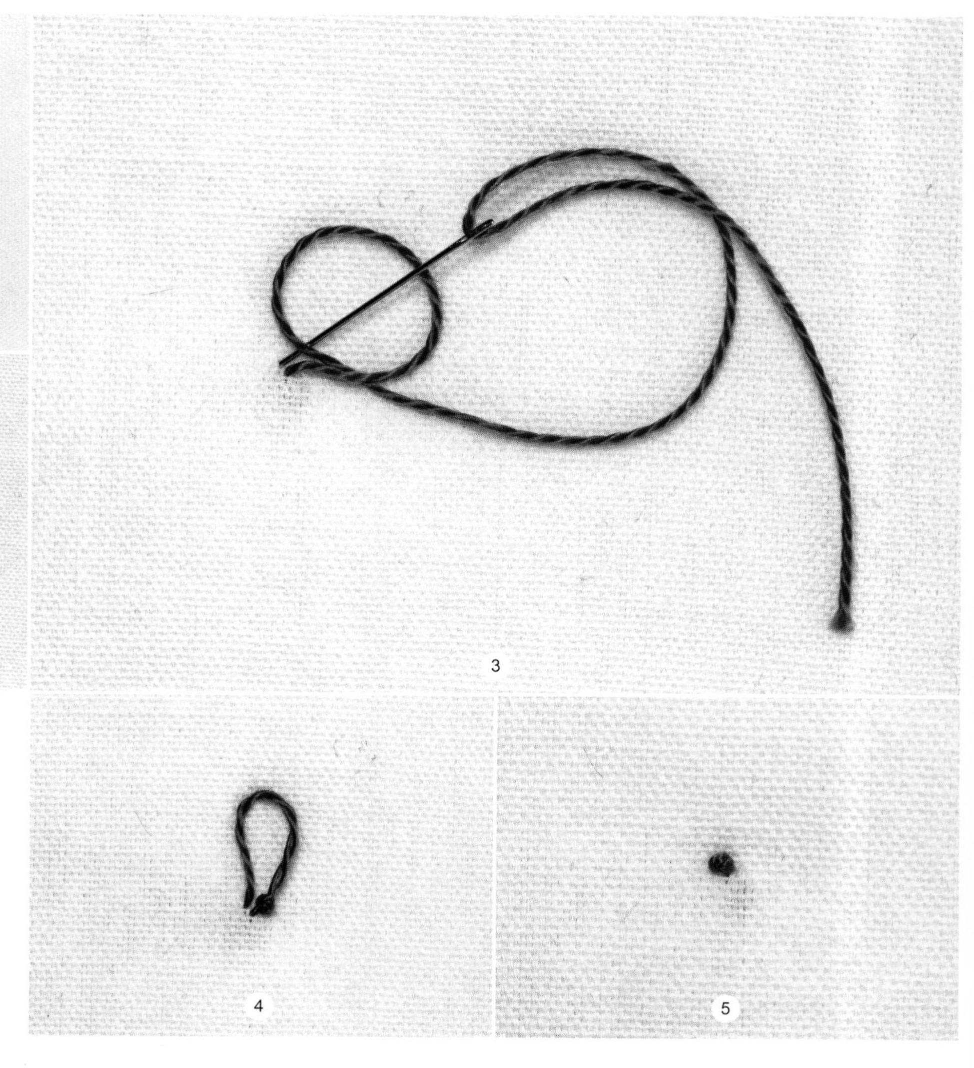

1 在距离缝线末端7.5cm的位置打一个小结。将针和线从面料反面穿到面料正面A点。

2 从A点绕一个小线圈。在A点将针放到前一条已有缝线下面。

3 从线圈的顶部开始操作，缝针从右边缝线上面穿进，从左边缝线下面穿出，并将缝针穿到面料A点旁边。

4 轻轻地拉动缝线。在A点处形成一个结。继续在面料反面拉动多余的缝线。

5 完成的中式结。

法式结/打结线迹/扭形打结线迹/法式点线结

法式结可大可小，取决于缝线缠绕缝针的次数。

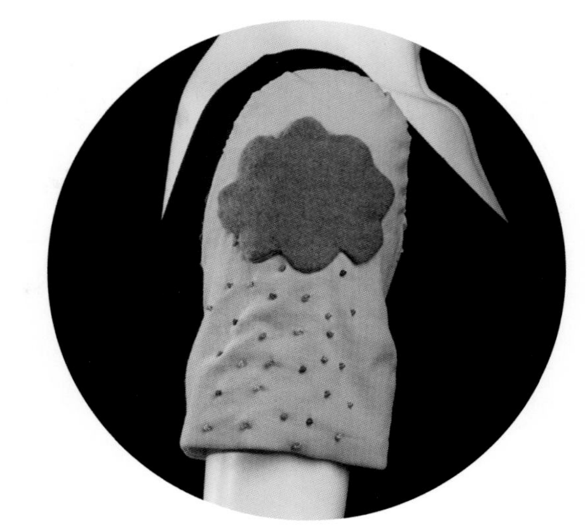

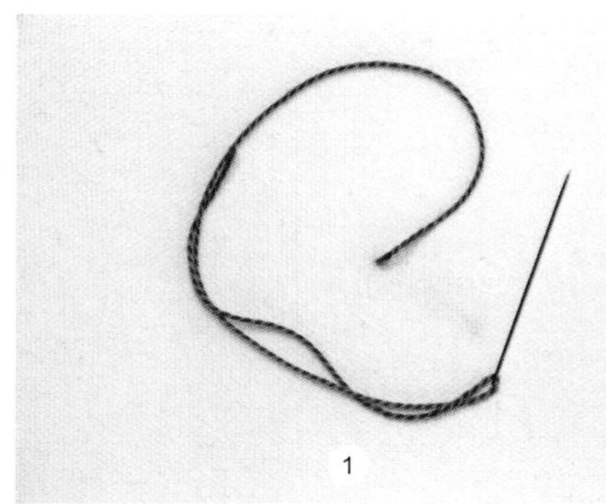

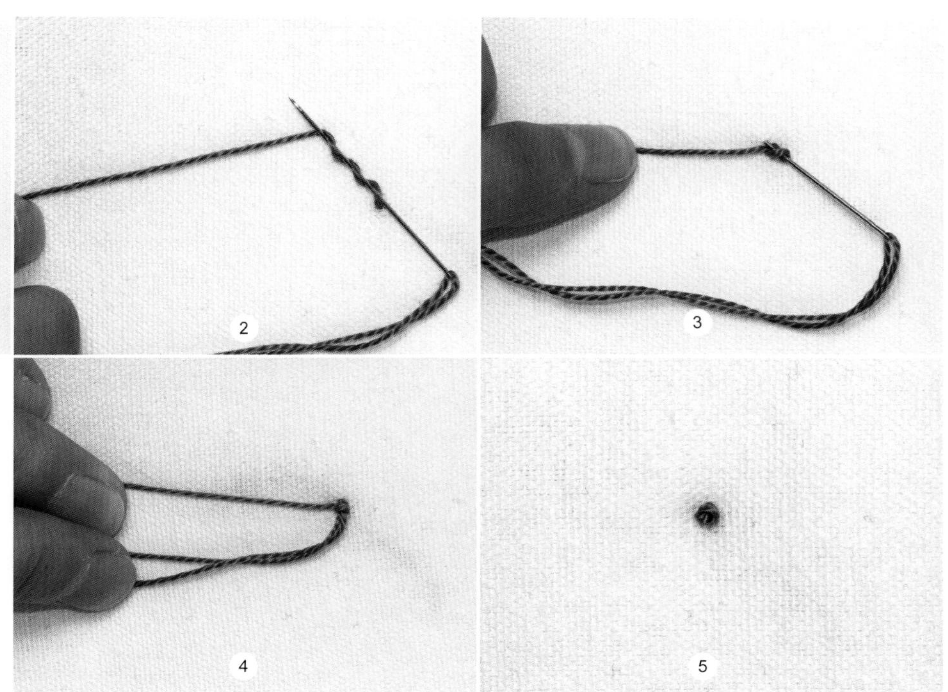

1 在距离缝线末端7.5cm的位置打一个小线结。将针和线从面料反面穿到到面料正面A点。

2 针尖放在A点旁边，将缝线绕着针尖缠几次，保持缝线缠绕到针尖的张力相同。可以顺时针或逆时针绕线，只要缠绕方向在整个设计中是一致的。

3 保持缝线张力，将针穿到面料靠近A点的位置并且把线穿到针上。缠绕线不要失去秩序或重叠，否则会影响法式结的制作。

4 保持缝线的张力，将针穿过面料并继续拉动，直到缠绕线紧紧贴在面料上，形成一个结。

5 完成的法式结。

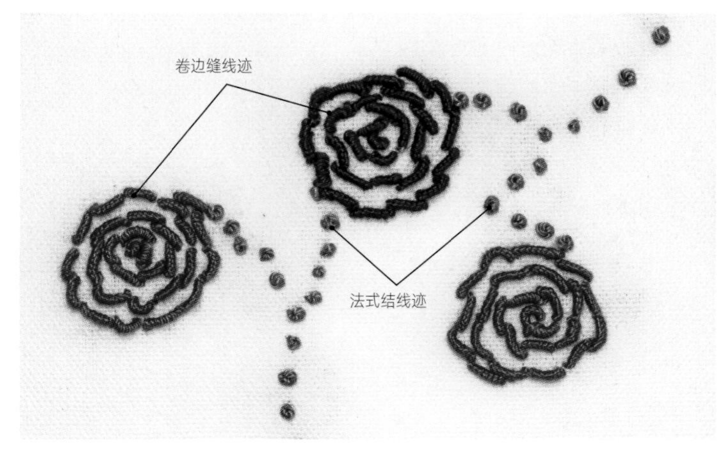

卷线缝线迹/线圈线迹/幼虫线迹/蠕虫线迹/波多黎各玫瑰线迹

卷线缝线迹的特点是螺纹状缝线围绕基础缝线缠绕。这种线圈线迹可以增加缝线的突起和纹理效果。卷线缝通常用金属线缝在基督教主服饰面料上或者与羊毛纱线一起缝制，制作奢华的玫瑰花型。

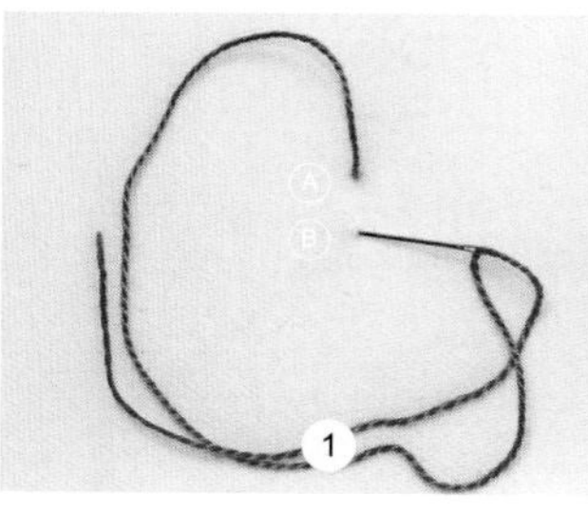

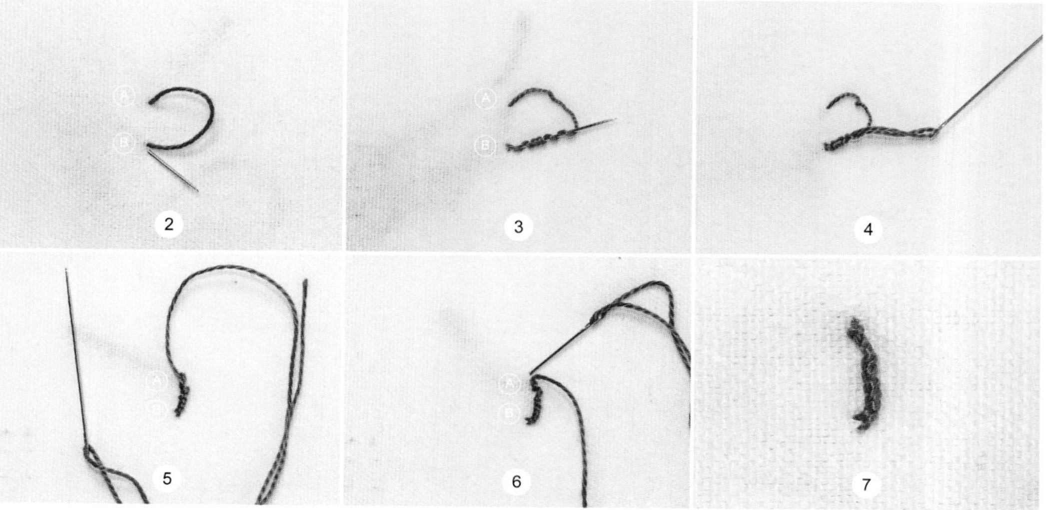

1 在距离缝线末端7.5cm的位置打小线结。将针和线从面料的反面穿到面料正面A点处。将针在B点（距离A点1个针距）穿进面料。

2 在A点和B点之间保留一个小线圈，将针尖再穿回到面料正面B点旁。

3 将线圈在针尖上缠绕足够多次数，直到能填充满A点和B点间的线迹空间。在这里，缝线缠绕了7次。

4 拉动针和缝线穿过缠绕缝线，将缠绕部分固定到面料表面。缠绕线不要失去秩序或重叠，否则会影响卷线结的制作。

5 缠绕部分会填充A点和B点之间的空隙。如果缝线需要使面料丰满或立在面料上，增加额外的缠绕缝线来填充空隙。

6 将针在A点旁穿进面料，将所有多余的缝线都拉到面料反面。

7 完成的卷线缝线迹。

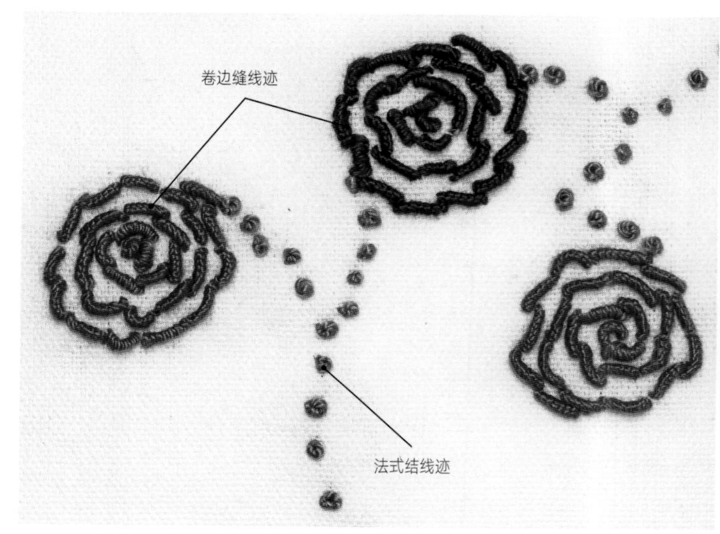

水烟/镜面刺绣工艺

水烟/镜面工艺，是指在面料上缝小镜片的装饰，最初是在印度北部起源的技术。1960年代，嬉皮士流行，这种小镜片可以增加服装的闪耀感。它们由云母、玻璃或塑料制成，可以有各种不同的形状和大小。水烟的基本工艺包括三轮缝合，然后再使用装饰工艺，包括扭形锁眼线迹（详见第317页）。

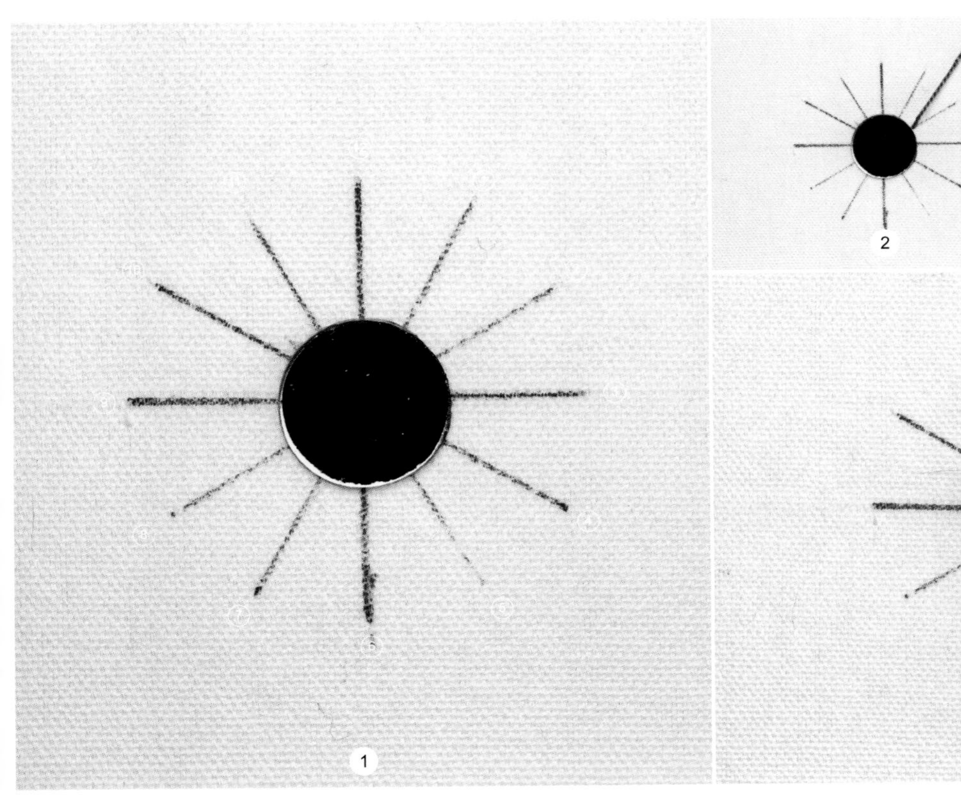

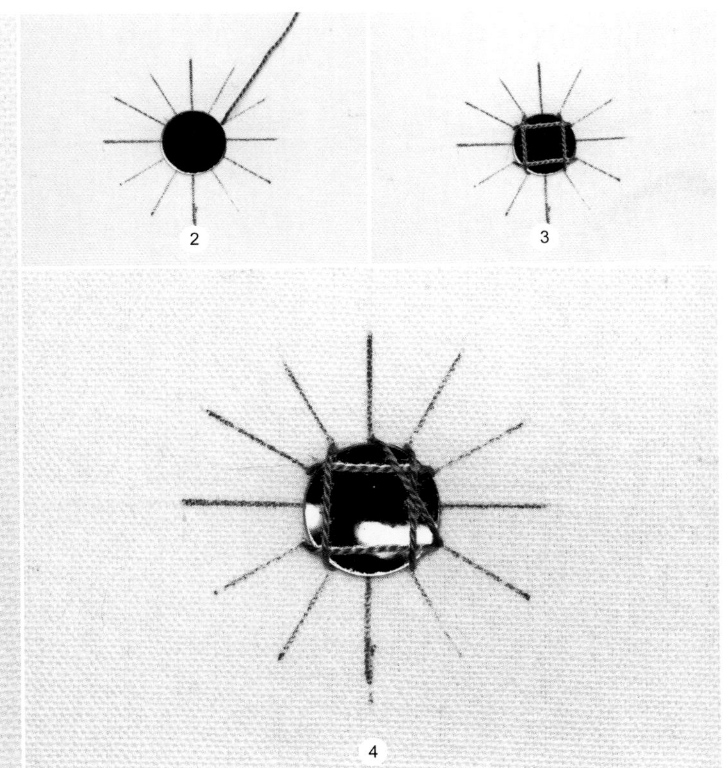

1 用金刚砂板或砂纸打磨镜片的边缘，避免锋利的边缘割断缝线。缝制服装时，用胶水将镜片固定，可以使用手工胶水或E6000TM胶水。完成时，缝线会将镜片固定在指定的位置。绕着镜片画表盘指示线来引导缝制。

2 在距离缝线末端7.5cm的位置打线结。将针和线从面料的反面穿到面料正面，在两点钟的位置穿出。

3 从十点钟位置穿进。从八点钟位置穿出，从四点钟位置穿进；从五点钟位置穿出，从一点钟位置穿进；从十一点位置穿出，从七点钟位置穿进。这样就在镜片表面形成了一个正方形，完成第一轮定位线迹。

4 定位线迹绕两圈形成另一个镜面上的正方形，但是正方形的直角在不同位置点。从十二点位置穿进，从四点位置穿出。

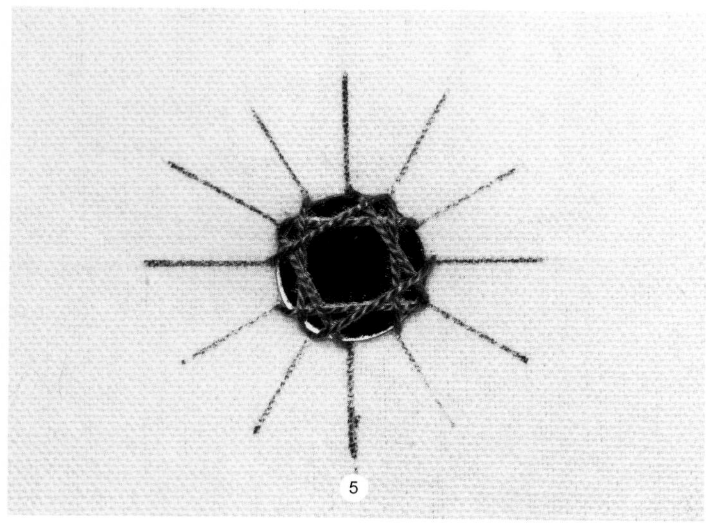

5

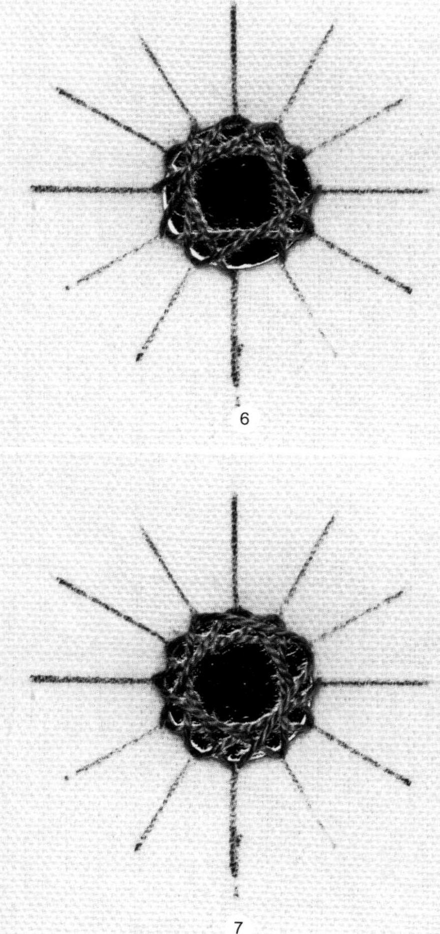

6

7

5 从六点位置穿进，从十点钟位置穿出；从九点钟位置穿进，从一点钟位置穿出；从三点钟位置穿进，从七点钟位置穿出。这就完成了第二圈缝线，形成第二个正方形。

6 定位缝线绕两圈，从而在第三个位置点形成另一个正方形。从八点钟位置穿进，从十二点位置穿出；从九点钟位置穿进，从五点钟位置穿出；从六点钟位置穿进，从两点钟位置穿出。从三点钟位置穿进，将缝线织在另一根缝线之下，然后从十一点位置穿出。第三圈缝线完成第三个正方形。

7 表盘上每个时刻标记位置应该有两条缝线形成一个正方形的角。镜片被三个正方形紧紧地固定在面料上。可以到这里停止或继续使用装饰线迹，如扭形锁眼线迹（详见对面图）。

使用锁眼线迹的镜片工艺

镜片固定到面料上后，可以将装饰锁眼线迹缝在定位线迹之上。根据前面介绍的饰边缝线迹，锁眼线迹有许多步骤，在这里只展示其装饰在直排上的步骤。

扭形锁眼线迹

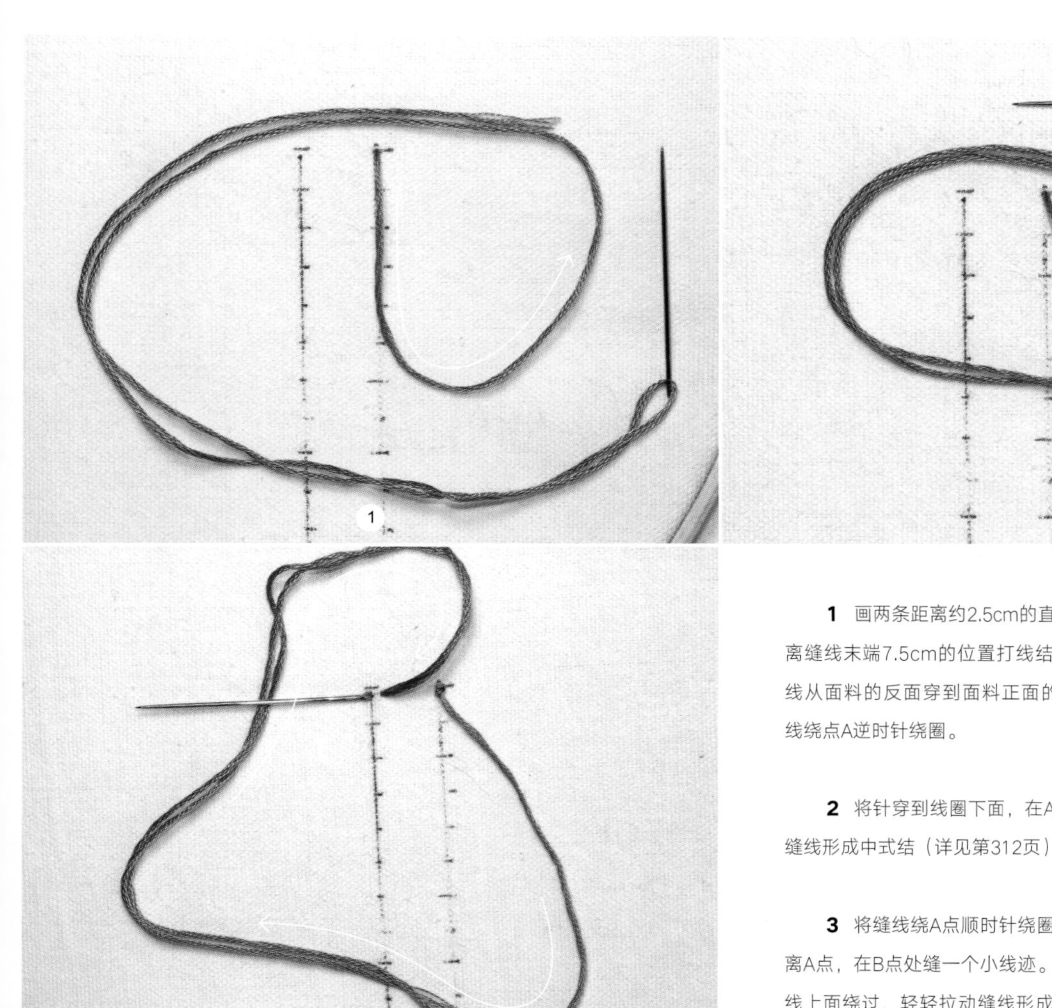

1 画两条距离约2.5cm的直线。在距离缝线末端7.5cm的位置打线结。将针和线从面料的反面穿到面料正面的A点，缝线绕点A逆时针绕圈。

2 将针穿到线圈下面，在A点处拉动缝线形成中式结（详见第312页）。

3 将缝线绕A点顺时针绕圈，针尖远离A点，在B点处缝一个小线迹。将针从缝线上面绕过，轻轻拉动缝线形成饰边缝线迹（详见第306页）。

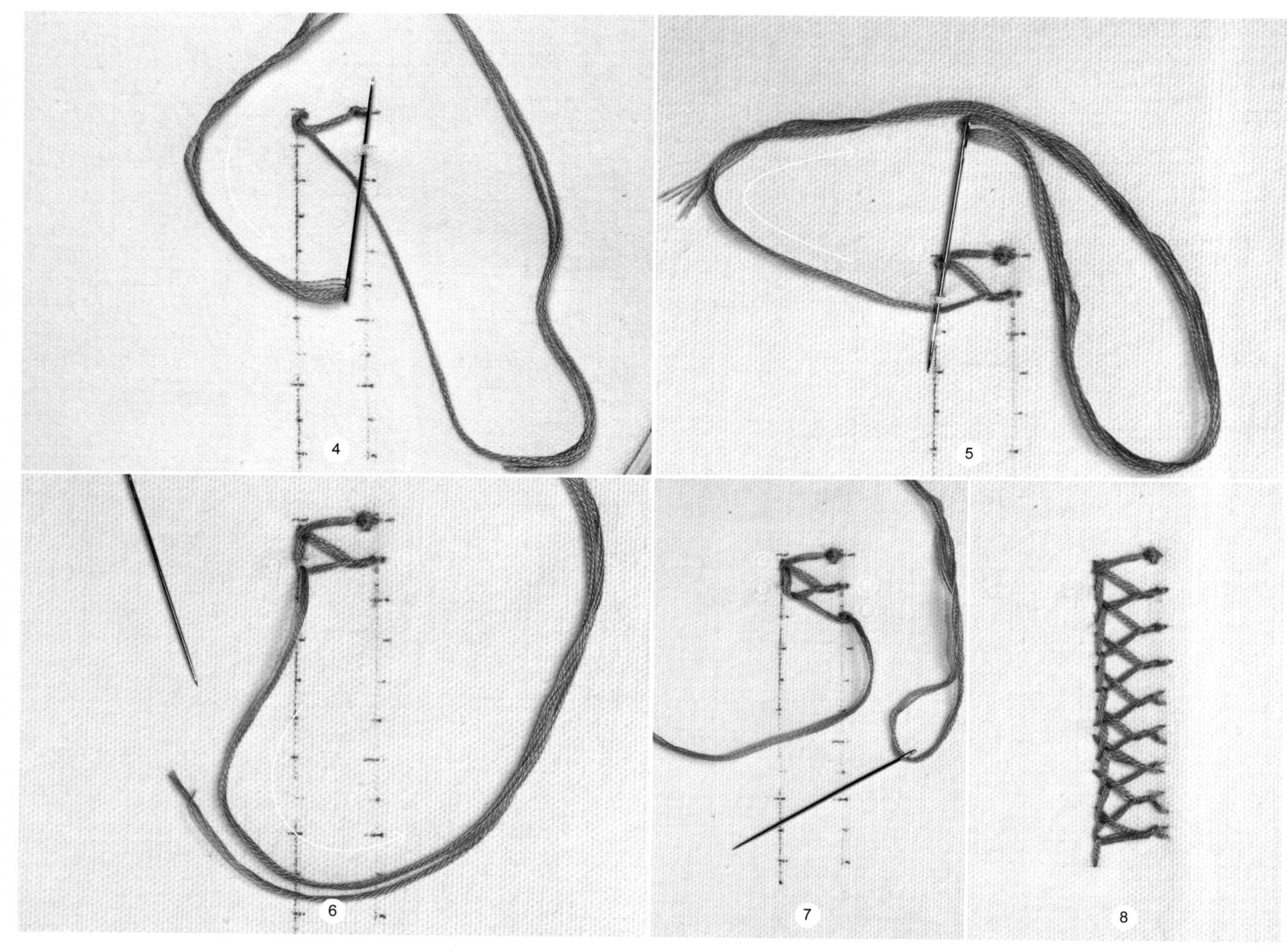

4 逆时针将缝线绕一个圈，在C点处缝一个小线迹，将针从缝线上面绕过，这样在C点形成一个扭形线迹，而不是一个线结。

5 顺时针将缝线绕一个圈，在B点将针从线结下面穿过，然后在D点缝一个小线迹，最后将针穿到C点缝线的下面。在B、C、D点处形成一个有扭形顶点的三角形。

6 逆时针将缝线绕一个圈。

7 在E点缝一个小缝迹，将针穿到缝线下面，如步骤4中所述。重复步骤4～6，直到形成一排有扭形顶点的三角形。

8 完成的线迹。

水烟镜片周围的扭形锁眼线迹

学习了这种线迹的缝制方法后，可以将其缝在镜片周围的定位缝线上形成圆形。

1 将这种变化的锁眼线迹缝到水烟镜片之上，首先制作出基础镜片边缘（详见第315、316页）。使用相同的缝线，或新的缝线，将针和线从十二点方向穿出。

2 在镜片十二点位置，将针穿到所有缝线之上，然后再穿到缝线之下，留下一个线圈。

3 将针穿过线圈，打一个中式结。

4 将缝线拉离镜片。

5 逆时针将缝线绕一个圈。针尖背朝镜片，形成一个远离镜片边缘的5mm缝迹，将针穿过缝线。

6 轻轻拉动缝线，形成一个饰边缝线迹（详见步骤3，第317页）。

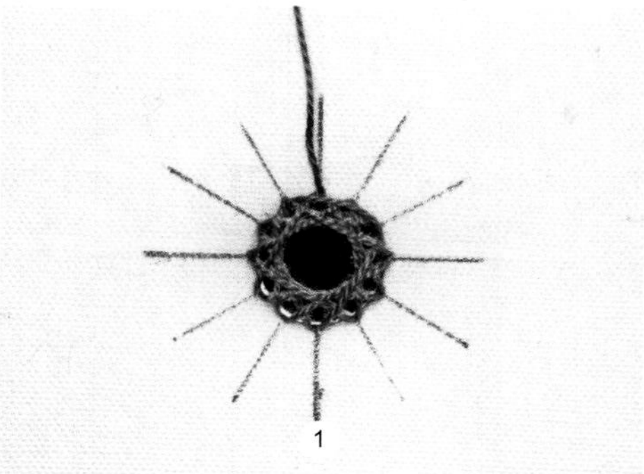

1

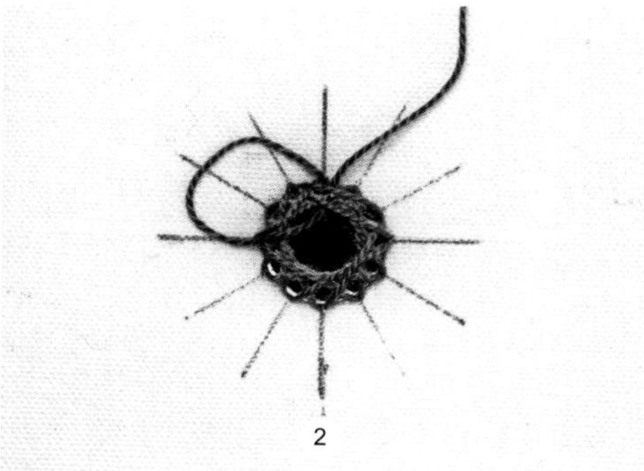

2

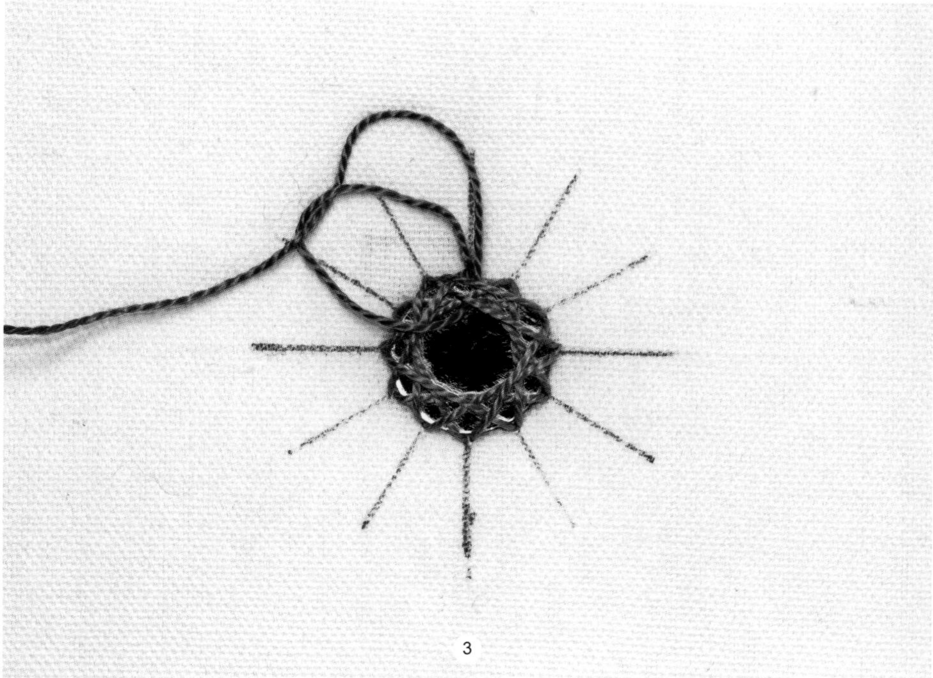

3

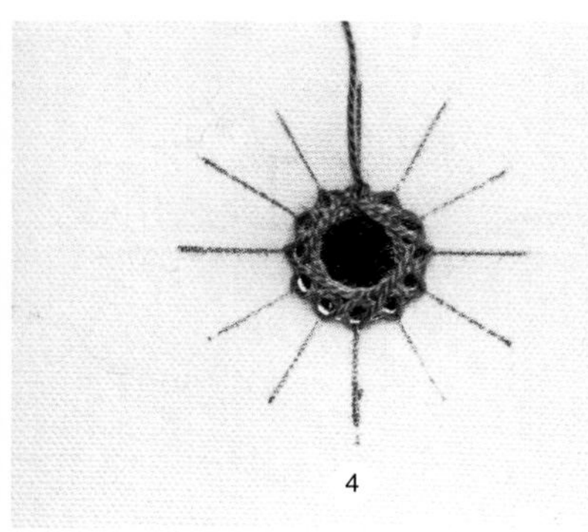

4

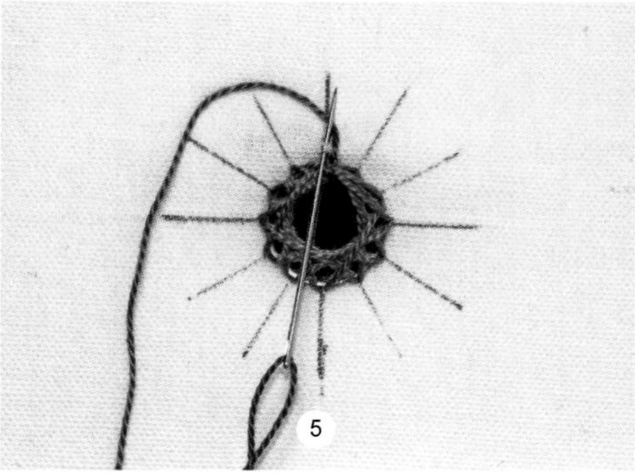

5

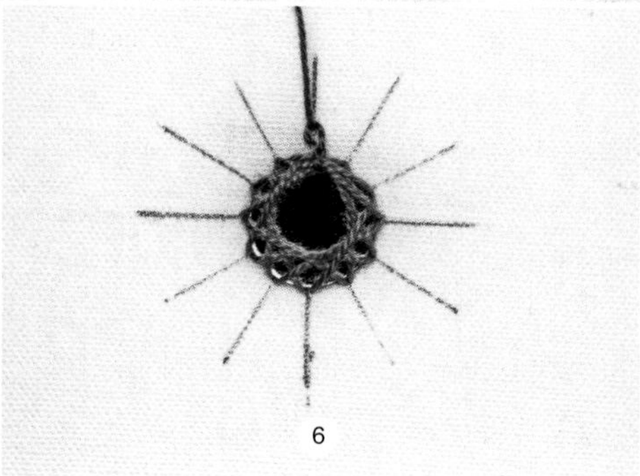

6

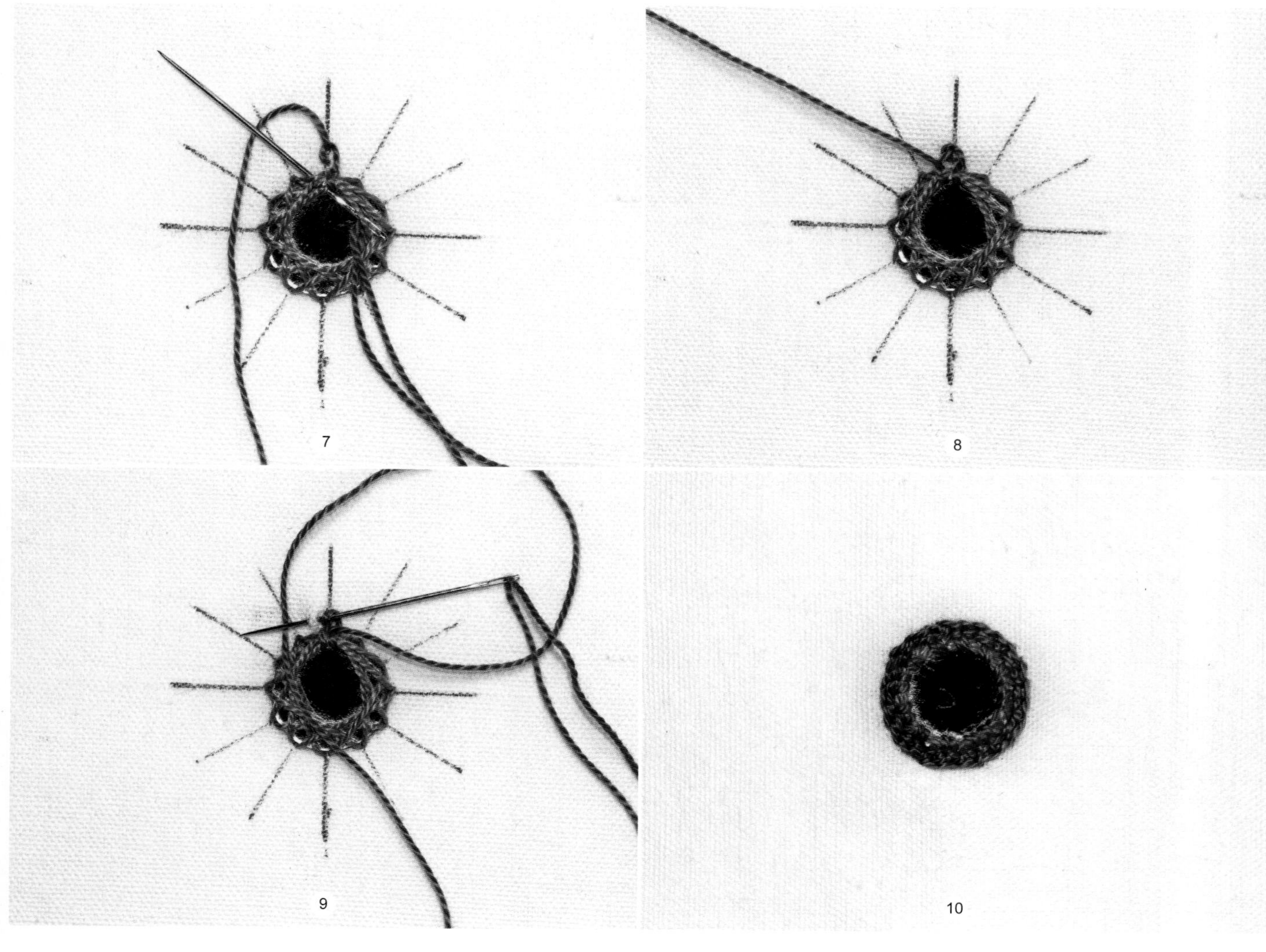

7 8 9 10

7 逆时针方向将缝线绕一个圈，然后将针穿到镜片的所有缝线之下，之前的线迹旁边，然后覆盖在圆形缝线之上。

8 拉动缝线，形成扭曲线迹（详见步骤4，第318页）。

9 顺时针将缝线绕一个圈。将针在十二点位置穿过线结，在面料上缝几针，最后将针从上方穿过从镜片延伸出来的缝线。当缝线被拉紧时，形成一个基础三角形（详见步骤5，第318页）。重复步骤5～9，直到镜片被正方形缝迹围绕。

10完成的水烟镜片。

挑绣针迹

挑绣通常用来在一块刺绣的表面固定精美的金属丝缝线，这种工艺避免将缝线穿过面料，缝线穿过面料可能会导致缝线散开。对于粗缝线，纱线细绳以及饰边等很难重复穿过底布的缝线也可以使用挑绣。

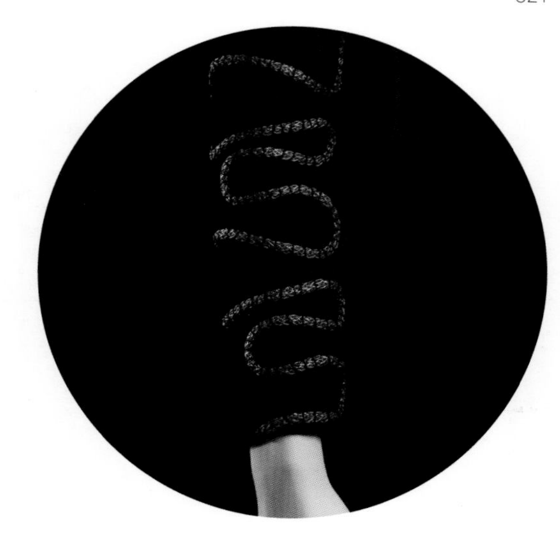

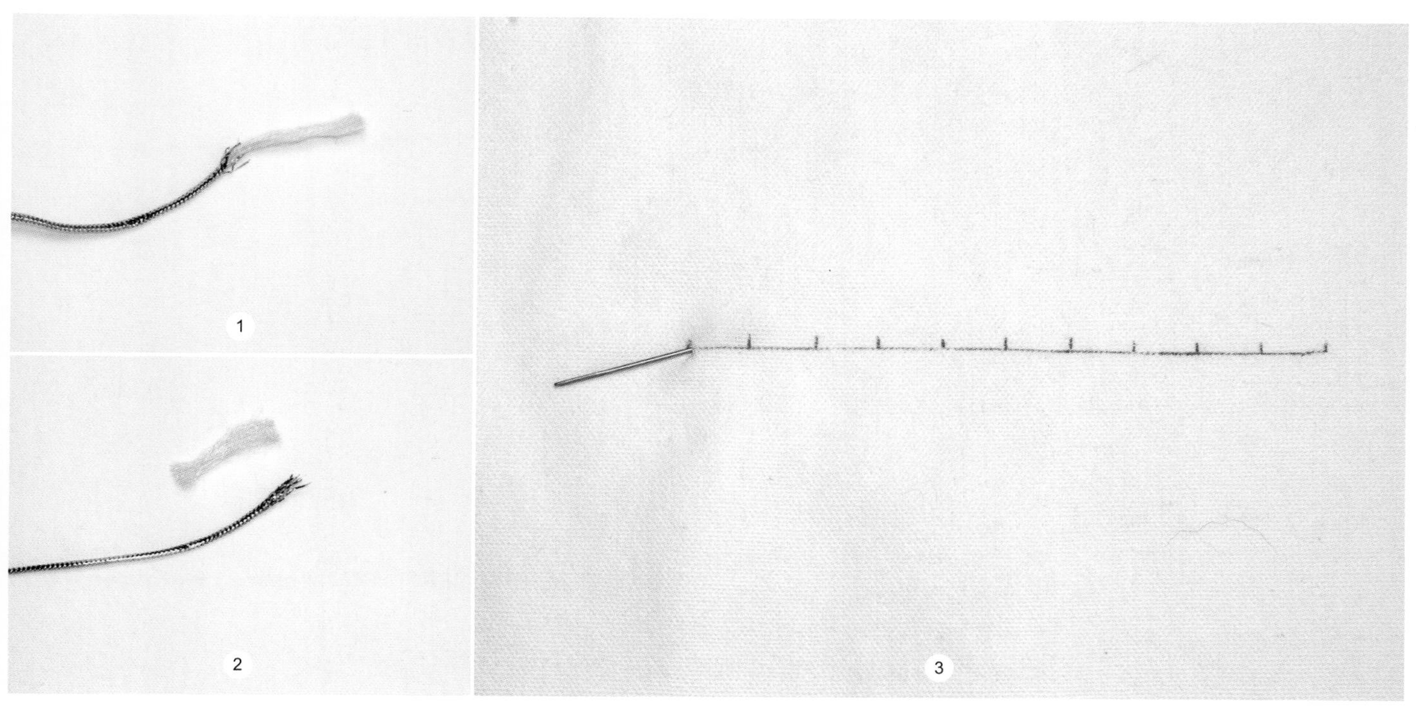

在这里，用一条金色的涤纶包芯细绳在底布上挑绣。挑绣前，细绳的末端从底布上的小孔穿过，并固定在面料反面。为了尽可能避免细绳凸起，在穿过面料前，将包芯从细绳的中心移除。

1 将细绳的外层向后推，使其微微堆积以露出包芯。

2 将包芯剪去，并将细绳外层抚平。

3 在底布正面，穿一个小孔使细绳的末端能够穿到面料反面。用一个钝头粗织针，将针尖戳进面料上缝迹线开始点的纤维之间。将针上下来回穿动形成一个小孔眼，但不破坏任何纤维；也可以用锥子戳一个更大的洞，但千万小心不要破坏纤维。使用锥子的目的仅仅是将纤维推到一边。

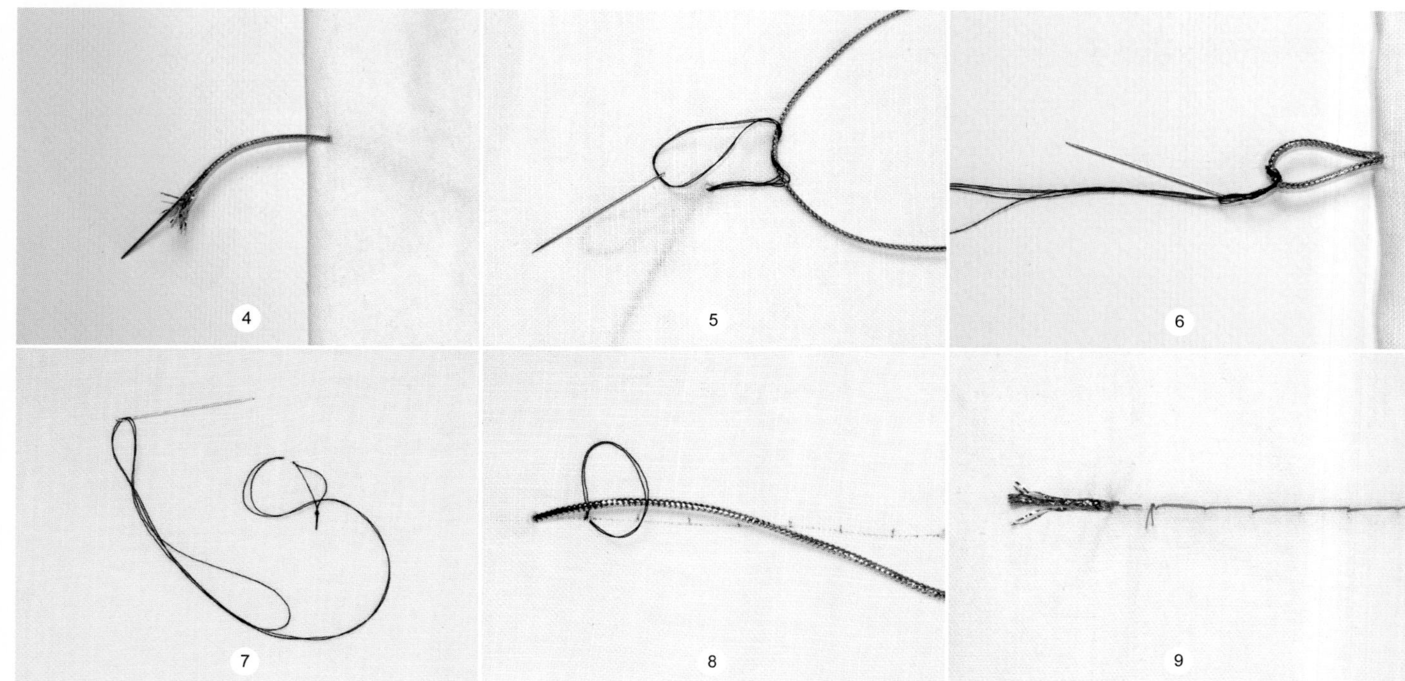

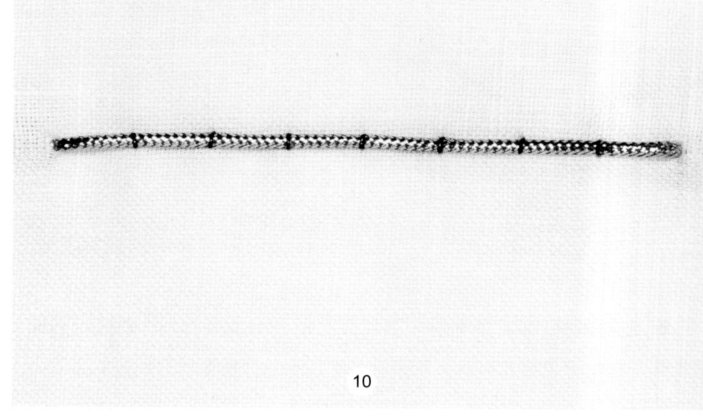

10

4 将细绳穿进织针，并将细绳的起始端穿到面料反面。轻轻按压面料纤维，尽量合拢细绳周围的洞眼。将织针留在细绳上，防止细绳的一端拉到正面。

5 如果细绳不能穿过织针，可以使用套索方法，将针和线穿到洞眼的正面。缝线绕细绳缠绕两圈，然后将针穿回到洞眼。

6 从面料反面抓住缝针和线头并轻轻的拉动，直到细绳线头穿过面料。从细绳上解开缝线。

7 在面料反面距离缝线（撞色或配色）末端7.5cm的位置打一个小线结，或者使用双线结，在面料反面缝几个小针迹。

将针和线穿入线结附近的两缝线间，拉紧缝线形成二次结。

8 将针和线穿到面料正面，缝线绕在细绳上形成一个圈，然后将针和线穿回到面料反面开始缝纫的地方。轻轻将针和线向下拉，同时带动细绳贴近面料表面。重复操作，直到距离细绳1个针距的位置停止。做一个小洞眼，并将细绳末端拉到面料反面，如步骤3～6。

9 将细绳的末端用挑针线迹缝到面料上。

10 金色细绳用撞色缝线挑绣到面料表面。

螺旋挑针缝

1 为了进行螺旋挑针缝，在底布上先画出表盘。用织针和锥子在表盘中心戳孔，穿入细绳的末端（详见步骤3，第321页）。

2 这里用双倍细绳的长度来增来加饰边的立体突出感，所以饰边的两个末端都要通过孔眼穿到底布反面。

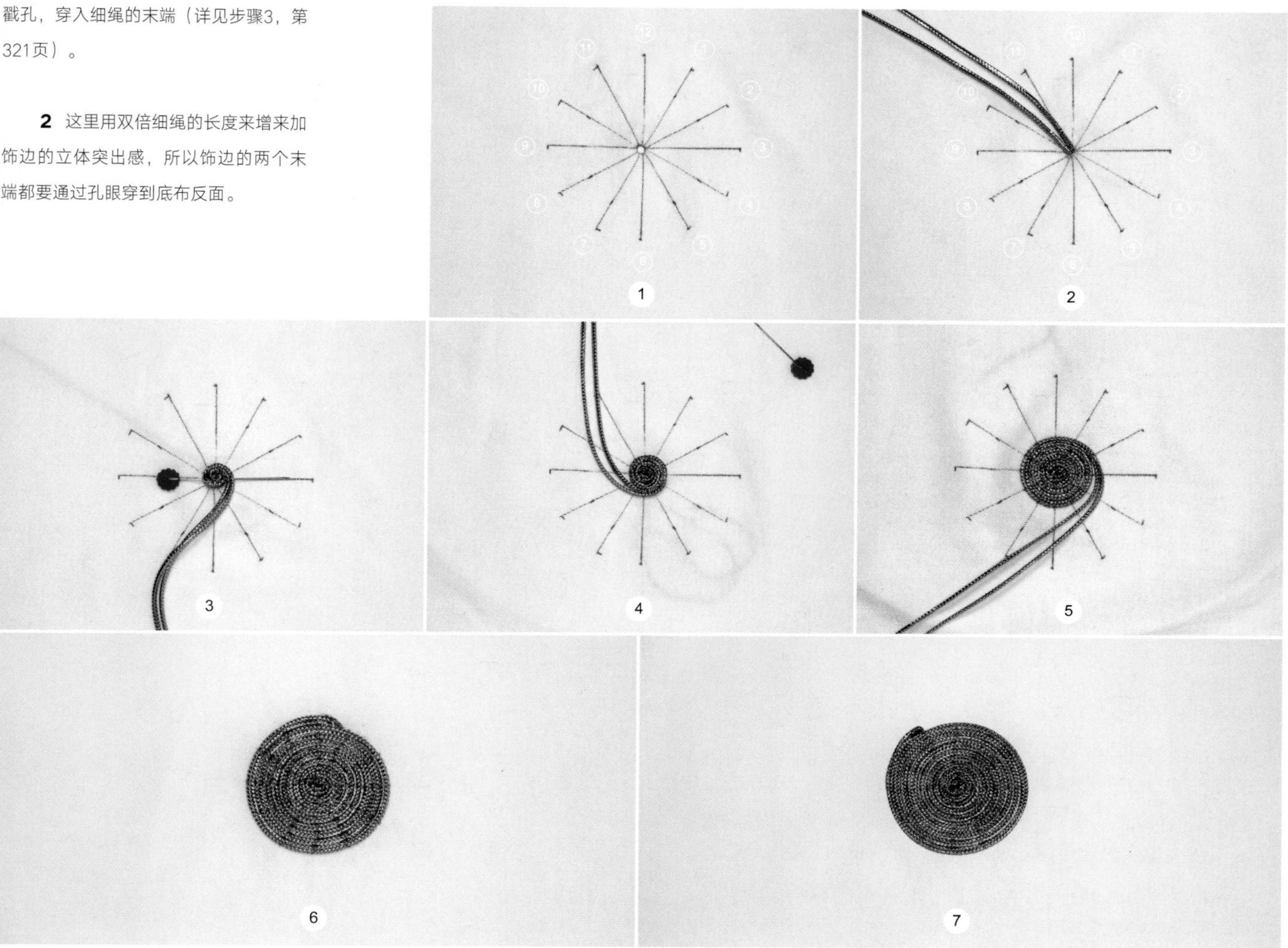

3 将双线绳顺时针绕成螺旋形，将珠针固定到细绳的边缘以保持操作时螺旋紧能密排布。

4 开始的几圈，在十二点、三点、六点和九点钟的位置用缝线将细绳挑针缝到面料上。如果在每一个标记的位置都挑针缝，挑针缝线会掩盖住细绳。

5 随着螺旋逐渐变大，在每一个小时标记点处增加挑针缝。

6 继续缠绕细绳，并进行挑针缝，直到螺旋完成。把缝线的末端塞到前面几排缝迹的下面，或者把它们穿回到面料反面。将细绳的末端固定（详见步骤9，对面）。

7 相同的细绳用配色缝线挑针缝。

缎带刺绣可以快速制作出一大串色彩鲜艳、形状奇异的浪花团。这种工艺常用在内衣上，主要利用它能制作三维立体图案及新颖设计的特点，为服装增添独特的效果。

刺绣者使用的很多基础针迹也可以很好地应用到缎带刺绣中。除此之外，这个工艺有一些专门的针法，或者是以特殊的方式进行制作：缎纹线迹，长短针缎纹线迹，雏菊绣线迹，珊瑚线迹，花苞线迹，以及蛛网玫瑰线迹等。

3.14 缎带刺绣

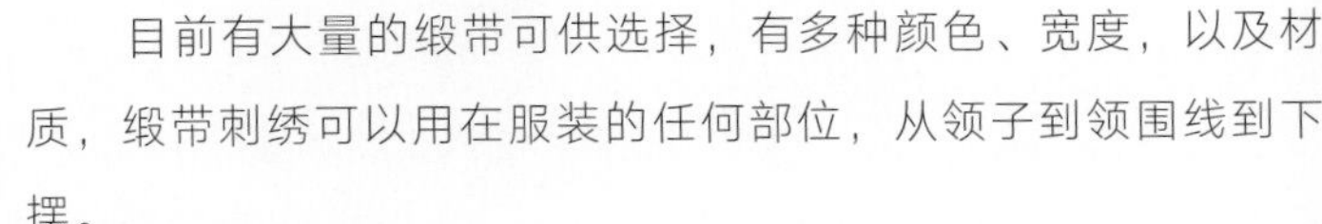

目前有大量的缎带可供选择，有多种颜色、宽度，以及材质，缎带刺绣可以用在服装的任何部位，从领子到领围线到下摆。

缎带

传统上，缎带刺绣是用柔软、精致的丝带制作，因为它们很容易折叠、成圈，而且可以用针刺穿。绳绒线针和刺绣针常用来制作缎带刺绣，它们的针眼比较大，可以穿过缎带。

为了测试缎带是否适用于缎带刺绣，可以将缎带穿过缝针，再穿回来，然后将针和缎带一起再穿过缎带。如果很难将缎带穿过针眼，或者针在缎带上形成较大的孔眼，那么这个缎带不适合用于缎带刺绣。

缎带的宽度常用毫米表示。用于缎带刺绣的标准缎带宽度为2mm，3mm，4mm，7mm和13mm。

丝绸缎带通常是缠绕在小卡片、线轴或散装的形式按米计算。如果熨烫一条缎带，可以把它卷到一个纸管上，用干净的白棉布覆盖以使缎带保持平整。

用于刺绣的缎带性能在使用过程中会下降，所以将它们剪成30～45cm的长度来保持缎带的最佳状态。

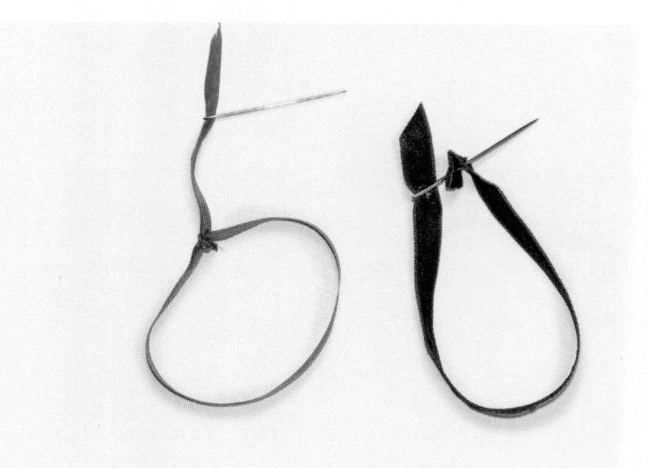

测试缎带是否适用于缎带刺绣：左边的粉色丝绸缎带很容易被针刺穿，而右边的紫色涤纶缎带需要用力才能刺穿，且会在缎带上留下一个大针眼，所以紫色涤纶缎带不适合缎带刺绣

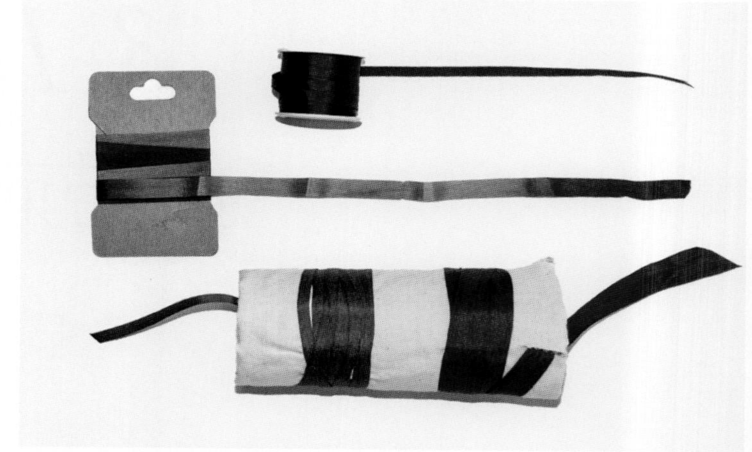

将缎带绕在线轴、卡纸或白棉布覆盖的纸管上

2mm
3mm
4mm
7mm
13mm

用于缎纹刺绣的标准缎带宽度

保持张力松弛

操作时保持缎带为张力松弛状态；如果张力过紧，缎带会被拉伸，看起来会像普通的缝线。用大拇指或钝的织针辅助保持缎带的平整和饱满。

缎带打结

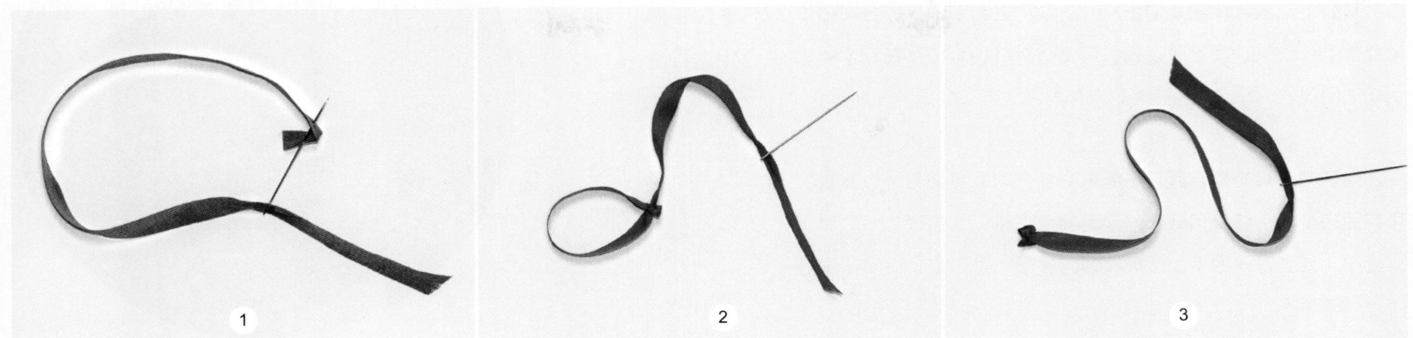

1 用针穿过缎带的一端，在缎带的另一端将毛边向下折叠，将针穿过两层缎带的中心。

2 轻轻地拉动整条缎带穿过这两层缎带。

3 完成的缎带结。

缎带固定在针上

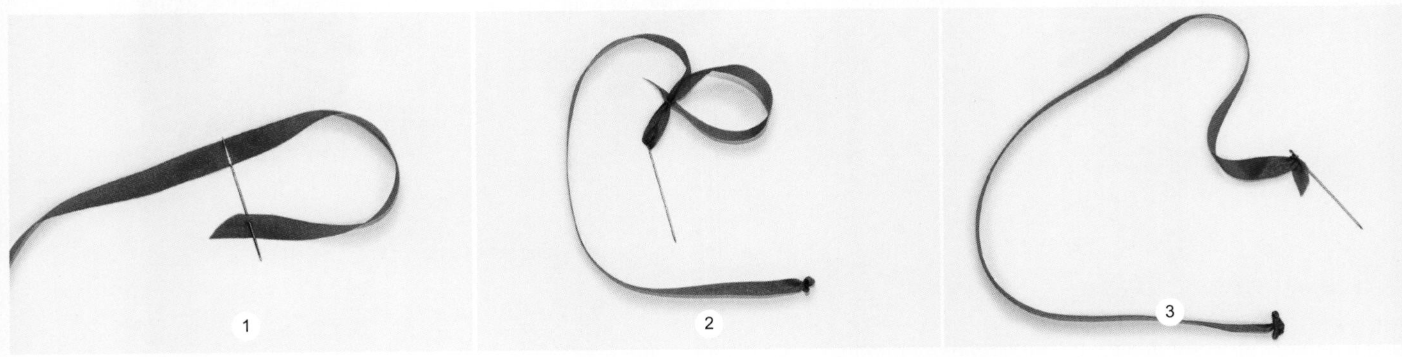

1 有些刺绣者喜欢将针固定在缎带头上，操作过程与缎带打结相同。将缎带穿过缝针并拉出5~7.5cm，用针尖将靠近末端的缎带撕开。

2 将针穿过缎带，在针眼部分就形成一个小结。

3 有缎带结的缝针，固定在合适位置。

长短缎带线迹

这种线迹与长短针线迹相同（详见第310、311页），只是使用了两种颜色的丝绸缎带，将缎带抚平然后扭曲成不同形状。在这里，用这种线迹来创作花朵图案。

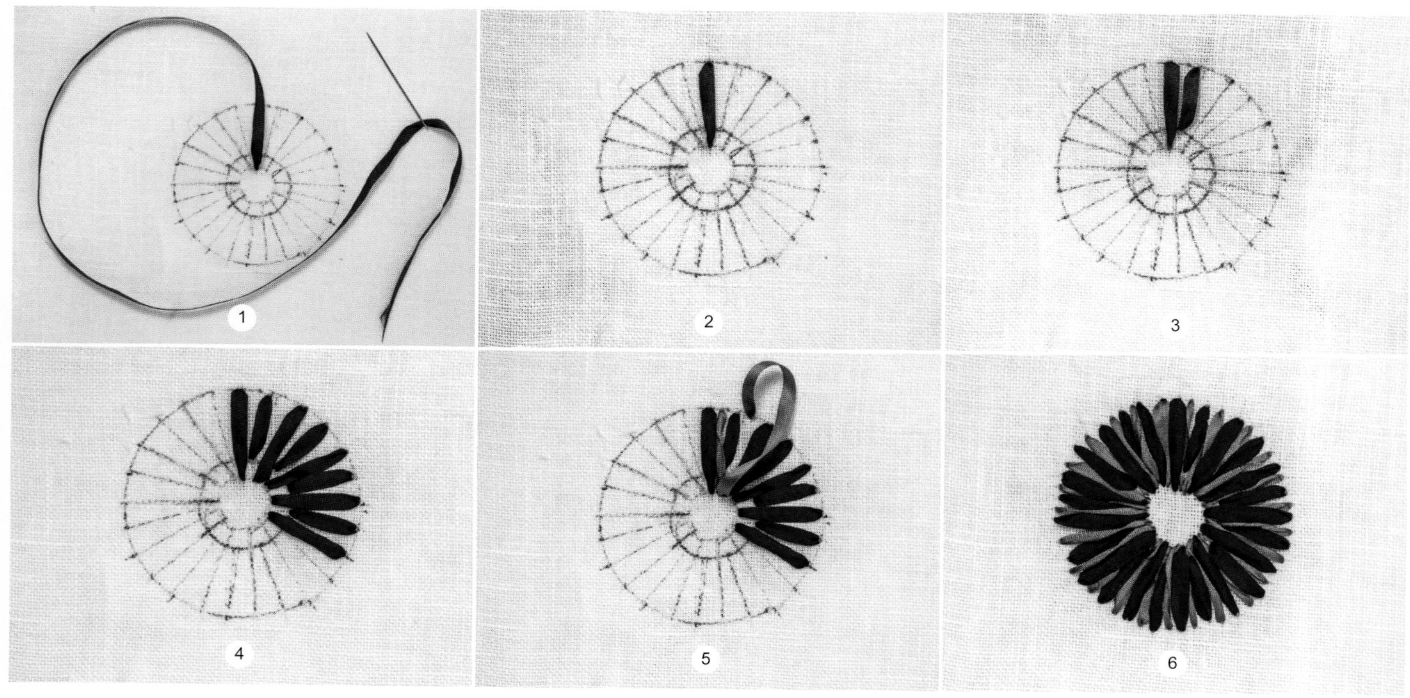

1 将设计转印到面料上（详见图案转印，第18～23页）。在缎带的末端打一个小结（详见第327页），在起始点将针和缎带从面料反面穿到面料正面。

2 沿着缝纫标记线将缎带抚平。将针穿进面料，轻轻将缎带拉到面料反面，确保缎带始终保持平整且没有扭曲。用钝头织针辅助抚平缎带或者调松缎带。

3 用相同的方法制作短针线迹，确保缎带在面料的正面和反面都保持平整。

4 重复步骤2～3。

5 给花朵图案增加层次感。将第二根缎带拉到正面，并将缎带扭转几次，然后再一次将针和缎带穿过面料。缎带在面料反面保持平整。

6 完成的缎带花朵。

缎带线迹

这种线迹常用在外边缘，通过小弧形来创造花瓣造型。如果用有弹力的透明硬纱带，可以增加更多层次感，就像这里展示的；如果用柔软的丝绸缎带，弧形会在顶部略窄。

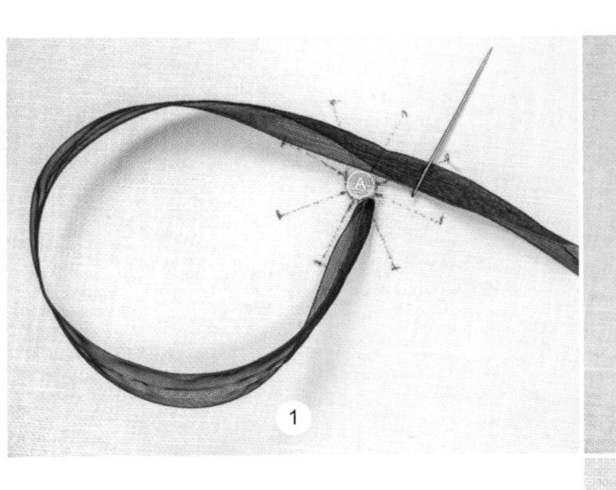

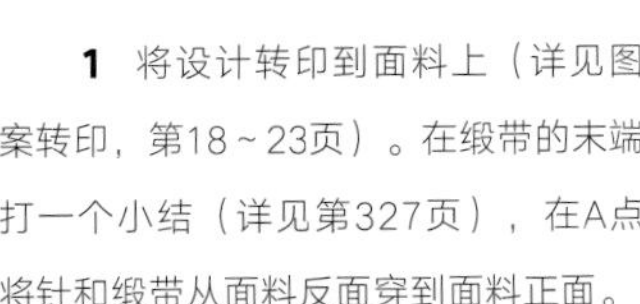

1 将设计转印到面料上（详见图案转印，第18～23页）。在缎带的末端打一个小结（详见第327页），在A点将针和缎带从面料反面穿到面料正面。

2 沿直线在B点外放置缎带。将针从B点穿入，轻轻地将针和缎带穿过底布和面料。

3 缎带被拉动穿过底布时，形成一个小弧形。

4 拉动缎带穿过，刚好在外边缘形成一个大小合适的弧形。将钩针或牙签穿在弧形里，防止在制作花瓣时缎带被扯掉。

5 完成的缎带花朵。

雏菊绣线迹/分离链式线迹

雏菊绣线迹是链式线迹的一种变形（详见第300、301页）。

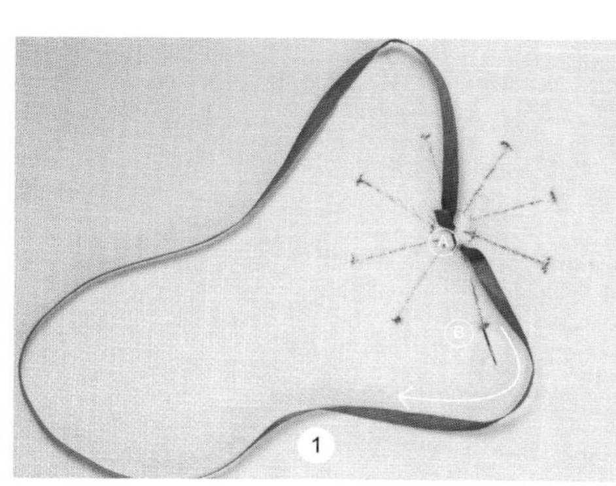

1

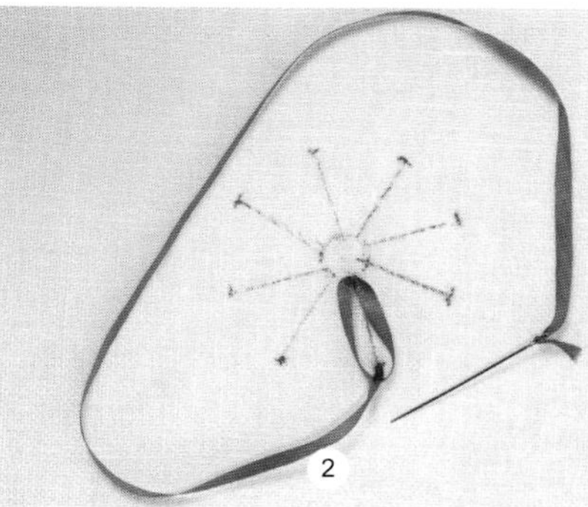

2

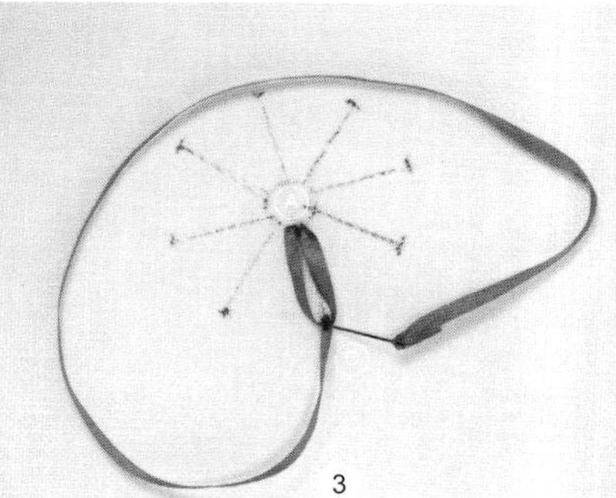

3

1 将设计转印到面料上（详见图案转印，第18~23页）。在缎带的末端打一个小结（详见第327页），在A点将针和缎带从面料反面穿到面料正面。在A点的左边将针穿进面料，再从点B穿回。缎带钩在针尖上，将缎带从右边穿到左边；也可以将缎带从左边穿到右边，但必须保持选择的方向一致。

2 轻轻拉动缎带，在B点穿过面料，直到形成一个圈。

3 在C点将针和线穿到圈的外面，将其固定在合适位置。

4 完成的雏菊造型。

4

珊瑚线迹/缝珠线迹/蜗牛尾绣

珊瑚线迹是在末端有结的初缝线迹，这种线迹可以制作出漂亮的葡萄藤花。

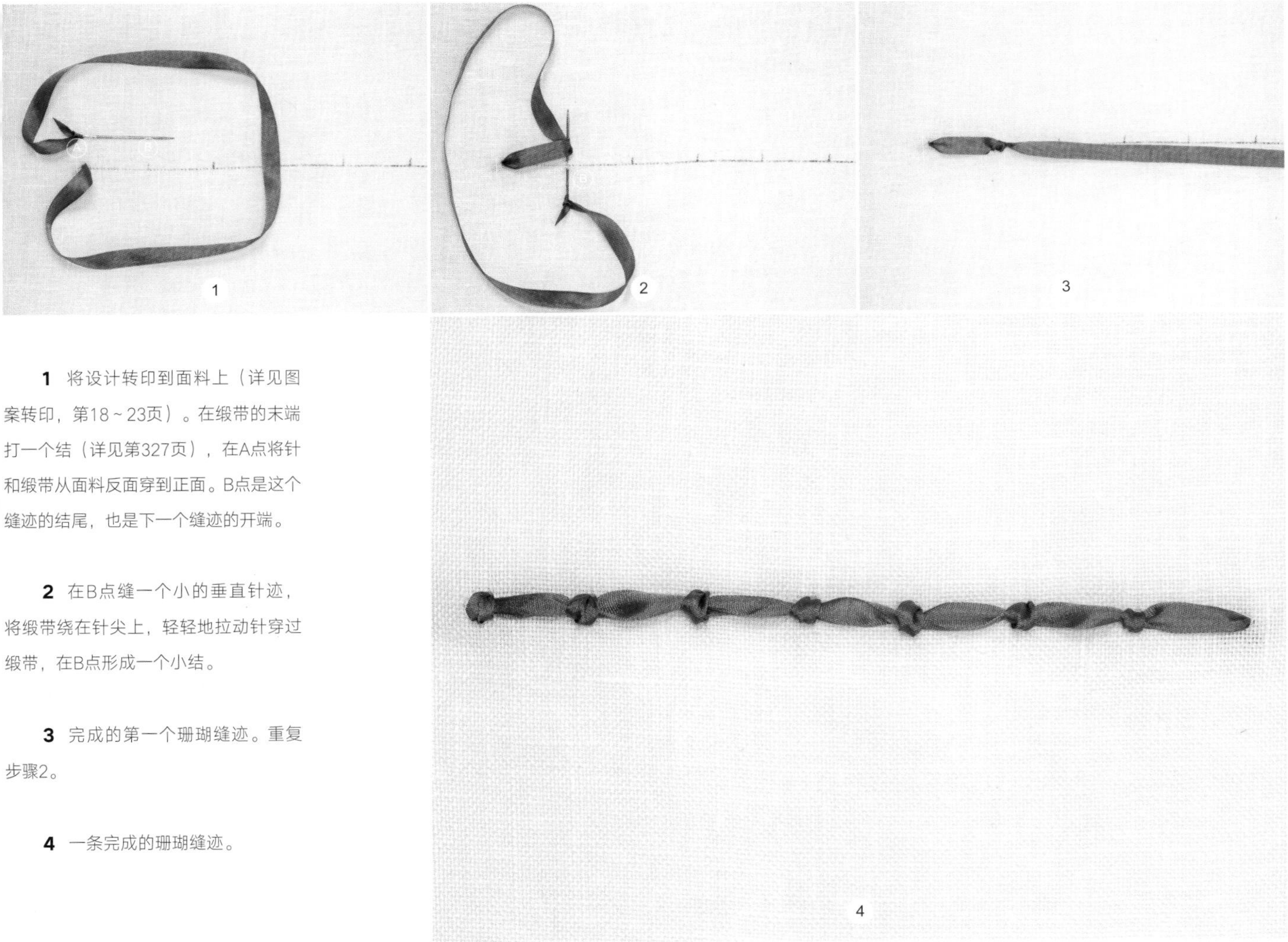

1

2

3

4

1 将设计转印到面料上（详见图案转印，第18～23页）。在缎带的末端打一个结（详见第327页），在A点将针和缎带从面料反面穿到正面。B点是这个缝迹的结尾，也是下一个缝迹的开端。

2 在B点缝一个小的垂直针迹，将缎带绕在针尖上，轻轻地拉动针穿过缎带，在B点形成一个小结。

3 完成的第一个珊瑚缝迹。重复步骤2。

4 一条完成的珊瑚缝迹。

玫瑰花苞线迹

这种小花苞由4个线迹缝制而成，它们的底部相互重叠，使用组合颜色的缎带可以给花苞增添层次感。

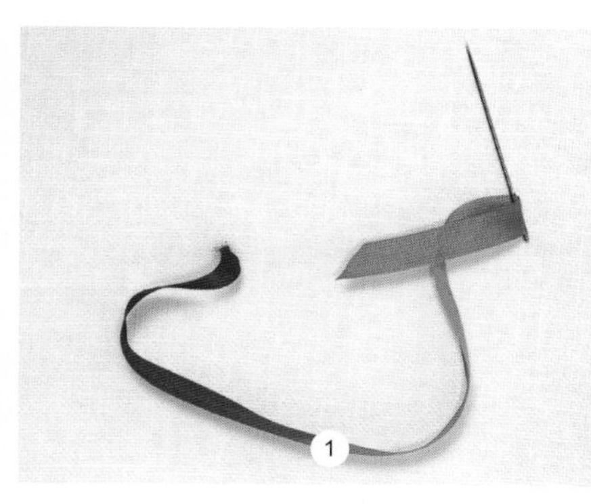

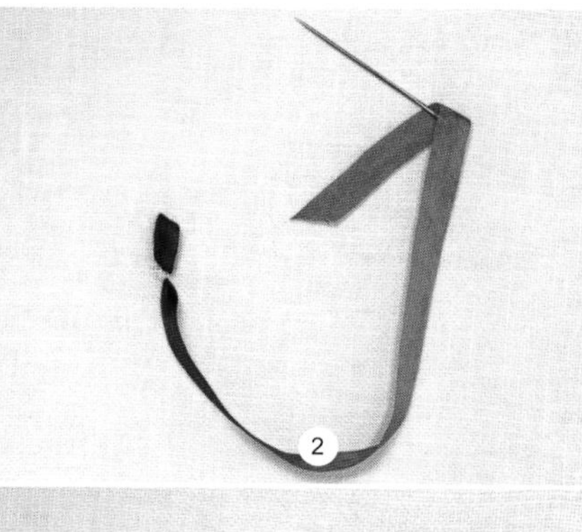

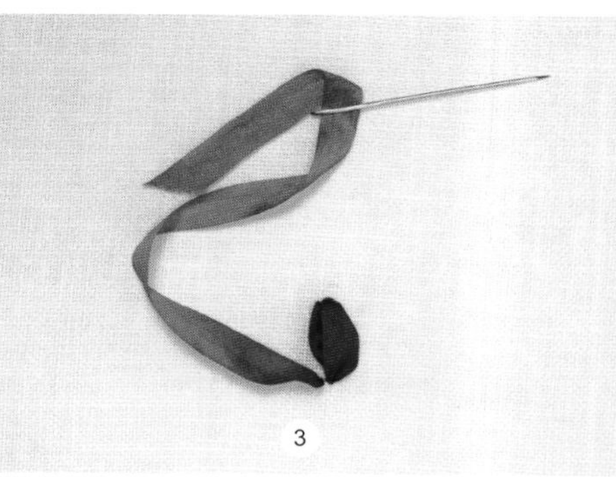

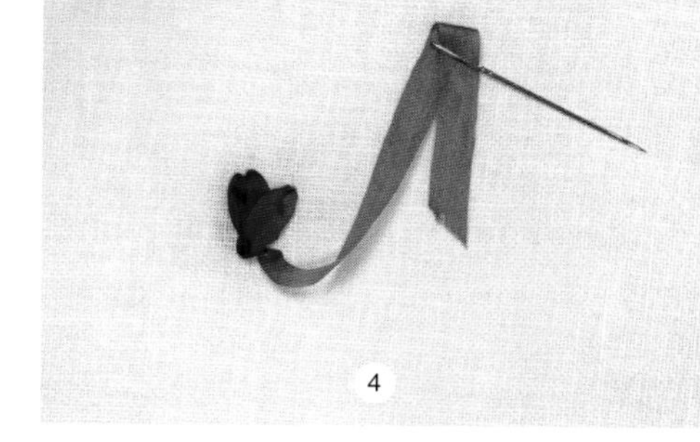

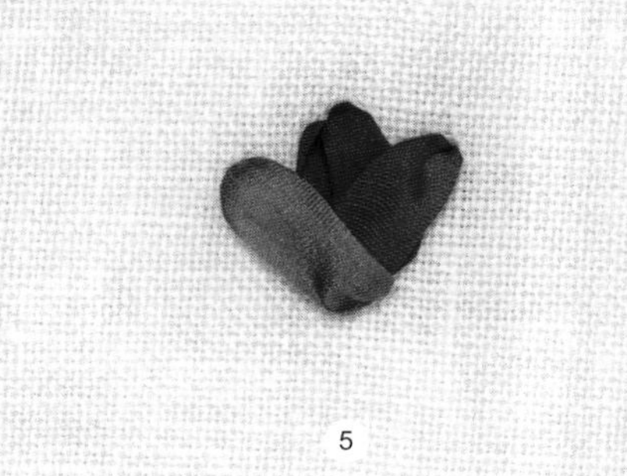

1 花苞的中心由两片花瓣拼接而成，一片在另一片之上。先制作下层花瓣，在缎带的末端做一个小结（详见第327页）。将针和缎带穿到面料正面，刚好是中间花瓣上层一片的下端。

2 缝一个小倒针缝，形成下层花瓣。将针和缎带穿到面料正面，刚好是下层花瓣的下端。将丝带的边缘向上向外拉，使下面的花瓣微微鼓起。

3 将另一针直接缝在下层花瓣上，形成上层花瓣，这对线迹像一个鼓起的中心花瓣。将针和线穿过面料，在花瓣偏左的位置缝制第三个缝迹。像步骤2一样，使第二个缝迹鼓起。

4 第三个缝迹从左到右覆盖在中心花瓣上。在花瓣的右侧，将针和缎纹穿到面料正面，准备第四个和最后的缝迹。最后的缝迹盖住右边和中心的花瓣，完成缝纫。在面料反面将缎带打结。

5 完成的玫瑰花苞。

蛛网玫瑰线迹

蛛网玫瑰线迹包括两部分：一部分是尖头的星形底座，作为进行缎带编织的网；一部分是编织缎带形成玫瑰花瓣。

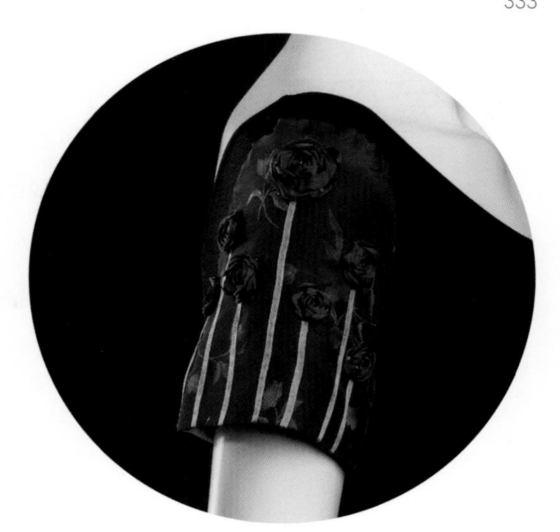

1 用一条较细的缎带（这里用绿色缎带）做底座，在末端打一个小结（详见第327页）。制作一个星形：用羽状缝迹（详见第304、305页）制作三点星，然后增加两个点来形成星形。

2 在主缎带（粉色缎带）的末端打一个小结（详见第327页），从星形的中心将主缎带拉出。

3 将主缎带从上绕过星形的一根缎带（臂），然后从下绕过下一根缎带（臂）。使主缎带在这两条细缎带之间微微鼓起。

4 将主缎带绕着星形网编织的同时不断扭转，给玫瑰花增添纹理效果。

5 继续将主缎带向上向下缠绕缎带（臂）。

6 完成蛛网玫瑰，将缎带的末端穿过面料并在面料反面打结。

7 完成的蛛网玫瑰花。

缎带可以用来制作蝴蝶结、花结和花朵，每一种都可以是简单或复杂的款式。简单礼服后背夸张的蝴蝶结可以为服装增添成熟的元素。缎带，通过折叠和打褶形成复杂的图案和图形，可以用来制作夹克、短裙或连衣裙的独特饰边。缎带的特别之处在于：它的两边几乎都是用镶边制成——当然也有例外——意味着开始操作前没有毛边。缎带有许多材质、颜色、图案和宽度。

3.15 装饰缎带

制作缎带装饰时，选择的缎带没有正反面之分。有时候工艺上的小改动，可以在缎带图案上创造出非常不同的效果，这将在本章中展现。

缎带宽度（RW）

缎带宽度常用毫米或英寸来表示，偶尔也会使用古老的法国准则。购买或使用缎带时，常用以毫米和英寸为单位的尺子或卷尺作为工具。本章中很多的折叠工艺用缎带宽度RW进行度量。下面展示了两种测量缎带宽度的方法。

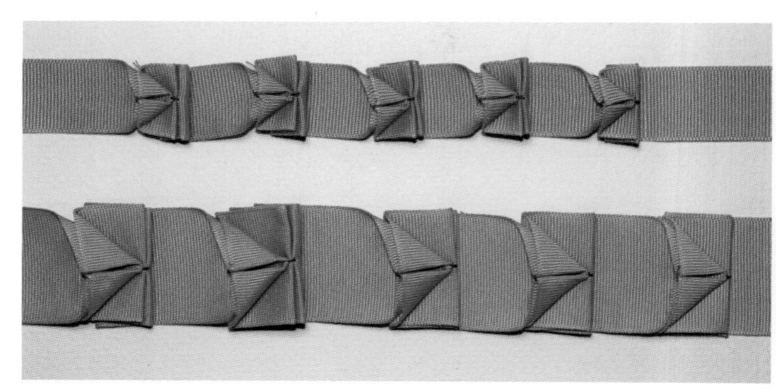

上排：5个扇形，由2～3cm宽的罗纹缎带制成

下排：5个扇形，由3～8cm宽的罗纹缎带制成

两组扇形用相同的比例折叠：每一个扇形的折叠为1/2缎带宽度，扇形间的间隔为1个缎带宽度

测量缎带宽度的方法

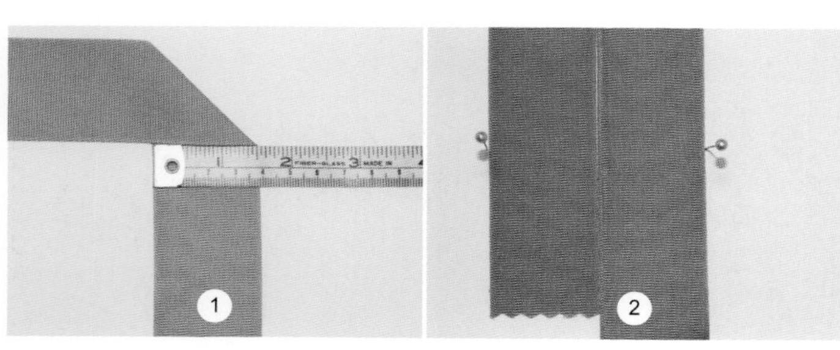

1 将缎带呈45°折叠，从一边到另一边进行测量。折叠缎带以确保没有角度倾斜，同时有个垂直的边缘可以用卷尺测量。

2 将缎带放在固定板上，两边用珠针定位，移除缎带，测量两针之间的距离。图中是两个缎带宽度的测量值。

制作折叠模版或标尺

强烈建议做一个折叠模版或标尺。模版可以用卡纸、马尼拉折叠器或绗缝塑料板来制作。不要使用彩色纸，避免纸上的颜色在熨烫或汽蒸处理中掉色。

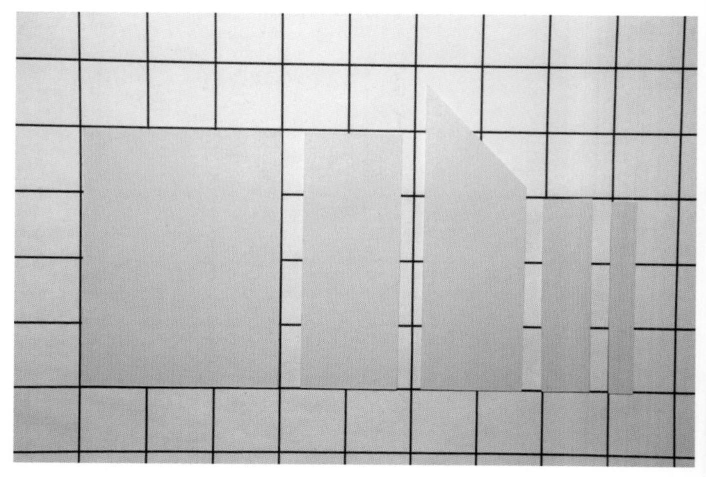

3.8cm缎带的模版

从左开始：2个缎带宽度，1个缎带宽度，1个带角缎带宽度，1/2缎带宽度，1/4缎带宽度

缎带的准备

开始制作前，需要对缎带进行熨烫，它应该是无褶皱且经过预缩处理的。如果缎带上有纹理，用熨斗轻轻蒸汽处理以进行预缩。为了防止缎带的末端散开，有三种选择：以45°角裁剪；用平剪或波浪型旋转切刀直接裁剪；或者用1mm(25spi)的小针脚把纱线缝在一起。

如果没有合适的缎带，可以用面料做一些面料管，将它们熨平当做缎带（详见第140、141页）。

藏线头

缎带折叠好后，将它们熨烫并缝到合适位置，缝线打结，留较长的线尾。因为短线尾会立起来，如果比较长，它们可以扭转并隐藏在缎带折叠部分。

缎带的选择

缎带一般由醋酸人造丝、棉、罗缎、黄麻纤维、欧根纱、涤纶、缎子、丝绸、天鹅绒和薄纱等制成，这些只是几种面料和织法的例子。有些缎带含有金属，它们的边缘穿有细金属线，方便制作特殊的形状；不需要时，可以把金属线抽出。保留金属丝的缎带，要非常小心地处理，因为它可能会刺进缎带里，造成棱边，从而破坏边缘的可塑性。如果要将金属丝移除，需要把缎带的末端剪掉，这样方便抓住金属丝。如果金属丝在缎带长度方向上的某个位置断开，找一根新的金属丝——有金属丝的部分会比无金属丝的部分硬——把它从缎带顶出，并继续抽出。

购买时需要考虑缎带的正面和反面，通常来说两面都会暴露在成品装饰上。双面缎缎带是两面均为缎子；单面缎缎带是仅有一面为缎子。印花缎带是仅在一面印花。布纹缎带是在缎带上有布纹设计，而反面通常与正面撞色。渐变色缎带是用多种颜色染色，由一种颜色过渡为另一种颜色。小环边缎带是指在边缘织有小环饰带。

选择缎带时还要考虑手感，毛茸茸的天鹅绒缎带可以制作可爱的平结，但却不能紧紧地系在一起制作小玫瑰花苞；紧致的丝绸缎带可以系成一个个小玫瑰花苞，但因为不够挺括，不适合制作立于服装上的大结。

双环结

这是一种简单、端庄的平结。

材料

制作一个宽5cm，长24cm的结：

- 长为64.5cm，宽为5cm的缎带

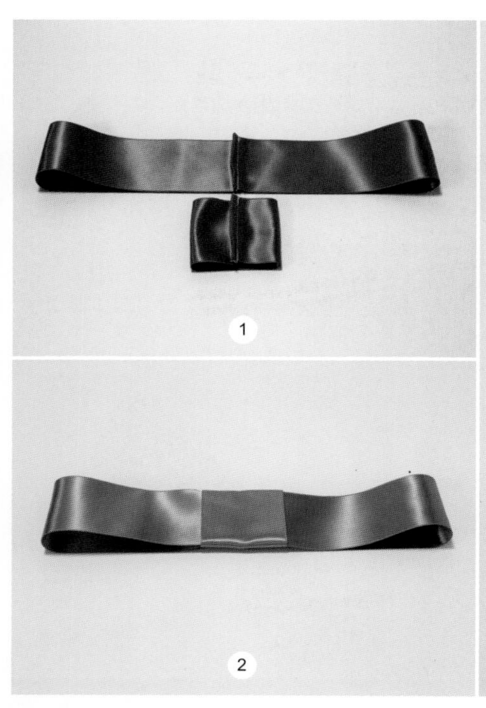

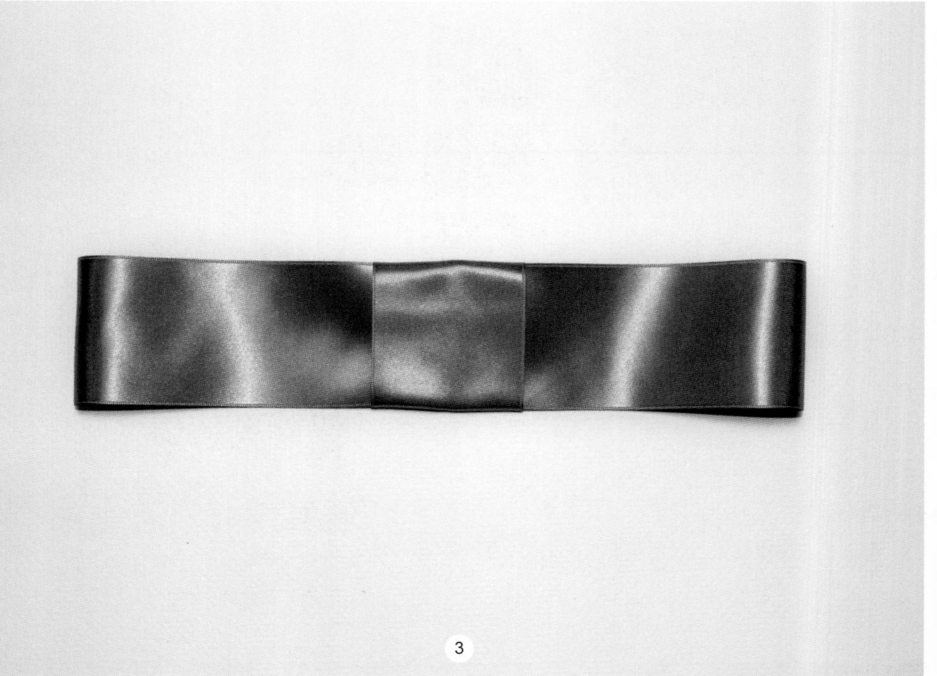

1 剪两条缎带：一条长为53cm；一条长为11.5cm或者2个缎带宽加上1.3cm缝份的长度。

将两条缎带对折，反面相对，在两条缎带上缝法式缝，制作两个缎带环。

2 将缎带的正面翻出，接缝翻到内侧。将大环穿进小环，并用几个小线迹缝到小环上。

3 完成的双结。

蝴蝶结

蝴蝶结是双环结的变形。

材料

制作一个宽19cm，长24cm的结：

• 长为170.5cm，宽为5cm的双面缎缎带

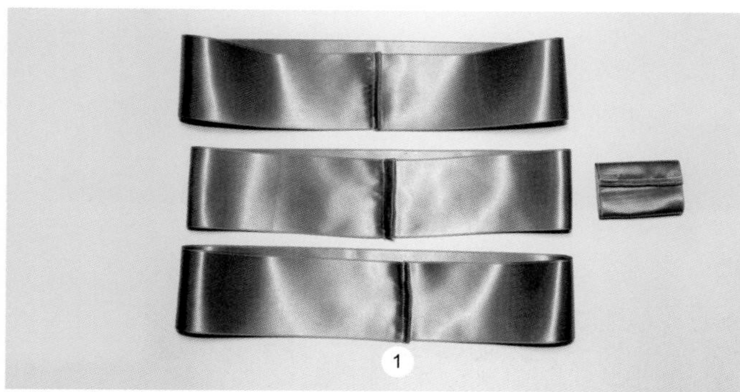

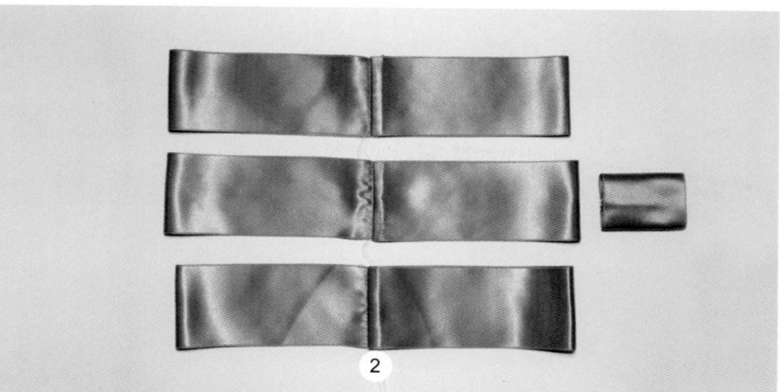

1 剪四条缎带：三条长为53cm；一条长为11.5cm或者2个缎带宽加上1.3cm缝份的长度。

将所有缎带对折，反面相对，在每条缎带上缝法式缝。

2 翻折所有的缎带环，将接缝藏在内侧。调整三条长缎带，使接缝处于中间。在长缎带的接缝旁缝打褶线迹。

3 轻轻地将每条缎带的中心打褶。

4 将三个大缎带环穿进小缎带环，并用小缝迹固定到小缎带环上。

5 完成的蝴蝶结。

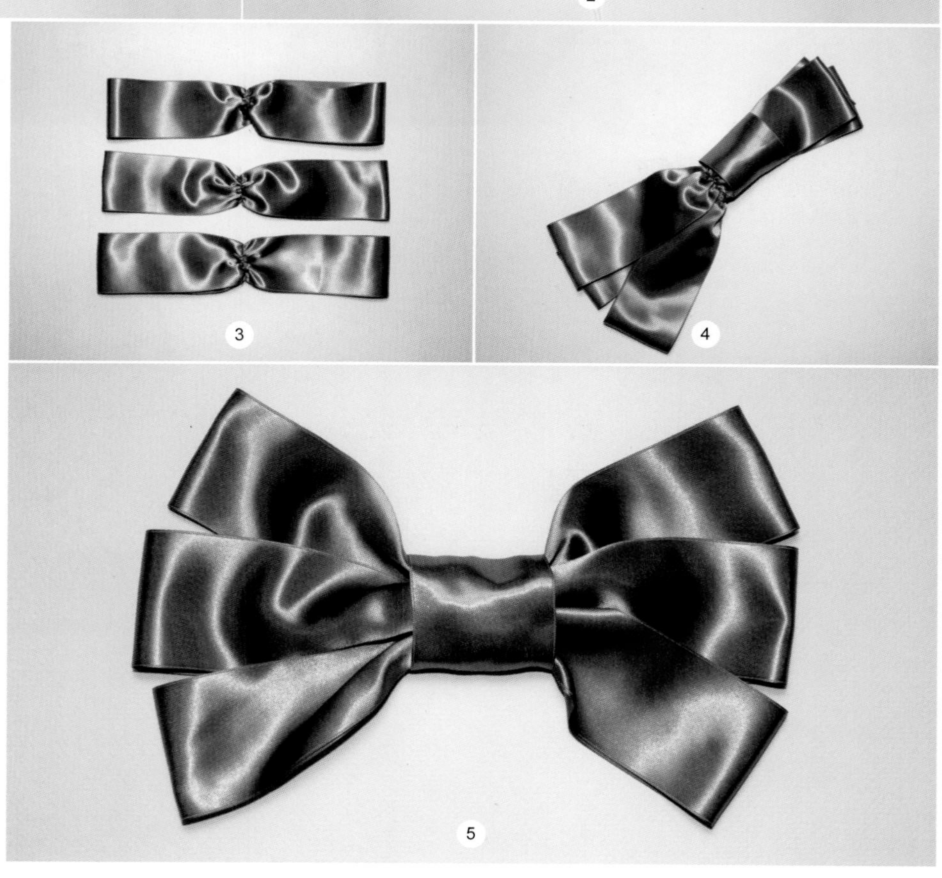

阶梯结

这种多层结看起来很复杂，但制作起来比较简单。

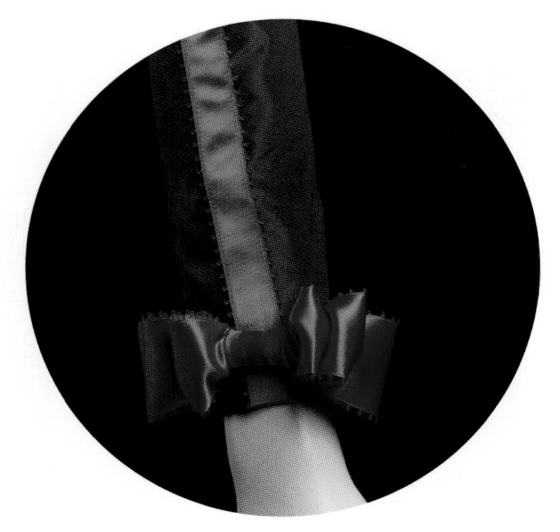

材料

制作一个长27.5cm，宽5cm的结：

• 长为150cm，宽为5cm的双面缎缎带

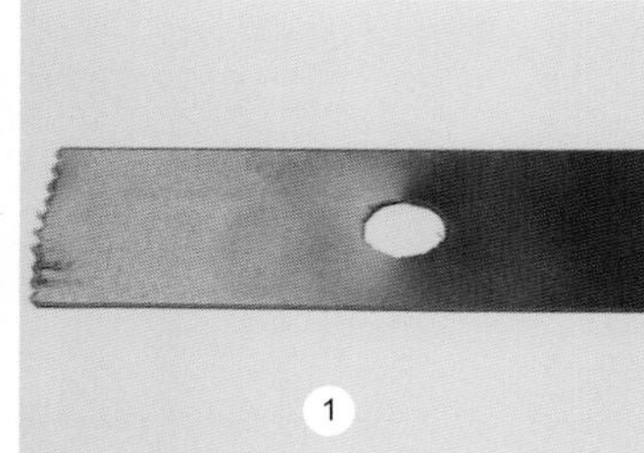

1

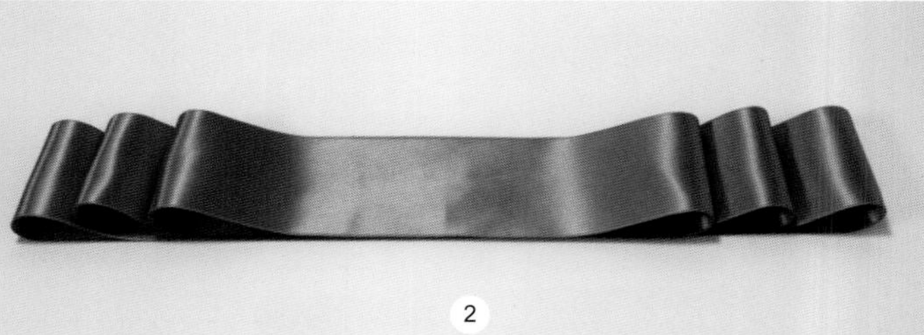

2

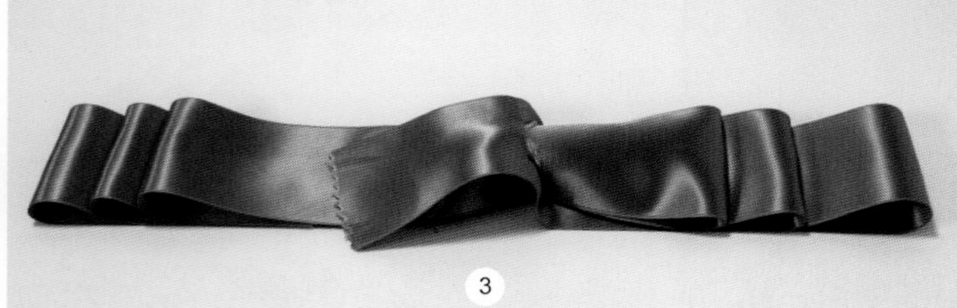

3

4

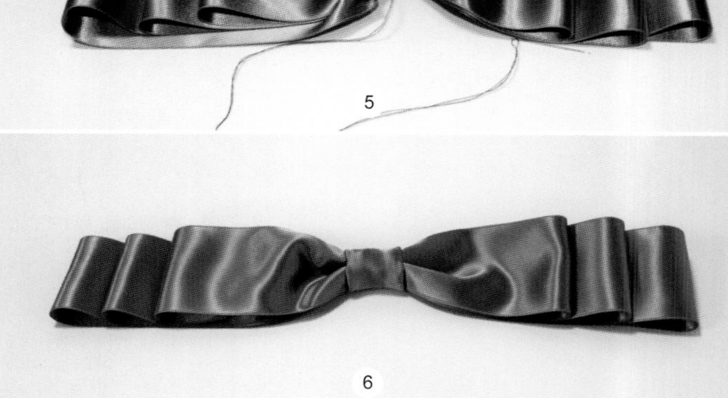

5

6

1 从一端量7.5cm，在缎带的中央剪一个直径为2cm的孔。

2 将缎带折叠，孔眼放在底层。底层长为27.5cm，中间层长为25cm，顶层长为22.5cm。

然后将缎带末端塞到顶层下面，将毛边隐藏；它应该在缎带环的中心位置。

3 拿起三层缎带环的一端，将其穿过底层缎带环的中心孔眼，这时最初在底层的缎带头现在在最上面。

4 将缎带头折叠并盖住毛边和孔眼，根据需要将缎带尾端打褶。

5 将缎带尾的边缘折叠到反面，形成中心结。在面料反面将边缘缝合，形成一个结。将大的缎带环用小缝迹固定到中心结上。

6 完成的阶梯结。

扇形结

扇形结是将一系列折叠缎带并以相同的方向熨烫制成的。这里介绍的折叠工艺是本章中所有折叠缎带的基础。

材料

制作长为6.5cm的扇形结，每个结之间间隔2cm：

- 罗纹缎带，宽3.8cm
- 1/4缎带宽模版，宽1cm，长7.5cm
- 1/2缎带宽模版，宽2cm，长7.5cm

1 用1/4缎带宽的模版作引导，折叠三层，将每一个折叠部位都分成凸折和凹折（详见凸折和凹折，第79页）。对于第一个折叠，将模版放在缎带上，并将左手边的缎带头折到右边，熨烫。

2 对于第二个折叠，将模版移到第一个折叠的上面，然后将缎带尾折回到左边，熨烫。

3 继续折叠，直到完成三个折叠，形成一个扇形结。

4 开始下一个扇形折叠前，用卡纸模版从最后一个扇形折叠缎带测量出1/2的缎带宽。

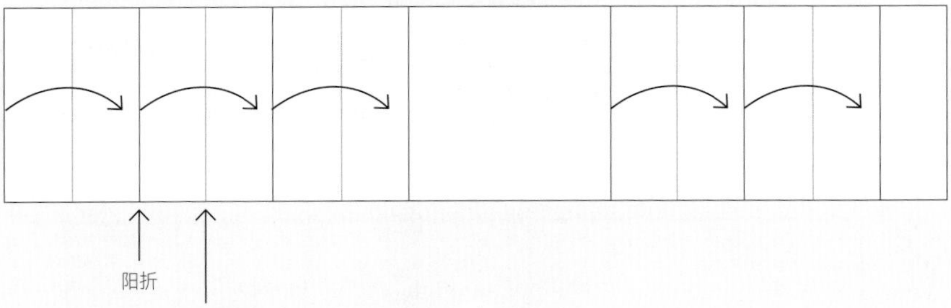

阳折

阴折

1

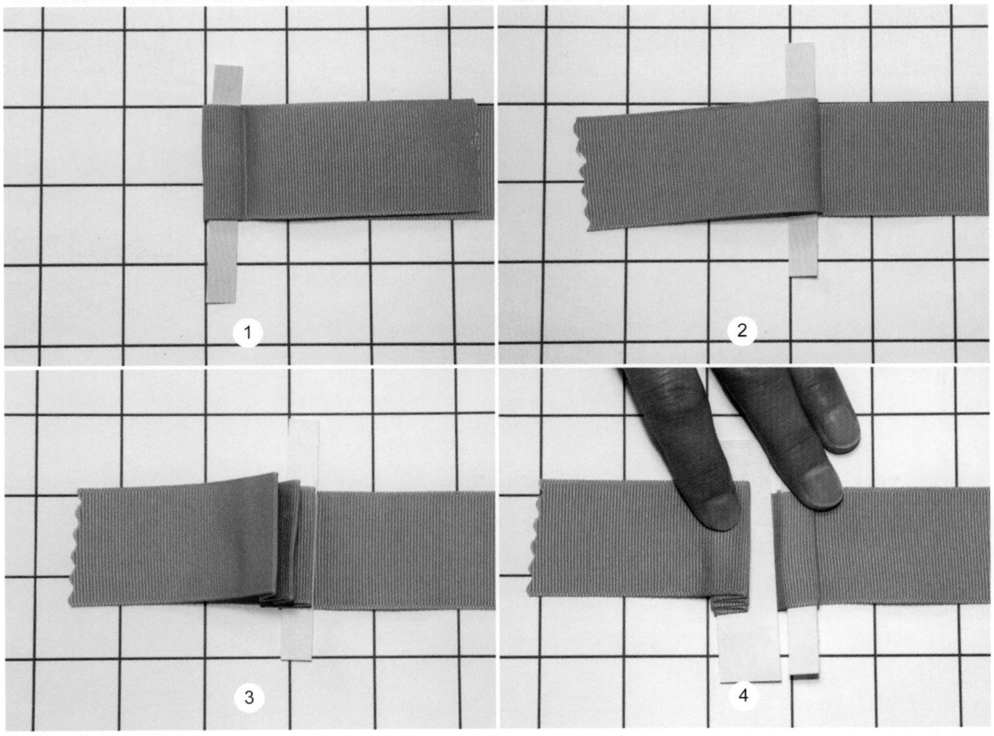

1

2

3

4

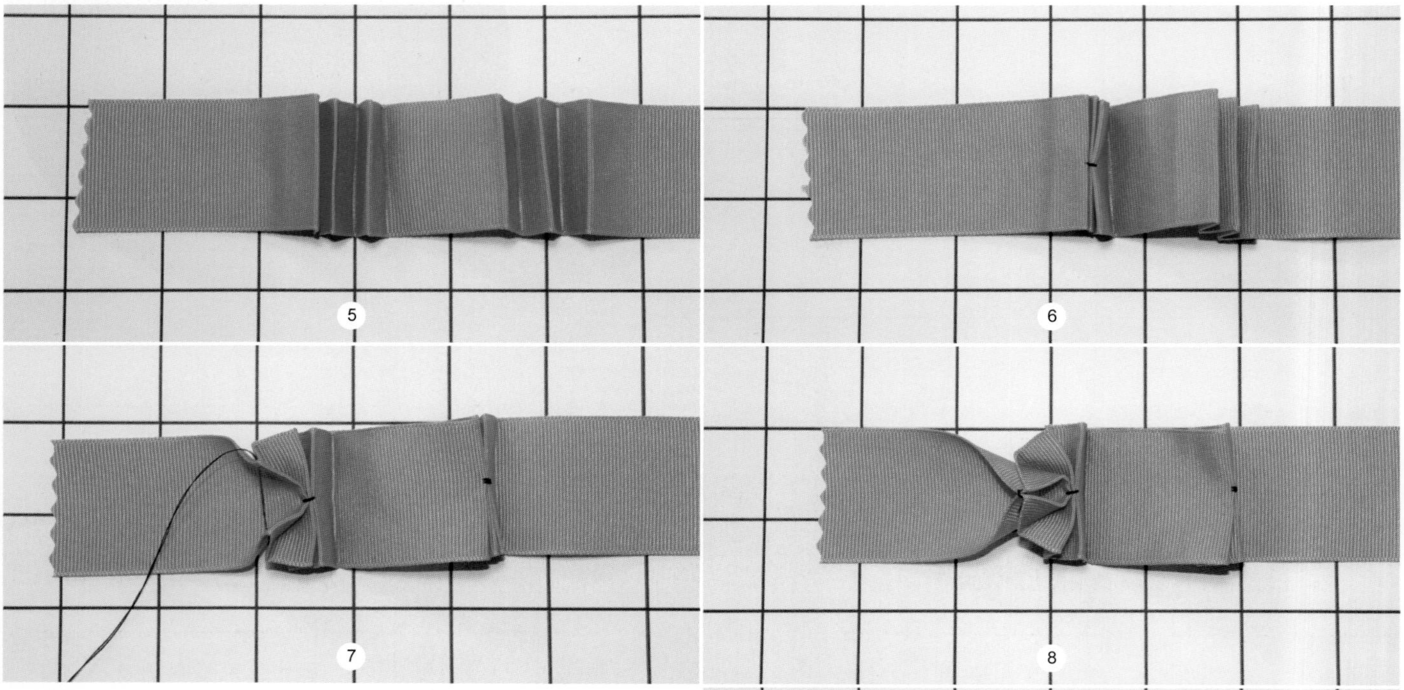

5 重复步骤1～3，扇形间留出$1/2$缎带宽的间距。

6 折叠好扇形后，将一组的三个折叠缎带从中间缝在一起。

7 将折叠的两个上端往下拉，使其互相靠近，然后缝合在一起。

8 重复步骤1～7。

9 完成的扇形结。

变化形式

用不同种类缎带制作时，扇形会有不同的特点。在这里，图中两个扇形是用一条磨边的双宫绸缎带制成。

双折图案/倒箱形褶

这种折叠可以制作出一个圆形图案，每个图案都是用10cm的缎带制成的。

材料

制作六个图案的15cm长条，每个图案之间相隔1cm，每个图案的末端留4.5cm未打褶部分。

- 长为74cm，宽为3.8cm的罗纹缎带
- 1/4缎带宽的模版，宽为1cm，长为7.5cm
- 1/2缎带宽的模版，宽为2cm，长为7.5cm（3in）

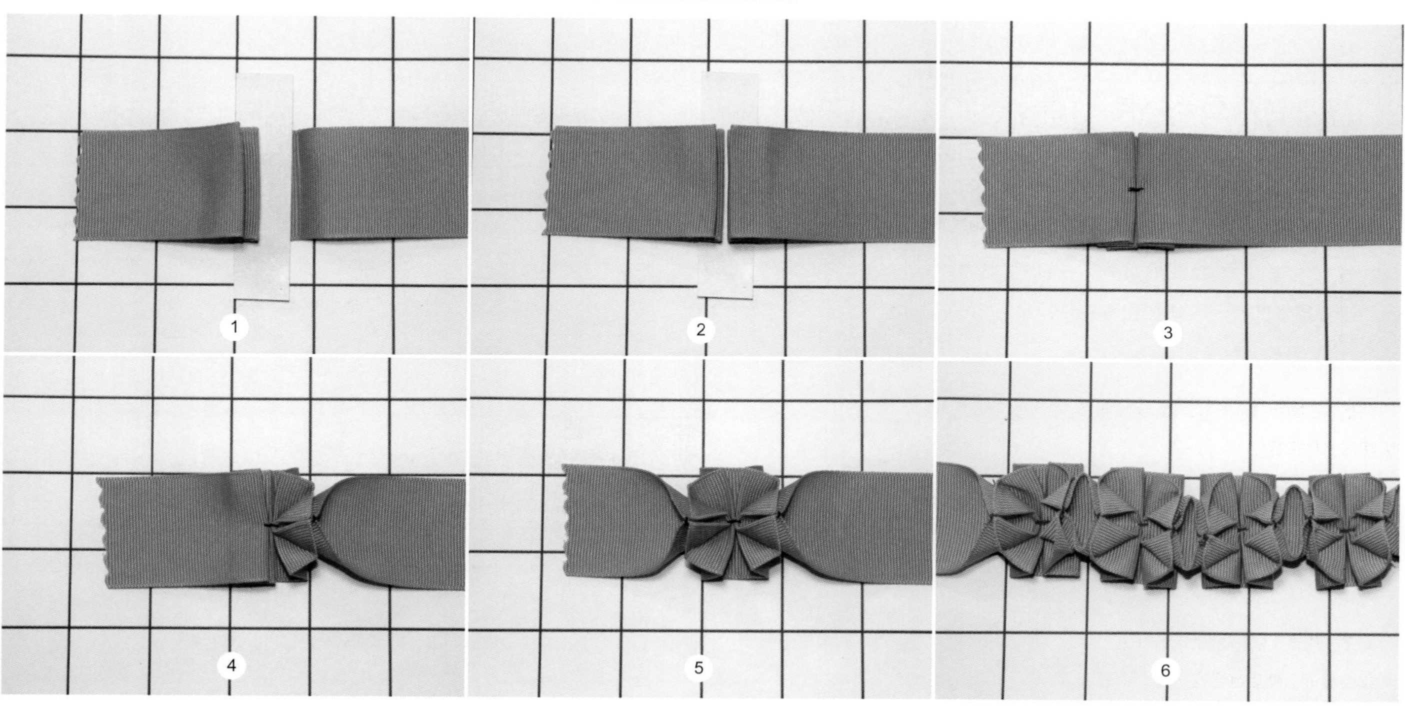

1 用1/4缎带宽的模版作引导，制作两个折叠，分别熨烫（详见扇形结，步骤1～3，第341页）。用1/2缎带宽模版测量出下一组折叠的开始。

2 制作两个相对的1/4缎带宽的折叠。两个折叠在中心位置对齐。

3 在中心位置将形成第一个图案的四个折叠缝在一起。

4 将褶打开以制作图案：将折叠的两个上端在一侧往下拉，使其互相靠近对好，然后缝合在一起。

5 在另一侧重复步骤4。

重复步骤1～5制作其他图案，在将褶打开形成图案之前，将缎带长度方向上所有的褶都折叠并熨烫。

6 完成的图案。

变化形式

沿缎带的不同位置放置图案可以形成不同的效果。在这里，图案间隔为5cm。

四折图案和变化

一个基础四折图案可以通过改变折叠的次数、折叠的间离或折叠的大小而变化，变化形式是多种多样的。

材料

制作4个图案的25.4cm长条，每个图案之间相隔2cm：

- 长62cm，宽3.8cm的罗纹缎带
- 1/4缎带宽的模版，宽为1cm，长为7.5cm
- 1/2缎带宽的模版，宽为2cm，长为7.5cm

四折图案

这种折叠可以制作出一种圆形图案，中间间隔为1/4缎带宽或更大间距。这里展示的例子，每个图案的间隔是1/2缎带宽。每个图案使用14cm的缎带。

1 用1/4缎带宽的模版作引导，制作4个折叠，分别熨烫（详见扇形结，步骤1～3，第341页）。每个折叠部分可以立于操作台。

2 将4个折叠的上端在中心位置缝在一起。

3 将顶部折叠部分往下拉，使其互相靠近对好，缝合在一起。

4 完成的间隔为1/2缎带宽的图案。

六折图案

这种折叠图案可以制作出一种密集的正方形图案。每个图案使用15cm（6in）的缎带。

材料

制作三个图案的19cm长条，每个图案之间相隔2.5cm，在两端有4.5cm未打褶部分：

- 长为60cm，宽为3.8cm的罗纹缎带
- 1/4 缎带宽的模版，宽为1cm，长为7.5cm
- 1/2 缎带宽的模版，宽为2cm，长为7.5cm

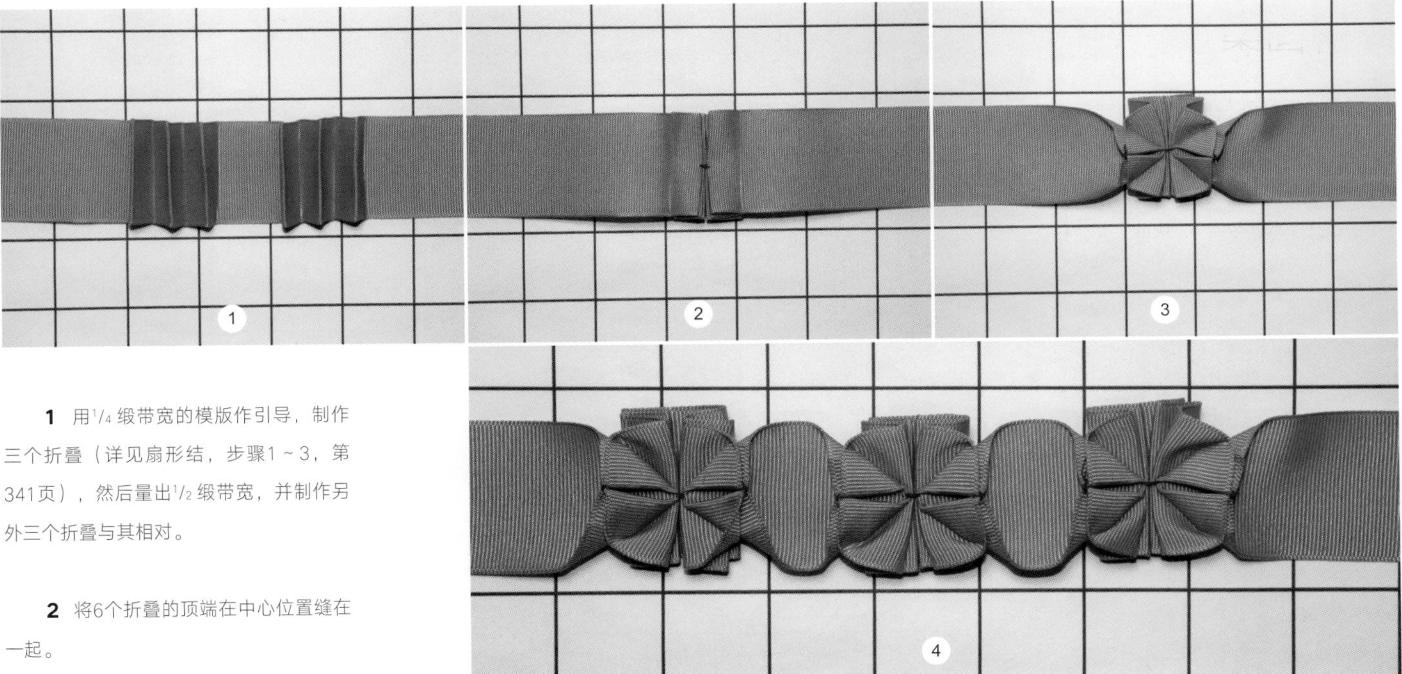

1 用1/4 缎带宽的模版作引导，制作三个折叠（详见扇形结，步骤1～3，第341页），然后量出1/2 缎带宽，并制作另外三个折叠与其相对。

2 将6个折叠的顶端在中心位置缝在一起。

3 将顶部折叠部分往下拉，使其互相靠近对好，缝合在一起。

4 完成的间隔为1/2 缎带宽的图案。

变化形式

中间的折叠再向后翻折，可以形成更加立体的图案，如图中第一行中间的两个图案。

减小两个图案的间距，外观效果会产生很大变化，如图中下面一行的图案。

钻石图案

这种折叠可以制做出几何图案。用23cm的缎带，每边各有一半形成完整的钻石图案。

材料

制作有4个连续钻石图案的17cm的长条：

- 长为92cm，宽为3.8cm的罗纹缎带
- 1/2缎带宽的模版，宽为2cm，长为7.5cm

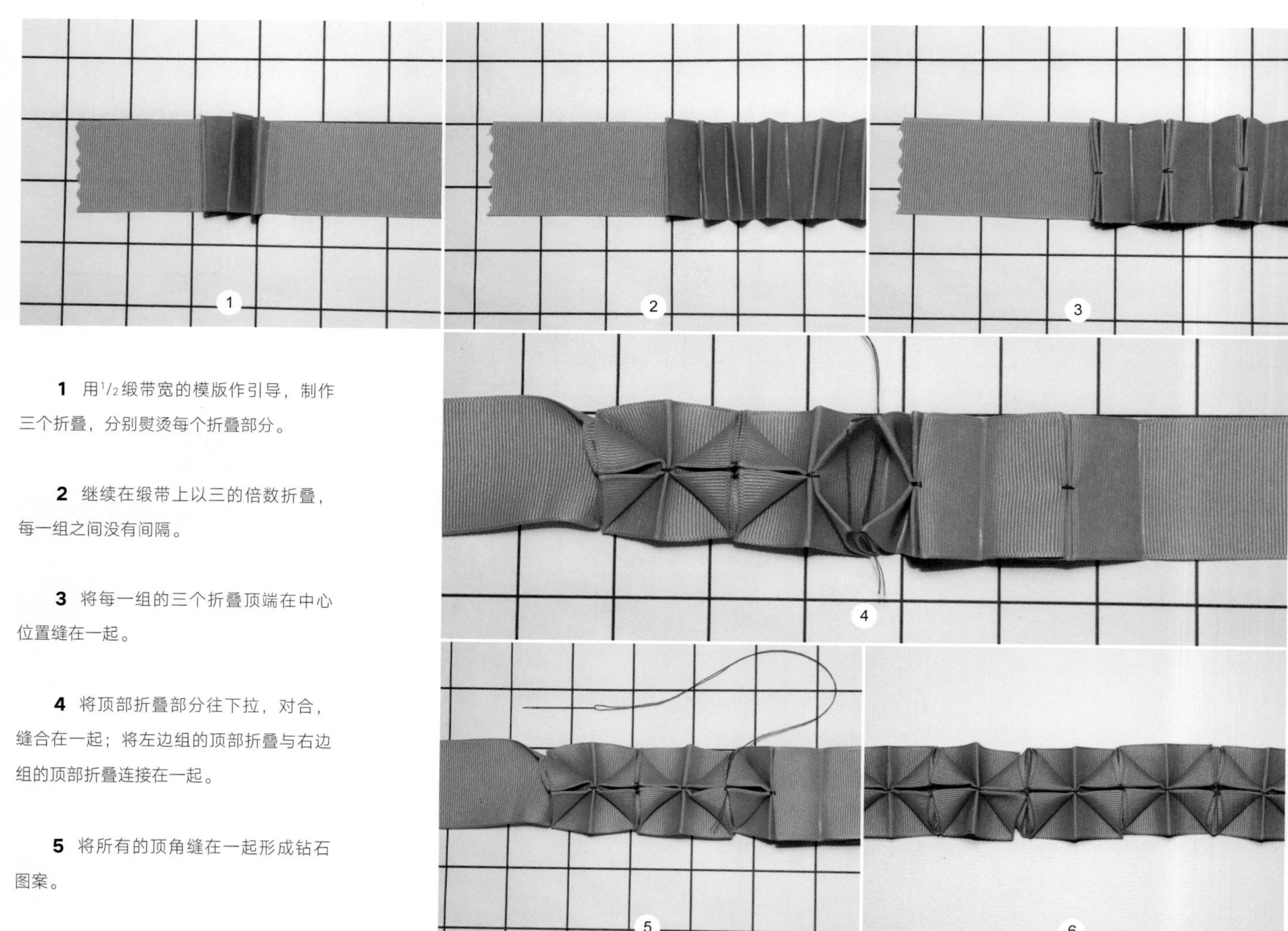

1 用1/2缎带宽的模版作引导，制作三个折叠，分别熨烫每个折叠部分。

2 继续在缎带上以三的倍数折叠，每一组之间没有间隔。

3 将每一组的三个折叠顶端在中心位置缝在一起。

4 将顶部折叠部分往下拉，对合，缝合在一起；将左边组的顶部折叠与右边组的顶部折叠连接在一起。

5 将所有的顶角缝在一起形成钻石图案。

6 完成的折叠钻石图案。

草原垫尖角图案

用缎带可以很容易地制作草原垫尖角，因为缎带已经进行光边处理。

材料

制作有9对尖角的17cm的长条：

- 长为92cm，宽为2.3cm的绸缎缎带
- 1个缎带宽的模版，末端剪成45°角

1 将45°的模版垂直于缎带放置，尖角朝上，长边对着右边。

2 将缎带一端向下折叠，盖住有角度的卡纸模版，熨烫。

3 将模版移走并将它翻转，将模版平行于第一个折叠缎带的边缘放置，尖角朝上，长边对着左边。

4 将缎带向下折叠盖住卡纸模版，保持缎带的边缘紧挨在一起，熨烫。

5 将模版移开，翻转并旋转90°。然后将其放在缎带下面，尖角朝左，长边朝上。

6 折叠缎带，使其包在模版下面，保证缎带边与模版边对齐，熨烫。

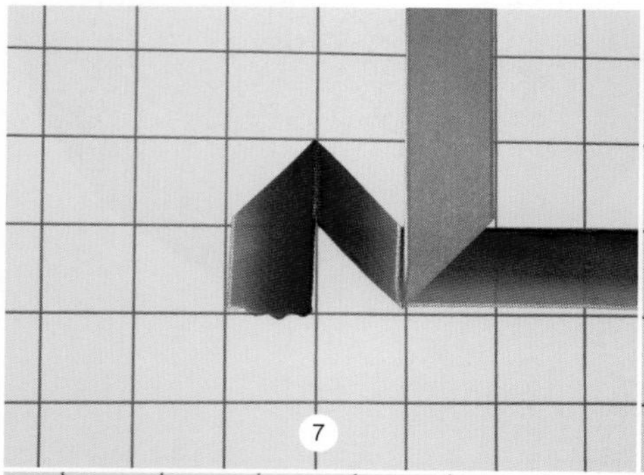

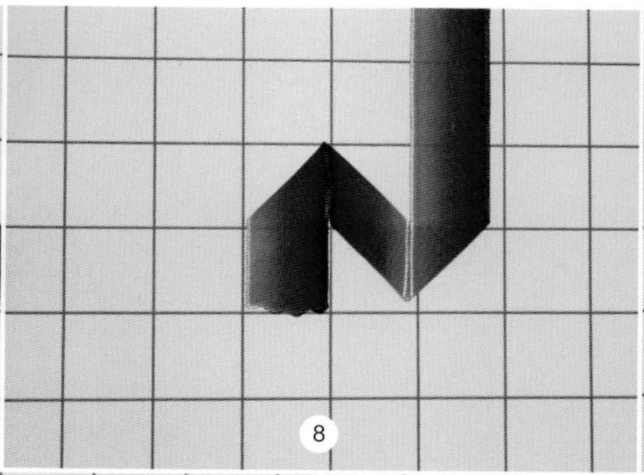

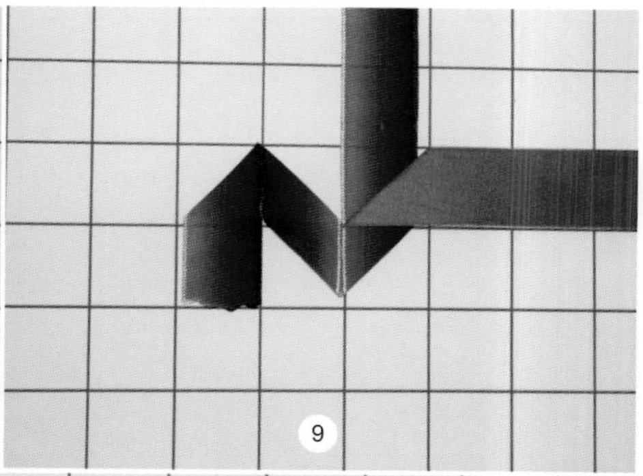

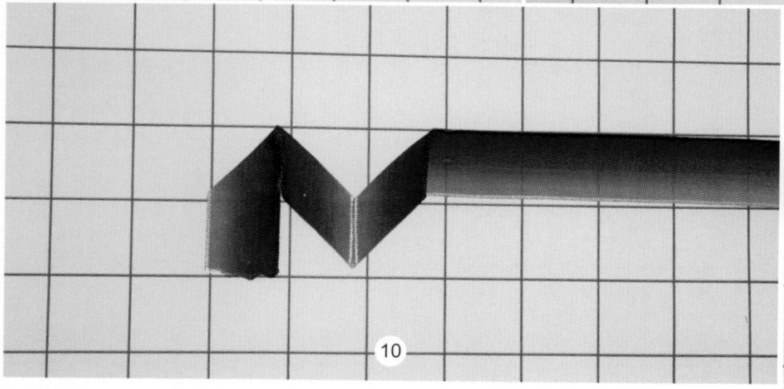

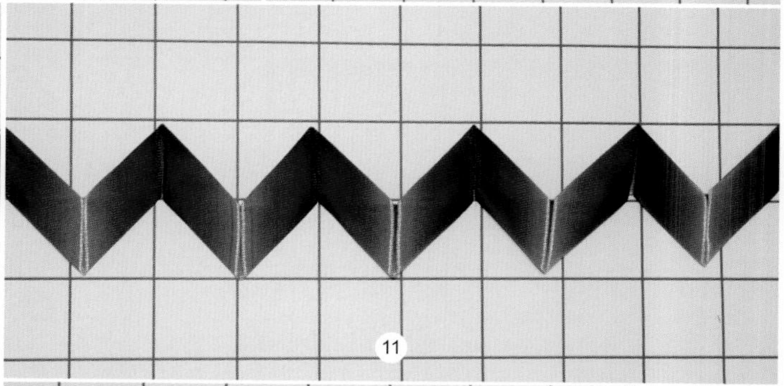

7 仍在正面操作，将模版片移开并旋转90°，将其放在缎带上，尖角对着下面，长边对着左边。

8 将缎带折叠盖住模版，翻转并旋转90°，将其放在缎带上，尖角朝左，长边朝下。

10 将缎带在模版下折叠，保证缎带的边缘与模版的边缘对齐，熨烫。重复步骤3~10，直到得到想要的长度。

11 完成的草原垫尖角图案正面。

12 完成的草原垫尖角图案反面。

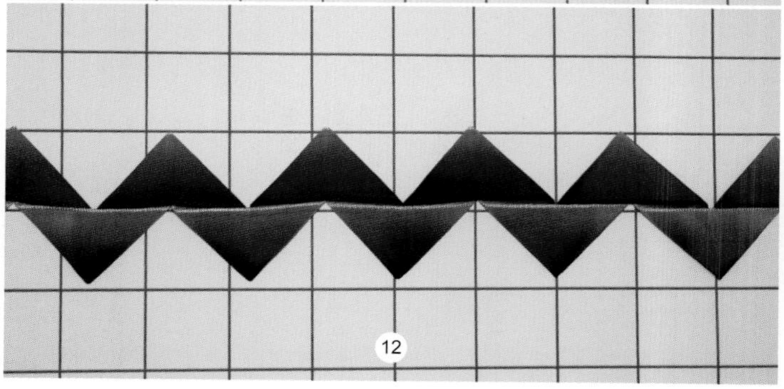

变化形式

制作鲨鱼齿形状，可以从草原垫尖角开始，反面朝上。将低点向上折，让尖点与上排尖点平齐，熨烫。正确折叠好后，这些尖点相互连接。

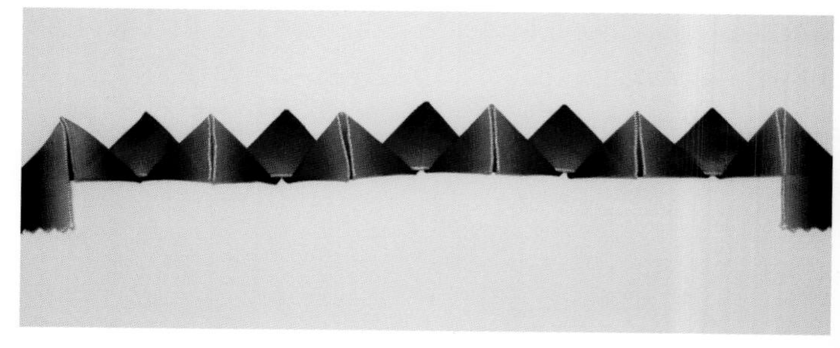

星形尖角图案

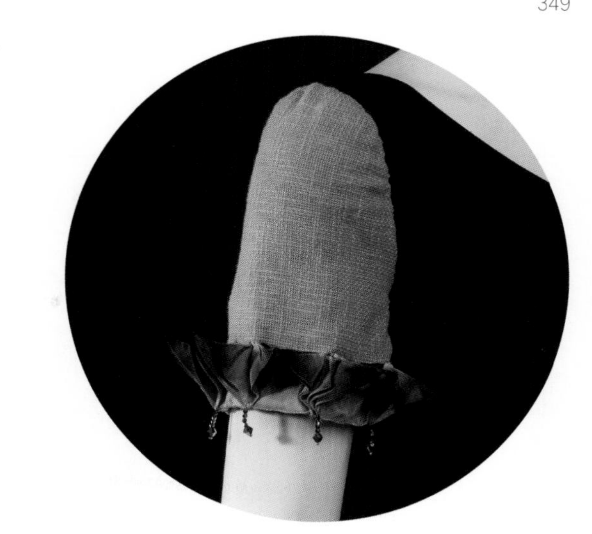

星形尖角通常用在花结上，但是也有许多其他的用途。缎带的选择对星形图案的外观形成有很大影响：罗纹缎带有缎纹纹理，但是比较厚重；而较小的金属罗纹可以形成更为精致的效果。

材料

制作一个直径为10.8cm的星形，每个尖角使用4个缎带宽：

- 长为183cm，宽为3.8cm的罗纹缎带；或者长为61cm，宽为2.3cm的金属丝缎带
- 1个缎带宽的模版，末端剪成45°角

折叠模版：正面

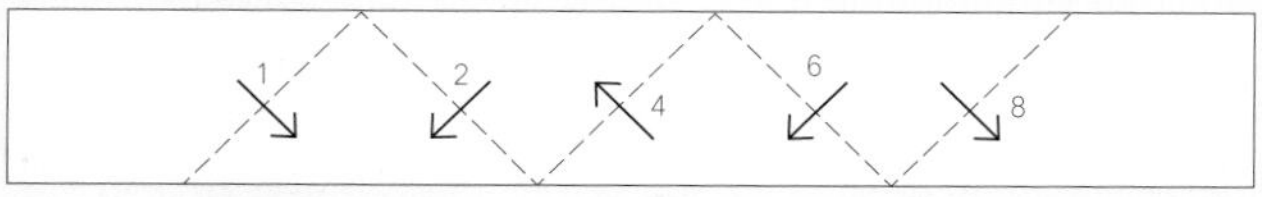

1 2 4 6 8

折叠模版：反面

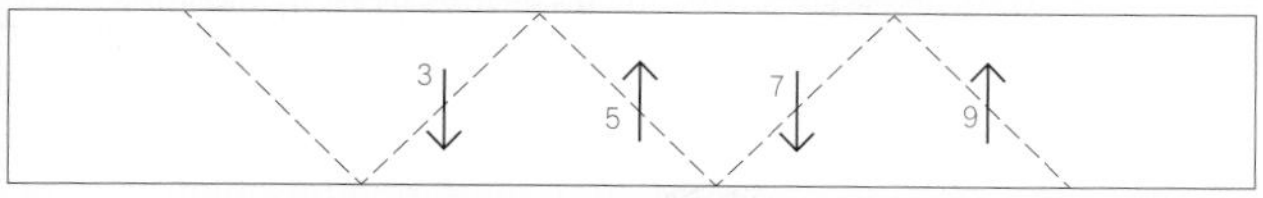

3 5 7 9

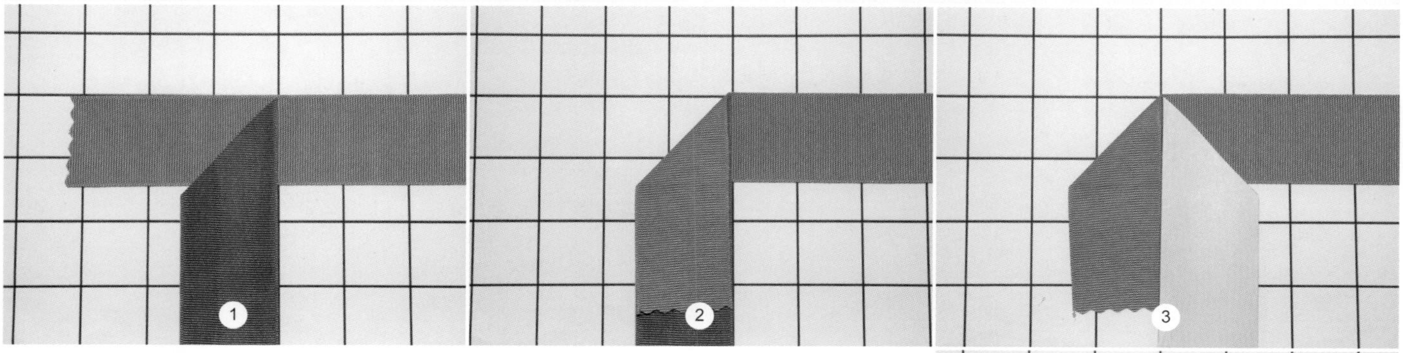

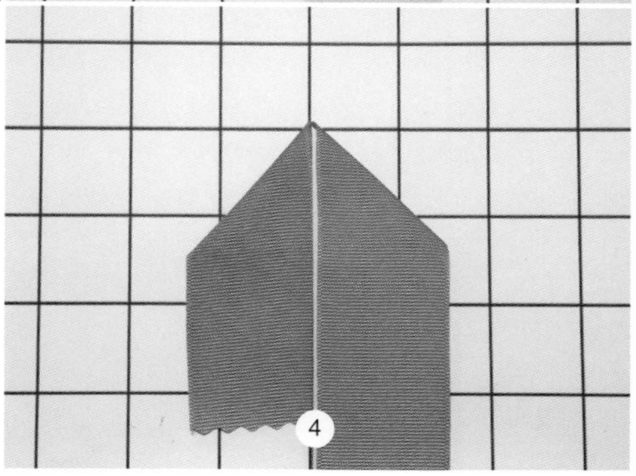

1 将45°的纸版放在缎带上，尖角朝上，长边朝右。

2 将缎带一端向下折叠，盖住有角度的纸版，熨烫。

3 将模版移走并将它翻转，将模版平行于第一个折叠缎带的边缘放置，尖角朝上，长边朝左。

4 将缎带向下折叠盖住卡纸模版，保持缎带的边缘紧挨在一起，熨烫。

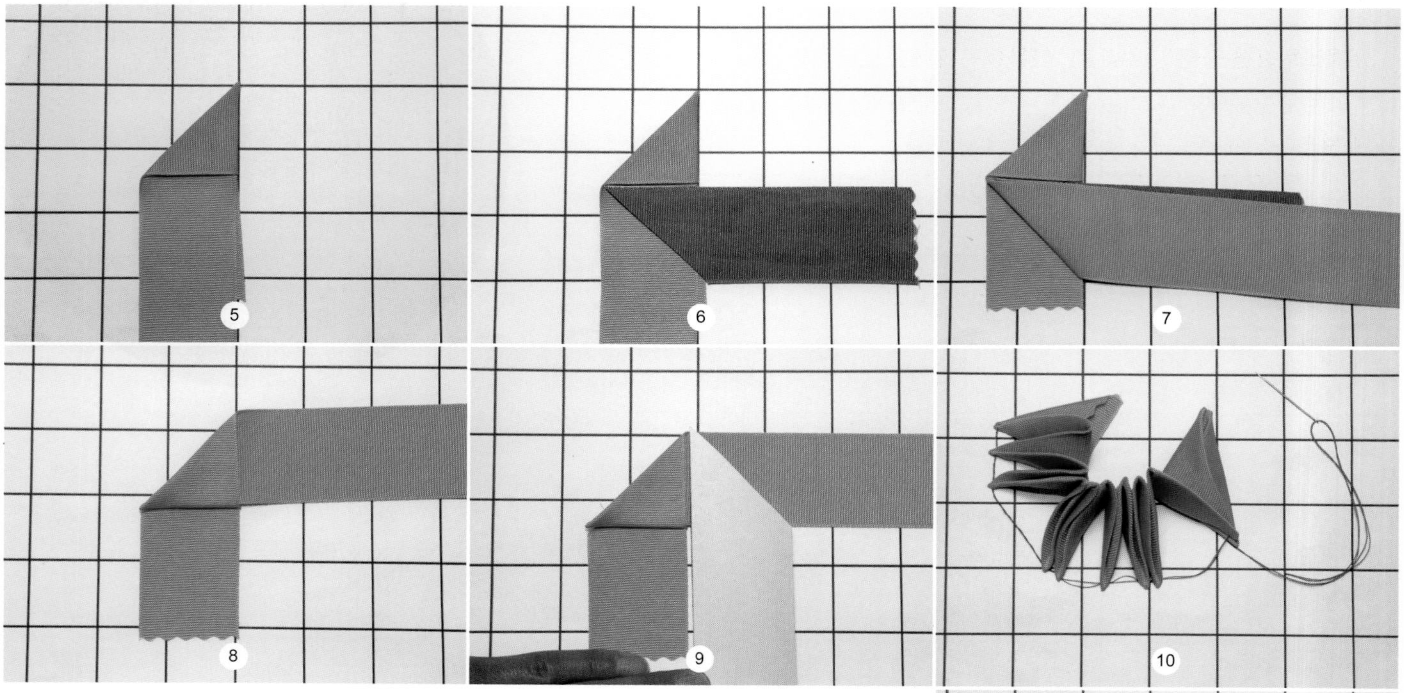

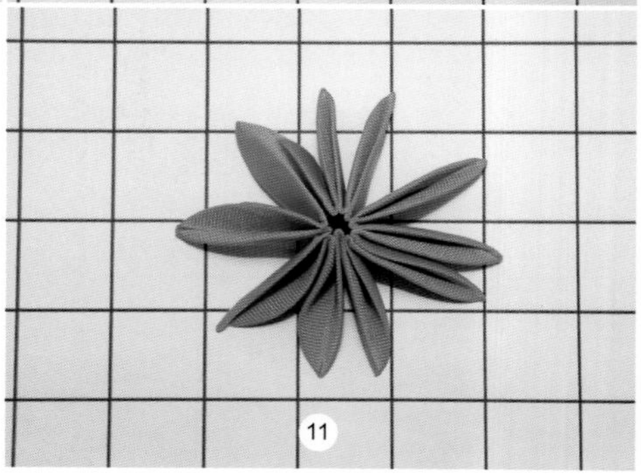

5 将模版移开，缎带对折，将右手边的缎带放在左手边缎带的上面，缎带末端平行。

6 将纸版放在缎带上，尖角朝左，长边朝上。

7 将上层缎带折叠盖住纸版，熨烫。在这个图中，缎带稍微倾斜展示出下方的纸版。

8 将纸版移开，折叠新做好的三角形，并将缎带末端朝上，熨烫。

9 重复步骤3~8。

10 为固定星星的圆形造型，沿着缎带操作时，将每一个尖角缝到前一个尖角上。

11 将所有的尖角缝在一起，形成星形的中心，把缎带的两端分别折进第一个和最后一个折叠里。

变化形式

要制作一个较软的星形，在折叠纸版时不要熨烫折叠部分。

如果使用金属丝缎带，金属丝不用经过熨烫就可以固定每一个折叠部分。

打褶缎带

缎带可以缝在一起，然后通过褶形成独特的饰边。

材料

各种不同宽度和纹理的缎带

1 轻轻地用手指或低温熨斗折叠缎带。

2 把缎带按想要的顺序堆叠起来，对齐褶痕，然后把它们固定在一起。在褶痕上缝打褶线迹（详见机器打褶线迹，第25页），将缎带打褶到合适长度。

3 完成的打褶缎带。

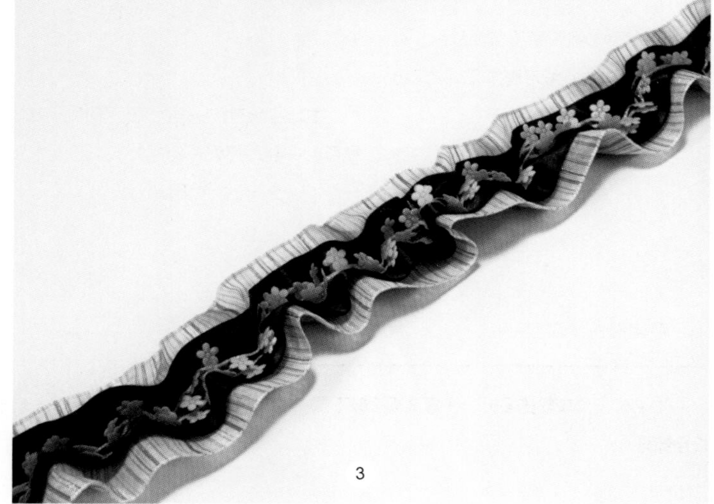

小玫瑰花苞、大山茶花、流苏康乃馨、钟形毛地黄——都可以用来装饰服装。缎带或面料可以用来制作花型装饰，根据选择的花型装饰、工艺和纹理，或简单或复杂。花型装饰可以仿真，是原版的风格化，或者是完全想象的产物。本节包含了花型装饰制作的基础工艺：小缎带和面料的宽度，紧密打褶的花瓣，有限的装饰。根据这些工艺可以制作出微小精细的、或巨大粗壮的、或是任意大小的花型装饰，可以选择不同的颜色来制作不同种类的花型装饰。

花型装饰可以用缎带或面料制作。缎带有两个镶边，所以花朵会有一个光边处理后的边缘和整洁的底面。缎带也有多种材质、纹理、宽度和颜色（详见缎带选择，第337页）。

3.16 花型装饰

面料可以裁剪和折叠，因此露出的边缘都是光边处理的，但是双层的面料可能会使花型装饰略微鼓起。面料也可以通过摩擦制造出流苏边（详见流苏边，第202页），但需要确认面料不会继续散开或者花型装饰不会全部散掉。带纹理和印花的面料可以制作出新颖的花型装饰，给花瓣增添其他设计维度。

制作出基础花型后，需要进一步考虑装饰物：珠子、纽扣、刺绣，以及购买的花蕊和豆荚等。可以添加叶子和茎来增加花的真实感。在花型装饰的下方使用按扣，或者在硬衬布上安放这些花型装饰，可以方便清洗服装时将它们取下。

牡丹花（芍药类）

这种大而饱满的花型装饰与真实的牡丹花相似，但可以做成任意大小，花瓣数目也可以为任意数。牡丹花的制作工艺比较简单：用手将一条缎带沿着一边打褶，然后缠绕成螺旋形。

材料

制作一个9cm宽的牡丹花：

• 长为112cm，宽为3.5cm的双面绸缎缎带

1 从缎带的外边缘开始，将缝线斜缝到内边缘。

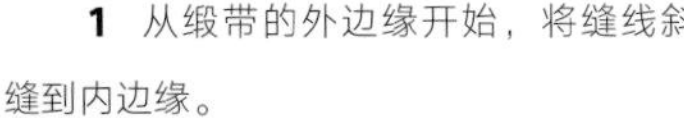

2 最后一针在缎带正面结束，将针穿到缎带反面，并在织边旁边开始下一针。

3 缎带边缘的转向线迹有助于形成花型的中心。

4 沿缎带内边缘缝制打褶线迹。

5 如果想做一朵大花，需要分段缝制打褶线迹，这可以更好地控制褶皱。每次收尾润色后开始新的部分时，留5 ~ 7.5cm的线头。

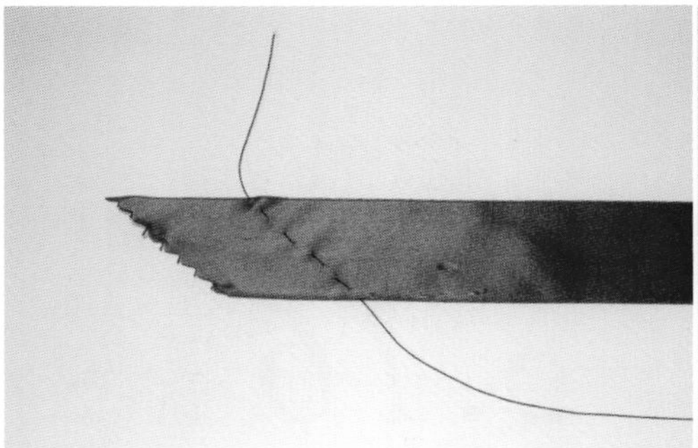

1 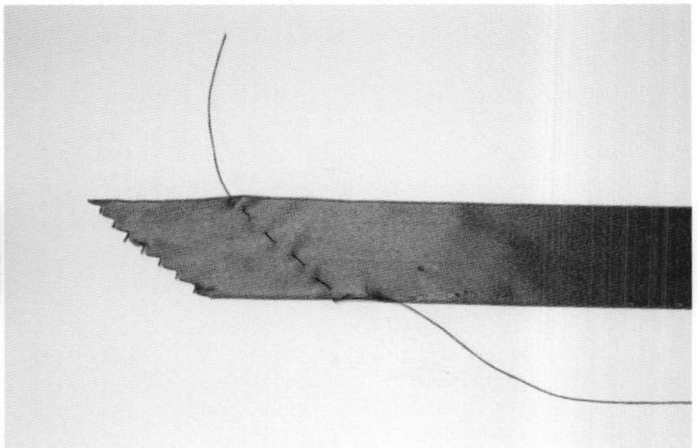 2

3

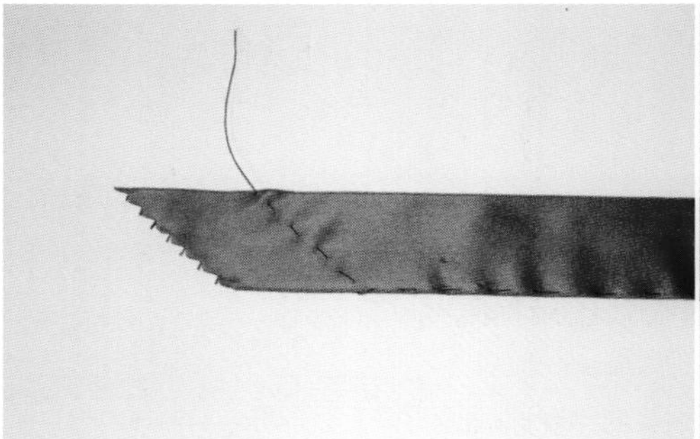

4 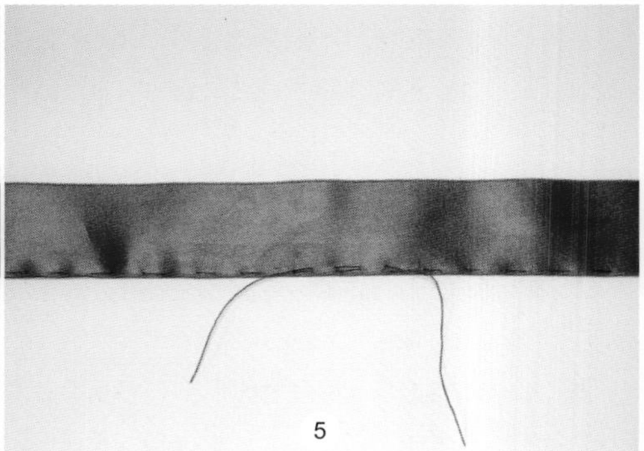 5

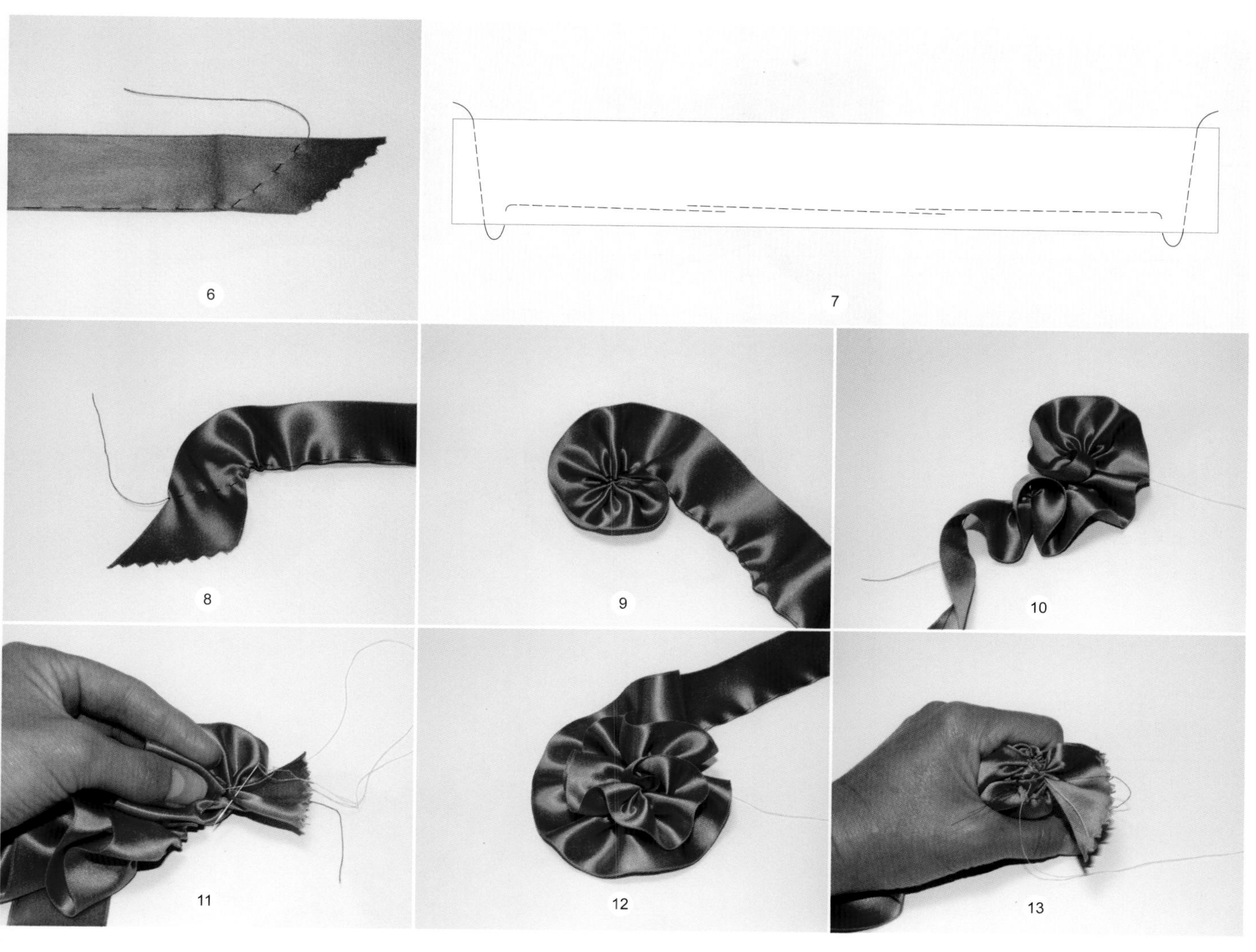

6 在距缎带末端5cm处，将针穿到面料反面，缝制一个转向线迹，然后在缎带上端呈45°的位置斜向缝纫，留一个线头。

7 图片展示了缝迹的不同分段。

8 在缎带开始的位置轻轻拉动倾斜线迹，形成花型的中心。

9 继续轻轻拉动打褶线迹，缎带开始卷起。注意不要拉得太紧，因为想要的是螺旋形，而不是圆圈。

10 一次只处理一小部分，将缎带打褶并把打褶部分排列成想要的形状。

11 用缝线将每一层打褶面料缝在一起，固定在织边和打褶缝线之上。在这里，绿色缝线是打褶缝线，黄色线迹是用来将打褶部分缝成花朵形状的缝线。

12 检查花朵正面，确保它的造型合适，并继续打褶固定缎带。

13 花朵越变越厚，需要将它拉紧看并检查是否有褶还需要固定。

用机器缝制打褶线迹

在缎带花朵上可以用手缝打褶线迹，也可以用机器缝制，都可以得到很好的效果（详见机器打褶线迹，第25页）。按照步骤7图中所示的缝合方式缝制。如果用机器缝制就不需要转向线迹。

14 最后，倾斜线迹穿过缎带的末端将打褶部分整齐地拉在一起。用缎带尾盖住花朵中心的孔洞。

15 从花朵底部拉出的缎带的起始和结束端遮住缝迹。

16 完成的花朵反面，未抽紧时。

17 完成的花朵正面。

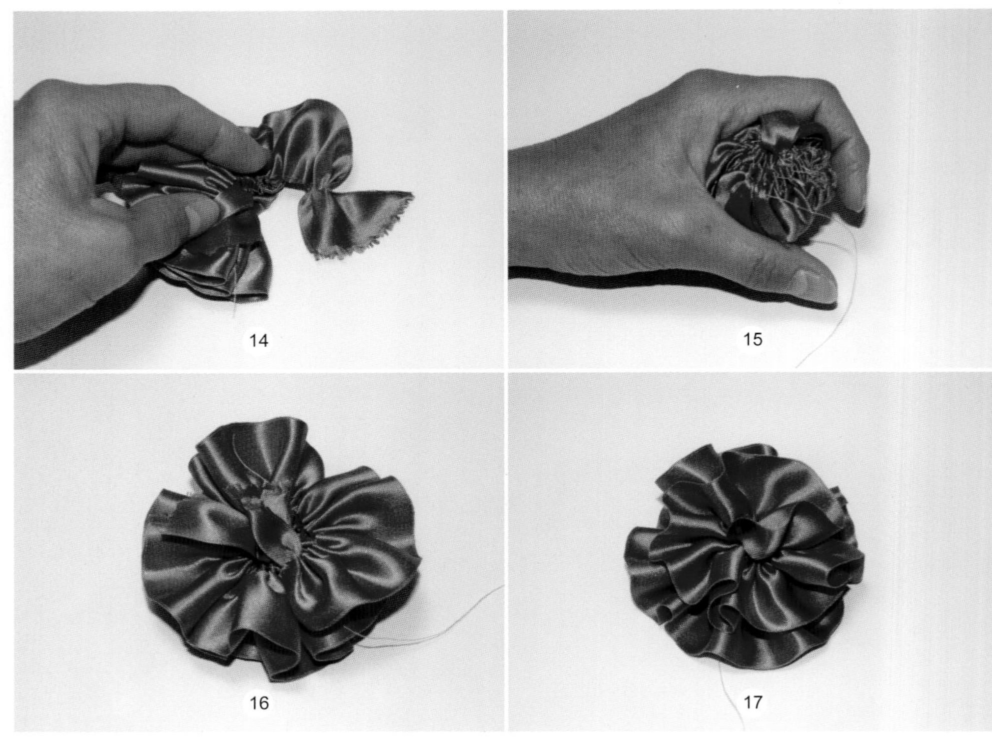
14　15　16　17

收尾润色

可以在花朵上添加叶子来完善设计（详见图片380~382页）。

也可以在花朵中心添加茎（详见第384~387页），或者做个圆片来盖住花朵的背面以及任何可能露出的线迹（详见第389页）。

康乃馨（石竹类植物）

这种柔软的打褶花朵可以通过调整打褶数量来制作初开的紧实花苞，或者制作盛开的简单花朵。

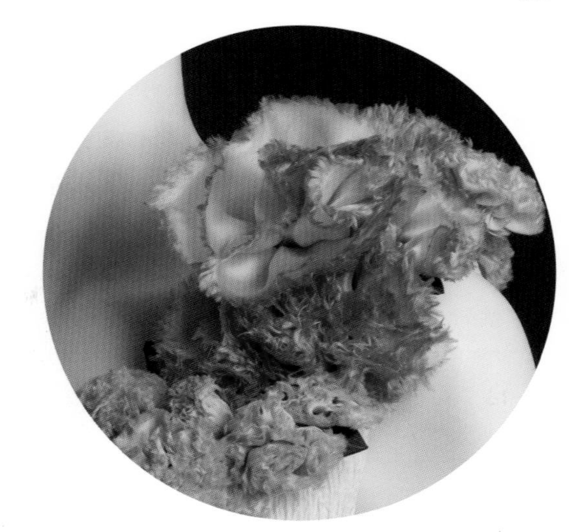

材料

制作一个宽为9cm的康乃馨：

• 长为140cm，宽为3.8cm的斜裁毛边缎带

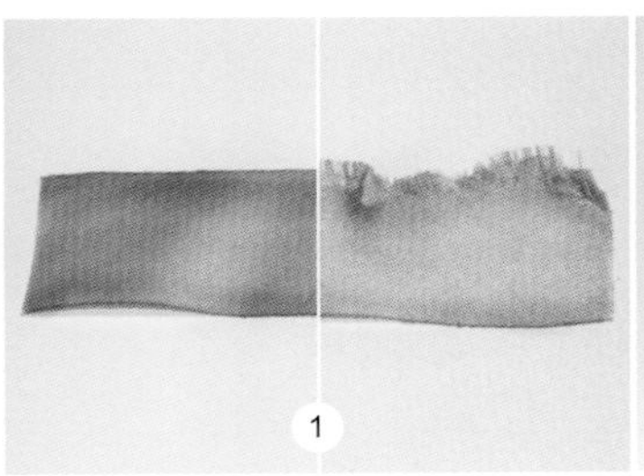

1

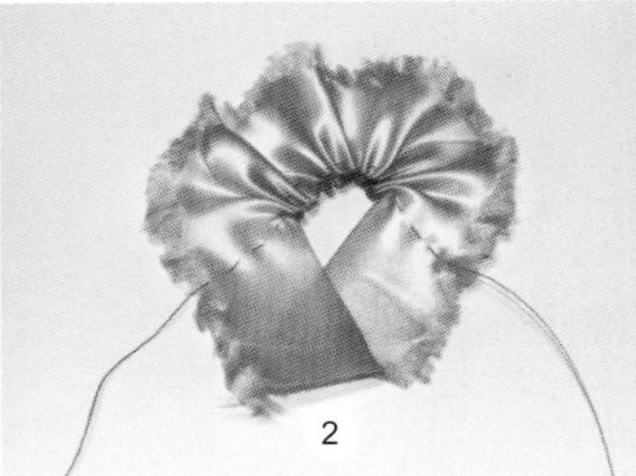

2

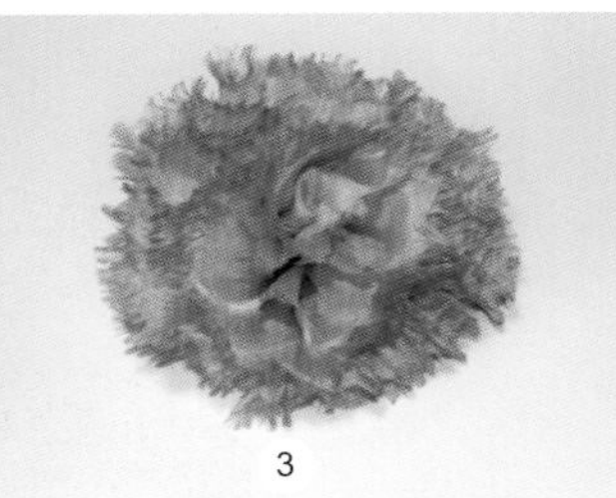

3

4

1 从技术上是不需要缎带的，因为花型的每边都没有织边。毛边绸缎是以斜纱条形式裁剪，按“缎带”进行售卖。用小而硬的刷子刷斜条的边缘，就可以制造出流苏效果，指甲刷或绒面革刷都能获取很好的效果。左边是缎带的原始状态，右边是将缎带边缘刷成了流苏。

2 有了流苏边后，沿着一定的方向制作康乃馨（详见第354～356页）。将缎带手工打褶。

3 由松散打褶的流苏缎带拉成康乃馨的形状。

4 对同样的缎带进行更密的打褶，创造出有更紧凑外观的花朵。

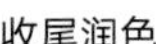

收尾润色

在花朵上增加茎部来完成设计（详见图片383页）。

玫瑰花结

这是一种有独特花芯的双层花朵，用缎带制做，沿着长度方向折叠，然后打褶。

材料

制作一个宽为5cm的玫瑰花结：

- 长为19cm，宽为3.8cm的缎带

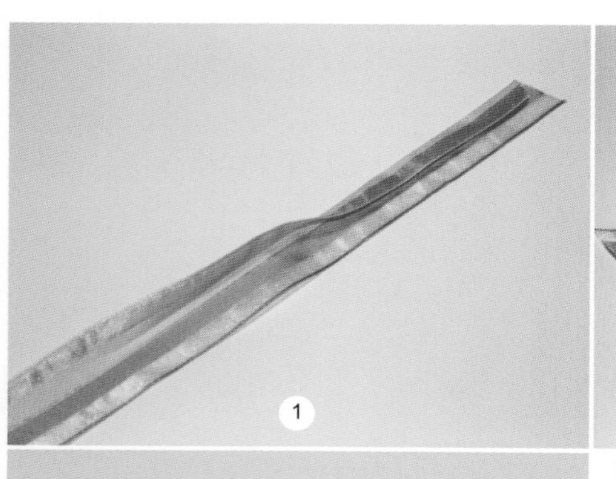

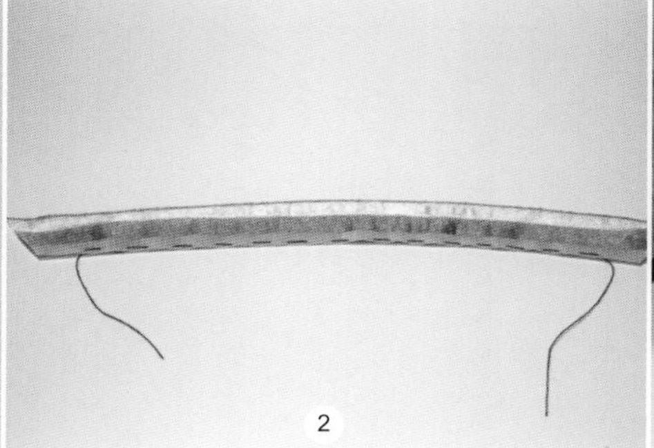

1 将缎带宽分成三部分，然后沿着长度方向折叠$1/3$，熨烫。

2 沿着折叠边缝制打褶线迹。

3 将缎带抽褶，并将抽褶缝线打结。用线头将缎带的两个末端缝在一起。

4 完成的玫瑰花结。

收尾润色

在花朵上添加叶子来完成设计（详见图片380～382页），也可以添加花蕊或花芯（详见第384～387页）。

双花/对花

这种对花的制作很快速。用两边有不同颜色的缎带来给设计增加一些微妙的变化。

材料

制作一对宽为12cm的花：

- 长为53cm，宽为3.8cm的涤纶缎带

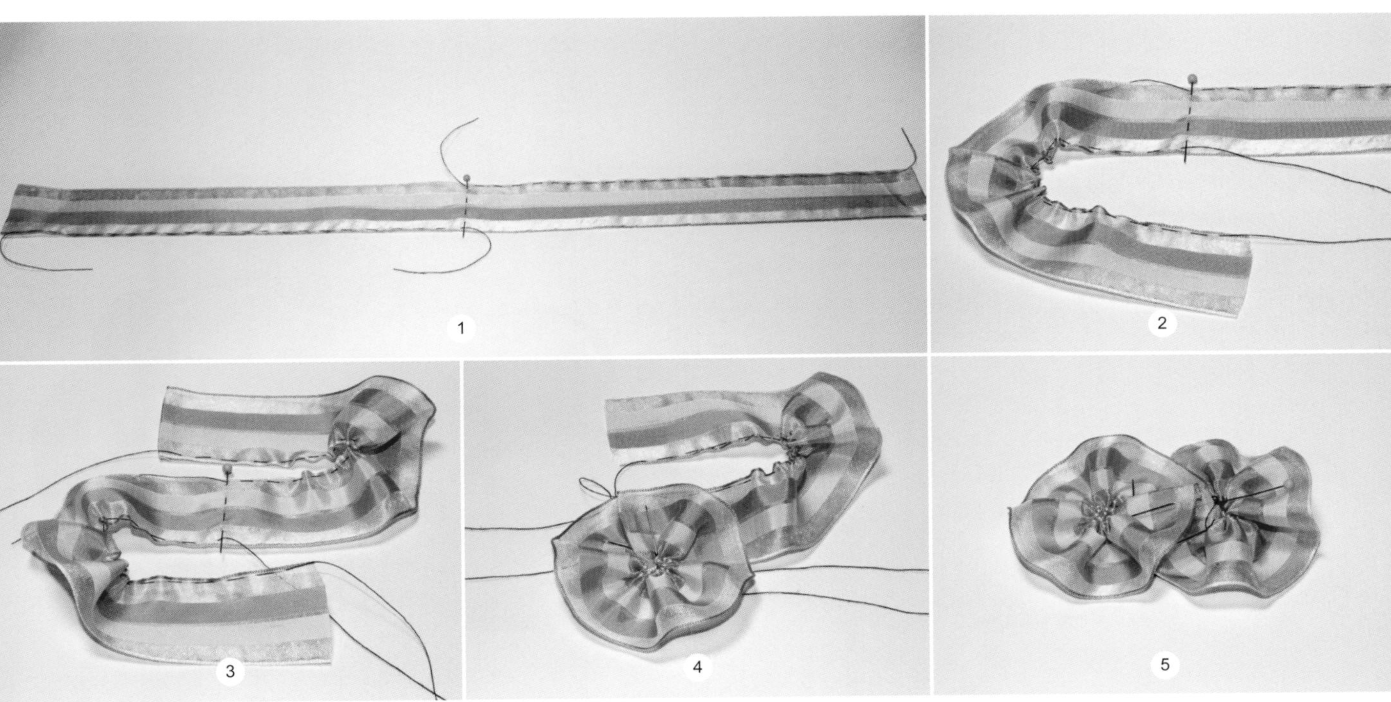

1 沿缎带宽将缎带对折，找到缎带的中点并用珠针标识。沿缎带的一边缝制打褶线迹，直到标识的中点处，在两边留长线头。将缎带翻转过来，并在另一半沿着对边缝制。

2 在一条缝线上对缎带进行抽褶。

3 对另一边重复操作。

4 继续对第一边抽褶直到形成花朵形状。用缝线缠绕珠针将打褶部分固定在合适位置。

5 对另一边重复操作，调整打褶线迹直到形成满意的“8”字形。

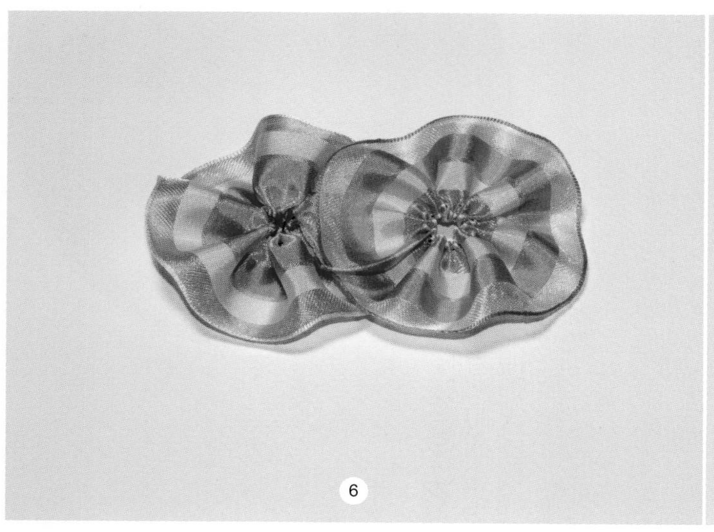

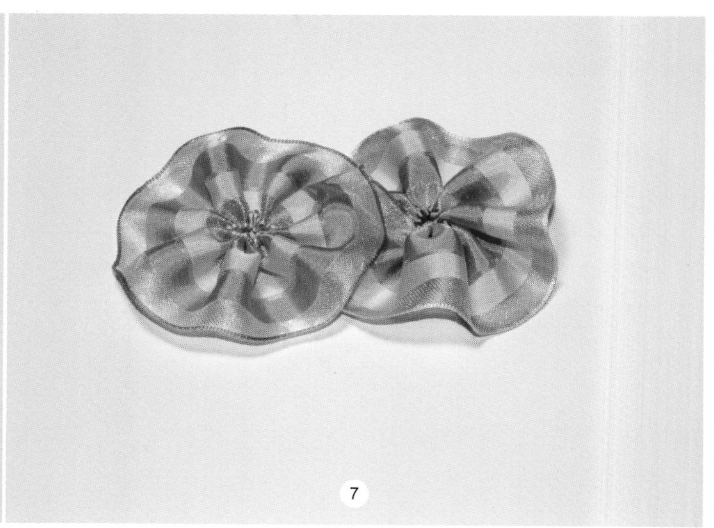

6 将线头拉到缎带反面并固定。在“8”字形之下折叠缎带的一端并固定。将另一边向下折叠两次，形成一个干净的折边。将折叠边缝到“8”字形部分以固定到合适位置。

7 完成的双花。

收尾润色

在花朵上添加花蕊或花芯来完成设计（详见图片384～387页）。也可以添加叶子（详见第380～382页）。

毛地黄（洋地黄）

毛地黄装饰上有小的管状花束，沿着茎从上往下变大，有许多种缎带的宽度可以完成制作。小环缎带可以给花束增添精美的饰边。吊钟花（风铃草属植物）以及紫藤（柴藤）也可以用这种工艺制作。

材料

制作宽为3.8cm的管状花朵：

- 长为2个缎带宽的小环，双面绸缎缎带，加上1.3cm的缝份

1

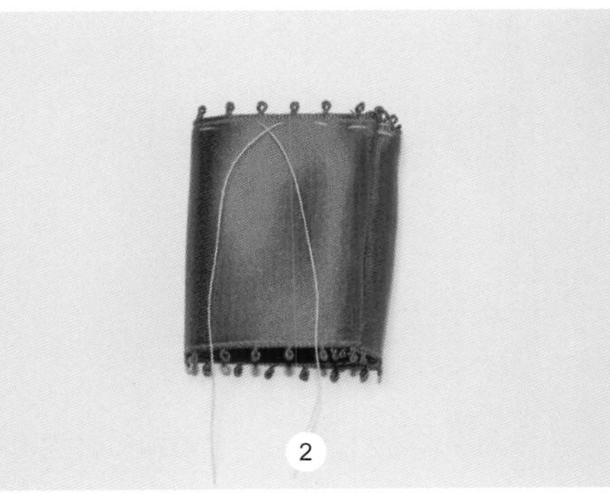

2

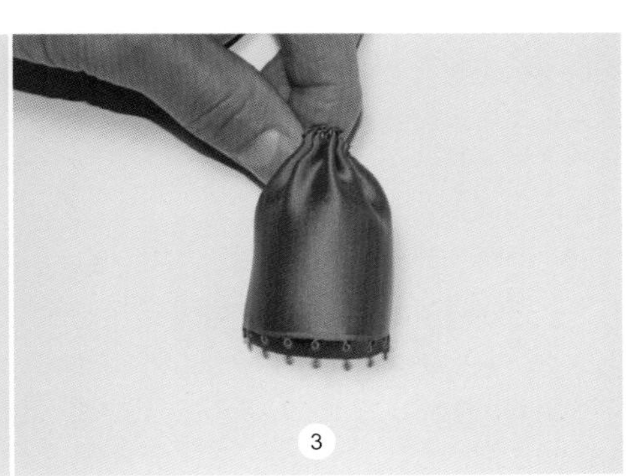

3

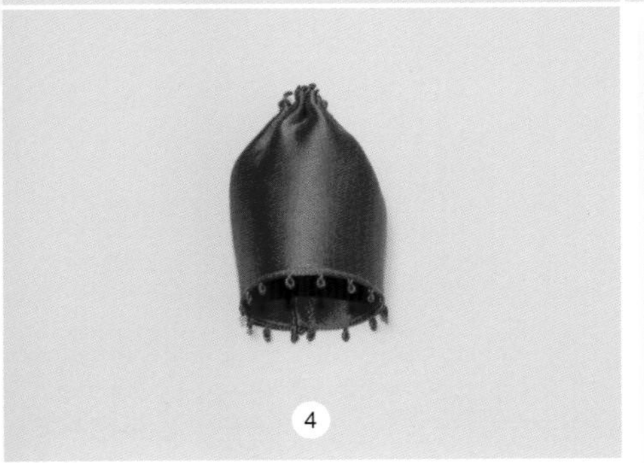

4

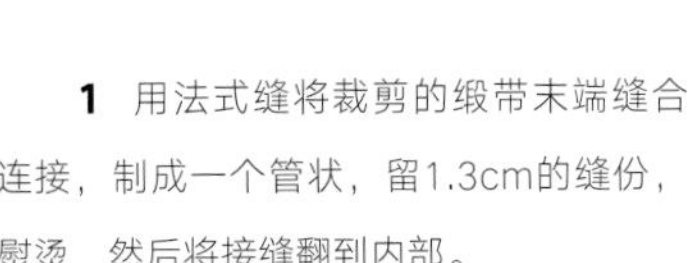

1 用法式缝将裁剪的缎带末端缝合连接，制成一个管状，留1.3cm的缝份，熨烫，然后将接缝翻到内部。

2 沿着管状上端手缝打褶线迹。

3 紧密抽褶，将打褶缝线打结。

4 完成的花朵。

收尾润色

在花朵上添加茎部（详见第383页）。

梅花（西洋李）

U型花瓣工艺是制作许多花朵的基础工艺，包括梅花、三色堇（紫罗兰）、樱花草（樱草属植物）、凤仙花（凤仙花属植物），以及南庭霁（南庭荠属）。用未打褶缎带边做花瓣的外边缘，打褶边做内边缘。

材料

制作9cm宽的花朵：

- 长为56cm，宽为3.8cm的条状涤纶缎带，或者将长取为14个缎带宽加上2.5cm的缝份

1 如果制作多个相同大小的花朵，可以先作一个简单的纸样。每个纸样表示花朵上的一片花瓣。

2 从缎带的外边缘开始，将缝线斜缝到内边缘。这条缝线会成为"山形"的一边。缝线的倾斜角由山脚的宽度决定（详见步骤5）。

最后一针缝在缎带的正面，将针穿到缎带反面并从织边处开始下一针。这样会作出一个"转向线迹"。

3 花朵的每个大花瓣的长应该至少为2个缎带宽；这里的"山谷"会成为大花瓣，长为2个缎带宽或大约7.5cm，打褶线迹也会放在这个位置。沿缎带底边缝合。

4 将另外一条转向线迹放在"山谷"的末端，然后斜缝到缎带的外边缘，缎带边缘再缝一条转向线迹，然后斜缝到下一个花瓣的内边缘以形成"山"型。例子中的山脚宽为1个缎带宽（3.8cm）。

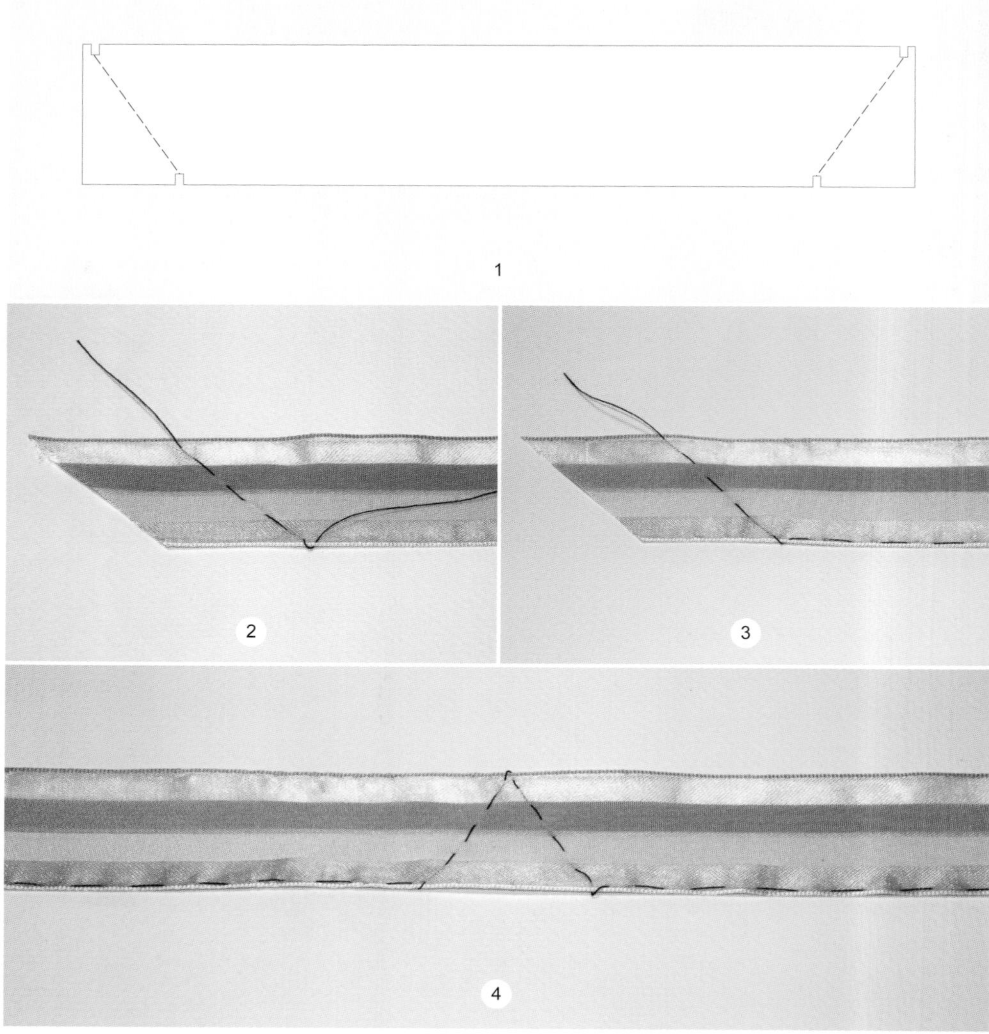

5 图片显示的是一片花瓣的缝迹线。

6 重复步骤2～4，对于每一片花瓣，山谷和山峰的缝制顺序，以转向线迹开始，以山峰作为缝制顺序的结尾。山谷的数量与花瓣的数量相同。在这里，有五个山谷和五个山峰（当把缎带的两端连在一起，就形成了山形）。

7 轻轻拉动打褶线迹，就像产生“地震”：将缝线拉直，缎带打褶成为花瓣，山谷会形成大花瓣，山峰会形成小的内部花瓣。在这里，第一个山谷形成第一个大花瓣。

8 第一个山峰内陷形成一个小的内部花瓣。

9 第二个山谷形成第二个大花瓣，第二个山峰内陷形成第二个小花瓣。

10 继续打褶直到5个大花瓣形成。

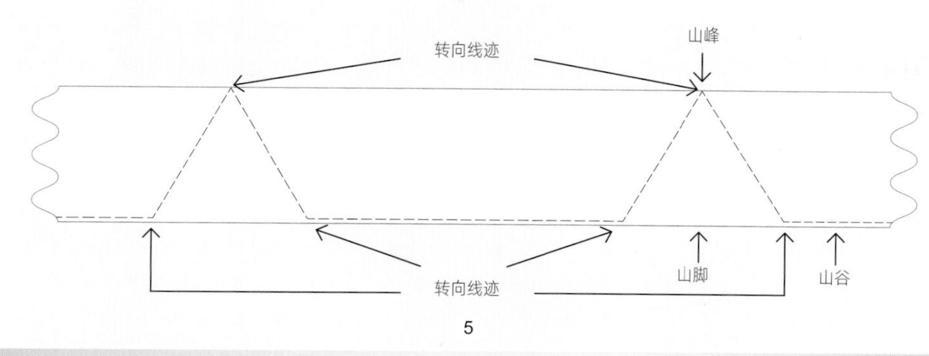

5

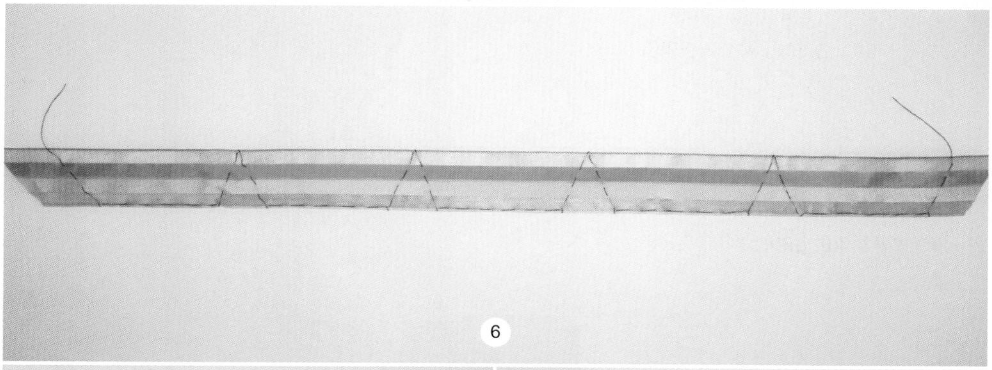

6

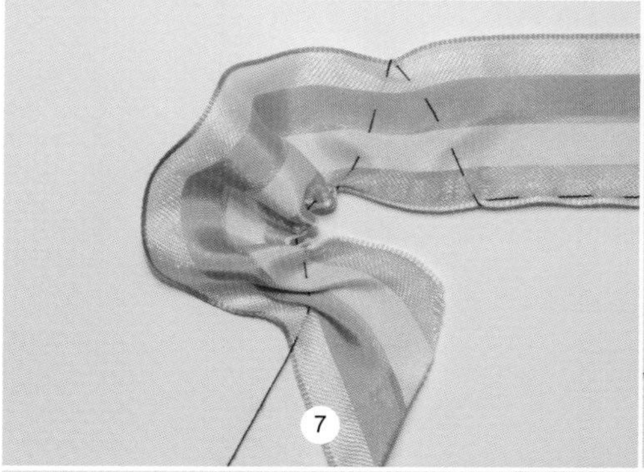

7

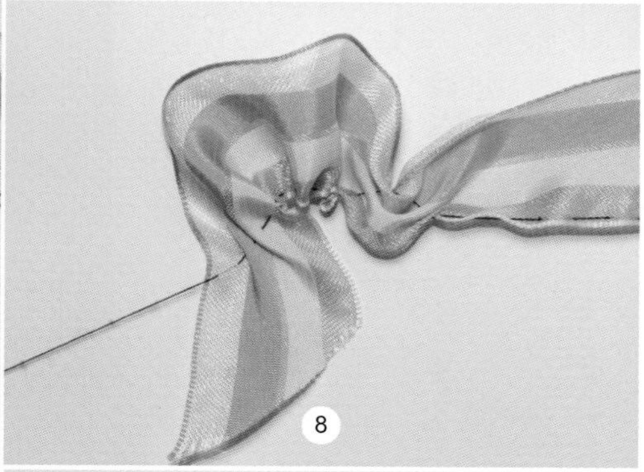

8

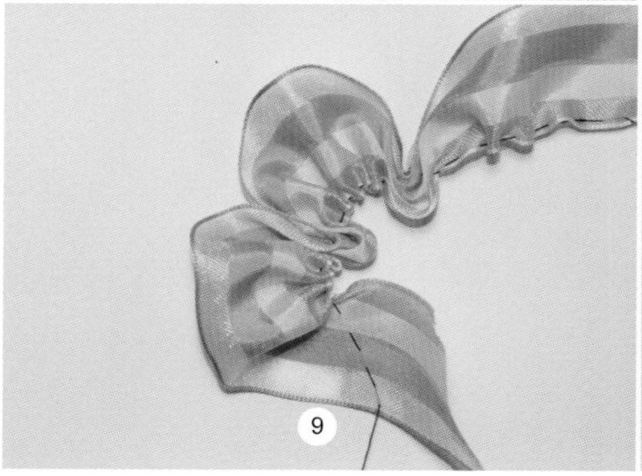

9

10

11 把线头绕在珠针上暂时固定打褶部分，然后在花瓣之间均匀地分布褶。

12 抽动珠针/打褶线迹聚集在一起，制造出圆形花朵。

13 直到得到满意的花朵形状，打结固定打褶线迹。

14 将花瓣穿到两个缎带末端的下方。

15 将两个缎带末端缝在一起。

16 完成的五瓣花。

收尾润色

在花朵上增加叶子、茎、花蕊或花芯，给花朵增加更多层次感（详见图片380～387页）。

变化形式

1 添加更多的花瓣可以制作三色堇或其他的花。改变山谷的长度会改变花瓣的尺寸。这个缎带再次被分成5个山谷和山峰，但是这里的山谷沿着山脚为3个缎带宽，且山峰在山脚上为1个缎带宽（详见图片第二步，右边）。

2 左手边的花用较小的山谷制成（2个缎带宽），有更加独特的外层花瓣；而右手边的花有更大的山谷（3个缎带宽），从而几乎无法分辨外部花瓣。

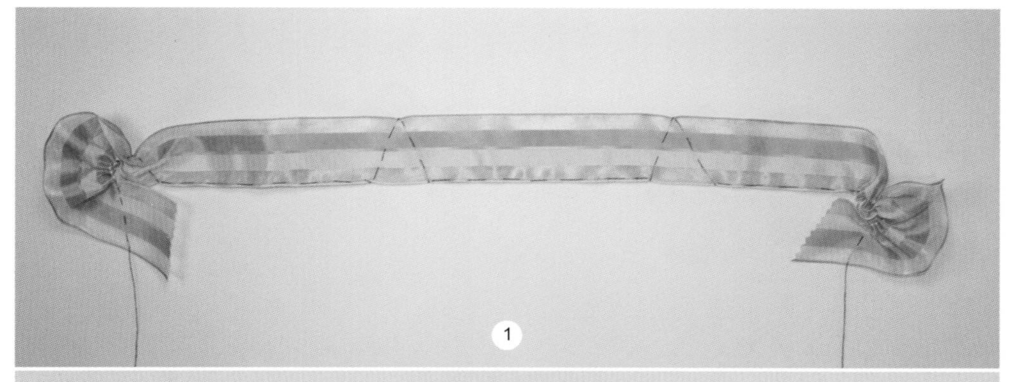

1

2

三色堇（紫罗兰）

三色堇有5片花瓣：上面有两片，两边各一片，底下有一片，底下这片留出一点毛须。可以用不同的颜色制作毛须或者任意一对花瓣，就如图中展示的一样。

材料

制作一个宽为10cm的三色堇：

• 对于两边的花瓣和毛须，用长为56cm，宽为3.8cm的渐变绸缎缎带，或者是14个缎带宽加上2.5cm的缝份

• 对于上层的花瓣，用长为29cm，宽为3.8cm的撞色丝质欧根纱缎带，或者是长为7个缎带宽加上2.5cm的缝份

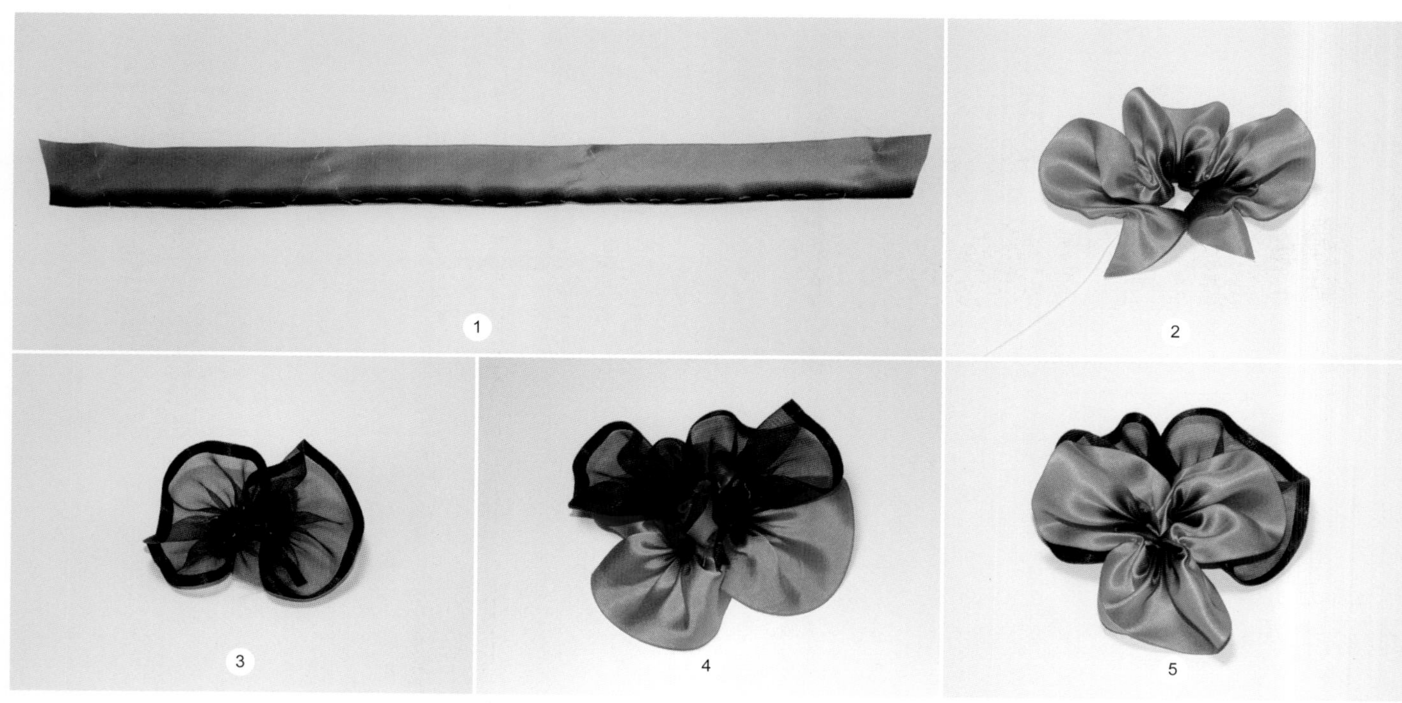

1 用U型花瓣工艺（详见梅花，步骤1～4，第362页），缝合3片花瓣。在这个例子中，测量山谷部分，确定每片花瓣需要长为3缎带宽或者大约11.5cm，每个山脚宽为2/3缎带宽或者2.5cm。

2 将缎带打褶形成3个花瓣，然后将缎带的末端缝在一起形成圆圈。

3 用撞色缎带制作两片上层花瓣。

4 在反面将两片上层花瓣的缎带末端绕过另外3片花瓣的缎带末端。

5 观察三色堇的正面，移动对比鲜明的花瓣，直到它们与其他花瓣完全融合，将两条缎带缝在一起。

收尾润色

在花朵上添加叶子和茎（详见第380～382页）。

天竺葵（天竺葵属植物）

天竺葵、罂粟花（罂粟属）以及金莲花（金莲花属）是可以用L型缎带工艺制作的花型装饰例子。短的缎带缝在一起，打褶形成单独重叠的花瓣。可以与渐变缎带很好地搭配：花瓣的颜色会从中心到边缘逐渐变化。

材料

制作宽为7.5cm的花：

• 多条6个缎带宽的色全色织塔夫绸缎带，每条长为15cm，宽为2.5cm

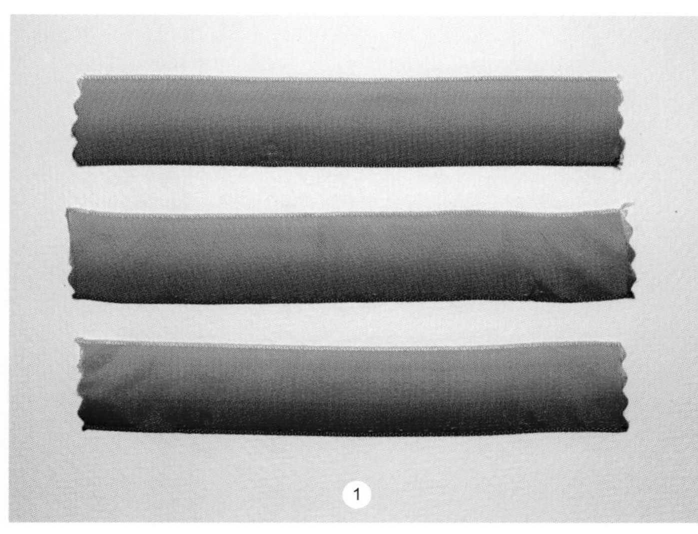

1

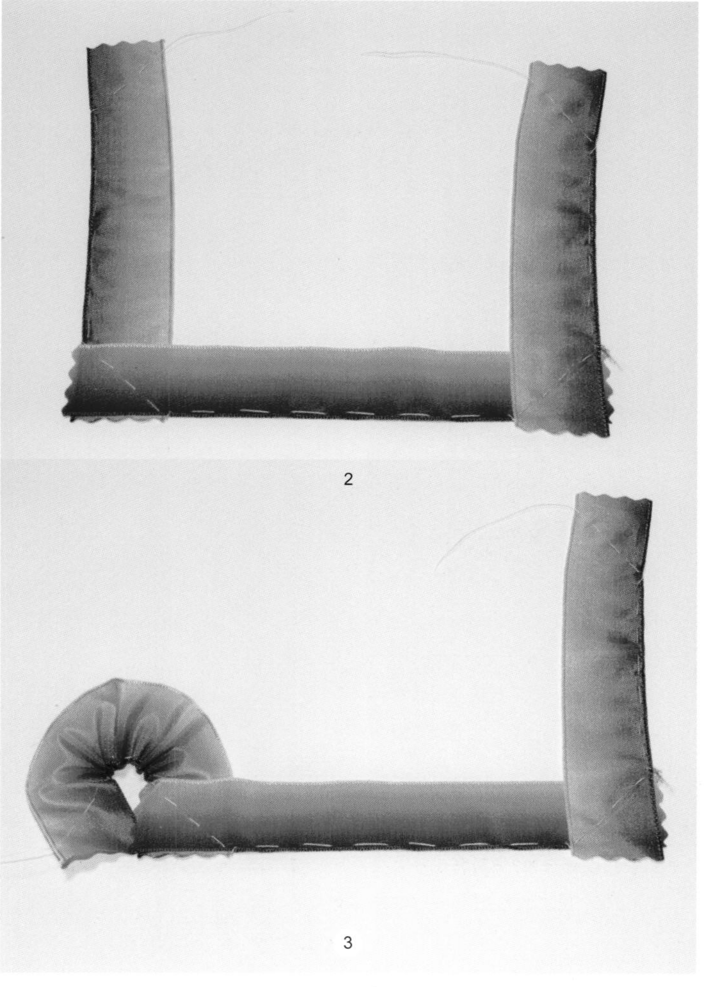

2

3

1 将缎带剪成6个缎带宽的长度，每片花瓣用一条。

2 将两条缎带呈直角放置，用一个缎带宽盖住另一个的末端形成一个L型，固定在一起。对下一条缎带重复上述操作，形成U型。

从L的顶部开始，用缝针斜穿过缎带的宽，在缎带边缘缝制转向针，然后沿着每一条缎带的山谷（详见梅花，步骤2～3，第362页）部分缝制。

沿着L型的弯头部分对角斜缝，将两条缎带缝合在一起。继续沿着中间缎带的山谷缝合，然后对角斜缝第二个弯头部分，沿着U型的右手边山谷缝合。

3 轻轻地拉动缝线，将缎带抽褶成花瓣。

4 继续拉动缝线，直到形成三片花瓣。

5 得到满意的花瓣形状后，将线头缠绕珠针固定打褶部分。将打褶线迹打结并将花瓣缝成花朵形状。

6 添加花蕊或者花芯来完成花朵（详见第384～387页）。

变化

1 想加多少缎带都可以，各种尺寸或者各种颜色。这里，七条缎带缝在一起制作7片花瓣。

2 轻轻地将缎带打褶，制作一个螺旋形的花瓣。

3 完成的七瓣花。

流苏钟（岩扇属岩镜）

这种花型装饰用一张圆形纸片作纸样，可以是任意大小。花型装饰可以像雏菊（雏菊属）平放，也可以像水仙花（水仙属）下垂，这取决于缎带宽和圆圈的大小。在这里，为了清楚，流苏钟用薄缎带制作，但较宽的缎带制作的花型装饰会更加丰满。

材料

制作15cm的花朵：

- 一张纸
- 图钉
- 长为142cm，宽为6mm的缎带，不要将缎带从线轴上剪下，直到步骤5

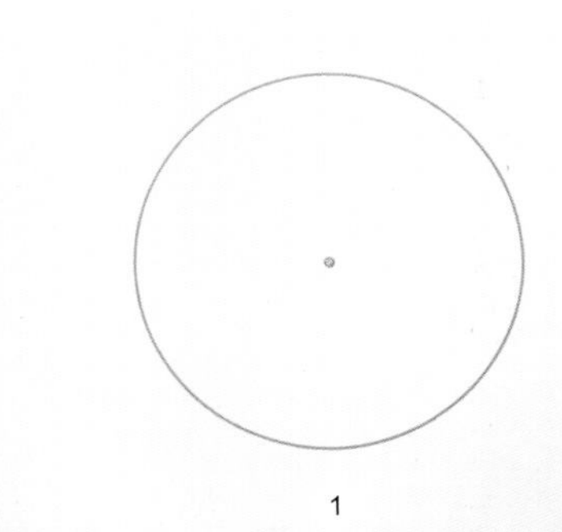

1

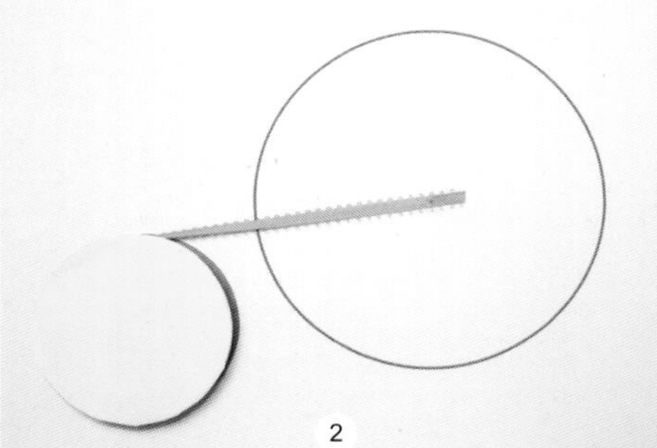

2

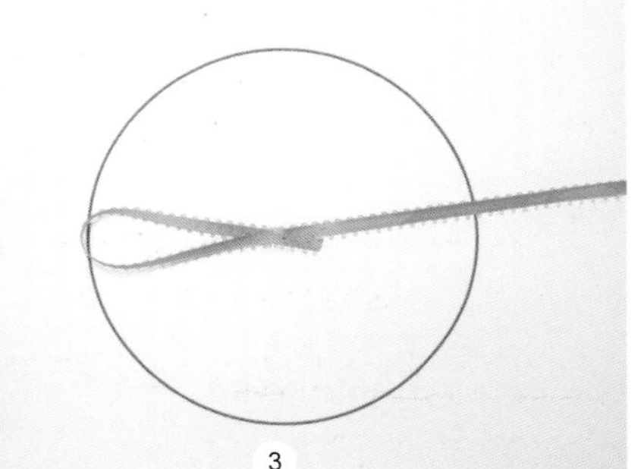

3

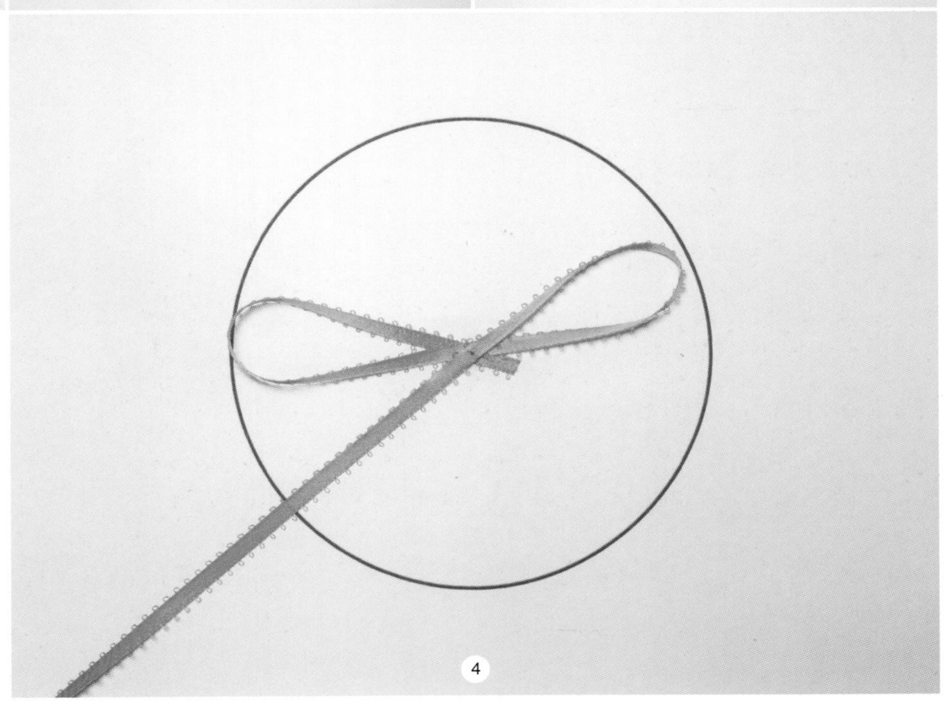

4

1 在纸上画一个直径为10cm的圆，将图钉针尖朝上放在圆的中心。可以把图钉从纸的背面穿过去，然后把它粘在纸的背面。

2 将缎带边向下折两次形成一个折边，然后放在图钉处，将缎带尾从一边拉出。

3 用圆的边缘作为引导，将缎带尾折回到圆圈内，固定在图钉上。注意用图钉固定的缎带要稍微偏离中心位置：这样会使花瓣围绕圆圈。

4 将缎带尾折回圆圈，固定在图钉上，再一次稍微偏离中心，形成第二个圈。

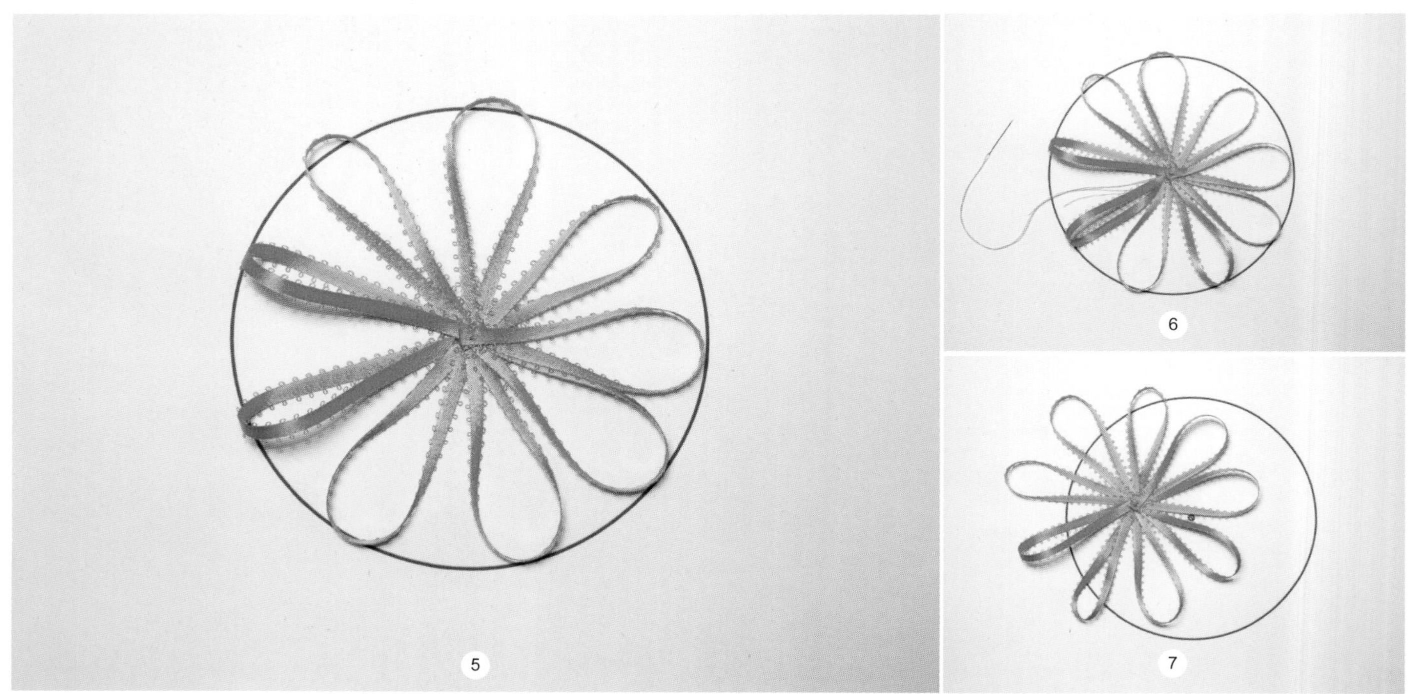

5 重复步骤3～4，直到花朵看起来比较丰满。将缎带尾剪掉，留1.3cm。将6mm毛边向下折两次制作毛边，用手指压平，将折叠的末端放在图钉上。

6 缎带固定在图钉上时，小心地将缝线穿过花朵的中心（绿色缝线），将所有的缎带层用线固定在合适位置。将花朵从图钉上取下，并增加一些线迹来固定花朵。

7 完成的花朵。

收尾润色

在中心位置添加茎（详见第383页），或者添加毛地黄风格的花朵（详见第361页）。

迪奥风格玫瑰

这种流行的面料玫瑰是著名设计师克里斯汀·迪奥开创的，他将玫瑰花束在服装的腰间，或者堆在礼服的后背。

材料

制作一个平的，盛开的，12.5cm宽的玫瑰；和一个较小的，5cm宽的花苞：

- 需要0.5m长的面料，比如重丝质欧根纱（例子使用该面料）；也可以用任 何类型的面料，但一般厚面料不容易打褶，不适合作小花瓣

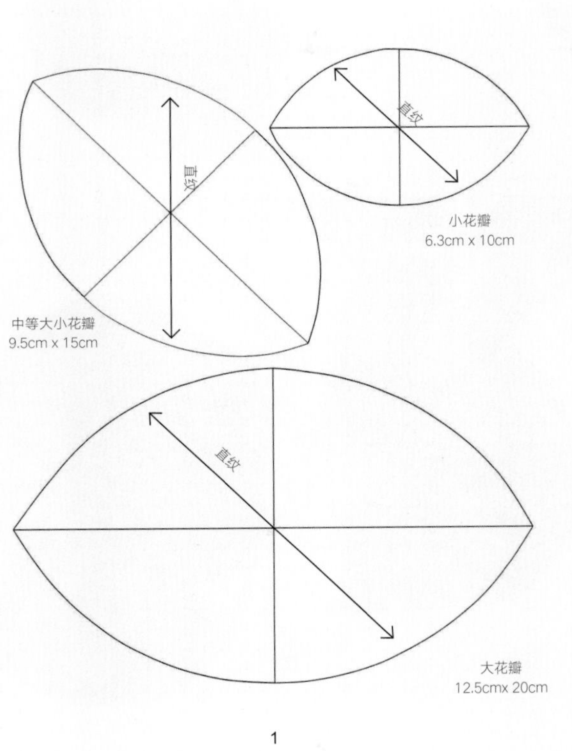

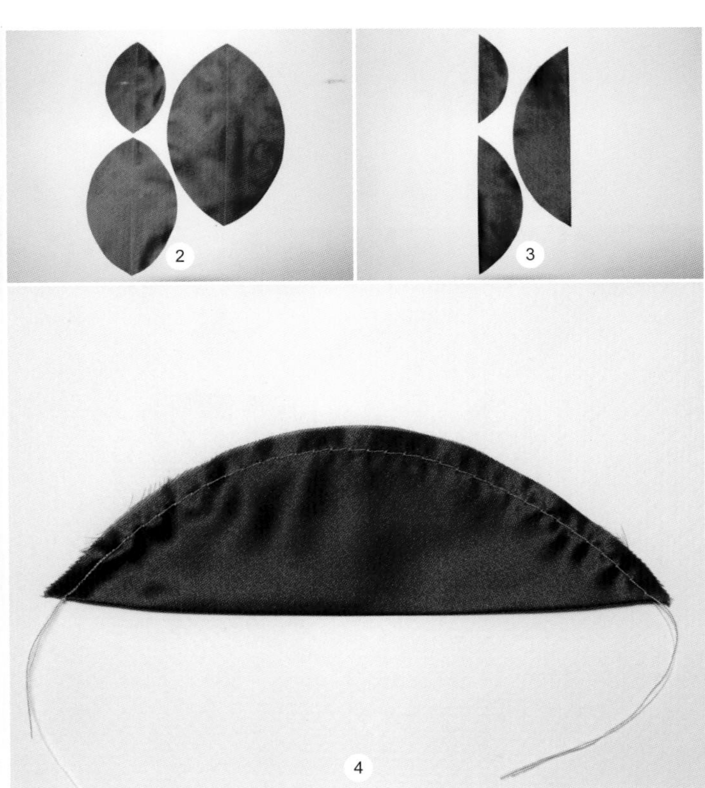

1 拷贝并剪出纸样。

2 至少剪出两个尺寸的花瓣，要特别注意纸样上的纱向标记。在这里，样品分别有三个小尺寸和中等尺寸的花瓣，还有4个大花瓣。

3 将所有的玫瑰花瓣沿着长度方向的中心线对折。

4 留6mm缝份，用1.5mm的小缝迹开始缝制，先缝6mm（5spi），然后在缝针落下的状态下，将针距调成5mm（5spi），用长针距缝剩下的花瓣边缘。

短针距能将缝线固定在花瓣上，因此不需要在那片花瓣的末端将线头打结。长针距缝的为打褶线迹。

改变针距

在缝纫机上改变针距时，需要将针落在面料上。如果在改变针距时抬起缝针，会使缝线窝在错误的一边。

5 将第一片小花瓣抽褶并将线头打结。将另外两片小花瓣抽褶，但不进行线头打结。

6 将第一片小花瓣包裹在手指上形成玫瑰花的中间花瓣。

7 将第二片花瓣包裹在第一片花瓣上，小心地将第二片花瓣的起始位置偏移1/3片或半片花瓣，以创造出更逼真的花朵。

8 对玫瑰花心的造型满意后，将第二片花瓣的打褶线迹打结，然后将两片花瓣手缝在一起。这里，黄色缝线用来固定花瓣。

9 将第三片小花瓣包裹在不断增大的玫瑰心上。将打褶线迹拉紧或松开，使花瓣与前两片花瓣匹配。

根据摆放的方式，小花瓣可以制作出一排或两排花瓣，将打褶线迹打结，然后将第三片花瓣缝到花苞上。

10 以相同的方式添加中等尺寸的花瓣。

11 保持打褶线迹和缝份在玫瑰底部对齐。每次改变花瓣大小时，第一片花瓣会看起来很大，你可能想增大缝份以使它变小，但是所有的花瓣应该沿着毛边对齐。

12 继续添加大尺寸的花瓣，直到玫瑰花看起来比较完整。

13 从侧边看完成的玫瑰花。

14 完成的十瓣玫瑰花。

收尾润色

在玫瑰花上添加叶子（详见第380~382页）和茎，或者花芯。

变化形式

1 仅使用小的和中等大小的花瓣制作小玫瑰花苞。这里的花苞用两片小的和三片中等大小的花瓣来制作。

2 完成的玫瑰花和玫瑰花苞。

一品红（大戟属植物）

一品红，百合（百合属）和铁线莲（铁线莲属）是一些可以用三角形花瓣工艺制作的花朵。丝质欧根纱或轻质仿麂皮面料是制作三角形花瓣花朵的不错选择，因为它们不易散边；花瓣裁剪下来打褶形成花朵。

材料

制作宽为10cm的花朵：

- 0.5m（1/2yd）长的轻质欧根纱
- 等腰三角形纸样

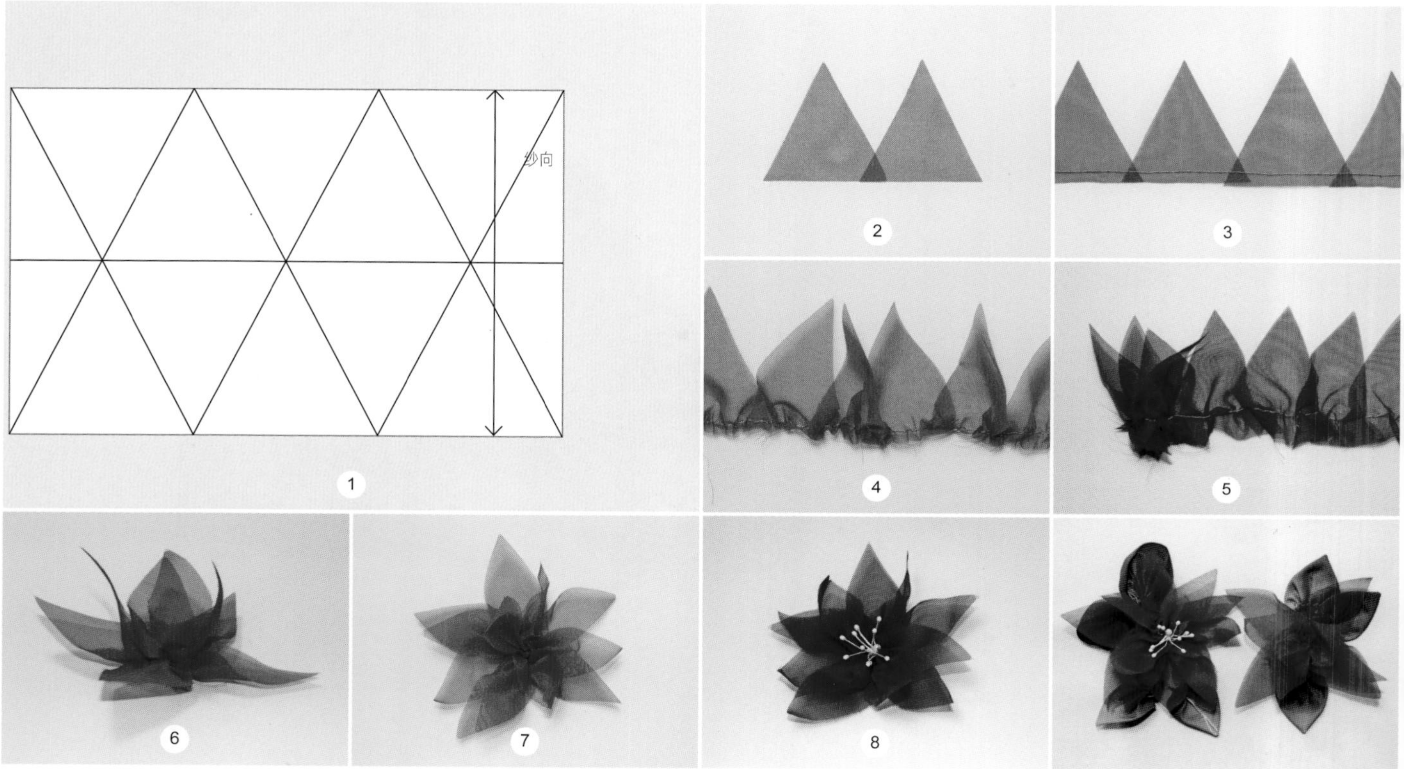

1 2 3 4 5 6 7 8

1 裁剪一系列相同的等腰三角形。这里，一朵花是8片花瓣（步骤7），另一朵花是12片花瓣（步骤8）。从面料上裁剪下来，保证三角形的底边是在经纱或纬纱上，这样能最大程度的防止边缘散边。

2 将三角形摆放在一条直线上，底边部分重叠6mm～1.3cm。

3 留出1.3cm缝份，用长的假缝线将三角形缝在一起。如果缝份较小，花瓣打褶时线迹可能从面料上脱落。

4 轻轻地将三角形抽褶，将打褶线迹的末端打结，这作为初始花瓣。

5 轻轻拉动打褶线迹，并调整褶直到得到满意的花朵造型。

6 缝线的另一端不打结，这样可以断调整褶的造型，直到完成花朵的制作。操作时将花瓣缝在一起，抽褶、扭转后将花瓣缝到花朵上。

7 完成的八瓣一品红。

8 完成的十二瓣一品红。在成品花朵上添加茎或花芯（详见第384～387页）。

收尾润色

在花朵上添加叶子（详见第380～382页）。

山茶花（山茶属）

这种花朵的特点是打褶的扇形花瓣需要用硬挺的面料，这里使用的是丝质洋缎或者饰边缝包边。金盏花（万寿菊）和栀子花（栀子属）也可以用这种工艺制作。

材料

制作宽为12.5cm的花朵：

• 准备一块面料，宽为10cm，长为218cm，沿长度方向对折，对折痕进行熨烫或让它保持柔软

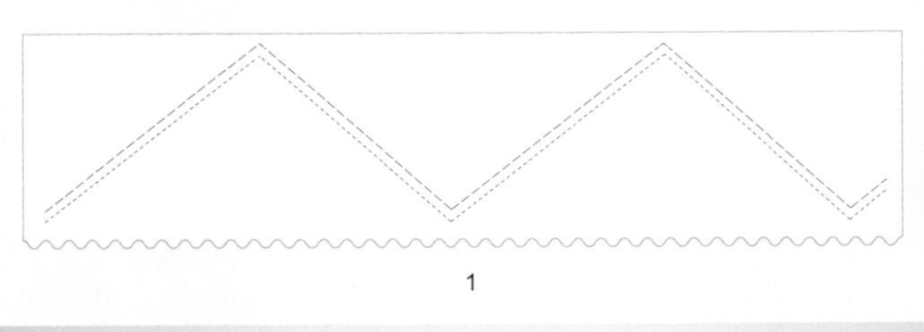

1

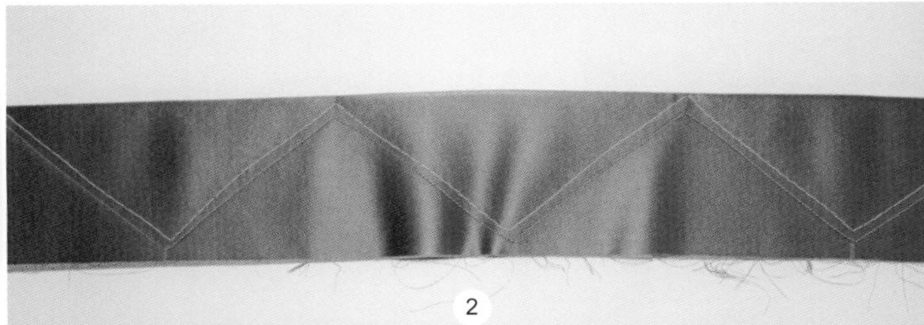

2

3

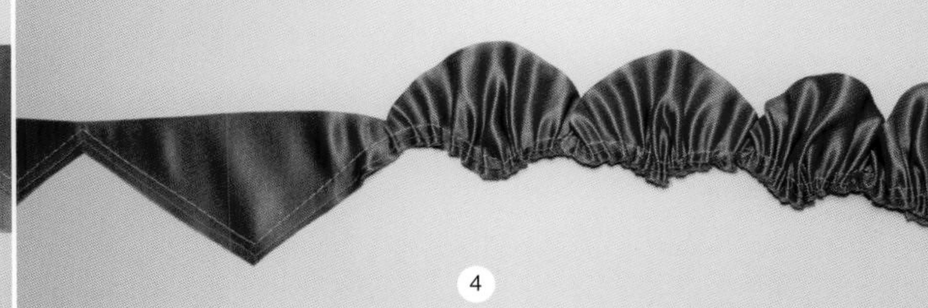

4

5 6 7

1 将三角形版画在面料上。每一个山谷都会成为一片花瓣。这个花朵有14片花瓣。

2 使用1.5mm（15spi）的小针距，沿下面的直线缝纫（绿色缝线），在每个山峰和山谷底的位置绕转折点旋转。

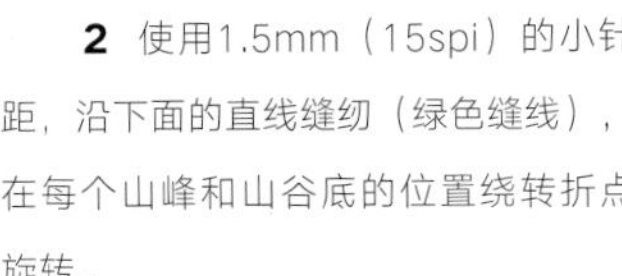

然后，将针距调整为5mm（5spi）的长假缝线迹。在前一条缝迹线上面6mm处缝制，注意不要缝到面料的边缘外面，保持缝线连续（第二条缝线用白色缝线）。

3 修剪掉小缝迹线下面的面料（绿色缝线）。

4 轻轻地拉动打褶线迹，将缝线拉直，在缝迹线之上形成扇形。

5 扇形部分可能会螺旋环绕缝线，所以在将它们扭转成花朵形状之前小心地将它们拉直。

6 将花瓣扭转成螺旋形制作出花朵，然后与下层花朵缝在一起。

7 完成的花朵。

收尾润色

在花朵上添加茎或花芯（详见第384～387页）。

蜀葵（蜀葵属）

这种茂密的花朵可以用任意斜纱面料和任意尺寸制得。蜀葵可以通过打褶紧密的面料制得；将面料更紧密的打褶可以制作牵牛花（矮牵牛花）。

材料

制作宽为10cm的花朵：

- 长为86cm，宽为9cm的斜裁面料，折叠成4.5cm宽
- 长为76cm，宽为8cm的斜裁面料，折叠成4cm宽
- 长为71cm，宽为4cm的斜裁面料，折叠成2cm宽

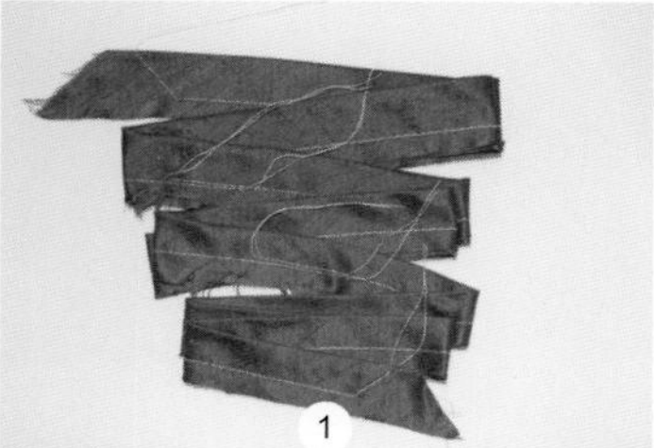

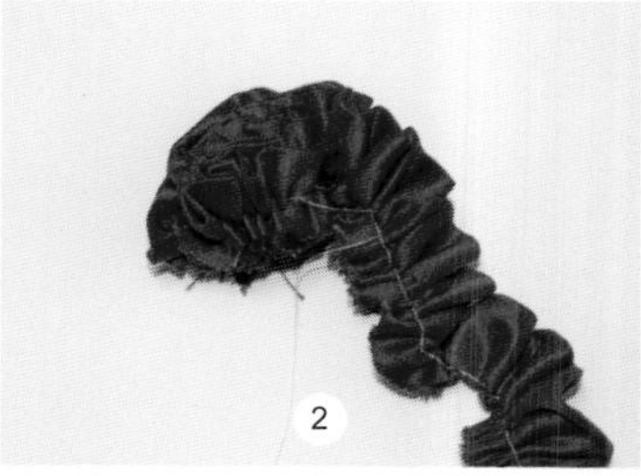

1 裁剪斜纱布条，将长度和宽度调整到合适的尺寸。将布条缝在一起形成长条，沿长度方向对折长条，接缝处的缝份藏在内侧，熨烫。在每一个接缝处，仅仅修剪较大的斜裁条上缝份，使较宽的布条逐渐变窄，如图所示。

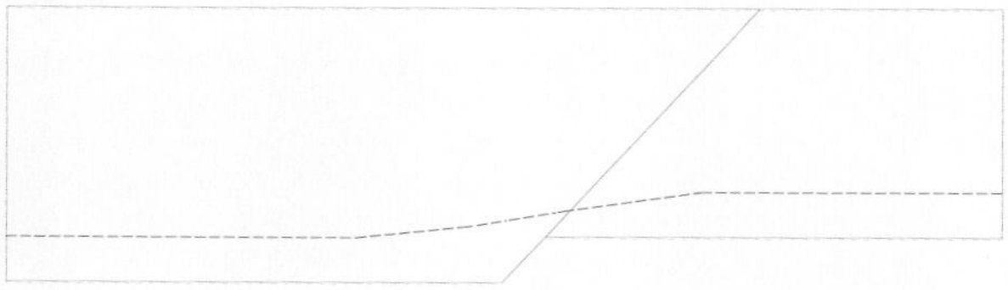

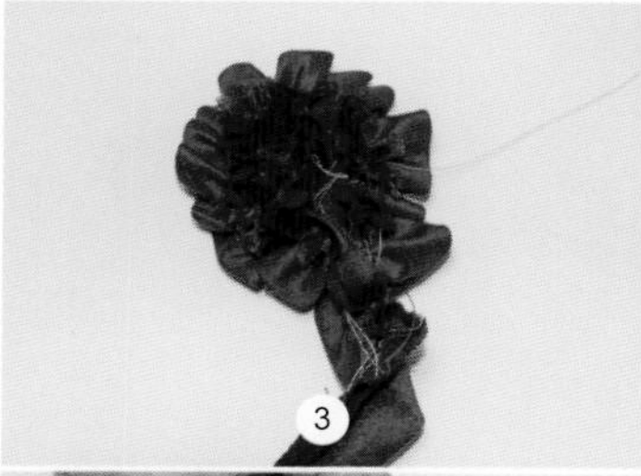

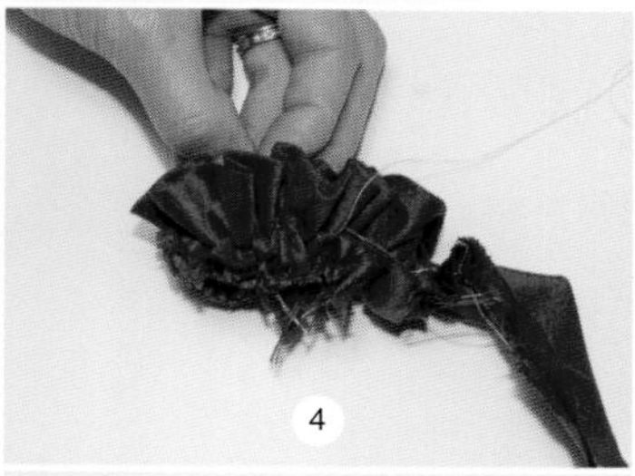

从毛边开始用1.3cm的长假缝线迹将斜纱条的每一部分缝合，为下一步制作打褶线迹作准备（详见机器打褶线迹，第25页）。两部分间的假缝线迹重叠5cm。

2 轻柔地将第一部分斜纱条抽褶，扭转成螺旋形，形成花朵。在打褶线迹上面缝纫将打褶斜纱条层固定在一起。

3 对斜纱条的另一部分重复步骤2。

4 对每一部分打褶时，保持缝份的毛边处于堆起状态。

5 完成的花朵的底部。将面料末端拉出盖住底部以挡住缝份，或者对面料末端进行修剪，然后用布片盖住缝份。

6 完成的蜀葵花。

收尾润色

在花朵上添加叶子（详见第380~382页）。

折叠玫瑰/巴尔的摩玫瑰/洋蔷薇

这种花型装饰是将缎带固定在圆锥体硬衬布上（一种松散的、硬质棉布或亚麻布），缎带折叠两次形成一个花瓣。花朵的繁茂程度取决于折叠的松紧度。

材料

制作宽为8cm的玫瑰花：

- 一片硬衬布
- 长为91.5cm，宽为3.8cm的双面绸缎缎带

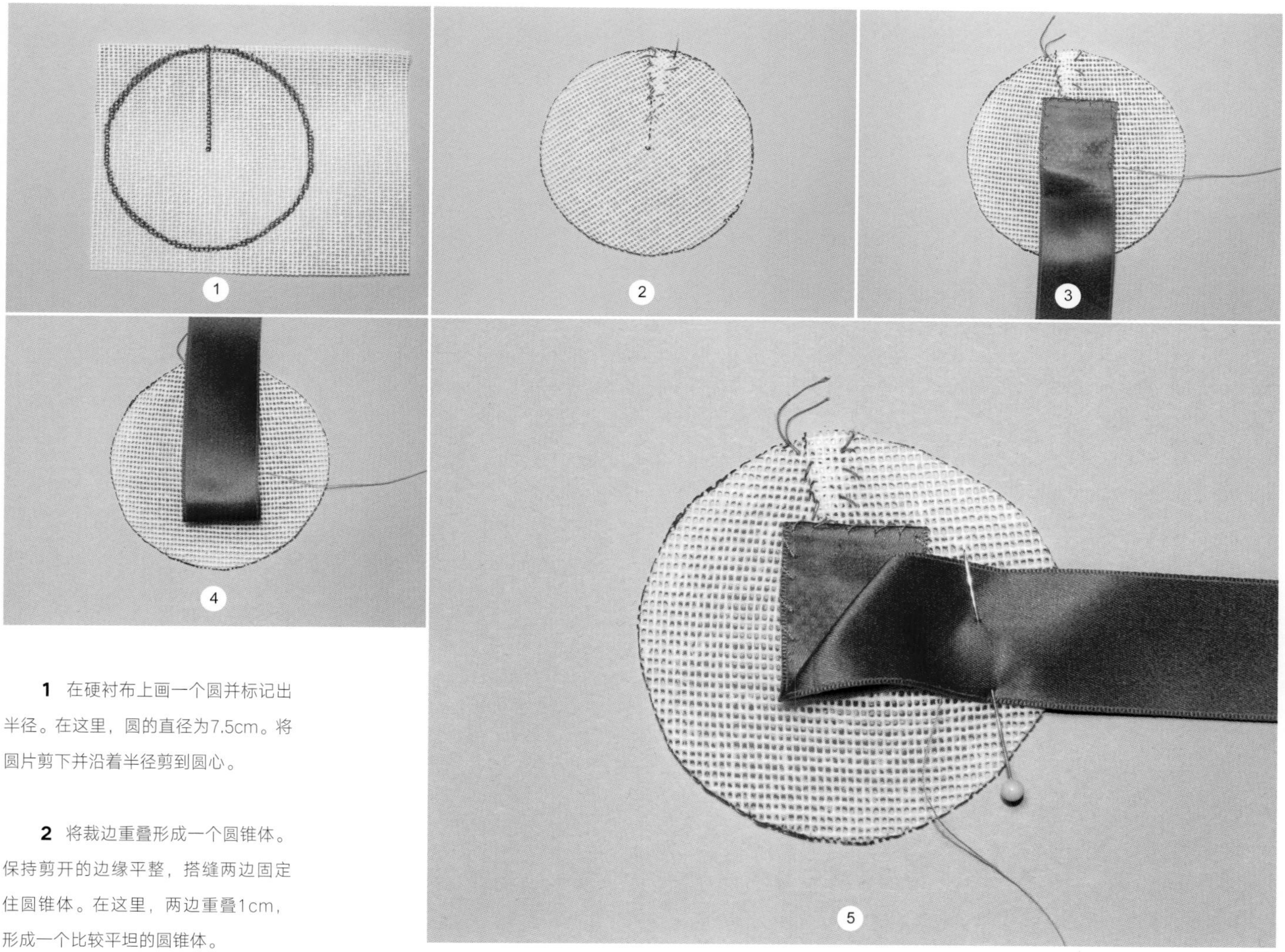

1 在硬衬布上画一个圆并标记出半径。在这里，圆的直径为7.5cm。将圆片剪下并沿着半径剪到圆心。

2 将裁边重叠形成一个圆锥体。保持剪开的边缘平整，搭缝两边固定住圆锥体。在这里，两边重叠1cm，形成一个比较平坦的圆锥体。

3 缎带的毛边末端向下折叠放在圆锥形体的尖角处。将缎带的三边缝到硬衬布上，留下缎带头。

4 将缎带以90°方向折叠，盖住缝线部分。

5 将缎带朝向线头45°方向折叠，露出缎带的斜向折叠部分，将其固定到硬衬布上。

6 缝制缎带，完成第一片花瓣，注意仅固定缎带的最上层，可以用下面的缎带边作为缝线引导。线头直接从缎带上拉出来。

7 沿着缝合部分呈90°方向折叠缎带。

8 将缎带朝向线头45°方向折叠，在缎带上形成另一个斜向折叠，将它固定在衬布上。

9 缝制缎带，完成第二片花瓣，注意仅固定缎带的最上层，可以用下面的缎带边作为缝线引导。线头直接从缎带上拉出来。

重复步骤7～9，直到缝完第一圈花瓣的最后一个。

10 完成了围绕中心部分的第一圈花瓣后，调整折叠的角度，使第二圈有更多的花瓣，这里是从第六瓣开始。继续制作花瓣，直到铺满衬布或是用尽缎带。

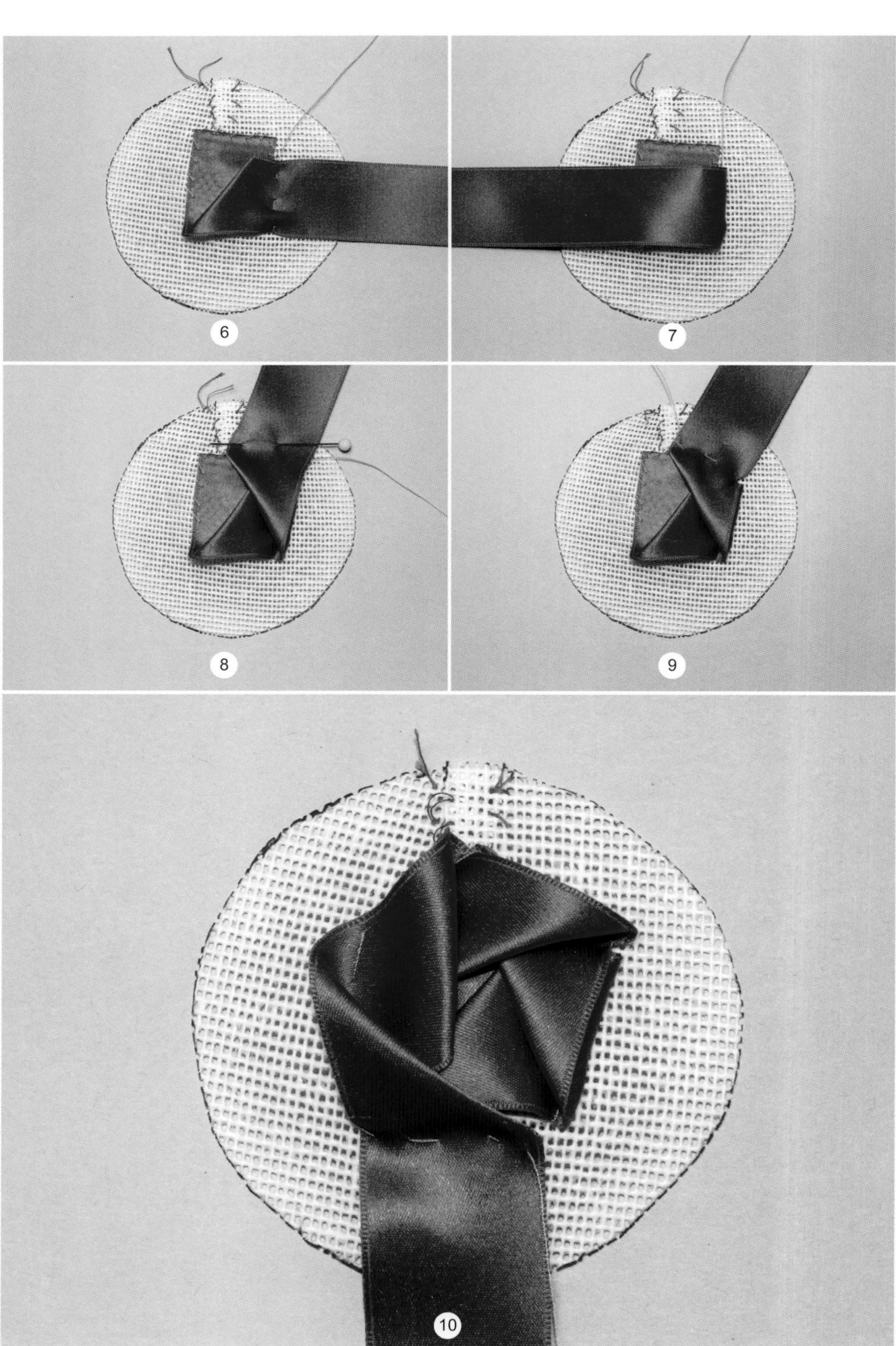

11 到达衬布末端时——这里是第18个花瓣——注意折叠的角度已经变得不太尖锐，使花瓣更宽。

12 衬布排满后，将缎带头折到下方并将其缝到衬布上。

13 完成的折叠玫瑰花。

变化形式

1 如果玫瑰花在没有布满硬衬布就完成制作，可以对硬衬布进行修剪，注意不要剪断缝线。

2 在玫瑰花的反面，修剪硬衬布。

3 硬衬布修剪后的成品折叠玫瑰。

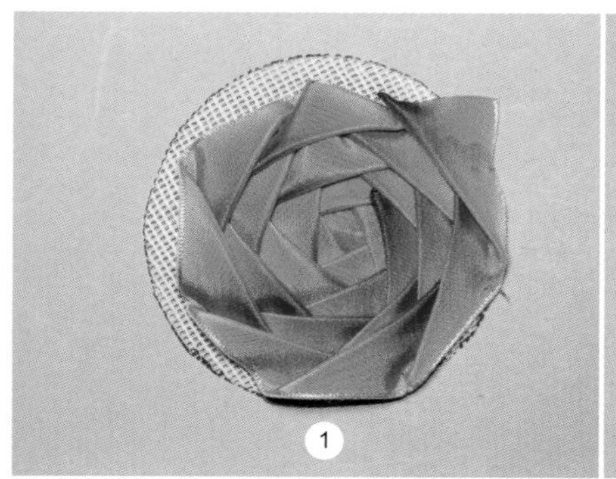

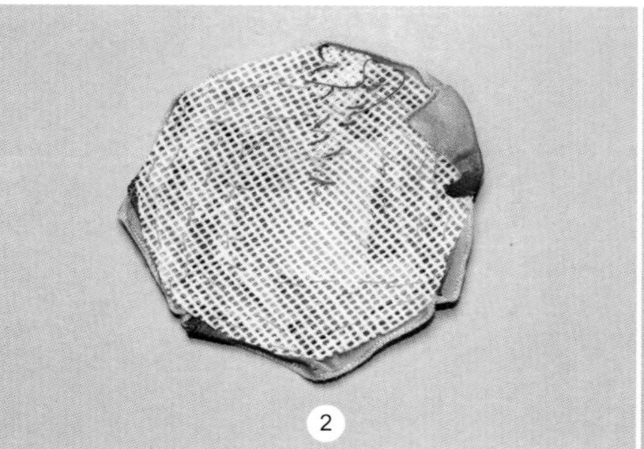

收尾润色

制作出小花后，可以用下面这些元素来完善设计。

弧形叶子

材料

制作长为5cm，宽为3.8cm的叶子：

• 长为2个缎带宽的手工染色绸缎缎带，宽为3.8cm

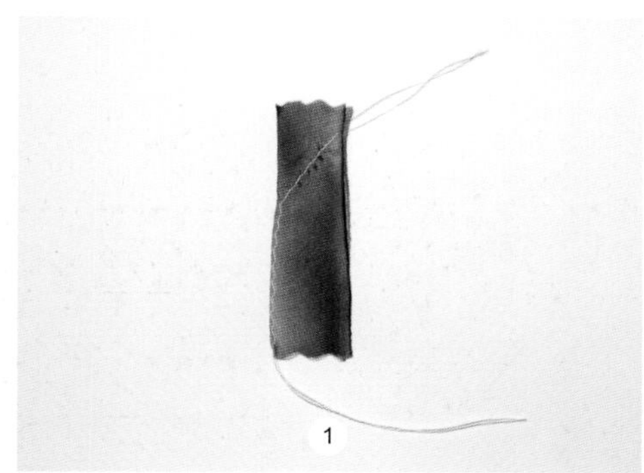

1

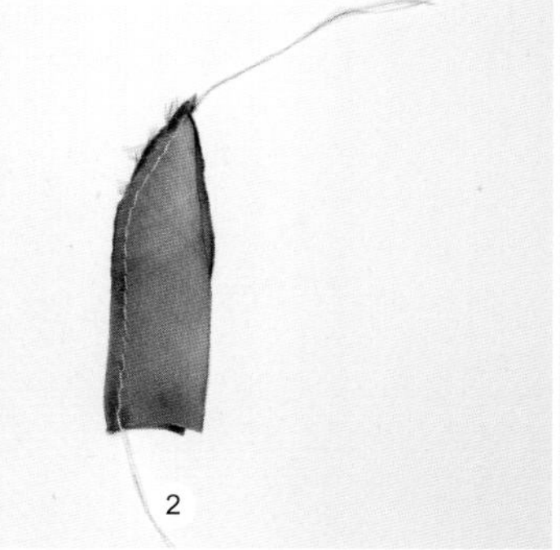

2

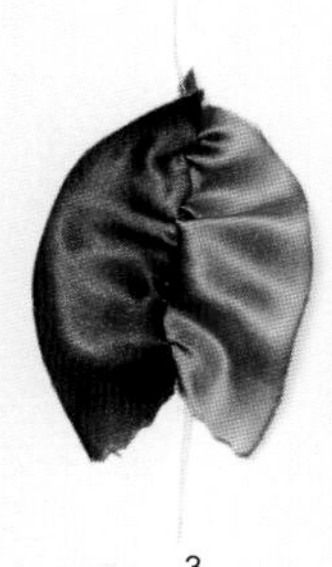

3

1 缎带对折，正面相对，熨烫。用一条长的机器打褶线迹或手工缝迹，穿过顶部，沿着缎带外边缘一直到折叠边的底部缝一条曲线。

2 修剪掉弯曲缝迹线上面的缎带部分。

3 轻轻地将叶子打褶，将缝线打结，但不要剪断。打开叶子，调整褶的位置，轻轻熨烫。熨烫时，线头可以协助将叶子固定成合适的形状。

4 将叶子的尖端反过来，底部的毛边隐藏起来。

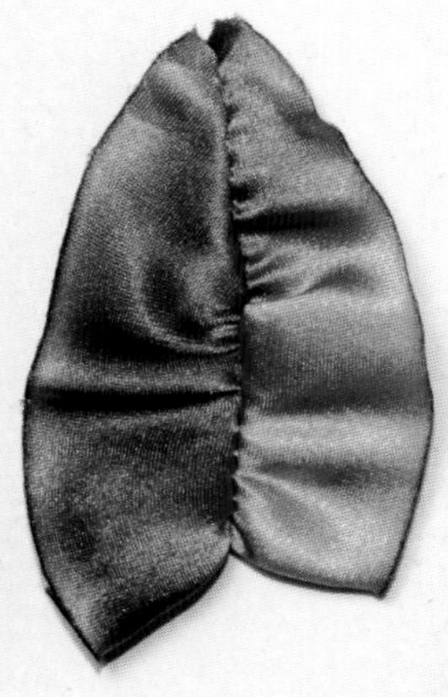

4

草原垫叶子

这里的说明适用于单片叶子，也可以制作一串叶子（详见草原垫叶子，详见第347 ~ 348页）。

材料

制作一片长为3cm，宽为2.5cm的叶子：

- 每片叶子需要4个缎带宽的缎带；在这里，用长为12.5cm，宽为3cm的彩虹色缎带

1 将缎带分成两半，一半呈45°向下折叠。

2 缎带的另一半也呈45°向下折叠，熨烫。

3 将缎带反过来，用长的打褶线迹机器缝制或手工缝制三角形底边。

4 轻轻的将缎带抽褶形成叶子形状，将缝线打结。

变化形式

尝试不同缎带的效果。在这里，这些草原垫叶子使用了渐变染缎带。

船型叶

长的船型叶可以与花型装饰相互缠绕。

材料

制作一片长为12.5cm，宽为7.5cm的叶子：

- 长为50cm，宽为3.8cm的彩虹手染丝绸缎带，剪成两条长为25cm的缎带

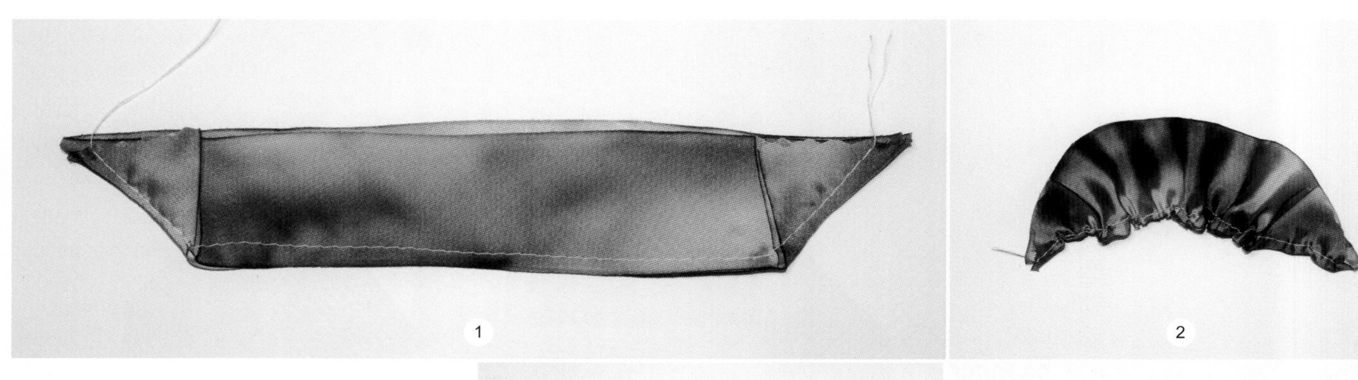

1 2

1 将两条缎带正面相对，两个角向上呈45°折叠。用机器或手工方式从左侧角开始，从上到下、缎带底部、右侧角从下到上，缝制一条长的打褶线迹。

2 轻轻地将缎带打褶成想要的长度。将缝线打结，但不要剪断。

3 打开叶子，将褶均匀分布，然后轻轻熨烫。熨烫时，线头可以辅助将叶子塑造成合适的形状。

4 完成的船型叶子。

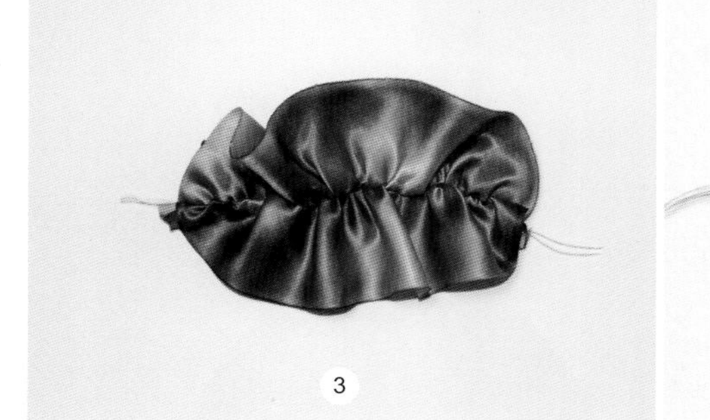

3

4

U型瓣叶子

用U型花瓣工艺（详见梅花，步骤1～4，第362页）制作一簇叶子。这里展示的是用罗缎缎带制作的三片叶簇。

茎

手工染缎带或面料沿着茎展示出良好的颜色变化。

材料

一条缎带或一块布条

这条手工染缎带用手工打裥并扭转，增添了缎带的纹理和深度。用熨斗蒸汽定型扭转和裥

这条罗缎缎带沿着长度方向对折，然后用机器缝制一条波浪图案。缝纫时，在机床上移动缎带会使织带产生不均匀的张力，使其轻微鼓起。用浅绿色缝线或与花型装饰配色的缝线

豆荚

豆荚的制作方法和毛地黄（详见第361页）的制作方法相同，但是需要两头都打褶，并且豆荚都被填满。缎带上的小环边缘给豆荚增加了可爱的装饰效果。

材料

制作一个2.5cm的圆荚体：

- 长为两个缎带宽加上小环装饰边缝份，宽为3.8cm的渐变色绸缎缎带

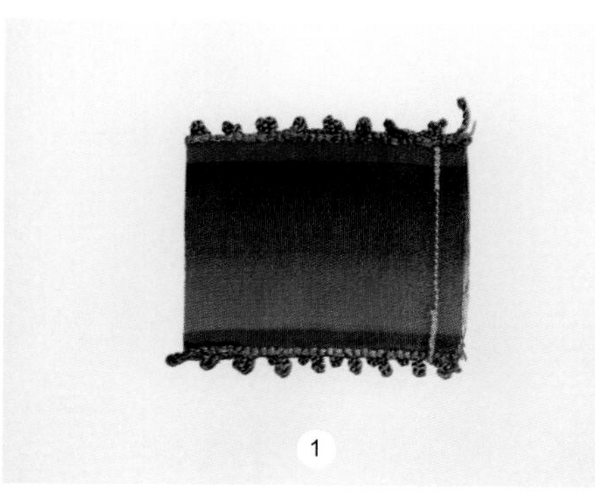

1

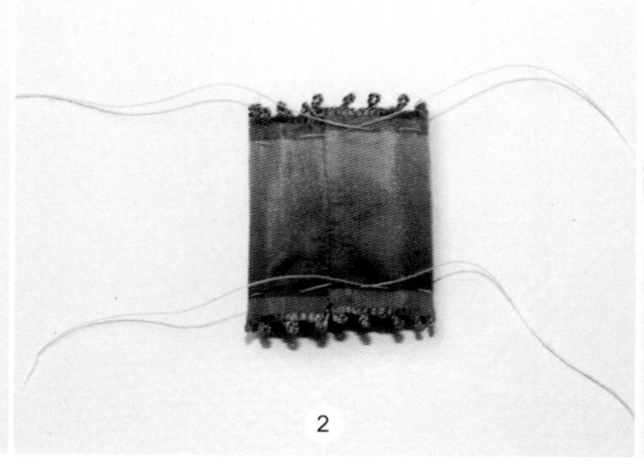

2

3

4

1 将缎带对折，正面相对。使用6mm缝份，沿着毛边缝纫。将布管正面翻出，熨烫。

2 在两侧距离织边3mm的位置手缝一条打褶线迹。

3 轻轻地将一端抽褶并将缝线打结。用棉球或类似的填充物填充布管。轻轻地将另一端抽褶并将缝线打结。

4 完成的豆荚。

花蕊和花芯

花蕊和花芯可以用任何材料制作：例如扣子、亮片、珠子、购买的花蕊、缎带或种子。

珠子和亮片

在花型装饰的中心缝单片或多片亮片形成图案

珠子也可以单独或成群缝在花型装饰上

PURCHASED STAMENS

花蕊有许多的颜色和尺寸可供选择

1 可以购买一束花蕊，选择使用的数量。

2 或者购买在茎干上已经排列好的花蕊。

3 如果购买了在茎干上排列好的花蕊，可以通过将花蕊分束来选择使用的数量。简单的将茎干打开，移除不想要的部分。

4 花蕊对折并用线系在一起，将缝针穿进缝线，以备使用。

5 从正面将针和线穿过花芯，将花蕊拉到合适位置。

6 花蕊分布好后，将缝线缝到花型装饰的反面。

缎带

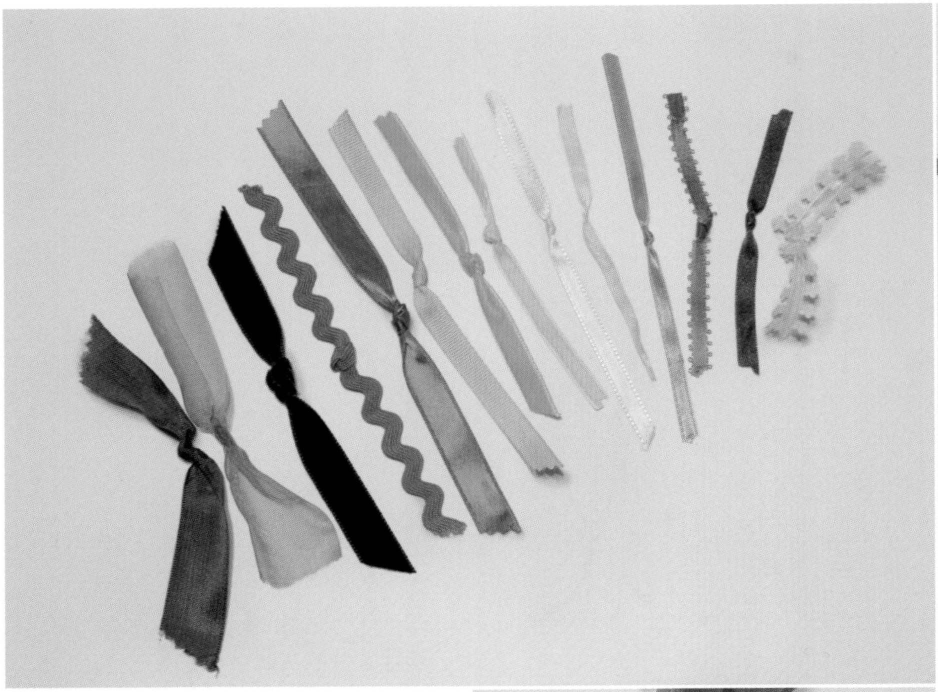

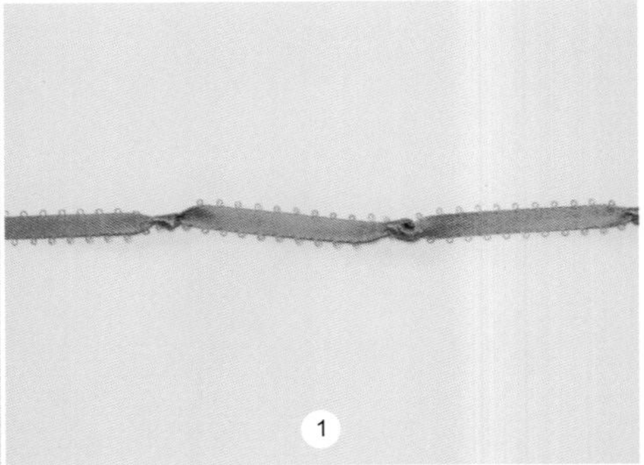

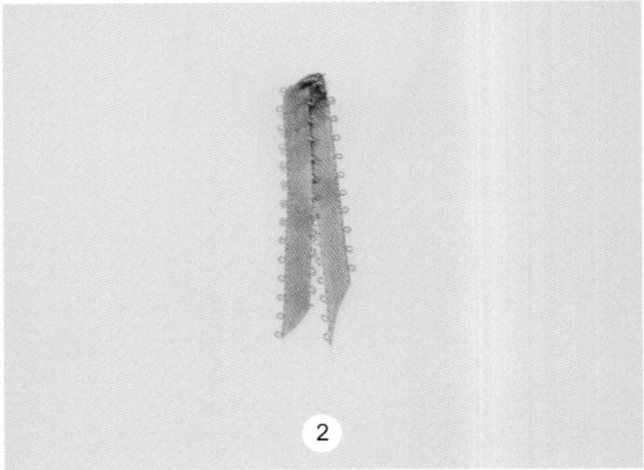

可以用缎带打结来制作花芯，尝试不同的纹理和宽度，找到适合设计的缎带结

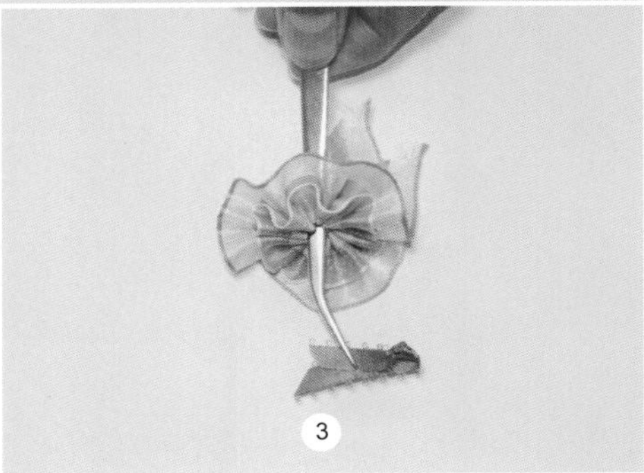

1 如果用同样的缎带制作多个花芯，将所有的花芯系紧打结，然后剪开，这样使用的缎带较少。

2 将缎带对折，结放在上方。

3 用镊子将缎带头从花芯的正面拉出。

4 中心有粉色缎带结的成品花型装饰。

变化

1 对于较大的花型装饰，打双结来增加花芯尺寸（左边为单结，右边为双结）。

2 中心有双缎带结的花型装饰。

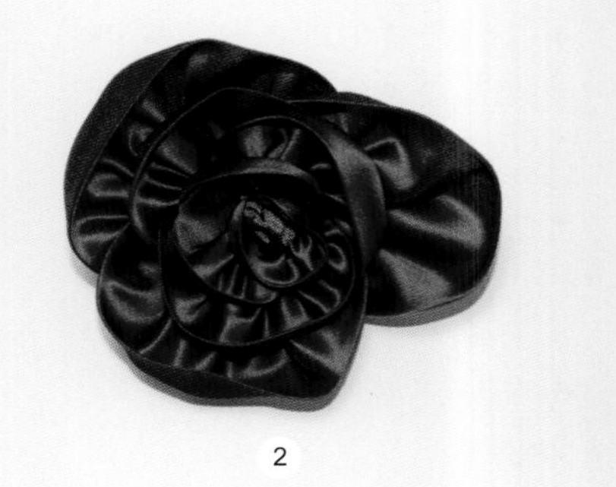

面料流苏

面料条可以通过制作流苏来使其看起来像许多花朵的雄蕊，如罂粟花和做旧玫瑰。

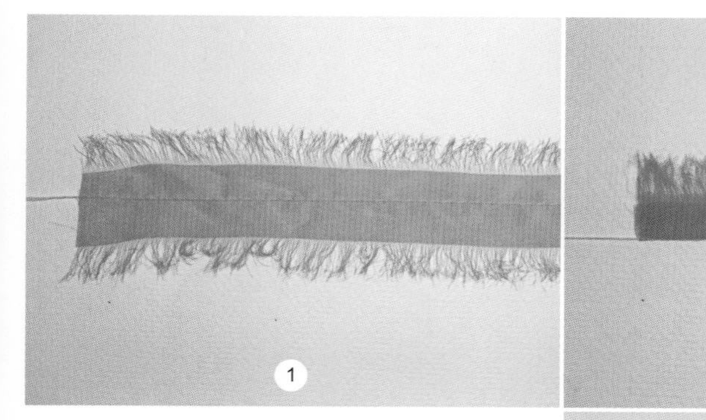
1

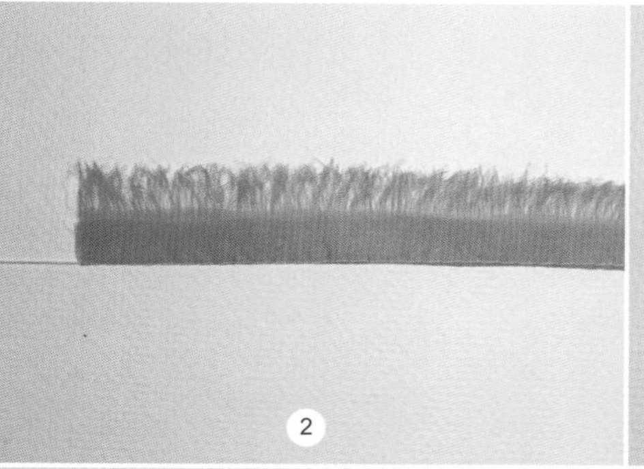
2

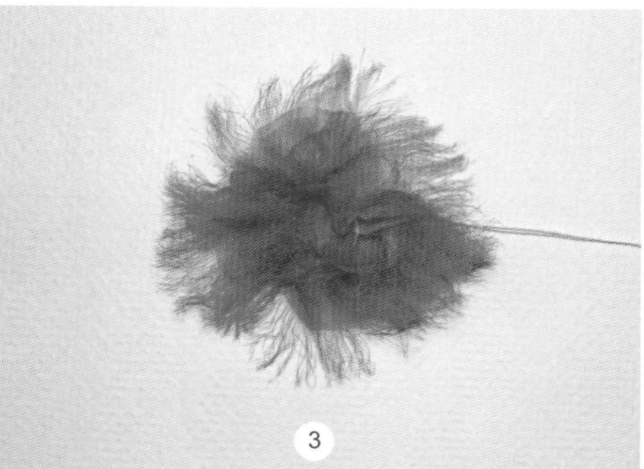
3

1 裁剪一条面料，将两边都制作成流苏（详见基础流苏，第202页），在布条的中心缝打褶线迹。

2 沿着打褶线迹折叠布条，熨烫。

3 将布条抽褶形成圆圈，用缝针固定圆圈并将其添加到花型装饰上。

4 花芯处有流苏的花型装饰。

4

花型装饰和叶子缝到衬布上

为了将花型装饰和叶子固定到花束上，首先需要将它们缝到硬衬布上（一种松散的、硬质的棉布或亚麻布）。

1 首先在一块硬衬布上设计花和叶的排列方式。在花型装饰和每一片叶子的反面放置一块双面胶，将它们粘到硬衬布上。

2 小心翻转花型装饰和硬衬布，从衬布的背面将每一片固定好，去除每一片上的双面胶。

3 从反面将花型装饰和叶子缝到衬布上，按照从中间到边缘的方向操作，这里用蓝色缝线。

4 尽可能多地修剪硬麻布，将边角修剪圆顺，留出足够的衬布放置花瓣和使叶子翻起，并保持整体的稳定性。

沿衬布边缘挑针缝，将缝线颜色换成与花型装饰及叶子配色的颜色。在衬布背面增加按扣或珠针，方便将花束固定到服装上。

5 完成的花束装饰。

底座

底座，可以用来遮盖花型装饰反面的缝份。在底座上装钉四合扣，在清洗服装时可以方便花型装饰取下。

材料

- 通常使用丝质欧根纱或里料，因为它们不容易起鼓，而其他的面料容易起鼓
- 1cm的按扣

1 剪一个成品底座尺寸两倍的圆；在这里，圆的直径为2.8cm。

2 挖一个小洞让按扣头穿过。在缝线的开头用钝头粗织针的针尖刺穿面料，来回穿针，使在不破坏纤维的前提下制作孔洞。将按扣头穿进孔洞。

3 在反面，将按扣头的一半缝进底座的中心，按扣头从面料中凸出来。这个底座比按扣稍大，因为它要在花型装饰的底部遮住缝份。

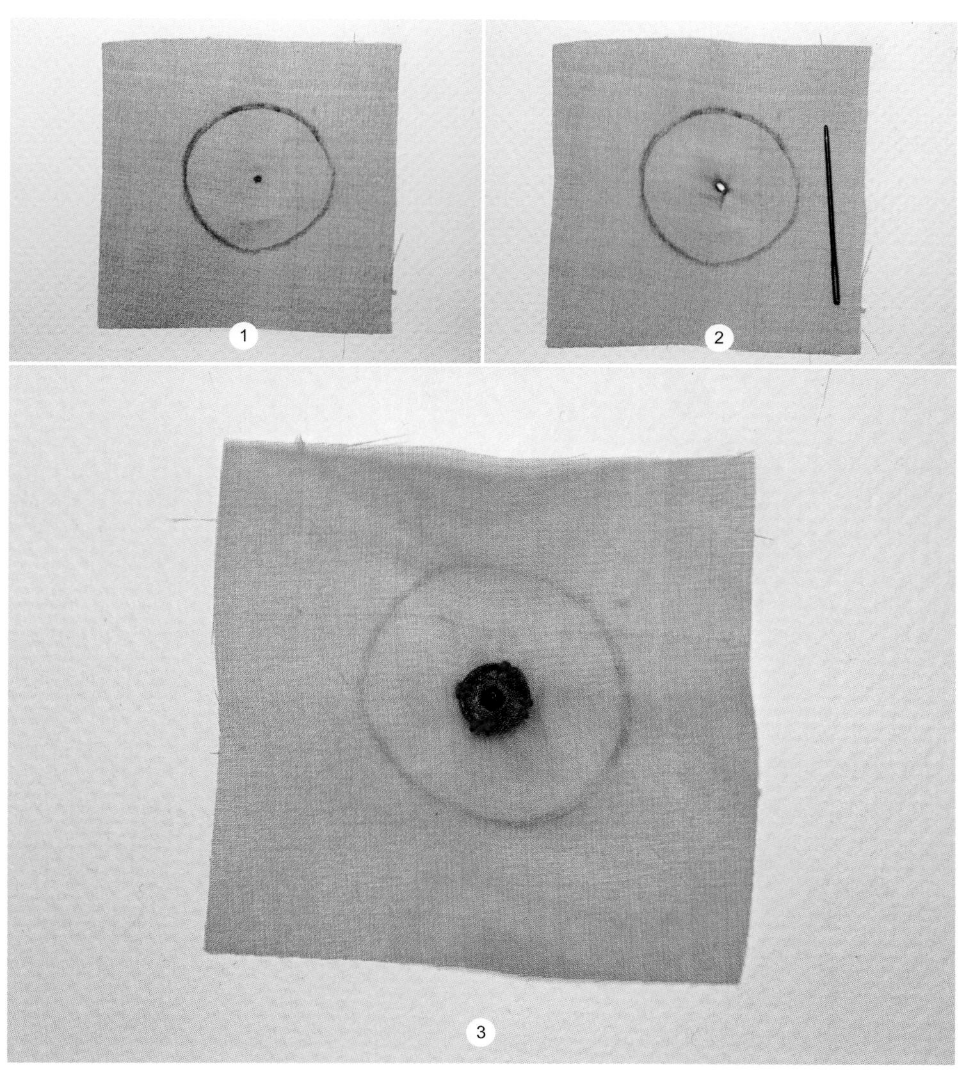

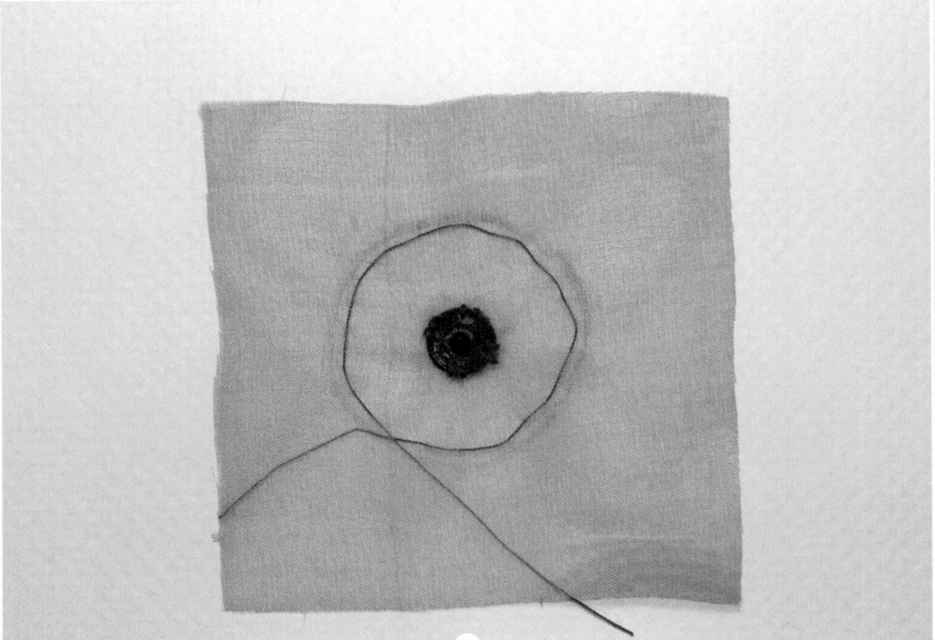

4

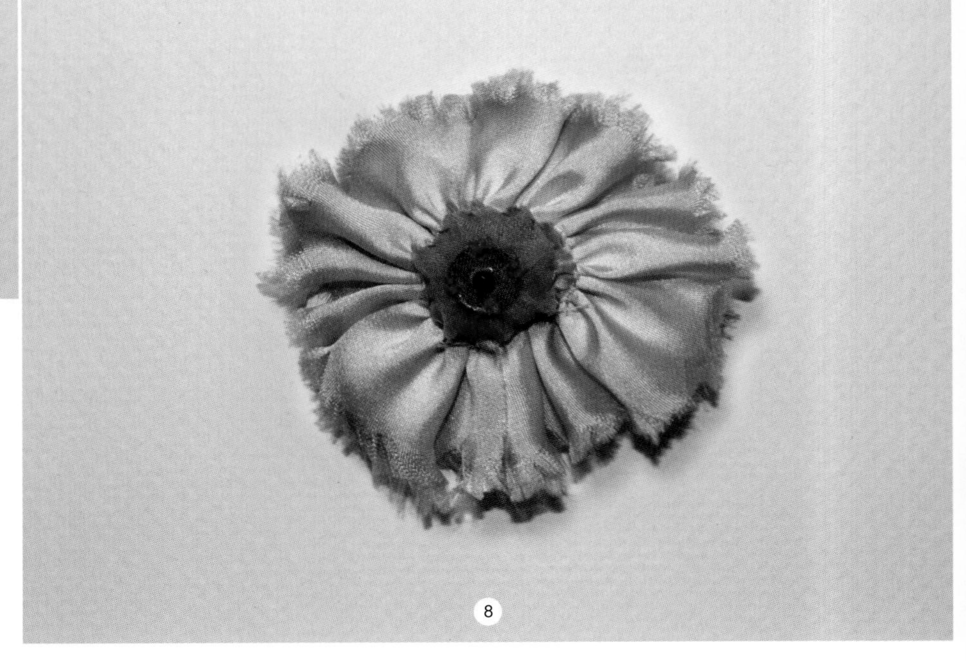

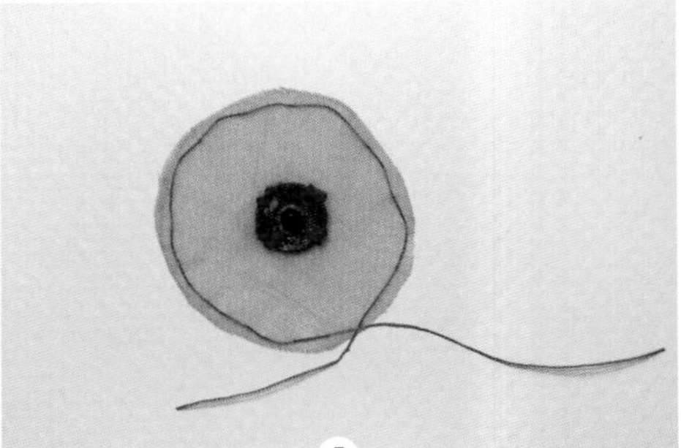

5

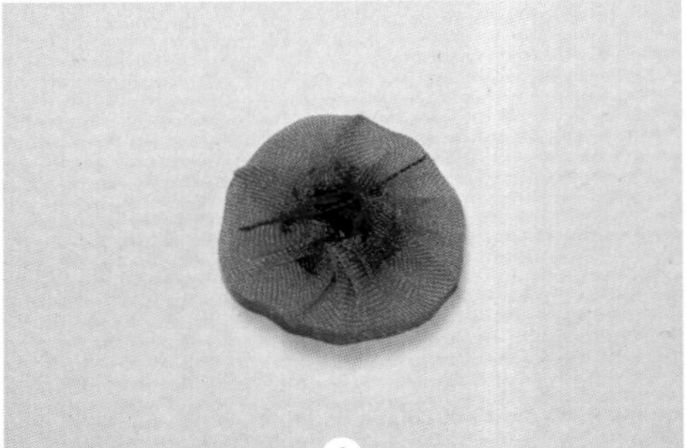

6

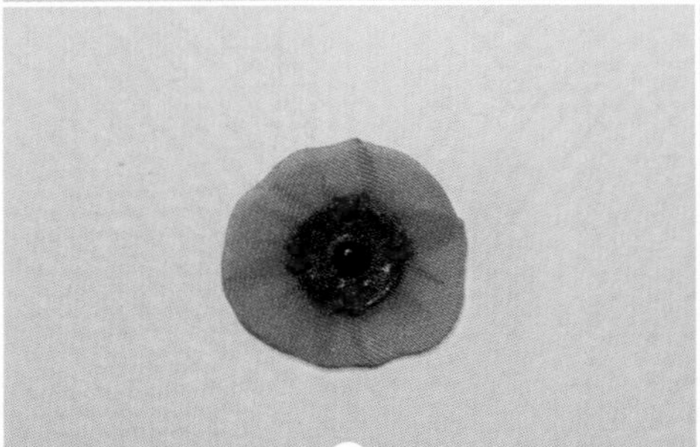

7

8

4 沿着圆的边缘缝打褶线迹。

5 将多余的面料修剪干净。

6 将圆抽褶，缝线打结，蒸汽处理或熨烫。

7 中心有按扣的成品底座。

8 将底座缝到花型装饰的底部，盖住另一半按扣并缝到服装上。如果用绿色面料制作底座，看起来会像花茎的一部分。

布包扣

用配色面料包住按扣进行隐藏，或用撞色布包扣，使按扣成为亮点。

1 在面料上画出2个按扣直径1.5～2倍的圆。

2 在圆的边缘内部手缝一圈打褶线迹，然后将圆形剪下。

3 将按扣头放在面料上一个圆的中间，套接部分放在另一个圆中心。确保按扣头和套接部分正面朝下对着面料。

4 抽紧打褶线迹，保持按扣的一半在圆圈中。不要将面料完全拉紧，留出一点空隙可以使按扣头能够通过面料穿进孔洞中。将打褶线迹打结。按扣的两部分多次按压在一起，按扣头应该能戳进面料，将按扣的两部分都缝到服装上。

5 成品布包扣。

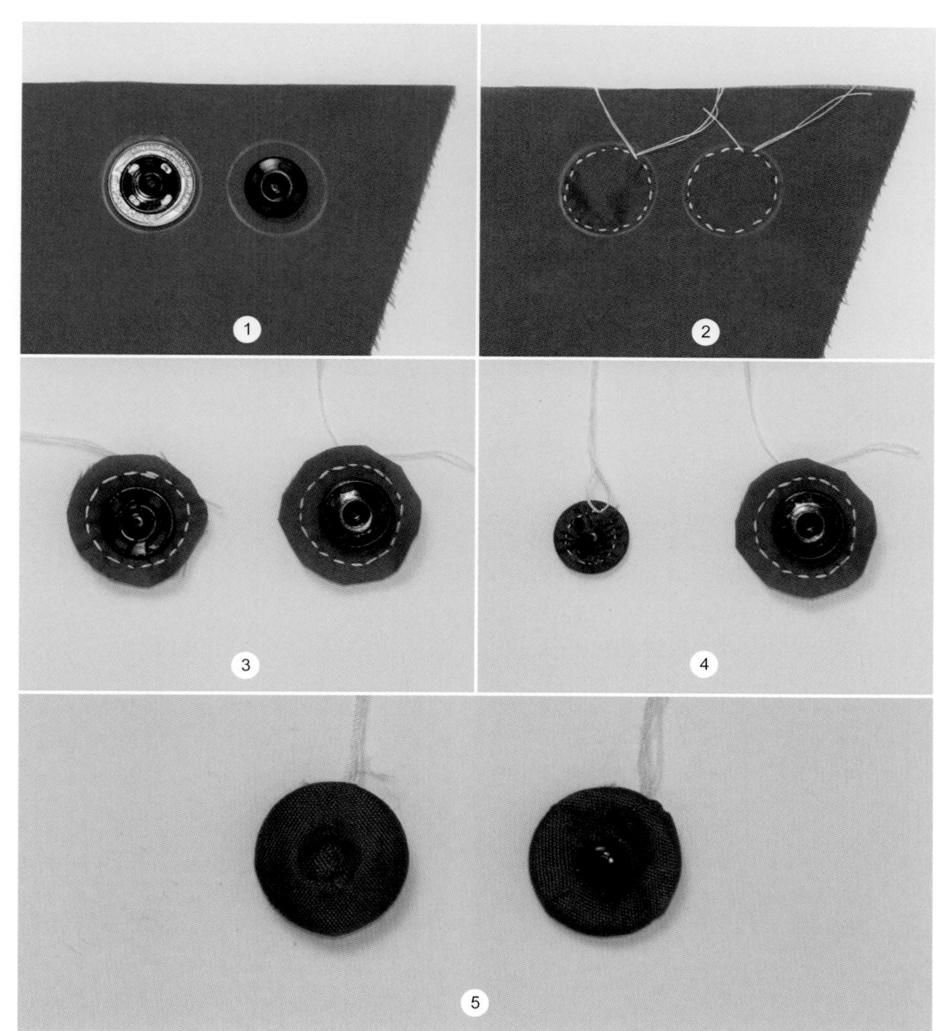

词汇表

定位线迹（Anchoring stitch）：是由两个小线迹形成，将一条缝在另一条上面，而不是在缝迹线开始或结尾的地方打结，与倒缝相似。

嵌花、贴花（Appliqué）：是将一种或多种面料叠放在底布上来创造图案的艺术，源于法语“applied”。

底布、衬布（Backing fabric）：是一种放在服装面料下面提供强度和牢度的面料，或者用来防止服装面料反面的摩擦，通常用装饰垫衬（详见第116~117页）和嵌线绗缝（详见第118~121页）在一起使用。

倒缝、回针（Backstitch）：是一个另加的反向线迹，可以取代缝迹线开始或结束位置的打结，与定位线迹相似，也是一种刺绣线迹（详见第297页）和假缝线迹。

假缝（Basting）：是一种长的、临时性的线迹，用来将两层或多层面料固定在一起，或者在最后缝纫前将饰边固定在某个位置。假缝常用在面料层容易错位的部分，或者珠针导致面料起鼓包时，或者在左右片（如袖片）对齐时，假缝有助于面料的位置固定。

斜纱（Bias）：斜纱线与面料上的经纱呈45°（与织边呈45°，和直纱边呈45°）。斜纱比经纱和纬纱有更大的弹性和拉伸性，这是斜纱的一个优点。

折边缝、撬边缝（Blind hem stitch）：是一种机缝线迹，弯针斜插进面料里，仅挑起面料的一根纱线来制作一种近乎看不见的缝迹线。这种缝迹线的特点是：拉动缝线的一端，整条缝线都会散开。这是撬边线的优点，也是缺点。

梭芯（Bobbin）：是小圆形的缝纫机组件，用金属或塑料制成，可以将底线固定在缝纫机中。金属梭芯壳上有一个用于收线的张力装置；塑料梭芯依赖于缝纫机上的张力装置。

底线（Bobbin thread）：放在缝纫机下面的缝线，穿过张力调节装置，随后会被面线拉进线程形成缝迹。参见“面线”。

硬衬布（Buckram）：是一种稀疏的机织面料，通常为棉布或麻布，用木质素或浆料使其变硬，常用于胸花衬布和加固腰头。硬衬布以7.5cm、10cm、50cm到150cm的宽进行销售。

坯布（Calico）：是一种便宜的棉质平纹面料，颜色可以是“天然”的或漂白的。因价格相对低廉，坯布是一种很好的练习用布。在使用时需要采用水洗或熨烫的方式进行预缩。

花结（Cockade）：是一种圆形结，或者是缎带的一种排列，通常用来装饰帽子。

线绳（Cord）：指任何圆形饰边。鼠尾绳是一种光滑、有光泽的线绳，其宽度为2mm。

嵌线（Cording）：是用服装面料包裹的一股填料（包芯可以是纱线、细绳或者棉绳）。嵌线的缝份翻到内侧，形成光滑的布包股绳。

饰带（Cordonette）：是一种来勾勒蕾丝上的布纹图案的纱线或缝线。

省，省道（Dart）：是一个用来使服装合体的楔形或菱形的褶，大多数的省是从胸部或腰部向外延伸。

缝边（Edgestitching）：一种沿着褶裥、底摆或其他服装边缘进行缝制的线迹，用来固定折叠边或者强调边缘。

刺绣（Embroidery）：是一种用缝线装饰面料的艺术。刺绣可以用手工或机器缝制。

送布牙（Feed dogs）：是缝纫机机床上分布的两排小牙，小牙围绕着一个每一根机针都要进入的小孔。送布牙托住下层面料并将它沿着线程移动。

手指按压（Finger-pressing）：用手指将接缝或者沿着面料折叠处进行按压；手指的温度和压力如同一个轻柔的轻质熨斗。

光边处理（Finished edge）：指服装最终的边缘，它直接接触身体：如领围线边、克夫边、裤子折边。

法式缝、来去缝（French seam）：是一种缝两次以包住缝份毛边的缝制方法。这种缝制方法非常适合处理薄纱面料：面料的毛边不好看或者面料容易松散。缝制法式缝时，将缝份设定为1.3cm。

1.将缝份的反面对齐。在6mm处缝接缝。根据缝纫部位熨烫接缝；

2.将缝份修剪到3mm；

3.将面料打开，露出缝份形成山脊状。将缝份推到缝线的一边；熨烫。折叠面料，正面相对，沿着缝迹线，将缝份藏在内侧。再一次熨烫，保证接缝线在折叠边处；

4.在6mm缝制。根据缝纫部位熨烫接缝。打开面料露出面料反面的新接缝。如果需要的话将缝份熨烫到一边。

纱带、缎带、金银花边、金银丝带（Gallon）：用一种宽的双边蕾丝以不同的宽度制作而成，带有双边高级装饰的滚带也叫做纱带。

（有宽窄的分类缝份（Grading seam allowances）是一种用来防止起鼓包的工艺。将紧贴身体的缝份修剪为3mm，将远离身体的缝份修剪为5mm。靠近服装外边缘的缝份可以长一点，使其能盖住较短的缝份。

经（纬）向线（Grainlines）：经向线是指面料的直纱，与面料长度方向上的垂直纱线方向相同，与织边平行。横纱是与面料宽度方向上的水平纱线方向一致。

热烫（Hitfix）：是指莱茵石、水钻、铆钉和饰扣背部的胶。这种胶在熨斗或者热烫机作用下熔化，将装饰物永久地附着到服装面料上。

隐形线（Invisible thread）：也称为单丝线，通常为“透明色”或“烟灰色”的涤纶线或尼龙线，当有色缝线需要与装饰物区分开时，在缝纫机上使用。

斜接（Mitring）：用对角缝将两块布条连接在一起。对角线的角度可以是钝角，也可以是锐角。

面线（Needle thread）：缝纫机中的上层缝线，在穿进机针前，需要穿过一系列的夹线张力盘，穿过收线臂和其他引导部位。然后面线穿过缝纫机针板上的孔洞以在线程上形成线圈，并和底线啮合在一起形成线迹。

剪口（Notches）：指在纸样和面料缝份上标记的小口。将一块衣片的剪口与另一块衣片上的剪口对齐，保证布片准确地缝合在一起。

纬斜（Off grain）：指面料在织造或织造后轧结过程中发生的歪斜，如经纱和纬纱没有相互呈90°交织，而是呈其他的角度。有时这种情况可以通过湿润面料再拉扯纱线将其重新将纱线调整到合适的位置来进行修正。

同样的，纸样也可能会纬斜放置，意味着纸样没有依照面料直纱方向放置，导致了衣片纬斜裁剪，在身体上呈现出不均匀的效果。

锁边机（Overlocker）：一种使用三线、四线或者五线来对缝份进行修剪和滚边处理的缝纫机器，根据机器不同使用不同数量的缝线。

垫布（Press cloth）：一种用丝质欧根纱或薄棉制成的布，在用熨斗熨烫之前放在面料上面。垫布可以防止服装面料与熨斗金属底板直接接触而烫焦或产生极光。湿垫布可以增加蒸汽，对于固定褶和裥很有帮助。

熨烫（轻压/重压）（Pressing soft/hard）：打裥时，用熨斗轻压是第一步：悬于面料之上用熨斗蒸汽非常轻柔地接触面料。这样可以在重压之前检查裥的均匀性和竖直性。

熨斗重压是第二步：垫一块湿垫布，加大量的蒸汽和熨斗的压力，用来固定褶裥。

毛边（Raw edge）：指未进行光边处理的面料边缘。

初缝线迹、撩针线迹（Running stitch）：指针和线快速进出形成的缝迹。根据使用的针距和缝线，初缝线迹可以用来假缝，缝制接缝或者刺绣。

缝份（Sean allowance）：面料接缝线之外的部分。

接缝线（Seam line）：缝迹线的另一个名称。

织边、布边（Selvedge）：指一卷面料两边机织成的边缘，是穿有经线的梭子完成一排织造工作后，再返回到下一排的另一个方向时形成。

起梗线迹，绳状线迹（Staystitching）：指中型缝纫机沿着接缝线缝制的用以固定或标记接缝线的线迹。比如：领围线通常需要使用起梗线迹来防止装领或贴边后被拉伸。领围线近似弧形，有的位置接缝为斜纱，有的位置为横纱，有的为直纱；这些位置在处理领围线时表现出不同的拉伸。起梗线迹能有效防止接缝拉伸。

蒸汽处理（Steaming）：用熨斗或蒸汽机对面料进行预缩处理，用来固定接缝或者裥，或者将折皱抚平。蒸汽处理时，熨斗仅悬于面料之上并用蒸汽浸润面料直到它刚好达到湿润状态。根据需要微微调整面料，再一次进行蒸汽处理，不要移动面料直到它完全干燥。

缝槽（Stitch in the ditch）：一种通常和斜纱滚边搭配使用的工艺。在完成缝制时最后的缝迹线应该不可见。

1.按照第133～134页的说明折叠并缝制斜纱滚边。面料反面的斜纱滚边比正面长3mm。用珠针穿过斜纱滚边边缘时，珠针应该将斜纱滚边条和面料在反面别在一起，但不要将斜纱滚边条与正面别住（详见步骤10，第134页）。

2.面对斜纱滚边的正面，将滚边毛边放在右边，剩下的部分放在左边。将整个滚边通过缝纫机并放好，这样缝纫机针刚好挨着接缝线的左边。在接缝线的右边缝制，在反面将斜条固定，一定要非常小心不要将它固定到正面。完成缝纫后，最后一条缝迹线应该在面料正面折叠斜条右边隐藏，在面料反面将斜条边固定，熨烫。

款式线（Style line）：具有设计功能而非服装结构功能的缝线。

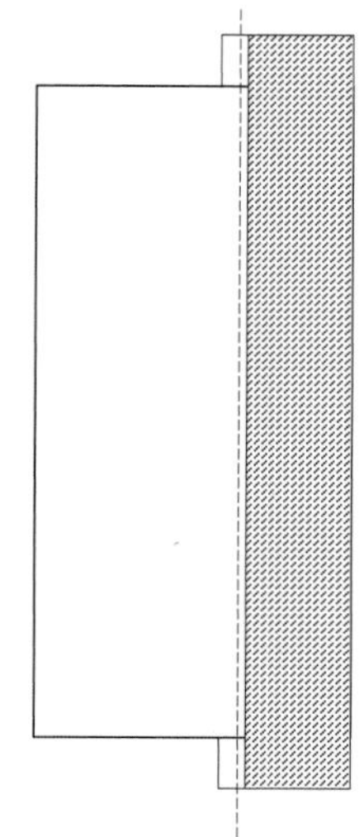

粗缝、线钉（Tailor's tacks）：是一种松散的、临时的定位缝线，用未打结的双线缝制，用来在面料上标记位置。不像一些其他的标记工具和工艺，粗缝不会留下任何的标记。粗缝步骤：

1.将一条长的双线穿进缝针；

2.在需要标记的位置缝两个小线迹，一个在另一个的上面，穿过面料的一层；

3.剪断缝线，在下面留出5cm的线头。

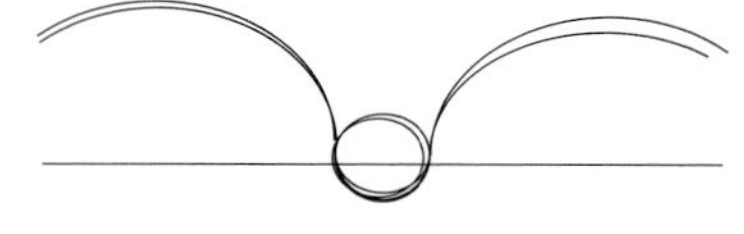

线头、线尾（Thread tail）：在缝迹线下面的缝线末端。

记号缝（Thread tracing）：是一条手缝的假缝线迹，用来标识衣片的外轮廓。

针板（Throat plate）：是指缝纫机平“床”上用于送布牙和机针穿过的光滑金属片。有时针板上有个小孔，用于穿过机针，可以制作良好的直线线迹。“之”字缝线迹要求针板上的孔比较大，因为缝针需要在每一针里从左到右，再从右到左移动。

凹陷（Tunnelling）：在“之”字缝线迹中，当缝线拉得过紧时导致面料或里料呈现凹陷现象。这种凹陷可以通过调松“之”字缝线迹缝线张力，或者在面料/里料上面或下面增加一层内衬/棉纸来避免，通过给线迹增加刚度，强制缝线保持线迹形状而不形成凹陷。

转向珠（Turning bead）：是珠串流苏上珠串的底珠。制作珠串流苏时，流苏缝线从面料或者缎带上穿过珠串，穿过底部的转向柱，形成一个U型转向，然后往回穿过相同的珠串，回到面料或者缎带（详见第237页）。

转向线迹（Turning stitch）：主要用于花型装饰的打褶缎带中。手工缝制打褶部分时，斜缝到缎带的织边；最后的线迹应该以缝针和缝线在缎带的反面结束。将针穿到正面，并在织边旁边开始下一个缝迹。从面料反面穿到面料正面的线迹就是转向缝迹。

斜纹带（Twill tape）：一种面料织带，用棉或涤纶制成，因其独特的斜纹编织图案而得名。斜织图案非常稳定，使得斜纹带可以完美嵌入接缝中，可以增加接缝强度并防止拉伸。

衬里（Underlining）：是一层直接放在服装面料下面用来增加面料强度的织物，可以降低面料透明度或防止粗糙的面料刮刺皮肤。衬里通常通过网格假缝到服装面料上，因此这两层可以被当成一层处理。另外的内衬和里料可以作为其他层添加到服装上。

填料、絮料、絮片（Wadding）：是指由棉花、丝绸、羊毛或涤纶制成的蓬松纤维制品，填充在两层面料之间，为服装提供蓬松度和/或保暖性。

经纱和纬纱（Warp and weft）：梭织面料的两种纱线。垂直的经纱沿着面料的长度方向，与织边平行。水平的纬纱从左向右织然后再往回织（详见斜纱，第128页以获取更多信息）。